LINDER
BIOLOGIE

Nordrhein-Westfalen

2

herausgegeben
von
Hans-Peter Konopka
Antje Starke

Schroedel

Linder Biologie 2 Nordrhein-Westfalen

Herausgeber
Hans-Peter Konopka, Recklinghausen
Antje Starke, Leipzig

Autoren
Prof. Dr. Norbert Grotjohann, Bielefeld
Dr. Ingeborg Heil, Aachen
Dr. Michael Kampf, Leipzig
Prof. Dr. Hans Peter Klein, Münstereifel
Vanessa Koelbel, Düsseldorf
Hans-Peter Konopka, Recklinghausen
Dr. Olga Speck, Schallstadt
Antje Starke, Leipzig
Dr. Harald Teepe, Aachen
Prof. Dr. Frank Thomas, Trier
Dr. Andreas Paul, Hamburg
Prof. Dr. Angelika Preisfeld, Wuppertal
Rolf Wellinghorst, Quakenbrück
Dr. Dirk Wenderoth, Braunschweig
Dr. Gabriele Wolff, Dortmund

Druck A[1] / Jahr 2009

Alle Drucke der Serie A sind im Unterricht parallel verwendbar.

Redaktion Marcel Tiffert, Dr. Dirk Wenderoth
Herstellung Ralf Flunkert
Illustrationen
Liselotte Lüddecke, Karin Mall, Tom Menzel
Einbandgestaltung
Janssen Kahlert Design & Kommunikation GmbH
Typografie und Satz
Farnschläder & Mahlstedt, Hamburg
Druck und Bindung
westermann druck GmbH, Braunschweig

ISBN 978-3-507-86606-4

Inhalt

Grundlagen der Biologie 8

1 **Womit beschäftigt sich die Biologie?** 10

2 **Basiskonzepte helfen Zusammenhänge zu erkennen** 12

3 **Lebewesen bestehen aus Zellen** 16
3.1 Pflanzliche und tierische Zellen 16
Methode Mikroskopisches Zeichnen 18
Aufgaben und Versuche Zellen mikroskopieren 19
3.2 Einzellige Lebensformen mit Zellkern 20
3.3 Bakterien haben keinen Zellkern 22
3.4 Sind Viren Lebewesen? 24
Aufgaben und Versuche Bakterien und Viren 25

Zusammenfassung Grundlagen der Biologie 26
Wissen vernetzt Grundlagen der Biologie 27

Regeln im Haushalt der Natur 28

1 **Samenpflanzen sind Produzenten** 30
1.1 Grundbauplan der Samenpflanzen 30
1.2 Samenpflanzen lassen sich ordnen 32
Wissen kompakt Vielfalt der Samenpflanzen 33
1.3 Grüne Pflanzen brauchen Licht 34
1.4 Entdeckung der Fotosynthese 36
Methode Experimente planen, durchführen, protokollieren und auswerten 37
Aufgaben und Versuche Fotosynthese 38
1.5 Traubenzucker wird weiter verarbeitet 40
1.6 Auch Pflanzen verbrauchen Sauerstoff 42
Aufgaben und Versuche Zellatmung 44
1.7 Pflanzen und Tiere sind voneinander abhängig 45

2 **Der Mensch gehört zu den Konsumenten** 46
2.1 Pflanzen und Tiere sichern die Ernährung des Menschen 46
2.2 Die drei Nährstoffgruppen 48
2.3 Die Bedeutung der Nährstoffe 50
2.4 Verdauung 52
Streifzug durch die Chemie Enzyme 55
Aufgaben und Versuche Nährstoffnachweise 56
Aufgaben und Versuche Verdauung 57

3 **Ökosystem Wald** 58
3.1 Was ist ein Ökosystem? 58
Methode Exkursionen 61
Aufgaben und Versuche Exkursion im Schulumfeld 62
3.2 Wälder unterscheiden sich 64
3.3 Der Wald ist in Stockwerken aufgebaut 66
3.4 Jahreszeitliche Aspekte eines Laubwaldes 68
Wissen kompakt Laubbäume und Nadelbäume 70
3.5 Moose 72
3.6 Farne 74
3.7 Pilze 76
Wissen kompakt Giftpilze und Speisepilze 78
3.8 Tiere im Wald 80
3.9 Nahrungsbeziehungen 82
3.10 Regulation der Populationsdichte 84
3.11 Leben auf und im Waldboden 86
3.12 Stoffkreisläufe 88
3.13 Der Weg der Energie 90
Aufgaben und Versuche Untersuchungen im Wald 92
3.14 Bedeutung des Waldes 94
3.15 Gefährdung von Wäldern 96

4 **Ökosystem See** 98
4.1 Zonierung des Sees 98
Wissen kompakt Pflanzen im Uferbereich 100
4.2 Insekten am und im See 102
4.3 Fische in stehenden Gewässern 104
4.4 Wasservögel in ihrer ökologischen Nische 106
Methode Simulationen 108
Methode Diagramme mit dem Computer erstellen und auswerten 109
Aufgaben und Versuche Leben im See 110
4.5 Der See im Jahreslauf 112
4.6 Nahrungsbeziehungen im See 114
4.7 Stoffkreisläufe 116
Methode Messdaten erfassen und auswerten 118
Aufgaben und Versuche Untersuchung eines Gewässers 120

5 **Der Mensch verändert die Umwelt** 122
5.1 Landwirtschaft verursacht großräumige Veränderungen 122
5.2 Vernichtung natürlicher Lebensgrundlagen 124
Streifzug durch Wirtschaft und Politik Tourismus – Segen oder Fluch? 127
5.3 Treibhauseffekt und Klimawandel 128
5.4 Biotop- und Artenschutz 132
Streifzug durch die Politik Gesetze und Schutzgebiete 134

Zusammenfassung Regeln im Haushalt der Natur 136
Wissen vernetzt Regeln im Haushalt der Natur 138

Erkennen und Reagieren 142

1 **Miteinander leben erfordert Kommunikation** 144
1.1 Honigbienen leben in Gemeinschaften 144
1.2 Orientierung und Kommunikation bei Honigbienen 146
1.3 Die Gemeinschaften der Roten Waldameisen 148
Wissen kompakt In Gemeinschaften lebende Insekten 150
Aufgaben und Versuche In Gemeinschaften lebende Insekten 151
1.4 Zusammenleben bei Wirbeltieren 152
Wissen kompakt Tierverbände 153
1.5 Signale dienen der Verständigung 154
1.6 Kommunikation beim Menschen 156
1.7 Konflikte und Konfliktbewältigung 158
Aufgaben und Versuche Konfliktverhalten und Konfliktbewältigung 160

2 **Informationsleitung und -verarbeitung** 162
2.1 Das Nervensystem – ein Nachrichtennetz 162
2.2 Bau und Funktion von Nervenzellen 163
2.3 Nervenzellen in Kontakt – die Synapsen 164
2.4 Das Rückenmark – Hauptnervenbahn und Schaltzentrale 165
Aufgaben und Versuche Nervensystem und Nerven 166
2.5 Bau und Funktion des Gehirns 168
2.6 Lernen und Gedächtnis 170
Aufgaben und Versuche Lernen 172
Streifzug durch Medizin und Technik Gehirnimplantate 174
Methode Einen Vergleich erarbeiten 175
2.7 Das Hormonsystem im Überblick 176
2.8 Regulation und Steuerung über Hormone 178
2.9 Nerven- und Hormonsystem arbeiten zusammen 180

3 **Der Körper erkennt und bekämpft Infektionskrankheiten** 182
3.1 Bakterielle Infektionskrankheiten 182
3.2 Antibiotika 184
Wissen kompakt Durch Bakterien verursachte Infektionen 185
3.3 Infektionskrankheiten durch Viren 186
Wissen kompakt Durch Viren verursachte Infektionen 188
Methode Internetrecherche 189
3.4 Das Immunsystem – eine hoch spezialisierte Abwehr 190
3.5 AIDS 192
3.6 Vorsicht Einzeller! 194
3.7 Aktive und passive Immunisierung 196
3.8 Übereifer der Abwehr – Allergien 198
Methode Mindmaps erstellen mit dem PC 200
Aufgaben und Versuche Infektionskrankheiten und Immunsystem 201

Zusammenfassung Erkennen und Reagieren 202
Wissen vernetzt Erkennen und Reagieren 204

Sexualität des Menschen 206

1 **Freundschaft, Liebe und Partnerschaft 208**

2 **Grundlagen der Sexualität 210**
2.1 Sexualhormone steuern die Entwicklung **210**
2.2 Der Menstruationszyklus **214**

3 **Typisch Mann – typisch Frau? 216**
3.1 Geschlechtsunterschiede und Verhalten **216**
Aufgaben und Versuche Mädchen und Jungen **218**
Methode Meinungen sammeln und auswerten **219**
3.2 Formen der Sexualität beim Menschen **220**

4 **Familienplanung und Empfängnisverhütung 222**

Zusammenfassung Sexualität des Menschen **224**
Wissen vernetzt Sexualität des Menschen **225**

Stationen eines Lebens 226

1 **Entwicklung des Menschen 228**
1.1 Befruchtung und Keimesentwicklung **228**
Streifzug durch die Politik und Ethik Schwangerschaftsabbruch **230**
Streifzug durch die Medizin Reproduktionsmedizin **231**
1.2 Die Geburt **232**
1.3 Vom Säugling zum Kleinkind **233**
1.4 Vom Kleinkind zum Greis **234**

2 **Organspenden können Leben retten 236**
2.1 Manchen Kranken kann nur eine Organtransplantation helfen **236**
Streifzug durch die Politik und Ethik Wer kann Organspender werden? **238**
2.2 Bei Dialysepatienten funktionieren die Nieren nicht **239**

Zusammenfassung Stationen eines Lebens **242**
Wissen vernetzt Stationen eines Lebens **243**

Grundlagen der Vererbung 244

1 **Erbanlagen werden von den Eltern weitergegeben 246**

2 **Chromosomen sind die Träger der Erbanlagen**
2.1 Der Chromosomensatz des Menschen **248**
Streifzug durch die Chemie DNA **249**
2.2 Mitose und Zellteilung **250**
2.3 Geschlechtszellen entstehen durch Meiose **252**
Aufgaben und Versuche Mitose, Meiose und Zellteilung **254**

3 **Vererbung folgt bestimmten Regeln 256**
3.1 Gregor MENDEL entdeckte erste Regeln der Vererbung **256**
3.2 Neukombination von Erbanlagen **259**
Aufgaben und Versuche Vererbungsregeln **260**

4 **Vom Gen zum Merkmal 262**

5 **Die genetische Information ist flexibel – Modifikationen 265**

6 **Mutationen sind Veränderungen des Erbgutes 266**

7 **Vererbung beim Menschen 268**
7.1 Methoden der Erbforschung **268**
Methode Stammbäume in der Humangenetik **270**
7.2 Zwei Chromosomen bestimmen den kleinen Unterschied **271**
7.3 Vererbung der Blutgruppen und des Rhesusfaktors **272**
7.4 Vererbte Behinderungen und Krankheiten **274**
Streifzug durch die Medizin Genetische Familienberatung **276**
Methode Ein Gespräch leiten **277**
Aufgaben und Versuche Vererbung beim Menschen **278**

Zusammenfassung Grundlagen der Vererbung **280**
Wissen vernetzt Grundlagen der Vererbung **282**

Zeitreise durch die Erdgeschichte 284

1 **Die Entwicklung der Lebensvielfalt auf der Erde 286**
1.1 Verwandtschaft erzeugt Ähnlichkeit **286**
1.2 Fossilien sind Zeugen der Erdgeschichte **288**
1.3 Die Geschichte der Erde und des Lebens – ein Überblick **290**
1.4 Wirbeltiere erobern das Land **294**
1.5 Der Stammbaum der Wirbeltiere **296**
Wissen kompakt Ausgestorbene Wirbeltiere **298**
Methode Museumsbesuch **300**
Methode Screenshot **301**
Aufgaben und Versuche Fossilien, Erdgeschichte, stammesgeschichtliche Verwandtschaft **302**

2 **Die Erklärung der Artenvielfalt 304**
2.1 Die Entwicklung der Evolutionstheorie **304**
2.2 Variation und Selektion **306**
2.3 Die Entstehung neuer Arten **308**
2.4 Tarnen, Warnen, Täuschen – Ergebnisse der Evolution **310**
2.5 Blüten und Blütenbesucher – gegenseitige Angepasstheiten **311**
2.6 Kann die Artenvielfalt dem Menschen nützen? **312**
Aufgaben und Versuche Entstehung der Artenvielfalt **314**

3 **Die Vorfahren des Menschen 316**
3.1 Menschen sind Primaten **316**
Methode Mit Stammbäumen zur Entwicklung des Menschen arbeiten **318**
3.2 Lucy und ihre Verwandtschaft **320**
3.3 Homo erobert die Welt **322**
3.4 Neandertaler und *Homo sapiens* **324**
3.5 Ursprung und Vielfalt des modernen Menschen **326**

Zusammenfassung Zeitreise durch die Erdgeschichte **328**
Wissen vernetzt Zeitreise durch die Erdgeschichte **330**

Kompetenztraining 332

1 **Moore in Deutschland 332**

2 **Tropischer Regenwald 334**

3 **Erkältungskrankheiten 336**

4 **Chorea Huntington – eine vererbbare Krankheit 338**

5 **Die Zwerg-Menschen von der Insel Flores 340**

Gefahrensymbole und Sicherheitshinweise **342**

Stoffliste sowie Gefahrenhinweise und Sicherheitsratschläge für Versuche **343**

Register **344**

Bildquellen **351**

Wie arbeite ich mit meinem Biologiebuch?

Dieses Biologiebuch bietet viel mehr als nur Informationen. Beim ersten Durchblättern fallen unterschiedlich gestaltete Seiten auf. Es ist gut, sich bereits hier mit dem Aufbau des Biologiebuches vertraut zu machen.

Einstiegsseiten. Jedes Hauptkapitel beginnt mit Materialien bzw. Aufgaben, die zum Thema passen und wichtige Anregungen geben. Diese Seiten sollen »Appetit« machen auf das, was in dem jeweiligen Kapitel kommt.

Grundseiten. Hier erhält man die wesentlichen Informationen zu einem Thema, also das Grundwissen. Mit den Aufgaben am Ende des Textes kann man prüfen, ob die Informationen verstanden wurden und ob sie angewendet werden können.

Methode. Auf diesen Seiten werden sowohl allgemeine Arbeitsmethoden, zum Beispiel Durchführung einer Internetrecherche, als auch fachspezifische Methoden, zum Beispiel das Mikroskopieren, beschrieben.

Aufgaben und Versuche. Hier sind Experimente und Aufgaben zu finden, die selbstständig oder in Gruppenarbeit zu bewältigen sind.

Streifzug. Hier werden Verknüpfungen zu anderen Fächern und Wissenschaften, zum Beispiel Chemie, Physik oder Medizin, hergestellt.

Wissen kompakt. Wie in einem Lexikon sind hier Steckbriefe mit Abbildungen zu interessanten Tier- und Pflanzenarten zu finden. Durch diese Informationen wird das Grundwissen sinnvoll erweitert.

Zusammenfassung. Auf diesen Seiten werden die wichtigsten Inhalte eines Hauptkapitels vor dem Hintergrund der jeweiligen Basiskonzepte wiederholt.

Vernetze dein Wissen. Diese Aufgaben dienen der Festigung und Vernetzung der vermittelten Inhalte über das jeweilige Hauptkapitel hinaus.

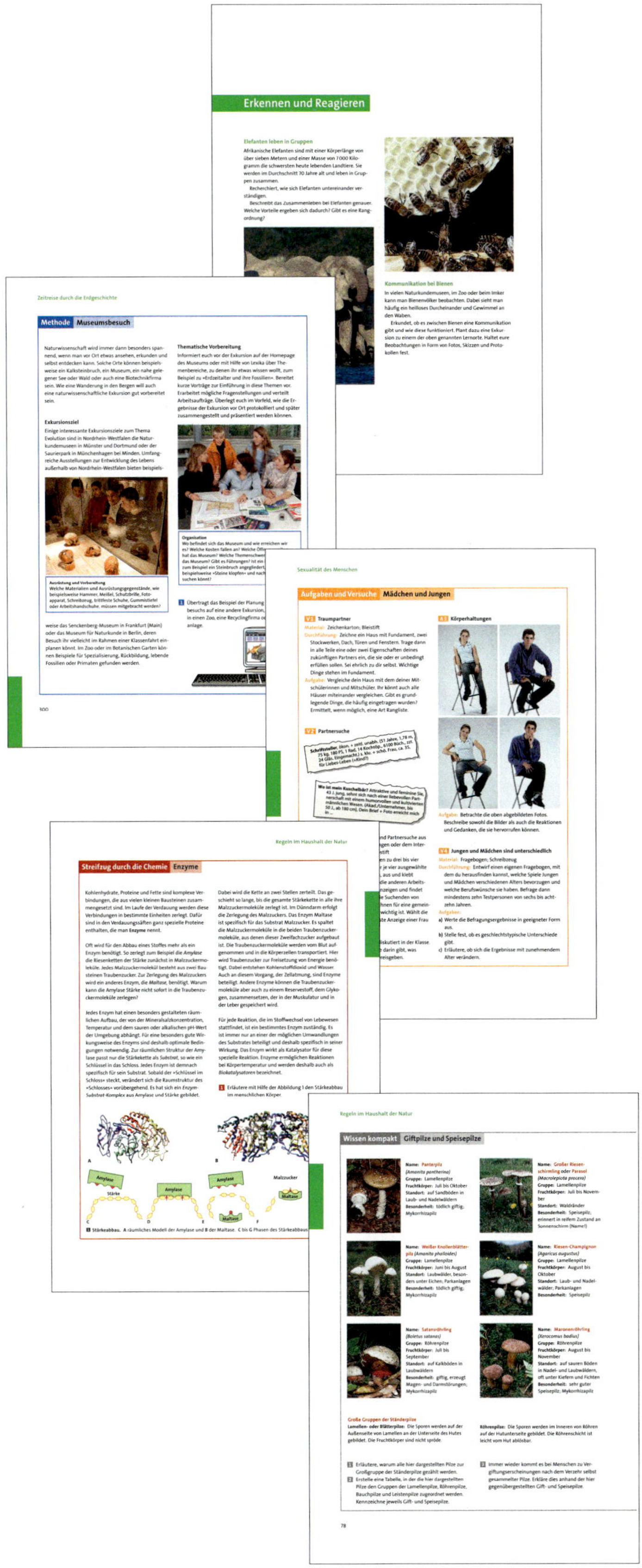

Grundlagen der Biologie

Überleben zwischen giftigen Tentakeln

Anemonenfische gehören zur Gruppe der Riffbarsche und kommen im Roten Meer, im Indischen Ozean und im tropischen Teil des Pazifiks vor. Sie leben in küstennahen Korallenriffen gemeinsam mit Seeanemonen.

Wie nennt man dieses spezielle Zusammenleben und welche Vorteile haben die beiden Partner?

Biologen haben lange Zeit angenommen, dass Anemonenfische gegen die Nesselgifte der Anemonen auf natürliche Weise immun wären. Lest in diesem Buch nach, welche neuen Forschungsergebnisse zu dieser Fragestellung vorliegen und berichtet.

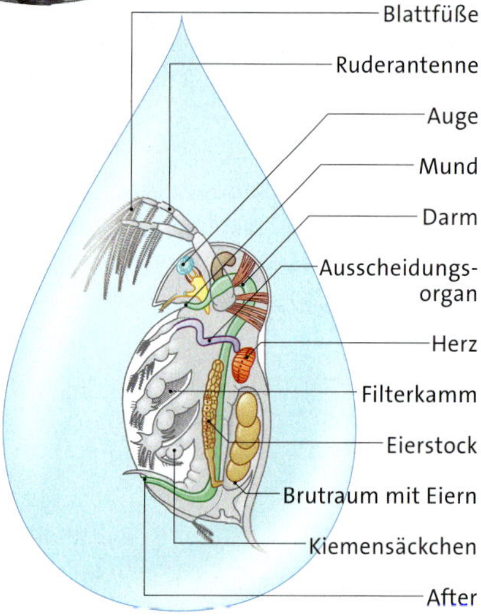

Entdecke verborgene Welten!

Der Holländer Antony van LEEUWENHOEK (1632–1723) war eigentlich Tuchmacher. In seiner Freizeit bastelte er einfache Mikroskope, die eine stark vergrößernde Linse besaßen. Zum Teil konnte er schon eine Vergrößerung um das 270-fache erreichen. Für fast jedes Objekt stellte LEEUWENHOEK ein neues Mikroskop her. Mit der Zeit wurden es mehrere hundert Stück.

Erkundet, welche Objekte der Hobbyforscher entdeckte, zeichnete und beschrieb.

Begebt euch auf die Spuren von LEEUWENHOEK und mikroskopiert einen lebenden Wasserfloh. Beschreibt mit Hilfe der Abbildung, welche Teile ihr erkennen konntet. Zählt die Herzschläge eines Wasserflohs pro Minute.

Leben auf der Nadelspitze

Wir können sie nicht sehen, nicht riechen und sie sind auch nicht zu fassen. Trotzdem umgeben uns diese Lebewesen in einer unvorstellbar großen Zahl. Es sind Bakterien. Erst mit dem Mikroskop konnte man sie zum Beispiel als winzige Kugeln oder Stäbchen entdecken. Allein in unserem Mund sind mehr Bakterien zu Hause als jemals Menschen auf der Erde leben werden.

Findet heraus, welche Merkmale Bakterien von Tier- und Pflanzenzellen unterscheiden. Stellt eure Ergebnisse in einer Tabelle dar und besprecht diese in der Klasse.

Recherchiert in Partnerarbeit verschiedene Bedeutungen der Bakterien für den Menschen.

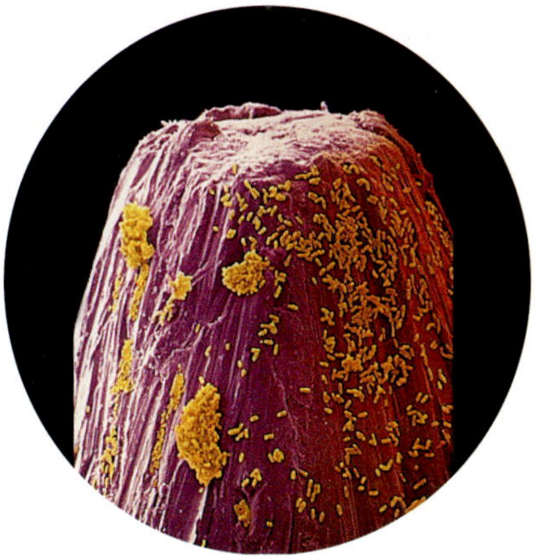

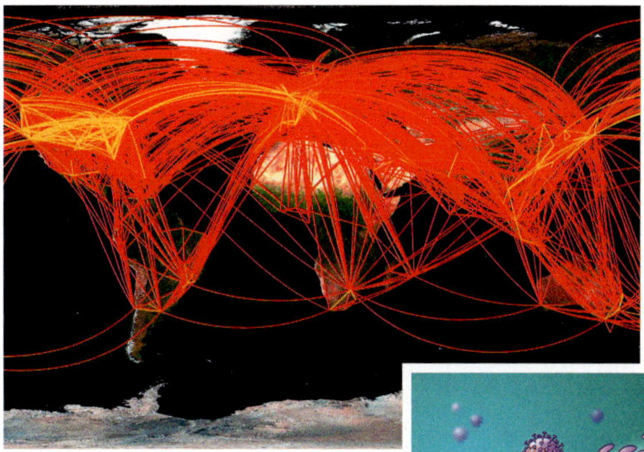

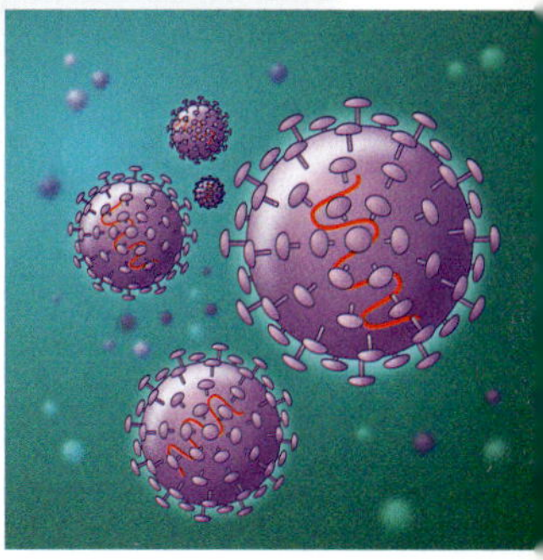

Sind Viren Lebewesen?

Mit der Lungenkrankheit SARS trat 2003 eine neue ansteckende und kaum behandelbare Infektionskrankheit auf. Sie hatte das Potenzial für eine weltweite Ausbreitung. Insgesamt erkrankten mehr als 8000 Menschen in rund 30 Ländern.

Warum konnte sich diese Krankheit so schnell ausbreiten?

Stellt das Modell eines Virus her und überlegt, ob Viren zu den Lebewesen zählen.

Was haben Rinder mit Einzellern zu tun?

Bearbeitet in Partnerarbeit die Frage und präsentiert eure Ergebnisse in geeigneter Form.

1 Womit beschäftigt sich die Biologie?

Die Biologie ist eine Naturwissenschaft, die sich mit den Lebewesen und ihren Lebenserscheinungen beschäftigt. Dabei macht sie uns mit der mikroskopisch kleinen Welt ebenso bekannt wie mit komplexen Lebensräumen. Solche Lebensräume erstrecken sich vom eisigen Süd- oder Nordpol bis hin zu den Wüsten. In allen diesen Lebensräumen mit ihren bestimmten eigenen Lebensbedingungen ist Leben möglich.

Die Biologie ermöglicht Erkenntnisse über eine Vielzahl von Lebewesen. Heute sind etwa 1,8 Millionen Tierarten und 800 000 Pflanzenarten bekannt. Schätzungen gehen davon aus, dass noch weitere Millionen Arten unentdeckt sind. So werden zum Beispiel fast täglich neue Insektenarten beschrieben. In den letzten 20 Jahren wurden sogar neue Säugetierarten entdeckt. Zu ihnen zählen die Spiralhornantilope und der Zwergmausmaki, der mit etwa 30 Gramm der kleinste weltweit bekannte Affe ist.

Biologen entdecken nicht nur neue Arten. Sie erforschen auch, wie aus einer einzelnen Zelle ein Lebewesen wird, wie Pflanzen Sonnenenergie einfangen und wie bestimmte Organismen zusammenleben. Auf all diesen Ebenen wird biologische Forschung betrieben. Dabei liefern Beobachtungen, Messungen und Experimente verschiedene Daten. Neue, noch genauer messende Methoden und Verfahren geben den Wissenschaftlern immer neue Einblicke in die Biologie. Wie kann man sich eine solche Forschung vorstellen und wie bringt der Wissenschaftler die einzelnen Ergebnisse in Zusammenhang?

Meeresbiologen untersuchen zum Beispiel ein Korallenriff. Dabei bestimmen sie in einem festgelegten Gebiet alle vorkommenden Tier- und Pflanzenarten. Dann zählen sie, wie viele Einzellebewesen von einer Art vorkommen. So können sie Rückschlüsse auf Artenvielfalt und Individuendichte ziehen. Werden sehr viele solcher Einzeldaten kombiniert, kann man oft **verallgemeinernde Schlussfolgerungen** ziehen. Das vorliegende Beispiel ließe den Schluss zu: Korallenriffe sind sehr artenreiche Lebensräume. Die Meeresbiologen können jedoch auch einzelne Riffbewohner und ihre Verhaltensweisen beobachten. Ein bekanntes Beispiel sind die tagaktiven Clownfische, die zu den Riffbarschen gehören. Sie leben mit einer Seeanemone zusammen. Aus der Gemeinschaft ziehen beide einen Nutzen: Die Fische verteidigen ihre Anemone und

1 **Biologe untersucht ein Korallenriff**

2 **Anemonenfische am Korallenriff**

entfernen Sand sowie Nahrungsreste. Im Gegenzug erhalten sie einen umfassenden Schutz durch die starken Nesselgifte und können ihre rund 400 Eier am Fuß der Anemone ablegen. All diese Informationen hat man aus **einzelnen Beobachtungen** gewonnen.

Es gibt jedoch noch einen zweiten Weg, biologische Fragen zu beantworten. So hatten Biologen festgestellt, dass die Nesselgifte von Seeanemonen für Fische tödlich sind. Berührt ein Fisch die Fangarme der Anemone, entladen sich die Giftkapseln und töten die Beute. Daraus leitet sich die Frage ab: »Warum sterben Clownfische nicht, obwohl sie direkt in die Anemone hinein schwimmen?« Man stellt nun eine Vermutung auf, die lauten könnte: Die Fische besitzen Stoffe in der Haut, die einen Angriff verhindern. Daraus lassen sich konkrete Vorhersagen für Experimente ableiten. So könnte man prüfen, ob die Fische den Schutz verlieren, wenn man sie isoliert. In einem Versuch wurde daraufhin ein Clownfisch mehrere Tage von der Anemone getrennt und dann zurückgesetzt. Bei Berührung der Fangarme starb der Fisch. So ließ sich die Voraussage bestätigen. Weitere Experimente konnten zeigen, dass die Fische durch Kontakt mit der Anemone langsam deren Nesselgifte in die Haut einlagern. Sie tarnen sich dadurch chemisch und werden von der Anemone nicht mehr als fremd erkannt und angegriffen.

Es gibt viele wissenschaftliche Fragestellungen, bei denen die Antworten einer Naturwissenschaft nicht ausreichen. Deshalb arbeiten Wissenschaften oft gemeinsam an der Erforschung eines Phänomens, man spricht von **interdisziplinärer Forschung.** Mit ihrer Hilfe konnte man zum Beispiel Ursachen des weltweiten Riffsterbens herausfinden. Korallenriffe bestehen vorwiegend aus Steinkorallen mit winzigen, festsitzenden Korallenpolypen. Diese ernähren sich von Plankton und scheiden an ihrer Fußscheibe Kalk ab, der zur Riffbildung führt. Ihre Färbung erhalten die Korallen durch bestimmte Algen, mit denen die Polypen in Symbiose leben. Die Algen betreiben Fotosynthese und liefern den Polypen Sauerstoff und Traubenzucker. Kommt es zu einer Erwärmung des Meereswassers um nur zwei bis drei Grad Celsius, stoßen die Polypen ihre Algen ab, es kommt zur Korallenbleiche, die Korallen sterben ab. Einen weiteren Hinweis liefern chemische Messungen: In vielen Riffregionen lässt sich durch die Zunahme der Kohlenstoffdioxidkonzentration in der Atmosphäre ebenfalls ein erhöhter Wert an im Wasser gelöstem Kohlenstoffdioxid feststellen. Dadurch steigt der Gehalt an Kohlensäure im Meereswasser, es wird etwas saurer. Als Folge löst sich mehr Kalk, die Riffstrukturen werden zerstört.

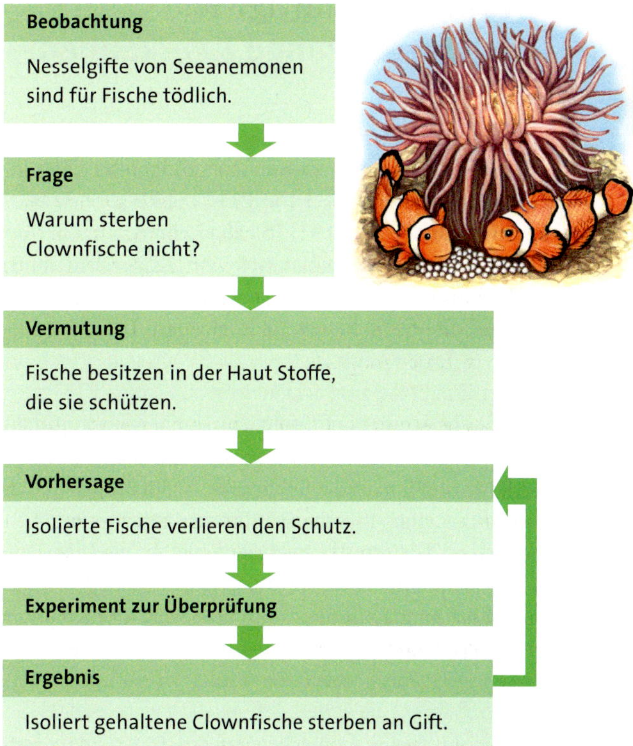

3 Naturwissenschaftliches Arbeiten

4 Korallenbleiche

1 Leite weitere Vorhersagen zum Schutz der Clownfische ab, die man im Experiment überprüfen könnte.

2 Begründe, warum auch Experimente wichtig sind, bei denen sich Vermutungen und Vorhersagen nicht bestätigen.

2 Basiskonzepte helfen Zusammenhänge zu erkennen

Alle belebten Gebiete der Erde wie Wälder, Wiesen, Seen, Bäche und Korallenriffe gehören zur **Biosphäre.** Hier leben verschiedene Pflanzen und Tiere, die mit ihrer Umgebung in Beziehung stehen. Ein Lebensraum, auch Biotop genannt, ist durch Umweltfaktoren wie Licht, Temperatur, Feuchtigkeit und Bodenbeschaffenheit charakterisiert. So ist ein Korallenriff zum Beispiel durch sonniges und warmes Klima gekennzeichnet, das Wasser ist reich an gelöstem Kochsalz, aber arm an Mineralstoffen wie Phosphat oder Nitrat. In einem solchen Lebensraum kommen Populationen verschiedener Tier- und Pflanzenarten vor. Sie bilden die Biozönose. Die Beziehungen zwischen den Mitgliedern einer Biozönose sind vielfältig. So ergeben sich neben Nahrungsbeziehungen, auch verschiedene Formen der Konkurrenz um Ressourcen, Räuber-Beute-Beziehungen und Formen des Zusammenlebens wie Parasitismus oder Symbiose. Die Einheit von Biotop und Biozönose wird als **Ökosystem** bezeichnet. Sie unterscheiden sich in ihrer Größe und Artenvielfalt voneinander. So zählen Korallenriffe zu den besonders artenreichen Ökosystemen. Ein wesentliches Merkmal lebender **Systeme** ist neben den unterschiedlichen Strukturebenen die Vielfalt.

Wie lässt sich die unübersehbare Vielfalt eines Korallenriffes übersichtlich darstellen und erklären?

Zum einen kann man zum Beispiel die verschiedenen Tierarten nach bestimmten Merkmalen ordnen. Am Korallenriff leben sowohl *Wirbeltiere*, wie zahlreiche Fischarten, als auch *wirbellose Tiere,* wie Muscheln, Schnecken, Korallen und Seeigel. Zum anderen können weitere Basiskonzepte genutzt werden. Sie helfen, Wesentliches zu erkennen und neues biologisches Wissen richtig einzuordnen. Wie lassen sich diese Grundprinzipien auf die Riffbewohner und ihre Beziehungen untereinander anwenden?

Die artenreichste Wirbeltiergruppe am Korallenriff sind die Fische. Dabei unterscheidet man die Haie und Rochen mit knorpeligem Innenskelett von den Knochenfischen. Bei der letztgenannten Gruppe ist die **Vielfalt** oder **Variabilität** am größten. Die einzelnen Arten unterscheiden sich zum Beispiel in Größe, Form, Färbung und Verhalten. Auch einzelne Körpermerkmale wie Kopf- und Schwanzform oder das Gebiss sind arttypisch.

So haben Riesen-Muränen einen bis über zwei Meter langen, schlangenförmigen Körper. Das Maul ist sehr groß und trägt dolchartige Fangzähne. Die Tiere sind dämmerungs- und nachtaktiv und besitzen einen gut entwickelten Geruchssinn, mit dem sie bei ihrer nächtlichen Jagd sogar schlafende Fische wahrnehmen können.

1 Korallenriff und seine Bewohner

In geschützten Flachwasserzonen der Seegraswiesen eines Korallenriffs können auch Gewöhnliche Seepferdchen leben. Diese Fische werden etwa 15 Zentimeter groß und weisen eigentümliche Baumerkmale auf: Im Gegensatz zur räuberisch lebenden Muräne besitzt das Seepferdchen eine röhrenförmige Schnauze ohne Zähne. Mit ihr saugt das Tier mikroskopisch kleine, im Wasser schwebende Lebewesen wie mit einem Strohhalm auf. Seepferdchen können beide Augen unabhängig voneinander bewegen, sodass sie ihre vorbeischwimmenden Beutetiere gut verfolgen können. Sobald die Beute erreicht werden kann, schnappen die Tiere blitzschnell zu oder saugen sie aus einer Entfernung bis zu drei Zentimetern an. Der Schwanz ist sehr beweglich und hat die Funktion eines Greifarmes. Mit ihm kann sich das Tier an Pflanzen, Korallen oder einem Partner festhalten. Männliche Seepferdchen besitzen am Bauch eine Bruttasche. In ihr entwickeln sich gut geschützt die Eier des Weibchens. Die Männchen erzeugen eine spezielle Nährflüssigkeit für die Embryonen, die am Ende ihrer Reifezeit als freischwimmende Jungtiere den Brutbeutel verlassen. Verallgemeinert kann man feststellen, dass zwischen der **Struktur** des jeweiligen Organs und seiner **Funktion** ein enger Zusammenhang besteht.

Riffbewohner zeigen in Bau, Funktion und Verhalten Eigenschaften, die ihnen das Leben in diesem Lebensraum ermöglichen. Ein Beispiel für solche **Angepasstheiten** liefern die Kugelfische. Ihr Maul hat ein kräftiges Gebiss, mit dem sie sogar harte Nahrung wie Korallen, Krebse, Muscheln und Schnecken zerbeißen können. Der schuppenlose Körper ist sehr elastisch und dehnbar. Kugelfische können in kurzer Zeit Wasser in eine Kammer in ihrem Körper saugen. Auf diese Weise vergrößert sich ihr Volumen, sodass Angreifer abgeschreckt werden.

Die **Fortpflanzung** oder **Reproduktion** ist ein weiteres Merkmal aller Lebewesen. Viele Tintenfische suchen zur Paarung flache Riffe auf. Nach einer langen Werbungsphase umschlingen sich die Partner. Das Tintenfischmännchen führt mit einem speziellen Arm ein Spermienpaket in den Körper des Weibchens ein. Die Spermien werden in einer speziellen Begattungstasche gespeichert. Nach einigen Stunden stößt das Weibchen über 500 Eizellen aus, die an der Tasche vorbeiströmen. Hier kommt es zur *inneren Befruchtung*. Dabei handelt es sich um eine **geschlechtliche** Fortpflanzung, bei der Ei- und Spermienzelle miteinander verschmelzen. Die Zentimeter großen Eier werden mit Hilfe von zwei Fortsätzen an der Eihülle an Korallen und Pflanzen befestigt. Andere Tiere leben festsitzend im Korallenriff. Bei den bis einen Meter langen Riesenmuscheln geben beide Geschlechter zeitgleich ihre Eizellen und Spermien ins Wasser ab. Im freien Wasser findet dann eine *äußere Befruchtung* statt. Die **ungeschlechtliche** Fortpflanzung erfolgt durch Teilung oder Knospung von Körperzellen. Bei der Teilung von Seeanemonen entstehen zum Beispiel aus einem Lebewesen durch Abschnürung zwei kleinere, eigenständige Tiere.

Ein weiteres wichtiges Basiskonzept untersucht die Zusammenhänge von **Stoff- und Energieumwandlungen.** Auch hierbei handelt es sich um ein Merkmal aller Lebewesen. Wie ernähren sich zum Beispiel Steinkorallen? Das Kalkgerüst der Koralle selbst ist ein hartes Gebilde, das am Grund festgewachsen ist. Hier leben unzählige kleine Korallenpolypen, die an der Außenseite ihres Körpers Kalk absondern. Sie sitzen mit einer Fußscheibe in einem becherförmigen Kelch. Am oberen Körperende befindet sich eine Mundöffnung mit kleinen Fangarmen. Mit ihnen fängt der Polyp Kleinstlebewesen, die in seiner Magenhöhle verdaut werden. Die Körperwand des Polypen besteht aus einer Außen- und Innenschicht. In dieser leben eingelagerte Algen. Auch hier haben wieder beide Arten einen Vorteil von dem Zusammenleben. Die Algen betreiben *Fotosynthese.* Bei diesem Stoffwechselweg setzen sie Kohlenstoffdioxid und Wasser zu Traubenzucker und Sauerstoff um. Sie nehmen also Stoffe auf und wandeln diese in neue Stoffe um. Dabei erhalten sie das Kohlenstoffdioxid direkt von den Polypen. Auch Mineralstoffe wie Stickstoff- und Phosphorverbindungen liefert der Symbiosepartner. Im Gegenzug können die Korallenpolypen den Sauerstoff und den Traubenzucker verwenden. So erhalten sie eine Zusatznahrung. Biologische Experimente konnten außerdem zeigen, dass die Kalkbildung der Korallen von dem Vorhandensein der Algen abhängt: Korallen mit Algen erzeugen etwa zehnmal soviel Kalk wie Korallen ohne Symbiosepartner.

Der Austausch von Informationen wird im **Basiskonzept Information und Kommunikation** beschrieben. Dabei ist ein Lebewesen der Sender und überträgt ein Signal an einen Empfänger. Diese Signale können ganz unterschiedlich sein. Viele Fische verständigen sich zum Beispiel über Töne.

Im Korallenriff spielen auch optische Signale eine große Rolle. Meeresnacktschnecken zeigen beispielsweise oft auffällige Färbungen mit Punkten, Streifen und Flecken. Diese Körperzeichnung warnt vor Giften und soll mögliche Fressfeinde abschrecken. Die Gifte nehmen viele Arten mit ihrer Nahrung auf. So frisst die Pyjama-Schnecke Feuerschwämme und speichert deren Gift in Drüsen auf ihrer Körperoberseite.

An Riffen leben auch verschiedene Haiarten. Der Graue Riffhai reagiert zum Beispiel sehr schnell auf chemische Signale. Kleinste Futtermengen eines Köders reichen aus, um ihn anzulocken. Auch bestimmte Verhaltensweisen spielen in der Verständigung von Riffhaien eine Rolle. Dringt ein fremder Hai oder ein Taucher in das Revier des Hais ein, zeigt dieser ein typisches Drohverhalten. Er buckelt mit dem Rücken, hebt den Kopf, senkt die Brustflossen und schwimmt mit übertriebenen Bewegungen. Werden diese Zeichen nicht beachtet, greift der Hai an und teilt Warnbisse aus. Die Übertragung von Informationen ist also eine wichtige Grundlage für das Verhalten der einzelnen Tierarten.

Das **System Korallenriff** ist durch verschiedene **Wechselwirkungen** zwischen Lebewesen gekennzeichnet. Die kleinen Putzerfische leben mit anderen Fischarten in einer Symbiose zum gegenseitigen Vorteil zusammen. Sie ernähren sich von Schmarotzern und abgestorbenen

2 Steinkorallen sind vielfältig

3 Meeresnacktschnecke

Hautteilen, die sie von größeren Fischen abfressen. So schützen sie gleichzeitig ihre »Kunden« vor Hautkrankheiten. Die etwa 45 Putzerfischarten machen durch leuchtende Farben und tänzelnde Schwimmbewegungen auf sich aufmerksam. Der putzwillige »Kunde« spreizt daraufhin die Flossen und stellt seine Kiemenklappen auf, damit auch diese Stellen nach Parasiten abgesucht werden. Geputzt werden auch große Raubfische wie Riffbarsche und Muränen. Ähnlich arbeiten Putzergarnelen. Diese kleinen Krebstiere bieten ihre Dienste durch typische Bewegungen der weißen Fühler an.

Nicht alle Wechselwirkungen sind für die betreffenden Arten positiv. Die Dornenkrone ist ein bis zu 50 Zentimeter großer Seestern mit elf bis 17 Armen. Wie der Name schon andeutet, ist die gesamte Oberfläche mit spitzen, giftigen Stacheln bedeckt. Während junge Tiere Algen fressen, ernähren sich erwachsene Dornenkronen von bestimmten Korallenarten, die schnell wachsen. Normalerweise sind die Tiere nachtaktiv. Bei einem Massenauftreten kommt es zu einer hohen Nahrungskonkurrenz. Die Seesterne ändern daraufhin ihr Verhalten: Sie sind nun auch am Tag aktiv und greifen alle Steinkorallenarten an. So können sie das gesamte Riff leer fressen und verwüsten.

4 Putzsymbiosen. A Putzerfisch; **B** Putzergarnele

5 Riffhai

Biologische Systeme verändern sich im Laufe der Zeit. Dieses Phänomen lässt sich mit Hilfe des Basiskonzeptes **Entwicklung** beschreiben. So gab es schon im Kambrium vor über 500 Millionen Jahren die ersten Korallenarten. Viele Gruppen der Wirbellosen wie Weichtiere oder Krebse stammen ebenfalls aus dieser Zeit. Erfolgreiche Kalkbildner waren jedoch erst Steinkorallen-Arten, die im Silur und Devon vor etwa 400 Millionen Jahren auftraten. An ihre Arbeit erinnern heute noch die mächtigen Kalkfelsen der Niagarafälle.

1 Wende das Basiskonzept Struktur und Funktion auf einen Riffhai an.

2 Erläutere mögliche Ursachen für die enorme Artenvielfalt an einem Korallenriff.

3 Das Basiskonzept Information und Kommunikation lässt sich auch auf Putzergarnelen und Putzerfische anwenden. Belege diese Aussage.

4 Informiere dich über die Fortpflanzung eines auf den Seite 12 bis 13 abgebildeten Fisches. Berichte in Form eines Kurzvortrages.

6 Dornenkranzseestern

3 Lebewesen bestehen aus Zellen

3.1 Pflanzliche und tierische Zellen

Präpariert man ein Zwiebelschuppenblatt und zieht mit der Pinzette ein Stück der dünnen, milchigtrüben Haut von der Oberfläche ab, erhält man ein Präparat zur mikroskopischen Untersuchung eines pflanzlichen Gewebes. Unter dem Mikroskop erscheint die Zwiebelepidermis als Mosaik von Zellen. Bei stärkerer Vergrößerung werden die Details einzelner Zellen sichtbar.

Nach außen ist die Zwiebelepidermiszelle durch eine starre **Zellwand** abgegrenzt. Sie dient der Festigung der Zelle und gibt ihr die charakteristische Form. Die Zellwand besteht aus Zellulose und ist daher für viele Stoffe ähnlich durchlässig wie ein Stück Filtrierpapier. Außerdem ist sie durch winzige Poren unterbrochen, sodass benachbarte Zellen zusätzlich durch diese Poren in Verbindung stehen. Nach innen schließt sich an die Zellwand die sehr dünne **Zellmembran** an. Durch sie können kleine Teilchen wie Wasser und darin gelöste Stoffe, zum Beispiel Traubenzucker oder Mineralstoffe, zwischen Zelle und Umgebung auf verschiedenen Wegen ausgetauscht werden. Der sich an die Zellmembran anschließende Innenraum der Zelle wird vom **Zellplasma,** einer zähen und klaren Flüssigkeit, ausgefüllt. Es besteht hauptsächlich aus Eiweißstoffen und Wasser. Außerdem erkennt man im Zellplasma verschiedene Zellbestandteile, die ähnlich wie Organe eine klar umrissene Struktur und Funktion haben und daher auch als *Zellorganellen* bezeichnet werden. Zu ihnen gehören die der Zellatmung dienenden **Mitochondrien,** die aufgrund ihrer geringen Größe im Lichtmikroskop nur schwer zu sehen sind. Wesentlich größer sind die der Fotosynthese dienenden **Chloroplasten,** die besonders in grünen Pflanzenteilen vorkommen. Chloroplasten enthalten den Blattfarbstoff Chlorophyll, der in der Fotosynthese an der Herstellung von Traubenzucker und Sauerstoff aus Wasser und Kohlenstoffdioxid beteiligt ist. Den Zwiebelepidermiszellen fehlen diese Chloroplasten, da die in der Erde sitzenden verdickten Blätter der Küchenzwiebel nur Speicherfunktion haben. Das Zellplasma wird von feinen Membranen durchzogen und gegliedert. Diese Membranen umschließen Räume, in denen bestimmte chemische Reaktionen und Stoffwechselvorgänge ablaufen.

Im Zellplasma liegt außerdem der **Zellkern,** der die Erbsubstanz enthält und damit die Lebensvorgänge der Zelle steuert. Umgeben wird er von der Kernmembran. In vielen älteren und ausgewachsenen Pflanzenzellen findet man große Flüssigkeitsbehälter, die **Vakuolen.** Sie werden von einer Membran begrenzt, die als **Tonoplast** bezeichnet wird. Der in den Vakuolen enthaltene **Zellsaft** besteht aus Wasser mit darin gelösten Farbstoffen, Giften oder Abfallprodukten des Zellstoffwechsels. In den Zwie-

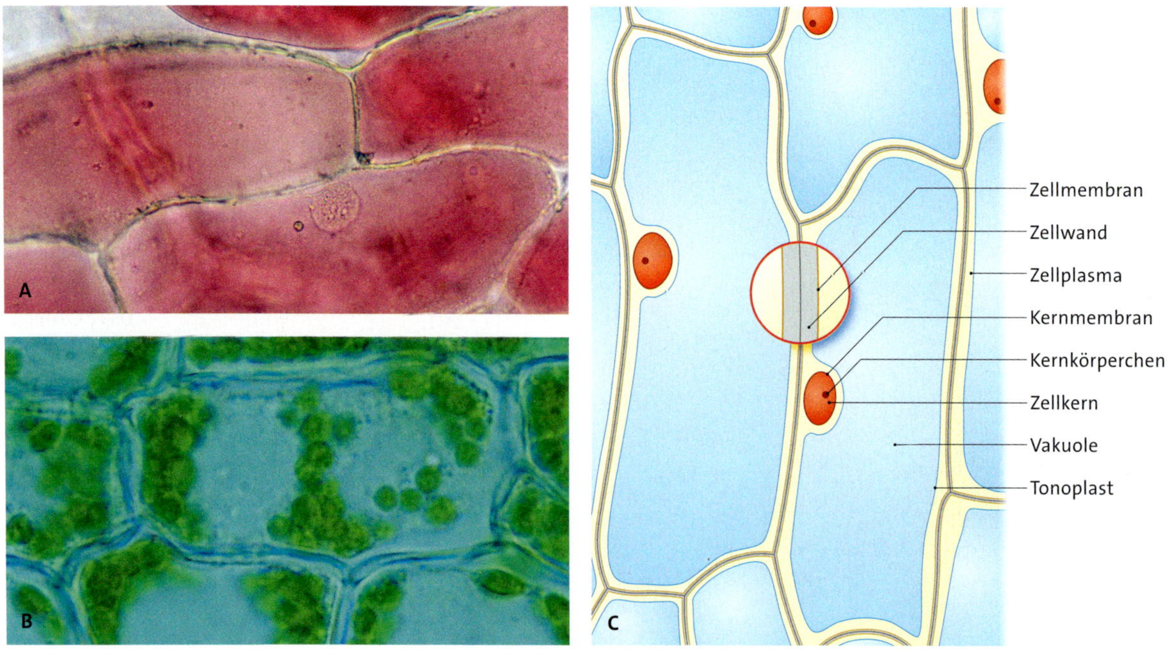

1 Pflanzliche Zellen. **A** Zwiebelepidermis; **B** Blatt der Wasserpest; **C** Schemazeichnung belzellen sind zusätzlich Senföle vorhanden, die beim Schneiden frei werden.

Alle Pflanzenzellen haben prinzipiell den gleichen Aufbau. Dennoch gibt es zahlreiche Abwandlungen, da die Zellen unterschiedliche Aufgaben erfüllen müssen. Die Zellen der Zwiebelepidermis sind besonders eng miteinander verzahnt und schützen so die Zwiebelschuppe an der Blattoberfläche vor dem Eindringen von Krankheitserregern und vor dem Verlust wichtiger Inhaltsstoffe. Ein Beispiel für die Angepasstheit an Fotosynthese sind die grünen Blätter der Wasserpest. Sie enthalten viele Chloroplasten und sind daher besonders zur Produktion von Traubenzucker geeignet. Andere Zellen sind auf die Speicherung von Fetten, Eiweißen und Kohlenhydraten spezialisiert. In den Speicherzellen der Kartoffelknollen ist zum Beispiel Stärke eingelagert. Bei der Brennnessel findet man Brennhaare. Diese Zellen haben verdickte Zellwände und ein Köpfchen, das bei Berührung sehr leicht abbrechen kann. Ist das Köpfchen abgebrochen, bohrt sich das Haar in die Haut und gibt die im Inneren des Haares befindliche ätzende Ameisensäure frei. Fressfeinde werden so von der Brennnessel abgeschreckt. Andere Zellformen dienen der Verbreitung der Samen. So ist jedes etwa fünf Zentimeter lange Samenhaar der Baumwollpflanze eine einzelne tote Haarzelle. Bis zu 5000 dieser Samenhaare befinden sich an einem Samen und dienen der Verbreitung durch den Wind.

Betrachtet man beispielsweise Leberzellen unter dem Mikroskop, so erhält man erste Informationen über den Bau tierischer Zellen. Die Leberzellen haben eine unregelmäßige Form und sind nur von einer Zellmembran umgeben. Eine starre Zellwand findet man hier nicht. Auch Vakuolen und die für viele Pflanzenzellen typischen Chloroplasten fehlen in allen tierischen Zellen. Tier- und Pflanzenzellen weisen somit einige charakteristische Unterschiede auf.

Bei Tierzellen gibt es ebenfalls viele Abwandlungen. Drüsenzellen produzieren spezielle Stoffe wie Hormone oder Verdauungssäfte. Muskelzellen sind lang gestreckt und können durch aktive Verkürzung Bewegungen ausführen. Knochenzellen bestehen aus elastischen Eiweißfasern und festen, harten Kalziumverbindungen. Sie sind dadurch elastisch und gleichzeitig hart und deshalb ideale Bausteine für das Skelett.

1 Beschreibe anhand der Abbildungen 1 und 2 Gemeinsamkeiten und Unterschiede pflanzlicher und tierischer Zellen.

2 Recherchiere jeweils drei Beispiele für die Differenzierung von Pflanzen- und Tierzellen. Präsentiere deine Ergebnisse in geeigneter Form.

3 Erkläre, weshalb Tiere im Gegensatz zu Pflanzen spezielle Stützsysteme wie beispielsweise Skelette benötigen.

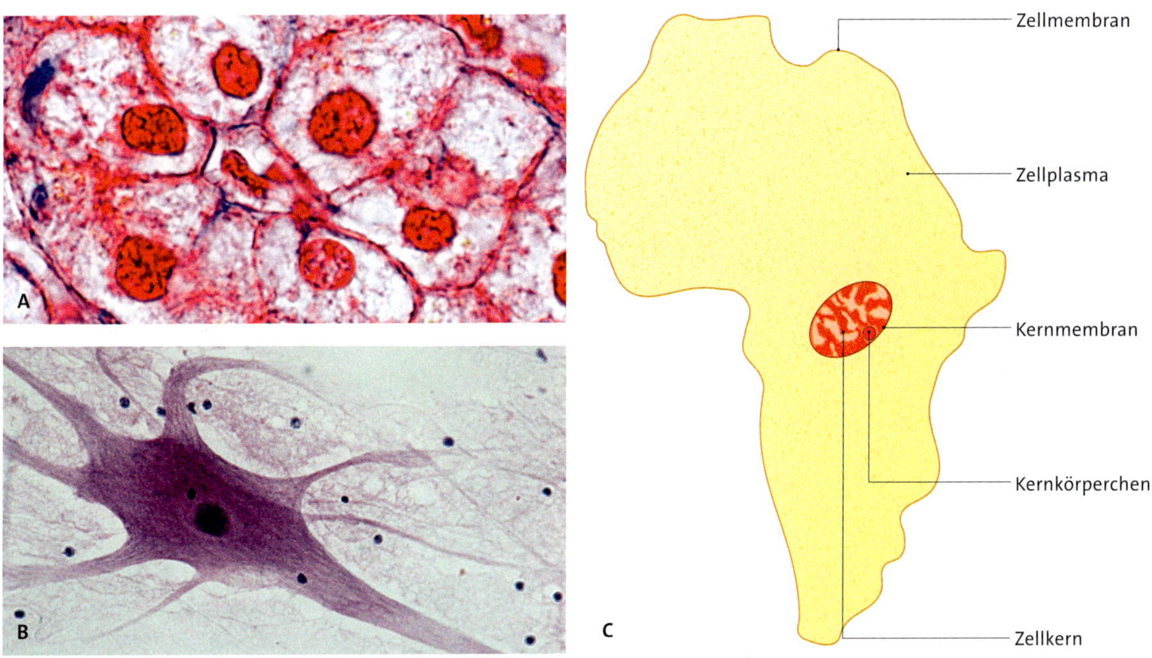

2 Tierische Zellen. **A** Leberzellen; **B** Nervenzelle; **C** Schemazeichnung

Methode Mikroskopisches Zeichnen

Das Mikroskop gehört zu den wichtigsten und am weitesten verbreiteten Geräten des Biologen. Beim Blick durch das Mikroskop erhält man völlig neue Eindrücke vom faszinierenden Mikrokosmos, der uns umgibt.
Bis zu tausendfache Vergrößerungen sind mit einem guten Lichtmikroskop bei sachgerechter Handhabung problemlos möglich. Die Gesamtvergrößerung am Mikroskop berechnet sich aus dem Produkt der Okularvergrößerung und der Objektivvergrößerung.

Die Ergebnisse mikroskopischer Untersuchungen werden häufig in Form mikroskopischer Zeichnungen dokumentiert. Die Zeichnung ist eine Form des Beobachtungsprotokolls. Beim Zeichnen sind einige Regeln zu beachten, um zu guten Ergebnissen gelangen zu können:

- Eine mikroskopische Zeichnung sollte mit einem mittelharten Bleistift auf einem weißen Blatt Papier im Format DIN A4 erstellt werden.
- Die mikroskopische Zeichnung soll das Objekt nach Form, Größenverhältnissen und im Zusammenhang mit der Umgebung genau darstellen und etwa $2/3$ des Blattes ausfüllen. Der Rest bleibt zunächst für die Beschriftung frei.
- In einem ersten Arbeitsgang werden wichtige Merkmale des Objektes unter genauer Beachtung der Proportionen in dünnen Linien festgehalten. Durch vorsichtiges Bewegen des Feintriebes werden die verschiedenen Objektebenen erfasst. Im zweiten Arbeitsgang werden alle Linien glatt nachgezogen, sodass ein klares Bild entsteht.
- Mikroskopische Zeichnungen werden nicht farbig ausgemalt.
- Die Beschriftung besteht aus einer Überschrift, in der der Name des Objektes, der Name des Organs, die mikroskopische Vergrößerung und gegebenenfalls weitere Hinweise, zum Beispiel über Färbungen, angegeben werden. Zur Beschriftung der Zeichnung werden mit dem Lineal Linien von den zu beschriftenden Strukturen in das Umfeld der Zeichnung gezogen und die jeweiligen Fachbegriffe eingefügt.

Ergänzend zu den mikroskopischen Zeichnungen kann man Fotos erstellen und Beobachtungen in Textform festhalten. Abschließend wird das Gesehene ausgewertet und die Ergebnisse werden festgehalten.

1 Das Mikroskop in Abbildung 1 hat Objektive mit den Vergrößerungen 4-fach, 10-fach und 40-fach sowie Okulare mit den Vergrößerungen 8-fach, 10-fach und 15-fach. Berechne alle Gesamtvergrößerungen, die sich an dem Gerät einstellen lassen.

2 Erstelle ein Präparat von der Schnittfläche einer Kartoffelknolle. Mikroskopiere und zeichne.

A

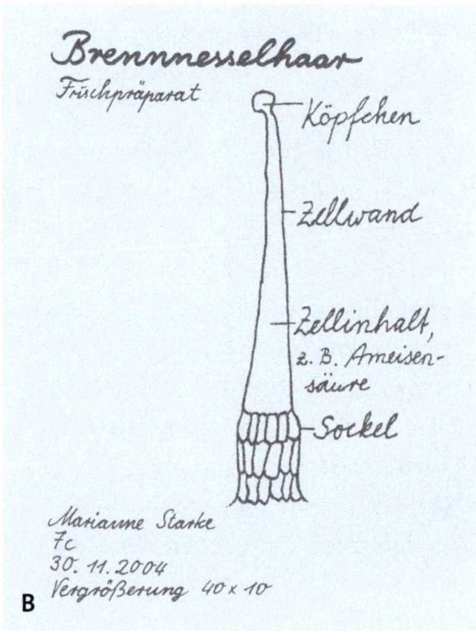

B

1 Mikroskopische Technik. **A** Arbeit am Lichtmikroskop; **B** Schülerzeichnung eines Brennnesselhaares

Aufgaben und Versuche – Zellen mikroskopieren

A1 Bedienung des Lichtmikroskops

Die folgenden Anweisungen ergeben in der richtigen Reihenfolge eine Anleitung zum sachgerechten Umgang mit dem Mikroskop.

- Erledige deine Arbeitsaufträge. Verändere dabei mit dem Feintrieb immer wieder die Schärfeebene.
- Optimiere mit der Irisblende Helligkeit und Kontrast.
- Bringe das Objektiv mit der kleinsten Vergrößerung in den Strahlengang und den Kondensor in die obere Position.
- Lege das Präparat mit dem Objekt mitten über die Objekttischöffnung und klemme es fest.
- Schalte die Mikroskoplampe ein.
- Bewege unter seitlicher Betrachtung Objekttisch und Objektiv durch Drehen am Grobtrieb aufeinander zu.
- Verschiebe den Objektträger so, dass das zu untersuchende Objekt genau in der Mitte des Bildfeldes liegt.
- Schalte die Lampe aus, bringe das kleinste Objektiv in den Strahlengang und nimm das Objekt vom Objekttisch.
- Bringe vorsichtig das Objektiv mit der nächsten Vergrößerung in den Strahlengang, optimiere die Schärfe mit dem Feintrieb sowie Helligkeit und Kontrast mit der Irisblende.
- Schaue durch das Okular und stelle das Objekt durch langsames Drehen am Grobtrieb scharf.
- Säubere das Mikroskop mit einem weichen Lappen. Fasse niemals mit den Fingern auf die Linsen.
- Wiederhole bei Bedarf die beiden zuvor genannten Arbeitsschritte.

Aufgaben:

a) Schreibe die oben aufgeführten Arbeitsschritte unter der Überschrift »Bedienung des Lichtmikroskops« in der richtigen Reihenfolge in dein Heft.

b) Beschreibe den Aufbau eines Lichtmikroskops und gib die Funktion der einzelnen Teile an.

c) Preiswerte Spielzeugmikroskope sind mit einer Taschenlampenbirne zur Beleuchtung und Objektiven mit sehr kleinen Linsen ausgestattet. Feintrieb, Kondensor und Irisblende fehlen. Erläutere, weshalb ein solches Gerät trotz maximal 900-facher Vergrößerung für erfolgreiches Mikroskopieren völlig ungeeignet ist.

V2 Epidermis beim Laubblatt

Material: frische Laubblätter, z. B. von Christrose, Alpenveilchen oder Tulpe; Mikroskop mit Zubehör; Rasierklinge; Zeichenmaterial; Pinzette; Pipette; Filtrierpapier

Durchführung: Ritze mit der Rasierklinge einen etwa 0,5 cm × 0,5 cm großen Bereich der Blattunterseite ein und ziehe mit der Pinzette die Epidermis in diesem Bereich ab. Lege das Epidermisstück mit der Außenseite nach oben in einen Wassertropfen auf einen Objektträger, bedecke es mit einem Deckglas und betrachte es zunächst bei schwacher Vergrößerung. Zwischen den Epidermiszellen finden sich, paarweise angeordnet, Zellen von bohnenförmiger Gestalt. Dies sind Schließzellen, die zwischen sich einen Spalt (Spaltöffnung) freilassen. Betrachte einen solchen Bereich bei starker Vergrößerung.

Aufgaben:

a) Zeichne einen Ausschnitt der Epidermis mit Spaltöffnung. Beschrifte die Zeichnung.

b) Beschreibe die Unterschiede zwischen Epidermiszellen und Schließzellen genau. Erläutere.

V3 Mikrofotografie an Mikroskop und Stereolupe

Material: Mikroskop oder Stereolupe mit scharf eingestelltem Präparat; Digitalkamera (etwa 3-fach Zoom)

Durchführung: Schalte die Digitalkamera ein und zoome das Objektiv in eine 2- bis 3-fache Vergrößerung. Schalte das Blitzgerät ab. Setze nun das Objektiv der Digitalkamera mittig auf das Okular des Mikroskops und halte beide mit der linken Hand fest. Schaue durch den Sucher der Kamera und stelle die Schärfe am Mikroskop nach. Bei den meisten Digitalkameras erscheint jetzt im Sucher ein gutes Bild des Objekts. Löse mit der rechten Hand die Kamera aus, während du beide Geräte mit der linken Hand weiter fest verbindest.

Aufgaben:

a) Erstelle Fotos der von dir untersuchten Präparate. Vergleiche mit Fotos deiner Klassenkameraden. Verwende besonders gelungene Aufnahmen für eine Präsentation zum Thema Zelle.

b) Vergleiche Mikrofotos und mikroskopische Zeichnungen miteinander. Erläutere Vor- und Nachteile beider Dokumentationsverfahren.

3.2 Einzellige Lebensformen mit Zellkern

In einen Fischteich werden große Mengen Fischfutter gestreut, um einen hohen Ertrag zu erzielen. Bald darauf färbt sich das Wasser intensiv grün. Wie lässt sich diese Farbveränderung erklären?

Untersucht man das Wasser im Mikroskop, findet man neben anderen Einzellern vor allem das spindelförmige, grün gefärbte etwa 0,05 Millimeter große Augentierchen *Euglena*. Die schnelle Vermehrung von Euglena erfolgt durch Längsteilung der Einzelzellen. Die grüne Farbe stammt vom Chlorophyll in den Chloroplasten. Euglenen können also Fotosynthese betreiben und Traubenzucker und andere Nährstoffe selbst herstellen. Sie ernähren sich damit wie Pflanzen. Leben Euglenen allerdings lange im Dunkeln, wird ihr Chlorophyll abgebaut. Nährstoffe müssen jetzt von außen durch die Zellmembran aufgenommen werden und die kleinen Einzeller ernähren sich wie Tiere.

Zur Fortbewegung besitzt Euglena eine Geißel (lat. *flagellum*). Mit propellerartiger Bewegung zieht sie das Augentierchen durch das Wasser. Dabei dreht sich der ganze Körper um seine Längsachse. Einzeller mit Geißeln gehören zu den Geißelträgern oder **Flagellaten.** Werden Euglenen von Licht bestrahlt, so schwimmen sie auf die Lichtquelle zu. Sie besitzen einen lichtempfindlichen Fotorezeptor in der Nähe des sogenannten Augenflecks.

An einem anderen Teich beobachtet man einige watteähnliche, grüne Flecken an der Wasseroberfläche. Wenige Wochen später ist der gesamte Teich von dieser Watte durchzogen. Auch diese Beobachtung ist ohne weitere Untersuchungen rätselhaft. Beim Blick durch das Mikroskop zeigt sich jedoch ein Geflecht von Fäden, die aus Zellen bestehen. Schraubenartig angeordnete Chloroplas-

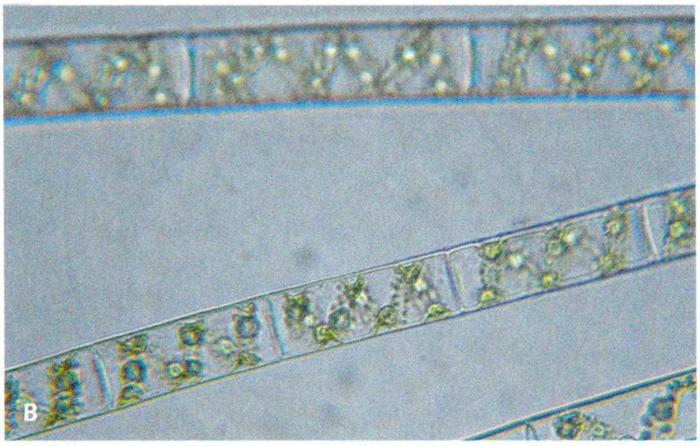

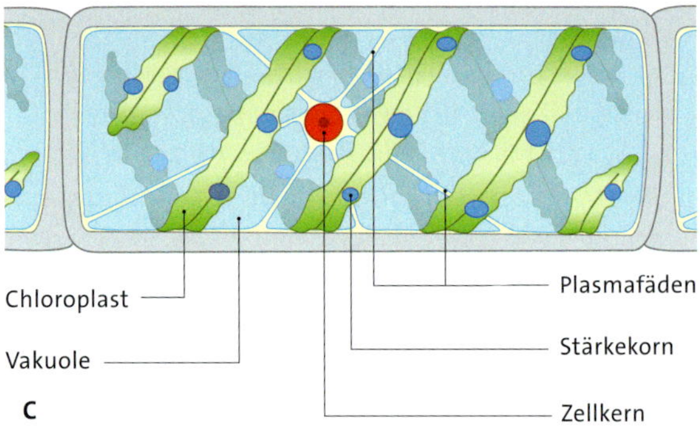

2 Schraubenalge. **A** im Lebensraum; **B** mikroskopische Aufnahme; **C** Schema

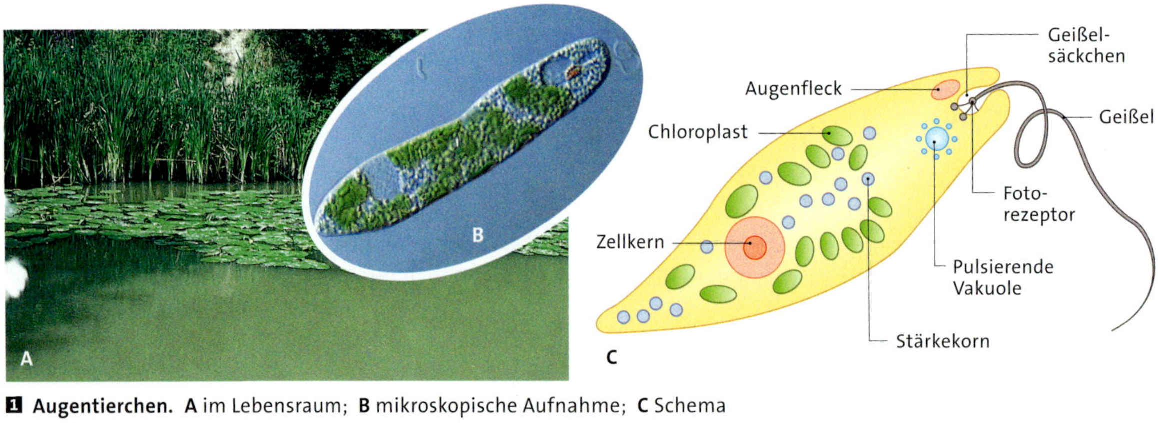

1 Augentierchen. **A** im Lebensraum; **B** mikroskopische Aufnahme; **C** Schema

ten durchziehen jede Zelle. Die grüne Watte besteht aus Grünalgen der Gattung *Spirogyra*. Wegen ihrer schraubenförmigen Chloroplasten wird diese Grünalge auch als Schraubenalge bezeichnet.

Schabt man von der Unterseite eines Seerosenblattes aus dem Teich etwas Material auf einen Objektträger und untersucht es unter dem Mikroskop, findet man manchmal farblose, gallertige Klumpen, die sich langsam fortbewegen. Es sind **Amöben.** Mit fließenden Bewegungen gleiten sie über den Untergrund. Dabei fließt das körnige Innenplasma in das von der Zellmembran umhüllte Außenplasma. So entstehen »Scheinfüßchen«, mit denen sich die Amöbe fortbewegt. Trifft eine Amöbe auf ein Nahrungsteilchen, zum Beispiel Bakterien oder einzellige Algen, so umschließt sie dieses mit ihrer Zellmembran. Die so entstandene Blase aus Membranmaterial wandert dann als *Nahrungsvakuole* durch das Tier. Ihr Inhalt wird zum größten Teil mit Hilfe von Enzymen aufgelöst und die Nährstoffe in das Zellplasma abgegeben. Anschließend verschmilzt die Vakuolenmembran erneut mit der Zellmembran, um auf diese Weise unverdauliche Reste nach außen abzugeben. Da ständig Wasser über die Zellmembran in eine Amöbe eindringt, besitzt sie noch einen zweiten Vakuolentyp. Diese *Pulsierende Vakuole* nimmt Wasser und gelöste Abfallstoffe in sich auf und pumpt den Inhalt dann von Zeit zu Zeit ruckartig nach außen.

In abgestandenem Blumenwasser, in einem Heuaufguss oder im Abwasser einer Kläranlage trifft man massenhaft auf Einzeller, die die Form eines Pantoffels haben. Sie heißen *Paramecium* und werden wegen ihrer besonderen Form auch Pantoffeltierchen genannt. Diese Einzeller werden von einer Zellmembran und einer darunter liegenden zähen Zellplasmaschicht begrenzt. Hierdurch wird eine feste, jedoch elastische Gestalt erreicht. Auffällig sind die kleinen, beweglichen Wimpern oder Cilien, die die gesamte Oberfläche bedecken. Der Schlag der Wimpern ist so abgestimmt, dass eine Welle über die Zelle läuft. Dadurch wird das Pantoffeltierchen vorwärts getrieben. Je nach Schlagrichtung kann es vorwärts oder rückwärts schwimmen. Dabei dreht es sich um seine Längsachse.

Da Pantoffeltierchen eine feste Gestalt haben, benötigen sie zur Nahrungsaufnahme eine Öffnung, den *Zellmund*. Dieser besteht aus einer dicht mit Wimpern besetzten Vertiefung. Mit den Wimpern strudelt das Pantoffeltierchen Nahrungsteilchen, zum Beispiel Bakterien, heran und schließt sie in eine Nahrungsvakuole ein. Diese bildet sich am Ende des Zellmundes und bewegt sich von hier auf einer festgelegten Bahn durch das Zellplasma. Dabei wird die Nahrung verdaut. Unverdaute Reste werden anschließend durch Verschmelzung der Nahrungsvakuole mit der Zellmembran abgegeben. Im vorderen und hinteren Bereich des Zellleibes liegt je eine Pulsierende Vakuole. Sternförmig angeordnete Kanäle leiten überschüssiges Wasser und Abfallstoffe in diese Bläschen. Langsam füllen sich die Vakuolen und geben dann ihren Inhalt rhythmisch durch eine kleine Pore in der Zellmembran nach außen ab. Das Pantoffeltierchen besitzt außerdem zwei Zellkerne. Der Großkern steuert hauptsächlich die Vakuolen, der Kleinkern die Zellteilung.

1 Wende die Merkmale der Lebewesen auf Euglena an.

2 Vergleiche den Aufbau von Amöbe und Pantoffeltierchen miteinander.

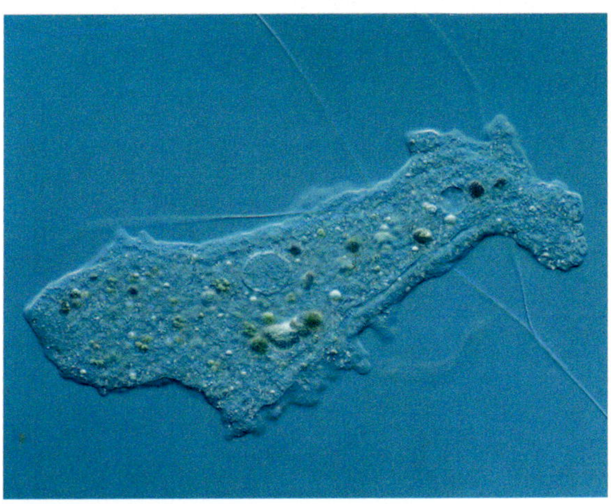

3 Amöbe (mikroskopische Aufnahme)

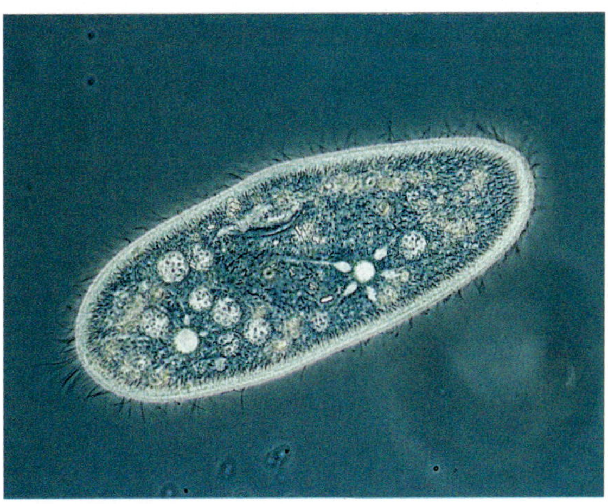

4 Pantoffeltierchen (mikroskopische Aufnahme)

3.3 Bakterien haben keinen Zellkern

Wir sehen sie nicht, wir riechen sie nicht und sie sind auch nicht zu fassen. Trotzdem umgeben uns diese Lebewesen in einer unvorstellbaren Anzahl. Es sind **Bakterien.** Erst mit dem Mikroskop entdecken wir sie als winzige Stäbchen, Kugeln oder Spiralen, die nur aus einer Zelle bestehen. Wir finden sie in der Luft, im Wasser und im Erdboden. Sie gedeihen selbst dort, wo es Pflanzen und Tieren zu heiß, zu kalt, zu sauer oder zu salzig ist. Sogar in heißen Schwefelquellen und brodelnden Schlammlöchern von Geysiren kommen bestimmte Bakterienarten vor. Sie leben am und im Körper von Pflanzen, Tieren und Menschen.

Wenn wir uns die Hände geben oder einen Geldschein anfassen, denken wir meist nicht daran, dass dabei auch Bakterien übertragen werden. Man kann diese meist nur etwa 1/1000 mm großen Lebewesen jedoch auch »sichtbar« machen, indem man sie auf einem keimfreien Nährboden züchtet und sich stark vermehren lässt. Es entstehen dann Kolonien von Millionen von Bakterien. Sie werden so groß, dass man sie als Punkte auf dem Nährboden sehen kann.

Unter dem Mikroskop entdeckt man dann ganz unterschiedliche Formen. Neben *Stäbchen* in Stab-, Keulen- und Kommaform sieht man auch kugelförmige Bakterien, die *Kokken.* Letztere können einzeln, kettenförmig oder in Trauben angeordnet sein. Auch schraubenförmige Bakterien *(Spirillen)* kann man unter dem Mikroskop erkennen. Alle Bakterien zeigen jedoch einen gemeinsamen Bauplan. Eine Bakterienzelle wird nach außen von einer festen Zellwand begrenzt. Diese ist bisweilen von einer Schleimhülle oder Kapsel umgeben. Nach innen folgt unterhalb der *Zellwand* die *Zellmembran.* Diese umschließt das *Zellplasma.*

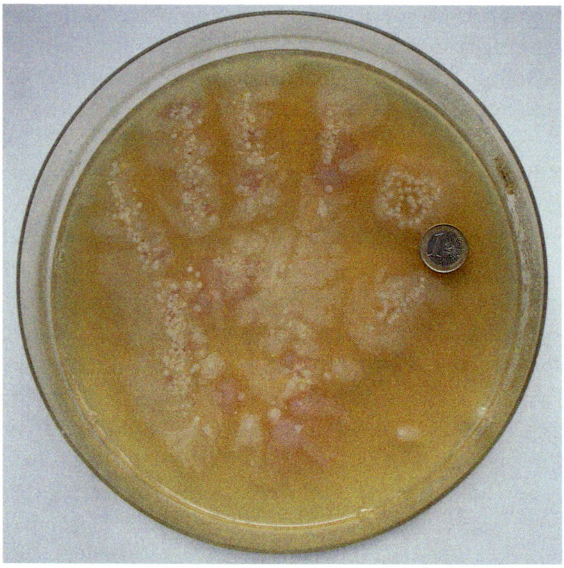

2 Bakterienkolonien nach einem Handabdruck auf einem Agrarnährboden

Die *Erbsubstanz* liegt frei im Zellplasma und ist von keiner Kernhülle umschlossen. Bakterien haben also keinen gegen das Plasma abgegrenzten Zellkern. Viele Arten bewegen sich mit Hilfe von *Geißeln* fort.

Bakterien vermehren sich durch Zellteilung. Innerhalb eines Tages können so aus einer Zelle mehr Bakterien entstehen, als es Menschen auf der Erde gibt. Manche Bakterien bilden auch Dauerstadien, die man *Sporen* nennt. In

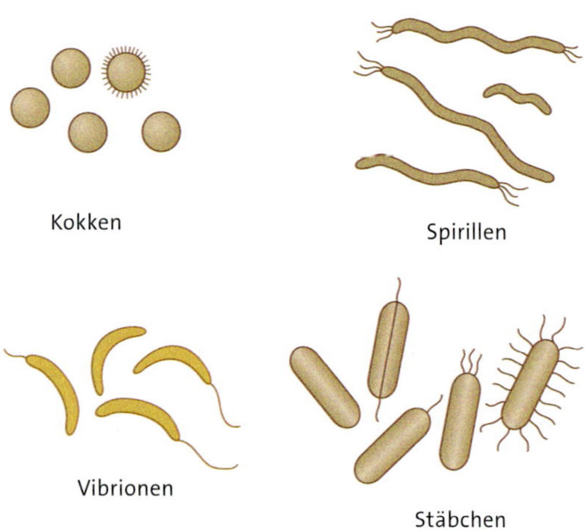

1 Bakterienformen

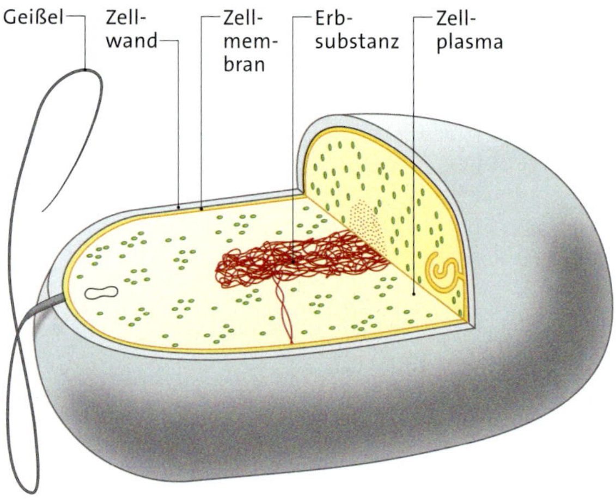

3 Bau einer Bakterienzelle

dieser Form können sie ungünstige Umweltbedingungen oft jahrelang überstehen.

Häufig denken wir bei Bakterien zuerst an Krankheitserreger. Tatsächlich verursacht nur eine ganz geringe Anzahl der zwischen 400 000 bis 4 000 000 geschätzten Arten Krankheiten beim Menschen. Die weitaus meisten Arten sind für Mensch, Tier und Pflanze nicht nur harmlos, sondern sie erfüllen wichtige Aufgaben. Beim Menschen siedeln zahlreiche Arten auf der Haut und in den Schleimhäuten und schützen uns vor Krankheitserregern. Auch im Darm leben einige Arten. Dort unterstützen sie die Verdauung. Im Pansen eines Rindes kommen in einem Milliliter Flüssigkeit etwa 100 Milliarden Bakterien vor. Nur mit ihrer Hilfe wird die aufgenommene Nahrung so weit aufbereitet, dass sie vom Rind weiter verdaut werden kann.

An den Wurzeln von Schmetterlingsblütengewächsen wie Lupine, Klee, Luzerne und Erbse verursachen Bakterien Wucherungen, die wie kleine Knollen aussehen. Die Bakterien leben in den Zellen dieser Knöllchen. Sie machen dort den Stickstoff der Bodenluft für die Ernährung der Wirtspflanze nutzbar. Im »Gegenzug« ernähren sich die Bakterien von Stoffen der Pflanze. Ein solches Zusammenleben zu gegenseitigem Nutzen nennt man *Symbiose*.

In Gewässern können sich unter bestimmten Bedingungen innerhalb kurzer Zeit gelbe, watteartige Überzüge bilden. Diese bestehen aus Milliarden von Bakterien, die an der Oberfläche schwimmen. Man nennt diese Erscheinung »Schwefelblüte«. Die Ursache dafür ist eine besonders starke Vermehrung von **Schwefelbakterien,** die ins Wasser eingeleiteten Schwefelwasserstoff verarbeiten und dabei kurzfristig gelben Schwefel in ihren Zellen bilden.

Ohne Bakterien wäre ein Leben auf der Erde nicht möglich. Bakterien stehen daher nicht ohne Grund am Beginn allen Lebens auf der Erde vor etwa vier Milliarden Jahren.

1 Vergleiche den Bau einer Bakterienzelle mit einer Pflanzenzelle.

2 Erläutere, wie Bakterien helfen können, den Boden zu düngen.

3 Nenne zwei Aufgaben, die Bakterien beim Menschen erfüllen.

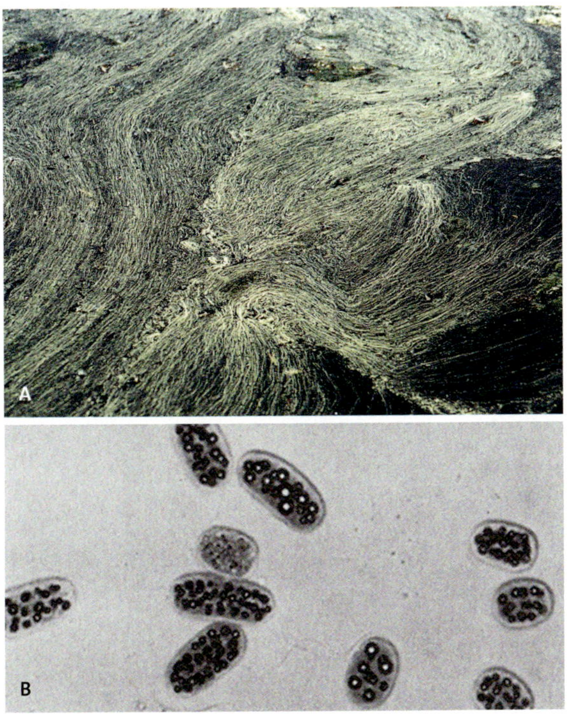

4 Schwefelbakterien. A »Blüte«; **B** Bakterien

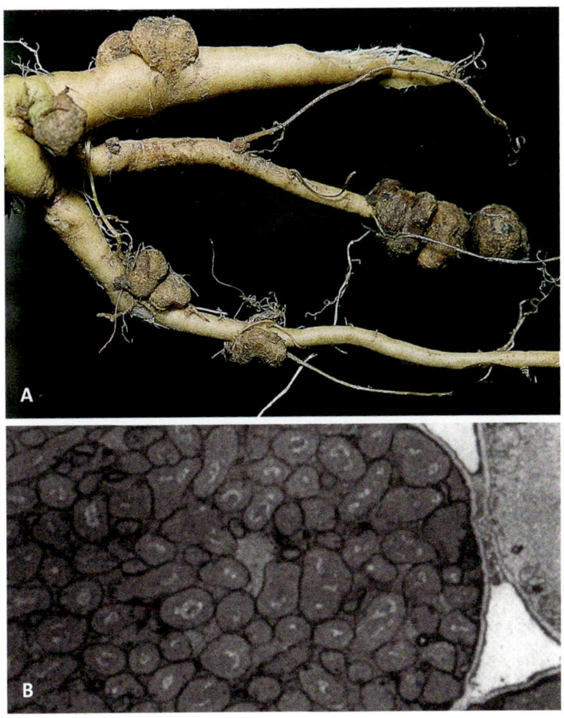

5 Wurzelknöllchen. A an der Wurzel; **B** Bakterien

3.4 Sind Viren Lebewesen?

Im Vergleich zu einzelligen Lebewesen mit und ohne Zellkern sind **Viren** (lat. *virus,* Gift, Saft, Schleim) sehr klein. Man kann sie erst unter einem Elektronenmikroskop erkennen. Sie haben keine Zellen und zeigen einen einfachen Aufbau. Ihre Gestalt ist stäbchen- oder kugelförmig und wird durch die Virushülle bestimmt. Diese besteht aus einer geometrischen Anordnung von identischen Eiweißbausteinen. Größere Viren können zusätzlich noch Hüllschichten aus Kohlenhydraten oder fettähnlichen Stoffen besitzen. Im Inneren der Virushülle findet man immer Erbsubstanz.

Viren sind nicht in der Lage, Stoffe aufzunehmen und umzuwandeln. Sie verfügen somit über keinen eigenen Stoffwechsel. Allerdings enthalten sie in ihrer Erbsubstanz die Information zur Vermehrung. Um die hierzu erforderlichen Baustoffe herzustellen, nutzen die Viren Stoffwechselleistungen in Zellen von Pflanzen, Tieren oder Bakterien. Man bezeichnet Viren daher auch als Zellparasiten. In die Wirtszellen bringen die Viren ihre Erbsubstanz und stellen damit deren Stoffwechsel auf ihre Bedürfnisse um.

Besonders gut sind Viren untersucht, die Bakterien als Wirtszellen nutzen. Sie werden auch **Bakteriophagen** (gr. *phagos,* Fresser) genannt. Die sogenannten T-Phagen zeigen einen auffälligen Bau. Ein kugelsymmetrischer Kopfteil enthält die Erbsubstanz. Daran schließen ein hoher Schwanzstift und eine Endplatte mit Schwanzfäden an. Bei der Anlagerung des Phagen verankert sich die Endplatte an der Bakterienwand. Dabei werden spezifische Wandbausteine der Wirtszelle erkannt. Vom Phagen wird die Erbsubstanz durch die Zellmembran hindurch in das Zellplasma der Bakterienzelle abgegeben, während die Hülle des Phagen außen verbleibt. In der befallenen Zelle verändert die Phagen-Erbsubstanz den Wirtsstoffwechsel so, dass dieser nicht mehr körpereigene Stoffe aufbaut, sondern Phagen-Bausteine synthetisiert. Dies gilt sowohl für die Erbsubstanz der Phagen als auch für seine Hüllbausteine. Diese Bausteine lagern sich anschließend zu neuen Viren zusammen. Etwa 30 Minuten nach der Infektion löst sich die Bakterienzelle auf, und bis zu 300 Phagen werden freigesetzt. Diese können dann erneut Wirtszellen befallen und sie zur Vermehrung benutzen.

Viele Viren schädigen ihre Wirtszellen und damit die jeweiligen Lebewesen. Sie sind Krankheitserreger. Beim Menschen verursachen sie zum Beispiel Kinderlähmung, Pocken, Grippe, Aids oder Herpeserkrankungen. Lippenherpes, eine Bläschenkrankheit der Lippen, gehört dabei zu den harmloseren Erkrankungen. Sehr viele Menschen haben sich mit solchen Herpesviren infiziert. Das Erbmaterial der Viren kann sich im Erbgut von Nervenzellen einbauen und so unbemerkt im Körper bleiben. Manche Menschen verfügen über Abwehrkräfte, die die Viren ständig in Schach halten. Bei vielen Menschen tauchen sie jedoch in Phasen mit besonderen Belastungen immer wieder auf und quälen die Betroffenen durch unangenehme und schmerzhafte Herpesschübe.

1 Viren sind keine Zellen. Vergleiche in einer Tabelle Pflanzenzelle, Bakterium und Virus in Bezug auf Membranbegrenzung, Erbsubstanz, Stoffwechsel und Vermehrung.

2 Beurteile, ob Viren Lebewesen sind.

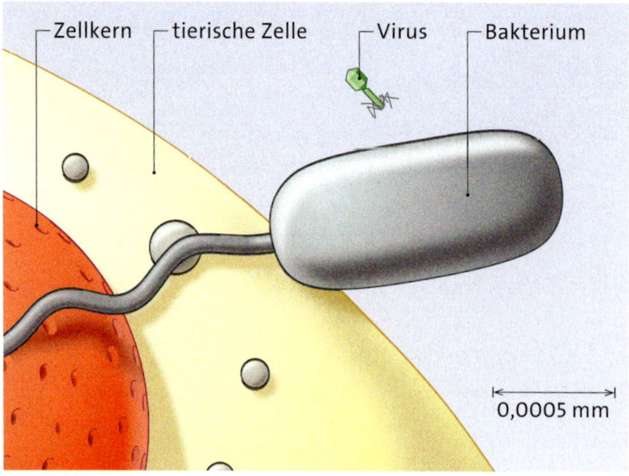

1 Größenvergleich von Virus, Bakterium und Tierzelle

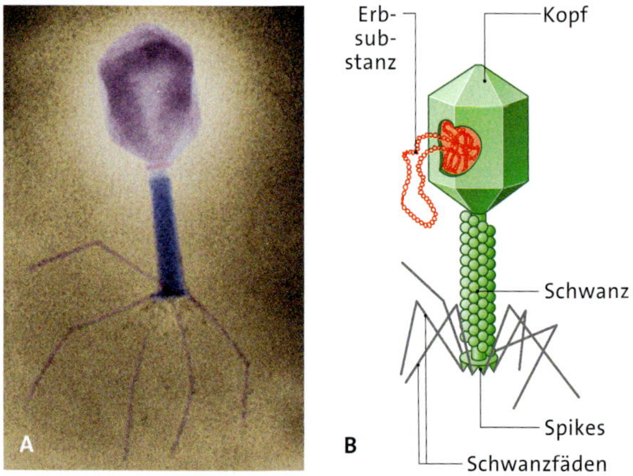

2 Bau eines Virus vom Typ T-Phage.
A elektronenmikroskopisches Bild; **B** Schema

Aufgaben und Versuche – Bakterien und Viren

A1 Abhängigkeit des Bakterienwachstums von der Temperatur

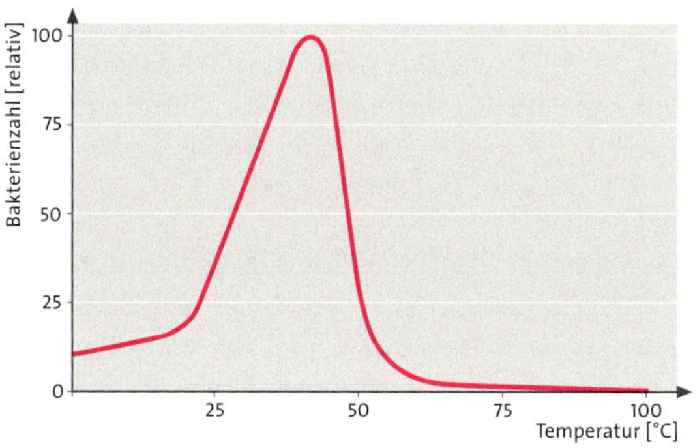

Aufgaben:

a) Beschreibe den Verlauf der Wachstumskurve.

b) Erkläre den Einfluss der Temperatur auf das Wachstum von Bakterien.

c) Begründe, warum Konserven und Milch zum Haltbarmachen gekocht werden.

V2 Bodenbakterien bauen Cellulose ab

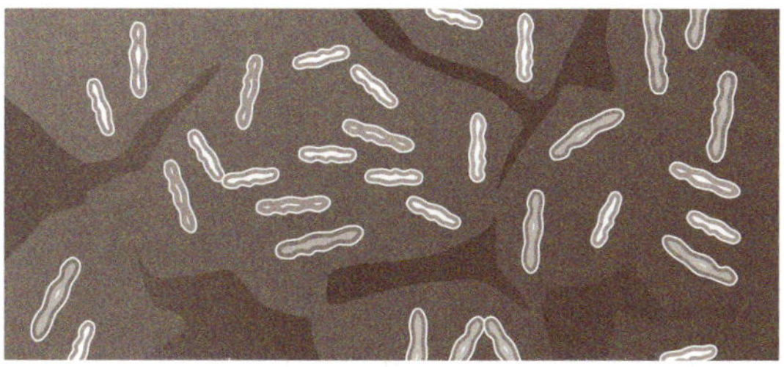

Material: 2 Marmeladengläser; Filtrier- oder Löschpapier (Durchmesser etwa 3 cm); Sand- und Humusboden; Wasser

Durchführung: Fülle ein Marmeladenglas bis zur Hälfte mit Sandboden, lege ein Stück Filtrier- oder Löschpapier darauf. Bedecke es mit 3 cm Sandboden. Verfahre genauso in dem zweiten Glas mit dem Humusboden. In beiden Gläsern muss man den Boden feucht halten.

Aufgaben:

a) Notiere den Zustand der Filtrierpapiere nach 5, 10 und nach 20 Tagen. Achte darauf, dass das Papier jeweils wieder mit Erde bedeckt wird.

b) Erkläre die Beobachtungen unter Berücksichtigung der Tatsache, dass im Humusboden das Bakterium *Cellulomonas uda* (siehe Abbildung) lebt.

A3 Größenvergleich von Einzellern, Bakterien und Viren

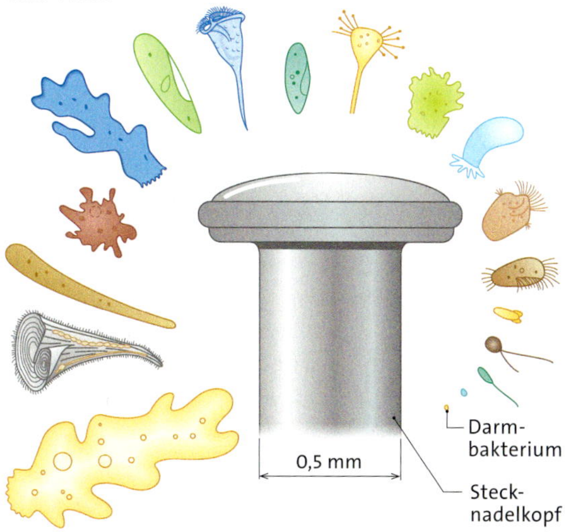

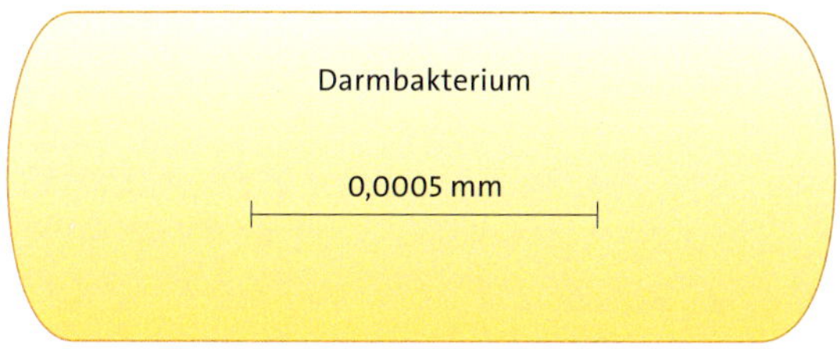

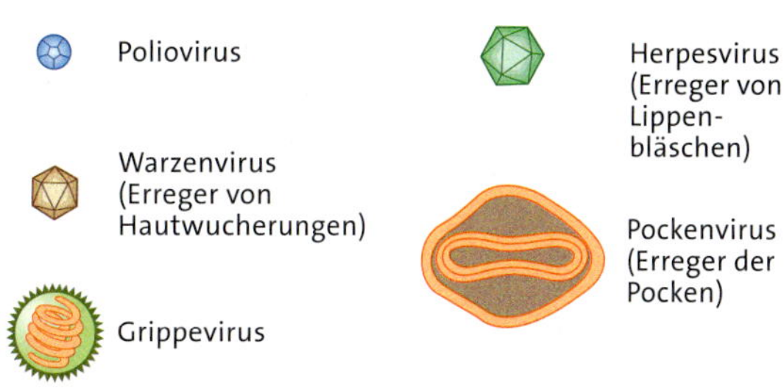

Aufgaben:

a) Ermittle unter Verwendung der Abbildung die ungefähre Größe eines Darmbakteriums in Mikrometern und eines Warzenvirus in Nanometern. Benutze ein Lineal. Hinweis: Ein Millimeter sind 1000 Mikrometer; ein Mikrometer sind 1000 Nanometer.

b) Beschreibe den Bau der abgebildeten Viren und nenne Unterschiede zum Phagen in Abbildung 2 Seite 24.

c) Recherchiere Informationen zu einem abgebildeten Virus. Erstelle einen Steckbrief.

Zusammenfassung Grundlagen der Biologie

Basiskonzept System

Leben ist auf vielen, unterschiedlich komplexen Strukturebenen organisiert. Um es zu erforschen, kann man diese verschiedenen Ebenen untersuchen. Korallenriffe zählen zum Beispiel zu den artenreichsten Ökosystemen der Biosphäre. In ihnen leben vielfältige Organismen. Trotz dieser Artenfülle ist die Organisation solcher Lebewesen recht einheitlich: sie bestehen aus Zellen. Mit den Fortschritten im Bau von Mikroskopen wurden immer feinere Strukturen im Bau von Zellen entdeckt. Grundsätzlich lassen sich zwei Grundtypen von Zellen unterscheiden: Zum einen gibt es Zellen mit Zellkern, die darüber hinaus Zellorganellen mit abgegrenzten Zellräumen enthalten. Dieser Typ tritt bei Pflanzen, Pilzen, Tieren, dem Menschen und bestimmten einzelligen Lebewesen auf.

Zum anderen gibt es Zellen, die keinen abgegrenzten Zellkern besitzen. Dieser Zelltyp ist typisch für Bakterienzellen. Bakterien treten in unterschiedlichen Formen auf. Dabei lassen sich stäbchen-, kugel-, komma- oder spiralförmige Bakterien unterscheiden.

Der Bau einer Bakterienzelle ist jedoch immer recht ähnlich: Nach außen wird die Zelle von einer festen Zellwand begrenzt, der Schleimhüllen oder Kapseln aufgelagert sein können. Nach innen folgen die Zellmembran und das Zellplasma, in dem frei die Erbsubstanz liegt. Viele Bakterienzellen können sich aktiv durch eine Geißel fortbewegen. Im Zellplasma befinden sich noch Reservestoffe und Ribosomen zur Eiweißsynthese.

Basiskonzept Struktur und Funktion

Pflanzenzellen werden im Gegensatz zu tierischen Zellen zusätzlich durch eine Zellwand gestützt. Auffällig sind Vakuolen, die von einer Membran umschlossen sind und in denen Stoffe gespeichert werden können. So kann die Pflanzenzelle zum Beispiel Farbstoffe, Säuren oder Gifte problemlos lagern.

Basiskonzept Stoff- und Energieumwandlung

Alle Zellen nehmen aus ihrer Umgebung Stoffe auf, bauen diese im Zellstoffwechsel um und geben andere Stoffe ab. Dabei ernähren sich pflanzliche Zellen ebenso wie viele Einzeller von Kohlenstoffdioxid und Wasser, das sie aus der Umgebung aufnehmen und bei der Fotosynthese in Glucose umwandeln. Hierbei entsteht als Nebenprodukt Sauerstoff. Diese Stoff- und Energieumwandlungen finden im Zellplasma und in den Chloroplasten statt. Nur mit Hilfe des Farbstoffes Chlorophyll sind Pflanzenzellen in der Lage, Lichtenergie in chemische Energie umzuwandeln.

Zellen von Tieren und Pilzen, Einzeller wie Pantoffeltierchen und Amöbe sowie viele Bakterienzellen nehmen körperfremde organische Stoffe auf und wandeln diese in körpereigene Stoffe um.

Fast alle Zellen betreiben zur Energiegewinnung Zellatmung. Dabei wird in den Mitochondrien Glucose unter Beteiligung von Sauerstoff abgebaut. Die dabei freiwerdende Energie kann zum Beispiel für Wachstum, Transportprozesse oder als Wärmeenergie genutzt werden.

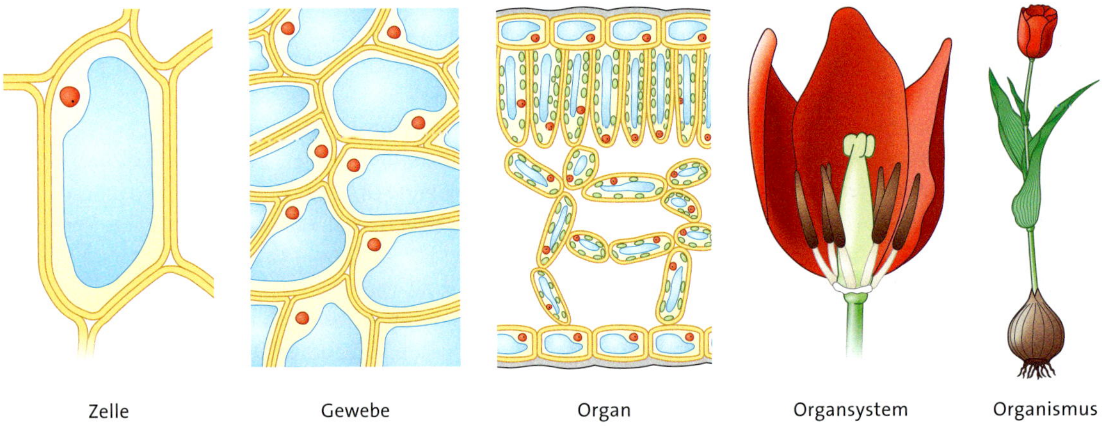

1 **Ausgewählte Systemebenen in der Biologie**

Wissen vernetzt Grundlagen der Biologie

A1 Zellmodell

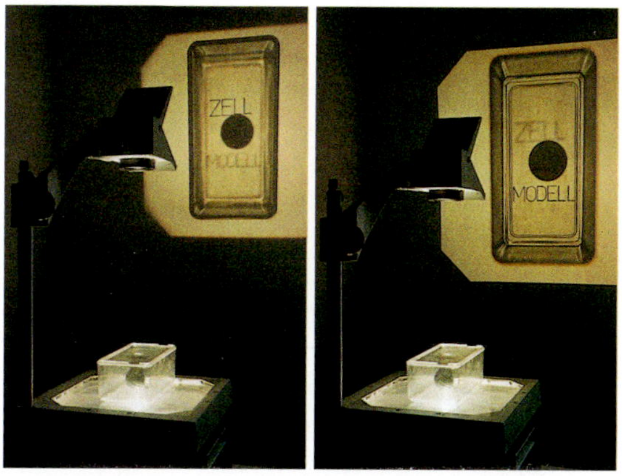

Schüler haben ein Zellmodell aus einer beschrifteten Kunststoffbox und einem Tischtennisball gebaut und dieses auf einen Projektor gelegt. Je nach Objektiveinstellung des Projektors erscheint entweder der Schriftzug ZELL oder MODELL der Kunststoffbox scharf.

Aufgaben:

a) Worin stimmt das Zellmodell mit der Wirklichkeit zum Beispiel einer Zwiebelzelle überein?

b) Jede Zelle enthält einen Zellkern. Im mikroskopischen Bild eines Zwiebelhäutchens sehen wir ihn jedoch nicht in jeder Zelle. Erkläre diesen scheinbaren Widerspruch.

A2 Lichtmikroskopisches Bild

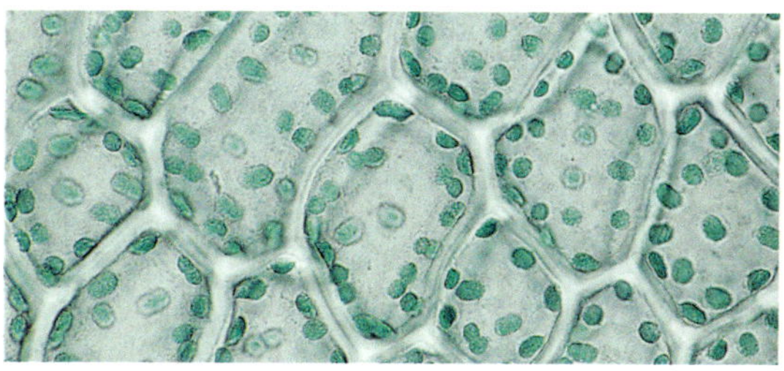

Die abgebildete lichtmikroskopische Aufnahme

a) zeigt pflanzliche Zellen;

b) zeigt tierische Zellen;

c) enthält keine Chloroplasten;

d) zeigt Zellen, die Sauerstoff produzieren können;

e) hat eine mikroskopische Gesamtvergrößerung von 400×.

Aufgabe: Finde die richtigen Lösungen und erläutere jeweils.

A3 Viren und Zellen im Vergleich

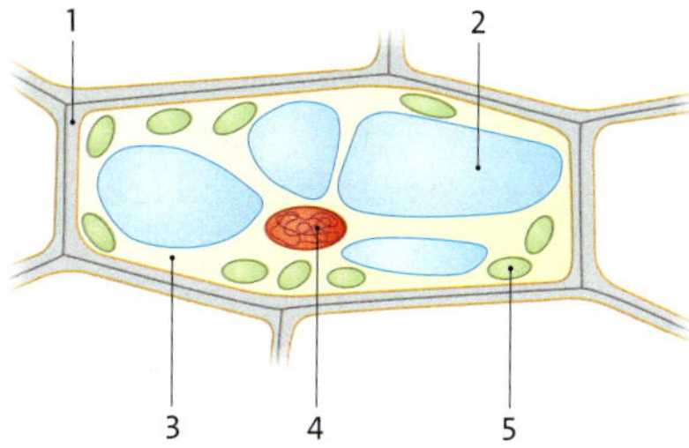

A

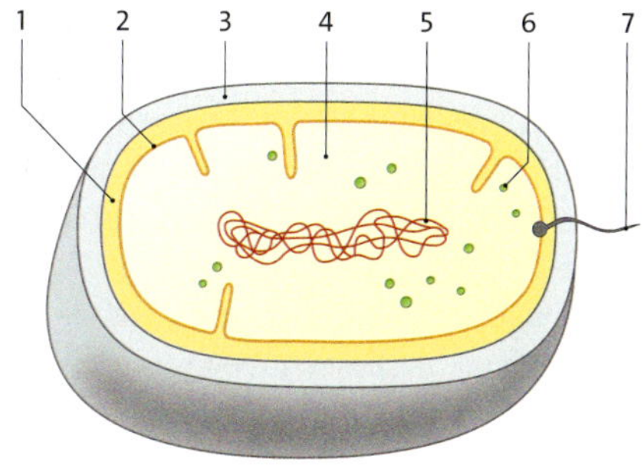

B

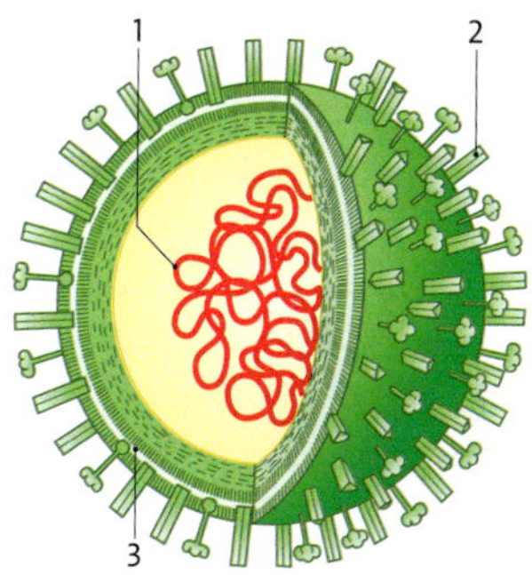

C

Die Abbildung zeigt ein Virus, ein Bakterium und eine Pflanzenzelle.

Aufgaben:

a) Nenne die Bildunterschrift zu A bis C. Erläutere deine Zuordnung.

b) Ordne den Zahlen in A bis C die entsprechenden Begriffe zu.

c) Wende das Basiskonzept System auf A bis C an.

d) Vergleiche A mit einer tierischen Zelle. Lege dazu eine Tabelle an.

e) Erläutere am Beispiel von A das Basiskonzept Stoff- und Energieumwandlung.

f) Nenne je zwei konkrete Objekte zum Mikroskopieren, um Strukturen wie A beziehungsweise B zu finden.

Regeln im Haushalt der Natur

Hecken sind wertvolle Ökosysteme

Hecken sind vom Menschen geschaffene Ökosysteme, die unsere Landschaft gliedern.

Erkundet in eurem Heimatort, wo überall Hecken zu finden sind. Fotografiert verschiedene Pflanzen und Tiere der Hecke. Gestaltet mit den Fotos und passenden Texten eine Ausstellung.

Leitet anhand der Abbildung die Umweltfaktoren ab, die kennzeichnend für dieses Ökosystem sind.

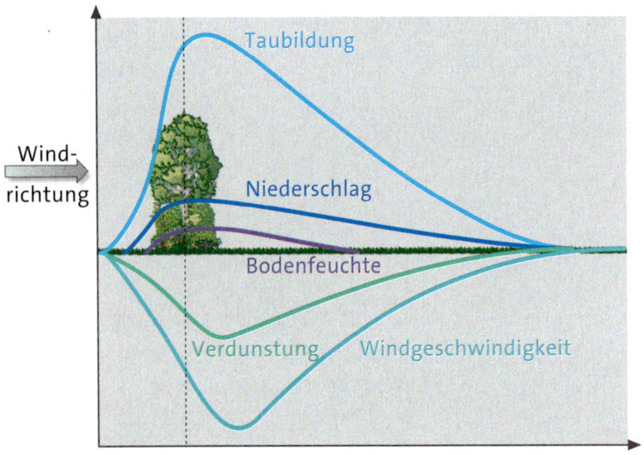

Solche Faktoren könnt ihr auch direkt vor Ort messen. Plant dazu eine passende Exkursion und überlegt, welches Material und welche Messgeräte ihr mitnehmen solltet.

Die Versuche von Priestley

Im Jahre 1772 untersuchte der englische Chemiker und Naturforscher Joseph Priestley die Rolle der »Luft« bei Verbrennungen. In einem hellen Raum stellte er in einem Wassertrog zwei Glasglocken so auf, dass sie mit dem Wasser luftdicht abschlossen. In jede Glasglocke führte er eine brennende Kerze ein, bis die Flammen erloschen. Nun stellte der Forscher in eine der beiden Glasglocken eine Pfefferminzpflanze. Zu seinem Erstaunen wuchs sie heran. Nach etwa einem Monat prüfte er die Luft der Glocken erneut mit einer brennenden Kerze. ...

Überlegt euch, wie der Versuch ausging und schreibt die Geschichte zu Ende.

Ein weiterer Versuch Priestleys beschäftigte sich mit Mäusen in der Glasglocke. Beschreibt und erklärt diesen Versuch mit Hilfe der Abbildung unten.

Sind Vitamine und Mineralstoffe lebensnotwendig?

Der abgebildete Korb enthält viel Obst und Gemüse, das uns mit wichtigen Vitaminen und Mineralstoffen versorgt. Sortiert die angegebenen Beispiele nach wasserlöslichen und fettlöslichen Vitaminen sowie nach Mineralstoffen. Erarbeitet in Gruppenarbeit eine Tabelle, in der ihr Wirkstoff, Vorkommen, Wirkung und Wissenswertes zu den einzelnen Bespielen zusammenfasst. Stellt eure Ergebnisse in der Klasse vor.

Vitamin C lässt sich relativ einfach mit Ascorbinsäure-Teststreifen (aus der Apotheke) nachweisen. Dazu müsst ihr die zu testenden Lebensmittel frisch anschneiden und das Teststäbchen an die feuchte Schnittfläche drücken. Die Färbung verrät euch nach einer Minute den Anteil an Vitamin C. Stellt Vermutungen an, welche Obst- und Gemüsesorten besonders viel Vitamin C enthalten. Überprüft eure Vermutungen in einem Experiment. Vergesst nicht, den Versuch zu protokollieren.

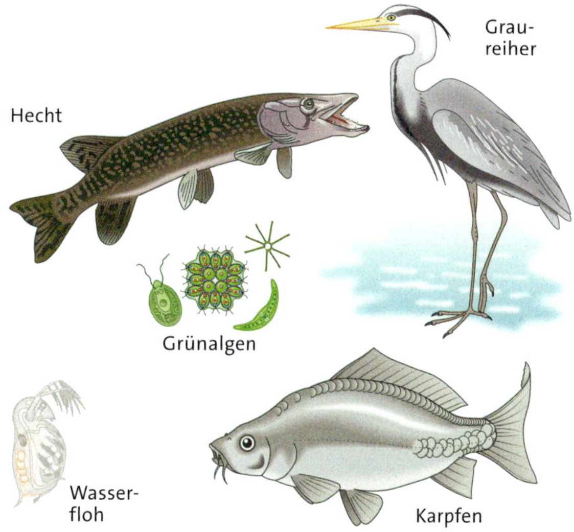

Ein See ist Lebensraum für viele Arten

Lebewesen sind durch ihre unterschiedliche Merkmalsausprägung in Bau und Funktion an ihre Umwelt angepasst.

Belegt diese Aussage mit konkreten Merkmalen der abgebildeten »Seebewohner«. Informiert euch dazu im Lehrbuch und im Internet. Arbeitet in Gruppen und präsentiert eure Ergebnisse in geeigneter Form.

Wer war schon mal Vogel des Jahres?

Findet heraus, wie die abgebildeten Vögel heißen. Informiert euch, ob diese Arten in Deutschland unter Schutz stehen und ob sie in eurer Gegend noch vorkommen.

Recherchiert, was die Aktion »Vogel des Jahres« erreichen will und ob einer der hier abgebildeten Vögel schon einmal dabei war. Stellt in einer Übersicht Schutzmöglichkeiten für diese Vögel zusammen.

1 Samenpflanzen sind Produzenten

1.1 Grundbauplan der Samenpflanzen

Eine Ameise läuft über den Erdboden und steuert eine Gruppe Gefleckter Taubnesseln an. Nach kurzem Suchen hat sie einen Samen mit einem kleinen weißen Anhängsel entdeckt. Sie schleppt ihn davon. Das Anhängsel wird die Ameise später fressen, da es vor allem Eiweiße und Fett enthält. Der Samen selbst wird einfach liegengelassen. Aus ihm kann sich später eine neue Pflanze entwickeln. Die Gefleckte Taubnessel ist somit eine Pflanze, deren Samen durch Ameisen verbreitet werden.

Solche Pflanzen, die Blüten tragen und Samen ausbilden, fasst man zu den **Blüten- oder Samenpflanzen** zusammen. Sie bilden mit über 250 000 verschiedenen Arten die größte heute lebende Pflanzengruppe. Gemeinsam ist allen, dass der Embryo gut geschützt im Samen liegt. So dienen die Samen nicht nur der Verbreitung, sondern auch dem Schutz. In Form ihrer Samen können diese Pflanzen auch ungünstige Umweltbedingungen wie Kälte und Trockenheit überdauern. Dies ist letztendlich der Grund für die weltweite Verbreitung der Samenpflanzen in fast allen Lebensräumen der Erde. Alle Samenpflanzen haben einen gemeinsamen Bauplan, der am Beispiel der Gefleckten Taubnessel gut zu erkennen ist.

Die unterirdischen **Wurzeln** sind verzweigt und verankern die Pflanze im Boden. Neben der Verankerung der Pflanze dienen sie außerdem der Aufnahme von Wasser und gelösten Mineralstoffen.

Die oberirdische vierkantige **Sprossachse,** auch Stängel genannt, trägt die Laubblätter und Blüten. Sie ist innen hohl und verläuft bei Taubnesseln zum Teil unterirdisch.

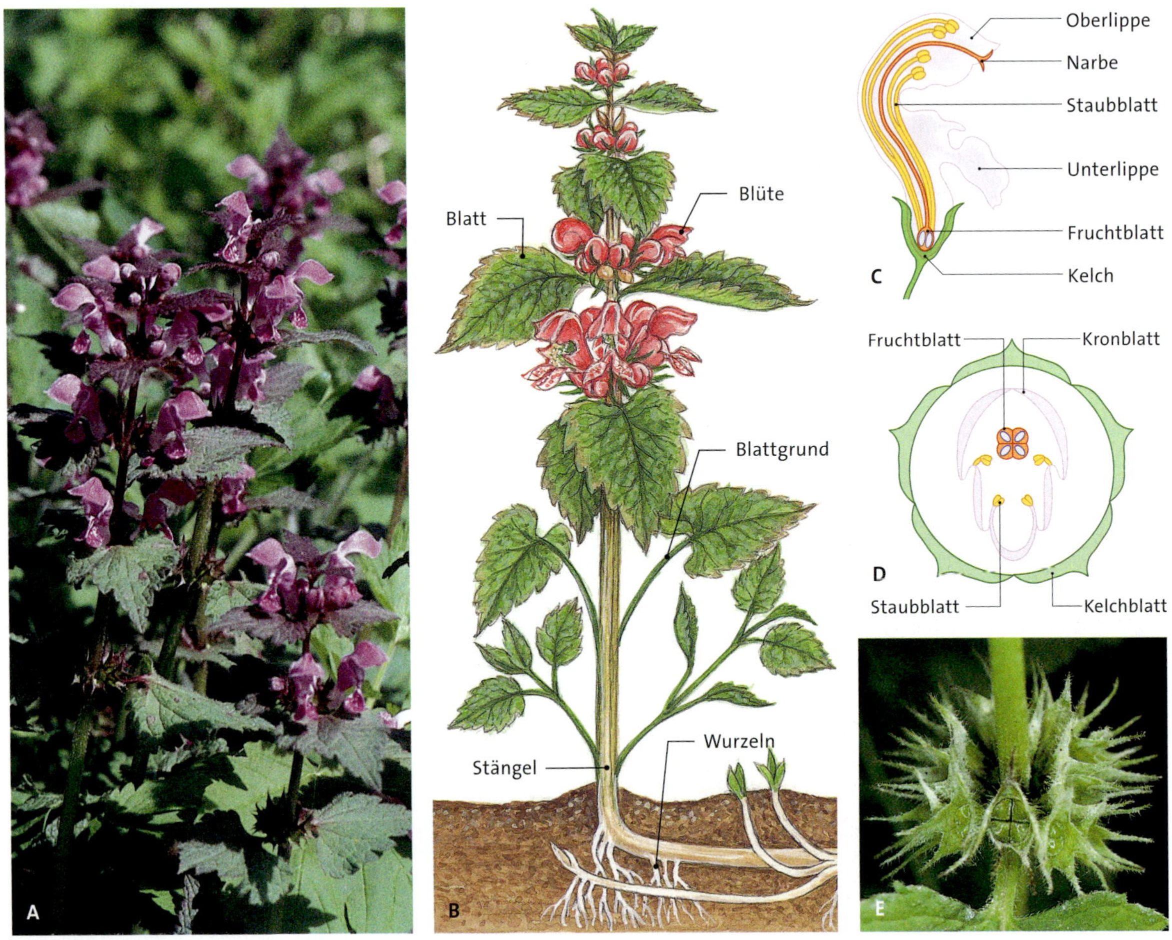

1 Gefleckte Taubnessel. **A** im Lebensraum; **B** Pflanze; **C** Blütenlängsschnitt **D** Blütengrundriss; **E** Früchte

Man spricht bei diesem Abschnitt deshalb von einem Erdspross. Am Stängel sitzen die kreuzweise gegenständig angeordneten **Laubblätter.** Ihre Form erinnert an Brennnesselblätter. Sie besitzen jedoch keine Brennhaare und sind harmlos. Trotzdem reicht allein das Aussehen aus, um Fressfeinde wie Wildkaninchen zu täuschen.

Auch die **Blüten** bestehen aus umgewandelten Blättern, die jedoch der Fortpflanzung dienen. Von außen nach innen unterscheidet man *Kelchblätter, Kronblätter, Staubblätter* und *Fruchtblätter.* Besonders gut kann man die Anordnung der einzelnen Blütenteile erkennen, wenn man eine geschlossene Blüte etwa in der Mitte quer durchschneidet und daraus ein Blütendiagramm erstellt. Bei der Gefleckten Taubnessel zeigt dieses Diagramm, dass die fünf Kelchblätter miteinander verwachsen sind. Von den darauf folgenden fünf Kronblättern, die ebenfalls verwachsen sind, bilden zwei die Oberlippe und drei die Unterlippe. Nach dieser besonderen Blütenform hat man die Pflanzenfamilie benannt, es sind die **Lippenblütengewächse.** Ober- und Unterlippe bilden im unteren Blütenteil eine Röhre. In ihrem Inneren sieht man die Staubblätter. Bei der Taubnessel sind es zwei kürzere und zwei längere Staubblätter, die mit den Kronblättern verwachsen sind. Am Grunde der Blütenröhre bilden Fruchtblätter den viergeteilte Fruchtknoten, dem ein langer Griffel mit Narbe entspringt.

Solch ein Blütenbau und die Farbe Rot-Violett ziehen Bestäuber wie Hummeln an.

Bei der Gefleckten Taubnessel ist der Nektar tief in der langen Blütenröhre verborgen. Nur Hummeln mit langem Saugrüssel können ihn gut erreichen. Sie landen auf der Unterlippe der Blüte und kriechen tief in die Blütenröhre hinein. Ein Teil des Pollens bleibt in den pelzigen Haaren hängen und gelangt später zur Narbe der nächsten Blüte. Nach der Bestäubung kommt es zur Befruchtung, wobei Ei- und Spermiumzelle verschmelzen. Danach entwickeln sich im Fruchtknoten die Samen. Hummeln mit kurzem Saugrüssel stechen die Blütenröhre oft von außen an, um an den Nektar zu gelangen. Sie bestäuben die Blüten dabei nicht.

Gefleckte Taubnesseln sind in Deutschland an vielen Standorten anzutreffen. Sie besiedeln Waldränder, Hecken, Straßengräben, Auwälder und Unkrautsäume. Das Vorkommen der Pflanzen lässt auf bestimmte Standortbedingungen schließen. Sie zeigen Halbschatten und mineralstoffreiche Böden an.

1 Erläutere, warum die Gefleckte Taubnessel eine Samenpflanze ist.

2 Weltweit gibt es über 3000 verschiedene Arten der Lippenblütengewächse. Informiere dich über verschiedene Beispiele und belege dann das Basiskonzept Vielfalt.

3 Beschreibe die Bestäubung einer Taubnesselblüte. Nutze dazu auch die Abbildung 2.

4 Stelle tabellarisch die einzelnen Teile einer Samenpflanze und deren wichtigste Funktionen zusammen.

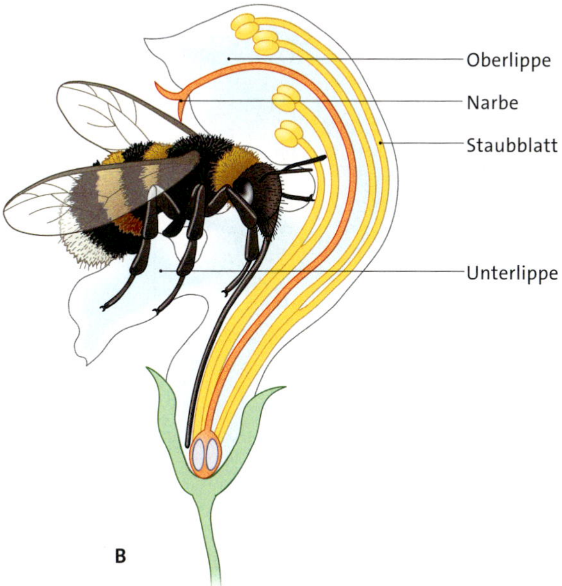

2 Bestäubung von Taubnesselblüten. **A** Hummel auf einer Blüte; **B** Schema

1.2 Samenpflanzen lassen sich ordnen

Um sich in der Vielzahl verschiedener Samenpflanzen schnell zurechtzufinden, hat man sie nach wesentlichen Merkmalen in Gruppen geordnet. In der ersten Gruppe werden Pflanzen zusammengefasst, bei denen männliche und weibliche Blüten getrennte Blütenstände bilden. In den weiblichen Blüten liegen die Samenanlagen frei auf speziellen Blättern oder Schuppen. Der Pollen hat dadurch direkten Zugang zu den Eizellen. Man bezeichnet diese Gruppe deshalb als **Nacktsamer.** Nach der Befruchtung schließt sich der weibliche Blütenstand. Bei vielen Arten wie Kiefer, Fichte und Tanne reifen die Samen in verholzten *Zapfen* heran. Zu den Nacktsamern zählen neben den Nadelgehölzen auch Ginkgo und Palmfarne.

99 Prozent aller Samenpflanzen zählen jedoch zur zweiten Gruppe. Sie besitzen Samenanlagen, die vom Fruchtknoten eingeschlossen im Fruchtblatt liegen. Daraus abgeleitet nennt man diese Gruppe **Bedecktsamer.** Nach der Befruchtung bilden die Pflanzen *Früchte* aus, die den Samen schützen und sehr oft zu seiner Verbreitung beitragen. Zu den Bedecktsamern zählen die Laubgehölze ebenso wie viele bekannte Pflanzenfamilien. Insgesamt sind es über 300 Familien. Rosengewächse wie die Kirsche, Kreuzblütengewächse wie der Raps und Lippenblütengewächse wie die Gefleckte Taubnessel gehören dazu.

Wenn man die Keimlinge bedecktsamiger Pflanzen vergleicht, bemerkt man einen Unterschied. Manche Pflanzen haben Keimlinge mit nur einem Keimblatt. Ihre vollentwickelten Laubblätter sind meist ganzrandig und haben parallele Blattadern. Auch der Stängelquerschnitt zeigt einen typischen Bau mit vielen kleinen Leitbündeln für den Stofftransport, die verstreut angeordnet sind. Pflanzen, die solche Merkmale aufweisen, gehören zu den **Einkeimblättrigen Samenpflanzen.** Weitere Besonderheiten sind der oft dreizählige Blütenbau und die häufig ausgebildeten Wurzelbüschel. Zu den Einkeimblättrigen zählen alle Gräser wie Mais, Weizen und Roggen sowie Palmen, Orchideen, Lilien und viele Frühblüher. **Zweikeimblättrige Samenpflanzen** haben dagegen Keimlinge mit zwei Keimblättern. Die Laubblätter sind vielgestaltig und zeigen fast immer netzartig verlaufende Blattadern. Die etwas größeren Leitbündel liegen kreisförmig im äußeren Stängelbereich. Oft findet man eine gut entwickelte Hauptwurzel mit Seitenwurzeln. Der Blütenbau ist eher vier- oder fünfzählig. Zu den Zweikeimblättrigen gehören viele Laubbäume, Sträucher und Kräuter.

1 Vergleiche ein- und zweikeimblättrige Samenpflanzen miteinander.

2 Ordne folgende Beispiele den genannten Gruppen zu: Kiefer, Schneeglöckchen, Rotbuche, Hafer, Königspalme, Weißkohl, Weiße Taubnessel.

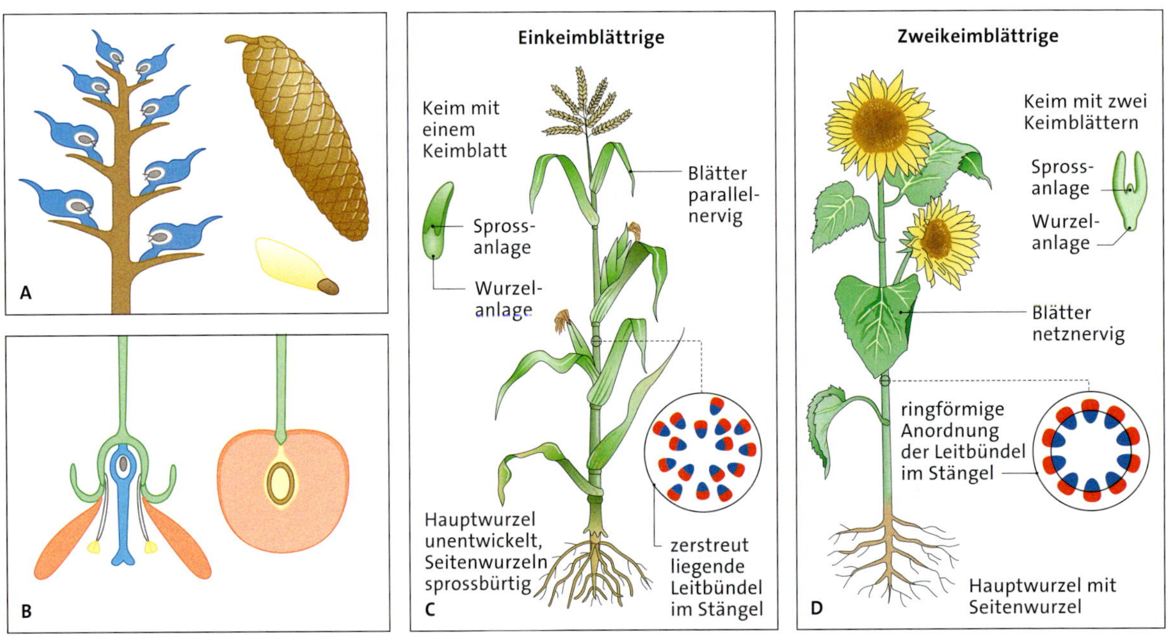

1 Gruppen der Samenpflanzen. **A** Nacktsamer; **B** Bedecktsamer; **C** Einkeimblättrige; **D** Zweikeimblättrige

Wissen Kompakt Vielfalt der Samenpflanzen

Familie: Kreuzblütengewächse

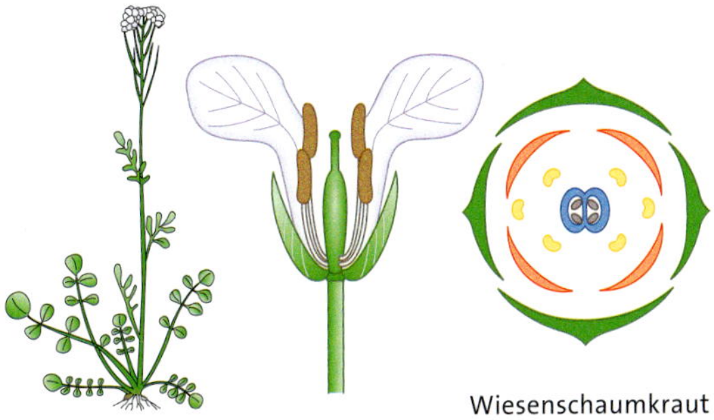

Wiesenschaumkraut

Artenzahl: 3200 Arten
Merkmale: Die Blüten sind zwittrig und haben vier Kelch- und vier Kronblätter, die kreuzförmig angeordnet sind. Meist sind sechs Staubblätter vorhanden, zwei äußere mit kürzeren, vier innere mit längeren Staubfäden. Es gibt zwei Fruchtblätter. Aus ihnen entwickeln sich Schoten oder Schötchen.
Beispiele: Kohl, Senf, Raps, Radieschen, Rettich, Blaukissen, Goldlack

Familie: Rosengewächse

Heckenrose

Artenzahl: 3000 Arten
Merkmale: Die meisten Blüten sind fünfzählig und in Kelch und Krone gegliedert. Sie haben sehr viele Staubblätter. Die Blütenachse ist oft verbreitert bis becherförmig, sodass die Fruchtknoten mittel- oder unterständig liegen. Es treten Kapseln, Nüsschen, Stein- und Scheinfrüchte auf.
Beispiele: Apfel, Birne, Eberesche, Pflaume, Kirsche, Pfirsich, Mandel, Erdbeere, Himbeere

Familie: Süßgräser

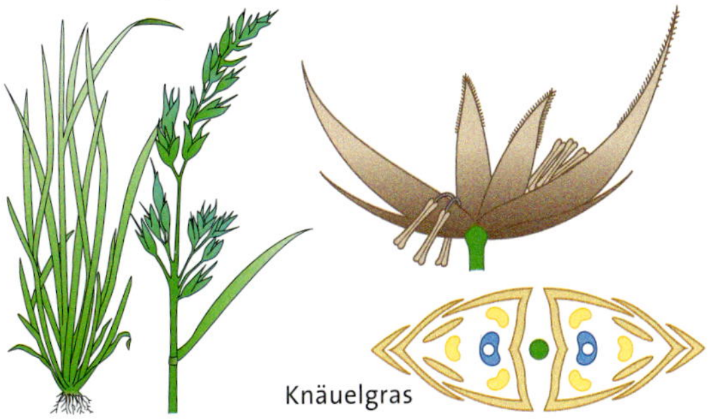

Knäuelgras

Artenzahl: 10 000 Arten
Merkmale: Die meist zwittrigen Blüten sitzen in Ährchen, die wiederum Blütenstände wie Ähre, Traube oder Rispe bilden. Sie haben drei Staubblätter und einen oberständigen Fruchtknoten. Die spezielle Grasfrucht bezeichnet man als Karyopse. Der Stängel ist knotig gegliedert.
Beispiele: Weizen, Roggen, Hafer, Mais, Reis, Hirse, Bambus, Zuckerrohr

Familie: Liliengewächse

Tulpe

Artenzahl: 3700 Arten
Merkmale: Die zwittrigen, dreizähligen Blüten haben meist eine Blütenhülle aus zwei Kreisen. Dabei sind Kelch- und Kronblätter gleichartig. Es gibt sechs Staubblätter und drei Fruchtblätter mit oberständigem Fruchtknoten. Als Früchte werden Kapseln oder Beeren gebildet.
Beispiele: Zwiebel, Schnittlauch, Tulpe, Türkenbundlilie, Taglilie, Bärlauch

1 Belege das Basiskonzept Vielfalt am Beispiel der Kreuzblütengewächse.

2 Begründe, warum Liliengewächse zu den einkeimblättrigen Samenpflanzen gehören.

3 Informiere dich über die verschiedenen Fruchtformen bei Rosengewächsen. Gestalte eine Präsentation mit den verschiedenen Fruchtformen.

4 Die Grasblüte ist an Windbestäubung angepasst. Belege diese Aussage.

1.3 **Grüne Pflanzen brauchen Licht**

Eine einzelne hundertjährige Buche leistet wirklich Erstaunliches: Sie produziert an einem Sommertag pro Stunde rund 280 Liter Sauerstoff und zwölf Kilogramm Kohlenhydrate. Wie sind diese Leistungen möglich?

Mit ihren Wurzeln nehmen grüne Pflanzen wie die Buche aus dem Boden Wasser und Mineralstoffe auf. Dies sind *anorganische Stoffe*. Kohlenhydrate wie Traubenzucker oder Stärke sind dagegen Stoffe, die in Organismen vorkommen und Kohlenstoff enthalten. Man bezeichnet sie deshalb als *organische Stoffe*. Verbrennt man Teile einer Pflanze, bleibt unter anderem Kohlenstoff zurück. Dies ist auch dann der Fall, wenn man eine Pflanze in einer Nährlösung anzieht, die überhaupt keinen Kohlenstoff enthält. Dies beweist, dass die Pflanzen eine andere Kohlenstoffquelle nutzen müssen. Sie nehmen den Kohlenstoff aus der Luft in Form der anorganische Verbindung Kohlenstoffdioxid auf. Dieses Gas ist zwar nur mit etwa 0,04 Prozent in der Luft vertreten, der geringe Anteil reicht jedoch aus, um die gesamte pflanzliche Biomasse auf der Erde zu bilden.

Da Pflanzen in der Lage sind, aus anorganischen Stoffen selbstständig organische Stoffe zu erzeugen, bezeichnet man sie als **autotroph** (gr. *auto*, selbst; *trophein*, ernähren).

Zu den wichtigsten Stoffwechselvorgängen autotropher Pflanzen gehört die **Fotosynthese.** Dabei werden aus Kohlenstoffdioxid und Wasser, Traubenzucker und Sauerstoff hergestellt. Für diesen Vorgang braucht die Pflanze eine Energiequelle, das Licht.

Die Lichtenergie wird vom *Chlorophyll* aufgenommen. Dieser grüne Blattfarbstoff befindet sich in den *Thylakoiden* der Chloroplasten. Das sind Membranstapel, die geldrollenartig übereinander liegen. Dort laufen diejenigen Reaktionen der Fotosynthese ab, bei denen die Energie des Sonnenlichtes in chemische Energie umgewandelt wird. Damit die Pflanze diese Energie später nutzen kann, wird sie in einer energiereichen chemischen Verbindung gespeichert, die in der Pflanze ohne Probleme transportiert werden kann. Diese chemische Verbindung ist das Adenosintriphosphat, abgekürzt **ATP.**

An den Membranstapeln läuft parallel zur ATP-Bildung eine weitere Reaktion ab, die Spaltung von Wasser. Auch für diese Reaktion ist Lichtenergie nötig. Bei der Spaltung von Wasser entstehen Wasserstoff und Sauerstoff. Der Wasserstoff wird chemisch gebunden, das Nebenprodukt Sauerstoff gibt die Pflanze über ihre Spaltöffnungen ab. Da diese Teilreaktionen nur im Licht ablaufen, fasst man sie als **lichtabhängige Reaktionen** der Fotosynthese zusammen.

Der zweite Teil der Fotosynthese findet in der Grundsubstanz des Chloroplasten, dem *Stroma* statt. Für diesen Vor-

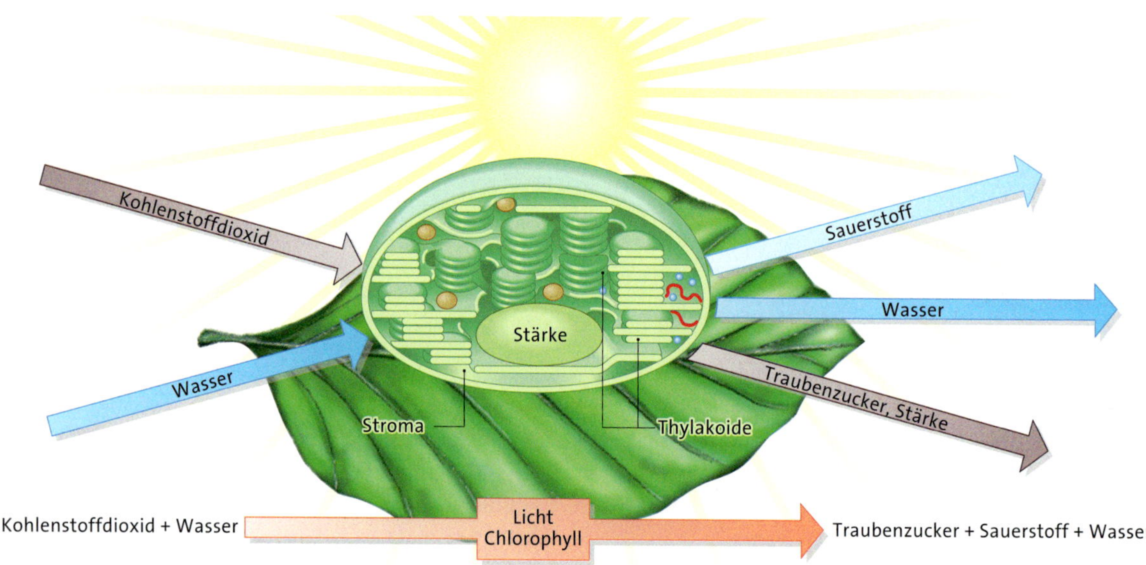

1 Fotosynthese im Überblick (Schema)

gang wird kein Licht mehr benötigt, deshalb werden die Reaktionen auch als **lichtunabhängige Reaktionen** zusammengefasst. Voraussetzung ist, dass die Pflanze Kohlenstoffdioxid über die Spaltöffnungen aufgenommen hat. Dieses wird nun mit Hilfe des gebundenen Wasserstoffes verarbeitet. Es entsteht die energiereiche Verbindung **Traubenzucker** oder *Glucose*. Für diesen Vorgang wird Energie benötigt. Sie stammt aus den lichtabhängigen Reaktionen und wird durch den Energieüberträger ATP geliefert. Nach ihrem Entdecker heißen diese Prozesse auch CALVIN-Zyklus.

Der gebildete Traubenzucker wird in Wasser gelöst und über die Leitungsbahnen der Pflanze überall dorthin transportiert, wo er gebraucht wird. Es ist auch möglich, aus Glucose und einem weiteren Zucker, der bei der Fotosynthese entsteht, der Fructose, Rohrzucker aufzubauen. Dieser Zucker kann ebenfalls gut transportiert werden. Um Traubenzucker speichern zu können, muss er in eine unlösliche Form umgewandelt werden. Dies geschieht, indem die Glucosemoleküle zu langen Ketten verknüpft werden. Auf diese Weise entsteht der Vielfachzucker **Stärke,** der sich gut speichern lässt. Wird in der Pflanze neuer Traubenzucker gebraucht, kann er durch Spaltung aus den Speicherstoffen wieder freigesetzt werden.

Geht man davon aus, dass die Pflanze 100 Prozent Lichtenergie aufgenommenen hat, so weist die entstandene Glucose etwa 30 Prozent dieser Energiemenge auf. Die restliche Energie wird von der Pflanze für Transportvorgänge benötigt oder geht als Wärme »verloren«. Der Wirkungsgrad der Fotosynthese liegt damit bei rund 30 Prozent. Das ist immer noch mehr, als die meisten Verbrennungsmotoren liefern.

Da die grünen Pflanzen in der Fotosynthese ihre Nahrungsgrundlage selbst herstellen und gleichzeitig die Biomasse für fast alle übrigen Organismen bereitstellen, bezeichnet man sie als **Produzenten.** Somit liefern sie durch ihre Ernährung die Grundlage für alle **Konsumenten,** die sich direkt oder indirekt von Pflanzen ernähren. Auch das Nebenprodukt Sauerstoff, das die Pflanzen an die Umgebung abgeben, wird von den Organismen zur Atmung gebraucht. Ohne die Entwicklung der Fotosynthese vor etwa drei bis zwei Milliarden Jahren hätten wir heute keine sauerstoffhaltige Erdatmosphäre. Auch die Ozonschicht, die uns vor zu starker UV-Strahlung schützt, hat sich erst gebildet, als Sauerstoff vorhanden war.

1 Erläutere die Wortgleichung der Fotosynthese in Abbildung 1.

2 Beschreibe die Vorgänge, die bei den lichtabhängigen Reaktionen der Fotosynthese ablaufen.

3 Begründe, warum ohne die lichtabhängigen Reaktionen keine Glucose gebildet werden kann. Nutze dazu die Abbildung 2.

4 Grüne Pflanzen sind Produzenten. Begründe diese Aussage.

5 Entwickle ein Tafelbild oder eine Folie zur Bedeutung der Fotosynthese. Stelle es in der Klasse vor.

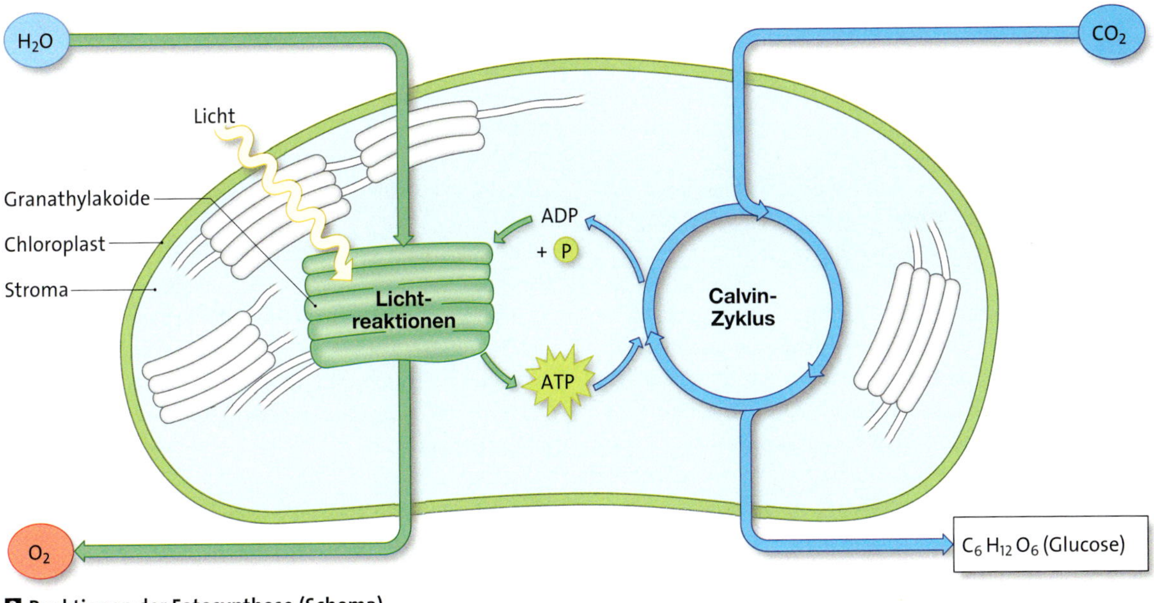

2 Reaktionen der Fotosynthese (Schema)

1.4 Entdeckung der Fotosynthese

Der griechische Philosoph und Naturforscher ARISTOTELES war einer der Ersten, der sich über die Ernährung der Pflanzen Gedanken machte. Er vermutete, dass die Pflanzen ihre Nahrung ausschließlich mit den Wurzeln aus dem Boden aufnehmen. Erst 2000 Jahre später begann man, den Stoffwechsel der Pflanzen genauer zu untersuchen und erste gezielte Experimente durchzuführen. So überprüfte um 1640 der flämische Arzt Johan Baptist VAN HELMONT die Bedeutung des Bodens für Pflanzen. Während die Pflanzen wuchsen und deutlich an Biomasse zunahmen, wurden aus dem Boden nur ganz wenige Stoffe aufgenommen. Es war vor allem Wasser, das immer wieder durch Gießen zugeführt werden musste. Die Menge an Mineralstoffen im Boden änderte sich dagegen kaum.

Im 18. Jahrhundert führte der englische Naturforscher Joseph PRIESTLEY Experimente durch, die zeigen konnten, dass grüne Pflanzen »verbrauchte« in »frische Luft« umwandeln können. Er setzte dazu Mäuse unter Glasglocken, die er entweder leer ließ oder mit verschiedenen grünen Topfpflanzen besetzte. Die Mäuse überlebten nur, wenn Pflanzen vorhanden waren. Einige Jahre später belegte der niederländische Arzt Jan INGENHOUSZ, dass Pflanzen für ihre Ernährung nicht nur Wasser, sondern auch Licht brauchen. Außerdem vermutete er, dass die Pflanzen bei diesen Vorgängen der Luft ein Gas entnehmen und ein anderes an sie wieder abgeben. Erst weiterführende Versuche von Chemikern konnten 1783 zeigen, dass es sich bei dem aufgenommen Gas um Kohlenstoffdioxid und bei dem abgegebenen um Sauerstoff handelte.

Die bisherigen Forschungsergebnisse wurden um 1800 in der ersten Wortgleichung der Fotosynthese zusammengefasst. Sie lautete:

Kohlenstoffdioxid + Wasser →
Pflanzensubstanz + Sauerstoff

Außerdem kannte man als wichtige Voraussetzung für diesen Prozess die Energiequelle: das Licht.

Erst 60 Jahre später wurde die Pflanzensubstanz genauer ermittelt und der Ort der Fotosynthese herausgefunden. Es war der deutsche Botaniker Julius SACHS, der Stärke als Speicherprodukt der Fotosynthese in den Chloroplasten der Pflanzenzellen nachweisen konnte. Trotz dieses Durchbruchs sollten noch weitere 50 Jahre vergehen, ehe man die einzelnen biochemischen Schritte der Fotosynthese kannte. Der englische Chemiker Robert HILL zeigte 1937, dass der gebildete Sauerstoff aus einer fotochemischen Spaltung des aufgenommenen Wassers stammt. Der amerikanische Biochemiker Melvin CALVIN untersuchte 1949 den Verbleib des aufgenommenen Kohlenstoffdioxids genauer. Er konnte nachweisen, dass das Kohlenstoffdioxid in einem Kreislaufprozess in Traubenzucker umgewandelt wird. Aus diesem kann sich dann Stärke bilden. Für diesen Teilprozess, der ihm zu Ehren auch CALVIN-Zyklus genannt wird, ist kein Licht notwendig.

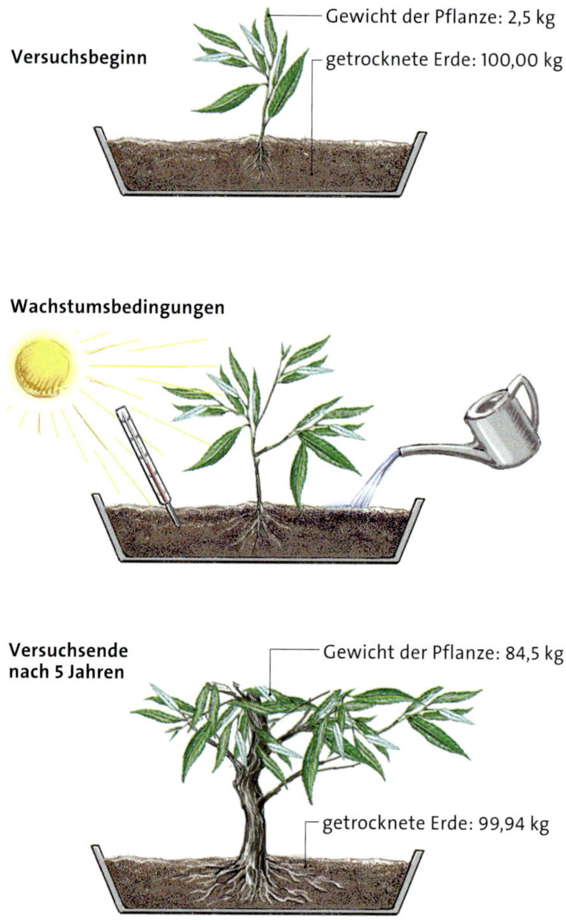

1 Versuche von HELMONT

Nun waren zwar alle wesentlichen Schritte der Fotosynthese bekannt, aber längst noch nicht jedes Rätsel gelöst. Später klärte man zum Beispiel die genauen Strukturen der beteiligten Farbstoffe und Enzyme auf. Auch viele energetische Daten und Transportvorgänge, die bei der Fotosynthese eine Rolle spielen, wurden erst vor wenigen Jahren bekannt.

1 Gestaltet in Partner- oder Gruppenarbeit eine Präsentation oder einen Zeitstrahl zur Geschichte der Fotosynthese. Stellt eure Ergebnisse in geeigneter Form in der Klasse vor.

Methode Experimente planen, durchführen, protokollieren und auswerten

Wenn man herausfinden will, welche Bedingungen Pflanzen für die Fotosynthese brauchen, kann man geeignete **Experimente** durchführen. Dazu ist es wichtig, dass man sich vor dem eigentlichen Experimentieren Gedanken über die Fragestellung und den Ablauf des Versuches macht. Man erstellt eine Versuchsplanung.

Was wird benötigt?

Zuerst wird überlegt, welche Geräte und Chemikalien für den Versuch erforderlich sind. Dann plant man den Versuchsaufbau.

Wie wird der Versuch aufgebaut?

Handelt es sich um einen Langzeitversuch, muss auch geklärt werden, wo der Versuch ungestört stehen bleiben kann.
Alle Phasen des Experimentes müssen in einem Protokoll dokumentiert werden.

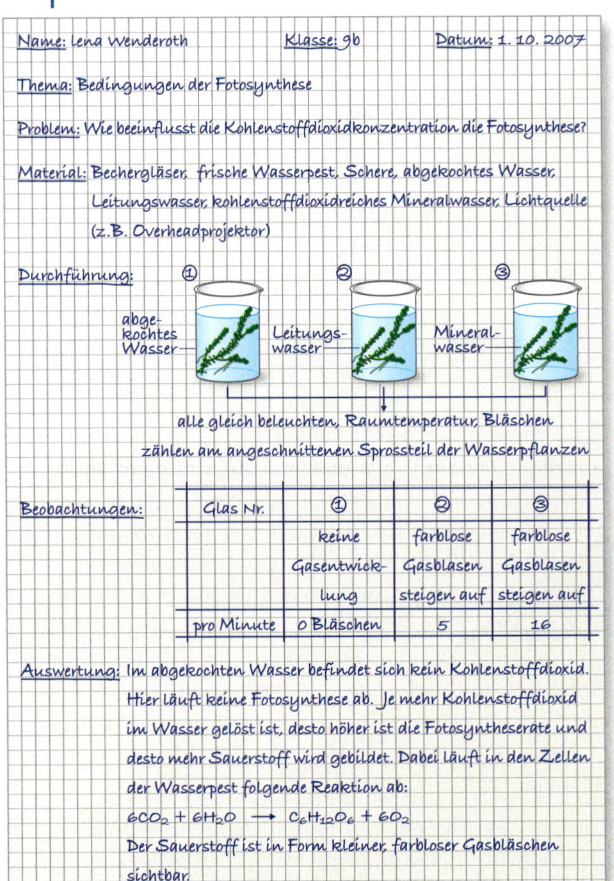
Name: Lena Wenderoth Klasse: 9b Datum: 1. 10. 2007

Thema: Bedingungen der Fotosynthese

Problem: Wie beeinflusst die Kohlenstoffdioxidkonzentration die Fotosynthese?

Material: Bechergläser, frische Wasserpest, Schere, abgekochtes Wasser, Leitungswasser, kohlenstoffdioxidreiches Mineralwasser, Lichtquelle (z. B. Overheadprojektor)

Durchführung: ① abgekochtes Wasser ② Leitungswasser ③ Mineralwasser

alle gleich beleuchten, Raumtemperatur, Bläschen zählen am angeschnittenen Sprossteil der Wasserpflanzen

Beobachtungen:

Glas Nr.	①	②	③
	keine Gasentwicklung	farblose Gasblasen steigen auf	farblose Gasblasen steigen auf
pro Minute	0 Bläschen	5	16

Auswertung: Im abgekochten Wasser befindet sich kein Kohlenstoffdioxid. Hier läuft keine Fotosynthese ab. Je mehr Kohlenstoffdioxid im Wasser gelöst ist, desto höher ist die Fotosyntheserate und desto mehr Sauerstoff wird gebildet. Dabei läuft in den Zellen der Wasserpest folgende Reaktion ab:

$6CO_2 + 6H_2O \longrightarrow C_6H_{12}O_6 + 6O_2$

Der Sauerstoff ist in Form kleiner, farbloser Gasbläschen sichtbar.

1 Versuchsprotokoll (Beispiel)

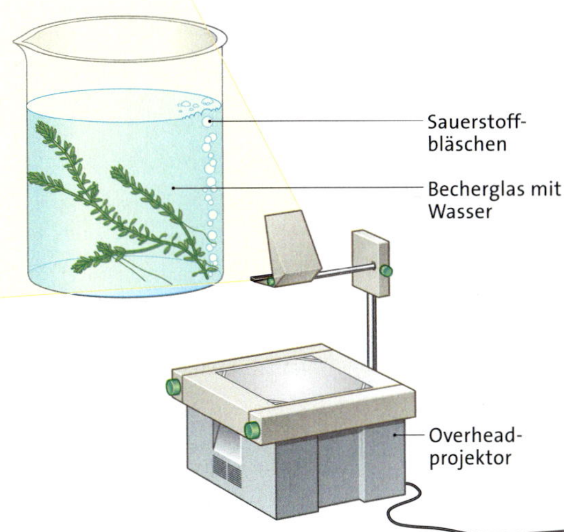

2 Fotosyntheseversuche mit Wasserpest

Material

Als Erstes werden Name, Klasse, Datum, Mitarbeiter/in und die Problemstellung notiert. Letztere kann auch als Aufgabe oder Hypothese formuliert werden. Als nächsten Schritt gibt man die Materialien an, die für den Versuch erforderlich sind.

Versuchsdurchführung

Die Durchführung kann in Form einer beschrifteten Skizze oder als Text festgehalten werden. Bei einem Text beschreibt man mit eigenen Worten, wie man den Versuch aufbaut. Die Durchführung muss genau formuliert werden, damit der Versuch später auch von einer anderen Person wiederholt werden könnte.

Durchführung und Beobachtungen

Ist die Planung abgeschlossen, kann man das eigentliche Experiment durchführen. Die Beobachtungen werden in Form von Stichpunkten, Sätzen oder als Tabelle festgehalten. In der Biologie finden sich auch häufig Zeichnungen oder Fotos, die Beobachtungen belegen.

Versuchsauswertung

Am Schluss werden die Beobachtungen ausgewertet. Bei dieser Auswertung kann man Stoffe benennen, Gleichungen aufstellen, Bedingungen zusammenfassen oder Verallgemeinerungen treffen. Die Auswertung klärt auch, ob die Problemstellung des Versuches gelöst wurde oder ob weitere Versuche nötig sind. Misslingt das Experiment, können an dieser Stelle Ursachen dafür aufgeschrieben werden.

Aufgaben und Versuche Fotosynthese

V1 Die Fotosynthese ist lichtabhängig

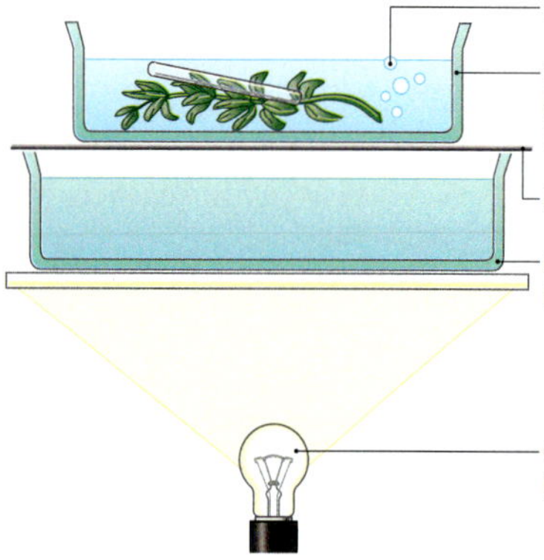

Material: Petrischalen (verschiedener Größe); kurzer Glasstab; kohlenstoffdioxidreiches Mineralwasser; frische Sprosse der Wasserpest; Leitungswasser; durchsichtige Folie in den Farben Rot, Grün und Blau; Overheadprojektor

Durchführung: Fülle eine größere Petrischale mit kühlem Leitungswasser und verschließe sie mit dem Deckel. Gib dann in die zweite Petrischale das kohlenstoffdioxidhaltige Mineralwasser und den frisch angeschnittenen Spross der Wasserpest. Beschwere die Pflanze mit dem Glasstab. Stelle diese Petrischale auf die erste mit dem vorbereiteten Kühlwasser. Beide Schalen bringst du zum Overheadprojektor. Beobachte den Spross; bis regelmäßig Gasblasen aus dem angeschnittenen Ende entweichen. Schiebe dann nacheinander die verschiedenen farbigen Folien zwischen die beiden Petrischalen. Beobachte, ob sich die Anzahl der Gasblasen verändert. Zähle die Gasblasen jeweils pro Minute. Schalte den Overheadprojektor zum Schluss ab und beobachte erneut.

Aufgaben:

a) Zähle bei allen vier Teilversuchen die Anzahl der Sauerstoffbläschen pro Minute. Stelle deine Versuchsergebnisse tabellarisch zusammen.

b) Werte den Versuch aus.

V2 Pflanzen produzieren Traubenzucker

Material: Glucoseteststreifen (aus der Apotheke); grüne Blatter von Küchenzwiebel, Schnittlauch oder Tulpe (möglichst Topfpflanzen); Becherglas; Schere; heißes Wasser

Durchführung: Schneide zum Beispiel von einer Tulpenpflanze, die im Hellen gestanden hat, ein Blatt ab. Zerkleinere das Blatt mit der Schere und gib einige Blattstücke in das Becherglas. Übergieße diese dann mit etwas heißem Wasser und lass alles abkühlen. Anschließend tauchst du den Glucoseteststreifen in die Lösung und vergleichst die Farbe des Testfeldes mit der Farbskala auf der Verpackung. Protokolliere die Glucosekonzentration.
Wiederhole den Versuch mit einer Pflanze, die mindestens einen Tag abgedunkelt wurde. Achte auf eine vergleichbare Blattmenge.

Aufgaben:

a) Erläutere das Versuchsergebnis.

b) Begründe, warum die heiße Lösung vor dem Glucosetest abkühlen muss.

V3 Pflanzen enthalten Kohlenstoff

Material: grünes Blatt; Reagenzglas; Reagenzglasklammer; Gasbrenner; Glasstab; Waage; Abdampfschale

Durchführung: Stopfe das Blatt mit Hilfe des Glasstabes in den unteren Teil des Reagenzglases. Bestimme dann mit der Waage die Masse von Glas und Blatt. Stelle beim Gasbrenner eine nicht leuchtende Brennerflamme ein und erhitze das Reagenzglas vorsichtig. Bewege es dazu langsam in der Brennerflamme, bis auch die Wassertropfen an der Reagenzglaswand verschwunden sind und das Blatt völlig verkohlt ist. Nachdem das Glas abgekühlt ist, wird es erneut gewogen. Gibt die Rückstände in eine Abdampfschale und betrachte sie genau.

Aufgabe: Protokolliere den Versuch wie auf Seite 37 dargestellt.

A4 Bestimmte Bedingungen ermöglichen die Fotosynthese

Die Abbildungen A bis C zeigen drei verschiedene Experimente zur Untersuchung der Fotosynthesefaktoren. Dabei werden jeweils die Ausgangsbedingungen des Experimentes und das Ergebnis eines anschließenden Stärkenachweises dargestellt.
Im ersten Versuch wurden panaschierte Efeublätter für etwa vier Stunden belichtet. Im zweiten Versuch verwendete man einen Fliederzweig. Von diesem drückte man ein Blatt mit seiner Unterseite auf ein Reagenzglas. Die Verbindung wurde durch Vaseline am Reagenzglasrand luftundurchlässig. Im Glas selbst befand sich konzentrierte Kalilauge, die der Luft Kohlenstoffdioxid entzieht. Auch dieser Versuchsansatz wurde für etwa vier Stunden belichtet.
Beim letzten Experiment verdunkelte man einen Teil eines Fliederblattes mit Alufolie. Anschließend belichtete man den Zweig wieder vier Stunden mit einer Lampe.

Aufgaben:

a) Werte die abgebildeten Versuche mit Hilfe der Fotos aus und erläutere die Ergebnisse.

b) Führe den dritten Versuch (Abbildung C) selbst durch. Recherchiere eine geeignete Durchführung und plane den Versuchsaufbau.

A5 Abhängigkeit der Fotosynthese von verschiedenen Umweltfaktoren

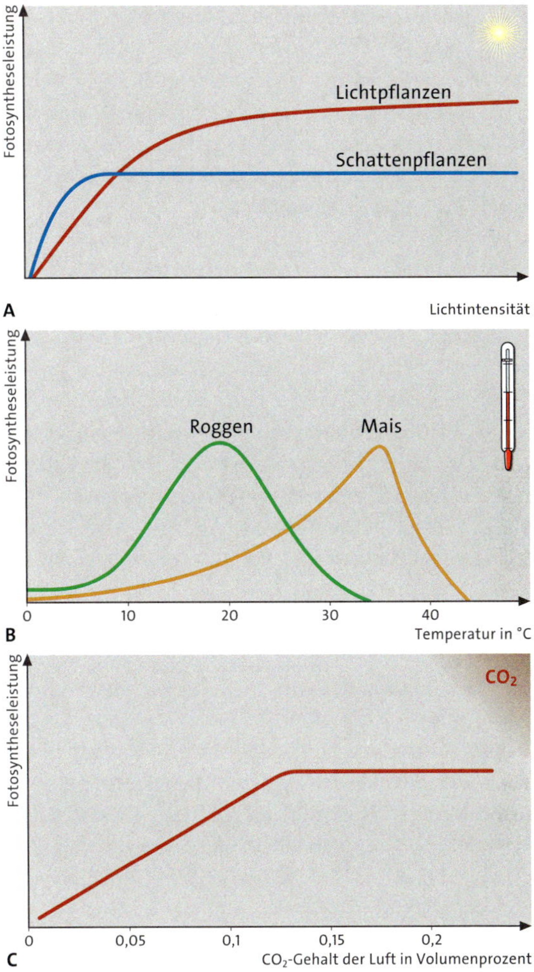

Die Diagramme A bis C zeigen die Fotosyntheseleistung in Abhängigkeit von verschiedenen Umweltfaktoren wie Lichtintensität, Temperatur und Kohlenstoffdioxidgehalt. Diese Zusammenhänge werden zum Beispiel beim Anbau von Kulturpflanzen im Gewächshaus oder im Freiland berücksichtigt.

Aufgaben:

a) Erläutere die dargestellten Zusammenhänge mit Hilfe dieser Diagramme.

b) Recherchiere drei konkrete Beispiele für heimische Licht- und Schattenpflanzen.

c) Wende das Basiskonzept Angepasstheit auf den Mais an. Nutze die entsprechenden Diagramme.

1.5 Traubenzucker wird weiter verarbeitet

Wer denkt schon bei einem leckeren Obstsalat mit Äpfeln, Ananas, Weintrauben und Birnen an die Fotosynthese? Trotzdem stammt zum Beispiel der süße Geschmack der Früchte vom Fruchtzucker. Der saure Geschmack könnte uns an Fruchtsäuren erinnern, Geruch und Farbe der Früchte stammen von Aroma- und Farbstoffen. Möglicherweise essen wir den Fruchtsalat auch wegen seiner vielen Vitamine und Ballaststoffe. Tatsächlich sind alle diese Stoffe direkte oder indirekte Produkte der Fotosynthese. Dazu zählen auch die klassischen Nährstoffe wie Proteine, Fette und Kohlenhydrate.

All diese Stoffe werden im sogenannten **Baustoffwechsel** von der Pflanze erzeugt. Die Zellen können dabei aus dem Ausgangsstoff Glucose eine Vielzahl weiterer Stoffe herstellen. So können die Glucosemoleküle zum Beispiel in den Chloroplasten zu *Stärke*, einer langkettigen Verbindung aus mehreren Hundert Einzelbausteinen, verknüpft werden. Da Stärke nicht wasserlöslich ist, lässt sie sich gut in Samen, Sprossknollen oder Wurzeln speichern. Beispiele für Stärke liefernde Pflanzen sind alle Getreidearten sowie Kartoffel, Süßkartoffel, Maniok und Mehlbanane.

Auch Zellulose besteht aus vielen Glucosemolekülen. Hier liegen die langen, verzweigten Ketten eng aneinander und bilden oft faserartige Strukturen. Zellulose wird von den Pflanzen zum Aufbau ihrer Zellwände genutzt. Durch Ein- und Auflagerungen lassen sich ihre Eigenschaften weiter abwandeln. So entsteht zum Beispiel gemeinsam mit eingelagertem Holzstoff eine sehr festes Material, das *Holz*. Auch für den Menschen ist Zellulose ein wichtiger Stoff. Wir stellen aus ihm Papier und Zellstoff her. Die weißen Samenhaare der Baumwolle liefern den Hauptrohstoff für die Textilindustrie.

Die Pflanze kann den Traubenzucker auch in *Fruchtzucker* umwandeln. Diesen findet man in reifen Früchten wie Äpfeln, Birnen oder Weintrauben. Verknüpfen sich im Stoffwechsel ein Traubenzucker- und ein Fruchtzuckermolekül miteinander, entsteht ein neuer, häufig genutzter Zucker. Die Pflanze stellt diesen *Rohrzucker* als Speicherstoff her. Nutzbare Mengen finden sich in den Zucker liefernden Pflanzen wie Zuckerrohr, Zuckerrübe und Zuckerahorn.

Für den Aufbau von *Proteinen* benötigt die Pflanze neben der Glucose auch stickstoffhaltige Mineralsalze aus dem Boden. Mit den gebildeten Eiweißen werden zum Beispiel Membranen oder Enzyme in der Pflanzenzelle aufgebaut. Außerdem dienen Proteine wieder als Speicherstoff in Samen und Früchten. Typische Eiweiß liefernde Pflanzen sind Erbsen, Bohnen, Sojabohnen und Linsen.

Fette bestehen aus den gleichen chemischen Elementen wie Kohlenhydrate. Sie enthalten Kohlenstoff, Wasserstoff und Sauerstoff und können durch Umbauprozesse aus Traubenzucker aufgebaut werden. Auch sie dienen vor allem der Stoff- und Energiespeicherung und sind oft in Samen und Früchten zu finden. Bekannte Beispiele, die auch vom Menschen häufig genutzt werden, sind Öl liefernde Pflanzen wie Sonnenblume, Raps, Walnuss und Olive.

Neben Stoffen, die für den Bau und die Funktion von Zellen und Organen wichtig sind, produzieren Pflanzen noch weitere **sekundäre Pflanzenstoffe** mit Sonderfunktionen. Zu solchen Stoffen zählen zum Beispiel *Farb- und Duftstoffe*. Diese spielen bei Samenpflanzen eine große Rolle und locken potenzielle Bestäuber und Fruchtverbreiter an. Bekannte Beispiele sind duftende Rosen- und Lavendelsträucher. *Harze, Kautschuk* und *Gerbstoffe* dienen dagegen der Abwehr von Fressfeinden. Sie schrecken entweder durch ihren bitteren Geschmack ab oder verkleben die Mundwerkzeuge des Angreifers. Auch solche Stoffe werden vom Menschen zum Beispiel in der Textil- und Farbstoffindustrie genutzt. Naturkautschuk stammt fast ausschließlich vom Kautschukbaum. Der weiße Milchsaft wird, ähnlich wie unser Kiefernharz, durch Anritzen der Bäume gewonnen. Kautschuk wird weltweit zur Herstellung von Gummi genutzt. Einige *Bitter- und Scharfstoffe* sind in Heil- und Gewürzpflanzen wie Bitterklee, Kümmel, Pfeffer und Chili enthalten. Sie wirken oft appetit- und verdauungsfördernd.

Aus manchen *Pflanzengiften* wie den Stoffen im Roten Fingerhut, im Maiglöckchen oder in der Mistel lassen sich Medikamente herstellen. Sie werden zum Beispiel bei Herzbeschwerden oder in der Krebstherapie eingesetzt. Kakao, Kaffee und Tee zählen zu den Genussmittel liefernden Pflanzen. Sie enthalten Stoffe wie Koffein oder Theobromin, die eine besondere Wirkung auf den Menschen haben. In vernünftigen Mengen konsumiert, machen sie uns zum Beispiel wacher und steigern Leistung und Wohlbefinden.

1 Recherchiert im Internet und in Fachbüchern konkrete Beispiele für Nutzpflanzen mit verschiedenen Inhaltsstoffen. Gestaltet mit eurem Material Steckbriefe, Poster oder eine Ausstellung, die ihr in der Klasse präsentiert.

1 **Folgeprodukte der Fotosynthese**

1.6 Auch Pflanzen verbrauchen Sauerstoff

In artenreichen Buchen- und Auenwäldern wächst der Aronstab. Er blüht im April und Mai. Zuerst sieht man nur die grünen Hochblätter, die sich nach unten zu einem bauchigen Kessel erweitern. Jedes Hochblatt umschließt einen Blütenstand. An diesem befinden sich im unteren Teil die weiblichen und darüber die männlichen Blüten. Weiter oben folgen sterile Blüten, die zu Reusenhaaren umgebildet sind. Der Blütenstand endet in einem braunvioletten Kolben. Welchen Zweck erfüllt dieser komplexe Blütenstand?

Sind die weiblichen Blüten reif, öffnet sich das Hochblatt und gibt den Kesseleingang frei. Im Kessel entwickelt sich dann durch Stoffwechselaktivitäten eine beachtliche Wärme. Sie dient dazu, Geruchsstoffe aus dem Kolben zu verbreiten. Wärme und Aasgeruch locken Insekten wie kleine Fliegen und Mücken an. Diese rutschen von der glatten, wachsbeschichteten Oberfläche des Hochblattes ab und gelangen zum Grund des Kessels. Die Haarreuse verhindert die Flucht der Insekten. Diese krabbeln nun im Kessel herum. Tragen die Insekten Pollen eines anderen Aronstabes, werden die weiblichen Blüten bestäubt. In der darauf folgenden Nacht öffnen sich auch die männlichen Blüten. Die Insekten werden nun mit neuen Pollenkörnern bepudert. Kurz darauf vertrocknen die Reusenhaare, der Kesselausgang ist frei. Die Insekten gelangen ins Freie und fliegen weiter zur nächsten Aronstabpflanze. Für diese besondere Bestäubungsform ist relativ viel **Energie** nötig. Zum einen muss die Pflanze in kurzer Zeit das Hochblatt entwickeln und wachsen lassen, zum anderen wird Wärmeenergie gebraucht, um die Geruchsstoffe freizusetzen. Wie gelingt es Pflanzen, Energie zu erzeugen?

Ausgangsstoff für die Energiegewinnung ist Stärke, die in den Pflanzenzellen gespeichert ist. Diese muss jedoch zunächst wieder in Traubenzucker zerlegt werden. In den Zellen findet dann eine biologische Oxidation statt. Dabei wird Glucose zusammen mit Sauerstoff zu Kohlenstoffdioxid und Wasser umgewandelt.

Wie die Fotosynthese ist auch dieser Stoffwechselprozess recht kompliziert und läuft in mehreren Phasen ab. Zuerst wird die Glucose im Zellplasma zu kürzeren Kohlenstoffverbindungen abgebaut. Diese gelangen dann in den Citratzyklus und werden zu Kohlenstoffdioxid umgesetzt. Der Name Citratzyklus leitet sich von der Zitronensäure ab, die in diesem Reaktionszyklus vorkommt. Die letzte Phase ist die Atmungskette. Hier werden Wasserstoffionen, die aus der Glucose stammen, und Sauerstoff zu Wasser umgewandelt. Dieser Vorgang setzt stufenweise Energie frei, die als Wärme abgegeben oder in Form von

1 Aronstab. A Blütenstand; **B** Bestäubung

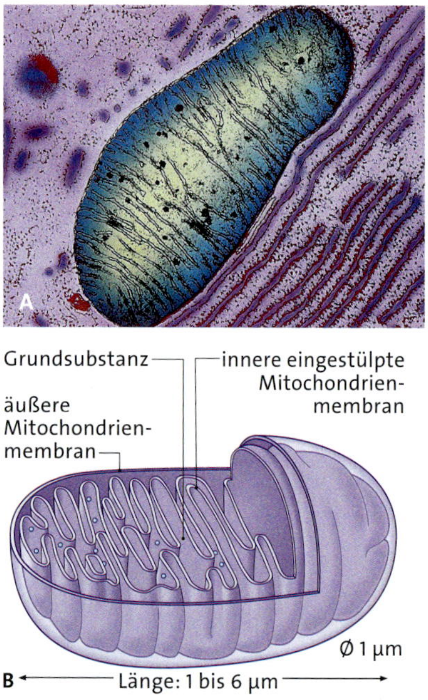

2 Mitochondrium. A elektronenmikroskopische Aufnahme; **B** Schema

ATP gespeichert wird. Die chemisch gebundene Energie kann die Pflanze für alle Lebensprozesse wie Wachstum, Bildung und Transport von Stoffen sowie Bewegungen nutzen.

Die beschriebenen Vorgänge zur Energiefreisetzung in Zellen nennt man **Zellatmung.** Der Prozess lässt sich mit folgender Wortgleichung zusammenfassen:
Glucose + Sauerstoff → Kohlenstoffdioxid + Wasser
Nicht nur der Aronstab sondern auch alle übrigen Pflanzen benötigen für die Zellatmung Sauerstoff, genauso wie Tiere, Menschen und andere Lebewesen.

Citratzyklus und Atmungskette finden in speziellen Zellorganellen, den **Mitochondrien** statt. Diese sind in Gestalt und Größe recht unterschiedlich. Sie können oval, kugelförmig, stäbchenförmig oder gekrümmt sein. Mitochondrien sind mit einer Länge von einem bis sechs Mikrometern recht klein, ihr Feinbau konnte deshalb erst mit einem Elektronenmikroskop genauer untersucht werden. Dabei fand man eine Doppelmembran, die das Mitochondrium umgibt. Die innere Membran ist mit vielen Einstülpungen versehen. So vergrößert sich der Reaktionsraum für die Zellatmung. In und auf der Membran befinden sich zum Beispiel die Enzyme für die Atmungskette und die Herstellung von ATP. Außerdem gibt es noch die Grundsubstanz, die vor allem Reaktionsraum ist und Transportfunktionen übernimmt. Bisher wurden über 100 verschiedene Enzyme in Mitochondrien entdeckt, die Stoffwechselprozesse steuern.

Zellatmung kommt nicht nur bei Pflanzen vor. Auch Tiere, Menschen, Pilze und andere Lebewesen gewinnen durch diesen Stoffwechselprozess ihre Energie. Deshalb findet man Mitochondrien, die »Kraftwerke« der Zelle, sowohl in pflanzlichen als auch in tierischen Zellen. Im Gegensatz zu den grünen Pflanzen können diese Lebewesen die für die Zellatmung nötigen Stoffe nicht selbst herstellen. Sie müssen also organische Stoffe mit der Nahrung aufnehmen und ernähren sich heterotroph. Damit liefert die Fotosynthese die stoffliche Grundlage für die Zellatmung aller Lebewesen. Der zum Abbau des Traubenzuckers nötige Sauerstoff stammt ebenfalls aus der Fotosynthese.

1 Finde Beispiele, wie Pflanzen die durch Zellatmung gewonnene Energie nutzen.
2 Beschreibe den Feinbau eines Mitochondriums mit Hilfe der Abbildung 2.
3 Erläutere mit Hilfe der Abbildung 3 den Ablauf der Zellatmung. Gib dabei auch an, woher die Ausgangsstoffe der Zellatmung kommen.
4 Erläutere den Zusammenhang zwischen Fotosynthese und Zellatmung. Entwickle dazu ein einfaches Schema zur Veranschaulichung.

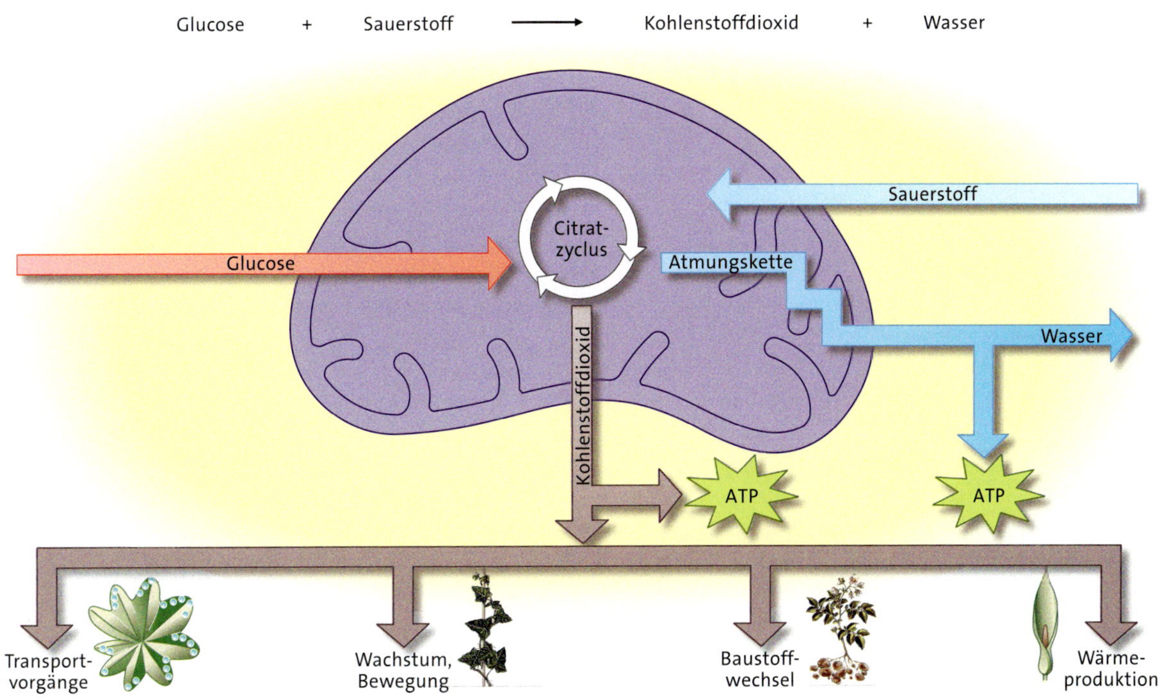

3 Reaktionen der Zellatmung (Schema) und Energienutzung

Aufgaben und Versuche Zellatmung

V1 Zellatmung und Temperatur

Material: Erbsen; flache Schale; Jogurtglas; 2 Thermometer; Wasser; Watte oder aus Styropor geschnittener passender Deckel für das Glas

Durchführung: Lass 20 g getrocknete Erbsen für etwa 10 h in einer wassergefüllten, flachen Schale quellen. Fülle die gequollenen Erbsen in ein Jogurtglas und stecke vorsichtig ein Thermometer in die Mitte des Glases. Verschließe das Glas mit Watte oder einem Styropordeckel, in den du vorher noch ein kleines Loch für das Thermometer stechen musst. Lass das Glas stehen, bis die Erbsen zu keimen beginnen.

Aufgabe: Bestimme die Temperatur der keimenden Erbsen und vergleiche sie mit der Raumtemperatur. Erkläre das Ergebnis.

V2 Zellatmung und Sauerstoff

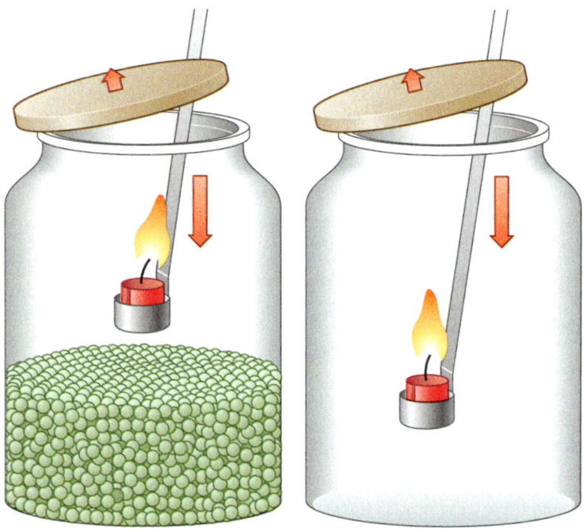

Material: Erbsen oder Bohnen; zwei hohe gleichgroße Gläser mit Deckel; Verbrennungslöffel mit Kerze; Wasser; flache Schale; Uhr mit Sekundenangabe

Durchführung: Lass die Erbsen oder Bohnen wie in V1 etwa 10 h quellen. Fülle dann etwa ein Drittel des ersten Glases mit den gequollenen Samen. Verschließe das Glas und lass es ein oder zwei Tage an einem warmen Ort stehen. Zünde dann die Kerze auf dem Verbrennungslöffel an. Öffne das Glas mit den gequollenen Samen vorsichtig, senke die Kerze hinein und bestimme die Zeit bis zu ihrem Erlöschen. Wiederhole den Versuch mit einem leeren Glas.

Aufgabe: Notiere und erkläre deine Beobachtungen.

V3 Kartoffelknollen atmen

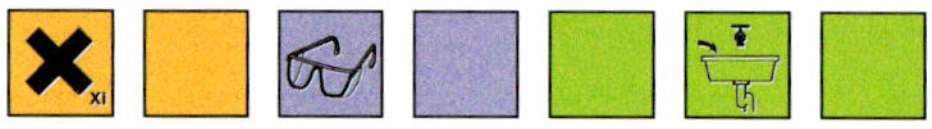

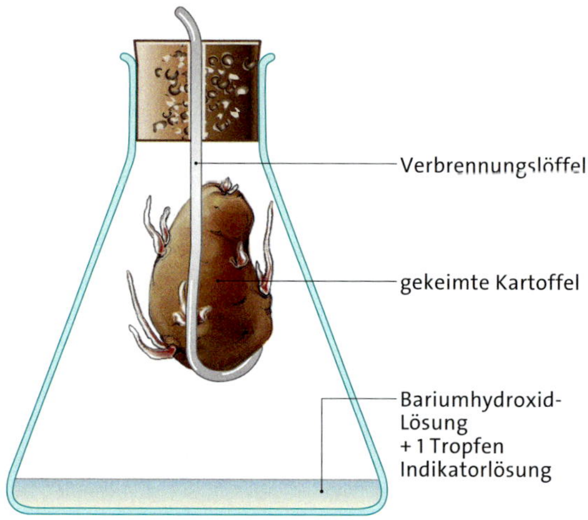

Material: Bariumhydroxid-Lösung (10 %ig, ätzend!); Weithalserlenmeyerkolben mit passendem Stopfen; Draht; Verbrennungslöffel oder Bindfaden mit Nadel; Universalindikatorlösung; keimende Kartoffel

Durchführung: Fülle in den Erlenmeyerkolben 1 cm hoch Bariumhydroxid-Lösung ein und gib einige Tropfen Indikatorlösung dazu. Befestige die keimende Kartoffel entweder auf dem Verbrennungslöffel oder ziehe sie mit der Nadel auf einen Bindfaden. Verschließe dann den Kolben wie in der Abbildung gezeigt. Lass den Versuchsansatz für 1 bis 2 Tage an einem warmen Ort stehen.

Aufgaben:

a) Fertige ein Versuchsprotokoll an. Orientiere dich dabei an der Methodenseite 37. Beachte, dass sich mit einem Universalindikator durch Farbveränderungen Basen und Säuren nachweisen lassen. Verbindet sich Kohlenstoffdioxid mit Wasser, so bildet sich dabei Kohlensäure, die die Base Bariumhydroxid neutralisieren kann.

b) Kartoffelknollen speichern einen Stoff, der erst zu Glucose für die Zellatmung abgebaut werden muss. Plane ein Experiment, mit dem du diesen Stoff nachweisen kannst. Führe das Experiment nach Bestätigung deiner Planung durch den Fachlehrer durch. Protokolliere deine Ergebnisse.

1.7 Pflanzen und Tiere sind voneinander abhängig

Eine kleine Maus hat eine Brombeerhecke erklommen und frisst von den reifen Früchten. Sie ernährt sich damit direkt von der energiereichen Biomasse, die von der Pflanze durch Fotosynthese und anschließende Stoffwechselprozesse erzeugt wurde. Wie lassen sich diese wechselseitigen Beziehungen genauer erklären?

Die pflanzliche Biomasse enthält Nährstoffe wie Kohlenhydrate, Proteine und Fette, die im Magen und Darm der Maus verdaut werden. So entstehen Bausteine, die wiederum zum Aufbau von körpereigenen Stoffen genutzt werden können. Man bezeichnet solche Stoffe deshalb auch als **Baustoffe.** Mit ihnen bildet der Körper der Maus zum Beispiel neue Eiweißstoffe, die als Muskeln, Enzyme oder zum Aufbau des Felles dienen. Ein großer Teil der Nährstoffe wird in der Zellatmung abgebaut und liefert Energie. Diese Energie kann die Maus zur Aufrechterhaltung ihrer Körpertemperatur, für Bewegungen oder die Fortpflanzung nutzen.

Alle Tiere, auch Menschen, sind auf energiereiche Nahrung angewiesen. Essen wir Brombeeren, nutzen wir ebenfalls die dort gespeicherten Zucker für unsere eigenen Lebensvorgänge. Auch wenn wir uns von Fleisch ernähren, steckt in diesem letztendlich die Energie, die das Tier beim Fressen von Gras, Kartoffeln oder anderen Futterpflanzen aufgenommen hat. Die Energie für alle Lebensvorgänge wird demnach bei Pflanzen, Tieren und Menschen gleichermaßen durch **Zellatmung** gewonnen. Dabei wird die Energie immer aus Nährstoffen freigesetzt, die irgendwann in der Fotosynthese gebildet wurden. Auch der gesamte Sauerstoff in der Luft ist durch die Fotosynthese entstanden. Dieser Prozess begann schon vor über drei Milliarden Jahren, als chlorophyllhaltige Bakterien die Fotosynthese als Stoffwechselweg erstmals nutzten. Durch die sich später entwickelnden grünen Wasser- und Landpflanzen stieg der Sauerstoffgehalt in der Atmosphäre kontinuierlich an. Heute liegt er bei etwa 21 Volumenprozent. Pflanzen verbrauchen zwar ständig einen Teil des durch sie erzeugten Sauerstoffes für ihre eigene Zellatmung, sie produzieren jedoch durch Fotosynthese etwa die vierfache Menge. Dieser Sauerstoff wird von Tieren und Menschen eingeatmet. Die Blätter eines einzigen Laubbaumes erzeugen an einem Sommertag eine Sauerstoffmenge für über zwanzig Menschen.

Der Kreislauf schließt sich durch die Zellatmung. Hier entsteht Kohlenstoffdioxid, das wiederum von den Pflanzen für die Fotosynthese aufgenommen wird. Auch nicht verwertbare Stoffe, die von den Tieren und Menschen ausgeschieden werden, gehen wieder in den Kreislauf ein. Diese Stoffe werden von Bodenlebewesen abgebaut, die dabei Kohlenstoffdioxid, Wasser und Mineralstoffe freisetzen. Mineralstoffe wie Nitrate und Phosphate gelangen so in den Boden, wo sie von den Wurzeln der Pflanzen wieder aufgenommen werden können.

1 Erläutere die Zusammenhänge zwischen Fotosynthese und Zellatmung mit Hilfe der Abbildung 1.

2 Beschreibe an zwei Beispielen, wie der Mensch in die bestehenden Stoffkreisläufe eingreift.

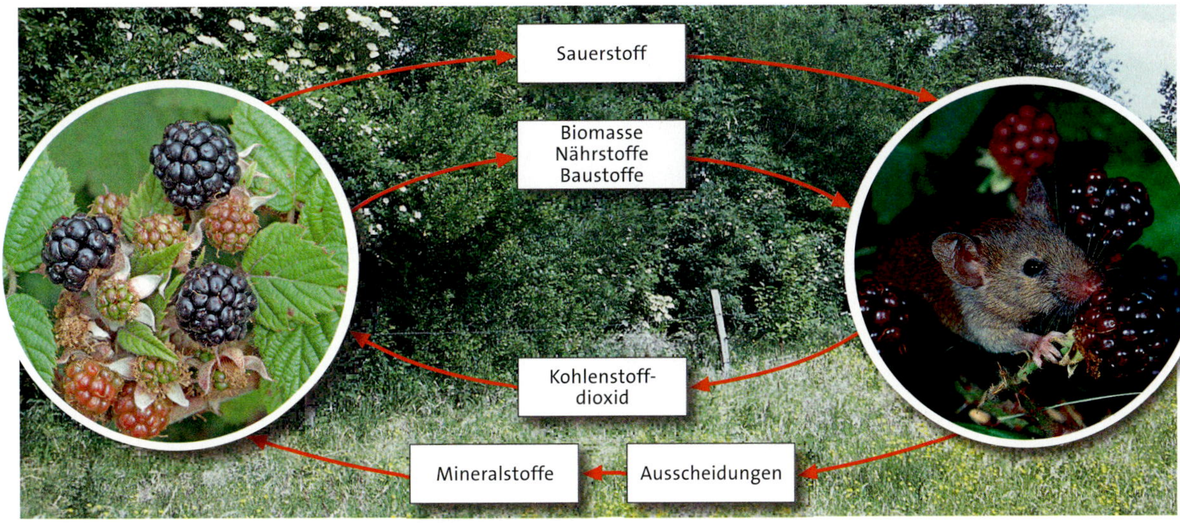

1 Pflanzen und Tiere einer Hecke sind voneinander abhängig

1 Getreide zählt zu den Produzenten. **A** Mais; **B** Weizen

2 Konsument Hausschwein

3 Endkonsument Mensch (Angabe des Energiegehaltes der eingesetzten Pflanzen : Energiegehalt im Nahrungsmittel)

2 Der Mensch gehört zu den Konsumenten

2.1 Pflanzen und Tiere sichern die Ernährung des Menschen

Alle natürlichen Lebensprozesse sind auf Energie angewiesen. Sie stammt fast ausschließlich aus der Sonne. Nur die fotosynthetisch aktiven Pflanzen, die **Produzenten,** sind in der Lage etwa ein Prozent des einfallenden Sonnenlichtes in körpereigene Biomasse wie Stärke und Cellulose umzuwandeln und damit zu binden. Von dieser Energie müssen die Pflanzen selbst und alle übrigen Organismen ihre Lebensvorgänge bestreiten. Was passiert mit dieser Energie?

Der Mensch ernährt sich direkt und indirekt von vielen Pflanzen. So nutzt er zum Beispiel Getreidearten wie Mais, Roggen oder Weizen. Setzt man die in den Pflanzen gebundene Energie mit 100 Prozent an, kann man gut verfolgen, was mit ihr in der weiteren Nahrungskette passiert. Die gebundene Energie wird zunächst von den Produzenten selbst für bestimmte Vorgänge genutzt. So bauen Pflanzen zunächst etwa die Hälfte der produzierten Nährstoffe über die Zellatmung ab. Auch für Wachstumsprozesse, Zellteilungen und Transportprozesse innerhalb der Pflanzen wird Energie verbraucht. Insgesamt werden etwa 90 Prozent der gebundenen Energie so wieder umgewandelt. Es bleiben also nur noch zehn Prozent für die nächste Nahrungsebene, die **Konsumenten 1. Ordnung,** übrig. Bei Mais nutzt der Mensch entweder die Biomasse der Stängel und Blätter als Grünfutter für Rinder oder er erntet die Maiskolben. Beim Weizen werden die stärkehaltigen Früchte genutzt. Auch sie lassen sich direkt verfüttern, zum Beispiel an Hühner, oder weiter veredeln, indem man zum Beispiel Mehl und später Backwaren produziert.

Die Pflanzenfresser nehmen ihre Energie mit der Nahrung auf. Auch sie verbrauchen für die eigenen Lebensvorgänge und die Wärmeproduktion wieder etwa 90 Prozent der aufgenommenen Energie. Von der ursprünglichen Energiemenge ist also nur noch ein Prozent übriggeblieben. Diese Energie gelangt über die Nahrungskette zu den **Konsumenten 2. Ordnung.** An dieser Stelle steht zum Beispiel der Mensch, wenn er sich von dem mit Weizen aufgezogenen Hühnchen oder dem mit Mais gefütterten Rind oder Schwein ernährt. Ist die Nahrungskette an dieser Stelle beendet, nimmt der Mensch gleichzeitig die Stellung des **Endkonsumenten** ein.

Der Mensch ist als Allesesser in seiner Nahrung besonders vielseitig. Er kann sich zum Beispiel auch von einem Tunfisch ernähren. Da dieser Raubfisch vorher kleinere Friedfische gefressen hat, die sich wiederum von Krebstieren im Meer ernähren, die ihrerseits von mikroskopisch kleinen Meeresalgen leben, erreicht der Mensch in dieser Nahrungskette sogar die Stufe eines **Konsumenten 4. Ordnung.** Allerdings hat sich durch die längere Nahrungskette auch die verbliebene Energiemenge weiter verringert: Von der ursprünglichen Energie gehen an den Endkonsumenten Mensch auf dieser Stufe nur noch 0,01 Prozent. Nur dieser geringe Teil kann als chemisch gebundene Energie in tierische beziehungsweise menschliche Biomasse überführt werden. Endkonsumenten sind deshalb oft große Tiere, die eine größere Beute fressen als die Konsumenten 2. Ordnung, um ihren Energiebedarf zu decken. Die von den Produzenten gebundene Energiemenge nimmt also von Nahrungsstufe zu Nahrungsstufe um etwa den Faktor 10 ab. Man bezeichnet diesen Vorgang als **Energiefluss.** Ordnet man die verschiedenen Nahrungsebenen aufeinander folgend an, so erhält man eine Pyramidenform. Legt man die mit jeder Stufe abnehmende Energie zugrunde, so spricht man von einer **Energiepyramide.** Wählt man dagegen die in den verschiedenen Nahrungsebenen beteiligten Lebewesen als Maßstab, so erhält man eine **Nahrungspyramide.**

Stoffe, die beim Abbau der Biomasse entstehen, können von den Pflanzen wieder zum Aufbau neuer Pflanzenmasse genutzt werden. So ergeben sich für Kohlenstoffdioxid und Stickstoffverbindungen zum Beispiel Stoffkreisläufe, die allerdings auf landwirtschaftlich genutzten Flächen wie Wiesen oder Feldern nicht geschlossen sind. Böden verlieren zum Beispiel Mineralstoffe durch Auswaschung und der Mensch entnimmt das Pflanzenmaterial bei der Ernte oft vollständig.

Ständig steigende Preise für Grundnahrungsmittel wie Reis, Mais oder Weizen sowie Hungersnöte und Unruhen zeigen deutlich, dass Nahrungsmittel ein knappes und wertvolles Gut darstellen. Zum einen sind viele Anbauflächen in den Tropen nur bedingt für bestimmte Kulturen geeignet. Oft fehlt zum Beispiel Wasser zur Bewässerung oder der Boden enthält zu viel Salz. Zum anderen werden weltweit verstärkt Pflanzen angebaut, die nicht der menschlichen Ernährung dienen. So kann man Mais oder Zuckerrohr auch als Energiepflanzen für die Herstellung von Stärke oder Rohrzucker anbauen. Die Kohlenhydrate können dann chemisch weiter abgebaut werden, um Glucose für die Herstellung von Alkohol zu gewinnen. Diese Verfahren erzeugen ebenso wie der heimische Rapsanbau und seine Verarbeitung Biosprit aus nachwachsenden Rohstoffen. Auf der einen Seite will der Mensch so unabhängiger von fossilen Brennstoffen werden, auf der anderen Seite gehen große Anbauflächen für Nahrungspflanzen verloren.

1 Der Mensch kann ganz verschiedene Konsumentenstufen in einer Nahrungspyramide einnehmen. Zeichne drei passende Nahrungspyramiden mit konkreten Nahrungspflanzen und Tieren, die der Mensch konsumiert. Erläutere deine Beispiele.

2 Erkläre, warum die tierische Biomasse weniger als ein Zehntel der Biomasse der Erde ausmacht.

3 Begründe, warum weder eine rein vegetarische noch eine überwiegend auf Fleisch gestützte Ernährung gesundheitlich und ökologisch sinnvoll ist. Nutze auch die Abbildung 3 und die Seite 51.

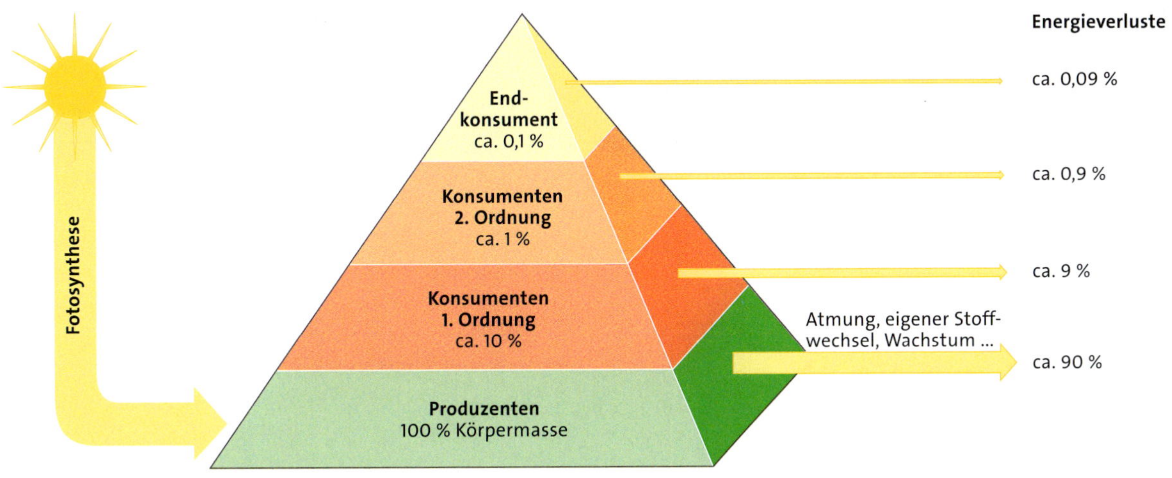

4 Energiepyramide

2.2 Die drei Nährstoffgruppen

Die vielfältigen Nahrungsmittel liefern alle Stoffe, die der Mensch zur Deckung des Energiebedarfs und zum Auf- und Abbau körpereigener Substanzen braucht. Die Hauptbestandteile dieser Lebensmittel gehören zu drei Stoffgruppen: Kohlenhydrate, Fette und Eiweiße. Da sie einen wichtigen Beitrag zur Ernährung leisten, bezeichnet man sie als **Nährstoffe.**

Kohlenhydrate nehmen wir in verschiedenen Formen auf, vorwiegend als Zucker oder als Stärke. Die Bausteine aller Kohlenhydrate sind Einfachzucker oder Monosaccharide. Diese setzen sich aus den Elementen Kohlenstoff, Sauerstoff und Wasserstoff zusammen, die in einer annähernd ringförmigen Struktur miteinander verknüpft sind. Traubenzucker oder Glucose wird als Sechserring dargestellt, der Fruchtzucker, die Fructose, hingegen als Fünferring. Diese wichtigen Monosaccharide kommen in vielen Früchten vor. Durch die Verknüpfung von zwei Zuckerbausteinen entstehen Zweifachzucker, die Disaccharide. Malzzucker oder Maltose besteht aus zwei Molekülen Glucose und kommt in keimenden Getreidekörnern vor. Der Rohrzucker, die Saccharose, setzt sich aus Glucose und Fructose zusammen. Haushaltszucker ist industriell aufgereinigter Rohrzucker, der zum Beispiel aus Zuckerrüben oder Zuckerrohr stammt.

Bei komplexen Kohlenhydraten, den Vielfachzuckern oder Polysacchariden, werden sehr lange Ketten von Zuckerbausteinen gebildet, die auch Verzweigungen enthalten können. Pflanzliche Stärke besteht aus langen, unverzweigten Ketten von Glucosemolekülen, die schraubig aufgewunden sind. Für Pflanzen ist Stärke ein Speicherstoff und deshalb in Speicherorganen wie Kartoffeln und Getreidekörnern enthalten. Das Reservepolysaccharid der Tiere ist Glykogen, dessen Glucosebausteine auch zu langen Ketten verbunden sind, die aber viele Verzweigungen enthalten. Während der Verdauung baut unser Körper Stärke zu Glucose ab, kann diese als Energielieferant nutzen oder in der Leber daraus Glykogen als Speicherstoff aufbauen. Da Monosaccharide bei der Verdauung ohne weitere Zerlegung direkt ins Blut übertreten können, stehen sie sofort als Energielieferanten zur Verfügung und werden schnell verbraucht. Stärke hingegen sorgt für eine länger anhaltende Sättigung und gleichmäßigere Versorgung mit Glucose, da die langen Ketten erst in kleinere Bausteine aufgespalten werden müssen.

Bei den **Fetten** oder Lipiden unterscheidet man feste Fette und flüssige Öle, die tierischer oder pflanzlicher Herkunft sein können. Fette bestehen aus den Bausteinen Glycerin und Fettsäuren. Wie die Kohlenhydrate sind sie aus den Elementen Kohlenstoff, Sauerstoff und Wasserstoff aufgebaut. Dabei ist jedes Glycerinmolekül mit drei kettenförmigen Fettsäuremolekülen verbunden.

In pflanzlichen und tierischen Fetten kommen elf verschiedene Fettsäuren vor. Aufgrund ihres chemischen

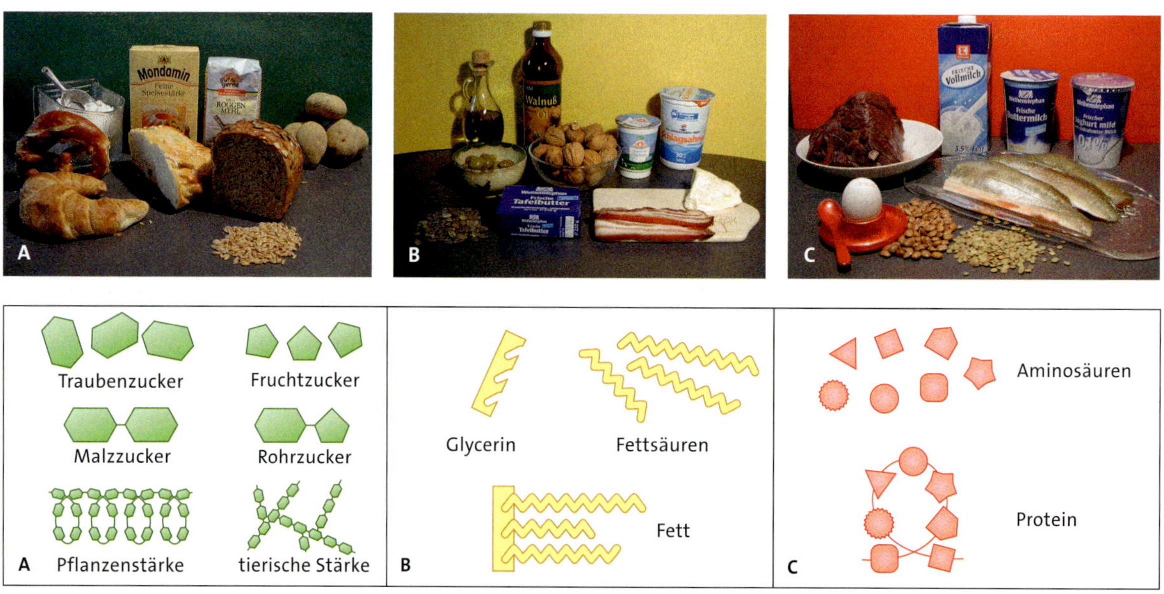

1 Die drei Nährstoffgruppen. **A** Kohlenhydrate; **B** Fette; **C** Proteine

Aufbaus unterscheidet man zwischen gesättigten oder ungesättigten Fettsäuren. Je nach Art und Menge der gebundenen Fettsäuren sind die Fette bei Raumtemperatur flüssig oder fest. Bei flüssigen Ölen ist der Anteil an ungesättigten Fettsäuren höher. Einige dieser Fettsäuren kann der Körper nicht selbst herstellen, sondern muss sie mit der Nahrung aufnehmen. Solche bezeichnet man als **essenzielle Fettsäuren.** Diese sind vorwiegend in pflanzlichen Ölen wie Distel-, Walnuss-, Lein- oder Sonnenblumenöl vorhanden.

Pflanzliche Fette findet man vor allem in Samen oder Früchten, da sie die Funktion von Speicherlipiden haben. Tierische Fette sind in Lebensmitteln wie Butter, Sahne, Käse oder Wurst und fettem Fisch enthalten. Fette werden langsamer verdaut als Kohlenhydrate, sodass ihre Energie über einen längeren Zeitraum freigesetzt wird. Im menschlichen Körper dienen Fette auch als Energiespeicher und zur Wärmeisolation.

In der Nahrung sind außerdem Eiweißstoffe enthalten, die man auch als **Proteine** bezeichnet. Ihre Bausteine sind 20 verschiedene Aminosäuren, die zu langen Ketten verbunden sind. Neben den Elementen Kohlenstoff, Wasserstoff und Sauerstoff enthalten die Aminosäuren auch die Elemente Stickstoff und Schwefel. Die Vielfalt der im Körper vorhandenen Proteine wird durch unterschiedliche Kombinationen der Aminosäuren in den Ketten erreicht, die dann spezifische räumliche Strukturen annehmen.

Die Nahrungsproteine werden hauptsächlich als Baustoffe für körpereigene Eiweiße verwendet. Zur Energiegewinnung dienen sie nur, wenn die anderen Energiequellen erschöpft sind. Proteine sind in tierischen Produkten wie Fleisch, Fisch, Wurst, Eiern, Milch und Milchprodukten enthalten. Reich an pflanzlichen Proteinen sind vor allem Sojabohnen, Erbsen, Linsen, Mais, Nüsse und Mandeln.

Die Proteine der Nahrung sind für den Menschen verschieden gut verwertbar. Je ähnlicher die Zusammensetzung des aufgenommenen Proteins zu der des Menschen ist, desto effizienter kann der Aufbau von Körperproteinen erfolgen. Deshalb haben die Nahrungsproteine eine unterschiedliche biologische Wertigkeit für den Menschen. Von den 20 Aminosäuren kann der menschliche Stoffwechsel zwölf ineinander umwandeln und selbst herstellen. Acht Aminosäuren hingegen müssen über die Nahrung aufgenommen werden. Diese werden als **essenzielle Aminosäuren** bezeichnet und kommen häufiger und ausgewogener in tierischen als in pflanzlichen Proteinen vor.

1 Erstelle eine Liste von Lebensmitteln, die besonders reich an Fett sind. Verwende dazu die Abbildungen 1 und 2.

2 Vergleiche die Zusammensetzung der Nahrungsmittel in Abbildung 2 miteinander.

3 Untersuche die Zutatenlisten von Fruchtjoghurt, Müsliriegeln und Schokolade. Nenne die dort zu findenden Bezeichnungen für »Zucker«.

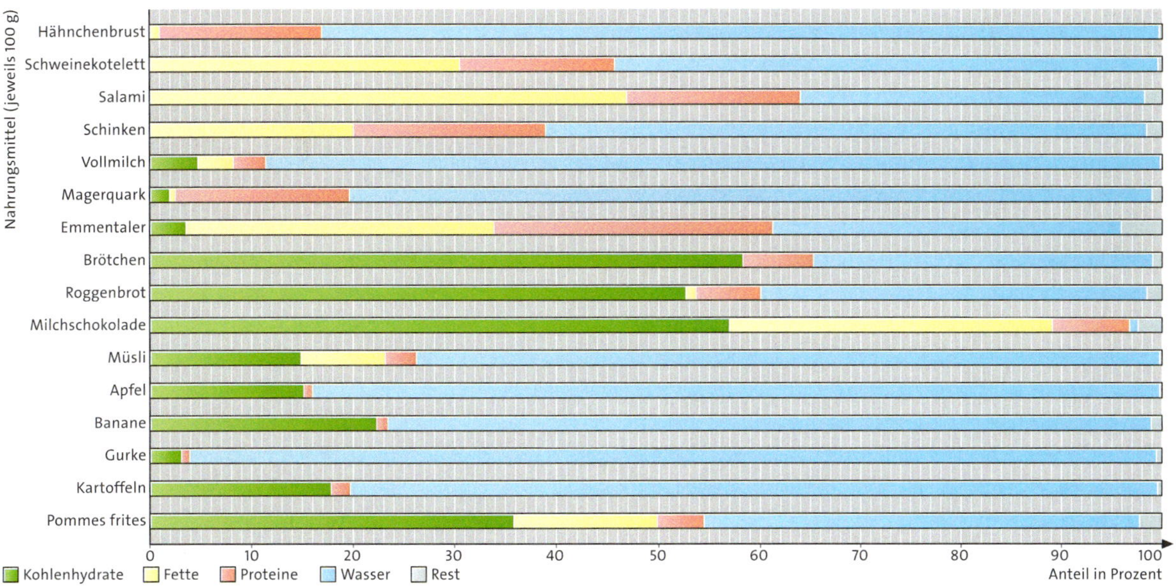

2 Zusammensetzung verschiedener Nahrungsmittel

2.3 Die Bedeutung der Nährstoffe

Nach einer langen Wanderung ist man müde und hungrig. Woran liegt das? Für die ständige Bewegung braucht der Körper Energie. Das Hungergefühl nach der Wanderung zeigt an, dass die Energiereserven des Körpers aufgebraucht sind und mit Nahrung wieder aufgefüllt werden müssen. Es gibt aber auch Menschen, die sich bereits morgens nach dem Aufstehen mit gutem Appetit an den Frühstückstisch setzen. Obwohl sie die ganze Nacht geschlafen haben, also »nichts« getan haben, sind sie beim Aufwachen hungrig. Wie lässt sich das erklären?

Viele Körperfunktionen laufen auch ab, wenn man sich in völliger Ruhe befindet. Atmung, Blutkreislauf und Aufrechterhaltung der Körpertemperatur sind Vorgänge, die auch während des Schlafes aufrecht erhalten werden müssen. Diese Lebensfunktionen benötigen ständig Energie, die von außen zugeführt werden muss. Energie ist an einen Energieträger gebunden und kommt in verschiedenen Energieformen vor, wie zum Beispiel Wärmeenergie, Bewegungsenergie oder chemischer Energie. Alle Energieformen lassen sich ineinander umwandeln, dabei geht ein Teil der enthaltenen Energie als Wärme verloren. Die Maßeinheit für Energie ist das Joule (J) oder Kilojoule (kJ). Die Energiemenge, die ein Mensch im Liegen in einem Raum mit einer Temperatur von 20 Grad Celsius durchschnittlich benötigt, wird **Grundumsatz** genannt. Er liegt zwischen 5000 und 8000 Kilojoule pro Tag und ist unter anderem abhängig vom Alter und Geschlecht.

Für jede weitere Leistung, die ein Mensch vollbringt, braucht er zusätzliche Energie. Diese Energiemenge, die über den Grundumsatz hinaus benötigt wird, bezeichnet man als **Arbeits-** oder **Leistungsumsatz.** Er wird vor allem durch die Muskeltätigkeit bestimmt, zum Beispiel beim Wandern. Mit jeder Muskeltätigkeit ist ein zusätzlicher Energiebedarf verbunden. Der Leistungsumsatz ist bei verschiedenen Tätigkeiten sehr unterschiedlich: Beim Spazierengehen beträgt er ungefähr 500, beim Lauftraining hingegen 2650 Kilojoule pro Stunde.

Der **Gesamtenergiebedarf** setzt sich aus Grund- und Leistungsumsatz zusammen. Die benötigte Energie

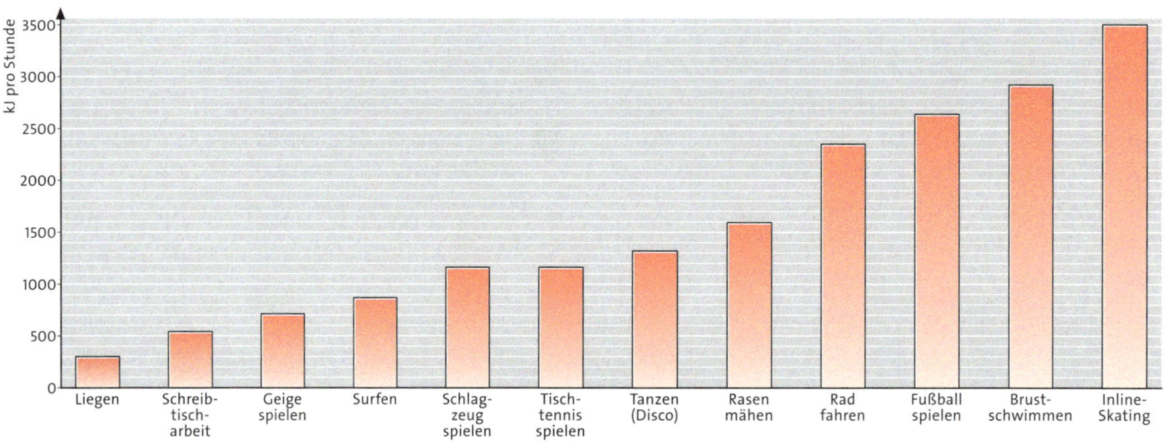

1 Energieaufwand eines Erwachsenen (70 Kilogramm) für verschiedene Tätigkeiten

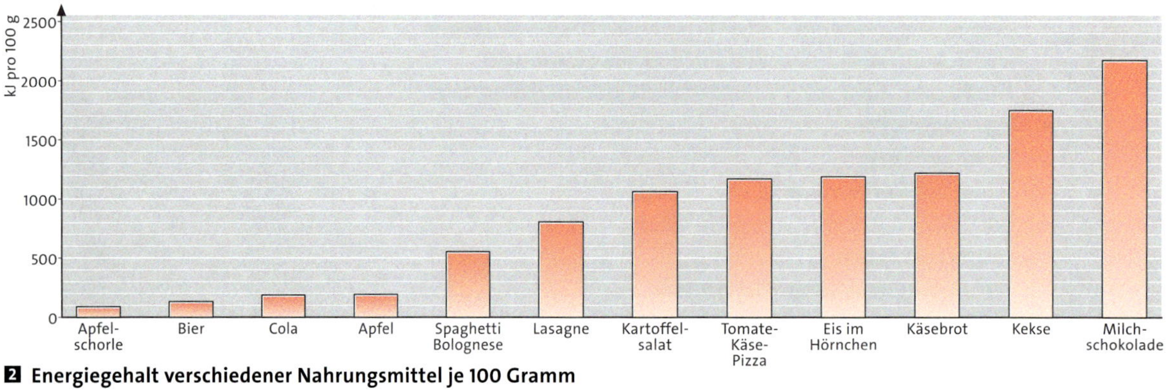

2 Energiegehalt verschiedener Nahrungsmittel je 100 Gramm

stammt aus der Nahrung. Sie wird in den Zellen aus Kohlenhydraten und Fetten durch Energieumwandlung für die Körperfunktionen nutzbar gemacht. Fette und Kohlenhydrate sind also Brennstoffe oder Betriebsstoffe.

Muskelbewegungen benötigen besonders viel Energie. Bei der Verbrennung von Glucose zu Kohlenstoffdioxid und Wasser in der Zellatmung wird die gespeicherte chemische Energie in den Muskeln in Bewegungsenergie umgewandelt. Die Bewegungsvorgänge werden von den Nervenzellen im Gehirn gesteuert. Diese Zellen benötigen für ihre Tätigkeit ebenfalls Energie, die der Körper durch die Verbrennung von Kohlenhydraten liefert. Ein Teil der Energie wird als Wärme frei, die einerseits zur Aufrechterhaltung der Körpertemperatur verwendet wird, andererseits aber ungenutzt in die Umgebung abstrahlt. Der Körper kann nur eine sehr begrenzte Menge an Kohlenhydraten speichern. Sind die Speicher aufgefüllt, werden die überschüssig aufgenommenen Kohlenhydrate in der Leber zu Fett umgebaut und im Fettgewebe gespeichert. Auch mit der Nahrung über den Energiebedarf hinaus aufgenommene Fette werden im Fettgewebe als Energiereserven gespeichert. Bei Bedarf können Fette wieder mobilisiert werden. Sie gehen in den Körperstoffwechsel als körpereigene Fette ein oder werden im Energiestoffwechsel verbraucht.

Um den Energiegehalt von Stoffen zu ermitteln, wird eine bestimmte Stoffmenge vollständig mit Sauerstoff oxidiert und die dabei freiwerdende Wärmemenge gemessen. Daraus resultiert der **physikalische Brennwert** dieses Stoffes. Der **physiologische Brennwert** eines Stoffes ergibt sich aus der Energiemenge, die im Körper beim vollständigen Abbau frei wird. Für Kohlenhydrate und Fette sind physikalischer und physiologischer Brennwert gleich, wobei der Energiegehalt von Fetten bei gleicher Masse mehr als doppelt so groß ist wie bei Kohlenhydraten. Proteine werden nicht vollständig zu Kohlenstoffdioxid und Wasser abgebaut. Stattdessen entsteht der noch Energie enthaltende Harnstoff, sodass der physiologische Brennwert von Proteinen geringer als der physikalische Brennwert ist.

Ein Baby braucht für sein Wachstum und seine Entwicklung ebenfalls Energie, die es über die Nahrung erhält. Nach etwa fünf Monaten hat es sein Geburtsgewicht verdoppelt, nach zwölf Monaten verdreifacht. Alle Organe haben im Wachstum an Größe und Gewicht zugenommen. Aber auch bei Erwachsenen finden vergleichbare Vorgänge statt: Man kann am eigenen Körper beobachten, wie Haare und Nägel wachsen, wie die Haut sich schuppt. Genauso werden Blut und Muskelsubstanz ständig erneuert. Dazu benötigt der Organismus **Baustoffe.** Im Baustoffwechsel werden aus den Nährstoffen dann körpereigene Stoffe aufgebaut. Kohlenhydrate sind zum Beispiel am Aufbau von Sehnen, Bändern und Knorpel beteiligt. Fette sind notwendig, um neue Zellmembranen herzustellen. Der größte Teil des menschlichen Körpers besteht jedoch aus Proteinen, zum Beispiel die Muskulatur, Nägel und Haare. Eiweißstoffe aus den Nahrungsmitteln werden zu körpereigenen Proteinen umgewandelt. Diese dienen vorwiegend als Baustoffe und werden nur im Energiestoffwechsel verwendet, wenn alle anderen Energiereserven ausgeschöpft worden sind. Auch der Baustoffwechsel benötigt Energie, denn bei der Umwandlung von körperfremden zu körpereigenen Substanzen wird chemische Energie genutzt, die ebenfalls aus der Nahrung stammt.

1 Berechne den Energiegehalt typischer Portionen der in Abbildung 2 aufgeführten Nahrungsmittel und vergleiche mit den Energieaufwänden aus Abbildung 1.

2 Erläutere Abbildung 3.

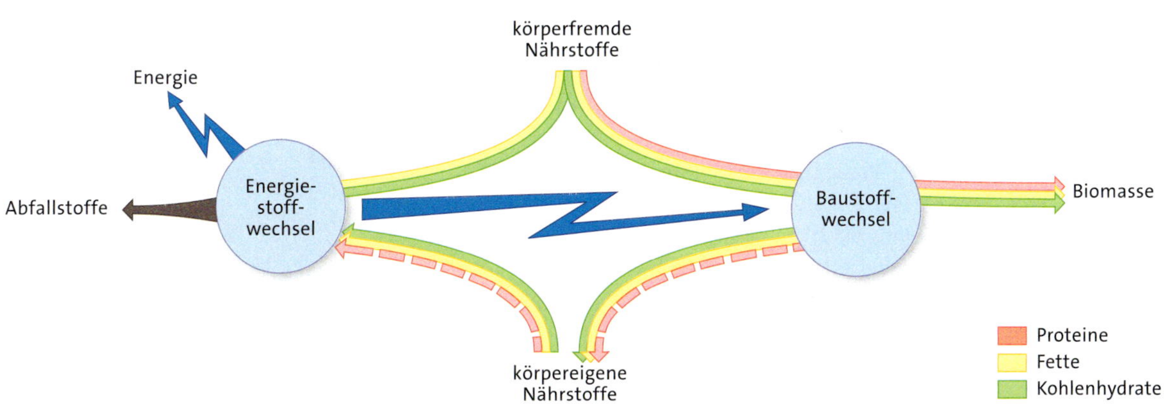

3 **Der Weg der Nährstoffe im Körperstoffwechsel des Menschen**

2.4 Verdauung

Ein Käsebrot enthält alle Nährstoffe. Das Brot selbst besteht aus Getreide, also aus Kohlenhydraten. Butter oder Margarine liefern Fette und der Käse Proteine. Was passiert mit den Nährstoffen im Körper, nachdem ein Stück von dem Käsebrot abgebissen wurde?

Zunächst wird der Bissen mit den Zähnen zerkleinert. Beim anschließenden Kauen entsteht ein Nahrungsbrei. Hierzu tragen verschiedene Speicheldrüsen bei, indem sie eine Flüssigkeit, den **Speichel,** absondern. Schon beim Anblick oder Geruch guten Essens »läuft einem das Wasser im Mund zusammen«. Dabei können pro Tag bis zu eineinhalb Liter Speichel gebildet werden. Kaut man Brot über eine längere Zeit, schmeckt es süß. Untersucht man den Speichel auf seine Inhaltsstoffe, so findet man ein **Enzym,** das Stärke in kleinere Zuckerbausteine zerlegt. Das Enzym nennt man *Amylase,* den entstehenden Zucker Malzzucker. Die Zerlegung von Nährstoffen wie der Stärke durch Enzyme bezeichnet man als Verdauung. Sie beginnt also schon in der Mundhöhle.

Durch den Speichel gleitfähig gemacht, lässt sich der Speisebrei leicht hinunterschlucken. Dabei gelangt er in die **Speiseröhre.** Beim Schlucken legt sich der Kehldeckel auf den Kehlkopfeingang und verschließt dadurch die Luftröhre. Gleichzeitig wird die Atmung für den Moment unterbrochen. Auf diese Weise wird verhindert, dass Nahrungsteilchen in die vor der Speiseröhre liegende Luftröhre geraten. Durch die Speiseröhre gelangt der Nahrungsbrei – selbst wenn man sich auf den Kopf stellen würde – in den Magen. Muskeln, die sich in der Wand der Speiseröhre befinden, werden in bestimmten Abständen zusammengezogen, sodass der Nahrungsbrei sogar gegen die Schwerkraft bewegt wird. Die Speiseröhre durchquert das Zwerchfell und mündet in den Magen.

Der **Magen** ist ein muskulöser schlauchförmiger Hohlraum. Er ist dehnbar und hat ein Fassungsvermögen von bis zu zwei Litern. Eine kräftige Muskulatur erzeugt wellenförmige Bewegungen, die **Peristaltik** genannt werden. Hierdurch wird der Nahrungsbrei durchmischt und die Nahrungsteilchen aneinander zerrieben. Wenn die Nahrung nicht genügend gekaut wurde, dauert das Zerkleinern im Magen wesentlich länger. Kohlenhydrate halten sich nur ein bis zwei Stunden im Magen auf, Proteine verlassen den Magen erst nach etwa vier Stunden und größere Fettmengen brauchen sechs bis acht Stunden, ehe sie an den Darm weitergegeben werden.

1 Guten Appetit!

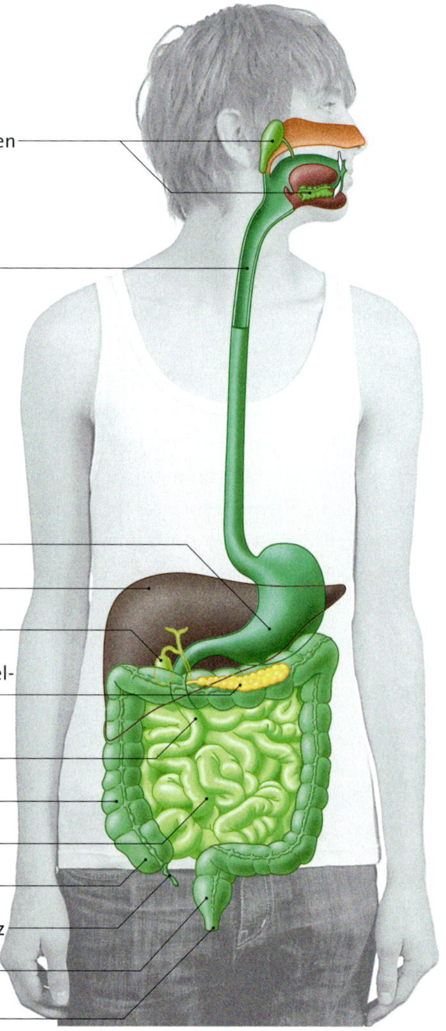

2 Verdauungsorgane

Noch bevor der Nahrungsbrei den Magen erreicht, ist **Magensaft** gebildet worden. Seine Produktion wird wie die des Speichels durch Geruch und Geschmack der Speisen ausgelöst. Magensaft besteht aus Salzsäure und Eiweiß spaltenden Enzymen. Diese Stoffe werden von zahlreichen Drüsenzellen abgesondert, die sich in der innersten Schicht des Magens, der Magenschleimhaut, befinden. Salzsäure wird in den Belegzellen gebildet. Sie wird in das Mageninnere abgegeben, sodass das gesamte Milieu einen sauren pH-Wert aufweist. Dabei werden die meisten Bakterien und andere Kleinstlebewesen abgetötet, die mit der Nahrung in den Magen gelangt sind.

Die Salzsäure verändert auch die im Nahrungsbrei vorhandenen Proteine, sodass diese leichter verdaut werden können. Hierfür produzieren die Hauptzellen das zunächst unwirksame *Pepsinogen.* Erst im Magen wird es durch die Wirkung von Salzsäure in das funktionsfähige Enzym *Pepsin* umgewandelt. Dieses spaltet nun Proteine in kürzere Aminosäureketten. Wieso aber verdaut der Magen sich nicht selbst? In der Magenwand befinden sich neben den Beleg- und Hauptzellen auch noch Nebenzellen. Sie sondern einen zähflüssigen Schleim ab, der den gesamten Mageninnenraum überzieht. Da dieser gegen Salzsäure unempfindlich ist, verhindert die Schleimschicht eine Selbstverdauung des Magens.

Wenn alle Nahrungsteilchen einen Durchmesser von etwa einem halben Millimeter aufweisen und der Nahrungsbrei gut durchmischt ist, öffnet sich am Magenausgang ein ringförmiger Muskel, der Magenpförtner. Er reguliert die Weitergabe des Nahrungsbreies, indem er stets nur kleine Portionen des Mageninhaltes an den drei bis vier Meter langen **Dünndarm** weiterleitet. Der Dünndarm ist innen mit einer Schleimhaut ausgekleidet. Diese weist viele bis zu einem Zentimeter hohe Falten auf, die ringförmig in das Darminnere hineinragen. Durch das periodisch erfolgende Zusammenziehen zweier Muskelschichten entsteht die Darmperistaltik. Sie sorgt dafür, dass der Nahrungsbrei langsam weiter bewegt wird.

Der Dünndarm ist der Ort des endgültigen Abbaus der Nährstoffe. Die hierfür erforderlichen Enzyme werden größtenteils von der **Bauchspeicheldrüse** gebildet. Sie liegt unterhalb des Magens und mündet zusammen mit dem Gallengang in den **Zwölffingerdarm,** den ersten Abschnitt des Dünndarms. Die Bauchspeicheldrüse liefert pro Tag etwa eineinhalb bis zwei Liter **Bauchspeichelsaft.** Dieser enthält einen Stoff, der die Salzsäure des Magens im Speisebrei neutralisiert und eine schwach alkalische Reaktion bewirkt. Alle Enzyme des Darms können nur bei dem hier vorliegenden basischen pH-Wert wirksam sein. Die im Bauchspeichelsaft enthaltenen Enzyme *Tryp-*

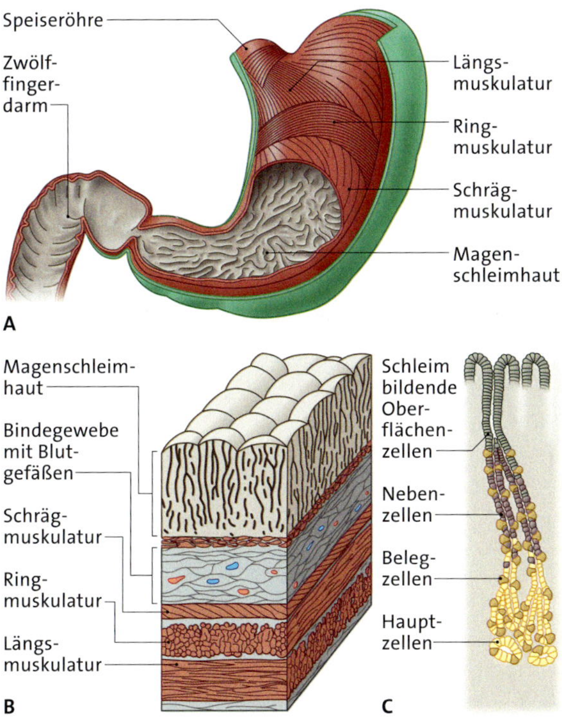

3 Magen (A) und Magenschleimhaut (B, C)

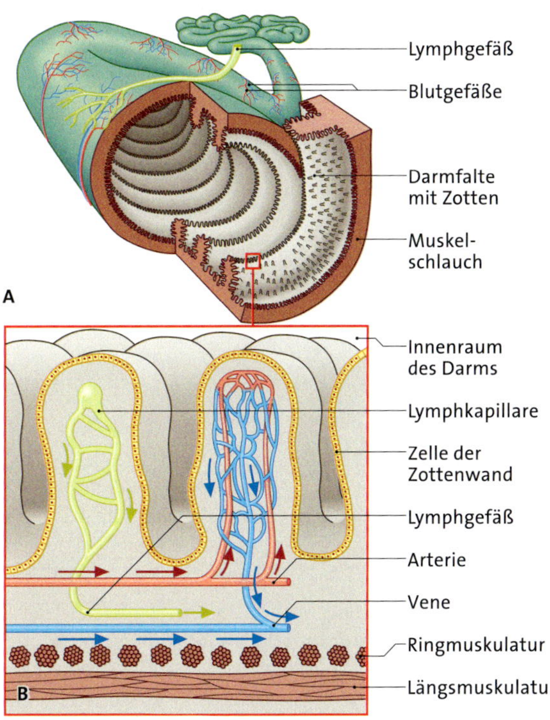

4 Dünndarm (A) und Darmzotten (B)

sin und *Chymotrypsin* zerlegen Proteine in kurze Peptidketten. Der Bauchspeichelsaft enthält auch das Enzym *Amylase,* das noch nicht verdaute Stärke in Malzzucker spaltet. Für den Fettabbau produziert die Bauchspeicheldrüse *Lipasen.* Sie zerlegen Fette in Glycerin und Fettsäuren. Zu diesem Verdauungsvorgang wird **Gallenflüssigkeit** benötigt, die von der Leber hergestellt wird. Sie sorgt dafür, dass die Fette in feinste Tröpfchen aufgeteilt werden, wodurch die Oberfläche extrem vergrößert wird. Man nennt diesen Vorgang Emulgierung. Emulgierte Fetttröpfchen können von den Lipasen besser angegriffen und schneller zerlegt werden.

Die Bauchspeicheldrüse liefert aber nicht alle Enzyme für die Verdauung im Darm. Auf den zahlreichen Querfalten der inneren Dünndarmwand befinden sich Millionen von kleinen Ausstülpungen, die **Darmzotten.** Dadurch wird eine enorme Oberflächenvergrößerung erreicht. In Vertiefungen zwischen den Zotten liegen zahlreiche Drüsenzellen. Sie bilden täglich bis zu drei Liter Verdauungssaft, der verschiedene Enzyme enthält. Diese zerlegen nun alle noch unvollkommen abgebauten Nährstoffe in ihre Bausteine. Einige von ihnen spalten die kurzen Peptidketten in Aminosäuren auf, andere zerlegen die Zweifachzucker in Einfachzucker.

Im Dünndarm nimmt der Körper schließlich die Grundbausteine der Nahrung auf. Diesen Vorgang nennt man **Resorption.** Die Darmzotten durchzieht ein dichtes Kapillarnetz von Blut- und Lymphgefäßen. Während Kohlenhydrate, Aminosäuren, Mineralstoffe und wasserlösliche Vitamine direkt in die Blutgefäße gelangen, werden Glycerin, Fettsäuren und fettlösliche Vitamine zunächst vom Lymphsystem aufgenommen und gelangen erst später in den Blutkreislauf. Die Blutgefäße, die vom Dünndarm abzweigen, münden in die Pfortader. Diese Vene führt die resorbierten Nährstoffbausteine zur Leber.

Der Dünndarm mündet in den **Dickdarm.** Der unterhalb der Einmündungsstelle liegende Dickdarmteil endet blind und heißt **Blinddarm.** An ihm befindet sich ein wurmartiger Fortsatz. In den Dickdarm gelangen unverdauliche Nahrungsreste, zu denen auch die Ballaststoffe gehören. Beim Eintritt in den Dickdarm ist der Darminhalt sehr dünnflüssig. Allein über die Verdauungssäfte werden dem Nahrungsbrei mehr als acht Liter Wasser täglich zugesetzt. Damit dieses Wasser dem Körper nicht verloren geht, wird es hier zurückgeführt und der Nahrungsbrei stark eingedickt.

Der verfestigte Kot wird im **Enddarm** gesammelt und von Zeit zu Zeit ausgeschieden. Der After ist ein ringförmiger Schließmuskel, über den diese Kotausscheidung gesteuert wird.

1 Erstelle eine Tabelle, in der du die einzelnen Verdauungsabschnitte den Enzymen und Verdauungsprozessen zuordnest.

2 Erläutere am Beispiel der Darmzotten das Basiskonzept Struktur und Funktion.

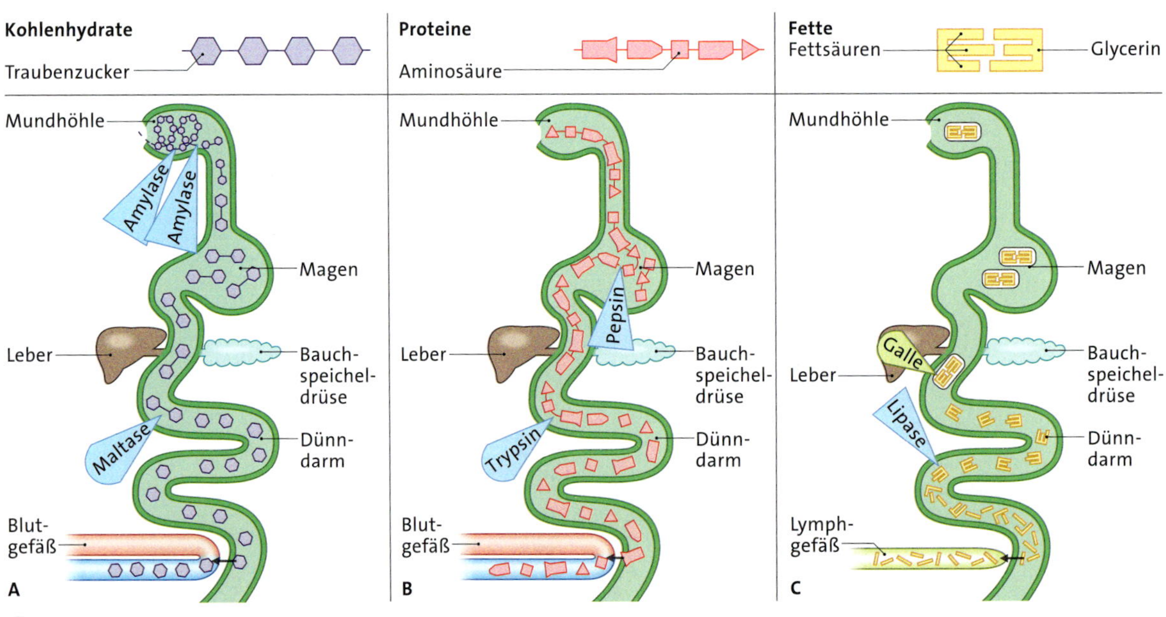

5 **Verdauung der Nährstoffe.** **A** Kohlenhydrate; **B** Proteine; **C** Fette

Streifzug durch die Chemie Enzyme

Kohlenhydrate, Proteine und Fette sind komplexe Verbindungen, die aus vielen kleinen Bausteinen zusammengesetzt sind. Im Laufe der Verdauung werden diese Verbindungen in bestimmte Einheiten zerlegt. Dafür sind in den Verdauungssäften ganz spezielle Proteine enthalten, die man **Enzyme** nennt.

Oft wird für den Abbau eines Stoffes mehr als ein Enzym benötigt. So zerlegt zum Beispiel die *Amylase* die Riesenketten der Stärke zunächst in Malzzuckermoleküle. Jedes Malzzuckermolekül besteht aus zwei Bausteinen Traubenzucker. Zur Zerlegung des Malzzuckers wird ein anderes Enzym, die *Maltase,* benötigt. Warum kann die Amylase Stärke nicht sofort in die Traubenzuckermoleküle zerlegen?

Jedes Enzym hat einen besonders gestalteten räumlichen Aufbau, der von der Mineralsalzkonzentration, Temperatur und dem sauren oder alkalischen pH-Wert der Umgebung abhängt. Für eine besonders gute Wirkungsweise des Enzyms sind deshalb optimale Bedingungen notwendig. Zur räumlichen Struktur der Amylase passt nur die Stärkekette als *Substrat,* so wie ein Schlüssel in das Schloss. Jedes Enzym ist demnach spezifisch für sein Substrat. Sobald der »Schlüssel im Schloss« steckt, verändert sich die Raumstruktur des »Schlosses« vorübergehend. Es hat sich ein *Enzym-Substrat-Komplex* aus Amylase und Stärke gebildet.

Dabei wird die Kette an zwei Stellen zerteilt. Das geschieht so lange, bis die gesamte Stärkekette in alle ihre Malzzuckermoleküle zerlegt ist. Im Dünndarm erfolgt die Zerlegung des Malzzuckers. Das Enzym Maltase ist spezifisch für das Substrat Malzzucker. Es spaltet die Malzzuckermoleküle in die beiden Traubenzuckermoleküle, aus denen dieser Zweifachzucker aufgebaut ist. Die Traubenzuckermoleküle werden vom Blut aufgenommen und in die Körperzellen transportiert. Hier wird Traubenzucker zur Freisetzung von Energie benötigt. Dabei entstehen Kohlenstoffdioxid und Wasser. Auch an diesem Vorgang, der Zellatmung, sind Enzyme beteiligt. Andere Enzyme können die Traubenzuckermoleküle aber auch zu einem Reservestoff, dem Glykogen, zusammensetzen, der in der Muskulatur und in der Leber gespeichert wird.

Für jede Reaktion, die im Stoffwechsel von Lebewesen stattfindet, ist ein bestimmtes Enzym zuständig. Es ist immer nur an einer der möglichen Umwandlungen des Substrates beteiligt und deshalb spezifisch in seiner Wirkung. Das Enzym wirkt als Katalysator für diese spezielle Reaktion. Enzyme ermöglichen Reaktionen bei Körpertemperatur und werden deshalb auch als *Biokatalysatoren* bezeichnet.

1 Erläutere mit Hilfe der Abbildung 1 den Stärkeabbau im menschlichen Körper.

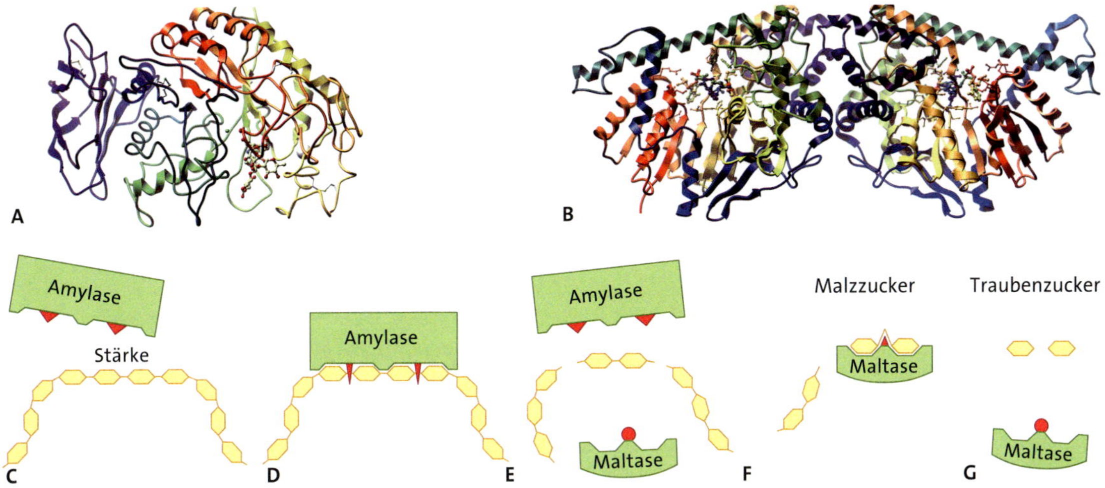

1 Stärkeabbau. **A** räumliches Modell der Amylase und **B** der Maltase. **C** bis **G** Phasen des Stärkeabbaus

Aufgaben und Versuche **Nährstoffnachweise**

V1 Kohlenhydrat/Stärkenachweis

Material: Petrischalen; Iod-Kaliumiodid-Lösung; Pipette; Spatel; Speisestärke; verschiedene Lebensmittel

Durchführung: Gib 2 bis 3 Spatelspitzen Speisestärke in eine Petrischale. Tropfe mit der Pipette etwas Iod-Kaliumiodid-Lösung auf die Speisestärke und beobachte die Veränderung.

Aufgabe: Überprüfe, welche Lebensmittel Stärke enthalten. Protokolliere die Ergebnisse.

V2 Glucose-Nachweis mit der Fehlingprobe

Material: Reagenzgläser; 1 großes Becherglas für das Wasserbad; Heizplatte oder Brenner mit Dreifuß und Drahtnetz; Spatel; Fehling-I- und Fehling-II-Lösung; Traubenzucker; Birne; Traubensaft; Milch

Durchführung: Gib 1 ml Fehling-I- und 1 ml Fehling-II-Lösung in ein Reagenzglas, schüttle etwas und füge eine Spatelspitze Traubenzucker hinzu. Stelle das Reagenzglas in ein Wasserbad und erhitze es vorsichtig.

Aufgabe: Protokolliere deine Beobachtungen. Wiederhole das Experiment mit den oben genannten Lebensmitteln und ergänze das Protokoll.

V3 Fettnachweis mit der Fettfleckprobe

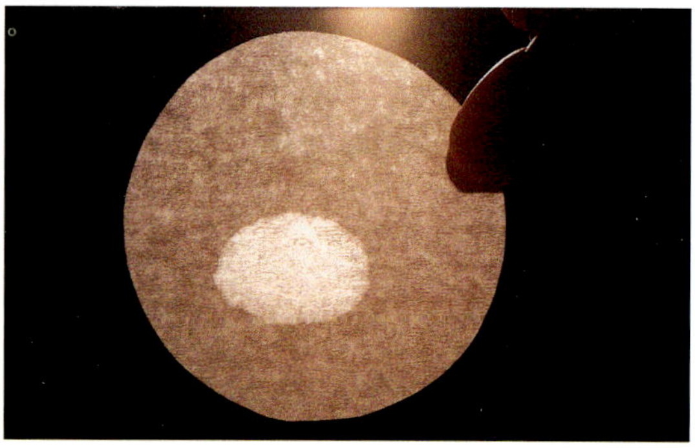

Material: Filtrierpapier; Pipette; Wasser; Öl; Mörser und Pistill; Fön; verschiedene Lebensmittel

Durchführung: Gib auf ein Filtrierpapier einen Tropfen Wasser und in einigem Abstand einen Tropfen Öl. Umrande jeden Fleck mit Bleistift und beschrifte ihn. Halte nun das Filtrierpapier gegen das Licht. Trockne anschließend das Papier mit dem Fön und halte es erneut gegen das Licht. Zerreibe in einem Mörser verschiedene Nahrungsmittel (z. B. Nüsse, Nudeln, Käse) und gib ein wenig der Masse auf ein Filtrierpapier und wiederhole das Experiment.

Aufgabe: Notiere und erkläre deine Beobachtungen. Stelle die Ergebnisse in einer Tabelle dar.

V4 Eiweiß-Nachweis (Biuret-Reaktion)

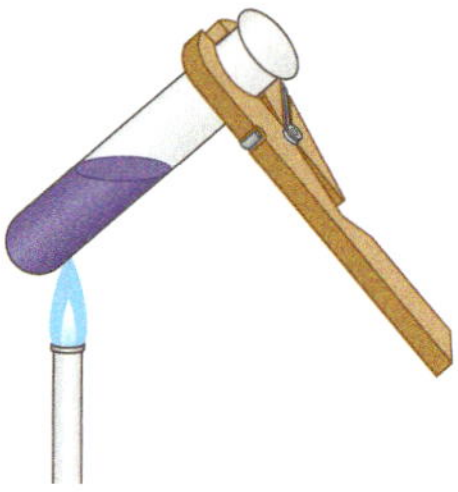

Material: Vollmilch; etwas Eiklar; Wasser; verdünnte Natronlauge (10 %); Kupfersulfat-Lösung (1 %); 3 Reagenzgläser; Brenner; Reagenzglasklammer; Siedesteinchen

Durchführung: Etwa 3 ml Vollmilch, etwas Eiklar und Wasser werden in je ein Reagenzglas gegeben. Dann werden jeweils 1 ml verdünnte Natronlauge, einige Tropfen verdünnte Kupfersulfat-Lösung und zwei Siedesteinchen hinzugefügt. Schüttle vorsichtig und erhitze leicht über dem Brenner.

Aufgabe: Notiere und erkläre deine Beobachtungen.

Aufgaben und Versuche Verdauung

V1 Die Verdauung von Eiweiß

Material: frisches Hühnerei; Pepsin-Lösung (1 %); Salzsäure (1 %); Gasbrenner; Rundkolben (200 ml); 4 Reagenzgläser; Reagenzglasständer; Pipetten; Petrischale; Schere; Pinzette; Wasserbad (37 °C)

Durchführung: Schlage das Ei auf, trenne das Eigelb ab und fange das Eiklar in einer Petrischale auf. Entferne mit Hilfe von Pinzette und Schere die Hagelschnüre. Gib das Eiklar in den Rundkolben, füge 30 ml Wasser hinzu und erhitze unter ständigem Schütteln über einer Gasflamme, bis eine milchige Trübung auftritt. Kühle den Kolben mit der trüben Eiweißlösung unter Leitungswasser ab. Beschrifte vier Reagenzgläser mit Zahlen. Gib in alle vier Reagenzgläser 5 ml der trüben Eiweißlösung und in das erste 5 ml Wasser, in das zweite 3 ml Wasser und 2 ml Pepsinlösung, in das dritte 2 ml Wasser und 3 ml Salzsäure und in das vierte 2 ml Pepsinlösung und 3 ml Salzsäure. Verschließe alle Reagenzgläser mit einem Stopfen und schüttele sie gut durch. Stelle sie für 30 bis 45 Minuten in ein auf etwa 37 °C erwärmtes Wasserbad oder in einen Wärmeschrank.

Aufgabe: Protokolliere und erläutere deine Beobachtungen.

V2 Galle wirkt auf Fett ein

Material: Speiseöl; Ochsengalle (aus der Apotheke); 2 Reagenzgläser; Reagenzglasständer; Reagenzglasstopfen; Messzylinder; Pasteurpipette

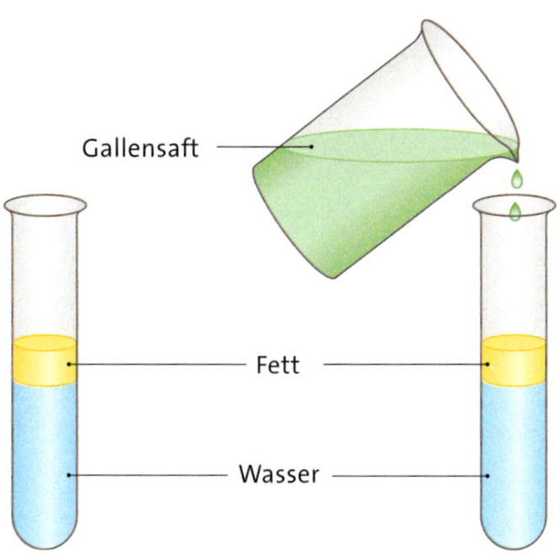

Durchführung: Fülle in beide Reagenzgläser jeweils zehn Tropfen Speiseöl und ca. 5 ml Wasser. Gib in eines der Reagenzgläser zusätzlich 5 ml Gallensaft. Verschließe beide Reagenzgläser mit einem Stopfen und schüttele sie kräftig. Stelle sie dann für ca. fünf Minuten in einen Reagenzglasständer.

Aufgabe: Vergleiche das Versuchsergebnis in den beiden Reagenzgläsern. Welche Bedeutung hat Galle bei der Verdauung von Fett?

V3 Stärkeverdauung im Dünndarm

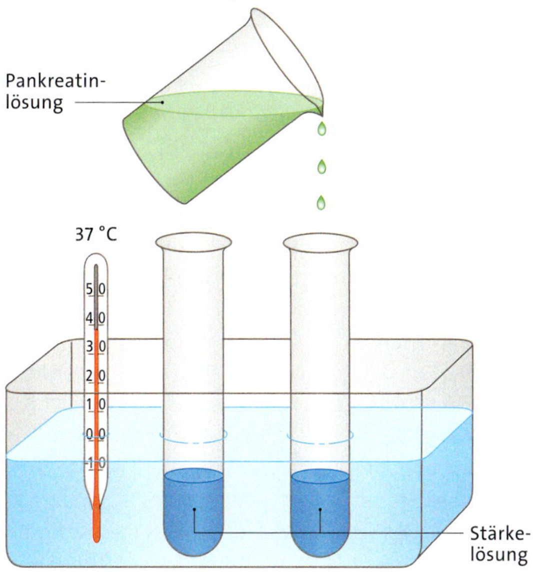

Material: 1 %ige Pankreatinlösung (aus der Apotheke); 1 %ige Stärkelösung; Iod-Kaliumiodid-Lösung; 5 %ige Sodalösung; 2 Reagenzgläser; Reagenzglasständer; Pasteurpipetten; Wasserbad

Durchführung: Fülle zwei Reagenzgläser mit je 5 ml Stärkelösung und 2 ml Sodalösung; füge bis zur Blaufärbung ein bis zwei Tropfen Iod-Kaliumiodid-Lösung hinzu. Gib in eines der Reagenzgläser zusätzlich 3 ml Pankreatinlösung, in das andere 3 ml Wasser. Stelle die Gläser in ein Wasserbad von 37 °C.

Aufgaben:

a) Erkläre, warum die Blaufärbung in einem der Reagenzgläser immer schwächer wird, bis sie schließlich verschwunden ist.

b) Vergleiche die Wirkung des Pankreatins mit der des Mundspeichels.

3 Ökosystem Wald

3.1 Was ist ein Ökosystem?

»Heute in den ersten beiden Stunden Biologie statt Deutsch!«, lautet die knappe Mitteilung der Klassensprecherin Jana kurz vor Beginn der ersten Stunde an ihre Klasse 7c. Da niemand seine Biologiematerialien zur Verfügung hat, schlägt der Lehrer einen Unterrichtsgang in das Freigelände hinter der Schule vor. Die Klasse wird in kleine Gruppen aufgeteilt. Jede Gruppe soll einen Lebensraum beschreiben. Am Ende der Doppelstunde stellen die Gruppen ihre Beobachtungen der Klasse vor. Auf einer Fläche von wenigen Hektar fand man eine Wiese, mehrere Äcker, ein Feldgehölz, eine Feldhecke, zwei Obstbaumwiesen, den Rand eines Waldes, einen Teich und zwei Fließgewässer. Um genauere Aussagen zu treffen, sollen die einzelnen Lebensräume in einer weiteren Exkursion detaillierter untersucht werden.

Biologen interessieren sich besonders für die Umweltbedingungen in den Lebensräumen. Sie suchen nach Gründen, weshalb bestimmte Lebewesen beispielsweise auf einer Wiese vorkommen, in einem Wald jedoch nicht. Mit Thermometer, Lichtstärkemessgerät, Regenmesser, Hygrometer, Barometer und anderen Geräten misst man Temperatur, Lichtstärke, Niederschlagsmenge, relative Luftfeuchtigkeit oder Luftdruck. Auch die Umweltfaktoren im Boden wie Struktur, Wasserdurchlässigkeit oder Säure-, Mineralstoff- und Humusgehalt werden für die genaue Beschreibung bestimmt. Alle diese **abiotischen Umweltfaktoren** (gr. *abios*, ohne Leben) gemeinsam kennzeichnen den Lebensraum, den man auch als **Biotop** bezeichnet.

Tiere und Pflanzen bilden zusammen mit Bakterien und Pilzen eine Lebensgemeinschaft, die **Biozönose.** Alle Individuen einer Art, die beispielweise in der Wiese leben, bezeichnet man als **Population.** So bilden alle Pflanzen des Scharfen Hahnenfuß eine Hahnenfußpopulation und alle Siebenpunktmarienkäfer eine Marienkäferpopulation. Die Gesamtheit aller Pflanzenpopulationen der Wiese bildet die *Pflanzengesellschaft,* während man die Gesamtheit aller Tierpopulationen als *Tiergesellschaft* bezeichnet. Da es sich hierbei um Lebewesen handelt, werden sie auch als **biotische Umweltfaktoren** bezeichnet. Biotop und Biozönose zusammen bilden ein **Ökosystem.**

Die Zusammensetzung der Pflanzen- und Tiergesellschaft der Wiese hängt von den hier herrschenden abiotischen Faktoren ab. Pflanzen und Tiere sind durch ihre Merkmale an die Umweltbedingungen angepasst. So hat jede Art eine Minimal- und Maximaltemperatur, bei der sie gerade noch überleben kann. Zwischen diesen Extremwerten im sogenannten Toleranzbereich liegen die Temperaturen, bei denen sich das Lebewesen mehr oder weniger gut entwickelt. Als Optimum dieses Bereichs bezeichnet man die am besten geeignete Temperatur. Liegt ein Temperaturwert außerhalb des Toleranzbereichs, stirbt das Lebewesen. Für alle abiotischen Umweltfaktoren gibt es entsprechende Minimum-, Optimum- und Maximumwerte.

Zwischen den Lebewesen einer Wiese kann man Nahrungsbeziehungen beobachten. So ernähren sich beispielsweise Blattläuse vom Saft des Rispengrases. Marienkäfer und Florfliegen fressen Blattläuse und werden selbst eventuell von Spinnen oder Singvögeln gefressen.

1 Lebensräume im Umfeld der Schule.
A Wiese; **B** Acker; **C** Feldgehölz; **D** Feldhecke; **E** Obstbaumwiese; **F** Waldrand; **G** Teich; **H** Fließgewässer

2 Untersuchung von Tieren und Pflanzen am Schulteich

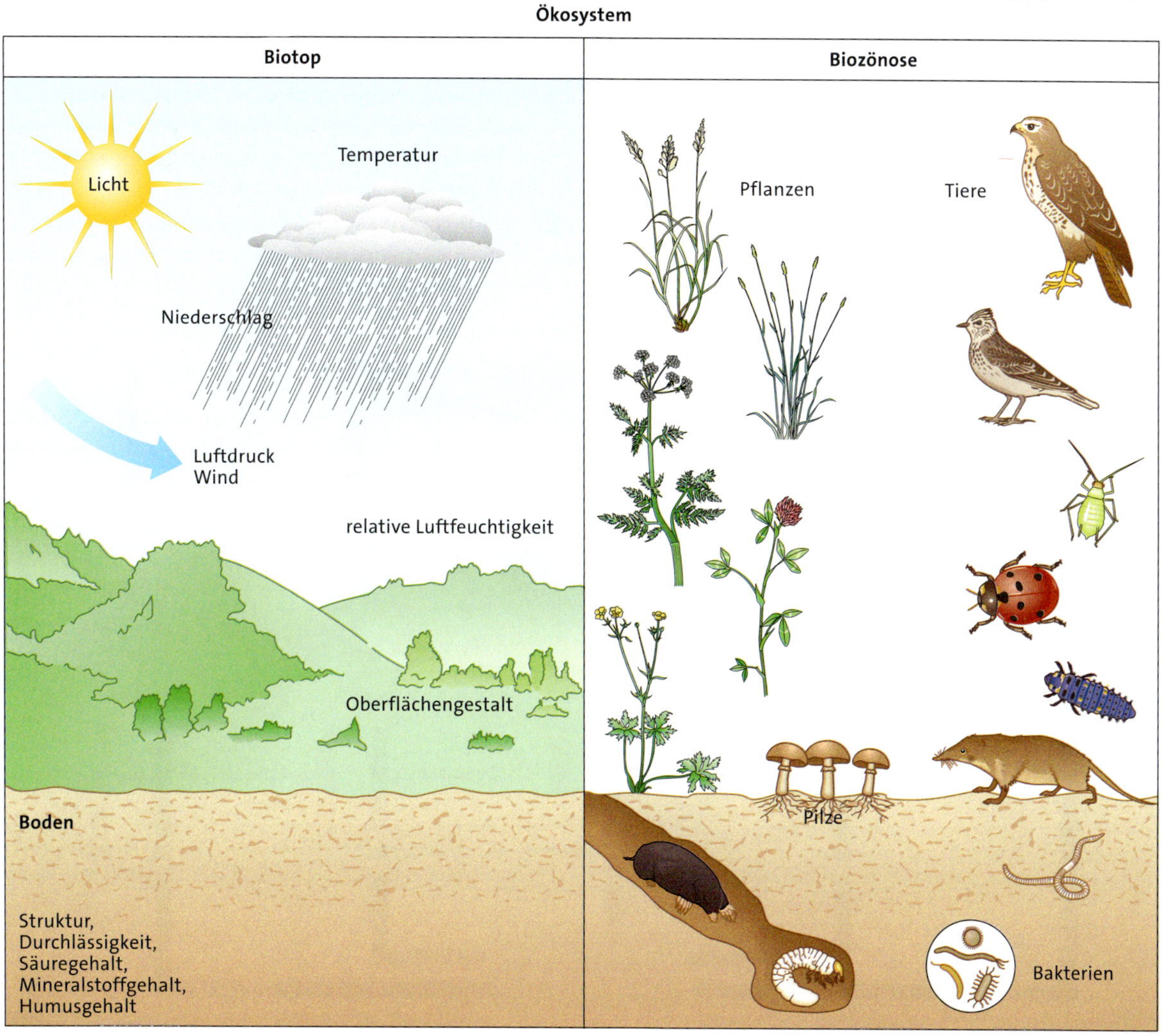

3 Ökosystem Wiese mit ihren abiotischen Faktoren

Mit Hilfe des Sonnenlichtes erzeugen die Pflanzen als **Produzenten** Nährstoffe, die zum Aufbau von Biomasse genutzt werden. Die Pflanzen fressenden Tiere nehmen diese Nährstoffe mit der Nahrung auf und sind **Konsumenten.** Regenwürmer, Pilze und Bakterien verwerten die Reste toter Lebewesen sowie Ausscheidungen der Tiere. Sie zersetzen sie zu Mineralstoffen und werden als Zersetzer oder **Destruenten** bezeichnet.

Als ein weiteres Produkt der Fotosynthese geben die Pflanzen Sauerstoff an die Umgebung ab. Dieser wird von den meisten Lebewesen zur Zellatmung benötigt und daher von ihnen aufgenommen. Als Produkt der Atmung entsteht Kohlenstoffdioxid, das an die Umgebung abgegeben und von den grünen Pflanzen für die Fotosynthese wieder aufgenommen wird. Fotosynthese und Atmung der Lebewesen sorgen auf diese Weise für einen nie endenden Stoffaustausch. Verschiedene andere Stoffe sind in ähnlicher Form zwischen Produzenten, Konsumenten, Destruenten und der unbelebten Umwelt in Stoffkreisläufe eingebunden.

Verändert man die Umweltfaktoren in einem Ökosystem, so verschwinden bestimmte Arten und andere kommen neu dazu. Die Trockenlegung einer Wiese führt zum Beispiel zum Verschwinden von Sumpfdotterblume, Wiesenschaumkraut oder Großem Brachvogel. Stickstoffdüngung verdrängt seltene Arten wie Knabenkräuter und Sumpfschafgarbe und Kalkung führt zum Rückgang der Flatterbinse. Noch einschneidender sind die Veränderungen für die Lebensgemeinschaft bei einer grundlegenden Veränderung durch den Menschen. So hat die Umwandlung einer Wiese in einen Acker tiefgreifende Veränderungen der Lebensgemeinschaft zur Folge. Es entsteht ein anderes, artenärmeres Ökosystem.

1 Erkläre die Begriffe Biotop, Biozönose, Ökosystem, Population, Nahrungskette, Nahrungsnetz und Stoffkreislauf.

2 Nenne die Bedeutung einiger der in Abbildung 1 berücksichtigten abiotischen Faktoren für Lebewesen.

3 Erstelle drei Nahrungsketten der Wiese. Stelle durch Verknüpfungen ein Nahrungsnetz her.

4 Informiere dich über das Ökosystem Nasswiese. Welche besonderen abiotischen Bedingungen findet man hier im Vergleich zu einer normalen Wiese? Nenne Beispiele für hier lebende Pflanzen und Tiere und erläutere ihre Angepasstheiten an den nassen Lebensraum.

5 Nenne weitere Ökosysteme, die im Umfeld deiner Schule vorkommen und beschreibe sie kurz.

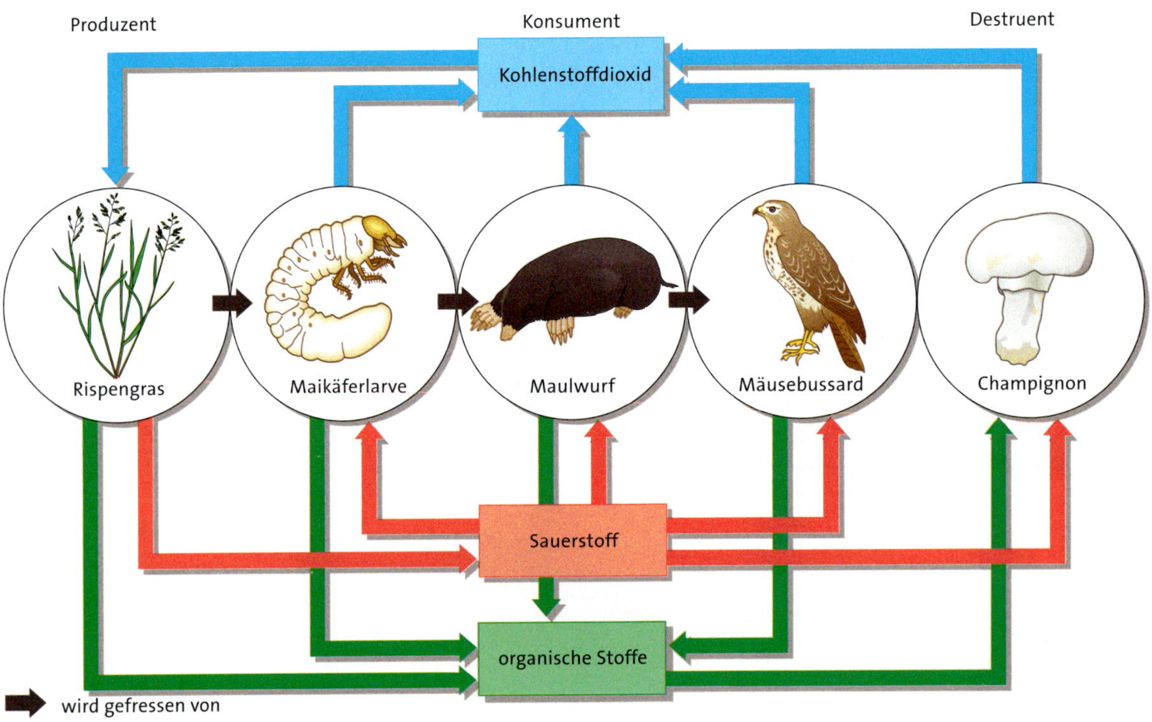

4 **Nahrungs- und Stoffkreislauf**

Methode Exkursionen

Das Wort **Exkursion** kommt aus dem Lateinischen und bedeutet Ausflug oder Streifzug. In der Biologie handelt es sich dabei meistens um einen Gang oder eine Fahrt in die Natur. Auf der Exkursion führt man Beobachtungen und Messungen durch und bestimmt zum Beispiel Tiere und Pflanzen.

Eine Exkursion muss gut vorbereitet werden. Zunächst werden der zu untersuchende Lebensraum, der Exkursionstermin und die Form der An- und Abreise festgelegt. Danach richtet sich die Auswahl der Geräte und Hilfsmittel. Wichtig sind eine witterungsgerechte Kleidung sowie die Mitnahme von Getränken und Proviant. Eine Flasche mit Mineralwasser eignet sich nicht nur als Durstlöscher, sondern durch das darin enthaltene Kohlenstoffdioxid auch zur Betäubung von zappelnden Insekten. Dazu verschließt man das Probenglas mit dem Insekt mit Verbandsmull und setzt es dann auf eine kurz zuvor geöffnete Mineralwasserflasche. Wenn die Luft im Probenglas durch Kohlenstoffdioxid ersetzt und das Tier betäubt ist, verschließt man das Glas wieder mit dem Deckel und untersucht das Insekt.

Protokollheft und Kartenmaterial sind wichtig für Dokumentation und Orientierung. Zum Schreiben benutzt man einen Bleistift, da die Schrift bei Regenwetter nicht verwischt. Zur üblichen Exkursionsausrüstung gehören auch eine Uhr, ein Meterstock, eine Digitalkamera, Haushaltstücher, Sammelgefäße sowie eine Handlupe.

Mit den meisten Digitalkameras kann man sehr einfach Fotos an einer Stereolupe oder einem Mikroskop machen. Man schaltet dazu den Blitz ab, zoomt in eine leichte Telestellung und setzt das Objektiv der Kamera auf das Okular von Stereolupe oder Mikroskop. Während man mit der einen Hand Objektiv und Okular fest miteinander verbindet, löst man mit der anderen Hand vorsichtig aus.

Abhängig von der Art des zu untersuchenden Lebensraumes und den geplanten Untersuchungen erfolgt die Auswahl der weiteren Geräte und Bestimmungsbücher.

Im Exkursionsgebiet werden Arbeitsgruppen gebildet. Im Protokollheft werden zunächst das Datum, die Namen der Gruppenmitglieder sowie der genaue Ort der Probestelle festgehalten. Das **Messen**, das **Beobachten** und das **Sammeln** müssen sehr sorgfältig und umsichtig erfolgen. Die **Naturschutzbestimmungen** sind dabei zu beachten und alles ist genau zu protokollieren oder zu beschriften.

1 Plane eine Exkursion an ein Gewässer in der Schulumgebung. Erstelle eine Liste der Ausrüstungsgegenstände. Verwende auch Abbildung 1.

Materialliste
- Protokollbuch/-bögen und Bleistift
- Bestimmungsbücher
- Kartenmaterial
- Getränk, Proviant
- Sonnen- und Mückenschutz
- Sammelgläser und -dosen
- Fotoapparat
- Meterstock/Messband
- Lupe/Lupenglas
- Thermometer
- Käscher/Küchensieb
- pH-Teststäbchen
- Messgeräte für Licht, Windstärke usw.
- Ersatzbatterien

1 **Material für eine Exkursion in die Schulumgebung**

Aufgaben und Versuche – Exkursion im Schulumfeld

V1 Untersuchung der Lichtstärke

Jahreszeit	relative Lichtstärke			
	Wiese	Eiche	Buche	Fichte
März	100 %	20 %	20 %	5 %
August	100 %	10 %	5 %	5 %

Relative Lichtstärke in einer Wiese und in verschiedenen Wäldern im Frühjahr und im Sommer

Material: Lichtstärkemessgerät oder Papprohr; Kopierpapier; Schere

Durchführung: (1) Messung mit dem Lichtstärkemessgerät: Bei Messungen mit dem Lichtstärkemessgerät muss der Messfühler während der Messung genau waagerecht angeordnet sein und er darf sich nicht im Schatten eines Schülers befinden.

(2) Messung mit dem Papprohr: Schneide zunächst drei Blätter des Kopierpapiers in jeweils sechs gleich große Stücke. Richte dann das Papprohr gegen den Himmel und lege nach und nach die Blätter auf die obere Öffnung des Rohres. Sobald kein Licht mehr durch das Papier scheint, zähle die Blätter. In einem dunklen Buchenwald erscheint die Papprohröffnung schon nach Auflegen weniger Blätter dunkel, auf einer sonnigen Wiese dagegen erst nach Auflegen von mehr als zehn Blättern. Ein Blatt entspricht einer Lichtstärke von einer relativen Einheit.

Aufgaben:

a) Miss die Lichtstärke in verschiedenen Lebensräumen im Schulumfeld. Berücksichtige Grünland- und Waldstandorte. Die im freien Gelände gemessenen Werte werden gleich 100 Prozent gesetzt und die an den anderen Standorten gemessenen Lichtstärken in prozentuale Anteile umgerechnet.

b) Stelle das Ergebnis im Säulendiagramm dar. Erläutere.

V2 Untersuchung von Temperatur und Luftfeuchte

Uhrzeit	Temperatur		relative Luftfeuchte	
	Wiese	Wald	Wiese	Wald
06:00	10 °C	12 °C	94 %	85 %
10:00	21 °C	18 °C	53 %	70 %
14:00	27 °C	24 °C	50 %	63 %
18:00	24 °C	22 °C	49 %	61 %
22:00	18 °C	19 °C	70 %	69 %

Lufttemperatur und relative Luftfeuchte über einer Wiese und im Wald im Verlauf eines Sommertags

Material: Thermometer; Hygrometer

Durchführung: Miss Temperatur und Luftfeuchte an den vorher festgelegten Probestellen. Wiederhole die Messungen zu verschiedenen Tageszeiten. Halte das Thermometer und das Hygrometer zur Messung jeweils etwa einen Meter über dem Boden in den Körperschatten. Lies die Messwerte immer erst ab, wenn die Anzeige annähernd konstant ist.

Aufgaben:

a) Stelle die Messwerte grafisch dar. Erläutere die Schwankungen der Werte innerhalb eines Lebensraumes und erkläre die Unterschiede in den verschiedenen Lebensräumen.

b) Vergleiche die Temperaturen in den verschiedenen Lebensräumen mit den jeweiligen Lichtverhältnissen. Erläutere.

V3 Bestimmung der Bodenart

Material: verschiedene Bodenproben

Durchführung: Bodenarten unterscheiden sich durch ihre Korngröße. Sie können mit Hilfe der Fingerprobe unterschieden werden. Reibe, rolle und quetsche dazu eine feuchte, gut durchgeknetete Bodenprobe zwischen den Fingerspitzen.

Ergebnis der Fingerprobe	Bezeichnung (Korndurchmesser)
klebrig, dünn ausrollbar, färbt	Ton (< 0,002 mm)
leicht körnig, formbar	Schluff (0,06–0,002 mm)
körnig, haftet nicht, nicht formbar	Sand (2,0–0,06 mm)

Aufgabe: Ermittle für die Bodenproben jeweils die Bodenart.

V4 Wasserdurchlässigkeit verschiedener Böden

Material: Messbecher (1 l); Konservendose ohne Boden oder Plastikrohrabschnitt (⌀ ca. 10 cm); Uhr mit Sekundenzeiger; Wasser

Durchführung: Entferne an der Probestelle die Laubstreu oder kürze die Pflanzen. Drücke die Dose oder das Rohr einige Zentimeter in den Boden und gieße einen Liter Wasser gleichmäßig hinein, ohne dass die Dose überläuft oder leer läuft. Miss die Zeit in Sekunden, in der ein Liter Wasser versickert.

Aufgabe: Vergleiche die Wasserdurchlässigkeit jeweils mit der in V3 bestimmten Bodenart und stelle Zusammenhänge her. Erläutere.

V5 Bestimmung des pH-Wertes

Material: Bodenproben; Teelöffel; destilliertes Wasser; Bechergläser (breite Form, 100 ml); Messzylinder; Rundfilter (⌀ 100 mm); pH-Stick oder pH-Teststäbchen (Messgenauigkeit 0,5 pH-Einheiten)

Durchführung: Gib drei gehäufte Teelöffel der Bodenprobe in das Becherglas, füge 50 ml destilliertes Wasser hinzu und rühre kräftig um. Falte nun einen Rundfilter zum Trichter und tauche ihn mit der Spitze nach unten in das Wasser, sodass das Wasser in den Filterkegel aufsteigt. Tauche den pH-Stick in das Wasser und lies die Anzeige ab, sobald der Messwert konstant ist.

pH-Wert	Bodenreaktion
bis 4,5	stark sauer
4,6 bis 6,9	sauer
7,0	neutral
7,1 bis 8,0	schwach alkalisch
8,1 bis 9,0	alkalisch

Aufgaben:

a) Vergleiche die Ergebnisse mit der Tabelle und beschreibe die Bodenreaktion.

b) Recherchiere, welche Pflanzenarten besonders saure oder basische Böden tolerieren.

c) Benenne in V6 bestimmte Pflanzenarten, die besonders gut an den pH-Wert des Standortes angepasst sind. Erläutere die Konsequenzen für diese Arten.

V6 Bestimmung von Pflanzen und Kleintieren

Material: Lupe; Pflanzenbestimmungsbücher; Tierbestimmungsbücher; zwei gleich große Joghurtbecher; Gummiband; Frischhaltefolie; spitze Schere

Durchführung: Betrachte blühende Pflanzen in deinem Untersuchungsgebiet genau. Finde unter Verwendung der Bestimmungsbücher ihre Namen heraus. Schneide aus einem der Joghurtbecher (Becher 1) den Boden heraus und verschließe den Boden dann mit Frischhaltefolie, die du mit einem Gummiband befestigst. Sammle mit diesem Kleintierkäfig Insekten und andere Kleintiere auf Pflanzen und an weiteren Orten. Streife sie mit dem Becher 1 ab und verschließe ihn sofort mit dem anderen Becher. Eingeklemmt zwischen Frischhaltefolie und Becherboden des zweiten Bechers kannst du das Tier jetzt mit der Lupe betrachten und unter Verwendung der Tierbestimmungsbücher seinen Namen herausfinden.

Aufgaben:

a) Schreibe die Namen der Pflanzen und Tiere in das Protokollheft. Gib die Häufigkeit ihres Vorkommens jeweils durch eines der folgenden Symbole an: 1 Einzelexemplar; 2 wenige Exemplare; 3 häufig; 4 massenhaft. Notiere auch, auf welchen Pflanzen du die Tiere jeweils gefunden hast und was sie dort gerade taten.

b) Informiere dich über die Ansprüche ausgewählter Pflanzen und Tiere an den Lebensraum und erkläre ihr Vorkommen an deiner Probestelle.

c) Erstelle eine Nahrungskette aus Lebewesen, die du gefunden hast.

3.2 Wälder unterscheiden sich

Fährt man mit dem Auto oder dem Zug durch bewaldete Gebiete Deutschlands, stellt man fest, dass viele Wälder überwiegend von Rotbuchen gebildet werden. In den meisten Regionen Deutschlands fällt über das Jahr verteilt so viel Niederschlag, dass der Boden nicht austrocknet. Auf solchen frischen Böden können die Wurzeln der Rotbuchen stets genügend Wasser aufnehmen. Unter diesen Bedingungen wachsen Rotbuchen vor allem in ihrer Jugendphase schneller als andere Bäume. Dadurch überwachsen sie diese Baumarten, die schließlich durch die Beschattung zu wenig Licht zum Wachsen erhalten. So werden die meisten anderen Bäume im Verlauf vieler Jahrzehnte verdrängt und es entsteht ein **Laubwald** mit der Rotbuche als einziger Baumart.

In manchen Gegenden Deutschlands findet sich sandiger Boden, der bei Regenfällen nur wenig Wasser speichert und schnell wieder austrocknet. In anderen Gebieten reicht der jährliche Niederschlag nicht aus, um Rotbuchenwälder wachsen zu lassen. Hier ist der *Kiefern-Eichen-Wald* der vorherrschende Waldtyp. Einen Wald, der zu ungefähr gleichen Teilen von Laub- und Nadelbäumen gebildet wird, bezeichnet man als **Laub-Nadel-Mischwald.**

An sehr trockenen Standorten geht der Kiefern-Eichen-Wald in einen nur von Kiefern gebildeten **Nadelwald** über. Die harten Nadeln der Kiefern sind vor Austrocknung besser geschützt als die weicheren Blätter der Laubbäume mit ihrer großen Oberfläche. Kiefern besitzen außerdem tief reichende Pfahlwurzeln, mit denen sie tiefer gelegene, feuchte Bodenschichten erreichen können. So sind sie an trockene Standorte besser angepasst als die meisten Laubbäume.

1 Rotbuchenwald

Auch auf nassen Böden sucht man Rotbuchen vergeblich. Ihre Wurzeln sind empfindlich gegen Überflutungen und gegen hoch anstehendes Grundwasser. An den Ufern von Flüssen und Seen findet man daher Wälder aus anderen Baumarten, die längere Überschwemmungen und hohe Grundwasserstände gut ertragen können. Wälder, die im Überschwemmungsbereich von Flüssen wachsen, bezeichnet man als **Auenwälder.** An den nassesten Stellen dieser Wälder gedeihen vor allem Weiden, Erlen und Pappeln, an den weniger nassen Eschen, Ulmen und Stieleichen.

Wälder an den Ufern stehender Gewässer heißen **Bruchwälder.** In diesen Wäldern steht das Grundwasser dicht unterhalb der Bodenoberfläche. Dort wachsen vor allem Schwarzerlen, sofern genügend Mineralstoffe im Boden vorhanden sind. An Standorten mit schlechterer Mineralstoffversorgung gedeihen vorwiegend Birken.

2 Waldtypen und ihr Vorkommen auf Böden mit unterschiedlicher Feuchtigkeit und in unterschiedlicher Höhenlage

3 Kiefernwald

Nicht nur die Bodenfeuchtigkeit des Standorts wirkt sich auf das Vorkommen von Waldtypen aus, sondern auch die Höhenlage. Im Flachland, wo die Temperaturen im Jahresmittel vergleichsweise mild sind, herrschen Rotbuchenwälder vor. In den kühleren Lagen der Mittelgebirge fallen oft mehr Niederschläge. Hier gesellen sich zu den Rotbuchen auch Bergahorn, Bergulme und Esche.

Steigt man im Gebirge noch höher, trifft man bald keine Laubbäume mehr an, sondern nur noch Nadelbäume wie Fichten und Lärchen. Deren Nadeln sind an die niedrigen Gebirgstemperaturen mit längerer Frostdauer, die heftigen Winde und die stärkere Sonnenstrahlung besser angepasst als die weicheren und empfindlicheren Laubblätter. An den steilen Gebirgshängen ist der Boden sehr flachgründig und kann deshalb wenig Wasser speichern. Bäume, die dort wachsen, müssen daher an eine schlechte Wasserversorgung angepasst und vor zu starker Austrocknung geschützt sein.

Nadelbäume erfüllen diese Voraussetzungen besser als Laubbäume. Sie bilden in unseren Breiten in ungefähr 1500 Metern über dem Meeresspiegel auch die **Waldgrenze.** Noch weiter oben wird der Winter immer länger und die warme Jahreszeit immer kürzer. Hier ist der Sommer zu kurz, um hohe Bäume mit kräftigen Stämmen wachsen zu lassen. In dieser **Krummholzzone** gedeihen stattdessen die niedrig wachsenden Latschenkiefern. Bei etwa 2000 Metern über dem Meeresspiegel liegt die **Baumgrenze.** Oberhalb davon gedeihen überhaupt keine Bäume mehr, sondern lediglich kleine Sträucher und Gräser. Diese großen Höhen werden in Deutschland aber nur in den Alpen erreicht.

Wälder werden seit mehr als zwei Jahrtausenden intensiv von Menschen genutzt. Daher findet man in etlichen Regionen nicht mehr die Waldtypen, die man aufgrund des Standorts erwarten würde. Besonders auffällig sind die auch im Flachland angepflanzten **Fichtenforste.** Fichten, die natürlicherweise nur in höheren Berglagen vorkommen, wachsen schnell und können schon nach achtzig bis hundert Jahren geschlagen werden. So bilden sie eine wichtige Grundlage für die Forstwirtschaft.

1. Begründe, warum in vielen Regionen Deutschlands nahezu reine Rotbuchenwälder wachsen, in denen kaum eine andere Baumart vorkommt.
2. Entwickle mit Hilfe der Abbildung 2 eine tabellarische Übersicht über Waldtypen. Gib Umweltbedingungen und charakteristische Baumarten an.
3. Erläutere, warum bestimmte Baumarten in bestimmten Höhenlagen vorkommen. Beschreibe die Abhängigkeit von den Umweltbedingungen.

3.3 Der Wald ist in Stockwerken aufgebaut

Kommt man an einem heißen Sommertag in einen Laubwald, ist man von der angenehmen Kühle überrascht. Die Kronen der Bäume fangen hier den größten Teil des Sonnenlichtes auf. Die Baumkronen bilden das oberste Stockwerk des Waldes, die **Baumschicht.** Zu dieser Schicht gehören zum Beispiel auch Rotbuchen, Eichen, Fichten und Kiefern. Die Baumschicht kann in unseren Wäldern mehr als 30 Meter hoch werden. In lichteren Wäldern wie dem *Eichen-Hainbuchen-Wald* findet sich unter der obersten Baumschicht, die von Eichen gebildet wird, noch eine zweite Schicht aus Hainbuchen. Diese kann eine Höhe von bis zu 20 Metern erreichen. Dort, wo Licht durch das dichte Kronendach dringt, hat sich eine **Strauchschicht** entwickelt. An diesen Stellen wachsen Sträucher wie Faulbaum, Gemeine Hasel und Schwarzer Holunder, die bis zu sechs Meter hoch werden können. Auch Klettersträucher wie die Waldrebe und junge Bäume gehören zur Strauchschicht. Am Waldrand bildet diese Schicht einen Windschutz, der das Austrocknen des Bodens verhindert.

1 Schichten eines Laubmischwaldes. A Foto; **B** Schema

In Laubmischwäldern erreicht oft noch so viel Licht den Waldboden, dass dort krautige Pflanzen wie Waldbingelkraut und Waldmeister gedeihen können. Sie bilden die **Krautschicht,** die eine Höhe von maximal einem Meter erreicht. Zur Krautschicht gehören auch Gräser und Baumsämlinge. Ist der Boden nicht zu stark durch Laub bedeckt, findet man selbst unterhalb der Krautschicht noch Pflanzen wie die Moose. Sie bilden die **Moosschicht.** Sie kann bis zu 20 Zentimeter hoch werden. Im Wald häufig vorkommende Moose sind das Frauenhaarmoos und das Hornmoos. Im Herbst kann man in der Moosschicht auch die Fruchtkörper vieler Pilze finden.

Nicht in allen Wäldern sind Strauch-, Kraut- und Moosschicht vorhanden. Vor allem in Rotbuchenwäldern mit dicht geschlossenem Kronendach und in den dunklen *Fichtenforsten* mit ihren dicht stehenden Bäumen dringt zu wenig Licht durch die Baumkronen. In diesen Wäldern findet man nur ganz vereinzelt Kräuter wie den Waldsauerklee, der auch bei sehr geringen Lichtstärken noch wachsen kann.

Unmittelbar am Waldboden sammeln sich Laub und Nadeln an, die von den Bäumen gefallen sind. Diese so genannte Streu bildet die **Streuschicht.** Sie kann mehrere Zentimeter mächtig sein. Wenn sie durch Regen genügend durchfeuchtet ist, wird sie von einem weißen Pilzgeflecht durchzogen. Die Pilze sorgen zusammen mit anderen Bodenlebewesen für den Abbau der Streu. Daher wird die Streuschicht nicht mit jedem Jahr mächtiger, sondern verändert über die Jahre ihre Stärke kaum.

Unterhalb der Streuschicht beginnt der Waldboden. Seine oberste Schicht wird durch eine grauschwarze **Humusschicht** gebildet. Je nach Wald- und Bodentyp ist sie unterschiedlich mächtig ausgeprägt. In dieser Schicht werden abgestorbene Pflanzenteile und tote Tiere von Kleinstlebewesen zersetzt. Die Stoffe, die bei diesen Zersetzungsvorgängen entstehen, bilden den grauschwarzen **Humus.** Zum Schluss der Zersetzung werden Mineralstoffe freigesetzt, die von den Pflanzen für deren Stoffwechsel und zum Wachstum benutzt werden. Daher ist die Humusschicht intensiv von Wurzeln durchzogen.

Vor allem die Wurzeln der Bäume beschränken sich nicht nur auf die Humusschicht. Sie wachsen auch in die tiefer im Boden liegenden Schichten hinein, die meist bräunlich gefärbt und arm an Humus sind. Auf diese Weise verankern sich die Bäume im Boden und können sogar Stürmen widerstehen. Mit ihren Wurzeln sind sie aber auch in der Lage, aus tieferen Bodenschichten Wasser aufzunehmen. Dadurch sind sie weniger abhängig von frisch gefallenem Regen und können ihre weit ausladenden Kronen auch in Trockenzeiten mit Wasser versorgen. Den Bereich des Bodens, der von Wurzeln durchzogen wird, bezeichnet man als **Wurzelraum.** Er kann weit mehr als einen Meter tief in den Boden hineinreichen.

1 Beschreibe die Stockwerke, die man in Laubwäldern finden kann. Nenne typische Arten für diese Stockwerke.

2 Informiere dich über die in Abbildung 2 dargestellten Pflanzen. Erstelle Steckbriefe.

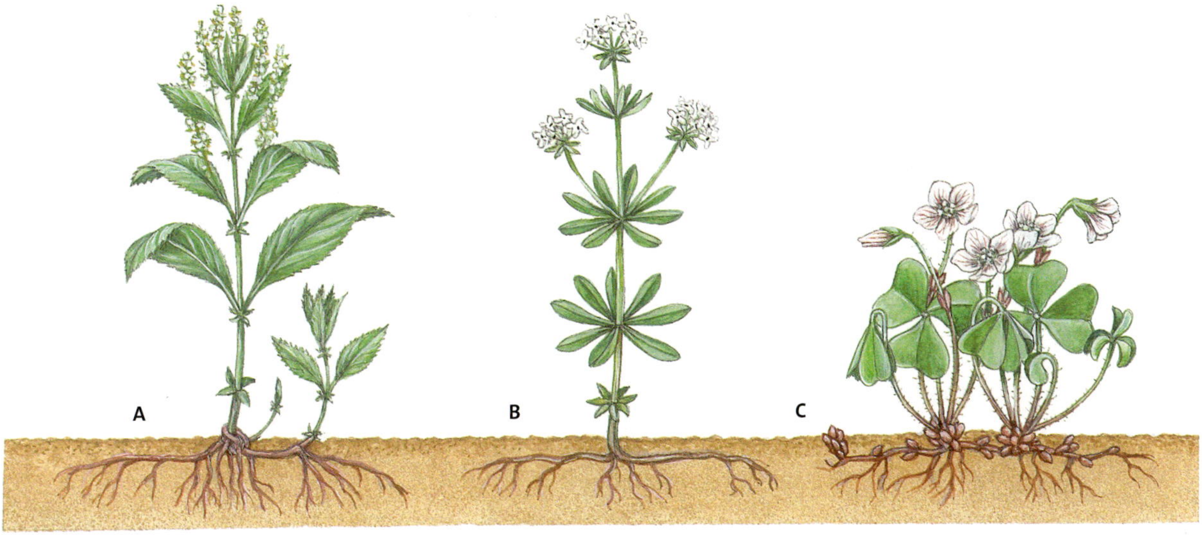

2 Pflanzen der Krautschicht. **A** Waldbingelkraut; **B** Waldmeister; **C** Waldsauerklee

3.4 Jahreszeitliche Aspekte eines Laubwaldes

Am Boden eines Buchenwaldes kann man schon im zeitigen Frühjahr die grünen Blattspitzen des Märzenbechers entdecken. Noch vor dem Laubaustrieb der Bäume ist der Waldboden von vielen weiteren blühenden Kräutern bedeckt. Durch einen Teppich aus weiß blühenden Buschwindröschen leuchten die gelben Blüten des Scharbockskrautes und die violetten Blütenstände des Hohlen Lerchensporns. Kommt man im Sommer an denselben Ort, ist von diesen **Frühblühern** nichts mehr zu sehen. An ihrer Stelle wachsen nun andere Kräuter wie die Goldnessel. Wie lassen sich diese Veränderungen erklären?

Im März und April tragen die Bäume noch Knospen. Durch die unbelaubten Baumkronen fällt viel Licht auf den Waldboden. Dieses Licht nutzen die Blätter der Frühblüher zur Fotosynthese. Dabei bauen sie Speicherstoffe wie Stärke und Fette auf, die sie während der kalten Jahreszeit in unterirdischen **Speicherorganen** lagern. Durch diese energiereichen Stoffe können die Pflanzen im nächsten Frühjahr wieder austreiben und sich zeitig fortpflanzen. Je nach Pflanzenart dienen unterschiedliche Organe zur Speicherung der Nährstoffe. Beim Märzenbecher ist es eine Zwiebel, die aus dicht gepackten, dickfleischigen Speicherblättern besteht. Beim Buschwindröschen werden die Nährstoffe in **Erdsprossen** gespeichert. Dies sind braune, etwa bleistiftdicke Sprossabschnitte, die im Boden waagerecht unter der Oberfläche wachsen. Andere Pflanzen wie der Lerchensporn speichern die Nährstoffe in einem verdickten unteren Teil des Sprosses, der **Sprossknolle.** Beim Scharbockskraut dienen verdickte Abschnitte der Wurzeln, die **Wurzelknollen,** als Nährstoffspeicher.

Schon bald nach der Entfaltung ihrer Blätter beginnen die Frühblüher zu blühen. Im Mai, wenn die Bäume ein dichtes Blätterdach ausbilden, erreicht nur noch wenig Licht den Waldboden. Dann beginnen die oberirdischen Organe der Frühblüher zu welken. Die Nährstoffe werden in die unterirdischen Speicherorgane verlagert. Dort bleiben sie gespeichert, bis sie im nächsten Jahr wieder zur Bildung der oberirdischen Pflanzenteile benötigt werden.

Im Sommer wird der Waldboden durch das Laub der Bäume stark beschattet. Am Waldboden können dann nur **Schattenpflanzen** wie der Waldsauerklee gedeihen, die mit wenig Licht auskommen. Stärker lichtbedürftige

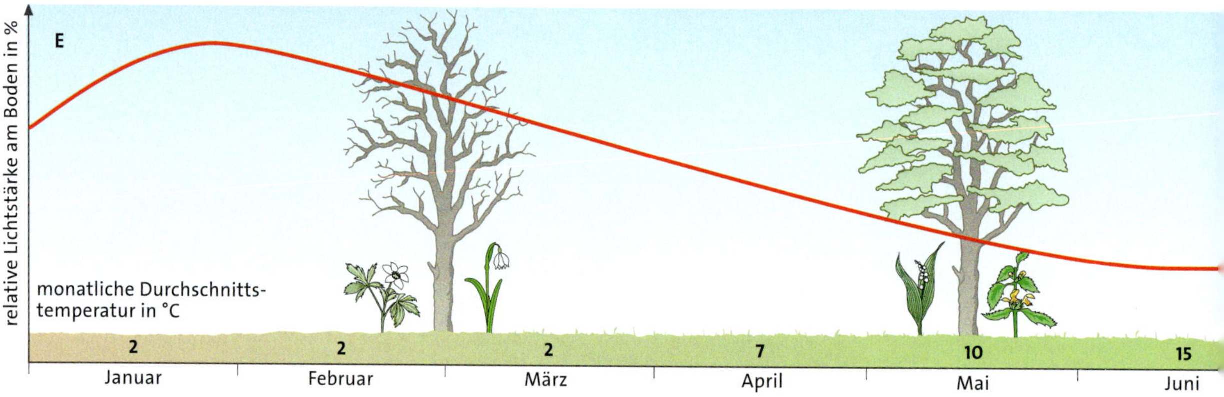

1 Frühblüher mit Speicherorganen und Laubmischwald im Jahresverlauf.

A Märzenbecher mit Zwiebel;
B Buschwindröschen mit Erdspross;

Die Fortpflanzung der Pilze weist ebenfalls besondere Merkmale auf. Betrachtet man die Oberfläche einer Lamelle des Fliegenpilzes unter dem Mikroskop, erkennt man die **Fruchtschicht.** Diese Schicht enthält an den Enden von besonderen Hyphen keulenförmig verdickte Zellen, die **Ständer.** Manche Ständer tragen an ihrem Ende vier Fortsätze. Am Ende der Fortsätze bilden sich die winzigen Fortpflanzungskörper, die **Sporen.** Pilze, deren Sporen an solchen Ständern entstehen, heißen **Ständerpilze.**

Die vier Sporen eines Ständers unterscheiden sich äußerlich nicht, gehören aber zwei verschiedenen Typen an: dem Plus- und dem Minus-Typ. Wenn sie reif sind, können die mikroskopisch kleinen Sporen vom Wind kilometerweit verbreitet werden. Gelangen sie auf einen geeigneten Untergrund, keimen sie bei ausreichender Feuchtigkeit zu Plus- und Minus-Hyphen. Treffen zwei Hyphen unterschiedlichen Typs aufeinander, verschmelzen eine Plus- und eine Minus-Zelle zu einer zweikernigen Zelle mit einem Plus- und einem Minus-Kern. Daraus entwickelt sich das Mycel eines neuen Pilzes.

Nach mehreren Jahren verflechten sich beim Fliegenpilz die Hyphen des Mycels und bilden Stiel und Hut aus. Bei jungen Fruchtkörpern ist der Hut noch über eine feine Haut mit dem unteren Ende des Stiels verbunden. Mit zunehmendem Wachstum reißt die Haut auf. Ihre Reste bleiben als Ring am Stiel und in Form weißer Pusteln auf der Oberseite des Hutes zurück.

Da Pilze eine Vielzahl besonderer Merkmale aufweisen, hat man sie zu einer eigenen *systematischen Gruppe* zusammengefasst. Sie bilden das **Reich** der Pilze.

3 Mykorrhiza zwischen Marone und Kiefer.
A Fruchtkörper der Marone;
B Mykorrhiza-Pilz;
C in die Wurzel eindringendes Hyphengeflecht (Schema)

Viele Pilze sind für den Menschen ungenießbar oder sogar giftig. Es gibt aber auch etliche Arten von Speisepilzen. Champignons zum Beispiel kann man das ganze Jahr über kaufen. Andere Speisepilze wie Maronen oder Steinpilze sind dagegen fast nur im Herbst erhältlich, wenn ihre Fruchtkörper im Wald zu finden sind. Woran liegt das?

Viele Waldpilze leben in einer besonderen Beziehung mit den Bäumen des Waldes. Die Pilzhyphen umschließen die dünnen Enden der Baumwurzeln dabei wie ein Mantel. Sie dringen auch zwischen die Zellen der Wurzelrinde vor und bilden dort ein dichtes Geflecht. Dieses Zusammenleben zum gegenseitigen Nutzen von Pilzen und Wurzeln bezeichnet man als **Mykorrhiza** (gr. *mykes,* Pilz; *rhiza,* Wurzel).

Die enge Verzahnung von Hyphen und Wurzelzellen ermöglicht einen lebhaften Stoffaustausch zwischen Pilz und Baum. Der Pilz gibt an den Baum Wasser und Mineralstoffe ab, die er bei der Zersetzung des Humus gewinnt. Er erhält vom Baum Kohlenhydrate, die der Baum im Verlauf der Fotosynthese gebildet hat. Ein enges Zusammenleben zweier Arten heißt **Symbiose** (gr. *symbioōn,* zusammen leben). Besonders für die Bildung von Fruchtkörpern benötigen Pilze große Mengen von Kohlenhydraten. Daher bilden die meisten Mykorrhiza-Pilze erst im Spätsommer oder Herbst Fruchtkörper, wenn die Bäume in den Wurzeln Nährstoffe speichern.

Bekannte Speisepilze wie Maronen und Steinpilze zählen zu den Mykorrhiza-Pilzen. Maronen leben mit Kiefern und Fichten zusammen, Steinpilze mit Eichen und Rotbuchen. Ohne die Bäume als Partner können sie nicht existieren. Diese Pilze lassen sich daher nicht massenhaft kultivieren. Andere Speisepilze wie Champignon und Austernsaitling leben nicht gemeinsam mit Pflanzen. Sie lassen sich daher auf geeignetem Substrat anbauen.

1. Begründe, warum Pilze weder Pflanzen noch Tiere sind.
2. Erläutere die Wechselwirkung zwischen Mykorrhiza-Pilzen und Bäumen.

Wissen kompakt — Giftpilze und Speisepilze

Name: **Panterpilz** *(Amanita pantherina)*
Gruppe: Lamellenpilze
Fruchtkörper: Juli bis Oktober
Standort: auf Sandböden in Laub- und Nadelwäldern
Besonderheit: tödlich giftig; Mykorrhizapilz

Name: **Großer Riesenschirmling** oder **Parasol** *(Macrolepiota procera)*
Gruppe: Lamellenpilze
Fruchtkörper: Juli bis November
Standort: Waldränder
Besonderheit: Speisepilz; erinnert in reifem Zustand an Sonnenschirm (Name!)

Name: **Weißer Knollenblätterpilz** *(Amanita phalloides)*
Gruppe: Lamellenpilze
Fruchtkörper: Juni bis August
Standort: Laubwälder, besonders unter Eichen; Parkanlagen
Besonderheit: tödlich giftig; Mykorrhizapilz

Name: **Riesen-Champignon** *(Agaricus augustus)*
Gruppe: Lamellenpilze
Fruchtkörper: August bis Oktober
Standort: Laub- und Nadelwälder; Parkanlagen
Besonderheit: Speisepilz

Name: **Satansröhrling** *(Boletus satanas)*
Gruppe: Röhrenpilze
Fruchtkörper: Juli bis September
Standort: auf Kalkböden in Laubwäldern
Besonderheit: giftig, erzeugt Magen- und Darmstörungen; Mykorrhizapilz

Name: **Maronenröhrling** *(Xerocomus badius)*
Gruppe: Röhrenpilze
Fruchtkörper: August bis November
Standort: auf sauren Böden in Nadel- und Laubwäldern, oft unter Kiefern und Fichten
Besonderheit: sehr guter Speisepilz; Mykorrhizapilz

Große Gruppen der Ständerpilze

Lamellen- oder Blätterpilze: Die Sporen werden auf der Außenseite von Lamellen an der Unterseite des Hutes gebildet. Die Fruchtkörper sind nicht spröde.

Röhrenpilze: Die Sporen werden im Inneren von Röhren auf der Hutunterseite gebildet. Die Röhrenschicht ist leicht vom Hut ablösbar.

1 Erläutere, warum alle hier dargestellten Pilze zur Großgruppe der Ständerpilze gezählt werden.

2 Erstelle eine Tabelle, in der die hier dargestellten Pilze den Gruppen der Lamellenpilze, Röhrenpilze, Bauchpilze und Leistenpilze zugeordnet werden. Kennzeichne jeweils Gift- und Speisepilze.

3 Immer wieder kommt es bei Menschen zu Vergiftungserscheinungen nach dem Verzehr selbst gesammelter Pilze. Erkläre dies anhand der hier gegenübergestellten Gift- und Speisepilze.

Name: **Gallen-Röhrling**
(Tylopilus felleus)
Gruppe: Röhrenpilze
Fruchtkörper: Juni bis Oktober
Standort: Nadel- und Laubwälder
Besonderheit: durch stark bitteren Geschmack (Name!) ungenießbar; Mykorrhizapilz

Name: **Steinpilz**
(Boletus reticulatus)
Gruppe: Röhrenpilze
Fruchtkörper: Mai bis Oktober
Standort: Laub- und Mischwälder, unter Eichen und Rotbuchen; Parkanlagen
Besonderheit: Speisepilz; Mykorrhizapilz

Name: **Falscher Pfifferling**
(Hygrophoropsis aurantiaca)
Gruppe: Lamellenpilze
Fruchtkörper: September bis November
Standort: Nadel- und Mischwald, am Boden und auf Holz
Besonderheit: ungenießbar; führt zu Verdauungsstörungen

Name: **Echter Pfifferling**
(Cantharellus cibarius)
Gruppe: Leistenpilze
Fruchtkörper: Juni bis Oktober
Standort: Laub- und Nadelwälder, besonders an moosreichen Stellen
Besonderheit: sehr guter Speisepilz; Mykorrhizapilz

Name: **Kartoffelbovist**
(Scleroderma verrucosum)
Gruppe: Bauchpilze
Fruchtkörper: Juni bis Oktober
Standort: Laub- und Mischwälder
Besonderheit: alle Kartoffelboviste sind giftig; Mykorrhizapilz

Name: **Eier-Bovist**
(Bovista nigrescens)
Gruppe: Bauchpilze
Fruchtkörper: Juni bis September
Standort: Wälder
Besonderheit: in jungem Zustand essbar; Außenschicht bröckelt oft wie eine Eierschale ab (Name!)

Bauchpilze oder Stäublinge: Die Sporen werden im Inneren des Fruchtkörpers gebildet. Reife Fruchtkörper stäuben bei Berührung durch Freisetzen großer Mengen winziger Sporen (Name!).

Leistenpilze: Die Sporen werden an Leisten gebildet. Diese laufen von der Unterseite des Hutes bis zum Stiel herab.

4 Etliche Pilzarten der heimischen Wälder, die auch als Speisepilze genutzt werden können, sind selten geworden. Erörtere mögliche Gründe dafür. Diskutiere Möglichkeiten zum Schutz dieser Pilze.

5 Informiere dich über die Anzeichen und möglichen Folgen der Vergiftungen, die durch die hier dargestellten Giftpilze hervorgerufen werden können, sowie über Maßnahmen zur Ersten Hilfe. Beschaffe Informationen über die nächste Giftzentrale.

3.8 Tiere im Wald

Im Frühjahr ist die beste Zeit für eine Exkursion in den Wald. Ausgestattet mit Exkursionsmaterial wie kleinen Gläschen, Lupen, Insektenkäschern, Ferngläsern, Bestimmungsbüchern und Protokollbögen untersuchen die Schüler verschiedene Stellen des Waldes. Schon auf dem Weg ins Waldinnere fallen ihnen durchwühlte Bodenbereiche auf. Vögel bewegen sich in den Baumkronen und ein Eichhörnchen verschwindet im Blätterdach. Der Wald ist Lebensraum für viele Tierarten. In einem der seltenen mitteleuropäischen Urwälder findet man über 8000 Insektenarten, 240 Vogel- und 57 Säugetierarten. An Eichen leben weit über tausend verschiedene Arten. Die meisten von ihnen kommen auf absterbenden Bäumen oder an totem Holz vor.

Die Blätter der Bäume bedeuten für viele Insekten Nahrung und Lebensraum. Die Raupen des Eichenwicklers ernähren sich ausschließlich von jungen Eichenblättern. In manchen Jahren sind es so viele Raupen, dass sie die Eichen völlig kahl fressen. Zu dieser Zeit ziehen gerade viele Singvögel ihre Jungen groß. Kohlmeisen und Blaumeisen füttern ihre Nachkommen mit den Raupen. Mit dem Fernglas kann man genau beobachten, wie sie die kleinen Insekten auf Blättern und Ästen sammeln und zu ihren Nestern tragen. Eichhörnchen ernähren sich hauptsächlich von Samen und Früchten. Im Herbst vergraben sie viele Samen als Wintervorrat. Da sie nur einen Teil davon wieder finden, tragen sie dazu bei, dass neue Bäume und Sträucher heranwachsen können.

Plötzlich hört man regelmäßige Klopfgeräusche. Ein Specht sucht an einem alten Buchenstamm nach Nahrung. Jede Spechtart hat ihr typisches Klopfgeräusch. Unter der Rinde leben Borkenkäfer und ihre Larven. Sie haben hier ihren Brut- und Fraßplatz. In Forstmonokulturen können sie sich unter günstigen klimatischen Bedingungen stark vermehren und große Schäden an den Bäumen anrichten. Der Sammeleifer der Spechte ist dem Förster daher äußerst willkommen. Beim Blick nach oben sieht man am Baumstamm der alten Eiche kreisrunde Löcher, die in das Stamminnere führen. Mit ihrem harten, meißelartigen Schnabel haben die Spechte ihre Bruthöhlen tief in den Stamm getrieben. Dort werden die Jungen aufgezogen und hauptsächlich mit Insekten und anderen Kleintieren gefüttert. Diese holen die Spechte mit Hilfe des Schnabels und der langen Zunge aus den Ritzen der Borke. Auch aus dem Nest der Waldameisen, die als »Müllabfuhr des Waldbodens« Reste gestorbener Tiere als Futter für ihre Larven in die unterirdische »Kinderstube« tragen, holt sich der Specht nahrhafte Eier und Larven.

1 Tiere des Waldes am Tag

Im nächsten Jahr nisten in den Spechthöhlen oft andere Höhlenbrüter wie der Kleiber. Auch er ernährt sich von Insekten und Kleintieren, die auf und unter der Baumrinde leben. Beim Abziehen eines Stückchens Borke von einem vermodernden Ast kommen ein weißes Pilzgeflecht und zahlreiche Kellerasseln zum Vorschein. Die aufgeschreckten Tiere rennen schnell umher und verschwinden kurz darauf zwischen Ästen und im Laub. Plötzlich gibt es ein heftiges Geschrei unter den Singvögeln in der Umgebung. Ein Sperber hat sich genähert. Mit schnellen Flügelschlägen hat er eine Kohlmeise im Flug ergriffen und verschwindet mit der Beute im Geäst.

Einige Schüler finden die Erlebnisse im Wald so interessant, dass sie am Abend noch einmal zurückkehren. Schon auf dem Weg dorthin beobachten sie, wie an einer Straßenlaterne in Waldnähe einige dicke Käfer um das Licht kreisen. Ein Tier liegt am Boden und man erkennt einen Maikäfer. Diese Tiere hängen manchmal zu Tausenden in den Kronen der Laubbäume und nagen die Blätter bis auf die Rippen ab. In der Erde frisst derweil eine Heerschar ihrer Larven, die Engerlinge, an den Wurzeln. Für die Bäume bedeutet ein Massenbefall eine erhebliche Beeinträchtigung. Jetzt kommt eine Fledermaus am Waldrand entlanggeflogen, umkreist ein paar Mal die Laterne und fängt sich einen Käfer. In intakten Lebensräumen sind so die meisten Maikäfer wieder Nahrung für andere Tiere. Ebenso werden die Engerlinge von größeren Tieren gefressen. Im Halbdunkel erkennen die Schüler einige Wildschweine, die im Waldboden wühlen. Diese Allesfresser verzehren neben pflanzlicher auch tierische Nahrung, darunter Engerlinge und andere Käferlarven. Igel und Feuersalamander suchen am Waldboden nach Schnecken und Würmern. Auf dem Rückweg sehen die Schüler einen Waldkauz, der fast lautlos durch die Baumwipfel fliegt.

Während am Tage Eichenwickler von Meisen und diese wiederum vom Sperber gefressen wurden, ernähren sich in der Nacht zum Beispiel Fledermäuse von Insekten und werden selbst vom Waldkauz gejagt. Die Art und Weise, wie Lebewesen in ihrer Umwelt für ihr Überleben und ihre Fortpflanzung sorgen, bezeichnet man als **ökologische Nische.** Die hier dargestellte unterschiedliche zeitlichen Nutzung des Umweltfaktors Nahrung ist ein Beispiel für unterschiedliche ökologische Nischen.

1 Ordne den Ziffern in Abbildung 1 und 2 die Artnamen zu.

2 Recherchiere für eine der abgebildeten Arten Informationen zu ihrer ökologischen Nische. Stelle deine Ergebnisse in geeigneter Form vor.

2 **Tiere des Waldes in der Nacht**

3.9 Nahrungsbeziehungen

Grüne Pflanzen erzeugen mit Hilfe von Licht durch Fotosynthese aus Wasser und Kohlenstoffdioxid Traubenzucker. Sie sind **Erzeuger** oder **Produzenten.** Auf den Blättern vieler Pflanzen kann man häufig große Kolonien von Blattläusen finden. Beobachtet man das Leben dieser Tiere, hat es den Anschein, als lebe eine Blattlaus an der Pflanze wie im Schlaraffenland. Mit ihrem Stechrüssel sticht sie die unter Druck stehenden Siebröhren in den Leitbündeln der Pflanze an und lässt den Pflanzensaft in ihren Verdauungstrakt fließen. Die Blattlaus ernährt sich also von der Pflanze. Man bezeichnet sie daher als **Erstverbraucher** oder **Konsument 1. Ordnung.** Nach Herausfiltern der lebensnotwendigen Nährstoffe wird die überschüssige zuckerhaltige Flüssigkeit als Honigtau wieder ausgeschieden. Er lockt Ameisen an, die den nährstoffhaltigen Saft aufsaugen. Als Gegenleistung wehren die Ameisen manche Feinde der Blattläuse ab.

Schnell zeigt sich aber, dass den Blattläusen dennoch auch Gefahren drohen. Ein Marienkäfer hat seine Oberkieferzangen in den Körper einer strampelnden Blattlaus gebohrt und führt mit seinen Mundwerkzeugen nun Kaubewegungen aus, wobei er den flüssigen Inhalt der Blattlaus einsaugt. Auch die Larven der Marienkäfer ernähren sich von Blattläusen. Eine Larve des Siebenpunkt-Marienkäfers frisst bis zur Verpuppung 300 bis 500 Blattläuse, das erwachsene Tier dann noch einmal eine ähnlich große Zahl. Weitere Blattlausräuber sind die Larven der Florfliegen, die man deshalb als Blattlauslöwen bezeichnet, sowie die Larven von Schwebfliegen und Gallmücken. Auch Ohrwürmer findet man als Räuber in der Blattlauskolonie. Sie alle sind also in diesem Fall **Zweitverbraucher** oder **Konsumenten 2. Ordnung.**

Marienkäfer, Ohrwürmer oder Insektenlarven werden wiederum von Singvögeln oder Spinnen erbeutet. Dies sind dann **Drittverbraucher** oder **Konsumenten 3. Ordnung,** die selbst wiederum weiteren Arten als Nahrung dienen können. Es wird also deutlich, dass zwischen den Lebewesen des Waldes Nahrungsbeziehungen bestehen, die man in der hier beschriebenen einfachsten Form *Nahrungsketten* nennt. Das letzte Glied einer Nahrungskette wird als **Endverbraucher** oder **Endkonsument** bezeichnet.

In Wirklichkeit sind die Beziehungen zwischen den Lebewesen eines Waldes jedoch noch viel verzweigter. Die Blätter dienen nicht nur Blattläusen als Nahrung, sondern auch Raupen oder Rehen. Raupen werden von Singvögeln gefressen und diese wiederum vom Sperber oder Baummarder. Junge Rehe können vom Fuchs erbeutet werden und in einem Naturwald eventuell auch vom Luchs. Als Endverbraucher kann der Luchs sogar einen Fuchs als Beute greifen und verzehren. Die einzelnen Nahrungsketten sind so miteinander verknüpft, dass ein *Nahrungsnetz* entsteht. Eine solche Darstellung lässt ahnen, wie vielfältig und verzweigt die Beziehungen der Lebewesen untereinander in Wirklichkeit sind.

Die größte Zahl der Tierarten im Wald sind Pflanzenfresser. Blattlaus, Borkenkäfer, Reh oder Waldmaus gehören zu diesen Konsumenten 1. Ordnung. Manche Tiere wie das Wildschwein und das Eichhörnchen nutzen neben pflanzlicher auch tierische Nahrung. Man bezeichnet sie als Allesfresser. Zu den von Pflanzenfressern lebenden Konsumenten 2. Ordnung gehören zum Beispiel der Marienkäfer, der Buntspecht und die Kohlmeise. Diese werden wiederum von Konsumenten 3. Ordnung wie Radnetzspinne, Sperber oder Baummarder gefressen. Am

1 Nahrungskette. **A** Traubenkirsche; **B** Blattlaus; **C** Marienkäfer (▸ = ... wird gefressen von ...)

Ende der Nahrungskette stehen im Naturwald Endkonsumenten wie Wolf, Luchs oder Bär.

Die Konsumentenstufen können allerdings je nach Jahreszeit oder Alter bei bestimmten Konsumenten auch wechseln. Je höher eine Art in der Nahrungskette steht, umso geringer ist meistens ihre Individuenzahl. Diese Abnahme der Individuenzahl von Stufe zu Stufe ergibt eine **Nahrungspyramide.** Im Forst fehlen manche weiter oben in der Nahrungskette stehende Arten. Deshalb können sich hier manche Pflanzenfresser stark vermehren und dann große Schäden an den Pflanzen verursachen. Der Mensch greift daher als Jäger oder Förster immer wieder in die Forstökosysteme ein und ersetzt damit zum Teil fehlende Endkonsumenten.

1 Ordne die Tiere im mittleren Teil der Abbildung 3 A nach Konsumenten erster, zweiter und dritter Ordnung. Begründe, warum die Zuordnung nicht immer eindeutig ist.

2 Erläutere, welche Folgen eintreten, wenn innerhalb einer Nahrungskette ein Glied ausfällt.

3 Wende das Basiskonzept Steuerung und Regelung auf das Nahrungsnetz in Abbildung 2 an.

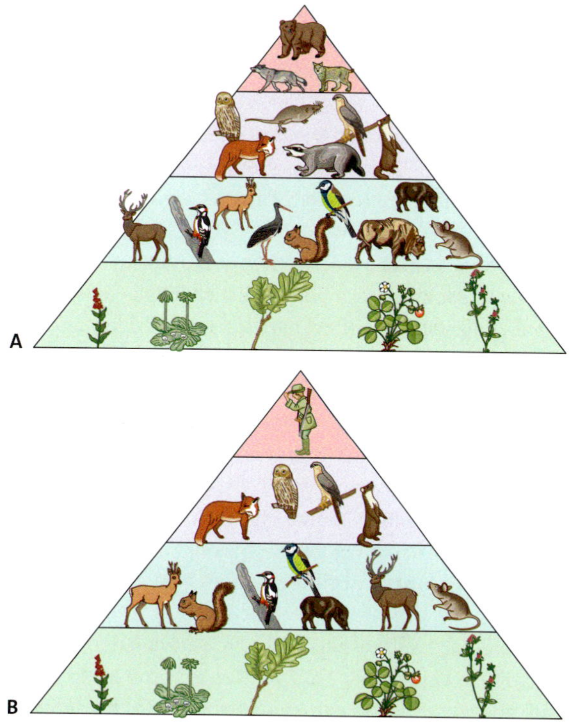

3 Nahrungspyramide. **A** Naturwald; **B** Forst

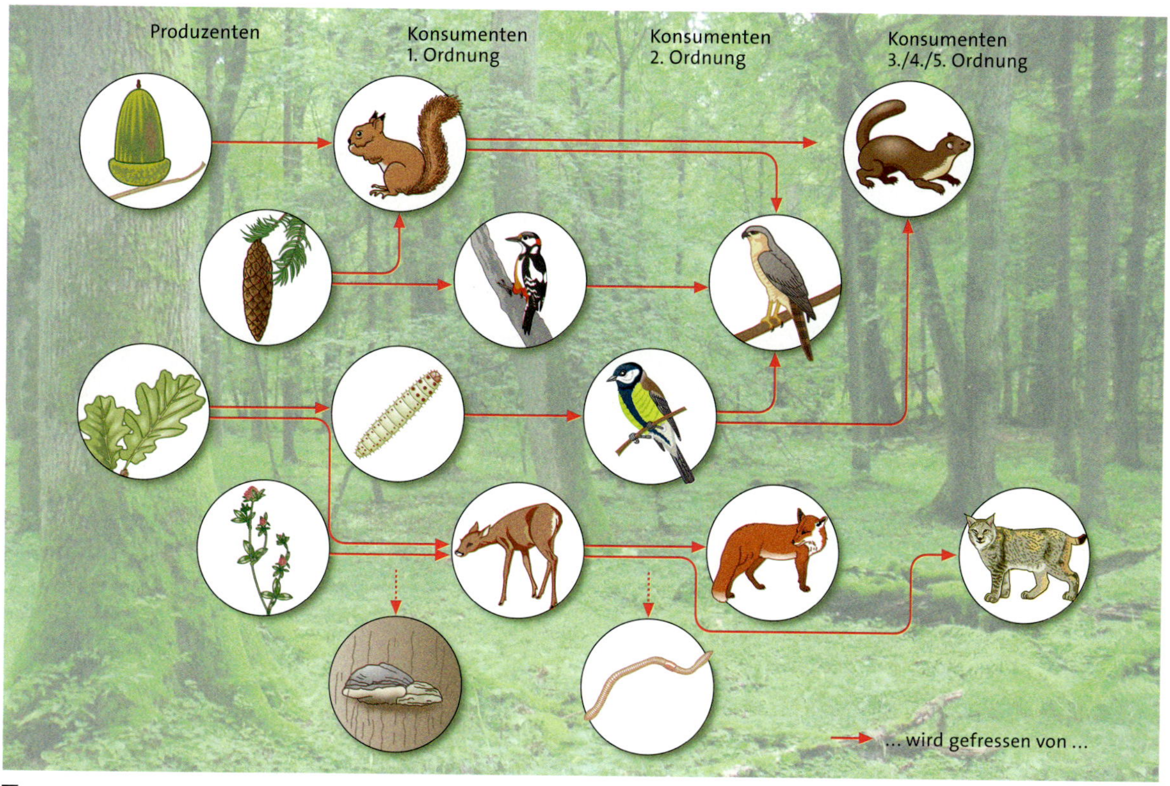

2 Nahrungsnetz

3.10 Regulation der Populationsdichte

Insekten machen in Zeitungen in der Regel keine Schlagzeilen. Doch manchmal gibt es Ausnahmen. Einige Insektenarten treten hin und wieder in derart großen Individuenzahlen auf, dass sie zum Beispiel Felder oder ganze Waldstücke kahl fressen können.

Aus Süddeutschland oder Italien kommen in manchen Jahren Meldungen über eine Maikäfer-Plage. Die Larven dieser Käferart, die Engerlinge, leben im Boden und ernähren sich von Wurzeln. In Obstplantagen oder neu aufgeforsteten Wäldern können sie bei massenhaftem Befall die Bäume zum Absterben bringen. Die Käfer, die sich mit Vorliebe von Eichenlaub ernähren, aber auch auf Buche, Ahorn, Rosskastanie oder Obstbäume gehen, fressen manchmal ganze Bäume innerhalb einer Nacht kahl. Ähnliche Auswirkungen hat ein Massenbefall mit Raupen des Lindenspinners, den Larven eines Nachtfalters.

Nadelbäume werden häufig durch Borkenkäfer geschädigt. Diese weniger als zwei Millimeter großen Käfer legen unter der Borke der Bäume senkrecht verlaufende Gänge an. Dort erfolgt auch die Eiablage. Die aus den Eiern geschlüpften Larven legen dann seitliche Gänge an. Dabei ernähren sie sich vom Bast der Bäume, einem dünnen Gewebe, in dem die Assimilate transportiert werden. Bei starkem Befall durch Borkenkäfer können diese Leitungsbahnen vollständig zerstört werden. Die Bäume sterben in der Folge ab.

In manchen Jahren treten diese und andere Schädlinge von Waldbäumen in Massen auf, in anderen kommen sie nur vereinzelt vor. Woran liegt das? Die **Populationsdichte** wird unter anderem durch die Witterung beeinflusst. Borkenkäfer entwickeln sich am besten bei trockenem, warmem Wetter. Ist der Sommer hingegen feucht und kühl, dauert die Entwicklungszeit der Larven länger, außerdem sterben viele Larven bereits vor der Verpuppung. Die Raupen des Eichenwicklers sind sehr empfindlich gegen Spätfröste. Treten im April oder Mai noch Nachtfröste auf, erfriert ein Großteil der Raupen. Die Zahl der Schmetterlinge, die sich im folgenden Sommer fortpflanzen kann, bleibt dann gering. Weil solche Einflüsse auf die Individuenzahl allein durch abiotische Faktoren bewirkt werden und nicht von der Größe der Population abhängig sind, spricht man von **dichteunabhängigen Faktoren.**

Je größer eine Population wird, umso mehr nimmt die Konkurrenz um Nahrung zwischen den einzelnen Individuen zu. Eine hohe Populationsdichte fördert zudem die Verbreitung von Parasiten und Krankheiten. Solche **dichteabhängigen Faktoren** sorgen dafür, dass die Individuenzahl nach einer Phase des Wachstums wieder zurückgeht.

1 Massenbefall durch Insekten.
A Maikäfer; **B** Raupen des Lindenspinners

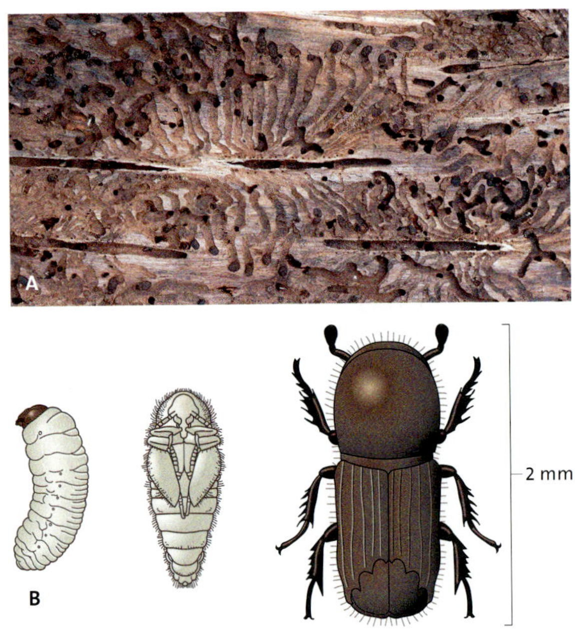

2 Borkenkäfer. **A** Fraßbild des Fichtenborkenkäfers; **B** Larve, Puppe und Käfer

Die Regulation der Populationsdichte wird noch von anderen Faktoren beeinflusst. So stehen die Lebewesen in einer Nahrungskette in gegenseitigen Abhängigkeiten zueinander, die sich auf ihre Populationsdichten auswirken. Dies konnte in einem Laborexperiment nachgewiesen werden: In einem Versuchsgefäß wurden Pflanzen fressende Milben gehalten, die sich von Orangenschalen ernährten. Ausgelegte Steine boten den Tieren Versteckmöglichkeiten. Dann setzte man einige Tiere einer Raubmilbenart hinzu, die sich von den Pflanzen fressenden Milben ernährten. Über mehrere Monate wurden nun in diesem **Räuber-Beute-System** regelmäßig die Individuenzahlen beider Milbenarten gezählt. Es stellte sich heraus, dass die Populationsgrößen wellenartige Schwankungen aufwiesen. Dabei waren die Kurven von Räubern und Beutetieren phasenverschoben, das heißt, besonders hohe oder niedrige Individuenzahlen traten zu unterschiedlichen Zeiten auf. Welches sind die Ursachen für solche phasenverschobenen Populationswellen? Sind viele Beutetiere vorhanden, finden die Räuber reichlich Nahrung. Die Räuber können sich vermehren, während die Zahl der Beutetiere sinkt. Nun finden die Räuber nicht mehr genügend Nahrung und ihre Zahl sinkt ab. Daraufhin vermehrt sich die Beute wieder. Man kann die gegenseitige Beeinflussung der Populationsdichten in einer solchen Nahrungsbeziehung auch anschaulich in Form eines Pfeildiagramms darstellen.

Massenvermehrungen von Schadinsekten sind in Monokulturen wegen des gleichartigen Nahrungsangebotes besonders häufig. Deshalb sind Mischwälder viel weniger anfällig als beispielsweise Fichtenmonokulturen. Zur Vermeidung von Massenvermehrungen kann man auch die Fressfeinde der Schädlinge fördern. So stehen Waldameisen unter Naturschutz, weil sie große Mengen an Insektenlarven vertilgen. Durch die Anlage von künstlichen Nisthöhlen kann die Zahl der Spechte und anderer Höhlenbrüter gesteigert werden. Buntspechte ernähren sich unter anderem von den Larven der Borkenkäfer. In Ökosystemen mit komplexen Nahrungsnetzen sind die Verflechtungen zwischen den verschiedenen Arten so vielfältig, dass eine Massenvermehrung einzelner Arten nur selten vorkommt.

1 Informiere dich über die Lebensweise von Maikäfer, Fichtenborkenkäfer, Eichenwickler und Lindenspanner. Erstelle zu jeder Art ein Informationsplakat.

2 Erläutere die Regulation der Populationsdichte in einem Räuber-Beute-System anhand der Abbildungen 3 und 5.

3 Beschreibe und erkläre die Versuchsergebnisse in Abbildung 4.

4 Begründe, warum eine Massenvermehrung von Schadinsekten in naturnahen Wäldern seltener vorkommt als in artenarmen Wirtschaftswäldern.

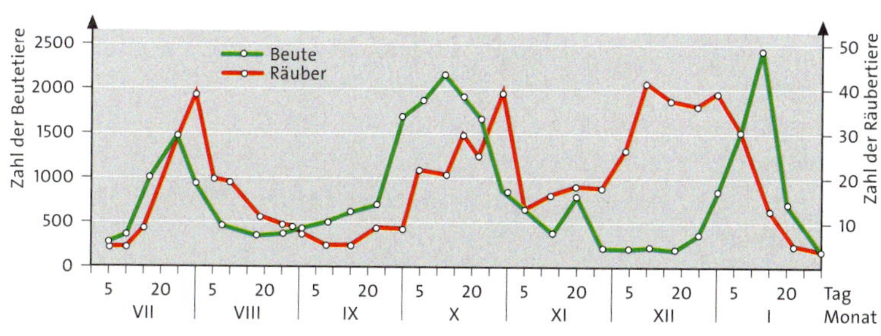

3 **Räuber-Beute-System im Laborexperiment mit Milben**

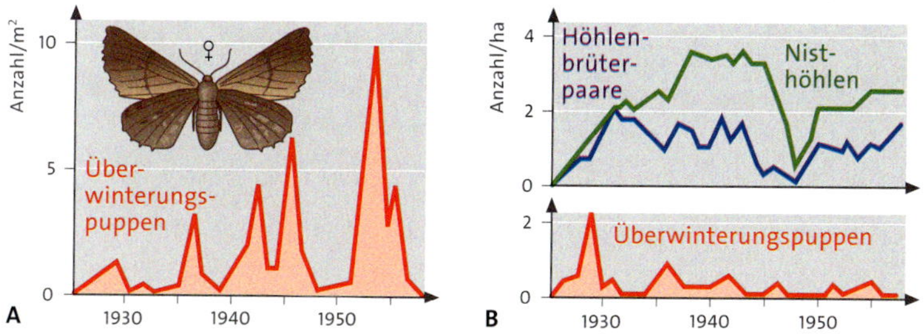

4 **Kiefernspanner.** **A** Überwinterung von Puppen in Wäldern ohne Vogelschutz; **B** in Wäldern mit künstlichen Nisthöhlen

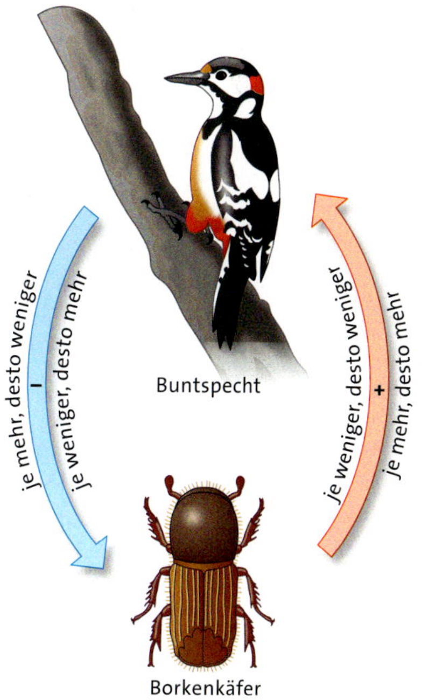

5 **Pfeildiagramm eines Räuber-Beute-Systems**

3.11 Leben auf und im Waldboden

Im Herbst fallen riesige Laubmengen auf den Boden der Wälder. Schon wenige Monate später sind sie teilweise kaum noch zu erkennen und nach zwei bis drei Jahren ist ein Buchenblatt komplett verschwunden. Woran liegt das?

Der Boden lebt! Neben Wasser, Luft und mineralischen Bestandteilen besteht er zu etwa fünf bis zehn Prozent aus Bodenlebewesen, Pflanzenwurzeln sowie ihren abgestorbenen Resten. Je nach Standort kann dieser Wert erheblich schwanken. Sehr viele Lebewesen des Waldbodens ernähren sich von abgefallenen Pflanzenteilen, von toten Pflanzen und Tieren sowie von den Ausscheidungen der Waldbewohner. Ohne die Tätigkeit dieser Zersetzer, der **Destruenten,** würde sich immer mehr tote Biomasse ansammeln.

Das im Herbst abgefallene Laub ist in der Regel trocken und wird deshalb nur von wenigen Bodentieren wie Asseln, Schnurfüßern und einige Käfern gefressen. Regen und Schnee sorgen jedoch bald für eine Durchfeuchtung der Laubstreu. Neben Pilzen und Bakterien finden jetzt Fliegenlarven, Milben, Springschwänze, Fadenwürmer und viele andere Tiergruppen ideale Lebensbedingungen. In den von den Erstzersetzern abgegebenen Ausscheidungen entwickelt sich eine reiche Lebensgemeinschaft von Kleinstlebewesen. Viele Milben und Insektenlarven fressen sich auch durch das Innere der Blätter und lassen nur die derbe Epidermis und die Blattadern stehen. Die Blatthülle ist dann mit Kot gefüllt und wird zum Beispiel von Regenwürmern gefressen, die diese Nahrung noch weiter zerlegen und verwerten können. Regenwürmer vermischen außerdem die Bodenschichten, indem sie die Blätter in ihre Gänge hineinziehen. Sie leisten damit einen wichtigen Beitrag zur Durchlüftung des Bodens. Durch das Zusammenwirken vieler verschiedener Bodentiere wird die gesamte Biomasse der Blätter schließlich zu Kot umgewandelt. Dieser wird von mineralisierenden Bakterien bis zu den pflanzenverfügbaren Mineralstoffen zerlegt. Als Abbauprodukte entstehen neben Wasser und Kohlenstoffdioxid zum Beispiel Nitrate und Phosphate.

Parallel zur Zersetzung der Blattsubstanz erfolgt der Abbau abgestorbener Lebewesen, deren meist stickstoffreiche Abbauprodukte dann ebenfalls den Pflanzen zur Verfügung stehen. Manche Destruenten sind auf den Abbau ganz bestimmter Stoffe spezialisiert. So sind einige Pilze wie der Zunderschwamm als einzige Waldbewohner in der Lage, den wichtigen Holzbaustoff Lignin

1 Pilzhyphen und Asseln auf einem Baumstamm

abzubauen. Das Holz wird dabei nach und nach weich, faserig und hell, es zeigt die so genannte Weißfäule. Andere Pilze verwerten die Zellulose aus den Zellwänden der Pflanzen. Hier bleiben ligninhaltige, kubische, braune Brocken zurück, die man als Braunfäule bezeichnet. Manche Insekten wie die Goldfliege legen ihre Eier an oder in tote Tiere, in denen ihre Larven eine optimale Nahrungsversorgung vorfinden und so zur Abfallverwertung im Wald beitragen. Auch der Kot der Waldbewohner wird schon in den ersten Tagen nach der Ausscheidung von verschiedenen Pilzarten, die man als Dungpilze bezeichnet, besiedelt oder Insekten legen ihre Eier hinein. Die leichte Zugänglichkeit von Fuchs- oder Pferdekot sowie ihr Nährstoffreichtum machen sie zu einem idealen Futterplatz für Käfer wie den Pillendreher oder für die Maden zahlreicher in der Umgangssprache als »Schmeißfliegen« bekannter Fliegenarten. Die Gesamtheit der Abbauprodukte im Waldboden nennt man **Humus.** In ihm sind die für die Pflanzen notwendigen Mineralstoffe enthalten.

Ausgehend von Aas, Kot sowie lebenden und toten Pflanzen und Pflanzenteilen lassen sich über Aas-, Kot-, Pflanzen- oder Abfallfresser sowie die räuberisch lebenden Bodenbewohner Nahrungsketten und Nahrungsnetze aufstellen. Sie funktionieren allerdings nur, wenn die Böden nicht geschädigt sind. Das kann durch Verdichtung und Versauerung ebenso passieren wie durch das Einbringen von Schwermetallen, Streusalz, Pflanzenschutzmitteln, Giftstoffen, Öl oder Dünger. Wind- und Wassererosion schädigen besonders Böden, auf denen die Pflanzendecke entfernt wurde.

Maßnahmen zum **Bodenschutz** gehören daher heute zu den wichtigen Aufgaben des Umweltschutzes. So darf in der Landwirtschaft nur dann Dünger auf die Felder gebracht werden, wenn er auch von Pflanzen aufgenommen wird und nicht ins Grundwasser gelangt. Deshalb ist die auszubringende Düngermenge begrenzt. Viele Pflanzenschutzmittel wurden verboten. Der Streusalzeinsatz im Winter wird immer häufiger durch die Verwendung abstumpfender Mittel ersetzt. Gelangen bei Unfällen Giftstoffe oder Öl in den Boden, werden die Verschmutzungen mit großem Aufwand bekämpft und beseitigt.

1 Berechne die Biomasse der Bakterien und Pilze, der Regenwürmer und der Asseln in einem Hektar Waldboden anhand der Angaben in Abbildung 3. Berechne weiter den prozentualen Massenanteil an Regenwürmern im Boden. Nimm dabei an, dass die Regenwürmer in den oberen 30 Zentimetern Bodenauflage leben und der Boden eine Dichte von 2 g/cm³ aufweist.

2 Informiere dich über die Nahrungsansprüche ausgewählter Arten aus den Tiergruppen in Abbildung 3. Erstelle, ausgehend von abgestorbenen Blättern, ein Nahrungsnetz für den Boden.

3 Erstelle Steckbriefe für drei der in Abbildung 2 dargestellte Bodentiere.

Gruppe	Anzahl (pro m² Waldboden)	Biomasse (in g)
Bakterien	60 000 000 000 000	100
Pilze	1 000 000 000	100
Algen	1 000 000	1
Einzeller	500 000 000	10
Fadenwürmer	10 000 000	15
Milben	150 000	1,5
Springschwänze	100 000	1,2
Weiße Ringelwürmer	25 000	4
Regenwürmer	200	100
Schnecken	50	1
Spinnen	50	0,2
Asseln	50	0,5
Tausendfüßer	150	4
Hundertfüßer	50	0,4
Käfer	100	1,5
Fliegenlarven	200	2
Wirbeltiere	0,001	0,1

3 Bodenlebewesen

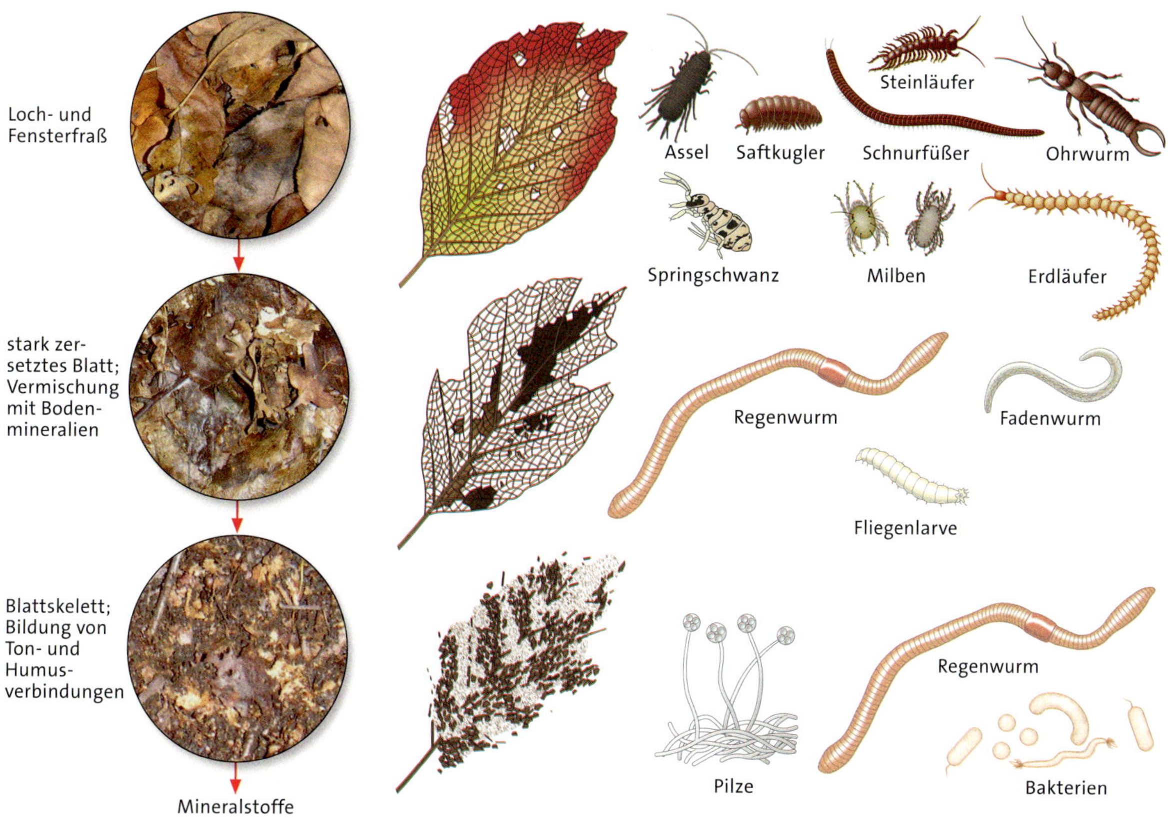

2 Humusbildung

3.12 Stoffkreisläufe

Fotosynthese und Atmung sowie Ernährung, Verdauung und Ausscheidung sind wichtige Stoffwechselvorgänge bei Lebewesen. Dabei werden Stoffe aufgenommen, umgewandelt und nicht verwertbare Reste abgegeben. Für Lebewesen besonders wichtig sind Wasser, Sauerstoff und Kohlenstoff sowie Stickstoff- und Phosphor. Diese Stoffe sind in kleine oder globale **Stoffkreisläufe** eingebunden, an denen außer den Lebewesen auch die unbelebte Umwelt beteiligt ist.

Wasser wird von den Lebewesen ständig aus der Umwelt aufgenommen und auch wieder an sie abgegeben. Im Rahmen von Fotosynthese und Zellatmung ist der **Wasserkreislauf** mit dem **Sauerstoffkreislauf** und dem **Kohlenstoffkreislauf** verknüpft. So reagiert das Wasser in der Fotosynthese der grünen Pflanzen mit Kohlenstoffdioxid zu Traubenzucker und Sauerstoff. Bei der Zellatmung reagieren Traubenzucker und Sauerstoff umgekehrt zu Kohlenstoffdioxid und Wasser. Die Pflanzen tauschen die Gase Kohlenstoffdioxid und Sauerstoff überwiegend über die Oberfläche ihrer Blätter mit der Luft aus. Tiere besitzen für den Austausch Atemorgane wie Lungen, Kiemen oder Tracheen. Da sich die Gase im Wasser lösen, tauschen Wasserbewohner Sauerstoff und Kohlenstoffdioxid teilweise auch im Wasser aus. In der Luft sind etwa 21 Prozent Sauerstoff und etwa 0,04 Prozent Kohlenstoffdioxid enthalten. Da auf der Nordhalbkugel der Erde im Sommerhalbjahr mehr Fotosynthese stattfindet als im Winterhalbjahr, sinkt im Sommer der Kohlenstoffdioxidgehalt der Atmosphäre. Der Kohlenstoff wird in Traubenzucker und andere Fotosyntheseprodukte eingebaut. Im Winterhalbjahr wird durch Atmung mehr Biomasse abgebaut als durch Fotosynthese entsteht. So steigt in dieser Zeit der Kohlenstoffdioxidgehalt der Atmosphäre wieder an.

Seit Beginn der industriellen Revolution nutzen Menschen in großem Maße fossile Brennstoffe wie Erdgas, Erdöl und Kohle zur Energiegewinnung. Dadurch steigen die mittleren Kohlenstoffdioxidkonzentrationen in der Luft kontinuierlich an. Da das Kohlenstoffdioxid ähnlich wie das Glasdach eines Treibhauses wirkt, hat dies in den vergangenen Jahrzehnten zu einem globalen Anstieg der durchschnittlichen Temperatur geführt.

Zum Aufbau ihrer körpereigenen Eiweiße benötigen die Lebewesen neben Kohlenstoff auch Stickstoffverbindungen. Der **Stickstoffkreislauf** gehört damit ebenfalls zu den wichtigen Stoffkreisläufen. Luft besteht zu 78 Prozent aus gasförmigem Stickstoff. Trotzdem ist Stickstoff in Ökosystemen oft ein wachstumsbegrenzender Faktor. Dies liegt daran, dass Pflanzen Luftstickstoff nicht in elementarer Form nutzen können. Fast alle Pflanzen müssen Stickstoff daher in Form von Ammonium- und Nitrationen aus dem Boden oder dem Wasser aufnehmen.

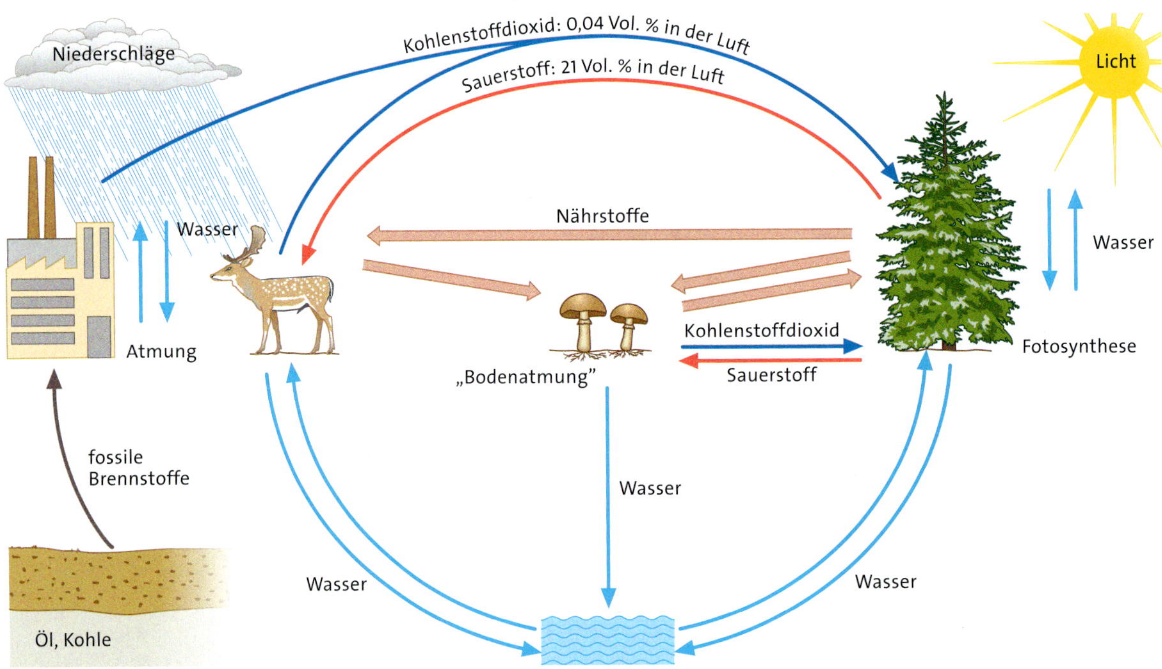

1 **Kohlenstoff- und Sauerstoffkreislauf**

Einige Pflanzenarten sind in besonderer Form an stickstoffarme Böden angepasst. Sie leben oft in enger Gemeinschaft mit Knöllchenbakterien. Diese findet man zum Beispiel in den Wurzeln von Schwarzerle oder Lupine. Sie sind in der Lage, gasförmigen Luftstickstoff in pflanzenverfügbare Ammoniumionen umzuwandeln. Die Pflanzen stellen den Bakterien im Gegenzug die erforderliche Energie zur Verfügung. Andere Pflanzen solcher Standorte wie der Sonnentau betätigen sich als »Fleischfresser«, indem sie mit speziellen Fangeinrichtungen Insekten und andere Tiere fangen und verdauen.

Die von den Pflanzen aufgenommenen stickstoffhaltigen Ionen werden von ihnen zum Aufbau von Eiweißen verwendet. Tiere benötigen ebenfalls Stickstoff zum Aufbau ihrer Eiweiße. Anders als Pflanzen können sie diese jedoch nicht direkt aus stickstoffhaltigen Ionen aufbauen, sondern müssen die Eiweiße mit ihrer Nahrung aufnehmen. Sie bauen diese aufgenommenen Eiweiße dann zu körpereigenen Eiweißen um. Wenn Pflanzen und Tiere sterben, werden ihre Eiweißstoffe von Destruenten abgebaut. Dabei entstehen wieder Ammonium- und Nitrationen.

Es gibt Bakterienarten, die Luftstickstoff zu Stickstoffsalzen umwandeln. Andere Bodenbakterien sind in der Lage, Ammoniumionen in andere stickstoffhaltige Ionen umzubauen oder sie wieder zu Luftstickstoff abzubauen. Damit ist der Stickstoffkreislauf geschlossen. Der **Phosphorkreislauf** ist ein weiterer für Lebewesen wichtiger Stoffkreislauf, weil sowohl die Erbsubstanz als auch wichtige Moleküle des Energietransports, zum Beispiel das ATP, zu den Phosphorverbindungen gehören. Pflanzen nehmen das Element als Phosphation auf. Mit der Nahrung wird es an Tiere weitergereicht und über deren Ausscheidungen sowie die Zersetzung von toter Biomasse durch Destruenten gelangt es zurück in Böden und Gewässer. Manche phosphatreiche Gesteine haben ebenfalls eine Bedeutung als Phosphorquelle. Sie werden zur Herstellung von Mineraldünger genutzt. Kontakt zur Luft hat der Phosphorkreislauf nicht.

1 Erläutere die in den Abbildungen 1 bis 3 dargestellten Stoffkreisläufe.

2 Die dargestellten Kreisläufe können als Recyclingsysteme bezeichnet werden. Erkläre.

3 Bei uns nimmt die Kohlenstoffdioxidkonzentration der Atmosphäre im Frühjahr und Sommer ab, im Herbst und Winter zu. Die Jahresmittelwerte steigen seit Jahrzehnten. Erläutere.

4 Ammoniak aus der Tierhaltung und Stickstoffoxide aus dem Kraftfahrzeugbetrieb gelangen in den letzten Jahrzehnten in großer Menge in die Atmosphäre. Erläutere den weiteren Weg dieser Stoffe im Stickstoffkreislauf und beurteile die Folgen für die Ökosysteme.

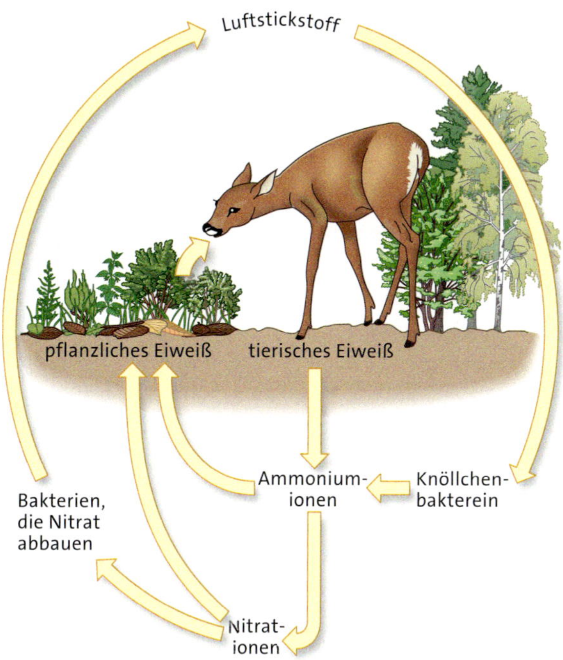

2 **Stickstoffkreislauf**

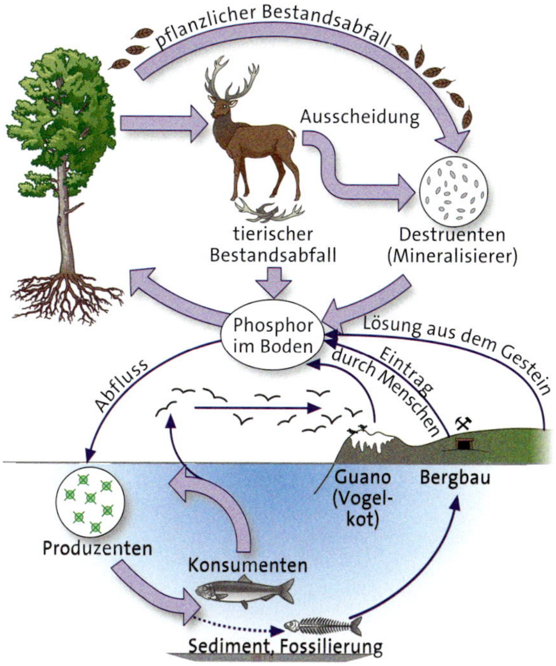

3 **Phosphorkreislauf**

1 Fotosynthese: Lichtenergie wird zu chemischer Energie

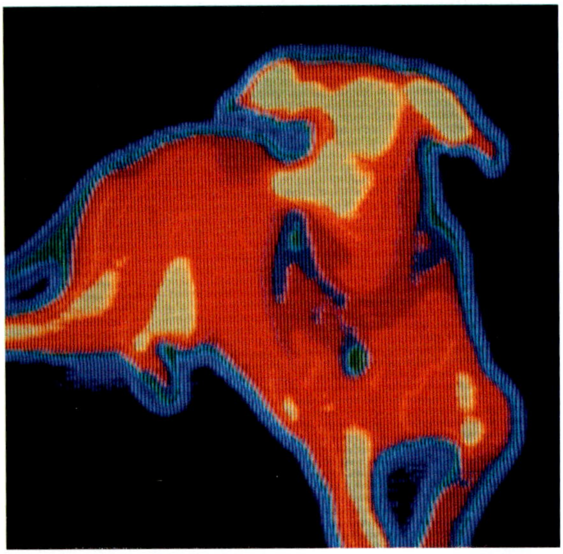

2 Wärmebild: Chemische Energie wird zu Wärmeenergie

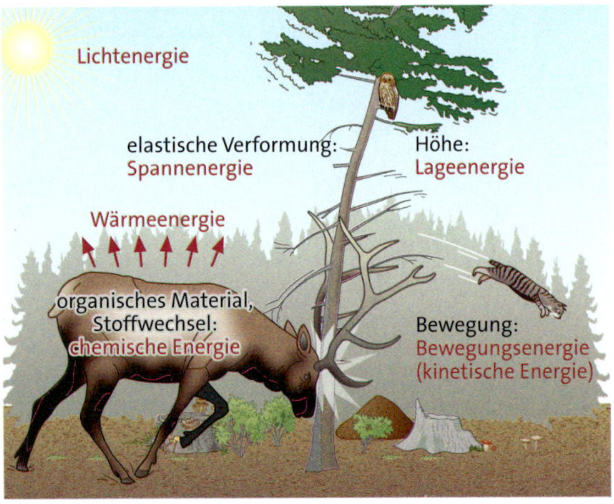

3 Energieformen

3.13 Der Weg der Energie

Beobachtet man Pflanzen, so stellt man fest, dass sie immer zum Licht wachsen. Licht wird in der Fotosynthese der grünen Pflanzen zum Aufbau energiereicher Biomasse wie Traubenzucker, Stärke und Cellulose verwendet und somit in chemische Energie umgewandelt. Diese wiederum können Lebewesen im Rahmen ihrer Stoffwechselprozesse in elektrische Energie, in Bewegungsenergie, in Lageenergie oder Wärmeenergie umwandeln. Bei Tieren entstehen so zum Beispiel elektrische Spannungen an Nervenzellen, Bewegungen in Muskelzellen oder im Vergleich zur Umgebungstemperatur höhere Körpertemperaturen. Bei der Verbrennung von einem Gramm Traubenzucker zu Kohlenstoffdioxid und Wasser werden etwa 17,2 Kilojoule an Energie frei. Bei der Umwandlung der verschiedenen **Energieformen** ineinander gilt das Prinzip der Energieerhaltung. Das bedeutet, bei der Energieumwandlung kommt weder Energie hinzu noch geht Energie verloren. Allerdings werden bei der Zellatmung etwa 60 Prozent der Energie als Wärme freigesetzt. Diese kann nicht mehr in andere Energieformen umgewandelt und somit nicht mehr für Stoffwechselvorgänge verwendet werden, sodass zur Aufrechterhaltung des Lebens auf der Erde ständig Energie von der Sonne nachgeliefert werden muss.

Der Energiegehalt einer chemischen Verbindung ist ein relativer Wert, genauso wie die Höhe eines Berges ein relativer Wert ist. Bezugsgröße für die Höhe eines Berges ist die Meereshöhe. Man hat festgelegt, dass man sie mit null Metern angibt. Bei chemischen Stoffen verfährt man ähnlich und setzt den Energiegehalt der Elemente in ihrer stabilsten Form gleich Null. Der Energiegehalt der Elemente Sauerstoff, Wasserstoff und Kohlenstoff wird also definitionsgemäß mit null Joule angegeben. Energiereiche Biomasse wie Traubenzucker oder Cellulose enthält somit mehr Energie als die Elemente, aus denen sie aufgebaut ist. Verbrennt man Kohlenhydrate, so wird die in ihnen enthaltene chemische Energie überwiegend in Wärmeenergie umgewandelt. Der Mensch kann mit chemischer Energie aus Cellulose in Form von Brennholz also zum Beispiel eine Wohnung heizen. Lebewesen übertragen etwa 40 Prozent der in Traubenzucker gespeicherten chemischen Energie schrittweise auf ATP, das sie für Stoffwechselvorgänge nutzen. Der Rest wird zur Produktion von Körperwärme verwendet.

Etwa ein Prozent der auf die Erde treffenden Lichtenergie der Sonne wird von Produzenten im Rahmen der Fotosynthese in chemische Energie umgewandelt. Setzt man die in dieser Biomasse enthaltene Energie gleich 100 Prozent, so werden davon etwa zehn Prozent über die Nahrungskette an Konsumenten 1. Ordnung weitergereicht, während 90 Prozent von den Pflanzen für Stoffwechselprozesse verwertet werden oder als tote pflanzliche Biomasse übrigbleiben. Diese wird von Destruenten genutzt oder in Form von Holz und anderen nachwachsenden Rohstoffen vom Menschen verwertet. Die von den Pflanzenfressern aufgenommene Biomasse wird zu etwa zehn Prozent an Konsumenten 2. Ordnung weitergegeben. Etwa 90 Prozent werden auch hier für die körpereigene Zellatmung genutzt oder als tote Biomasse an Destruenten beziehungsweise in der Landwirtschaft als Nahrungsmittel weitergereicht. Ähnlich sind die Verhältnisse auf den nächsten Nahrungsstufen, sodass bei den Konsumenten 3. Ordnung nur noch etwa 0,1 Prozent der ursprünglich von den Produzenten in Biomasse gebundenen Energie ankommen. So fließt die gespeicherte Energie von einem Glied der Nahrungskette zum nächsten, bis sie zur Aufrechterhaltung der Lebensvorgänge genutzt wird. Dieser in Form einer Einbahnstraße ablaufende **Energiefluss** im Ökosystem hat seine Quelle in der Sonne. Die von den Produzenten gebundene Energiemenge nimmt von Nahrungsstufe zu Nahrungsstufe um den Faktor 10 ab. Wegen dieser hohen Verluste ist die Zahl der Nahrungsstufen in einem Ökosystem begrenzt. Mehr als fünf oder sechs Stufen findet man selten in einer Nahrungskette. Ordnet man diese Nahrungsebenen aufeinander folgend an, so erhält man eine Pyramidenform. Legt man die mit jeder Stufe abnehmende Energie zugrunde, so spricht man von einer **Energiepyramide**.

1 Erläutere unter Einbeziehung der Abbildung 4, weshalb man von einem Kreislauf der Stoffe und einem Fluss der Energie spricht.

2 Auch der Mensch ist Mitglied der Energiepyramide. Erläutere, welche Stufe ein Mensch einnehmen kann.

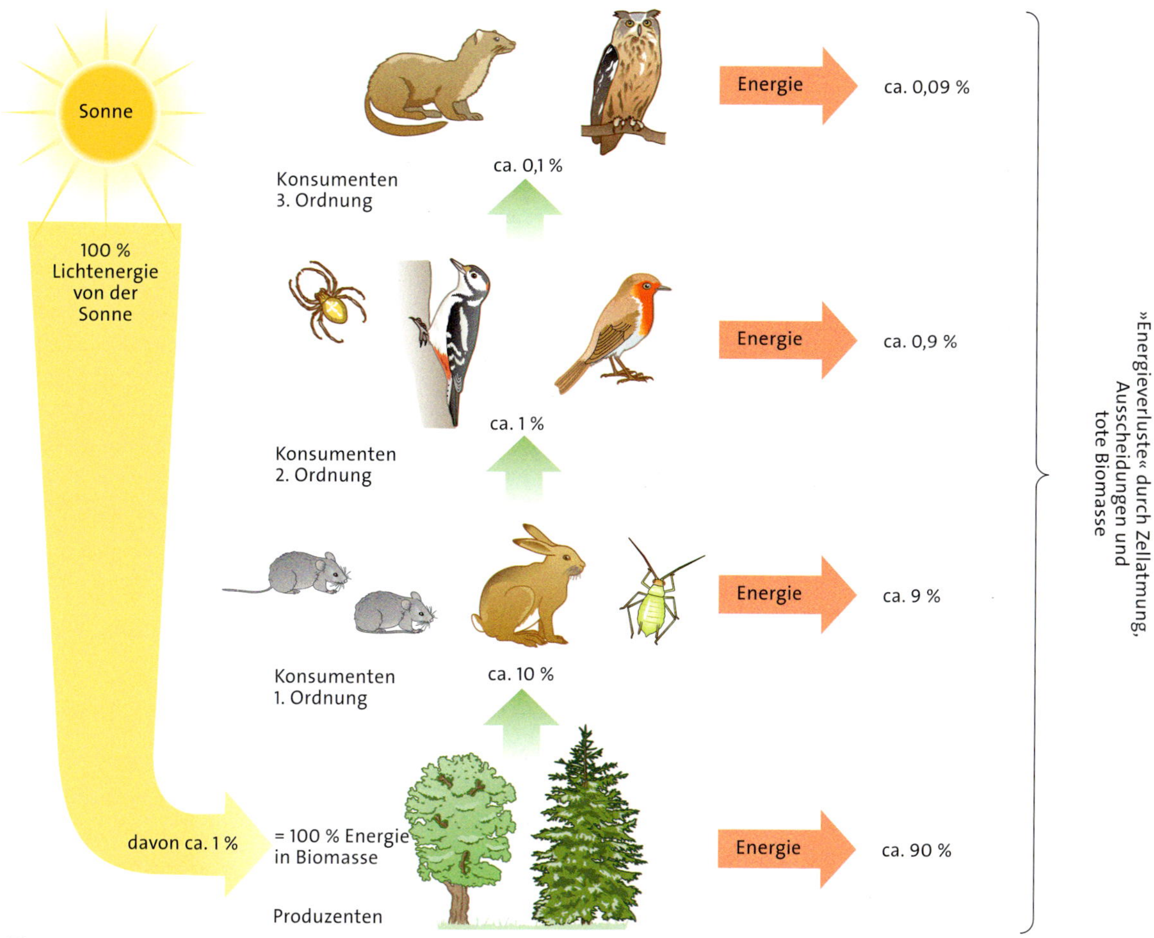

4 Weg der Energie

Aufgaben und Versuche Untersuchungen im Wald

V1 Vegetationsaufnahme

Protokollblatt Vegetationsaufnahme

Ort: Börsteler Wald Datum: 15. 5. 2008

Flächengröße: 100 m² Höhe über NN: 25 m

Waldtyp: Stieleichen-Hainbuchen-Wald

Schichtung	Baumschicht	Strauchschicht	Krautschicht	Moosschicht
Höhe	25 m	3,5 m	max. 0,9 m	max. 0,1 m
Deckung	70%	15%	55%	1%

Gefundene Pflanzenarten		Deckungsgrad
Baumschicht	Stieleiche	3
	Hainbuche	3
	Rotbuche	2
Strauchschicht	Schwarzer Holunder	2
	Faulbaum	1
Krautschicht	Sternmiere	2
	Wald-Flattergras	2
	Buschwindröschen	1
	Efeu	1
	Goldnessel	1
	Maiglöckchen	1
	Sauerklee	1
	Wald-Frauenfarn	1
Moosschicht	Frauenhaarmoos	+

Material: Maßband; Paketschnur; Holzpflöcke; Schreibwerkzeug; Klemmbrett; Pflanzenbestimmungsbücher

Durchführung: Grenze im Wald eine als Probefläche geeignete quadratische Fläche mit 10 m Kantenlänge ab. Erstelle eine Vegetationsaufnahme. Fertige weitere Vegetationsaufnahmen auf anderen Flächen an.

Aufgaben:

a) Notiere zunächst, wie im Protokollblatt angegeben, die Angaben zur Probefläche. Schätze dann die prozentualen Deckungsgrade der einzelnen Schichten.

b) Bestimme die Pflanzenarten und erstelle für jede Schicht getrennt eine vollständige Artenliste.

c) Gib für jede Pflanzenart den Deckungsgrad entsprechend folgender Vorgaben an:

+ die Art kommt nur vereinzelt vor
1 die Art bedeckt weniger als 5 % der Fläche
2 die Art bedeckt 5 bis 25 % der Fläche
3 die Art bedeckt 25 bis 50 % der Fläche
4 die Art bedeckt 50 bis 75 % der Fläche
5 die Art bedeckt mehr als 75 % der Fläche

V2 Blattläuse in der Nahrungskette

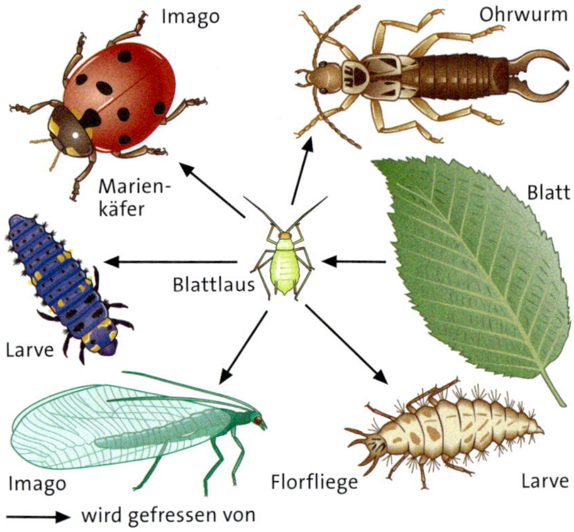

Material: Handlupe; Stereolupe; Petrischale; spitze Pinzette; Präpariernadel; Marmeladengläser

Durchführung: Suche an Sträuchern oder Bäumen nach Blattläusen und deren Eiern. Untersuche Blattlauskolonien unter Einbeziehung folgender Fragestellungen:

- Wie groß sind die Blattlauskolonien?
- Wie dicht sitzen die Tiere in einer Kolonie?
- Unterscheiden sich die Tiere einer Kolonie in der Größe? Werden Jungtiere geboren?
- Wie viele geflügelte Tiere sind vorhanden?
- Gibt es unterschiedlich gefärbte Tiere?
- Sind Blattlauseier vorhanden?
- Wo und wie saugen die Tiere?
- Welche Farbe haben die befallenen Pflanzenteile?
- Welche Blattlausräuber sind in der Nähe oder in der Kolonie und wie verhalten sie sich?
- Sind Ameisen vorhanden und wie verhalten sie sich gegenüber den Blattläusen?

Entnimm ein Blatt mit einer Blattlauskolonie und betrachte Einzeltiere unter der Stereolupe. Betrachte auch die Mundwerkzeuge einer Blattlaus.

Aufgaben:

a) Protokolliere deine Beobachtungen in der Blattlauskolonie.

b) Zeichne eine Blattlaus, die auf einem Blatt sitzt, unter der Stereolupe und beschrifte die Zeichnung.

c) Werte deine Beobachtungen unter der Überschrift »Blattläuse in der Nahrungskette« aus.

V3 Tiere unter der Borke

Material: Malpinsel; Schraubenzieher; Pillengläser; Gummiband; Verbandsmull; Mineralwasser mit Kohlenstoffdioxid in Flasche; Handlupe; Stereolupe; 4-Well-Kammer oder kleine Petrischale; Bestimmungsbücher für Bodentiere

Durchführung: Hebe mit dem Schraubenzieher Borkenteile von Bäumen ab. Besonders geeignet sind kranke oder tote Bäume. Bringe mit Hilfe des Pinsels Tiere, die du unter der Borke findest, in ein Pillenglas und verschließe es. Bewegen sich die Tiere stark, so kannst du sie mit Hilfe von Kohlenstoffdioxid betäuben. Hierzu kannst du das Pillendöschen mit dem Tier mittels Verbandmull und Gummiband verschließen und dann umgedreht auf den Flaschenhals der geöffneten Mineralwasserflasche halten. Das ausperlende Kohlenstoffdioxidgas ersetzt jetzt nach und nach die Luft im Pillendöschen und betäubt die Tiere. Verschließe das Pillendöschen nun schnell mit dem Verschluss und beobachte die Tiere mit der Lupe. Gib die Tiere zur genauen Untersuchung mit der Stereolupe in eine Petrischale oder eine Well-Kammer.

Aufgaben:

a) Finde unter Verwendung der Bestimmungsbücher die Namen der gefangenen Tiere heraus. Informiere dich über die Lebensweise der Tiere und erstelle für zwei Arten einen Steckbrief.

b) Ermittle die Häufigkeit der Bodentiere unter Verwendung folgender Angaben: 1 Einzelexemplar; 2 wenige Exemplare; 3 häufig; 4 massenhaft

c) Zeichne zwei Tiere und beschrifte deine Zeichnungen.

V4 Untersuchung von Bodentieren

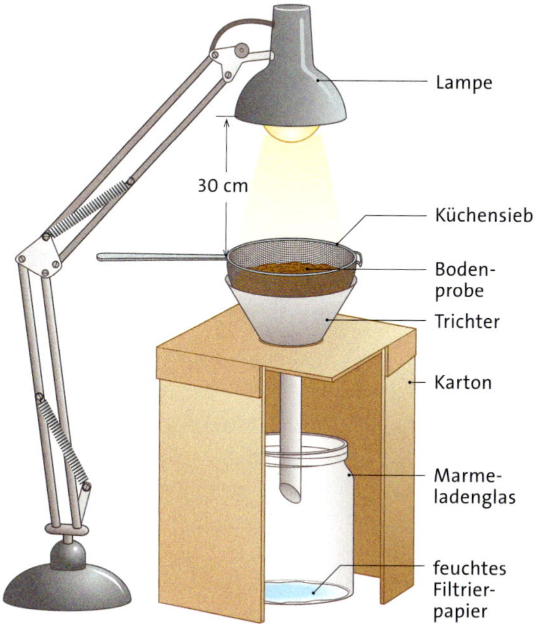

Material: Karton (Höhe 20 cm, Kantenlänge 15 cm); Küchensieb (Maschenweite 2 bis 3 mm); Trichter (passend zum Küchensieb); Marmeladenglas; Schere; Filtrierpapier; Wasser; Schreibtischlampe (25 Watt); feuchte Bodenprobe aus dem Wald; Stereolupe; Bestimmungsbücher

Durchführung: Schneide in den Boden des Kartons eine runde Öffnung, die etwas kleiner ist als der Durchmesser des Trichters. Bedecke den Boden des Marmeladenglases mit feuchtem Filtrierpapier. Stülpe den Karton mit dem Trichter so über das Glas, dass die Trichtermündung in das Glas ragt. Lege das Küchensieb auf die Trichteröffnung. Bedecke das Sieb 4 bis 5 cm hoch mit der Bodenprobe. Bestrahle die Probe mit der Lampe eine Stunde lang aus etwa 30 cm Höhe über dem Sieb. Nach dem Versuch werden die Tiere wieder im Wald ausgesetzt.

Aufgaben:

a) Das Vorkommen der Bodentiere hängt von Feuchtigkeit, Temperatur und Lichtstärke ab. Beschreibe ihr Verhalten während des Versuchs. Erkläre.

b) Kontrolliere das Glas eine Stunde nach Versuchsbeginn. Notiere deine Beobachtungen.

c) Bestimme die Namen der Tiere im Fangglas. Erstelle für zwei Arten einen Steckbrief.

3.14 Bedeutung des Waldes

Ohne den Einfluss des Menschen wären weite Bereiche Mitteleuropas von Wald bedeckt und auch heute nehmen die Wälder in Deutschland noch 31 Prozent der Fläche ein. Oft sind sie bei uns auch das Herzstück von Schutzgebieten. Wälder gehören daher zu den wichtigsten Ökosystemen in Mitteleuropa.

Die Einflüsse des Waldes auf das **Mikroklima** sind jedem Waldbesucher bekannt. An einem heißen Sommertag empfindet man den Wald als angenehm kühl. Selbst in Trockenzeiten erhalten die Pflanzen über die Wurzeln genügend Wasser, das sie bei der Transpiration über die Blätter wieder an die Luft abgeben. Hierbei erhöht sich die Luftfeuchtigkeit und durch die Verdunstungskälte vermindert sich die Lufttemperatur. So gibt eine 100jährige Buche täglich bis zu 400 Liter Wasser ab und kann dadurch die Luftfeuchtigkeit in unmittelbarer Umgebung um bis zu zehn Prozent erhöhen. Außerdem bremsen Wälder den Wind. Die Windgeschwindigkeit wird schon 100 Meter vor und bis zu 700 Meter hinter dem Wald um bis zu 40 Prozent gesenkt. Neben dem Einfluss auf das Mikroklima sind die Verminderung der Bodenerosion und die Wirkung als Staubfilter weitere positive Einflüsse der Wälder. Ein Hektar Waldfläche vermag bis zu 70 Tonnen Staub pro Jahr aus der Luft zu filtern. **Windschutz** und **Immissionschutz** kommen auch den landwirtschaftlichen Nutzflächen und den menschlichen Siedlungen im Umfeld der Wälder zugute. Für menschliche Siedlungen ist außerdem der durch den Wald zu erreichende **Lärmschutz** von Bedeutung. So kann ein 100 Meter breiter stark geschichteter Mischwald den Lärmpegel halbieren.

Wälder dienen zudem als Wasserspeicher. Der Teil der Niederschläge, der nicht von den Blättern festgehalten wird, fällt auf den Waldboden. Über die Moosschicht, die das Wasser wie ein Schwamm aufsaugt, gelangt es nach und nach in den Boden. Unter einem Quadratmeter Waldboden können 50 bis 200 Liter Wasser gespeichert werden. Hier wird es auch gefiltert und biologisch gereinigt, bevor es schließlich als sauberes Wasser das Grundwasser erreicht. Grundwasser aus Waldgebieten wird bevorzugt zur Trinkwasseraufbereitung genutzt. Der verzögerte Abfluss bewirkt, dass es nach starken Niederschlägen in waldreichen Regionen seltener zu Hochwassersituationen in den Bach- und Flussauen kommt. Auch Schlamm- und Gerölllawinen sind in waldreichen Gebieten seltener, da die Wurzeln der Bäume die Waldböden wie ein Geflecht durchziehen und den Boden festhalten. Ebenso werden Schneelawinen durch die Sprossachsen der Gehölze gebremst.

Wälder sind auch ein **Rohstofflieferant** für Holz. Es wird vielseitig in der Bau- und Möbelindustrie verwendet und ist Grundstoff für die Papierproduktion. Als Baustoff erlebt Holz gerade eine Renaissance. Ökologisches Bauen und Wohnen mit heimischem Holz wird immer wichtiger, weil Holz sowohl bei der Erzeugung als auch bei der Entsorgung umweltfreundlich ist. Ein anderer Teil des Holzes dient als Brennholz zur Energiegewinnung in Privathaushalten und Heizkraftwerken. Holz ist damit ein wichtiger nachwachsender Rohstoff.

Aufgrund ihrer Fähigkeit Kohlenstoffdioxid zu binden werden Wälder im Rahmen der internationalen Klimaschutzabkommen als Klimafaktoren angesehen. Durch

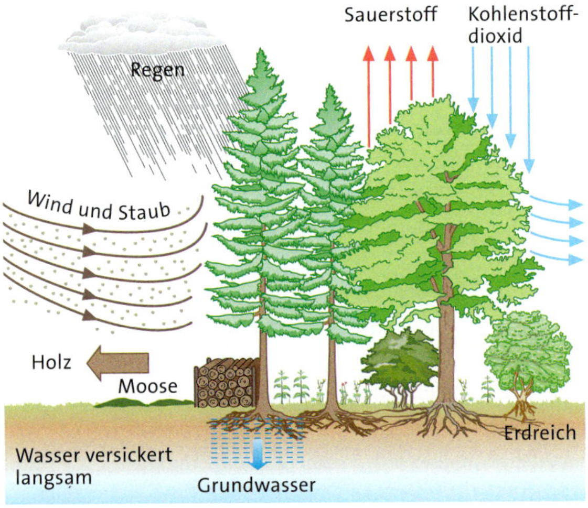

1 Wälder erfüllen viele Aufgaben

2 Essbare Pilze aus dem Wald

die Fotosynthese der Pflanzen binden sie in der Wachstumsphase in großem Umfang das Treibhausgas Kohlenstoffdioxid und haben somit die Funktion einer Kohlenstoffsenke. Für die Produktion von einem Kilogramm Holz entnimmt ein Baum etwa 1,5 Kilogramm Kohlenstoffdioxid aus der Luft. Am effektivsten sind die im Wachstum befindlichen Wälder, während ältere Wälder durch den höheren Stoffabbau erheblich größere Kohlenstoffdioxidmengen wieder freisetzen. Die Fotosynthese sorgt neben der Kohlenstoffdioxidfixierung für die Freisetzung des für alle aeroben Lebewesen lebenswichtigen Sauerstoffes.

Wälder werden immer wieder auch als Orte der Forschung genutzt. Oft sind es Naturwissenschaftler, die auf der Suche nach neuen Medikamenten oder Chemikalien auch in den entlegensten Winkeln der Erde nach unbekannten und im Verborgenen lebenden Arten mit besonderen Inhaltsstoffen suchen. Manche Erfolgsstory der Pharma- und Chemiekonzerne hat hier in den letzten Jahren begonnen. So entdeckten Pilzexperten, dass kleine zu den Zapfenrüblingen gehörende Pilze auf Kiefern- und Fichtenzapfen in der Lage sind, das Wachstum anderer Pilze in ihrer Umgebung zu verhindern und sich so vor Konkurrenten zu schützen. Als man nach den Ursachen forschte, fand man einen Inhaltsstoff mit pilztötender Wirkung, ein Fungizid, das Strobilurin genannt wurde. Pharmakonzerne wandelten diesen Naturstoff geringfügig ab und ließen ihn als Fungizid patentieren. Heute haben diese synthetischen Strobilurine im Pflanzeschutz eine große Bedeutung. Bereits 1999 entsprach ihr Anteil am weltweiten Fungizidmarkt mit einem Umsatz von 600 Millionen Dollar ca. 10 Prozent.

Neben der Bedeutung als Ökosystem und als Rohstofflieferant haben Wälder aus Sicht der Menschen noch weitere Aufgaben. So sind sie heute ein wichtiger Ort der Erholung. Wandern, Naturbeobachtung, Sport und Spiel sind begehrte Freizeitaktivitäten, die oft im Wald stattfinden. Hierzu wurden in vielen Wäldern markierte Wanderwege, Waldlehrpfade, Schutzhütten, Waldsportpfade oder Kinderspielplätze angelegt. Für Schüler werden Wälder hin und wieder im Biologieunterricht auch zum Lernort. Waldjugendspiele oder Exkursionen in den Wald gehören zu den verbreiteten Angeboten der Forstämter und Umweltbildungszentren. Die jungen Menschen erleben mit allen Sinnen die vielfältigen Umweltfaktoren und ihre Wechselbeziehungen in einem Ökosystem. Gleichzeitig können sie ein Gespür dafür entwickeln, wie Eingriffe des Menschen ein Waldökosystem nachhaltig verändern können. Das Erleben der Holzernte mit schweren Maschinen wie dem Harvester oder des großflächigen Absterbens von Bäumen in einem Nationalpark durch sauren Regen und Schädlingsbefall beeindrucken jeden Beobachter. Aus solchen authentischen Erfahrungen mit emotionalen Anteilen entwickelt sich nicht selten auch das Bedürfnis, selbst etwas für den Schutz der Wälder zu tun.

1 Erläutere an fünf Beispielen die Bedeutung des Waldes für dich selbst.

2 Recherchiere Beispiele für zwei Naturstoffe aus dem Wald, die als Ausgangssubstanz für die Entwicklung von Medikamenten oder Pflanzenschutzmitteln von Bedeutung sind.

3 Im Nationalpark findet man teilweise auf großen Flächen abgestorbene Bäume, in anderen Waldgebieten dagegen selten. Erläutere.

3 Erfolgsstory Strobilurine

4 Wald als Lernort

3.15 Gefährdung von Wäldern

Jedes Jahr im Herbst veröffentlicht die Bundesregierung einen *Bericht zum Zustand des Waldes in Deutschland.* Warum wird dieser Bericht verfasst?

Seit Ende der siebziger Jahre des zwanzigsten Jahrhunderts wurden vermehrt Schäden an Waldbäumen beobachtet. Betroffen waren vor allem Nadelwälder in höheren Lagen des Mittelgebirges. Die Nadeln vieler Bäume vergilbten und fielen ab, sodass die Kronen immer schütterer wurden. Auch Teile des Wurzelsystems waren geschädigt. Ähnliche **Schadsymptome** fand man auch bei Laubbäumen. In manchen Hochlagen der Mittelgebirge starben ganze Baumbestände innerhalb weniger Jahre ab.

Diese Beobachtungen führten zur Furcht vor einem umfassenden **Waldsterben.** Um das Ausmaß der Schäden zu erkennen, wurden sie in ganz Deutschland systematisch erfasst. An bestimmten Beobachtungspunkten registrierte man, wie stark die Kronen der Bäume vergilbt und durch das Absterben von Laubblättern oder Nadeln verlichtet waren. Die Ergebnisse wurden jährlich in einem Bericht veröffentlicht. Diese *Waldzustandserhebung* wird auch heute noch regelmäßig durchgeführt. Zusätzlich startete man umfangreiche Forschungsprogramme, um die Ursachen dieser *»neuartigen Waldschäden«* aufzuklären.

Die Ergebnisse zeigten, dass die Schäden nicht nur eine, sondern mehrere Ursachen haben, die miteinander in Wechselwirkung stehen. Vor allem aus Autoabgasen entsteht im Sonnenlicht Ozon, das in höheren Konzentrationen Blattzellen schädigt. Durch Verbrennungsprozesse in Industrie, Haushalten und Verkehr werden gasförmige

1 Geschädigter Bergwald

2 Schadsymptome gesunder und geschädigter Fichten.
A Gesunde Krone (0–10 % Nadelverlust); **B** schwach geschädigte Krone (11–25 % Nadelverlust); **C** stark geschädigte Krone (> 60 % Nadelverlust); **D** gesunder und geschädigter Abschnitt des Wurzelsystems

3 Ursachen der Gefährdung des Waldes.
A Luftverschmutzung durch Abgase; **B** Schädlingsbefall; **C** Flächenverbrauch; **D** Wildverbiss

Luftschadstoffe wie Schwefeldioxid und Stickstoffoxide freigesetzt. Sie reagieren mit dem Wasserdampf der Atmosphäre und bilden Schweflige Säure und Salpetersäure. Durch Wind können sie weit von ihrem Entstehungsort verfrachtet werden. Besonders in den Berglagen gelangen sie mit Niederschlägen auf die Erde zurück. Vor allem die Nadelbäume mit ihren ganzjährig benadelten Kronen kämmen die Säuretröpfchen regelrecht aus der Luft aus. Hohe Säurekonzentrationen schädigen Blätter und Nadeln direkt. Eine größere Rolle spielt aber der jahrelange Eintrag der Säuren in die Böden der Wälder. Dadurch werden Mineralstoffe, die für Wachstum und Stoffwechsel der Bäume nötig sind, aus dem Boden gelöst und mit dem Sickerwasser ausgewaschen. Den Bäumen fehlen dann diese Mineralstoffe. Sie entwickeln **Mangelsymptome,** die an vergilbenden Blättern und Nadeln erkennbar sind. Die Säuren setzen im Boden außerdem Verbindungen frei, welche die Wurzeln schädigen können. Stickstoffverbindungen stehen dagegen oft im Überfluss zur Verfügung. Diese stammen nicht nur aus Industrie und Verkehr, sondern auch aus Dünger, der in großen Mengen in der Landwirtschaft eingesetzt wird, und aus den Ausscheidungen von Nutztieren in der Massentierhaltung. Bäume, die auf diese Weise mit viel Stickstoff »gedüngt« werden, wachsen zwar zunächst schneller. Doch sind sie anfälliger für Krankheiten und Schädlinge wie zum Beispiel Borkenkäfer, da ihnen andere wichtige Mineralstoffe fehlen. Auch gegen extreme Witterungsereignisse wie tiefe Winterfröste und starke sommerliche Trockenheit sind sie empfindlicher. Ist das Wurzelsystem durch ungünstige Bodenverhältnisse geschädigt, werden die Bäume auch leichter durch Stürme umgeworfen.

Durch umfangreiche Maßnahmen zur Reinhaltung der Luft hat der Ausstoß von Schwefeldioxid stark abgenommen. Das befürchtete großflächige Waldsterben ist ausgeblieben. Dennoch sind die Wälder durch Stickstoffverbindungen und Ozon weiterhin belastet. Weitere Gefährdungen des Waldes entstehen aus der dichten Besiedlung durch den Menschen: Waldflächen werden zum Bau von Straßen und Siedlungen gerodet. Wild, das sich wegen Mangels an natürlichen Feinden stark vermehrt, behindert die Verjüngung des Waldes durch Verbiss von Jungbäumen. Daher sind zur Erhaltung des Waldes weiterhin umfangreiche Schutzmaßnahmen notwendig.

1 Recherchiere nach einem aktuellen Waldzustandsbericht deines Bundeslandes.

2 Unterscheide zwischen »natürliche Ursachen« und »vom Menschen verursacht«. Erörtere Wechselbeziehungen zwischen beiden Ursachengruppen.

1 See im Sommer

2 Pflanzen und Tiere des Sees.
1 Erle, **2** Rohrkolben, **3** Wasserschwertlilie, **4** Pfeilkraut, **5** Krebsschere, **6** Seerose, **7** Wasserpest, **8** Wasserlinse, **9** Hornblatt, **10** Wasserfrosch, **11** Kaulquappe vom Wasserfrosch, **12** Rückenschwimmer, **13** Schleie, **14** Schlammschnecke, **15** Teichmolch, **16** Mosaikjungfer

4 Ökosystem See

4.1 Zonierung des Sees

Langsam bewegt sich das Schlauchboot auf das Seeufer zu. Unter dem Boot sind im klaren Wasser grüne Pflanzen zu erkennen. Sie bewegen sich gemächlich mit der Strömung. Zieht man einige Pflanzen mit dem Ruder auf das Boot, hängen die Stängel und Blätter schlaff nach unten. Es sind Unterwasserpflanzen, wie Wasserpest und Hornblatt, die der **Tauchblattpflanzenzone** des Sees zugeordnet werden. Wie unterscheiden sich diese Pflanzen im Bau von den Landpflanzen?

Ein Festigungsgewebe ist bei den Wasserpflanzen nicht vorhanden. Daher können sie sich elastisch mit der Wasserströmung bewegen, ohne abzuknicken. Ihre Blätter sind klein, sodass auch diese dem Wasser wenig Strömungswiderstand entgegensetzen. Ein ausgeprägtes Wurzelsystem fehlt den Unterwasserpflanzen. Sie nehmen Mineralstoffe und Kohlenstoffdioxid mit ihren Blättern aus dem Wasser auf und geben Sauerstoff auf diesem Wege wieder ab. Spaltöffnungen und Leitungsbahnen fehlen deshalb, während ein luftgefülltes interzellulares Hohlraumsystem für den Gasaustausch im Inneren und für den Auftrieb im Wasser sorgt. Um genügend Stoffe mit der Umgebung austauschen zu können, ist eine möglichst große Blattoberfläche erforderlich. Wasserpflanzen verfügen daher über viele, zarte, meist geteilte Blätter, sodass eine große Oberfläche entsteht. Die kleinen Wurzeln dieser Pflanzen dienen nur der Verankerung im Seegrund.

Fährt man mit dem Boot weiter in Richtung Ufer, erreicht man einen Teppich Weißer Seerosen, deren Blätter sich auf der Wasseroberfläche schwimmend mit den Wellen auf und ab bewegen. Es sind Pflanzen der **Schwimmblattpflanzenzone**. Ihre großen Schwimmblätter und die weißen Blüten sind über sehr lange, elastische Stängel mit dem im Boden verankerten Wurzelstock verbunden. Diese Pflanzen besitzen ein ausgeprägtes Durchlüftungsgewebe, das über die auf der Blattoberfläche liegenden Spaltöffnungen mit der Außenluft verbunden ist. Ein Festigungsgewebe haben die meisten Schwimmblattpflanzen nicht.

Nachdem man sich mit dem Boot vorsichtig durch die zahllosen Schwimmblätter geschoben hat, ragen zunächst einzelne peitschenartige Halme der Gemeinen Teichsimse aus dem Wasser. Kurz darauf erreicht man die teilweise meterhohen Pflanzen der **Röhrichtzone**. Das für das Röhricht charakteristische Schilfrohr dringt bis zu einer Wassertiefe von einem Meter in den See vor. Ein weit verzweigter Erdspross und kleine daraus hervorgehende Wurzeln verankern die Pflanze im weichen Grund und geben ihr Standfestigkeit. Die Sprossachse ist hohl. Um den zentralen Hohlraum herum liegt ein Ring von Festigungsgewebe, der das Brechen des Halmes verhindert. Durch die Biegsamkeit der Halme bleiben die Pflanzen auch bei starkem Wind oder Wellenschlag unbeschädigt. Rohrkolben, Blutweiderich, Froschlöffel und andere Sumpfpflanzen kommen in den flacheren Röhrichtbereichen vor.

Am Ende der Röhrichtzone stößt man auf einen **Erlenbruchwald**. Nur wenig Licht fällt durch das dichte Blätterdach auf den nassen Boden. In der Strauchschicht dieses Waldes wachsen Schwarze Johannisbeere und Himbeere. Lianenartige Pflanzen wie Hopfen und Bittersüßer Nachtschatten klettern an Bäumen und Sträuchern empor. Zusammen mit der aus Seggen, Wasserschwertlilien, Sumpfdotterblumen und weiteren Arten bestehenden Krautschicht bilden sie ein kaum zu durchdringendes Dickicht. In diesem Bereich des Seeufers ist der Boden ständig durchnässt. Durch diese Nässe befindet sich im Boden nicht genügend Sauerstoff für die Zellatmung der Wurzeln.

Nur angepasste Arten wie Erlen, Weiden und Faulbaum können hier überleben. Um den geringen Sauerstoffanteil aufnehmen zu können, hat die Erle zusätzlich feine Wasserwurzeln. So kann sie auch längere Überflutungen des Wurzelbereichs während eines Hochwassers überdauern. Bei anderen Arten wie der Wasserschwertlilie durchziehen luftgefüllte Röhren die Pflanze. Sie versorgen die Wurzeln mit Sauerstoff.

Eine weitere Zone des Sees ist die **Tiefenalgenzone.** Hier findet man Arten wie Armleuchteralgen und Quellmoos. Die Tiefenalgenzone kommt nur in über zehn Meter tiefen, klaren Seen vor. Im Wasser des Sees findet man außerdem viele Tiere wie Schlammschnecke, Teichmolch, Wasserfrosch und Schleie.

1 Erläutere die Zonierung des Ökosystems See. Nutze die Abbildung 3.

2 Erstelle eine dreispaltige Tabelle. Schreibe in die erste Spalte die Pflanzenzonen eines Sees. Ordne diesen in der zweiten Spalte die Namen der jeweils typischen Pflanzen zu. Nenne in der dritten Spalte Angepasstheiten der Pflanzen an den jeweiligen Standort.

3 Erläutere, wie sich der abiotische Umweltfaktor Licht in den einzelnen Pflanzenzonen verändert.

4 Ordne den einzelnen Pflanzenzonen verschiedene Tiere zu.

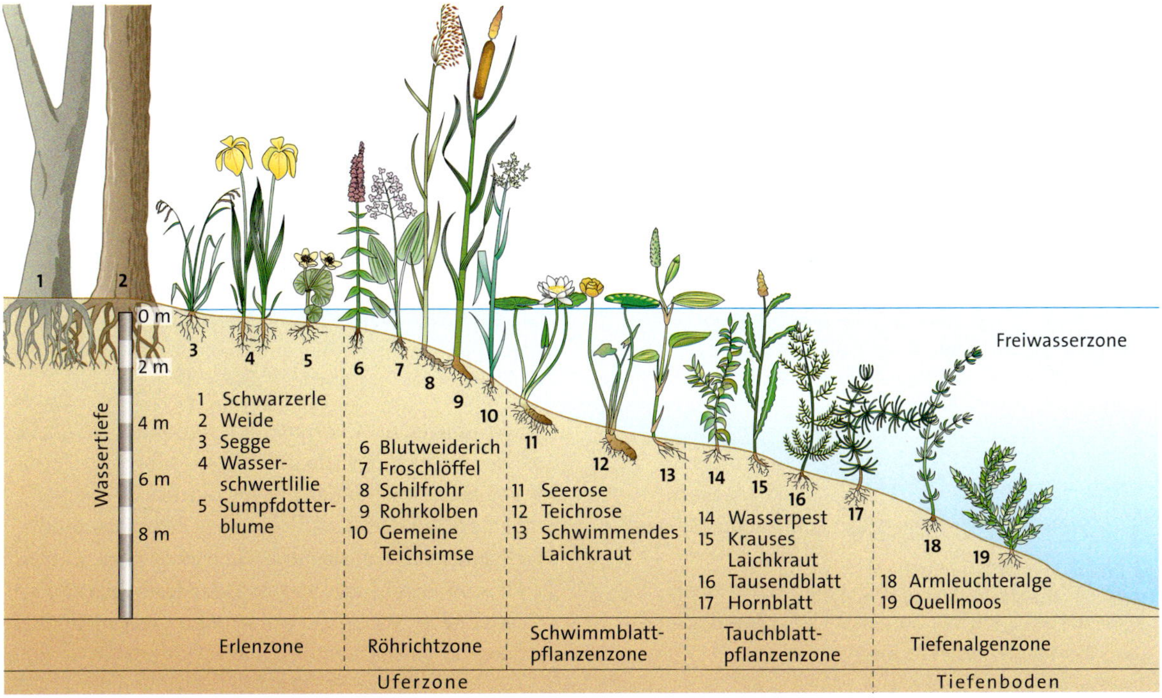

3 Pflanzenzonen eines Sees

Wissen kompakt Pflanzen im Uferbereich

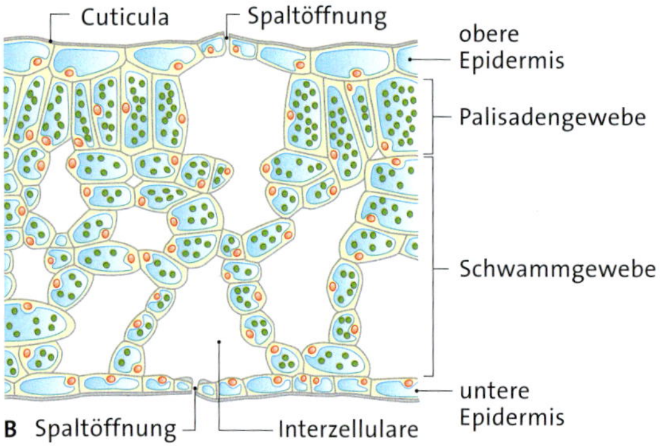

Name: **Sumpfdotterblume** *(Caltha palustris)*
Blütezeit: Mai bis Juni
Vorkommen: Erlenbruchwälder und Auenwälder, nasse Wiesen, Ufer, Gräben

Merkmale: Die Sumpfdotterblume ist eine Feuchtpflanze mit dickem, hohlem Stängel, der der Durchlüftung dient. Die großflächigen Blätter tragen leicht vorgewölbte Spaltöffnungen auf der Ober- und Unterseite. So kann auch bei hoher Luftfeuchtigkeit Wasserdampf abgegeben werden. Auf diese Weise wird der Wasser- und Mineralstofftransport aufrecht erhalten. Auch die Fotosynthese wird an lichtarmen Standorten durch die große Blattoberfläche begünstigt. Ein kurzer, dicker Erdspross mit langen, dünnen Wurzeln verankert die Pflanze im Boden.

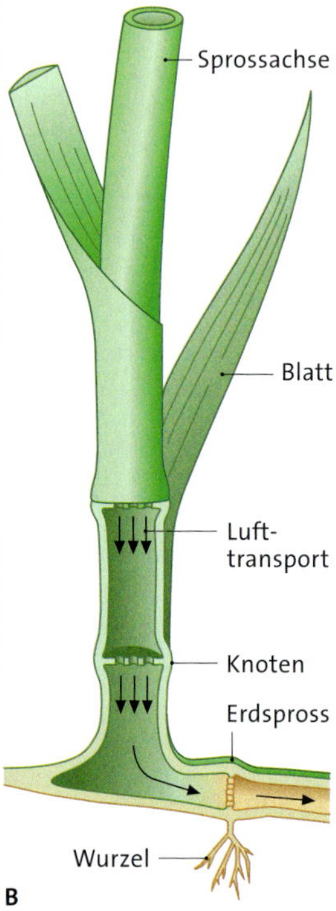

Name: **Gemeines Schilf** *(Phragmites australis)*
Blütezeit: Juli bis September
Vorkommen: Röhrichtzone

Merkmale: Das Gemeine Schilf ist mit einer Höhe von maximal vier Metern das größte einheimische Süßgras. Die Pflanze bevorzugt mineralstoffreiche Flachwasserzonen und bildet dort große, ausgedehnte Bestände. Schilf verbreitet sich schnell durch kriechende Erdsprosse. Sie sind wie die oberirdischen Sprosse durch Knoten unterteilt. An den Knoten entspringen entweder die Blätter oder im Bereich des Erdsprosses die federartig verzweigten Wurzeln und die in den Luftraum strebenden neuen Schilfhalme. Die Erdsprosse schieben sich vergleichbar einem Tunnelbau in das Wasser oder Erdreich vor.

1 Erstelle Steckbriefe für folgende Pflanzenarten: Schwarzerle, Breitblättriger Rohrkolben, Wasserhahnenfuß.

2 Vergleiche den Aufbau des Blattes der Sumpfdotterblume mit dem Blatt einer Landpflanze. Nimm die Seiten 88 bis 90 zu Hilfe.

3 Vergleiche den Aufbau der Sprossachse der Weißen Seerose mit dem Aufbau der Sprossachse der Landpflanze. Nimm die Seiten 88 und 89 zu Hilfe.

4 Erläutere am Beispiel der Weißen Seerose die Vernetzung der Basiskonzepte Struktur und Funktion sowie Angepasstheit.

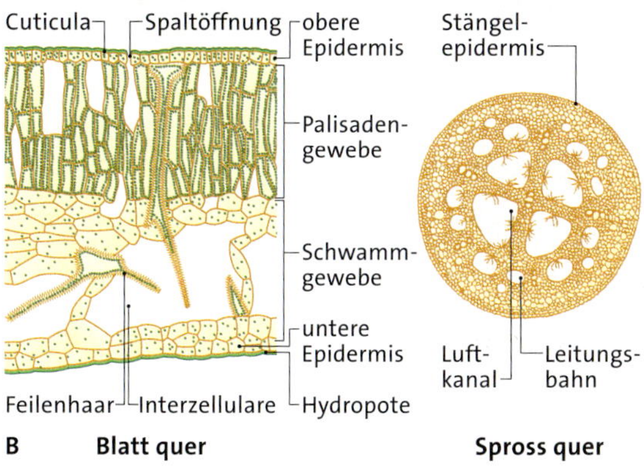

Name: **Weiße Seerose** *(Nymphea alba)*
Blütezeit: Juni bis September
Vorkommen: in stehenden und langsam fließenden Gewässern

Merkmale: Die Weiße Seerose ist eine Schwimmblattpflanze mit bis zu fünf Meter langen Blatt- und Blütenstielen. Sie lebt in mäßig mineralstoffreichen Gewässern mit schlammigem und zumeist sauerstoffarmem Boden. Um den dicken Wurzelstock im Gewässerboden mit Sauerstoff für die Atmung zu versorgen, besitzt die Seerose Spaltöffnungen auf der Oberseite der Blätter. Die hier aufgenommene Luft gelangt über die Interzellularen in den Blättern und die Luftkanäle in den Sprossachsen nach unten. So entsteht ein kontinuierlicher Luftstrom durch die gesamte Pflanze, der auch die Wurzeln mit Sauerstoff versorgt. Die Wurzeln dienen zur Verankerung und nicht der Wasseraufnahme. In der unteren Epidermis des Blattes liegen besondere Zellen, die Hydropoten, die der Wasseraufnahme dienen. Eine Wasser abstoßende Cuticula liegt über der oberen Epidermis. Die Feilenhaare in den Blättern sorgen für Stabilität.

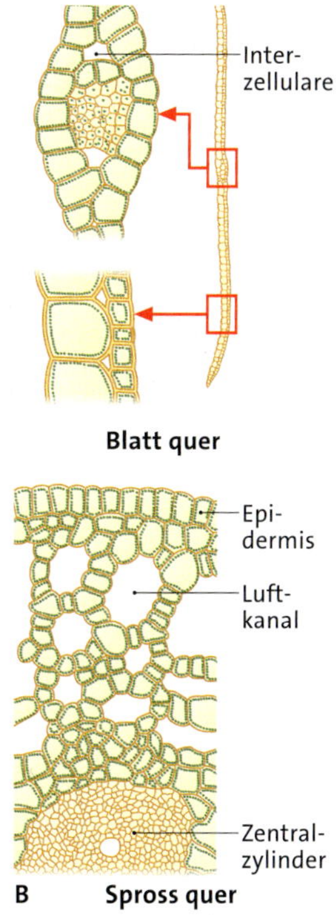

Name: **Kanadische Wasserpest** *(Elodea canadensis)*
Blütezeit: Mai bis August
Vorkommen: wurde 1850 nach Deutschland eingeschleppt und entwickelte sich in Massen in stehenden und langsam fließenden Gewässern (Name!); bei uns kommen nur weibliche Pflanzen vor, die Bestandsdichte nimmt ab

Merkmale: Die Kanadische Wasserpest ist eine bis 60 Zentimeter lange Unterwasserpflanze. Stängel und Blätter sind an das Leben unter Wasser angepasst. Da die Pflanze vom Wasser umgeben und getragen wird, fehlen eine Cuticula als Verdunstungsschutz, ein Festigungsgewebe zur Stabilisierung und Leitgefäße zum Wasser- und Stofftransport. Das Blatt ist nur zwei Zellschichten dick. Die Interzellularräume im Blatt und die Luftkanäle im Spross ermöglichen den Gasaustausch in der Pflanze und verleihen ihr Auftrieb. Spaltöffnungen fehlen, weil der Gas- und Mineralstoffaustausch mit der Umgebung direkt über die Blattoberfläche erfolgt. Die Gesamtoberfläche der vielen Blätter ist daher groß, während die Einzelblätter klein sind, um dem Wasser wenig Strömungswiderstand entgegenzusetzen.

4.2 Insekten am und im See

Libellen haben keinen Stechapparat. Sie besitzen aber als räuberisch lebende Insekten beißende Mundwerkzeuge, um ihre Beutetiere zu zerlegen. Die menschliche Haut können sie jedoch nicht durchdringen.

Die etwa 80 heimischen Libellenarten werden zwei Verwandtschaftsgruppen zugeordnet. Die *Kleinlibellen* sind mittelgroße Insekten mit schlankem Hinterleib, breitem Kopf und weit auseinander liegenden Komplexaugen. Ihr Flug ist träge, die Vorder- und Hinterflügel sind annähernd gleich groß. Sie werden in Ruhestellung über dem Hinterleib zusammengeklappt. Kleinlibellenlarven erkennt man an den drei blattförmigen Hinterleibsanhängen. Die *Großlibellen* sind kräftiger gebaut und fliegen sehr geschickt und schnell. Ihre Vorderflügel sind kleiner als die Hinterflügel und alle Flügel werden in Ruhe ausgebreitet. Am Kopf fallen die großen Komplexaugen auf, die aus bis zu 30 000 Einzelaugen bestehen. Großlibellenlarven haben einen gedrungenen, kräftigen Körperbau.

Alle Libellenlarven besitzen besonders gestaltete Mundwerkzeuge. Ihre Unterlippe besteht aus einem mehrgliedrigen Fangapparat, der *Fangmaske.* Diese lässt sich gut mit dem menschlichen Arm vergleichen. In Ruhe liegt der »Arm« an den Körper gepresst. Entdeckt eine Larve ein Beutetier, lässt sie es nicht mehr aus den Augen. Langsam, kaum wahrnehmbar, schiebt sich die Larve an die Beute heran. Befindet sich das Opfer in Reichweite, schnellt der Arm in Bruchteilen einer Sekunde vor und ergreift die Beute mit den messerscharfen Greifzangen.

Im Sommer kann man die Paarung der Libellen beobachten. Sie ist bei dieser Tiergruppe sehr ungewöhnlich. Zunächst fasst das Männchen mit seinen Hinterleibsanhängen ein Weibchen hinter dem Kopf. Dieses biegt seinen Hinterleib mit dem am Ende sitzenden Eilegeapparat nach unten und dann nach vorn, um ihn an den am zweiten Hinterleibssegment des Männchens sitzenden Begattungsapparat anzudocken. Beide Tiere bilden so ein *Paarungsrad* und bleiben in dieser Haltung eine Weile beisammen. Dabei überträgt das Männchen die Sper-

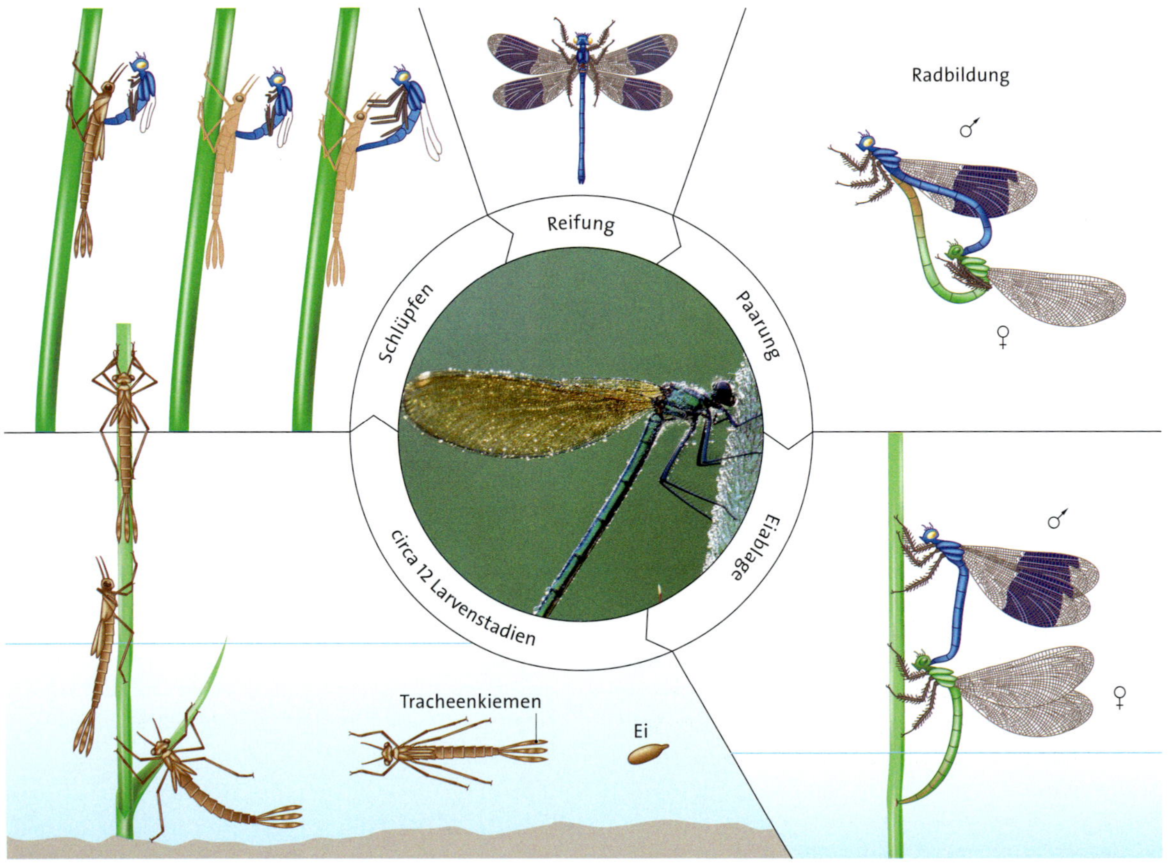

1 Lebenszyklus einer Kleinlibelle

mien. Anschließend legt das Weibchen seine Eier in eine Wasserpflanze oder auf die Wasseroberfläche. Aus den Eiern schlüpfen die Larven, die im Wasser leben. In den folgenden ein bis zwei Jahren häuten sich die Larven acht bis sechzehn Mal. Der Gasaustausch der Kleinlibellenlarven erfolgt im Wasser über die blattförmigen *Tracheenkiemen* am Hinterleib, bei Großlibellenlarven über Tracheenkiemen im Enddarm.

Zwischen April und September verlassen die ausgewachsenen Larven das Wasser zur letzten Häutung. An einer Wasserpflanze in Ufernähe verankern sie sich. Bei dem nun folgenden Schlüpfvorgang reißt zunächst die Larvenhülle auf dem Rücken. Das erwachsene Tier, die *Imago*, wird sichtbar. Unterbrochen durch eine Ruhepause zieht es schließlich auch den Hinterleib aus der Larvenhülle, streckt ihn und entfaltet die Flügel. Nach einer weiteren Phase der Aushärtung des Körpers fliegt die erwachsene Libelle dann davon. Nach der Paarung leben die Tiere nur noch Tage oder Wochen und sterben spätestens mit den ersten Nachtfrösten im Oktober.

Außer Libellenlarven leben die Larven zahlreicher weiterer Insekten im Wasser. Auch Eintagsfliegenlarven, Steinfliegenlarven und Köcherfliegenlarven atmen über Tracheenkiemen. Kleinere Larven wie Büschelmückenlarven betreiben *Hautatmung*. Andere Insekten versorgen sich an der Wasseroberfläche mit Luftsauerstoff. Der Gelbrandkäfer durchstößt dazu mit seinem Hinterleib den Wasserspiegel, sodass Luft in eine Öffnung zwischen Körper und Flügeldecken einströmen kann. Mit diesem Luftvorrat tauchen die Tiere dann ab. Über die Stigmen am Hinterleib gelangt die Luft in das verzweigte Tracheensystem und wird im Körper verteilt. Rückenschwimmer versorgen sich ebenfalls an der Wasseroberfläche mit Luft, die sie unter den unbenetzbaren Haaren und am Körper mit unter die Wasseroberfläche nehmen. Manche Insekten wie der Wasserskorpion nehmen die Luft an der Wasseroberfläche über ein Atemrohr auf.

1 Beschreibe die verschiedenen Atemtechniken bei Wasserinsekten. Nutze Abbildung 2.

2 Libellenlarven, Steinfliegenlarven und Eintagsfliegenlarven sind sehr empfindlich gegen Sauerstoffarmut in ihren Wohngewässern. Wasserkäfer und Wasserwanzen leben hingegen auch in stärker verschmutzten, zeitweise sauerstoffarmen Gewässern. Begründe.

3 Begründe, warum es sich bei der Entwicklung der Libelle um eine unvollständige Metamorphose handelt.

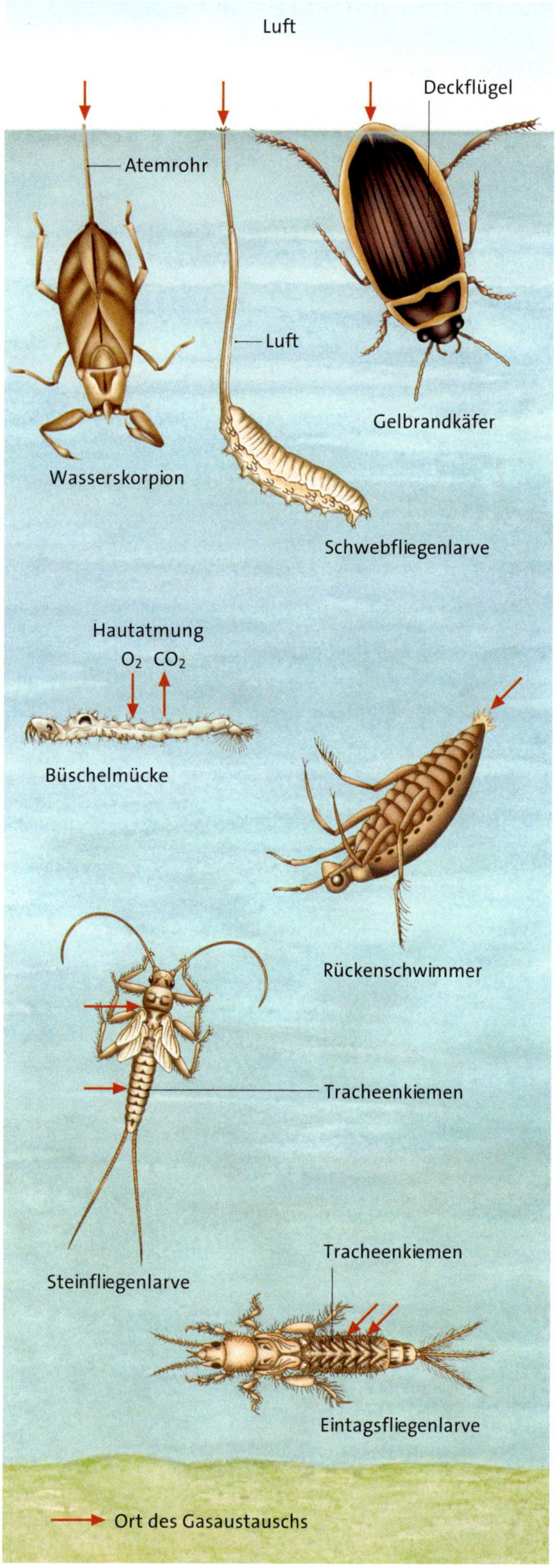

2 **Atmung der Wasserinsekten**

4.3 Fische in stehenden Gewässer

Beim Blick vom Steg ins Wasser wecken im Sonnenschein silbrig aufblitzende Fischkörper das Interesse. Es ist ein Schwarm junger Plötzen. Die Plötze ist ein in der bewachsenen Uferzone lebender, etwa 20 bis 25 Zentimeter langer *Schwarmfisch*. Wegen seiner roten Iris heißt er auch Rotauge. Der strömungsgünstige torpedoförmige Körper bietet dem Wasser nur wenig Widerstand. Wenn ein Raubfisch in einen solchen Schwarm eindringt, wird er von den Blitzen der sich schnell bewegenden Tiere verwirrt. Dadurch fällt es ihm schwer, einen Einzelfisch zu erkennen und zu fangen. Plötzen ernähren sich von Wasserpflanzen und Kleintieren aller Art. Fische mit einem solchen Nahrungsspektrum nennt man *Friedfische*. Ober- und Unterkiefer sind bei ihnen gleich lang. Mit diesem endständigen Maul nehmen sie ihre Nahrung von vorne auf.

Der oft langsam unter der Wasseroberfläche entlanggleitende Karpfen fällt besonders durch seinen seitlich zusammengedrückten Körper mit hohem Rücken auf. Damit kann er sich als Bewohner der Uferzone leicht zwischen den Stängeln und Blättern der Wasserpflanzen bewegen. Seine Nahrung, Wasserpflanzen und kleine Wassertiere, sucht der Karpfen auf dem Grund und in den Uferbereichen. Als Angepasstheit an diese Nahrungsaufnahme vom Gewässerboden, das so genannte *Gründeln*, ist sein Unterkiefer kürzer als der Oberkiefer. Man spricht hier von einem unterständigen Maul. Mit den fadenartigen Sinnesorganen im Bereich des Maules, den Barteln, wird der Boden nach Essbarem abgetastet. Karpfen können ihr Maul rüsselförmig nach vorne ausstülpen und so ihre Nahrung aus dem Schlamm saugen. Füttert man Karpfen in einem Dorfteich mit Brot, so kommen sie auch an die Wasseroberfläche und man kann die saugende Nahrungs-

1 Süßwasserfische. **A** Plötze; **B** Karpfen; **C** Hecht; **D** Wels; **E** Aal aufnahme beobachten. Im Unterschied zum Karpfen sind Fische wie die Rotfeder, bei denen der Oberkiefer kürzer als der Unterkiefer ist gut an die Nahrungsaufnahme von der Wasseroberfläche angepasst. Sie haben ein oberständiges Maul.

Der **Hecht** ist ein räuberisch lebender Einzelgänger. Versteckt zwischen Wasserpflanzen lauert er seinen Beutetieren, meist Fischen, auf. Mit seinem grünlichen, dunkel gestreiften Körper ist er im Pflanzengewirr kaum auszumachen. Wegen dieser Tarnfärbung können ihn seine Beutetiere schlecht erkennen. Mit dem pfeilförmigen Körper und der großen Schwanzflosse kann er auf kurzer Strecke eine hohe Beschleunigung erreichen, um dann mit seinem sehr weiten, entenschnabelförmigen Maul das Beutetier zu ergreifen. Der Hecht hat große, spitz und nach hinten ins Maul gerichtete Fangzähne, mit denen er die Nahrung festhält.

Der **Wels** lebt überwiegend am Grund des Sees. Mit seinem auf der Bauchseite abgeplatteten Körper ist er hier gut angepasst. Tagsüber liegt dieser größte heimische Süßwasserfisch versteckt zwischen Wasserpflanzen oder in Höhlen. Nachts wird er aktiv, um mit seinen sechs Barteln am Kopf Beutetiere aufzuspüren. Mit seinem weiten Maul kann er Fische, Frösche, Wasservögel und Kleinsäuger aufnehmen und fressen. Wie der Hecht ist er ein *Raubfisch*.

Auch der **Aal** bewegt sich mit seinem schlangenförmigen Körper mit fast rundem Querschnitt bevorzugt am Boden der Gewässer. Tagsüber vergräbt er sich im Schlamm, nachts geht er auf Nahrungssuche und fängt überwiegend am Boden lebende Kleintiere. Der Aal ist die einzige heimische Fischart, die im Süßwasser aufwächst und im Meer laicht. Von der Sargassosee zur europäischen Küste brauchen die Larven etwa drei Jahre.

1 Betrachte die Fische in Abbildung 2 genau. Ziehe für Brachse, Flussbarsch, Rotfeder und Zander begründete Schlussfolgerungen bezüglich Nahrung und bevorzugtem Aufenthaltsort.

2 Ein Angler möchte Aale und Hechte fangen. In seinem Gepäck befinden sich unter anderem silbermetallisch glänzende Kunstköder mit Haken, so genannte Blinker, sowie Angelhaken und Regenwürmer. Erkläre, zu welcher Tageszeit er welche Hilfsmittel beim Angeln verwenden müsste.

2 **Häufige Fischarten der Seen und ihre bevorzugten Aufenthaltsorte**

4.4 Wasservögel in ihrer ökologischen Nische

An einem See kann man mit ein bisschen Glück verschiedene **Wasservögel** beobachten: Enten- und Rallenarten halten sich in Ufernähe oder im freien Wasser auf. Etwas weiter entfernt schwimmt ein Haubentaucher, der immer wieder unter der Wasseroberfläche verschwindet. Am Schilfgürtel steht ein Graureiher, der ruhig im flachen Wasser auf Beute lauert.

Die Angepasstheit der Wasservögel an ihren Lebensraum und ihre Nahrungsaufnahme kommt im gesamten Körperbau, insbesondere in der Anordnung und Gestalt der Beine und Füße sowie in der Form ihrer Schnäbel zum Ausdruck. Der Graureiher beispielsweise zeigt als **Stelzvogel** eine relativ geringe Angepasstheit an das Wasser. Mit seinen langen Stelzbeinen schreitet er langsam mit steifen Schritten durch das flache Wasser. Die kleinen Häute zwischen den spreizbaren Zehen und die abstehende Hinterzehe verhindern, dass der Vogel im schlammigen Grund einsinkt. Erspäht der Reiher mit seinen scharfen Augen einen Fisch, erstarrt der Vogel und stößt mit seinem langen Hals den dolchartigen Schnabel blitzschnell in das Wasser. Der Reiher harpuniert auf diese Weise seine Beute. Dabei taucht er nur selten tiefer als 15 Zentimeter ein.

Enten und Taucher haben als **Schwimmvögel** einen breiten, flachen Rumpf, der wie ein Kahn vom Wasser getragen wird. Ihre Beine sind kurz und kräftig. Die Schwimmfüße haben bei Stock- und Reiherente Schwimmhäute zwischen den Vorderzehen. Der Spaltschwimmfuß des Haubentauchers trägt einen ganzrandigen Hautsaum an den Vorderzehen, die so genannten Lappen. Beim Vorziehen des Laufes im Wasser werden die Zehen zusammengelegt, beim Ausstrecken werden sie gespreizt, sodass auf diese Weise die Schubkraft vergrößert wird. Während Schwimmhäute die schwimmende Fortbewegung im Wasser begünstigen, erlauben Schwimmsäume zusätzlich eine schreitende Fortbewegung, zum Beispiel zwischen den Halmen im Röhricht.

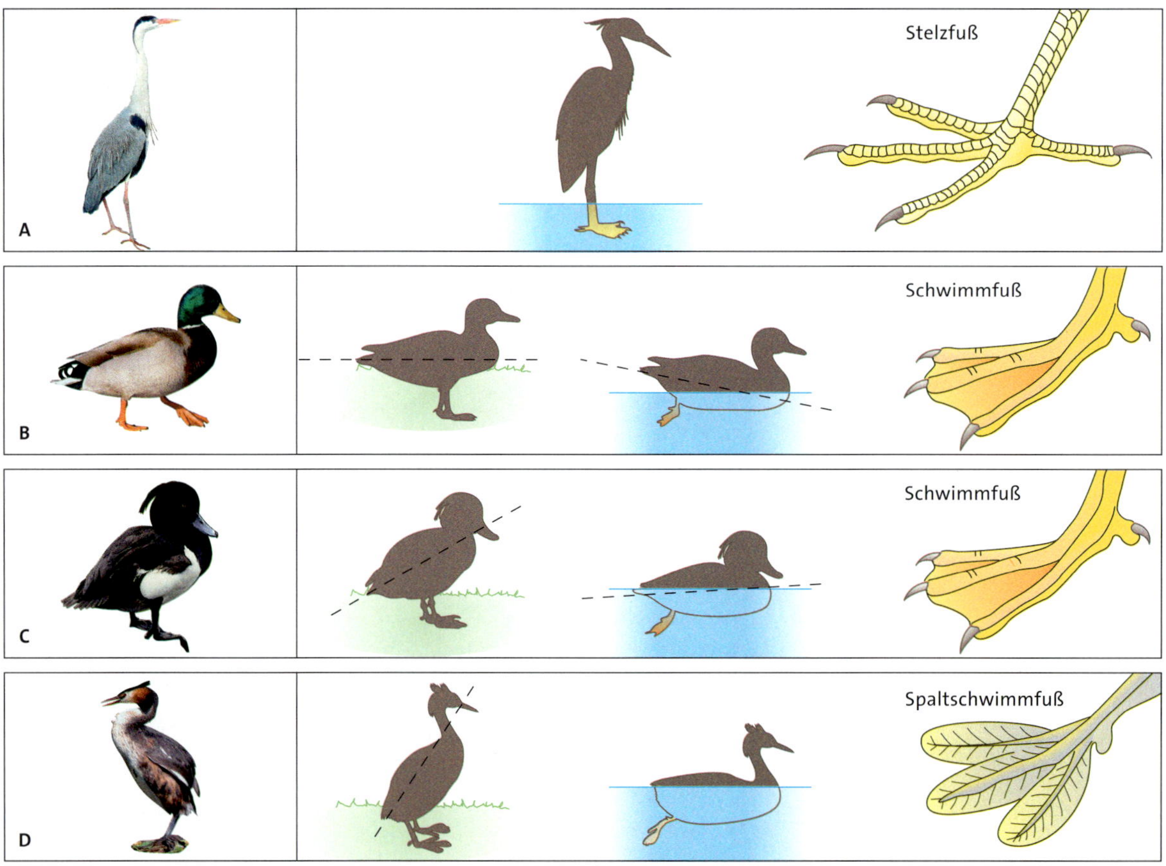

1 Wasservögel. A Graureiher; **B** Stockente; **C** Reiherente; **D** Haubentaucher

Vergleicht man Körperbau und Körperhaltung von Stockente, Reiherente und Haubentaucher, so fällt auf, dass die Beine immer weiter hinten am Körper ansetzen. Beim Haubentaucher spricht man sogar von Steißfüßen. Die Schwanzfedern werden in der genannten Reihenfolge immer kürzer und die Vögel liegen beim Schwimmen zunehmend tiefer im Wasser. Welche Auswirkungen haben diese Unterschiede? Der watschelnde Gang der Enten zeigt, dass die kurzen Beine für die Fortbewegung an Land wenig geeignet sind. Je weiter hinten sie ansetzen, umso schwerer fällt das Laufen. Das Tauchen wird hingegen durch hinten ansetzende Beine und einen kürzeren Schwanz begünstigt. Auch eine durch schwerere Knochen, kleinere Luftsäcke und Benetzung des Gefieders bedingte tiefere Lage des Körpers im Wasser erleichtert das Tauchen. Am wenigsten geeignet für das Tauchen ist somit die Stockente. Als Schwimmente nimmt sie mit ihrem löffelförmigen Schnabel bevorzugt Wasserlinsen von der Wasseroberfläche auf oder sie gründelt im flachen Wasser nach Pflanzenresten und Kleintieren. Die Hornlamellen des Entenschnabels wirken dabei wie ein Sieb. Die Reiherente taucht als Tauchente mehrere Meter tief und sammelt am Gewässerboden Muscheln, Schnecken und Würmer. Der beste Taucher ist der Haubentaucher. Er taucht bis zu 40 Meter tief, um mit seinem langen, schlanken Schnabel Fische zu fangen.

Auch bei den Brutplätzen besetzen die Wasservögel unterschiedliche ökologische Nischen. So bauen Blässralle und Haubentaucher Schwimmnester im flachen Wasser des Schilfgürtels, während zum Beispiel der Eisvogel etwa einen Meter lange, waagerechte Gänge in ein Steilufer gräbt. Hier zieht er in einer Höhle seine Jungvögel auf.

1 Beschreibe den Körperbau von Eisvogel und Blässralle möglichst genau. Ziehe dann Rückschlüsse bezüglich Tauchfähigkeit und Nahrung beider Arten und begründe. Nutze das Basiskonzept Angepasstheit und die Abbildung 2.

2 Erläutere, auf welche Weise bei den in Abbildung 2 dargestellten Vogelarten Nahrungskonkurrenz vermieden wird.

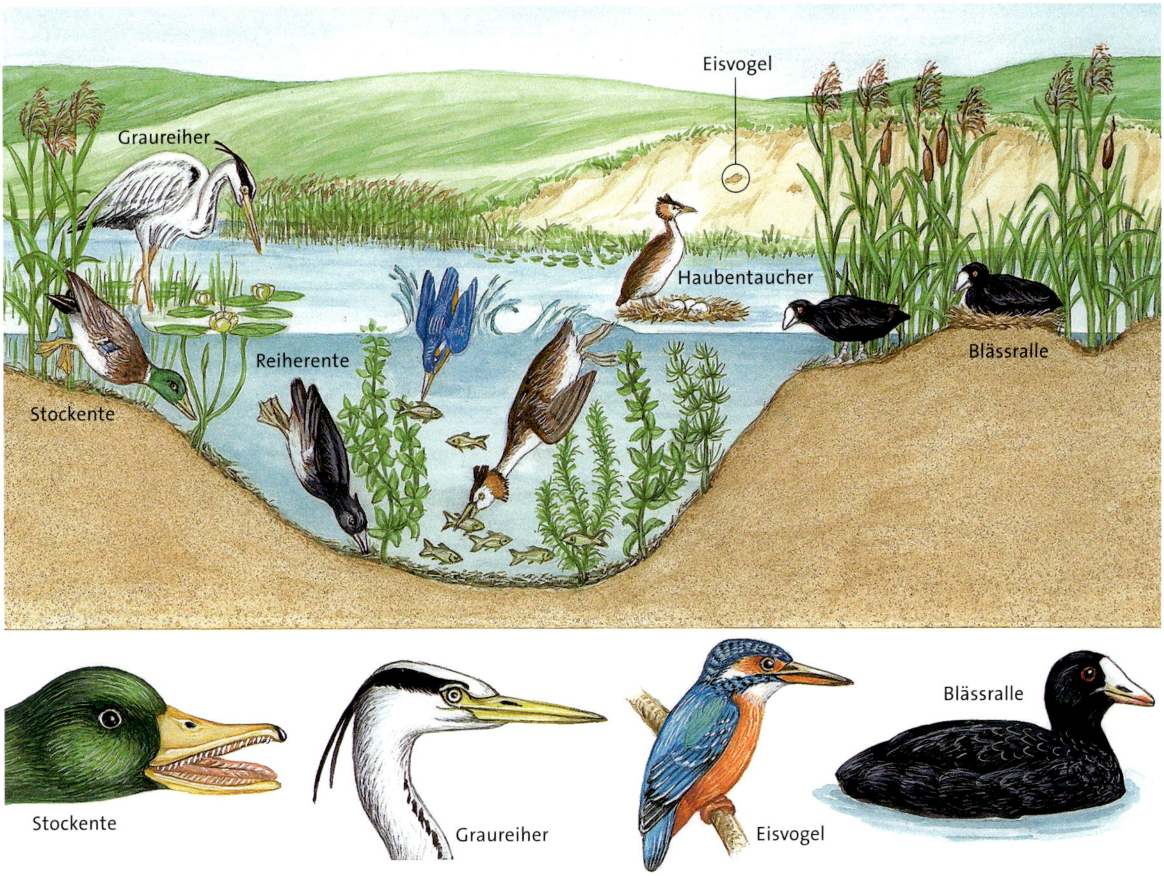

2 **Nahrungs- und Bruträume der Sumpf- und Wasservögel**

Methode Simulationen

Wie entwickelt sich die Weltbevölkerung? Wie lange reicht das Erdöl noch? Solche Entwicklungen können mit Hilfe von Computern in Simulationen durchgespielt werden. Diese Simulationen helfen, die Wirklichkeit besser zu verstehen, um sie dann gezielt zu beeinflussen.

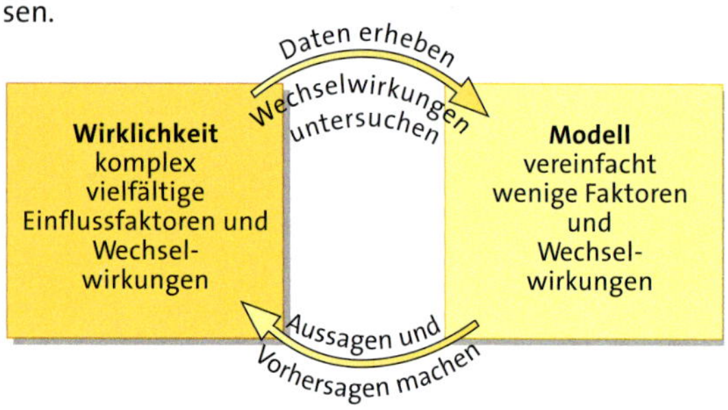

Dabei muss einem bewusst sein, dass man die komplexe Wirklichkeit nie vollständig in einem Modell simulieren kann. Aber Modelle liefern oft wichtige Erkenntnisse.

Wenn man die Ergebnisse einer Simulation wieder auf die Wirklichkeit überträgt, muss man nach den Grenzen des Modells fragen: Wie gut und genau waren die eingesetzten Daten und welche Einflüsse und Wechselwirkungen wurden nicht berücksichtigt?

1 Simuliere mit DYNASIS, wie sich die Weltbevölkerung in den nächsten 50 Jahren entwickeln wird. Platziere einen Zustand »Menschen« auf dem Editor und gib einen Startwert von 6 (Milliarden) ein. Platziere eine Zustandsänderung »Zuwachs« und einen Wirkungspfeil von »Menschen« auf »Zuwachs«. Gib dann für »Zuwachs« den Wert »Menschen*0,013« ein, weil sich die Weltbevölkerung derzeit im Jahr um 1,3 % vermehrt. Starte die Simulation.

a) Nenne den Wert der sich für das Jahr 2050 ergibt.

b) Wie ändert sich diese Zahl, wenn du mit 0,5 % oder 1,6 % Wachstum experimentierst?

2 Die leicht förderbaren Welterdölreserven werden auf etwa 140 Milliarden Tonnen geschätzt. Zur Zeit verbraucht die Weltbevölkerung im Jahr durchschnittlich 0,5 t pro Kopf (US-Amerikaner durchschnittlich 3 t, Europäer 1,6 t, Inder 0,1 t). Ergänze das Modell aus Aufgabe 1 um den Zustand »Erdöl« (Startwert 140) und die davon abführende Zustandsänderung »Ölverbrauch«. Setze einen Wirkungspfeil zwischen »Menschen« und »Ölverbrauch«. Gib »Menschen*0,5« für den »Ölverbrauch« ein.

a) Für wie viele Jahre reicht das Erdöl noch?

b) Nenne Faktoren, die die wirkliche Entwicklung beeinflussen könnten.

www.modsim.de
www.destatis.de

1 Modell mit dem Simulationsprogramm DYNASYS: Zahl der Fische in einem kleinen Teich, in dem sich höchstens hundert Fische vermehren können

Werkzeuge und Arbeitsschritte:

normal zur Bearbeitung aktiv

1. anklicken, um einen neuen Zustand, z.B. die Fischzahl, zu plazieren
2. anklicken, um mit der Maustaste eine neue Zustandsänderung als Zufluss zu einem Zustand hin oder als Abfluss von einem Zustand weg zu plazieren
3. anklicken, um zusätzliche Einflussfaktoren wie hier die Vermehrungsrate zu setzen
4. anklicken, um mit der linken Maustaste einen Wirkungspfeil von einer zu einer anderen Größe zu ziehen.

Modelleditor:

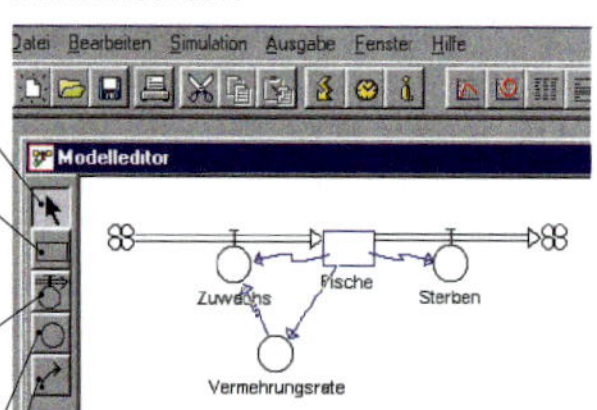

geöffnetes Eingabefenster:

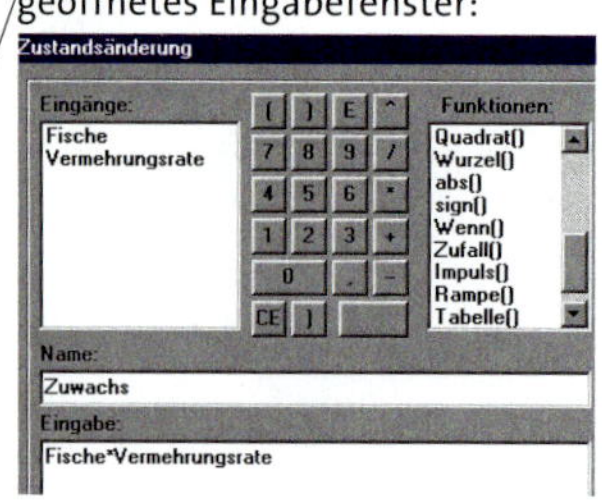

Eingaben für die Modellrechnung:

für Zustand „Fische": 5 (Startwert)
für Zustandsänderung „Sterben": Fische* 0,1
(d.h. es stirbt pro Zeiteinheit jeweils 1/10 der Fische)
für Zustandsänderung „Zuwachs":
Fische *Vermehrungsrate
für Einflussfaktor „Vermehrungsrate":
wenn (Fische<100; 0,5; 0)
(d.h. wenn die Fischzahl kleiner als 100 ist, dann vermehren sich die Fische um die Hälfte (0,5), sonst gar nicht (0))

Ausgabe des Zeit-Fische-Diagramms:

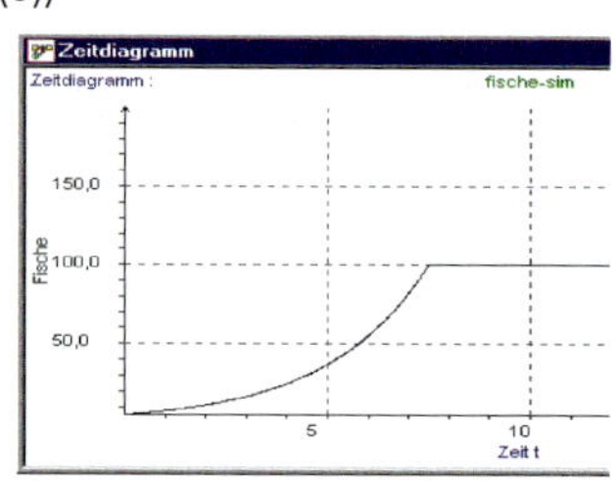

Methode Diagramme mit dem Computer erstellen und auswerten

So kannst du ein Diagramm mit dem Computer erstellen:

1. Öffne ein Tabellenkalkulations-Programm und gib die Daten in die Zellen der Programm-Tabelle ein.
2. Markiere nun mit der Maus die Zellen der Tabelle, von denen das Diagramm erstellt werden soll. Klicke dann das Diagramm-Symbol an. Jetzt öffnet sich in einem Fenster der »Diagramm-Assistent«. Du kannst zwischen verschiedenen Diagrammtypen wählen.
3. Mit einem **Kreisdiagramm** kannst du die verschiedenen Anteile von einer Gesamtheit darstellen. Ein **Säulendiagramm** bietet sich für Vergleiche an. Soll wie in Bild 1 eine Größe wie die Temperatur in Abhängigkeit von einer anderen aufgetragen werden, musst du das **xy-Diagramm** wählen. Achte darauf, dass du auf der x-Achse immer die vorgegebene Größe, hier die Tageszeit, und auf der y-Achse die davon abhängige Größe, die Temperatur, aufträgst.
4. Beschrifte die Achsen mit den Größen und Einheiten. Gib dem Diagramm einen Titel.
5. Nun kannst du das Diagramm noch gestalten, bevor du es speicherst und ausdruckst.

Gehe zur **Diagrammauswertung** schrittweise vor:

1. Schreibe zuerst, was das Diagramm darstellt: *Das Diagramm zeigt die Temperatur in einem Wald und auf einer Wiese abhängig von der Tageszeit.*
2. Formuliere grundlegende Sachverhalte, die sich aus dem Diagramm ablesen lassen: *Im Laufe des Tages steigen die Temperaturen sowohl auf der Wiese als auch im Wald bis zum Nachmittag an und fallen dann wieder ab. Im Wald sind die Temperaturunterschiede aber geringer als auf der Wiese.*
3. Versuche zuletzt Gründe für die Sachverhalte zu finden. Gib, wo es passt, weitere Erläuterungen: *Die Sonne erwärmt im Tagesverlauf die Luft. Da im Wald mehr Wasser verdunstet als auf der Wiese, bleibt es hier kühler. Aber auch in der Nacht kühlt der Wald weniger aus, da Wasser (Feuchtigkeit) ein guter Wärmespeicher ist. Wälder regulieren das Klima.*

1 In einem Wald wurde in etwa 10 m Höhe einen Tag lang die CO_2-Konzentration gemessen. Erstelle aus den Messdaten ein Diagramm und werte es aus.

Tageszeit	h	6	9	12	15	18	21	24
CO_2-Konz.	%	0,034	0,032	0,031	0,03	0,031	0,032	0,033

A

Tageszeit in h	6	10	12	15	19	22
Wiese: Temp. in °C	10	17	24	28	25	18
Wald: Temp. in °C	14	16	19	24	22	19

B

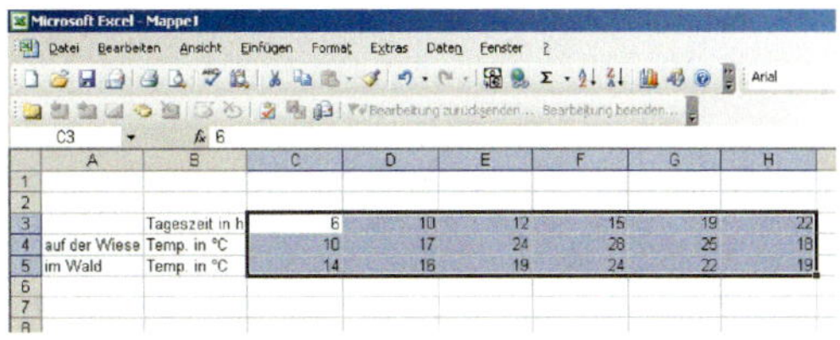

C

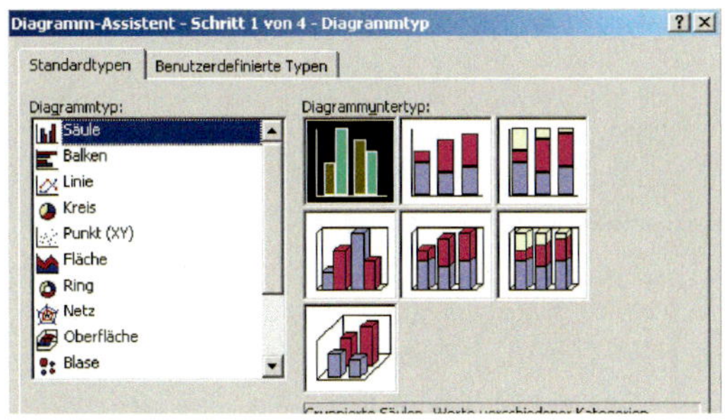

D

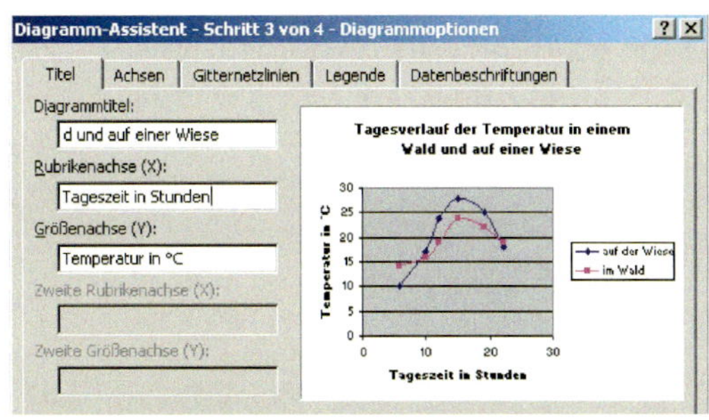

E

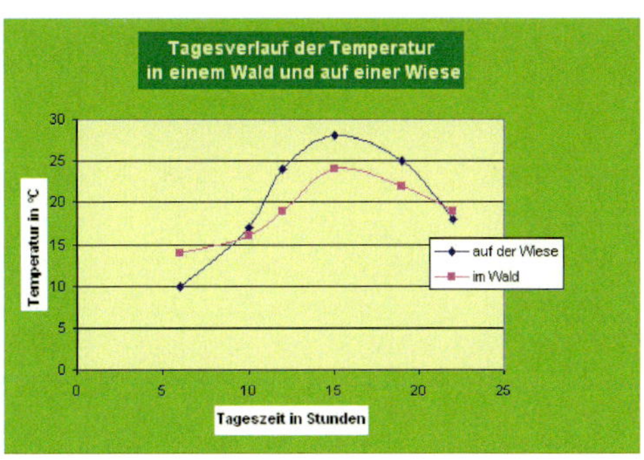

1 Ein Diagramm erstellen. A Messtabelle; **B** Eingabe der Messdaten in die Programm-Tabelle; **C** Auswahl des Diagrammtyps; **D** Benennung des Titels und der Achsen; **E** fertiges xy-Diagramm

Aufgaben und Versuche | Leben im See

A1 Pflanzengesellschaften am Seeufer

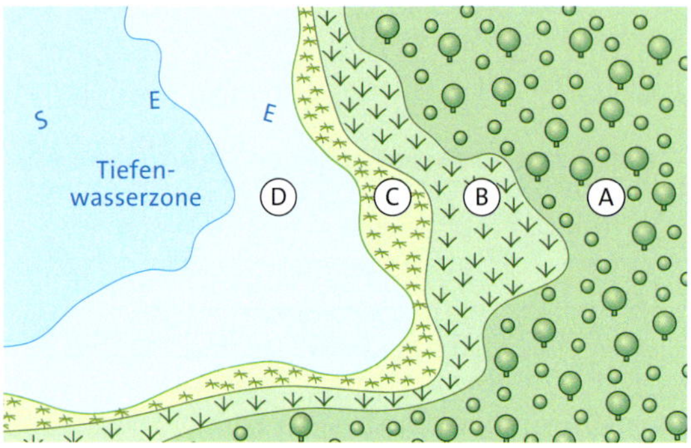

Aufgaben:

a) Die Abbildung zeigt die Pflanzengesellschaften der Uferzone eines Sees. Benenne die Zonen A bis D und beschreibe die jeweiligen Umweltbedingungen in den vier Zonen.

b) Informiere dich über zwei bisher nicht bearbeitete Pflanzenarten aus jeder Zone und erstelle Steckbriefe. Arbeite dabei mit deinem Lehrbuch und anderen Fachbüchern. Orientiere dich an den Steckbriefen auf den Seiten 100 und 101.

c) Das Umfeld der Seen ist heute vielfach nicht mehr durch die Erlenzone geprägt, sondern durch Grünland oder Bebauung. In diesen Uferbereichen findet man oft eine zerstörte oder stark veränderte Röhricht- und Schwimmblattpflanzenzone. Erläutere diesen Zusammenhang.

A2 Pflanzen sind an ihren Standort angepasst

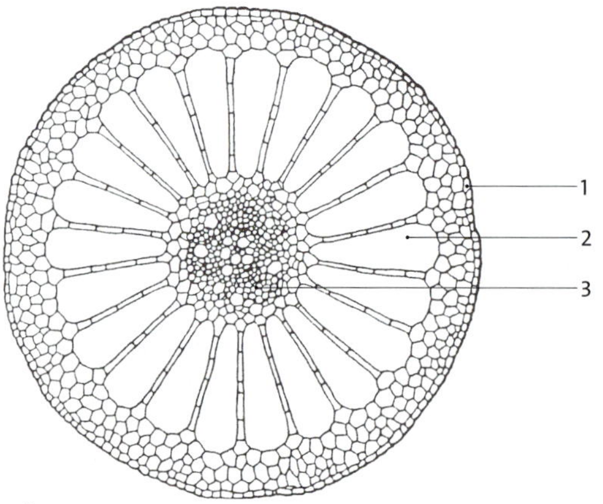

A

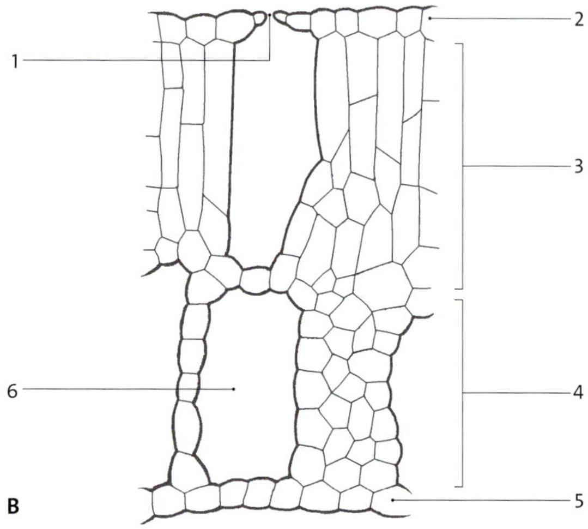

B

Aufgaben:

a) Die Zeichnungen A und B zeigen Organquerschnitte von Schwimmendem Laichkraut und Tausendblatt. Gib jeweils eine Bildunterschrift und eine Beschriftung für die Zeichnungen an. Begründe deine Zuordnung zu den beiden Arten.

b) Erläutere die biologische Funktion der in den Abbildungen gekennzeichneten Gewebe.

V3 Beobachtung von Wasservögeln

Material: Fernglas; Vogelbestimmungsbuch; Protokollheft; Armbanduhr

Aufgaben:

a) Bestimme Wasservogelarten nach den Abbildungen in einem Bestimmungsbuch.

b) Zähle die Individuen jeder Art.

c) Beschreibe das Schwimmen und Tauchen bei einem Wasservogel deiner Wahl. Beachte Eintauchtiefe des Körpers, Schwanzhaltung, Häufigkeit und Dauer der Tauchvorgänge.

d) Beobachte, was die jeweiligen Arten fressen. Beschreibe ihre Nahrungsaufnahme.

e) Beobachte und protokolliere, welche Gewässerbereiche die einzelnen Vogelarten bei der Nahrungssuche, beim Ruhen und Putzen, bei Gefahr, bei der Balz, für ihre Nistplätze und beim Führen der Jungen bevorzugen. Erstelle auch eine Lageskizze des Sees und trage die Daten dort ein.

A4 Tauchfähigkeit bei Wasservögeln

Aufgabe: Die Abbildungen zeigen ein Teichhuhn (A), eine Lachmöwe (B) und eine Blässralle (C). Beurteile die Tauchfähigkeit der drei Tiere im Vergleich.

A5 Stechmückenplage auf der Terrasse

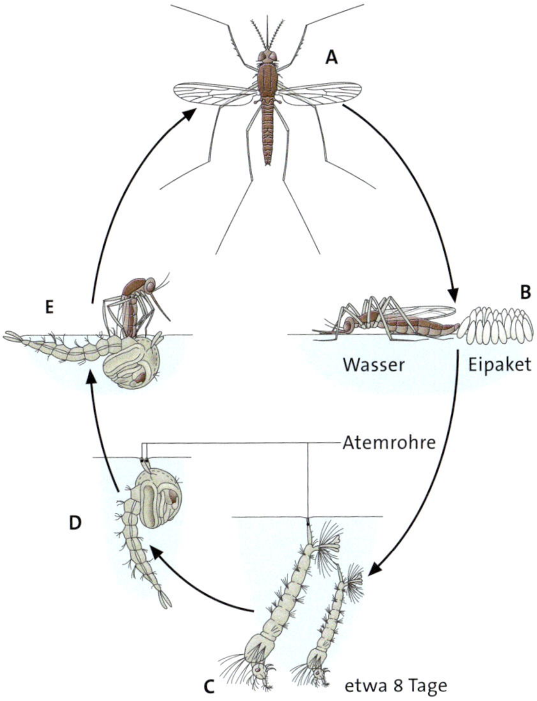

Georg und Rolf sind Gartennachbarn und gute Freunde. Wie so oft sitzen sie auch an diesem lauen Sommerabend gemütlich auf der Terrasse im Garten. Heute werden sie allerdings, wie schon mehrfach in den letzten Tagen, von scheinbar zahllosen Stechmücken geplagt. »Das liegt nur an dem blöden Gartenteich, den du im letzten Jahr angelegt hast«, platzt es plötzlich aus Georg heraus. »Der ist ein reines Mückenparadies!«. »Nun mach mal halblang«, entrüstet sich jetzt Rolf: »Mein Gartenteich ist inzwischen ein artenreiches Ökosystem. Selbst Libellen habe ich dort in den letzten Tagen beobachtet. Die Mücken kommen aus deiner stinkenden Regentonne, in der noch immer die Blätter, die im letzten Herbst hineingefallen sind, vermodern. Du solltest sie mal reinigen und mit einem Deckel versehen. Dann können wir auch wieder gemütlich unsere Abende auf der Terrasse genießen.«

Aufgaben:

a) Beschreibe die Entwicklung der Stechmücke anhand der Abbildung. Vergleiche sie mit der Entwicklung bei Kleinlibellen.

b) Erkläre, in welchem Lebensraum sich vermutlich die Mückenplage entwickelt. Berücksichtige bei deiner Argumentation Nahrungsbeziehungen und Sauerstoffverhältnisse in den beiden Gewässern.

A6 Wasseratmung bei Großlibellenlarven

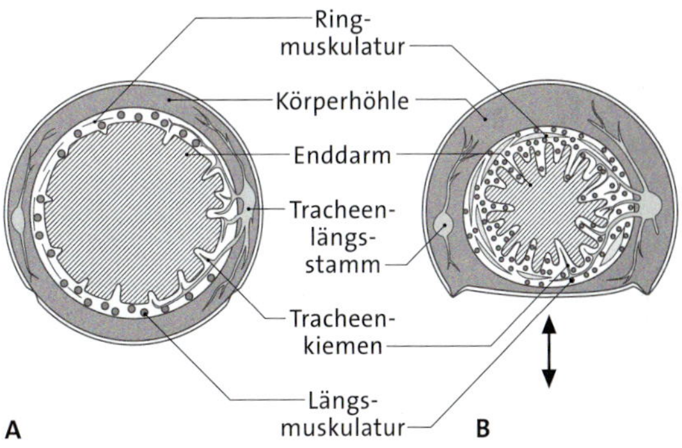

Aufgaben:

a) Großlibellenlarven atmen, indem sie Wasser über den After in den Enddarm aufnehmen und wieder abgeben. Die Abbildung zeigt einen Querschnitt durch den Enddarm der Großlibelle beim Einatmen (A) und beim Ausatmen (B). Beschreibe die Atmung und vergleiche sie mit der Atmung des Gelbrandkäfers.

b) Erläutere Vor- und Nachteile beider Formen der Atmung.

4.5 Der See im Jahresverlauf

Ein vereister See im Winter scheint nahezu unbelebt zu sein. Unter der Eisdecke verbringen allerdings sehr viele Lebewesen die kalte Jahreszeit. Weshalb sind sie hier so gut vor der Kälte geschützt?

Die physikalischen Eigenschaften des Wassers machen den See im Winter zu einem wichtigen Rückzugsgebiet für Lebewesen. Auf einem Sandstrand am See merkt man im Sommer, dass sich Sand in der Sonne sehr viel schneller aufheizt als Wasser. Nachts kühlt er sich allerdings auch viel schneller wieder ab. Wasser kann bei gleicher Temperaturerhöhung etwa sechsmal mehr Wärmeenergie aufnehmen und speichern als Sand. Das Wasser des Sees hat also zu Beginn des Winters noch viel Wärmeenergie aus den warmen Monaten gespeichert. Außerdem hat Wasser eine geringe Wärmeleitfähigkeit, sodass die Wärmeenergie im Wasser nur langsam weitergeleitet und erst dann an die kältere Luft abgegeben wird.

Gefrorenes Wasser hat eine deutlich geringere Dichte als flüssiges Wasser; daher schwimmt Eis an der Wasseroberfläche. Unter dieser isolierenden Eisschicht sind die Lebewesen gut vor der eisigen Winterluft geschützt. Hier befindet sich Wasser von ein bis vier Grad Celsius. Seine größte Dichte hat Wasser bei vier Grad Celsius. Diese ungewöhnliche Eigenschaft heißt *Dichteanomalie.* Wasser mit einer Temperatur von vier Grad Celsius sinkt deshalb immer in die tiefsten Schichten des Sees ab und sowohl kälteres als auch wärmeres Wasser liegt in Schichten darüber.

Im Winter schwimmt also das Eis an der Wasseroberfläche und es folgt darunter in Schichten das zunehmend wärmere Wasser. Man nennt diesen Zustand im See **Winterschichtung.** Obwohl nur wenig Fotosynthese betrieben wird, ist der Sauerstoffgehalt fast überall im See hoch. Dies liegt an der höheren Löslichkeit von Gasen bei niedrigen Wassertemperaturen. Lediglich am Seeboden wird bei der Zersetzung von Biomasse durch Bodenlebewesen Sauerstoff verbraucht und die Werte sinken ab.

Mit der Erwärmung des Wassers im Frühjahr gleichen sich die Temperaturen in den einzelnen Schichten und damit auch die Dichte an. Es kommt zur vollständigen Durchmischung des Wassers und damit zur **Frühjahrszirkulation.** Chemische Werte wie der Sauerstoffgehalt sind jetzt in allen Schichten des Sees gleich. Im Sommer ist das **Oberflächenwasser** im See relativ warm und dehnt sich aus. Dabei nimmt die Dichte des Wassers ab. In einigen Metern Tiefe wird es plötzlich kälter. Wasser mit einer Temperatur von vier Grad Celsius bildet das **Tiefenwasser,** das unten im See ruht. Das warme und leichte Oberflächenwasser wird durch Wind und den Tag-Nacht-Wechsel der Lufttemperatur ständig durchmischt und ist annähernd gleich warm. Zwischen beiden Schichten befindet sich eine relativ dünne Wasserschicht, deren Temperatur nach unten schnell absinkt. Man nennt sie **Sprungschicht.** Das Wasser des Sees ist somit in drei

1 See im Winter

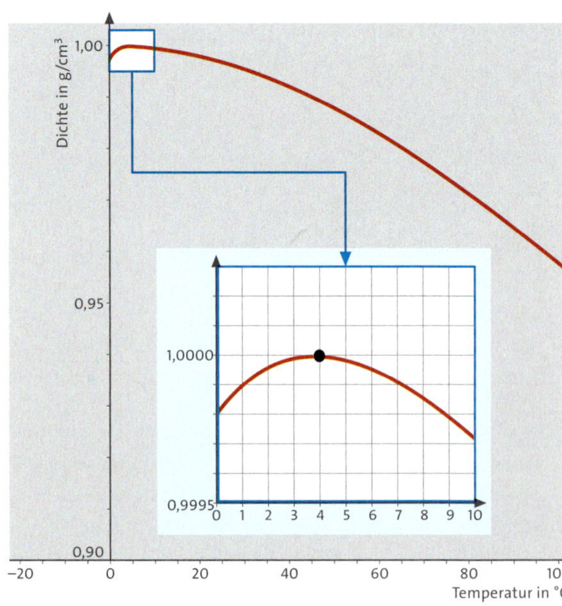

2 Dichteanomalie des Wassers

Schichten angeordnet. Man spricht von **Sommerschichtung.** Während im Oberflächenwasser durch die intensive Fotosynthese sehr viel Sauerstoff im Wasser entsteht, hat das Absinken abgestorbener Lebewesen und die intensive Veratmung der toten Biomasse durch Kleinstlebewesen in tieferen Schichten eine Sauerstoffarmut zur Folge.

Im Herbst können Stürme das Wasser wieder bis zum Grund umwälzen. In dieser **Herbstzirkulation** gleichen sich die Temperaturen und alle chemischen Werte in den einzelnen Schichten wieder einander an.

1 Berechne das Volumen von einem Kilogramm Eis. Welche Masse hätte das berechnete Volumen, wenn es sich um Wasser mit der Temperatur von 1 °C handeln würde? Nutze Abbildung 2. Begründe, weshalb der See von oben zufriert.

2 Erkläre unter Einbeziehung der Dichte, weshalb sich im Sommer das Oberflächenwasser durchmischt. Weshalb verändert sich die Dicke der Oberflächenwasserschicht ständig? Ziehe Schlussfolgerungen für die Lebensbedingungen im See.

3 Erkläre, weshalb sich die Lufttemperatur über einem flächenmäßig großen See im Jahresverlauf nicht so stark ändert wie über dem Festland.

4 Erläutere, wie sich die Kohlenstoffdioxidkonzentration in den verschiedenen Schichten des Sees im Jahresverlauf verändert. Stelle deine Überlegungen auch in Grafiken dar. Verwende die Abbildung 3.

5 Erläutere unter Berücksichtigung der Faktoren Temperatur und Sauerstoffversorgung, weshalb viele Tiere wie Libellen- und Lurcharten die kalte Jahreszeit im Wasser überdauern.

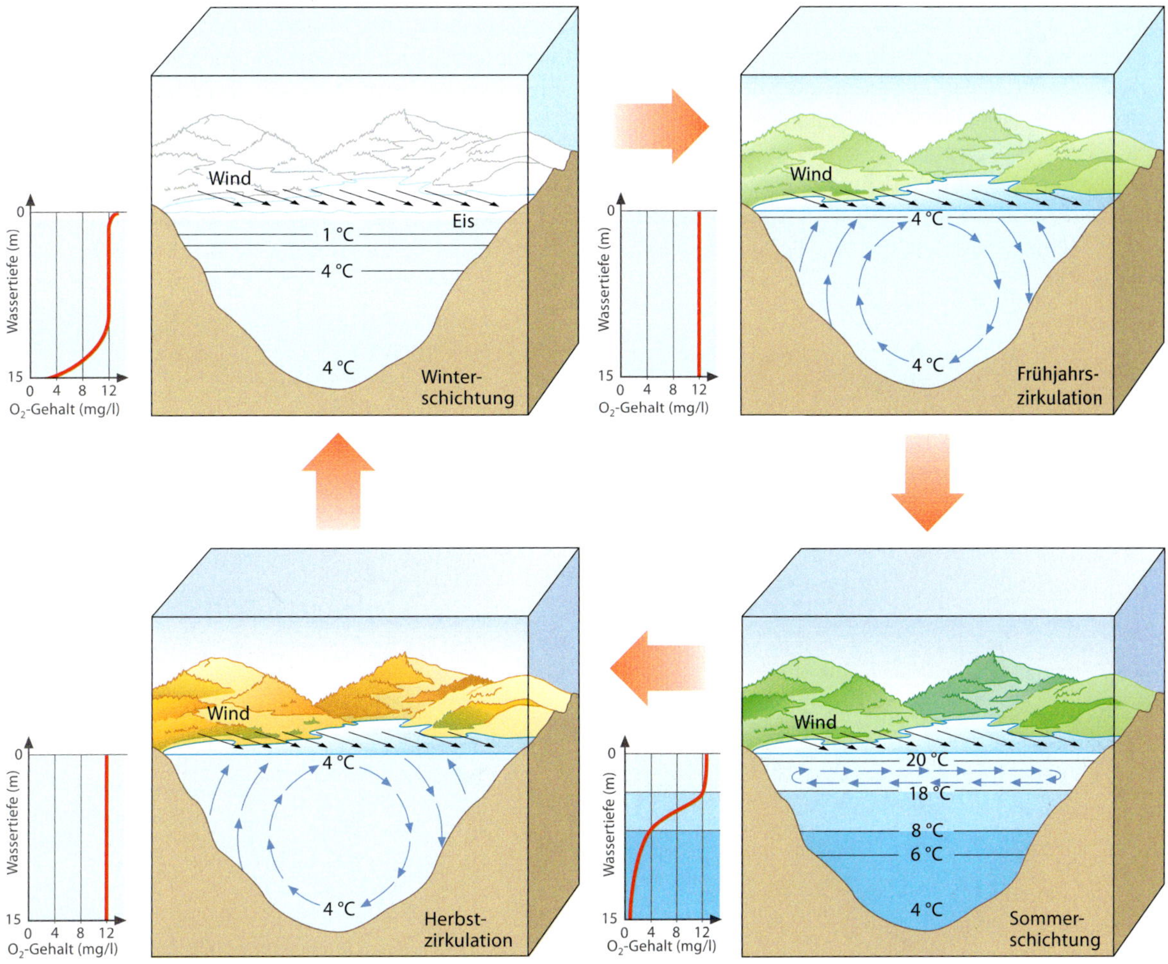

3 **Die Jahreszeiten im See**

4.6 Nahrungsbeziehungen im See

Betrachtet man im Frühjahr oder Sommer die Wasserfläche von Seen, ist die sonst blaue Färbung meist verschwunden und Gelb- oder Grüntöne bestimmen das Bild. Grund dafür ist die Massenentwicklung von Algen und Fotosynthese treibenden Bakterien. Durch die Fotosynthese erzeugen diese Lebewesen große Nährstoffmengen. Sie sind *Produzenten.*

Bereits wenige Wochen später ist das Grün des Seewassers wieder verschwunden. Die Planktonuntersuchung zeigt jetzt viele kleine Tiere wie Wasserflöhe, Hüpferlinge oder Rädertiere, die als *Konsumenten 1. Ordnung* die Algen fressen. Die Konsumenten 1. Ordnung sind Nahrung für *Konsumenten 2. Ordnung* wie Plötzen oder Larven von Libellen und Gelbrandkäfern. Diese dienen wiederum *Konsumenten 3. Ordnung* wie Hecht oder Graureiher als Nahrung. Ausscheidungen der Tiere und abgestorbene Lebewesen sinken im Gewässer zum Boden. Dort werden sie von am Boden lebenden Tieren wie Schlammröhrenwürmern und Wasserasseln gefressen. Die Bakterien und Pilze des Seebodens vollenden dann den Abbau der Biomasse und setzen dabei Mineralstoffe frei. Solche Lebewesen bezeichnet man als *Destruenten.* Die Lebewesen sind also über Nahrungsbeziehungen wie Kettenglieder miteinander verbunden. Sie bilden eine **Nahrungskette** im See. Da viele Tierarten, wie zum Beispiel die Plötze, sich von verschiedenen Gewässertieren und manchmal auch von Pflanzen ernähren, sind sie Glieder in verschiedenen Nahrungsketten. Sie können dabei sogar unterschiedliche Konsumentenstufen einnehmen. Aus der Verflechtung verschiedener Nahrungsketten entsteht so ein **Nahrungsnetz.**

Neben verschiedenen Stoffen wird auch Energie durch eine Nahrungskette transportiert. Dieser **Energiefluss** kann in der Nahrungskette des Sees von Stufe zu Stufe verfolgt werden. Die Menge der Energie wird in Joule angegeben. In der vom Licht durchfluteten obersten Wasserschicht wird Sonnenenergie von Produzenten bei der Fotosynthese in chemische Energie umgewandelt. Nur 0,5 Prozent der eingestrahlten Sonnenenergie können von den Produzenten genutzt werden. Treffen also beispielsweise zwei Millionen Joule Lichtenergie auf der Erde auf, so werden davon nur 10 000 Joule als chemische Energie von den Produzenten gespeichert. Der Rest wird ins Weltall reflektiert oder in andere Energieformen wie Wärmeenergie umgewandelt. Von der gespeicherten chemischen Energie werden 90 Prozent von den Pflanzen selbst veratmet und als Atmungswärme abgegeben oder sinken als organischer Abfall zu Boden. Die verbleibenden zehn Prozent nehmen Pflanzenfresser wie Wasserflöhe oder Rädertiere mit ihrer Nahrung auf. Sie nutzen die in der Biomasse gespeicherte Energie zur Aufrechterhaltung ihrer eigenen Lebensvorgänge sowie zum Aufbau kör-

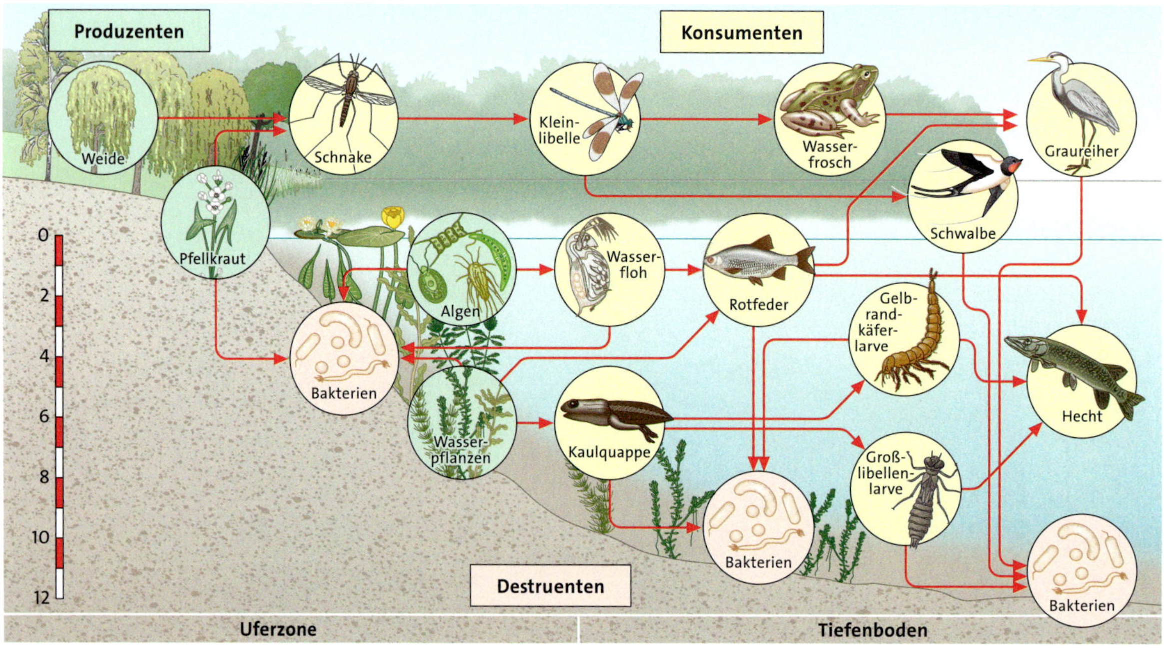

1 Nahrungsbeziehungen im See

pereigener Stoffe. Auch bei den Pflanzenfressern werden etwa 90 Prozent der in der Nahrung gespeicherten Energie durch Abbau des Traubenzuckers in der Zellatmung veratmet oder verbleiben in organischen Abfällen. Die restlichen zehn Prozent werden von den Konsumenten 2. Ordnung mit der Nahrung aufgenommen. Auf jeder weiteren Stufe der Nahrungskette gehen ebenfalls etwa 90 Prozent der aufgenommenen Biomasse als Wärmeenergie und organischer Abfall verloren und nur etwa zehn Prozent werden in die folgende Stufe der Nahrungskette weitergegeben. Absterbende Lebewesen und ihre Ausscheidungen sinken im See zu Boden. Diese organischen Abfälle werden dort von Destruenten wie Bakterien und Pilzen für ihren Stoffwechsel verwendet und damit letztlich auch in Wärmeenergie umgewandelt. Nahrungsketten können nicht beliebig lang sein, da es beim Übergang von einer zur nächsten Ernährungsstufe zu einem erheblichen »Energieverlust« kommt. Von den zwei Millionen Joule der eingestrahlten Sonnenenergie kommen bei den Endkonsumenten auf der vierten Stufe nur noch etwa zehn Joule an.

Durch den Menschen können Schadstoffe wie die Schwermetalle Cadmium und Quecksilber in den See gelangen. Beim Stofftransport durch die Nahrungskette werden auch diese von einer Stufe zur nächsten weitergereicht. Nimmt ein Konsument einen solchen Schadstoff auf, den er weder abbauen noch ausscheiden kann, so lagert er sich im Körpergewebe des Tieres ab. Konsumenten höherer Stufen nehmen jeweils die gesamte Schadstoffmenge ihrer Beutetiere auf und reichern sie so immer mehr an. Bei den Endgliedern der Nahrungskette können dann derart hohe Konzentrationen erreicht werden, dass sie erkranken oder sogar sterben.

Neben Schwermetallen haben vor allem Säuren große Auswirkungen auf Seen. Schwefeldioxid und Stickoxide entstehen bei Verbrennungsprozessen in Industrie und Verkehr. Sie gelangen mit Staub und Regen in die Gewässer. Daraufhin sinkt der pH-Wert, das Wasser wird sauer. Dadurch lösen sich mehr Metalle, einschließlich der giftigen Schwermetalle, aus dem Gewässerboden. Wirbellose Tiere reagieren besonders empfindlich auf niedrige pH-Werte. So können Krebse, Schnecken und Muscheln in solchen Gewässern nicht mehr leben. Auch Plankton und viele Insektenlarven vertragen nur geringe Säurewerte. Das wirkt sich auf den ökonomischen Nutzen aus: In Schweden und Kanada gibt es bereits seit langem versauerte Seen ohne Fische.

1 Erläutere mit Hilfe von Abbildung 1 die Ernährung der einzelnen Glieder einer Nahrungskette.

2 Der Hecht ist ein schmackhafter Speisefisch. Diskutiere unter Berücksichtigung der Energie- und Schadstoffproblematik, ob der Hecht der Rotfeder in jedem Fall als Speisefisch vorzuziehen ist.

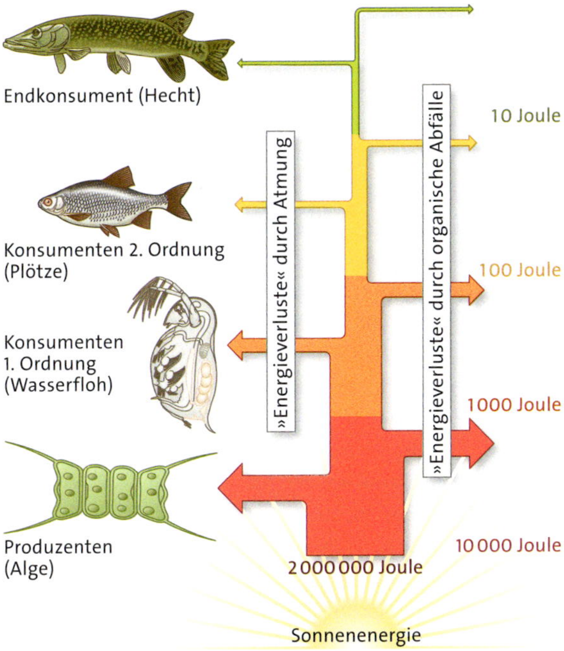

2 **Nahrungskette und Energiefluss**

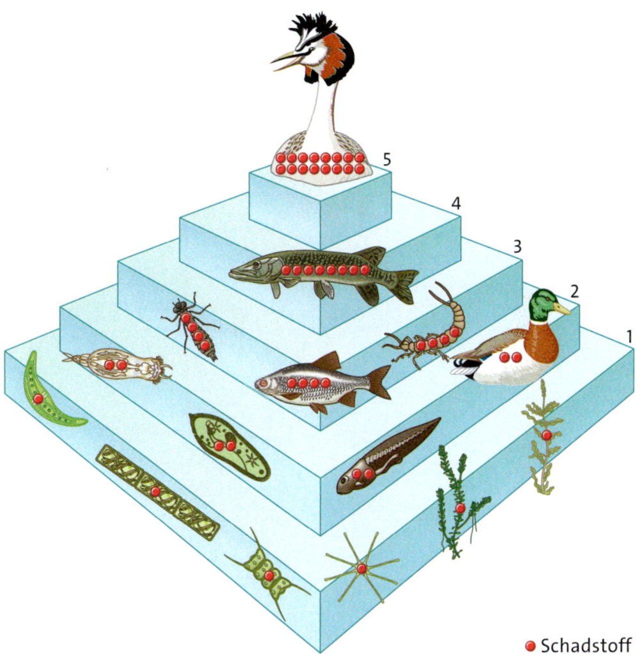

3 **Schadstoffanreicherung**

4.7 Stoffkreisläufe

Lebewesen sind über Nahrungsbeziehungen wie Kettenglieder miteinander verbunden. Dabei werden Stoffe und Energie durch die Nahrungsnetze transportiert. In der oberen Schicht des Sees reicht die Lichtstärke für Algen und Wasserpflanzen aus, um über die Fotosynthese Nährstoffe aufzubauen. In dieser **Nährschicht** entziehen sie dem Wasser Kohlenstoffdioxid und erzeugen Sauerstoff. Zum Aufbau ihrer körpereigenen Biomasse nehmen die Pflanzen außerdem *Mineralstoffe* wie Phosphate und Nitrate aus dem Wasser auf. Die Konsumenten nehmen die Biomasse mit der Nahrung auf. Die Nährstoffe werden in körpereigene Stoffe umgebaut oder zur Energiegewinnung veratmet. Dabei wird Sauerstoff verbraucht und Kohlenstoffdioxid und Wasser entstehen. Ausscheidungen und abgestorbene Biomasse sinken im See zu Boden. Hier und auf ihrem Weg in die Tiefe werden sie von Destruenten zerlegt. Da viele Destruenten für den Stoffabbau Sauerstoff verbrauchen, nimmt in tieferen Bereichen des Sees die Sauerstoffmenge schnell ab. Man nennt diesen Bereich die **Zehrschicht.** Mineralstoffe und Kohlenstoffdioxid werden von den Destruenten bei der Zersetzung ins Wasser abgegeben. Fehlt Sauerstoff am Gewässerboden, so können bei der Zersetzung der Biomasse durch spezielle Bakterien auch Methan, Schwefelwasserstoff und andere teilweise giftige Abbauprodukte entstehen. Manche von ihnen steigen als deutlich sichtbare Gasblasen im Wasser auf.

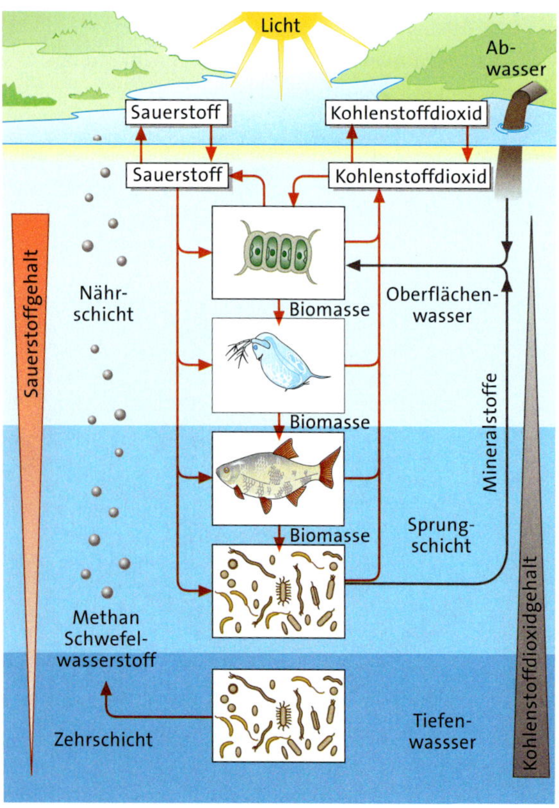

1 Stoffkreisläufe im See

In einem natürlichen Gewässer laufen die beschriebenen Prozesse über lange Zeiträume immer in ähnlicher Weise ab. Über die Jahrhunderte lagert sich am Boden in jeweils kleinen Mengen nicht zersetzte Biomasse ab und der See verlandet sehr langsam. Ein solcher See ist mineralstoffarm oder **oligotroph.** Eine große Zahl verschiedener Pflanzen- und Tierarten besiedelt in meist geringer Individuenzahl diese Gewässer.

Heute gelangen allerdings durch den Menschen in die meisten Gewässer zusätzliche Nährstoffe, Dünger und Abfallstoffe. Durch die landwirtschaftliche Nutzung wird zum Beispiel auf manchen Feldern mehr Gülle verteilt, als von den Pflanzen aufgenommen werden kann. Dieser Dünger kann mit dem Regenwasser in die Seen gespült werden. Auch aus defekten Kläranlagen und mit dem Oberflächenwasser aus Städten und Gemeinden können Mineralstoffe und Schadstoffe in die Seen eingeleitet werden. Der See wird dadurch mineralstoffreich oder **eutroph.** Zunächst kommt es durch das gute Mineralstoffangebot zu einem stärkeren Pflanzenwachstum. Tiere, die von den Pflanzen leben, vermehren sich ebenfalls und ihre Individuendichte steigt. Ihre Ausscheidungen und die abgestorbenen Lebewesen werden von Destruenten unter deutlich höherem Sauerstoffverbrauch zersetzt. Außerdem kann das Sonnenlicht durch die stärkere Trübung nicht mehr in tiefere Gewässerschichten eindringen. Hier ist nun kaum noch Fotosynthese möglich. Durch beide Prozesse sinkt der Sauerstoffgehalt im Tiefenwasser stark. Außerdem lagern sich größere Mengen unverbrauchter Biomasse am Boden ab. Manche Tierarten mit hohem Anspruch an den Sauerstoffgehalt ihrer Wohngewässer werden selten oder verschwinden ganz. Dasselbe gilt für Pflanzenarten, die an Gewässer mit niedrigen Mineralstoffkonzentrationen angepasst sind.

Wird der Eintrag der Nähr- und Schadstoffe noch größer, reicht der Sauerstoff im Wasser zum Abbau nicht mehr aus. Viele Lebewesen, die Sauerstoff zur Atmung benötigen, sterben jetzt. Man sagt, der See kippt um. Destruenten, die ohne Sauerstoff leben können, vermehren sich. Sie zerlegen einen Teil der Biomasse unter Abgabe giftiger Faulgase. Der Rest setzt sich als Faulschlamm ab. Ein solcher See verlandet schon in wenigen Jahrzehnten.

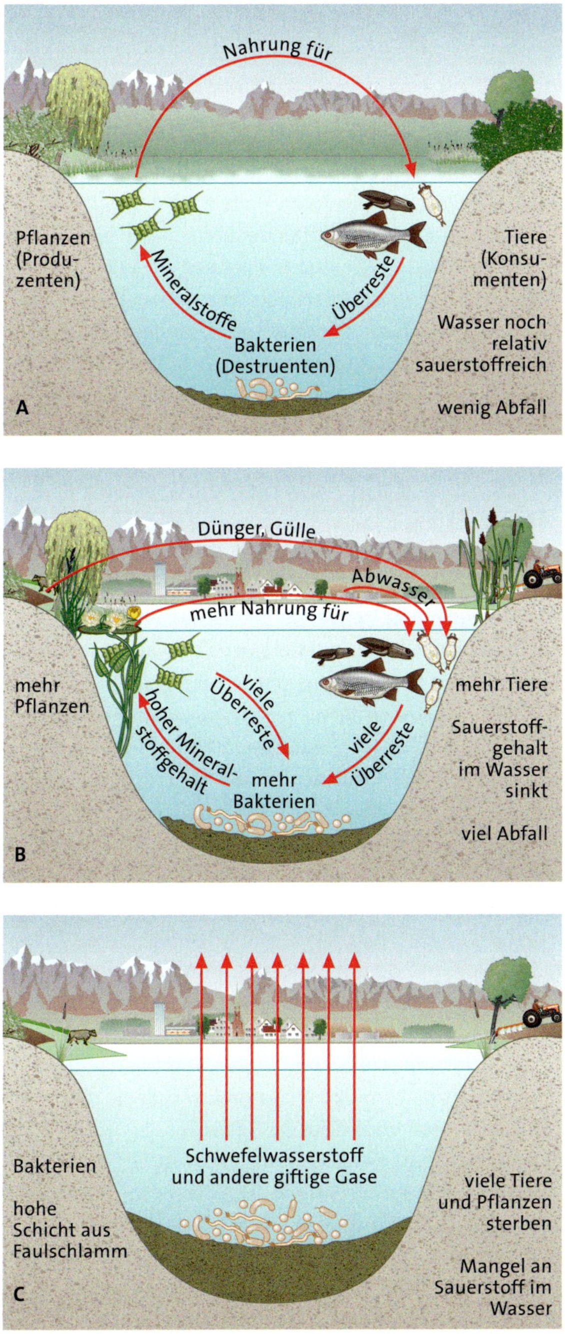

2 Eutrophierung im See.
A oligotrop; **B** eutroph; **C** umgekippt

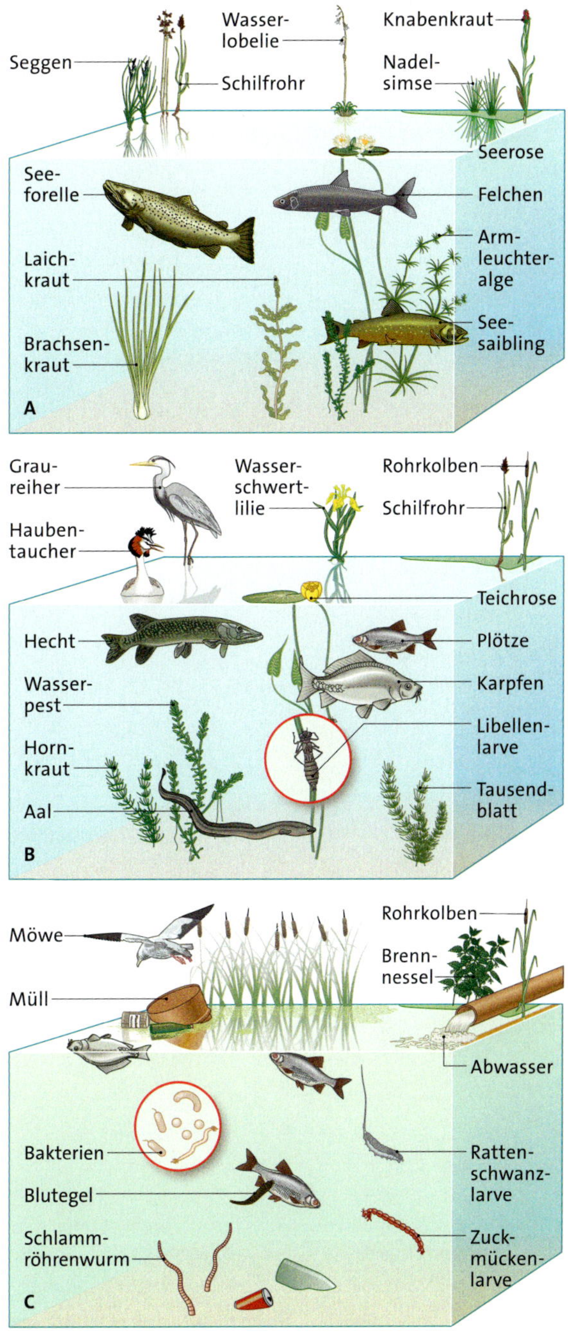

3 Änderung der Lebensgemeinschaft im See.
A oligotrop; **B** eutroph; **C** umgekippt

1 Erläutere, warum man das Umkippen von Seen vorwiegend im Spätsommer beobachtet. Verwende auch die Abbildung 2.

2 Um einige Seen sind Gräben gebaut oder Gewässerrandstreifen angelegt, die nicht landwirtschaftlich genutzt werden. Erkläre die Auswirkung dieser Maßnahmen.

Methoden Messdaten erfassen und auswerten

V1 Untersuchung eines Sees

Protokollblatt zur Gewässeruntersuchung

Name des Gewässers: *Hasesee*

Lage der Probestelle: *Südufer*

Name des Probenehmers: *Naturkunde-Arbeitsgemeinschaft*

Datum: *6. 6. 2006* Uhrzeit: *15.00 Uhr*

Wetter:
☐ Regen ☒ bewölkt ☐ heiter-bewölkt ☐ sonnig

Lufttemperatur: *14,5 °C* Wassertemperatur: *16,3 °C*

pH-Wert: *7,8* Leitfähigkeit: *480 µS/cm*

Sichttiefe: *0,2 m*

Farbstärke:
☐ farblos ☒ schwach gefärbt ☐ stark gefärbt

Farbton:
☒ gelblich ☐ grünlich ☐ bräunlich

Trübung:
☒ klar ☐ schwach getrübt ☐ stark getrübt

Schaumbildung:
☒ kaum ☐ schwach ☐ stark

Geruchsintensität:
☐ geruchlos ☒ schwacher Geruch ☐ starker Geruch

Art des Geruchs:
☐ frisch ☐ chemisch ☒ aromatisch
☐ jauchig ☐ modrig ☐ faulig

Verunreinigungen: *leere Bierflaschen und Plastiktüten am Ufer*

Material: Marmeladenglas; Wasserschöpfbecher; Multiparameter-Tester für Temperatur, Leitfähigkeit und pH-Wert; Secchi-Scheibe, Bestimmungsbücher; Lupen; Sammelgläser; Küchensieb oder Wasserkäscher; weiße Kunststoffschale; Malkastenpinsel; Protokollblätter; Bleistift

Durchführung:

Lufttemperatur: Halte das Thermometer drei Minuten lang in einem Meter Höhe in den Körperschatten und lies die Temperatur ab.

Sichttiefe: Versenke die Secchi-Scheibe so tief, bis sie gerade noch zu sehen ist. Lies die Sichttiefe ab.

Wasseruntersuchung: Entnimm eine Wasserprobe, gib sie in das Marmeladenglas und führe sofort die Untersuchungen durch. Halte zunächst den Multiparameter-Tester drei Minuten lang in die Wasserprobe und lies die Temperatur, die Leitfähigkeit und den pH-Wert ab. Beurteile Färbung und Trübung des Wassers. Schüttle das Wasser kräftig im verschlossenen Marmeladenglas und beurteile die Schaumbildung. Schüttle das Wasser erneut kräftig im verschlossenen Glas, halte das Glas an die Nase und öffne den Deckel. Beurteile den Geruch.

Erfassung der Kleintiere im Wasser: Sammle mit dem Sieb jeweils zehn Minuten lang Wassertiere zwischen Wasserpflanzen, unter Steinen und im Bodensediment. Übertrage die Tiere mit dem Pinsel in die mit etwas Wasser gefüllte Schale. Halte sie stets kühl und setze die Tiere nach der Untersuchung umgehend an der Probestelle wieder aus. Das gilt auch, wenn die Untersuchungen im Unterrichtsraum stattfinden. Die Naturschutzbestimmungen sind in jedem Fall zu beachten.

Aufgaben:

a) Erstelle Protokollblätter zur Gewässeruntersuchung entsprechend dem nebenstehenden Muster.

b) Informiere dich über Naturschutzbestimmungen, die in deinem Untersuchungsgebiet zu beachten sind.

c) Erstelle Gewässeruntersuchungsprotokolle unterschiedlicher Seen oder eines Sees zu verschiedenen Jahreszeiten. Trage jeweils die Ergebnisse deiner Untersuchungen sowie Einleitungen, Verunreinigungen und sonstige Bemerkungen zum Gewässer in das Protokollblatt ein. Werte die Daten aus.

d) Bestimme ausgewählte Pflanzen sowie die gefangenen Kleintiere. Verwende auch den Bestimmungsschlüssel rechts. Schreibe Namen und Häufigkeit der Arten auf die Rückseite des Erfassungsbogens. Notiere die Häufigkeit durch folgende Ziffern: 1 Einzelexemplar; 2 wenig Exemplare; 3 häufig; 4 massenhaft. Werte die Daten aus.

e) Formuliere, ausgehend von den ermittelten Daten und deren Auswertung, Schutzmaßnahmen oder Renaturierungskonzepte für die untersuchten Gewässer. Stelle sie in der Klasse und gegebenenfalls auch bei den zuständigen Naturschutzbehörden oder Politikern vor.

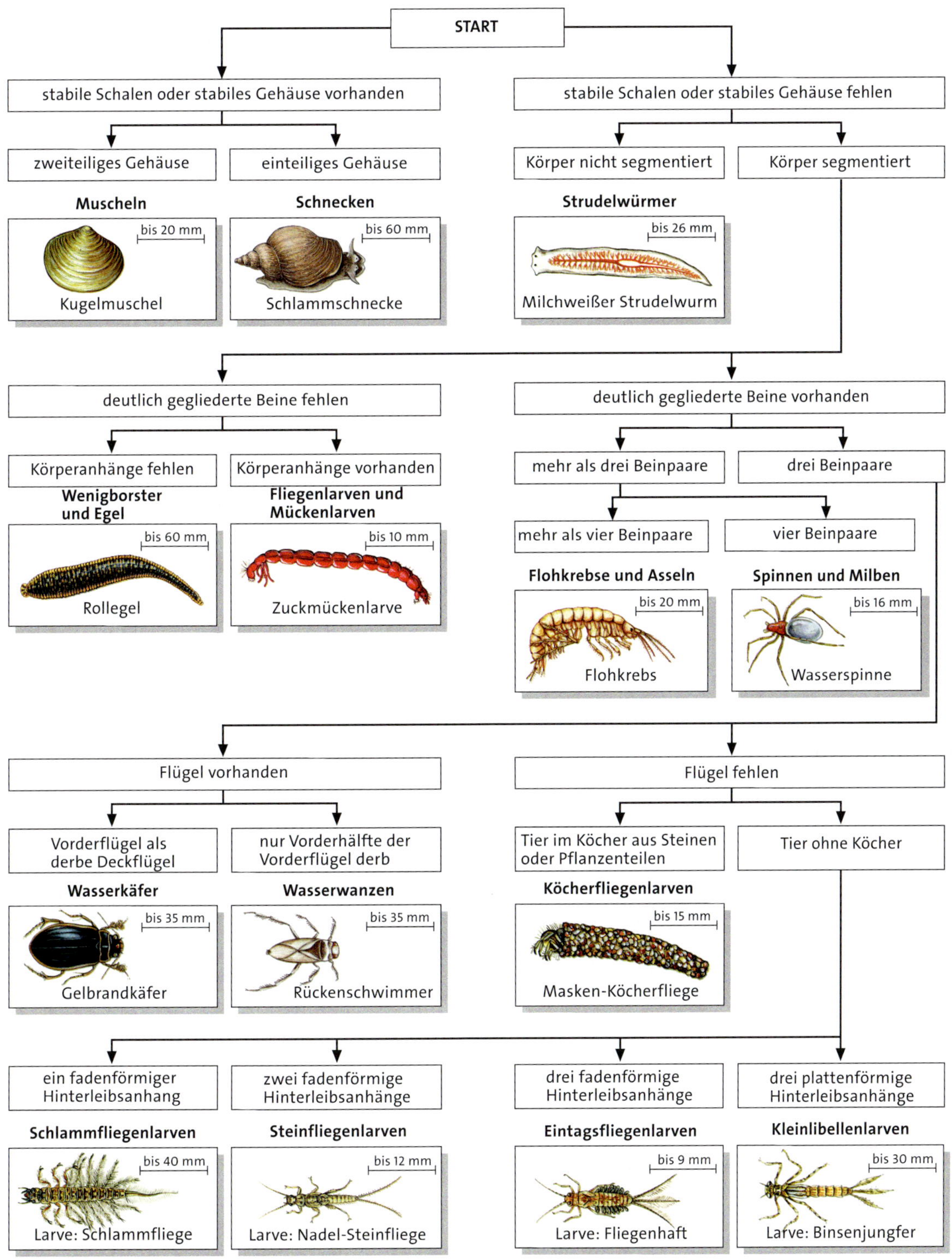
START
stabile Schalen oder stabiles Gehäuse vorhanden
stabile Schalen oder stabiles Gehäuse fehlen
zweiteiliges Gehäuse
einteiliges Gehäuse
Körper nicht segmentiert
Körper segmentiert
Muscheln
bis 20 mm
Kugelmuschel
Schnecken
bis 60 mm
Schlammschnecke
Strudelwürmer
bis 26 mm
Milchweißer Strudelwurm
deutlich gegliederte Beine fehlen
deutlich gegliederte Beine vorhanden
Körperanhänge fehlen
Körperanhänge vorhanden
mehr als drei Beinpaare
drei Beinpaare
Wenigborster und Egel
bis 60 mm
Rollegel
Fliegenlarven und Mückenlarven
bis 10 mm
Zuckmückenlarve
mehr als vier Beinpaare
vier Beinpaare
Flohkrebse und Asseln
bis 20 mm
Flohkrebs
Spinnen und Milben
bis 16 mm
Wasserspinne
Flügel vorhanden
Flügel fehlen
Vorderflügel als derbe Deckflügel
nur Vorderhälfte der Vorderflügel derb
Tier im Köcher aus Steinen oder Pflanzenteilen
Tier ohne Köcher
Wasserkäfer
bis 35 mm
Gelbrandkäfer
Wasserwanzen
bis 35 mm
Rückenschwimmer
Köcherfliegenlarven
bis 15 mm
Masken-Köcherfliege
ein fadenförmiger Hinterleibsanhang
zwei fadenförmige Hinterleibsanhänge
drei fadenförmige Hinterleibsanhänge
drei plattenförmige Hinterleibsanhänge
Schlammfliegenlarven
bis 40 mm
Larve: Schlammfliege
Steinfliegenlarven
bis 12 mm
Larve: Nadel-Steinfliege
Eintagsfliegenlarven
bis 9 mm
Larve: Fliegenhaft
Kleinlibellenlarven
bis 30 mm
Larve: Binsenjungfer

Aufgaben und Versuche – Untersuchung eines Gewässers

A1 Nahrungsketten am See

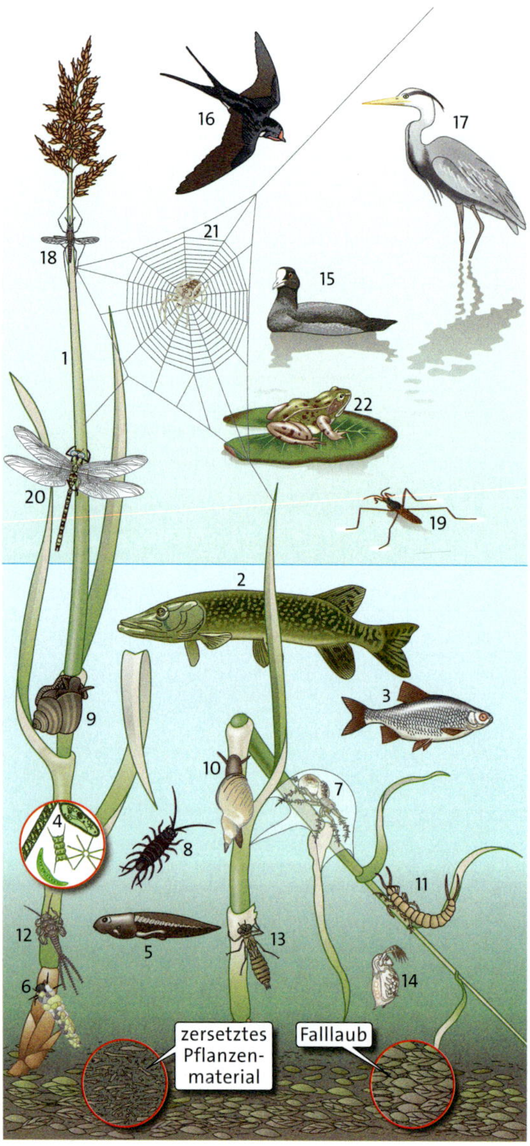

Die Abbildung oben zeigt verschiedene Lebewesen des Sees. In Klammern ist jeweils die Nahrung angegeben: Kleinlibellenlarve (Wasserfloh); Wasserspinne (Wasserassel, Kleinlibellenlarve); Spitzschlammschnecke (Pflanzen); Schilf; Plötze (Pflanzen, Schnecken, Insektenlarven); Gelbrandkäferlarve (Kleinlibellenlarve, Kaulquappe); Großlibellenlarve (Kleinlibellenlarve); Wasserfloh (Algen); Graureiher (Wasserfrosch, Fische, Gelbrandkäferlarve); Kaulquappe (Pflanzen); Schnake (Pflanzensaft, Nektar); Köcherfliegenlarve (zersetztes Pflanzenmaterial); Wasserläufer (Insekten); Kleinlibelle (Insekten); Posthornschnecke (Pflanzen); Wasserassel (Falllaub); Radnetzspinne (Insekten); Wasserfrosch (Insekten, Spinnen); Blässralle (Schilf, Kleintiere); Hecht (Plötze, Kaulquappe); Algen; Rauchschwalbe (Insekten).

Aufgaben:

a) Benenne die Gewässertiere, indem du die Ziffern aus der Abbildung in dein Heft überträgst und jeweils den zugehörigen Namen dahinter schreibst.

b) Stelle anhand der Abbildung Nahrungsketten zusammen.

c) Ordne die einzelnen Arten nach Produzenten, Konsumenten 1. Ordnung und Konsumenten höherer Ordnung.

A2 Eutrophierung eines Sees

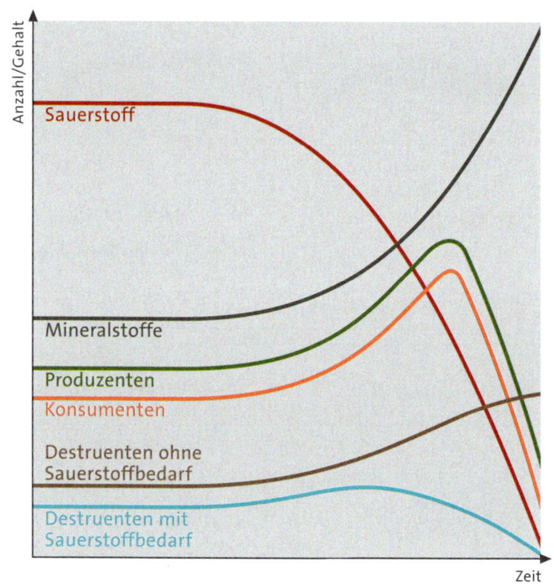

Aufgaben:

a) Beschreibe die Eutrophierung eines Sees anhand der dargestellten Kurvenverläufe.

b) Erläutere die Kurvenverläufe einzeln und im Zusammenhang.

c) Zwecks Sanierung wird in die Tiefenschicht mancher stark eutrophierter Seen mit so genannten Limnoaggregaten Luft eingeblasen. Beurteile diese Maßnahme.

A3 Eutropher und oligotropher See im Sommer

Merkmal	Eutropher See	Oligotropher See
Wasserfarbe		
maximale Sichttiefe		
minimale Sichttiefe		
Sauerstoffgehalt (Deckschicht)		
Sauerstoffgehalt (Tiefenwasser)		
Sediment		
Bakterien (Anzahl/cm^3)		
Beispiel		

Aufgaben:

a) Übertrage die vorstehende Tabelle in dein Heft. Ordne dann die folgenden Merkmale den beiden Seen richtig zu: grünlich; blau; 15 bis 20 m; 2 bis 3 m; 1 bis 2 m; weniger als 1 m; im Bereich der Sauerstoffsättigung; Sauerstoffüberschuss; kein Sauerstoff; im Bereich der Sauerstoffsättigung; Kalkgestein oder Sand; Faulschlamm; 100 000 bis 1 000 000 Bakterien pro cm^3; 10 bis 100 Bakterien pro cm^3; Hochgebirgssee; See mit Abwasserbelastung.

b) Ziehe Schlussfolgerungen auf die zu erwartenden Lebensgemeinschaften.

A4 Vielfalt bei Wassertieren

Aufgaben:

a) Bestimme die Namen der Wassertiere (1) bis (15) unter Verwendung der Seiten 102 bis 119.

b) Wähle eigene Ordnungskriterien und ordne die Wassertiere anhand ihres Körperbaus.

c) Entwickelt in Gruppen für die abgebildeten Tiere einen Bestimmungsschlüssel. Es sollen Ja/Nein-Entscheidungen zur Identifizierung eines einzelnen Tieres führen.

d) Präsentiert die verschiedenen Bestimmungsschlüssel vor der Klasse und erläutert, welcher Schlüssel für die Anwendung im Gelände am geeignetsten erscheint.

1

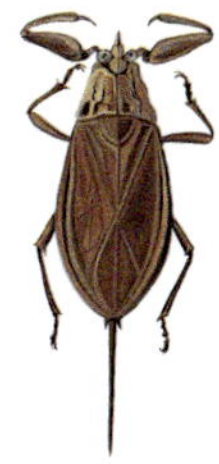
2

3

4

5

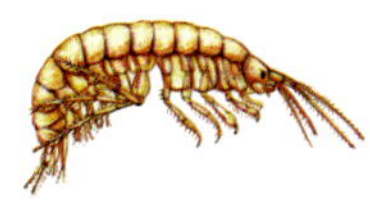
6

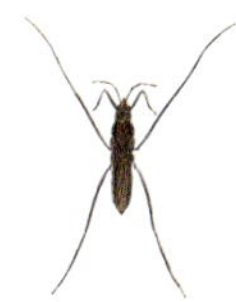
7

8

9

10

11

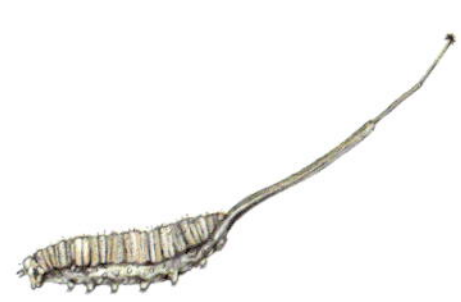
12

13

14

15

5 Der Mensch verändert die Umwelt

5.1 Landwirtschaft verursacht großräumige Veränderungen

Noch vor wenigen Jahrzehnten glichen viele Gebiete einer parkartigen Landschaft. Von Gehölzen umgebene Bauernhöfe, bunte Wiesen, saftige Weiden mit Kühen, ein Mosaik von Kartoffel-, Rüben- und Getreideäckern, Wälder, Feldgehölze und Hecken, Sandwege und Straßen mit Kopfsteinpflaster, Bäche und Weiher gehörten zum typischen Landschaftsbild. Handarbeit und der Einsatz einfacher Geräte bestimmten den Alltag der Bauern.

Heute prägen Mastställe mit industrieller Tierhaltung, großflächige Mais- und Getreideäcker, Entwässerungskanäle und geteerte Straßen das Bild vieler ländlicher Kulturlandschaften. Feuchtgebiete, Hecken und Feldgehölze sind hier selten geworden.

Mit der Industrialisierung der Landwirtschaft sind über Jahrhunderte gewachsene Strukturen der Landschaft in wenigen Jahrzehnten wieder verschwunden. Die Tierhaltung wurde in große Mastställe verlegt, um die Bestandszahlen unabhängig von der Hoffläche zu vergrößern. Durch Zukauf von Futter konnte man die Futterzusammensetzung optimieren. Durch Entwässerungsmaßnahmen, wie die Vertiefung und Begradigung von Bächen, konnten viele früher nasse und feuchte Grünlandflächen für den Ackerbau nutzbar gemacht werden. Trockene, mineralstoffarme Lebensräume wurden durch Bewässerung und Düngung ebenfalls zu fruchtbaren Äckern. Die Beseitigung von Hecken und Feldgehölzen war Voraussetzung für den Einsatz großer Maschinen. Häufig erfolgten die Maßnahmen großflächig im Rahmen behördlich ge-

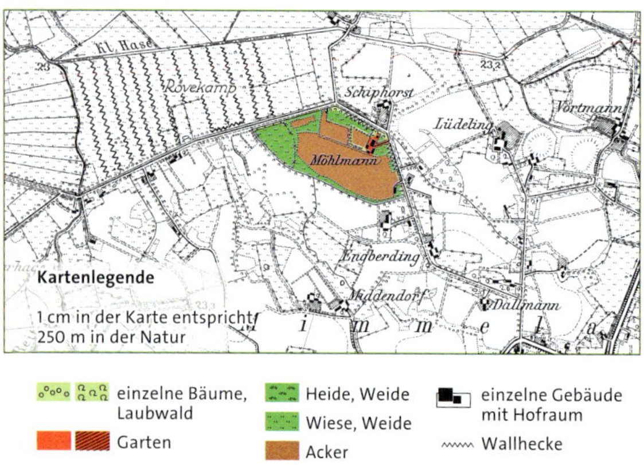

A

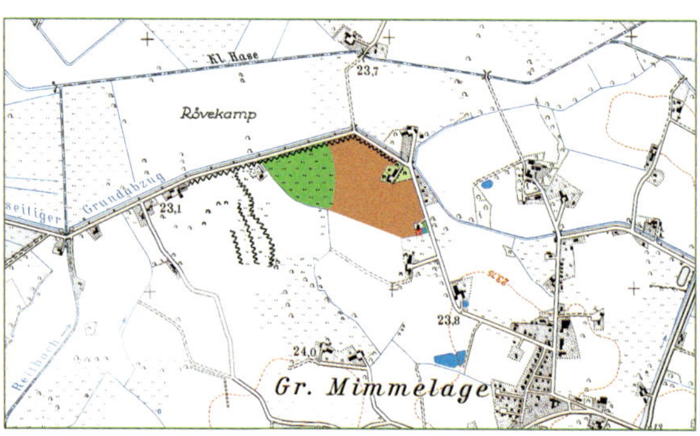

B

1 Landschaftsveränderung und Artenschwund. **A** um 1950; **B** heute planter Flurbereinigungsverfahren. Durch häufiges Düngen und Spritzen von Pflanzenschutzmitteln wurden die Felder immer öfter mit Maschinen befahren.

Für viele Wildtiere und Wildpflanzen brachten diese Veränderungen große Probleme. Besonders Arten, die an Extremstandorte wie Feucht- und Trockenbiotope angepasst sind, wurden immer seltener oder verschwanden ganz. Deshalb sind Pflanzen wie Sonnentau- und Orchideenarten oder Tiere wie Fischotter, Weißstorch, Zauneidechse und Laubfrosch, denen man noch vor 100 Jahren häufig in unserer Kulturlandschaft begegnete, heute sehr selten geworden. Auch Feuchtwiesenbewohner wie den Großen Brachvogel und den Kiebitz findet man in der heutigen Agrarsteppe kaum noch. Bodenverdichtung behindert ihre Nahrungssuche und frühzeitiges Mähen des Grünlandes zerstört ihre Gelege.

Der Einsatz von Insekten- und Unkrautvernichtungsmitteln schädigt wildlebende Tier- und Pflanzenarten ebenfalls. Etwa die Hälfte aller Tierarten in Deutschland ist gefährdet, bei Lurchen und Kriechtieren sind es sogar mehr als zwei Drittel. Auch bei den heimischen Pflanzenarten gelten etwa 40 Prozent als gefährdet. Hauptursachen für ihren Rückgang sind Nutzungsintensivierung der Flächen, Entwässerung und Mineralstoffanreicherung. Durch den Regen gelangt heute jährlich eine Stickstoffmenge auf die Böden in Mitteleuropa, wie sie vor 50 Jahren ein Bauer als Dünger auf seine Äcker brachte. Ursache dafür sind Luftschadstoffe wie Stickstoffoxide aus Autoabgasen oder Ammoniakgase aus der Tierhaltung. Sie reagieren in der Luft mit dem Regenwasser zu Nitrat- und Ammoniumionen und gelangen dann als Mineralsalzlösung auf den Boden. Hinzu kommen in den landwirtschaftlich genutzten Gebieten Einträge von Dünger aus der Massentierhaltung in Form von Gülle.

Die Stickstoffüberschüsse gelangen zum Teil in das Grundwasser und in angrenzende Lebensräume. Hier verbreiten sich dann Stickstoff liebende Pflanzenarten wie Brennnessel, Giersch und Wiesenkerbel.

Einige Bauern haben in den letzten Jahren den Weg der Massentierhaltung und des intensiven Ackerbaus wieder verlassen und setzen auf eine ökologisch orientierte Landwirtschaft mit umweltverträglicher Produktion. Artgerechte Tierhaltung, Fütterung der Tiere mit Produkten aus dem eigenen Anbau, Verzicht auf Pflanzenschutzmittel und chemisch erzeugten Dünger und eine Vermarktung vor Ort sind wichtige Kennzeichen des Biolandbaus. Es gibt verschiedene Gütesiegel, die Lebensmittel aus dem biologischen Anbau kennzeichnen und konkrete Vorgaben für die Produktion beinhalten.

1 Beschreibe mit Hilfe der Abbildungen 1 und 2 die Landschaftsveränderungen der letzten 150 Jahre sowie die Folgen für die wildlebenden Arten.

2 Bestimme anhand der Karten A und B in Abbildung 1 die Heckenlängen um 1950 und heute, berechne den Heckenverlust in Prozent und erläutere die Folgen dieser Veränderungen.

3 Suche in Fotoalben, Büchern oder Postkartensammlungen nach alten Landschaftsfotos aus deinem Wohnort. Suche die jeweiligen Örtlichkeiten auf und vergleiche mit dem aktuellen Zustand. Beschreibe die Veränderungen und dokumentiere sie, indem du den in den alten Fotos gezeigten Bildausschnitten aktuelle Fotos gegenüberstellst.

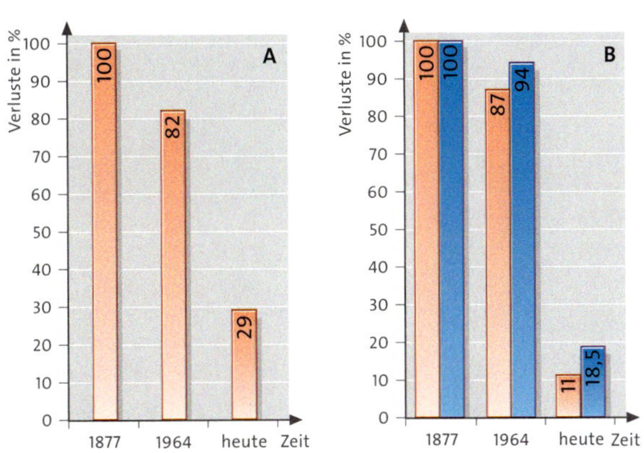

2 Landschaftsveränderungen in einem Flurbereinigungsgebiet. A Heckenverluste; **B** Fließgewässer ■ und Kleingewässerverluste ■ (Flurbereinigung ab 1964)

3 Gülledüngung

5.2 Vernichtung natürlicher Lebensgrundlagen

Fallbeispiel 1: Trinkwasser. Das Bevölkerungswachstum, der zunehmende Lebensstandard vieler Menschen sowie unbedachte Verschwendung sind verantwortlich dafür, dass einige Ressourcen auf der Erde bereits knapp werden. Dazu gehört sauberes Wasser, ein unersetzlicher Rohstoff für alle Lebewesen.

In Deutschland verbraucht jeder Einwohner durchschnittlich knapp 130 Liter pro Tag im Haushalt, zum Beispiel zum Kochen, Spülen, Putzen und für die Hygiene. Viel größer sind jedoch die Wassermengen, die zur Herstellung von Lebensmitteln und Industrieerzeugnissen erforderlich sind. So werden zur Erzeugung von einem Kilogramm Getreide 1000 bis 2000 Liter Wasser benötigt, die Herstellung von einem Kilogramm Papier erfordert 250 Liter und der gesamte Produktionsablauf für einen Pkw kann bis zu 300 000 Liter Wasser verschlingen. Insgesamt benötigt jeder Einwohner in den Industriestaaten derzeit mindestens 1500 Kubikmeter Wasser im Jahr, in den USA sogar doppelt so viel.

Die Süßwasserreserven auf der Erde sind sehr ungleich verteilt. Bereits heute leiden etwa zwei Milliarden Menschen unter Wasserknappheit, 2025 sollen es Schätzungen zufolge mehr als drei Milliarden sein. Viele Gebiete, in denen Wasser schon heute knapp ist, haben zudem auch noch ein hohes Bevölkerungswachstum. Bereits in der Vergangenheit führten Dürren, etwa in den Randgebieten der südlichen Sahara, zu Hungersnöten, weil Ernten verdorrten und Viehherden verdursteten. Wasser kann nur in wenigen Regionen und dann mit hohem technischen Aufwand und unter immensen Kosten aus Überschussgebieten in Mangelgebiete gebracht werden, zum Beispiel über Kanäle. Der vermehrte Bau von Stauseen könnte mancherorts die Wasserversorgung verbessern.

In einigen Regionen hängt die Wasserversorgung ganzer Staaten von einem einzigen Fluss ab. Beispiele dafür sind Nil und Jordan. Wenn es in Zukunft nicht zu Kriegen um das Wasser kommen soll, sind in solchen Gebieten grenzüberschreitende Verträge zur gerechten Verteilung der Ressource Wasser nötig.

Unter dem hohen Bedarf an Süßwasser leiden auch viele Ökosysteme. Trockenlegung von Feuchtgebieten und die Verschmutzung von Seen und Flüssen sind Ursachen dafür, dass bereits viele Arten ausgerottet oder selten geworden sind.

1 Nenne mit Hilfe von Abbildung 1 Gebiete, die bereits heute unter Wassermangel leiden.

2 Begründe, warum in großen Teilen der Erde mit zunehmender Wasserknappheit gerechnet werden muss.

3 Erläutere, warum die zunehmende Nutzung der Ressource Wasser durch den Menschen auch negative Folgen für die Natur hat.

4 Begründe, warum das Wasser der Meere keine Lösung für die Wasserknappheit sein kann.

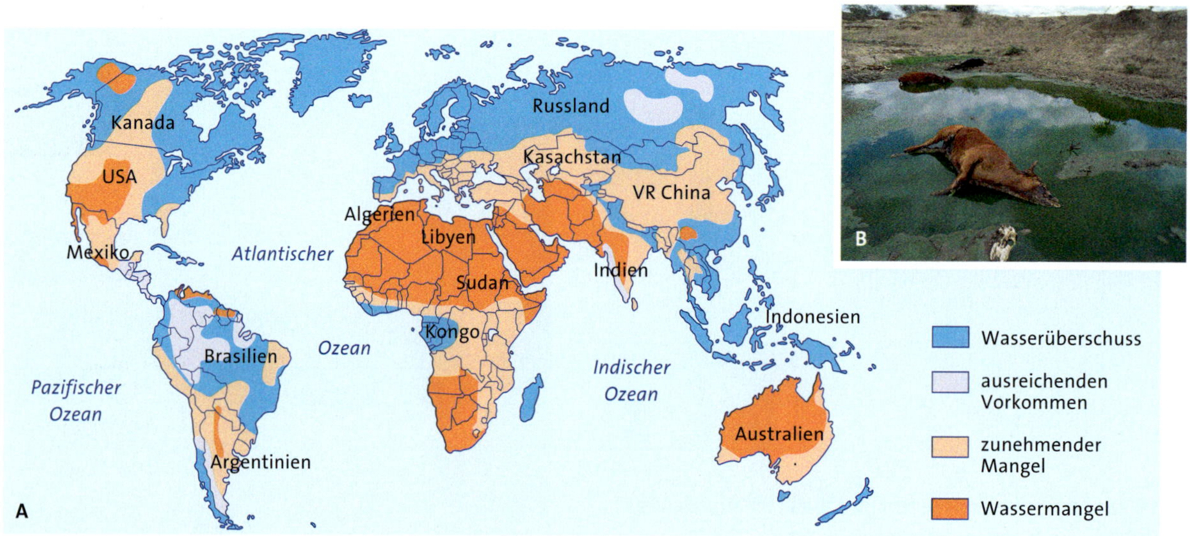

1 Knappe Ressource Wasser. **A** Weltkarte der Wasservorräte; **B** Folge von verschmutztem Wasser

Fallbeispiel 2: Ausbreitung von Wüsten. »Der Aralsee trocknet aus« – solche oder ähnliche Meldungen findet man immer wieder in den Zeitungen. Die Zuflüsse dieses mittelasiatischen Sees werden seit Jahrzehnten zur Bewässerung von Feldern genutzt. In den See selbst gelangt nur noch wenig Wasser. Als Folge davon sank der Wasserspiegel des Aralsees drastisch, die Fläche schrumpfte bereits um mehr als die Hälfte. Das Wasser im Restsee versalzt zunehmend, Fischerei ist nicht mehr möglich. Aus dem trocken gefallenen ehemaligen Seeboden bläst der Wind Salze und Schadstoffe aus und verteilt sie über große Strecken. Riesige Flächen wurden bereits zu Ödland.

Führen durch den Menschen verursachte großräumige Umweltzerstörungen zur Entstehung von wüstenartigem Ödland, spricht man von **Desertifikation** (lat. *desertus*, wüst). Davon betroffen sind vor allem die Randzonen der Wüsten. In vielen Gebieten ist die *Überweidung* durch Kamele, Schafe und Ziegen die wichtigste Ursache. Wenn sich zu viele Nutztiere von der spärlichen Vegetation ernähren müssen, wird die Pflanzendecke schließlich vollständig zerstört. Ziegen steigen sogar auf Sträucher und Bäume und fressen sie kahl. Zusätzliche Schäden verursacht der Brennholzeinschlag.

Ist die Vegetation erst einmal zerstört, trocknet der Boden tiefgründig aus. Zudem fehlen jetzt die Wurzeln, die die Bodenteilchen bis dahin zusammengehalten hatten. Der Boden ist nun der Abtragung durch Wind und Wasser schutzlos ausgesetzt. Bei starken Winden kommt es zu Staubstürmen, heftige Regenfälle spülen den Boden fort und bilden tiefe Abflussrinnen. Die natürliche Regeneration solcher durch **Bodenerosion** zerstörten Gebiete dauert Jahrzehnte bis Jahrhunderte.

Bodenerosion ist nicht nur in Entwicklungsländern, sondern auch in manchen Industriestaaten ein Problem. Wenn der Ackerboden nach der Ernte brach liegt, können auch dort Austrocknung, Wind oder Regen zu bedeutenden Bodenverlusten führen. Durch Bodenerosion und Desertifikation gehen jährlich weltweit fünf bis sieben Millionen Hektar Acker- und Weideland verloren.

Ein weiteres Problem besteht in Trockenräumen, in denen landwirtschaftliche Nutzflächen bewässert werden. Sorgt man nicht dafür, dass überschüssiges Bewässerungswasser wieder abgeleitet wird, verdunstet es. Dabei kristallisieren Salze aus, die sich im Laufe der Zeit im Boden ansammeln. Hat diese *Bodenversalzung* einen bestimmten Grad erreicht, können keine Pflanzen mehr wachsen. Versalzung ist eine weitere Ursache dafür, dass jedes Jahr beträchtliche Flächen für den Anbau verloren gehen.

5 Viele Gebiete mit Wassermangel sind gleichzeitig auch von Desertifikation betroffen. Erläutere diesen Zusammenhang.

6 Begründe, warum Desertifikation oft eine Folge des Bevölkerungswachstums ist.

7 Erkläre, warum versalzte Böden nicht mehr als Ackerland zu nutzen sind. Berücksichtige dabei den Mechanismus der Wasseraufnahme bei Pflanzen.

8 Recherchiere über die Austrocknung des Aralsees sowie die Desertifikation in den Sahelländern. Berichte.

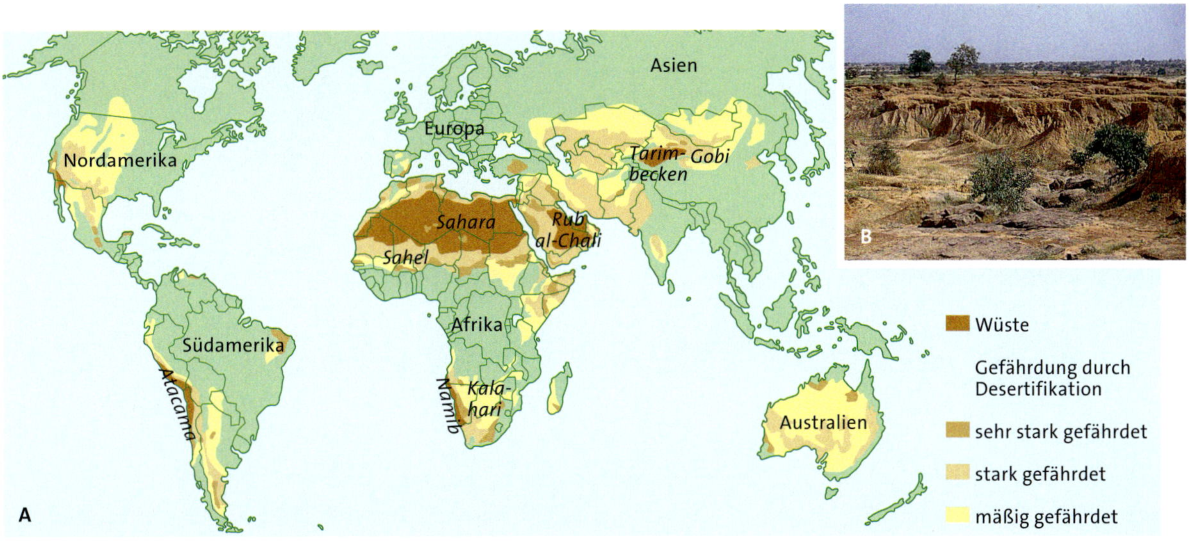

2 Bedrohung der Ressource Boden. **A** Von Desertifikation bedrohte Gebiete; **B** Folgen von Bodenerosion

Fallbeispiel 3: Tropische Regenwälder – Verlust an Lebensraum. Wälder umfassen etwa 90 Prozent der pflanzlichen Biomasse an Land. In Abhängigkeit von den Klimabedingungen haben sich sehr unterschiedliche Waldökosysteme entwickelt. In den feuchten Tropen wachsen die *immergrünen Regenwälder.* Kein anderes Ökosystem ist so artenreich wie der tropische Regenwald. Etwa 50 bis 75 Prozent aller Arten auf der Erde leben dort. So findet man bis zu 600 verschiedene Baumarten auf einem Hektar, während es in europäischen Laubwäldern meist nur fünf sind. Mehrere tausend Käferarten können auf einem einzigen Urwaldriesen vorkommen. Die Artenvielfalt der Regenwälder ist erst teilweise erforscht.

Schneller als die Erforschung geht die Zerstörung der Regenwälder voran. Jährlich werden etwa 13 Millionen Hektar vernichtet, in den nächsten 20 Jahren wird der Regenwald in vielen Staaten verschwunden sein. Verursacht wird diese Zerstörung einerseits durch das Bevölkerungswachstum in den Tropen, andererseits hat auch die Globalisierung der Wirtschaft ihren Anteil daran. In vielen Gebieten werden große Flächen gerodet, um neues Ackerland für eine wachsende Zahl an Menschen zu gewinnen. Regenwald wird aber auch zerstört, um Plantagen für Kakao, Kautschuk, Palmöl und andere Welthandelsgüter anzulegen. In Brasilien wurden riesige Regenwaldgebiete gerodet, um Rinderfarmen zu errichten. Das dort erzeugte Rindfleisch, zum Beispiel für Fastfood Hamburger, war lange Zeit eines der wichtigsten Exportgüter des Landes. Zusätzliche großräumige Zerstörungen werden durch den Holzeinschlag verursacht. Der Schwund tropischer Regenwälder hat sowohl regional als auch global negative Auswirkungen auf die Klimaentwicklung.

Mit den Regenwäldern verliert der Mensch einen unwiederbringlichen Reichtum – die Artenvielfalt. So werden viele Pflanzenarten bereits ausgestorben sein, bevor man sie zum Beispiel auf medizinisch nutzbare Inhaltsstoffe untersuchen konnte. Viele Tiere des Regenwaldes sind bereits ausgerottet, andere leben nur noch in kleinen Restpopulationen. So kommen Berggorillas lediglich in zwei kleinen Rückzugsgebieten im Dreiländereck zwischen Ruanda, Kongo und Uganda vor. Nicht mehr als 700 dieser größten Menschenaffen haben dort überlebt.

In manchen Staaten gibt es Bestrebungen, der rücksichtslosen Zerstörung der Regenwälder Einhalt zu gebieten. Die Ausweisung von Schutzgebieten kann helfen, einen Teil der Artenvielfalt zu bewahren. Da aber nur wenige Wälder ganz unter Schutz gestellt werden können, muss die Nutzung der übrigen Regenwaldgebiete in Zukunft behutsamer erfolgen als bisher.

9 Vergleiche die Verbreitung tropischer Regenwälder früher und heute. Nenne Gründe für den Rückgang.

10 Zerstörte tropische Regenwälder kann man nicht wieder anpflanzen. Begründe diese Aussage.

11 Informiere dich über den Lebensraum und die Lebensweise des Gorillas. Erläutere, warum das Überleben dieser Tiere akut gefährdet ist.

12 Recherchiert nach weiteren Beispielen für die Zerstörung natürlicher Lebensgrundlagen. Präsentiert die Ergebnisse in einer Ausstellung.

A Tropische Regenwälder um 1900

A Tropische Regenwälder um 2005

3 Tropischer Regenwald. **A** Verbreitung um 1900 und 2005; **B** Berggorilla – eine bedrohte Art des Regenwaldes

Streifzug durch Wirtschaft und Politik | Tourismus – Segen oder Fluch?

Zu den Kennzeichen der Globalisierung gehört auch der *Massentourismus*. Vom Nordpol bis zur Antarktis, vom Mount Everest bis zur Osterinsel – Pauschalangebote gibt es zu fast jedem beliebigen Ziel auf der Erde. Der Tourismus gehört heute zu den wichtigsten Wirtschaftszweigen, der weltweit etwa zwölf Prozent aller Arbeitsplätze sichert. Für manche Inselstaaten, zum Beispiel in der Karibik oder im Indischen Ozean, ist er die wichtigste Einnahmequelle. Doch auch manche Regionen in Industriestaaten leben vorwiegend vom Fremdenverkehr, etwa die Balearen, die Kanarischen Inseln oder einige Gebiete in den Alpen. Nicht alle Menschen können reisen – 55 Prozent aller Ausgaben für Auslandsreisen stammen aus Europa.

1 Hotelburgen an einer Küste

Mit dem Tourismus gehen erhebliche Belastungen der Umwelt einher. So sind bereits viele einstmals einsame und landschaftlich schön gelegene Küstenabschnitte durch endlose Hotelkomplexe zerstört worden. Die Anlage von Straßen, Flughäfen und anderen Verkehrseinrichtungen hat fast immer die Zerschneidung oder Zerstörung von Ökosystemen zur Folge. Die Anreise in die Feriengebiete mit dem Auto oder Flugzeug verstärkt die ohnehin bereits große Belastung der Luft mit Schadstoffen. In den Feriengebieten selbst tritt ein hoher Bedarf an Wasser auf, der oft aus entlegenen Landesteilen gedeckt werden muss. Abwässer werden mancherorts noch immer ungeklärt ins Meer abgegeben und belasten dort die Küstenlebensräume. Auch viele Korallenriffe sind durch den Tourismus in ihrem Bestand gefährdet.

2 Albtraum Massentourismus?

In Wintersportgebieten wurden vielfach Schutzwälder abgeholzt, sodass die Lawinengefahr zunahm. An intensiv genutzten Skihängen leidet die Grasnarbe. Dort kann es im Sommer zu verstärkter Bodenerosion kommen. Ein Versuch, die Umweltbelastungen durch den Tourismus zu reduzieren, ist der *Ökotourismus*. Dabei versucht man, Reisen umweltverträglich durchzuführen.

Tourismus hat nicht ausschließlich negative Auswirkungen. So kann das Überleben vieler Großsäuger in den afrikanischen Savannen nur in Nationalparks gesichert werden. Die Kosten dafür müssen von Touristen aufgebracht werden.

3 Safaritourismus in einem afrikanischen Nationalpark

5.3 Treibhauseffekt und Klimawandel

Lang andauernde Hitzewellen in den Sommern 2003 und 2006, ungewöhnliche milde Herbst- und Wintertemperaturen wie 2006/2007, rapides Abschmelzen der Alpengletscher, Zunahme von Stürmen und Platzregen – nicht nur in Deutschland, überall auf der Erde gibt es Anzeichen für einen **globalen Klimawandel,** eine Erwärmung auf der Erde.

Lebewesen reagieren sehr sensibel auf Umweltveränderungen. So hängt beispielsweise der Termin des ersten Blattaustriebs oder der Beginn der Blüte bei vielen Pflanzen davon ab, wie lang und wie kalt der Winter war. Auch das erstmalige Erscheinen bestimmter Schmetterlingsarten, der Laichbeginn von Amphibien sowie Ankunft und Abflug von Zugvögeln können als Indikatoren für die Entwicklung des Klimas dienen. Untersuchungen, wann bestimmte Tierarten im Jahr erstmals oder letztmalig in der Natur beobachtet werden konnten und wann Pflanzen austreiben, blühen und zur Fruchtreife kommen, werden *phänologische Beobachtungen* genannt. Die Ergebnisse zeigen, dass beispielsweise Blattentfaltung und Blüte vieler heimischer Pflanzen in den letzten 30 Jahren im Mittel etwa sechs Tage früher begonnen haben und die Laubverfärbung im Herbst etwa fünf Tage später einsetzt. Die Vegetationsperiode hat also um etwa elf Tage zugenommen. Gegen Pollen bestimmter Pflanzen allergische Menschen leiden seit einigen Jahren bereits viel früher an den Symptomen von Heuschnupfen. Viele Vogelarten beginnen mit dem Brüten heute sechs bis 14 Tage früher als noch vor 30 Jahren, manche Zugvögel ziehen zur Überwinterung weniger weit weg, andere überwintern neuerdings sogar in ihren Brutgebieten. Diese Beobachtungen stimmen mit den Messergebnissen der Meteorologen überein, die in den letzten Jahrzehnten ebenfalls steigende Temperaturen ergaben. Welche Auswirkungen wird der Klimawandel in Zukunft haben und wo liegen die Ursachen für die Erwärmung?

In einem 2007 veröffentlichten Weltklimabericht, der im Auftrag der Vereinten Nationen (UN) erarbeitet wurde, gehen Klimaforscher davon aus, dass die Durchschnittstemperatur auf der Erde bis zum Jahr 2100 um einen Betrag von etwa 1,8 bis 4 Grad Celsius zunehmen wird. Im vergangenen Jahrhundert betrug die Erwärmung im Vergleich dazu weniger als ein Grad. Vom Klimawandel sind nicht alle Gebiete gleich betroffen. Besonders stark wird sich die Erwärmung in den höheren geographischen Breiten auswirken, also zum Beispiel in der Arktis. Dort wird sich das bereits heute zu beobachtende Abschmelzen des Polareises um den Nordpol beschleunigen. Am Ende dieses Jahrhunderts könnte das Nordpolarmeer im Sommer bereits weitgehend eisfrei sein. Die Erwärmung des Meerwassers und das Abschmelzen von Gletschern, beispielsweise auf Grönland, werden zu einem Anstieg des Meeresspiegels um bis zu einem halben Meter in den nächsten hundert Jahren führen. Auf die Meeresanrainerstaaten kommen somit enorme Kosten für die Erhöhung und Festigung von Deichen zu, um die Küsten vor Überschwemmungen zu schützen. Ob dies in den armen Entwicklungsländern, die ebenfalls betroffen sind, geleistet werden kann, ist ungewiss. Eine zusätzliche Bedrohung mancher Küstengebiete liegt darin, dass dort eine Zunahme von heftigen Stürmen und Sturmfluten erwartet wird. Einigen flachen Atollen im Indischen und Pazi-

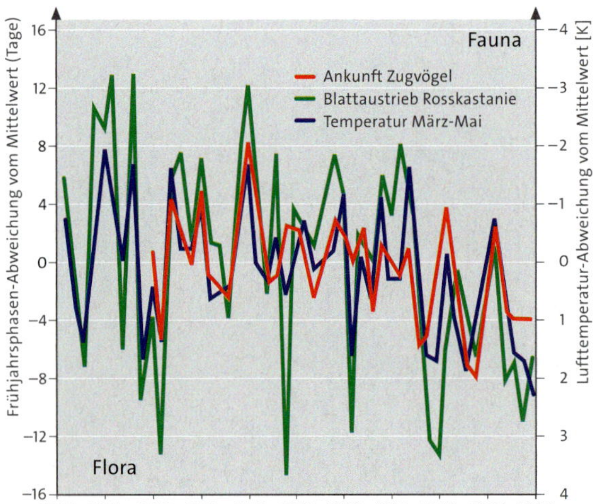

1 Ergebnisse phänologischer Beobachtungen

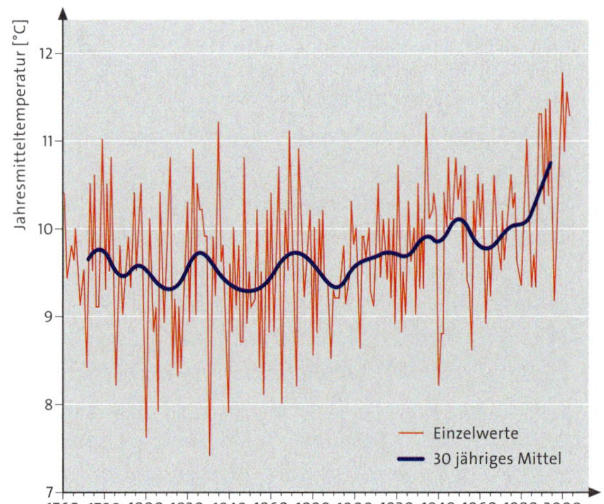

2 Entwicklung der Jahresmitteltemperatur in Europa

fischen Ozean droht durch den Anstieg des Meeresspiegels die vollständige Überflutung.

Mit dem Klimawandel verändern sich auch die Lebensbedingungen für Pflanzen und Tiere. Wärmeliebende Arten können sich in Gebiete ausbreiten, in denen es bislang zu kalt war. Es ändern sich jedoch nicht nur die Temperaturen, sondern auch die Niederschlagsverhältnisse. So wird prognostiziert, dass sich die Trockengebiete ausbreiten werden. In weiten Teilen Mitteleuropas wird sich in 100 Jahren vielleicht ein ähnliches Klima einstellen wie heute im Mittelmeerraum. Entsprechend wird sich auch die natürliche Vegetation verändern. Der Klimawandel wird auch Auswirkungen auf die Landwirtschaft haben. In einigen Gebieten wird es zu trocken und zu heiß für den Ackerbau werden, während sich die Kältegrenze des Anbaus weiter nach Norden verlagern wird.

Klimaänderungen hat es in der Erdgeschichte immer gegeben. Noch vor 12 000 Jahren waren große Teile Nordeuropas vollständig vereist, die letzte Eiszeit ging gerade zu Ende. Die Entstehung von wärmeren oder kälteren Perioden des Erdklimas wird mit Schwankungen der Sonnenaktivität und Änderungen der Stellung der Erde zur Sonne, etwa der Neigung der Erdachse, in Zusammenhang gebracht. Für den gegenwärtigen Klimawandel machen die meisten Klimaforscher allerdings vorwiegend den Menschen verantwortlich. Eine besondere Bedeutung wird dem hohen Ausstoß von Kohlenstoffdioxid in die Atmosphäre zugeschrieben. Dieses Gas entsteht nicht nur bei der Zellatmung, sondern auch bei der Verbrennung fossiler Energieträger, zu denen in erster Linie Kohle, Erdöl und Erdgas gehören.

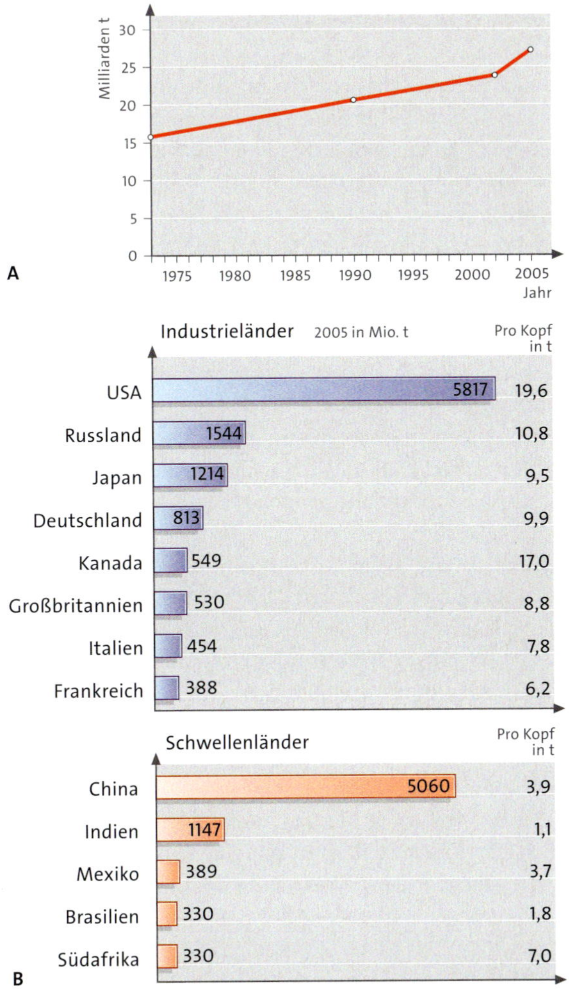

4 Kohlenstoffdioxid-Ausstoß.
A weltweit; **B** nach einzelnen Staaten

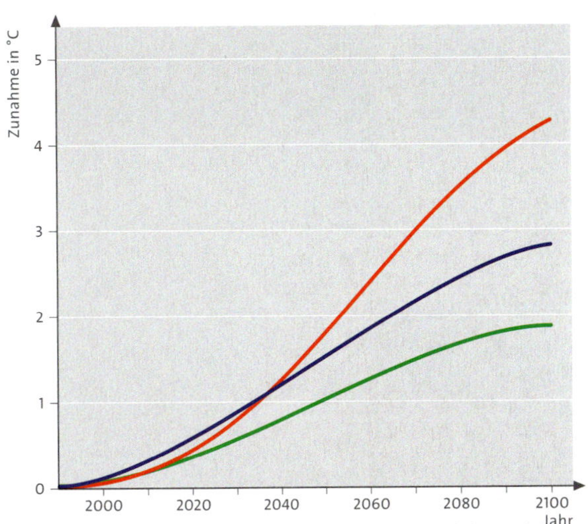

3 Prognosen zur Zunahme der Temperatur auf der Erde

5 Mögliche Verschiebung der Vegetationszonen in Europa

Der weltweit zunehmende Verkehr und die vermehrte Nachfrage nach elektrischem Strom haben in den letzten Jahrzehnten zu einer Verdopplung der Ausstoßmengen an Kohlenstoffdioxid geführt. Zusammen mit einigen anderen Spurengasen behindert das Kohlenstoffdioxid die Ausstrahlung von Wärme in den Weltraum. Die Wirkung ist ähnlich wie in einem Treibhaus. Deshalb spricht man auch vom **Treibhauseffekt.** Das Klima auf der Erde wird durch die Konzentration von *Treibhausgasen* in der Atmosphäre beeinflusst. Sind große Mengen an Treibhausgasen vorhanden, steigt die Temperatur, nimmt ihre Konzentration ab, kommt es zu einer Abkühlung. Gegenwärtig erhöht der Mensch durch seine wirtschaftlichen Aktivitäten die Konzentration dieser Gase in der Atmosphäre beträchtlich und trägt auf diese Weise dazu bei, dass sich der natürliche Treibhauseffekt verstärkt.

Methan ist ein weiteres, sehr wirksames Treibhausgas. Riesige Mengen dieses Gases lagern unter hohem Druck, als Methanhydrat in einer Art Eis gebunden, am Meeresboden. Wenn ein Teil dieses Eises durch die Erwärmung der Meere schmilzt und das Methan in die Atmosphäre freigesetzt werden sollte, wird sich die Erwärmung der Erde noch beschleunigen. Auch beim Auftauen von Dauerfrostböden in Sibirien und Nordamerika könnten erhebliche Mengen an Methan in die Atmosphäre entweichen. Der Klimawandel setzt also eine Reihe weiterer Veränderungen in Gang, über deren Zusammenhänge und Auswirkungen wir heute noch wenig wissen.

Welche Möglichkeiten hat der Mensch, den Klimawandel zu beeinflussen? Klimaforscher, Ökologen und Politiker sind sich grundsätzlich einig, dass der Energieversorgung eine Schlüsselrolle für die zukünftige Entwicklung der Menschheit zukommt. Dabei geht es nicht allein um den Klimawandel, sondern auch um die langfristige Versorgungssicherheit mit wichtigen Ressourcen. Seit Jahrzehnten steigt der weltweite Bedarf an Energie. Gedeckt wird die Nachfrage noch immer vorwiegend über die fossilen Energieträger Erdöl, Erdgas und Kohle. Schätzungen zufolge reichen die Vorräte an Kohle immerhin noch 200 Jahre, an Erdöl aber höchstens noch 50 Jahre. Besonders stark ist die Nachfrage nach Erdöl in Ländern wie Indien und China gestiegen, wo in den letzten Jahren ein starkes Wirtschaftswachstum stattfand und sich immer mehr Menschen ein eigenes Auto leisten können.

Erdöl ist nicht nur ein wichtiger Energieträger, sondern auch ein unersetzlicher Rohstoff für die chemische Industrie. Deshalb muss der Mensch mit den noch vorhandenen Reserven in Zukunft besser haushalten. In vielen Industriestaaten hat bereits ein Umdenken eingesetzt. Um den Verbrauch an fossilen Energieträgern einzuschränken, bemüht man sich um Energiesparmaßnahmen und den verstärkten Einsatz von erneuerbaren Energiequellen. Zu den Energiesparmaßnahmen gehört zum Beispiel die Nutzung öffentlicher Verkehrsmittel statt des eigenen Autos oder die Wärmedämmung an Gebäuden. Erneuerbare Energiequellen sind unter anderem Wind, Wasserkraft, Sonnenenergie, Erdwärme und Biomasse.

Versuche einzelner Staaten, sich den globalen Herausforderungen zu stellen, können nur ein Anfang sein. Sollen Maßnahmen wirklich greifen, müssen internationale Ver-

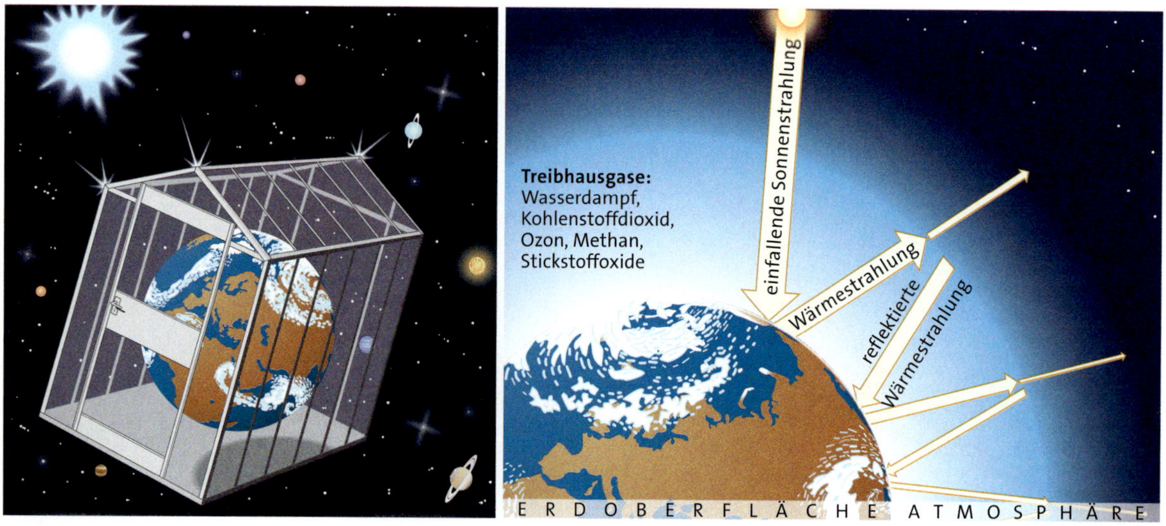

6 Treibhauseffekt

einbarungen angestrebt werden. Im Jahr 1992 trafen sich erstmals ranghohe Regierungsmitglieder aus 178 Staaten zur »Konferenz der Vereinten Nationen über Umwelt und Entwicklung« in Rio de Janeiro. Die Versammlung beschloss ein Programm, das eine sichere lebenswerte Zukunft für alle Menschen zum Ziel hat. Bekannt wurde dieses Dokument unter dem Namen Agenda 21, was soviel wie Handlungsplan für das 21. Jahrhundert bedeutet.

Ein wesentlicher Leitgedanke der Agenda 21 ist das Konzept der **Nachhaltigkeit** oder der *Nachhaltigen Entwicklung*. Darin wird gefordert, bei der Nutzung der vorhandenen Ressourcen auf kurzfristige Gewinne zu verzichten und stattdessen langfristige Erträge anzustreben. Bei der Nutzung ist eine möglichst umfassende Schonung der Umwelt zu berücksichtigen. Schließlich soll allen Menschen der Zugang zu den Ressourcen und Reichtümern der Erde ermöglicht werden. Insgesamt verfolgt das Prinzip der Nachhaltigkeit also das Ziel, mit den Naturgütern gerecht, schonend, umweltverträglich und zukunftsorientiert umzugehen. Kein Land der Erde soll auf Kosten der Natur, anderer Länder und zukünftiger Generationen leben und wirtschaften.

Die Umsetzung des Nachhaltigkeitskonzeptes steckt noch in den Anfängen. 1997 wurde im japanischen Kyoto ein Vertragswerk vorbereitet, um den Verbrauch fossiler Energieträger weltweit einzuschränken und dadurch den Ausstoß des Treibhausgases Kohlenstoffdioxid zu vermindern. Ziel des Kyoto-Protokolls ist es, zwischen 2008 und 2012 die Kohlenstoffdioxid-Mengen gegenüber dem Wert von 1990 weltweit um mehr als fünf Prozent zu verringern. Damit soll gleichzeitig ein nachhaltiger Umgang mit der Ressource Erdöl eingeleitet und ein Beitrag zum Klimaschutz geleistet werden. Einige große Staaten, allen voran die USA, sind diesem Vertrag allerdings bisher nicht beigetreten.

Die Ziele der Agenda 21 sind sehr vielfältig und umfangreich. Insgesamt umfasst das Aktionsprogramm 40 Kapitel, die in vier übergeordnete Themenbereiche gegliedert sind. Die Vorgaben zielen auf die Entwicklung neuer Wertvorstellungen und Konsumgewohnheiten und erfordern grundlegende gesamtgesellschaftliche Wanderungsprozesse, insbesondere in den reichen Industriestaaten. Dabei geht es nicht nur um Umwelt- und Ressourcenschutz, sondern auch um eine gerechtere Weltordnung.

Die Umsetzung der Agenda 21 erfordert Maßnahmen und Aktivitäten auf allen politischen Ebenen. Die gesetzlichen Grundlagen müssen von den Regierungen gelegt werden. Für den einzelnen Bürger sind jedoch Aktionspläne auf kommunaler Ebene, also am Wohnort, viel wichtiger, weil sie eine aktive Mitarbeit ermöglichen. Eine der wichtigsten Forderungen der Agenda 21 lautet deshalb »Global denken – lokal handeln«. Dazu kann beispielsweise ein Kohlenstoffdioxid-Vermeidungskonzept durch Verbesserung im öffentlichen Nahverkehr gehören.

1 Erläutere den Klimawandel anhand der Abbildungen 1, 2 und 5.

2 Beschreibe die Temperaturprognosen in Abbildung 3. Nenne mögliche Gründe dafür, warum die verschiedenen Vorhersagen so weit auseinander gehen.

3 Erläutere anhand von Abbildung 6 die Wirkung des Treibhauseffektes. Informiere dich über Herkunft und Bedeutung der verschiedenen Treibhausgase.

4 Die Verminderung des Ausstoßes von Kohlenstoffdioxid ist ein globales Problem. Begründe diese Aussage. Nimm Abbildung 4 zu Hilfe.

5 Recherchiert zu einigen Stichworten der Agenda 21 konkrete Beispiele und Projekte. Stellt die Ergebnisse in der Klasse vor und diskutiert über die Zielsetzung.

6 Recherchiere, welche Ziele in der lokalen Agenda deines Schulortes festgeschrieben sind.

7 **Wichtige Inhalte der Agenda 21**

5.4 Biotop- und Artenschutz

Eine Obstwiese mit alten Apfelbäumen ist ein wertvoller Lebensraum für viele Tier- und Pflanzenarten. Er wurde von Menschen angelegt und muss durch Pflegemaßnahmen wie den regelmäßigen Schnitt der Obstbäume, biologischen Pflanzenschutz oder die Mahd der krautigen Pflanzen unter den Bäumen erhalten werden. Obwohl der Ökologe unter einem Biotop nur die abiotischen Faktoren eines Lebensraumes versteht, bezeichnet man die Pflege eines solchen Ökosystems als Maßnahme, die dem **Biotopschutz** dient. Entsprechend werden alle Maßnahmen, die dem Schutz und der Pflege der Landschaft dienen, dem Biotopschutz zugeordnet.

Baut man ein »Insektenhotel«, das Wildbienen- und Wespenarten als Eiablageplatz dient, so gehört diese Maßnahme zum **Artenschutz.** Dasselbe gilt für den Bau von Nisthilfen für Vögel, Fledermäuse oder Hornissen oder die Auswilderung von Luchs und Biber. Maßnahmen des Artenschutzes dienen somit gezielt der Unterstützung einzelner, meistens gefährdeter Arten.

In unserer Kulturlandschaft sind, bedingt durch die menschliche Nutzung, viele Lebensräume zu isolierten Inseln geworden. Straßen, Kanäle, Industriegebiete oder große Äckerflächen erlauben es vielen Tierarten nicht mehr, von einem Teillebensraum in den anderen zu wandern. Daher gehören Maßnahmen zur Biotopvernetzung ebenfalls zu den wichtigen Projekten des Naturschutzes.

Die Anlage einer Hecke kann zum Beispiel zwei voneinander isolierte Feldgehölze wieder miteinander verbinden und der Bau eines Krötentunnels unter einer vielbefahrenen Straße sorgt dafür, dass Erdkröten ohne große Gefährdung von ihrem Winterlebensraum im Wald zu ihrem Laichgewässer auf der anderen Straßenseite gelangen.

Das Wissen über die Gesamtzahl der heute auf der Erde lebenden Arten ist ungenau. Nirgendwo auf der Welt gibt es bisher ein Zentralarchiv, das alle Beobachtungen der Freilandbiologen amtlich erfasst. Die Schätzungen der Fachleute gehen deshalb weit auseinander und liegen zwischen drei und dreißig Millionen Arten. Oft werden Hochrechnungen durchgeführt, wobei man von gut untersuchten Gebieten auf andere schließt. So werden zum Beispiel seit etwa 25 Jahren sehr genaue Erfassungen der Käferarten in der Kronenschicht tropischer Regenwälder durchgeführt. Man fand etwa 160 Käferarten pro Baumart. Da rund 40 Prozent aller Insekten Käfer sind, bedeutet dies etwa 400 Insektenarten pro Baumart, was bei etwa 50 000 tropischen Baumarten etwa 20 Millionen Insektenarten allein in den Tropen bedeuten würde. Während derartige Schätzwerte noch erhebliche Korrekturen erfahren können, ist heute sicher, dass sich die **Biodiversität,** das heißt die biologische Vielfalt an Ökosystemen auf der Erde sowie an Arten einschließlich der Sorten oder Rassen, in den letzten Jahrzehnten verringert hat. Der Rückgang der Biodiversität in Deutschland ist eng verknüpft mit den Veränderungen unserer Kulturlandschaft besonders in den letzten 150 Jahren. In Deutschland sind heute rund 28 000 Pflanzenarten und 45 000 Tierarten bekannt. Drei bis vier Prozent von ihnen gelten derzeit als ausgestorben und etwa 40 Prozent als gefährdet.

1 Rote Listen gefährdeter Pflanzen und Tiere – Beispiele und Gefährdungskategorien

Die ausgestorbenen, verschollenen und gefährdeten Arten fasst man seit Anfang der siebziger Jahre des 20. Jahrhunderts in **Roten Listen** zusammen. Sie werden verschiedenen Gefährdungskategorien zugeordnet. Die ausgestorbenen oder verschollenen Arten gehören demnach zur **Kategorie 0.** Hierzu zählen bei den Wirbeltieren alle Arten, die seit zehn und mehr Jahren nicht mehr nachgewiesen wurden. Etliche Großtierarten sind in Deutschland ausgestorben: Der Auerochse seit dem Mittelalter und Braunbär, Wisent und Elch im 17. bis 19. Jahrhundert.

Zur **Kategorie 1** zählt man die vom Aussterben bedrohten Arten. Das Überleben dieser Arten ist unwahrscheinlich, wenn die Gefährdungsursachen weiterhin einwirken oder bestandserhaltende Schutz- und Hilfsmaßnahmen fehlen beziehungsweise wegfallen. Fischotter, Birkhuhn oder Sumpfschildkröte gehören ebenso dazu wie weniger bekannte Arten, zum Beispiel Späte Adonislibelle, Kornrade und Acker-Leinkraut. Zur **Kategorie 2** zählt man stark gefährdete Arten. Sie kommen national nur in kleinen Beständen vor, gehen nahezu im gesamten Verbreitungsgebiet zurück und sind in vielen Landesteilen selten geworden oder verschwunden. Dies gilt für Laubfrosch, Steinkauz, Edelweiß, Bienen-Ragwurz und Langblättrigen Sonnentau. Zu den gefährdeten Arten, der **Kategorie 3**, gehören solche, deren Bestände regional niedrig sind, lokal zurückgehen oder an manchen Orten verschwunden sind. Feldhase, Weißstorch, Lungenenzian und Fieberklee werden hier derzeit eingeordnet.

Die Ursachen des Artenrückgangs sind vielfältig. Ein Verursacher des Artenrückgangs bei Pflanzen ist die Landwirtschaft. Sie hat besonders durch Stickstoffeintrag und Entwässerung die Standortfaktoren für viele Pflanzenarten verändert und damit ihren Rückgang gefördert. Da an jede Pflanzenart im Mittel zehn Insektenarten gebunden sind, hatte dies auch Folgen für die Biodiversität bei Tieren. Verschwindet zum Beispiel der Lungenenzian durch Stickstoffdüngung, so kann auch der Lungenenzian-Ameisenbläuling nicht überleben, da seine Raupen den Enzian als Futterpflanze benötigen. Die Kornrade ist mit der Saatgutreinigung aus unserer Kulturlandschaft verschwunden und wandernde Fischarten wie Stör und Lachs verloren ihren Lebensraum mit dem Einbau von Schleusen und Staustufen in die Flüsse. Wolf und Bär wurden durch die Jagd ausgerottet, der Steinkauz verschwand mit alten Obstbäumen, in denen er brütet.

1 Erläutere, durch welche Aktivitäten des Menschen die in Abbildung 1 berücksichtigten Arten gefährdet sind.

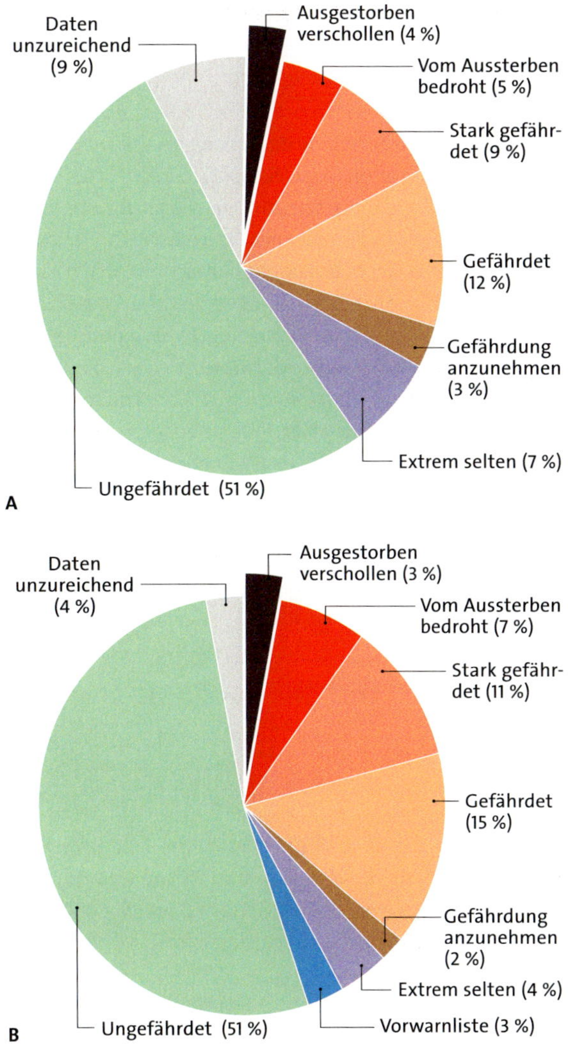

2 Prozentualer Anteil der Gefährdungskategorien.
A Farn- und Blütenpflanzen; **B** Tiere

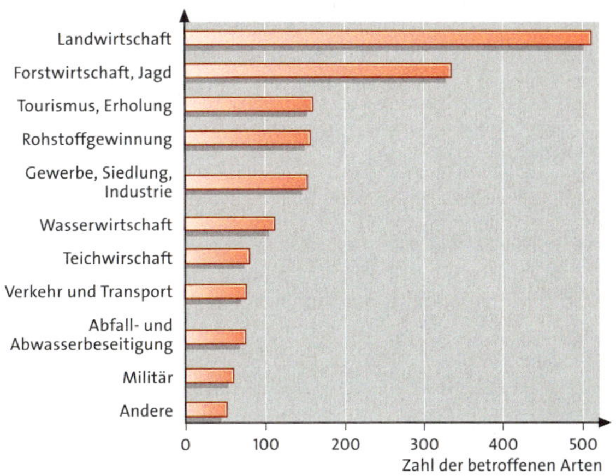

3 Ursachen der Gefährdung bei Farn- und Blütenpflanzen

Streifzug durch die Politik | Gesetze und Schutzgebiete

Das **Wattenmeer** ist eine der letzten großräumigen Naturlandschaften Mitteleuropas. In den letzten Jahrzehnten wurde immer deutlicher, wie einzigartig und wertvoll das Wattenmeer als Ökosystem ist. Gleichzeitig nahm der Druck auf den Lebensraum durch neue Siedlungen, Häfen, Deichanlagen, Leitungsstrassen und Ölbohrinseln zu. Ein breit angelegtes Forschungsprogramm brachte Gewissheit. Nährstoffeinleitungen über die Flüsse, Schadstoffeinleitungen, Abfallentsorgung, selbst Küstenfischerei und Tourismus zerstören das Wattenmeer immer stärker. Während die einen am liebsten alles unter strengen Schutz gestellt hätten, wehrten sich die Nutzer teilweise heftig und sahen ihre Existenz gefährdet. Ein Kompromiss musste gefunden werden. Man entschied sich schließlich für die Schutzgebietskategorie des **Nationalparks.** Zwischen 1985 und 1990 wurden die Wattenmeernationalparks in Schleswig-Holstein, Niedersachsen und Hamburg rechtsverbindlich ausgewiesen. Damit die Ziele zum Schutz der Küstenregion Wattenmeer auch für alle Menschen nachvollziehbar sind, wurden zahlreiche Ausstellungen in so genannten Nationalpark-Häusern eingerichtet.

Nationalparks sind die ältesten bestehenden Großschutzgebiete. Der Yellowstone-Nationalpark in den USA war 1872 der erste Nationalpark weltweit. Erst 100 Jahre später wurde der Nationalpark Bayerischer Wald als erstes deutsches Großschutzgebiet gegründet. Heute gibt es 15 Nationalparks in Deutschland und über 5000 weltweit.

1 Nationalparks und Biosphärenreservate

Das **Naturschutzrecht** umfasst die zahlreichen Regeln, die sich mit dem Einwirken des Menschen auf die Biosphäre befassen. Die Resolution »Man and Biosphere« aus dem Jahre 1970 hat für das Weltnaturschutzrecht besondere Bedeutung. Mit diesem Programm reagierte die UNESCO auf die zunehmende Zerstörung der Lebensgrundlagen auf der Erde. Seither hat sie über 440 Gebiete in etwa 100 Staaten als **Biosphärenreservate** anerkannt. Während in Nationalparks möglichst keine menschliche Nutzung stattfinden soll, gehört sie in einem Biospärenreservat sogar zum Konzept. Der Mensch und die von ihm geschaffene Kulturlandschaft stehen hier im Mittelpunkt. Oft ist es eine ganz bestimmte Form der Landwirtschaft, die eine Kulturlandschaft geprägt hat, und die daher auch Voraussetzung für ihren Erhalt ist.

Seit der Weltkonferenz über Umwelt und Entwicklung 1992 in Rio de Janeiro gilt die Bewahrung der biologischen Vielfalt als gemeinsames Anliegen der Menschheit. Internationale Institutionen organisieren die Umsetzung der von der Staatengemeinschaft getroffenen Vereinbarungen, erarbeiten Richtlinien für die Praxis und unterstützen beziehungsweise überwachen die Realisierung auf nationaler Ebene. Mit der **Flora-Fauna-Habitat-Richtlinie** (FFH-Richtlinie) von 1992 hat die Europäische Union den europaweiten Schutz hunderter Tier- und Pflanzenarten sowie die Schaffung eines europaweiten Netzes von Schutzgebieten unter dem Namen **»Natura 2000«** beschlossen.

In Deutschland bildet das **Bundesnaturschutzgesetz** (BNatSchG) die gemeinsame rechtliche Basis für den Naturschutz in den Bundesländern. Diese verabschieden innerhalb dieses Rahmens eigene **Landesnaturschutzgesetze** und treffen detailliertere Regelungen. Die oberste Bundesbehörde für Umweltangelegenheiten ist das 1986 gegründete Bundesministerium für Umwelt, Naturschutz und Reaktorsicherheit. Es wird vom Umweltbundesamt, dem Bundesamt für Naturschutz und dem Bundesamt für Strahlenschutz fachlich unterstützt. Als Bürger oder Schule wendet man sich in Naturschutzangelegenheiten in der Regel an die Untere Behörde für Naturschutz und Landschaftspflege, die in der Verwaltung des Kreises oder der Stadt angesiedelt ist. Auch in manchen Gemeinden gibt es Mitarbeiter, die für Naturschutzangelegenheiten vor Ort zuständig sind.

1 Sammelt für ein Schutzgebiet aus der Umgebung eurer Schule Informationen und Material und stellt das Gebiet in einem Kurzvortrag vor. Berücksichtigt in den Vorträgen alle Schutzgebietskategorien aus Abbildung 2.

Schutzgebietskategorie	Merkmale
Biosphärenreservat	großflächig; Zonierung nach Intensität menschlichen Eingriffs in Kernzone, Pufferzone und Entwicklungszone; Erhalt von Natur und Kulturlandschaft; Erhalt der natürlichen Entwicklungsfähigkeit; eingebunden in ein globales Netz; Verbote entsprechend dem Schutzzweck
Natura 2000 (FFH-Gebiete)	europäisches Netz von Schutzgebieten; Ziel aller Schutzbemühungen ist der günstigste Erhaltungszustand; die Flora-Fauna-Habitat (FFH)-Gebietsliste ist noch in der Bearbeitung
Nationalpark	Größe in der Regel über 10 000 Hektar; Erhalt eines möglichst artenreichen heimischen Tier- und Pflanzenbestandes; vom Menschen nicht oder wenig beeinflusst; verboten sind Zerstörung, Beschädigung, Veränderung und nachhaltige Störung
Naturschutzgebiet (NSG)	keine Mindestgröße, aber oft über 50 Hektar; Erhalt von lebensgemeinschaften oder Biotopen heimischer Tier- und Pflanzenarten; Verbote wie im Nationalpark
Naturdenkmal (ND)	Einzelschöpfung mit besonderer Seltenheit, Eigenart oder Schönheit; Verbote wie im Nationalpark
Landschaftsschutzgebiet (LSG)	keine Mindestgröße; Erhalt der Leistungsfähigkeit des Naturhaushaltes, Nutzungsfähigkeit der Naturgüter, Landschaftsbild; es ist verboten, den Charakter des Gebietes zu verändern
Naturpark	Größe etwas 10 000 bis 20 000 Hektar; überwiegend Landschaftsschutzgebiet; Erhalt und Entwicklung der landschaftlichen Voraussetzung für Erholung; außerhalb von LSG und NSG keine Verbote

2 Schutzgebietskategorien

Zusammenfassung Regeln im Haushalt der Natur

Basiskonzept System

Alle belebten Gebiete der Erde wie Wälder, Wiesen, Seen, Meere und Hochgebirge gehören zur Biosphäre. Hier leben verschiedene Pflanzen und Tiere, die mit ihrer Umgebung in Beziehung stehen. Die Ökologie untersucht die Wechselbeziehungen zwischen Organismen und Umwelt. Sie erforscht auch die Umweltbedingungen, Nahrungsbeziehungen und Stoffkreisläufe in den Lebensräumen. Ein Lebensraum, auch Biotop genannt, ist durch charakteristische abiotische Umweltfaktoren wie Licht, Temperatur, Feuchtigkeit und Bodenbeschaffenheit charakterisiert. So ist es in einem Kiefernwald zum Beispiel relativ hell und trocken, der Boden ist meist sandig und sauer. In einem solchen Lebensraum kommen Populationen verschiedener Tier- und Pflanzenarten vor. Sie bilden die Biozönose. Die Beziehungen zwischen den Mitgliedern einer Biozönose sind vielfältig. So ergeben sich neben Nahrungsbeziehungen, auch verschiedene Formen der Konkurrenz um Ressourcen, Räuber-Beute-Beziehungen und Formen des Zusammenlebens. Die Einheit von Biotop und Biozönose wird als Ökosystem bezeichnet. Ökosysteme unterscheiden sich in ihrer Größe und Artenvielfalt voneinander. So zählen Wälder und Seen zu den artenreichen Ökosystemen Deutschlands, bestimmte Wiesentypen und Felder dagegen zu den artenarmen Ökosystemen.

Basiskonzept Vielfalt

Ein wesentliches Merkmal lebender Systeme ist die Vielfalt. So sind zum Beispiel Samenpflanzen mit über 250 000 verschiedenen Arten die größte heute lebende Pflanzengruppe. Neben Gemeinsamkeiten, wie ihren Grundbauplan mit Wurzel und Spross, Blütenbildung und Vermehrung durch Samen, treten auch Unterschiede bei den Samenpflanzen auf. Diese betreffen zum Beispiel Größe und Form ihrer Organe oder die Blütenfarbe.

Basiskonzept Struktur und Funktion

Ökosysteme lassen häufig eine bestimmte Gliederung erkennen. Der Wald hat zum Beispiel eine Wurzelschicht, der die Kraut- und Strauchschicht folgen. Die Baumschicht ist die oberste Region. Jede Schicht wird von bestimmten Tierarten bevorzugt. Die Organe der Waldpflanzen zeigen einen bestimmten Bau, durch den sie entsprechende Funktionen erfüllen können. So haben die Blüten einiger Waldpflanzen auffällig gefärbte Kronblätter, die Insekten anlocken. Die Blüten produzieren außerdem Nektar und Duftstoffe für ihre Bestäuber. Diese transportieren den Pollen und tragen so zur geschlechtlichen Fortpflanzung der Samenpflanzen bei. Windblütige Arten wie Hasel oder Eiche haben dagegen unauffällige Blüten mit langen Staubblättern, die sehr viele, leichte Pollenkörner erzeugen.

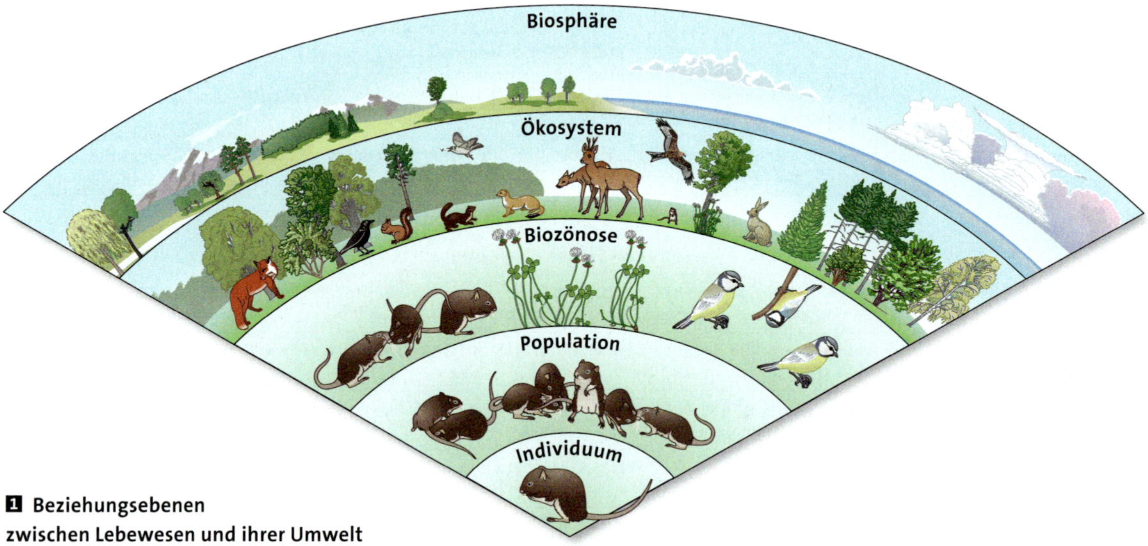

1 Beziehungsebenen zwischen Lebewesen und ihrer Umwelt

Der See ist ebenfalls in verschiedene Pflanzenzonen gegliedert. Zu ihnen zählen die Erlen-, Röhricht-, Schwimmblattpflanzen-, Tauchblattpflanzen- und Tiefenalgenzone.

Basiskonzept Angepasstheit

Die in den verschiedenen Bereichen eines Sees lebenden Arten sind an die dort vorherrschenden Umweltverhältnisse angepasst. Schwimmblattpflanzen besitzen zum Beispiel luftgefüllte Blattgewebe und tragen nur auf der Blattoberfläche Spaltöffnungen. So können sie schwimmen und mit der Umgebung einen Gasaustausch durchführen. Im Wasser lebende Tiere haben bestimmte Strategien, um Sauerstoff aufzunehmen. Libellenlarven atmen zum Beispiel durch Tracheenkiemen. Auf blattartigen Anhängseln befinden sich zahlreiche Tracheen, durch deren dünne Wände ein Gasaustausch mit dem Wasser stattfinden kann. Hier trifft das Prinzip der Oberflächenvergrößerung zu.

Basiskonzept Stoff- und Energieumwandlung

Die Lebewesen eines Ökosystems sind durch zahlreiche zwischenartliche Beziehungen miteinander verknüpft. Pflanzen stehen zum Beispiel als Produzenten am Anfang einer Nahrungskette. Sie betreiben Fotosynthese und stellen organische Stoffe wie Traubenzucker her. Dazu nehmen sie Kohlenstoffdioxid und Wasser auf. Ein wichtiges Nebenprodukt ist Sauerstoff.

Als weitere Glieder der Nahrungskette folgen die Konsumenten. Zu diesen zählt auch der Mensch. Die Versorgung des Körpers mit Energie und Baustoffen erfolgt über die Nahrung. Während der Verdauung werden die Nährstoffe mit Hilfe von Enzymen in ihre Bestandteile zerlegt. So entstehen zum Beispiel aus Polysacchariden Monosaccharide wie Glucose und Fructose. Diese Einfachzucker dienen in erster Linie der Energieversorgung aller Zellen. Um Energie freizusetzen, muss die Glucose in den Mitochondrien zu Kohlenstoffdioxid und Wasser abgebaut werden. Für diesen Prozess der Zellatmung ist Sauerstoff nötig. Fette werden im Körper des Menschen durch Enzyme zu Fettsäuren und Glycerin gespalten. Sie dienen ebenfalls der Energiegewinnung. Proteine liefern dagegen Aminosäuren für den Baustoffwechsel des Menschen. Zwischen den Produzenten, Konsumenten und Destruenten eines Ökosystems besteht ein Stoffkreislauf.

Basiskonzept Entwicklung

Die Entwicklung von Pflanzen ist in unseren Breiten dem Wechsel der Jahreszeiten unterworfen. So erfolgt die Bildung von Blüten und Früchten im Frühjahr und Sommer. Herbst und Winter stellen meist eine Ruhezeit dar. Durch diesen Wechsel ergeben sich zum Beispiel die jahreszeitlichen Aspekte im Ökosystem Wald.

Die Veränderung von Ökosystemen im Laufe mehrerer Jahrzehnte wird als Sukzession bezeichnet. Dabei folgen verschiedene Entwicklungsstadien aufeinander, die sich in der Zusammensetzung ihrer Lebensgemeinschaft unterscheiden. So kann ein See altern und langsam verlanden.

Der Mensch greift immer wieder in lebende Systeme direkt oder indirekt ein, sodass er dadurch auch deren Entwicklung beeinflusst. So werden durch verschiedene Arten der Landnutzung Lebensräume nachhaltig verändert. In ihnen lebende Pflanzen- und Tierarten werden dabei gefährdet. Die Trockenlegung von Nasswiesen und Mooren zerstört beispielsweise den Lebensraum von Sonnentau, Libellen und vielen Lurcharten. Auch die Überdüngung vieler Flächen hat einen Artenschwund zur Folge. Auf stickstoffreichen Böden setzen sich entsprechende stickstoffliebende Arten wie Brennnessel und Weiße Taubnessel durch. Sie verdrängen dabei andere Arten vollständig.

Kleinere Gebiete kann man zum Schutz der dort noch vorkommenden seltenen Tiere und Pflanzen als Naturschutzgebiete ausweisen. In Nordrhein-Westfalen trifft das für über 1600 Flächen zu. Weniger strenge Regeln gelten in Landschaftsschutzgebieten und Naturparks. Beispiele für solche Schutzgebiete, die in Nordrhein-Westfalen fast 30 Prozent der Landesfläche einnehmen, sind das Bergische Land, der Arnsberger Wald und das Rothaargebirge.

Durch die Eingriffe des Menschen ergeben sich neben lokalen auch viele globale Folgen. Zu diesen zählt der sich weltweit verstärkende Treibhauseffekt. Er wird unter anderem durch die Abgabe von Treibhausgasen wie Kohlenstoffdioxid und Methan verursacht. Mögliche Folgen sind ein kontinuierlicher Anstieg der Durchschnittstemperaturen verbunden mit dem Schmelzen von Gletschern und Polareis, dem Anstieg des Meeresspiegels, Überflutungen und einer zunehmenden Dürre und Versteppung weiter Gebiete.

Wissen vernetzt Regeln im Haushalt der Natur

A1 Bau einer Samenpflanze

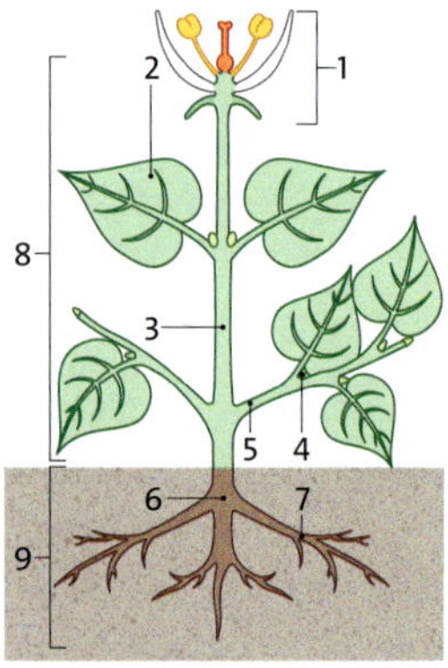

Aufgaben:

a) Benenne die gekennzeichneten Teile einer Samenpflanze und gib jeweils ihre Funktion an.

b) Erläutere am Beispiel der Blüte das Basiskonzept Struktur und Funktion.

A2 Walderdbeeren

Aufgabe: Begründe, warum die abgebildete Walderdbeere eine Samenpflanze ist.

A3 Buchenblatt

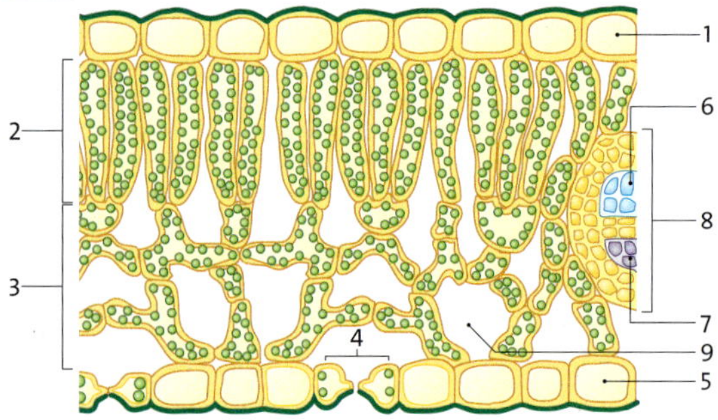

Die Abbildung zeigt den Querschnitt durch ein Buchenblatt.

Aufgaben:

a) Beschreibe den Blattaufbau mit Hilfe der nummerierten Blattteile.

b) Wende das Basiskonzept Struktur und Funktion auf die Spaltöffnung an.

A4 Transpiration

Die Abbildung zeigt einen Versuch zur Transpiration bei Pflanzen.

Aufgabe: Beschreibe das Experiment, indem du Material, Durchführung, zu erwartende Beobachtungen und eine Auswertung angibst.

A5 Fotosynthese und Zellatmung

Aufgabe: Vergleiche Fotosynthese und Zellatmung tabellarisch miteinander. Finde zwei Gemeinsamkeiten und mindestens fünf Unterschiede. Beachte dabei Ort des Stoffwechselprozesses, Ausgangsstoffe, Reaktionsprodukte, Teilreaktionen und Bedingungen.

A6 Sauerstoffkreislauf

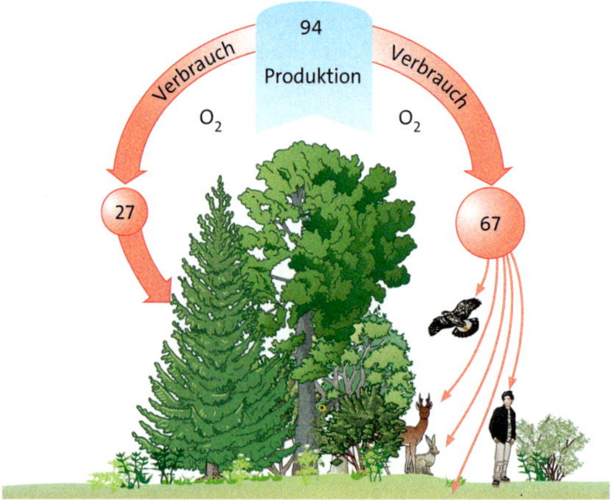

Die Abbildung zeigt die Sauerstoffproduktion der grünen Pflanzen in Milliarden Tonnen pro Jahr.

Aufgabe: Erläutere unter Verwendung der Grafik den Zusammenhang zwischen Fotosynthese und Zellatmung.

A7 Zusammensetzung der Nahrung

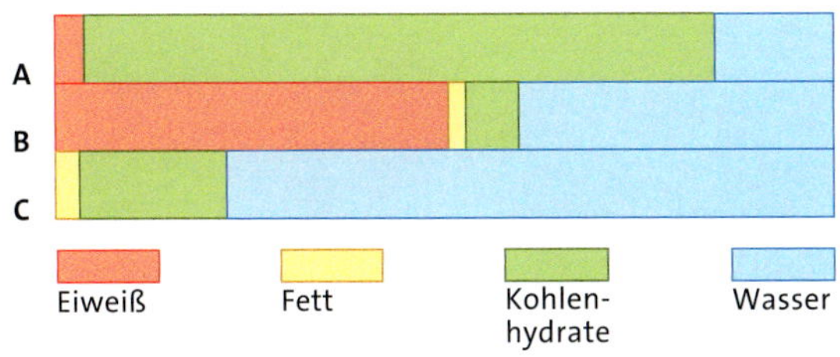

Aufgabe: Ordne den Buchstaben A, B und C folgende Nahrungsmittel zu und erläutere: Tomaten, Brot, Quark.

A8 Gesunde Ernährung

Eine abwechslungsreiche Ernährung für einen erwachsenen Mann sollte täglich etwa 75 g Eiweiß, 90 g Fett, 340 g Kohlenhydrate, Ballaststoffe und wenige Milligramm Vitamine und Mineralstoffe enthalten.

Aufgabe: Erläutere, welche Änderung der Zusammensetzung der Nahrung zu empfehlen ist für

a) einen Büroangestellten mit überwiegend sitzender Tätigkeit;

b) einen körperlich schwer arbeitenden Mann.

A9 Verdauung durch Enzyme

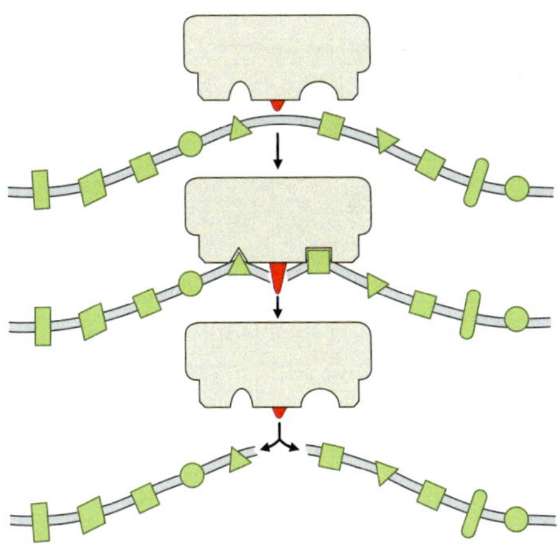

Die Abbildung zeigt als Modell den Abbau eines bestimmten Nährstoffs durch ein Verdauungsenzym.

Aufgabe: Nenne den Nährstoff, das Enzym und den Abschnitt des Verdauungstraktes, in dem dieser Vorgang stattfindet.

A10 Zwölffingerdarm

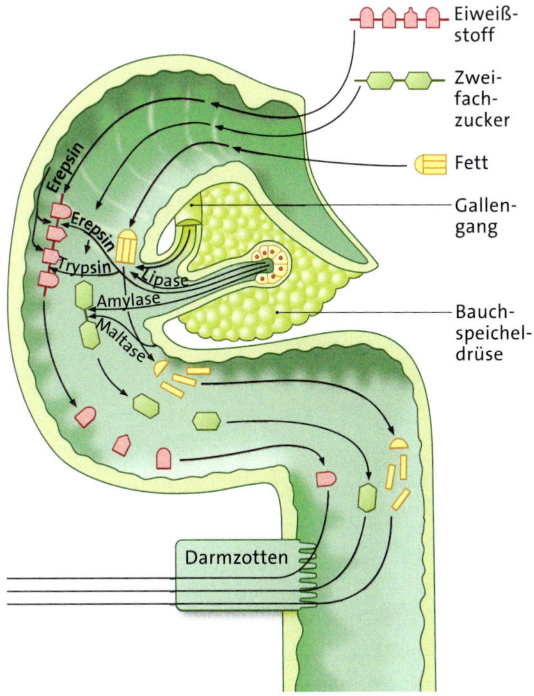

Aufgaben:

a) Beschreibe mit Hilfe der Abbildung die Vorgänge, die im Zwölffingerdarm ablaufen.

b) Erläutere anhand der Abbildung den Begriff Verdauung.

c) Nenne Folgen, die durch einen Ausfall der Bauchspeicheldrüse eintreten können.

d) Nenne Ursachen für Verdauungsstörungen beim Menschen.

A11 Darmzotten

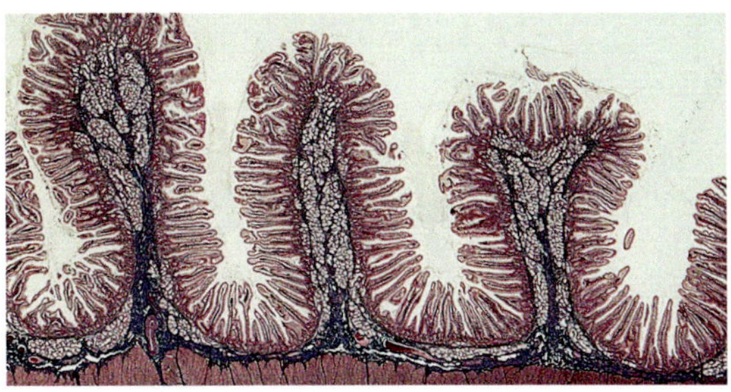

Aufgabe: Beschreibe den Bau und die Funktion der hier abgebildeten Strukturen.

Wissen vernetzt — Regeln im Haushalt der Natur

A12 Schichtung im Wald

Ein Laubwald kann aufgrund der Wuchshöhe der Pflanzenarten in verschiedene Stockwerke gegliedert werden.

Aufgabe: Lege eine Tabelle an, in der du den Stockwerken jeweils drei typische Pflanzenarten zuordnest.

A13 Nahrungsbeziehungen

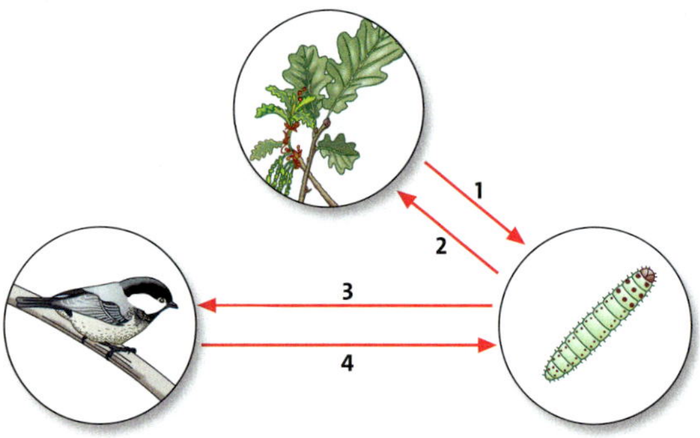

Aufgaben:

a) Begründe, weshalb es sich bei den dargestellten Nahrungsbeziehungen um einen Ausschnitt aus einem Nahrungsnetz handelt.

b) Ordne den Ziffern in der Abbildungen die Symbole + und – zu.

A14 Bodenbewohner

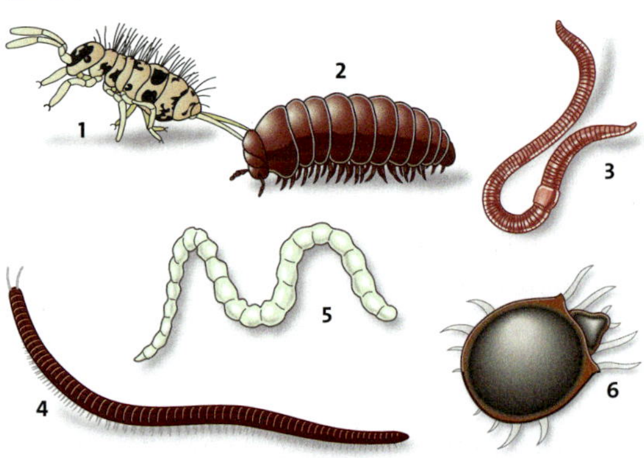

Aufgaben:

a) Ordne den Tieren ihren Namen zu und erläutere ihre Rolle im Kreislauf der Stoffe eines Waldes.

b) Wende auf das Tier 3 das Basiskonzept Angepasstheit an.

A15 Stoffkreislauf

Aufgaben:

a) Ordne die abgebildeten Tier- und Pflanzenarten in einen Stoffkreislauf des Kohlenstoffs.

b) Begründe, weshalb in diesem Kohlenstoffkreislauf keine Destruenten eingebaut sind.

A16 Schichtung im See

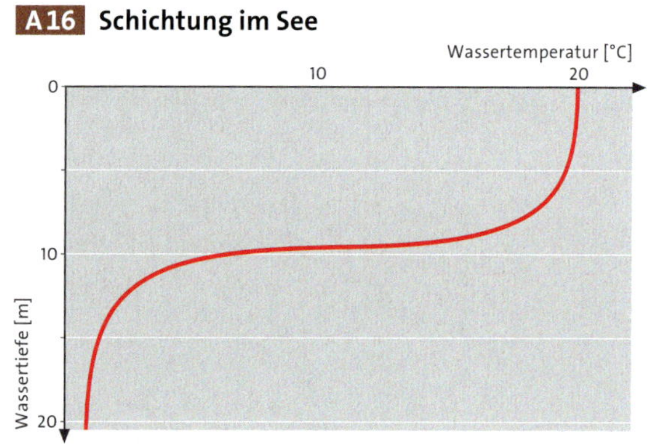

Mit einem speziellen Thermometer wird in einem See die Wassertemperatur in unterschiedlicher Wassertiefe gemessen. Das Messergebnis ist in der Grafik dargestellt.

Aufgaben:

a) In welcher Jahreszeit wurden die Messungen durchgeführt? Begründe.

b) Erläutere die Ursachen für die unterschiedlichen Wassertemperaturen.

c) Beschreibe die im Jahresgang auftretenden Veränderungen des Sauerstoffgehalts im Tiefenwasser und begründe.

A17 Waldschäden

Aufgaben:

a) Beurteile das Erscheinungsbild der abgebildeten Fichte und erläutere.

b) Beschreibe die Veränderungen, die in anderen Pflanzenteilen dieses Baumes zu erwarten sind, und erläutere ihre Ursachen.

c) Nenne einige Maßnahmen, mit denen die Luftverschmutzung verringert werden kann.

A18 Entrophierung

Der Zürichsee in der Schweiz wird seit mehr als hundert Jahren von Biologen sorgfältig untersucht. Bis etwa 1900 war der See sehr klar, dann wurde das Wasser immer trüber. Gleichzeitig verminderte sich der Sauerstoffgehalt in der Tiefenzone. Der Seeboden wies vor 1900 keine Schlammablagerungen auf, später entwickelte sich Faulschlamm. Auffällig war die Ausbreitung von Algen. Bei windstillem Wetter bildete sich auf dem See oft eine dicke, zähe, gelbgrüne Algendecke, die sogar das Röhricht am Ufer erstickte. Die absterbenden Algenmassen faulten am Ufer; ihr Gestank verpestete im Sommer die ganze Gegend. Um 1960 war die Belästigung so hoch geworden, dass Gegenmaßnahmen unvermeidlich waren.

Aufgaben:

a) Erläutere die im Text beschriebenen Veränderungen des Sees. Gehe auf mögliche Ursachen dieser Veränderungen ein.

b) Welche bautechnischen Maßnahmen waren in den folgenden Jahren unbedingt notwendig, um den See zu sanieren? Begründe.

c) Unter anderem wurde vorgeschlagen, Rohre mit durchlöcherten Wänden auf dem Seeboden zu verlegen. Dann sollte monatelang Pressluft durch diese Rohre gepumpt werden. Erläutere den Sinn dieser Maßnahme.

A19 Artenschutz

Der Rotmilan brütet mit etwa zwei Dritteln seines gesamten Weltbestandes in Deutschland. In der Roten Liste Deutschlands ist er auf der niedrigsten Stufe, der Vorwarnstufe gelistet. Sein Bestand wird als wenig gefährdet eingestuft.

Aufgaben:

a) Erläutere, welche Bedeutung und welcher Schutz dem Rotmilan angemessen scheinen.

b) Der Goldregenpfeifer ist in Deutschland nahezu ausgestorben, sein Bestand in Eurasien jedoch sicher. Erläutere, für welche der beiden Arten Deutschland die höhere Verantwortung trägt.

Erkennen und Reagieren

Elefanten leben in Gruppen

Afrikanische Elefanten sind mit einer Körperlänge von über sieben Metern und einer Masse von 7000 Kilogramm die schwersten heute lebenden Landtiere. Sie werden im Durchschnitt 70 Jahre alt und leben in Gruppen zusammen.

Recherchiert, wie sich Elefanten untereinander verständigen.

Beschreibt das Zusammenleben bei Elefanten genauer. Welche Vorteile ergeben sich dadurch? Gibt es eine Rangordnung?

Kommunikation bei Bienen

In vielen Naturkundemuseen, im Zoo oder beim Imker kann man Bienenvölker beobachten. Dabei sieht man häufig ein heilloses Durcheinander und Gewimmel an den Waben.

Erkundet, ob es zwischen Bienen eine Kommunikation gibt und wie diese funktioniert. Plant dazu eine Exkursion zu einem der oben genannten Lernorte. Haltet eure Beobachtungen in Form von Fotos, Skizzen und Protokollen fest.

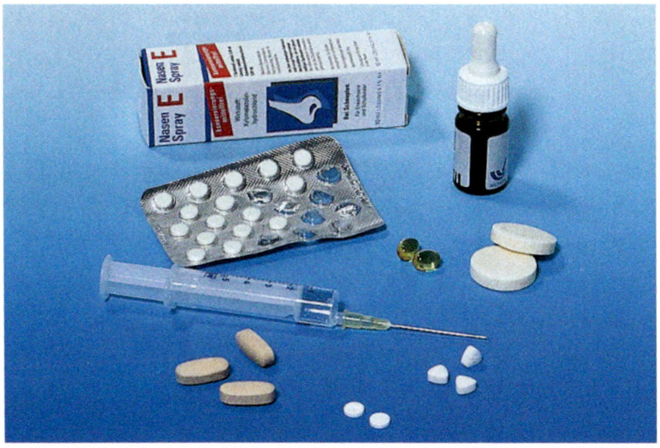

Fragen Sie Ihren Arzt oder Apotheker ...

In Deutschland sind über 8 900 verschiedene Arzneimittel zugelassen. Es gibt Präparate pflanzlicher Herkunft und Medikamente, die chemisch oder biotechnisch hergestellt wurden. Auch in der Darreichungsform unterscheiden sich Medikamente.

Erarbeitet Vorschläge, wie man Medikamente ordnen könnte. Erstellt dazu eine Mindmap.

Analysiert Werbung für Arzneimittel. Für welche Medikamente wird wie geworben?

Untersucht die Hausapotheke in eurer Familie. Kontrolliert die Haltbarkeit der Medikamente und ordnet sie.

Bei leichten Erkrankungen und Beschwerden helfen oft so genannte Hausmittel. Arbeitet in Gruppen und stellt in einer Tabelle jeweils vier solcher »Hausmittel« vor.

Antibiogramm

Recherchiert, was ein Antibiogramm ist.
Beschreibt die Durchführung dieses Verfahrens.

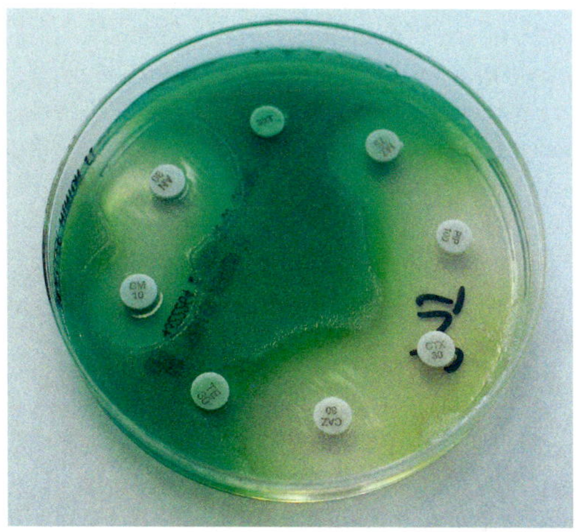

Was bleibt im Gedächtnis?

Die Abbildungen zeigen, welche Informationen ein Mensch von einem Unfall wenige Sekunden später, nach 15 Minuten beziehungsweise nach einem Jahr gespeichert hat.

Erklärt den dargestellten Sachverhalt mit Hilfe eines Gedächtnismodells. Diskutiert in der Klasse Vor- und Nachteile des Vergessens.

1 Miteinander leben erfordert Kommunikation

1.1 Honigbienen leben in Gemeinschaften

Die Honigbiene ist eines der ältesten Nutztiere des Menschen. Heute werden Bienen von *Imkern* meist in Holzkästen gehalten. Dort leben Völker, die im Sommer 40 000 bis 80 000 Tiere zählen. In einigen Bienenzuchtbetrieben, Zoos oder Naturkundemuseen kann man durch eine Glasscheibe ein Bienenvolk beobachten: Dicht gedrängt hängen die *Waben.* Sie werden von den Bienen aus Wachs gebaut. Jede Wabe besteht aus einigen tausend sechseckigen *Zellen.*

In einem Bienenvolk gibt es eine *Arbeitsteilung* zwischen den Tieren. Diese Ordnung erinnert bei oberflächlicher Betrachtung an die Organisation in einem Staat. Deshalb sprach man früher von einem »Bienenstaat«. Im Gegensatz zu Staatsgebilden beim Menschen, die auf Absprachen, Verträgen und Gesetzen beruhen, basiert die Arbeitsteilung bei Honigbienen und anderen in Gemeinschaften lebenden Insekten jedoch auf ererbten Verhaltensweisen.

In den Gemeinschaften der Honigbienen kommen drei verschiedene Bienenformen vor. Das größte Tier ist die **Bienenkönigin,** die auch *Weisel* genannt wird. Junge **Arbeitsbienen** halten sich ständig in der Nähe der Königin auf und füttern und pflegen sie. Die Königin ist das einzige fortpflanzungsfähige Weibchen in der Gemeinschaft. Vom Spätwinter bis in den Herbst hinein legt sie in Brutwaben Eier ab, pro Tag bis zu 2000. Aus den Eiern entwickeln sich Larven, die *Maden* heißen. Sie werden von Arbeitsbienen zunächst mit einem Sekret aus einer Drüse am Kopf ernährt und später mit Honig und Pollen gefüttert. Die Königin kann befruchtete oder unbefruchtete Eier ablegen. Aus befruchteten Eiern entwickeln sich in der Regel Arbeitsbienen. Dies sind unfruchtbare Weibchen. Ein Duftstoff, den die Königin abgibt, verhindert bei ihnen die Eientwicklung. Neue Königinnen wachsen in *Weiselzellen* aus Larven heran, die mit einem besonders eiweißreichen Futtersaft ernährt werden. Aus unbefruchteten Eiern entstehen im Frühjahr einige Hundert männliche Bienen, die **Drohnen.** Wenn eine junge Königin geschlüpft ist und den Stock zu ihrem »Hochzeitsflug« verlässt, folgen ihr die Drohnen. Die Königin lässt sich von mehreren Drohnen begatten und empfängt dabei einen ausreichenden Spermienvorrat für ihr vier- bis fünfjähriges Leben.

Die überwiegende Mehrzahl der Larven entwickelt sich zu Arbeitsbienen. Sie erfüllen im Laufe ihres Lebens unterschiedliche Aufgaben in der Gemeinschaft. Junge Arbeitsbienen füttern die Larven mit Futtersaft. Später sind sie Wabenbauer. Weitere Tätigkeiten schließen sich an. So verteidigen Wächterbienen mit ihrem Giftstachel am Hinterleib das Einflugloch. Den größten Teil ihres Lebens verbringen Arbeitsbienen jedoch als *Sammelbienen* außerhalb des Nestes. Mit ihren vier Flügeln kann eine Biene ausdauernd fliegen und sich mehrere Kilometer vom Nest entfernen. Die Flügel bestehen aus einer durchsichtigen festen Chitinhaut. Bienen gehören zur Insektenordnung der **Hautflügler.**

1 Honigbiene. A Imker mit Bienenwabe; **B** Bienenformen: **1** Königin, **2** Drohne, **3** Arbeitsbiene

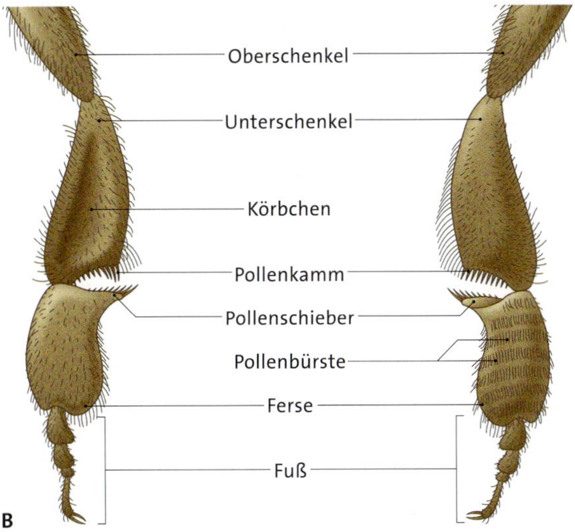

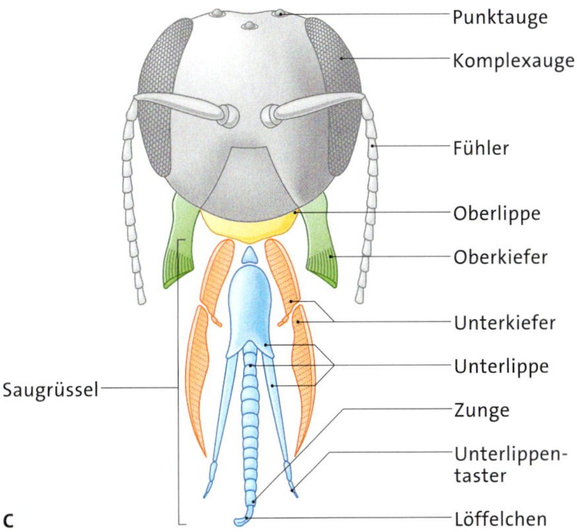

2 Sammelbiene. **A** beim Pollensammeln; **B** Sammelbeine; **C** Mundwerkzeuge

Während eines Sammelfluges besucht eine Biene oft über 100 Blüten. Dabei sammelt sie sowohl Pollen als auch Nektar. Pollen bleibt bei fast jedem Blütenbesuch im Haarpelz der Bienen haften. Kommt die Biene auf einer Blüte in Kontakt mit der Narbe, können Pollenkörner daran kleben bleiben. Da die Bienen meist viele Blüten der gleichen Art nacheinander anfliegen, tragen sie auf diese Weise zur Bestäubung von Pflanzen bei. Der meiste Blütenstaub bleibt jedoch im Pelz der Biene hängen. Mit Hilfe der Hinterbeine, die auch als *Sammelbeine* bezeichnet werden, kann er aus dem Pelz herausgebürstet und gesammelt werden. Dazu fährt die Biene mit der Innenseite der Ferse, die eine *Pollenbürste* aus mehreren Borstenreihen trägt, über ihren Körper. Durch Abstreifen der Hinterbeine aneinander gelangt der Pollen in den *Pollenkamm* am unteren Ende des Unterschenkels. Die Unterkante des Unterschenkels wirkt zusammen mit der breiten Oberkante der Ferse, dem *Pollenschieber,* wie eine Zange. Durch Bewegungen dieser Pollenzange zwischen Ferse und Unterschenkel wird der Pollen zusammengeballt und gelangt von der Innenseite des Sammelbeins auf die Außenseite, wo er durch den etwas vorstehenden Pollenschieber nach oben in das *Körbchen* gedrückt wird. Mit etwas Nektar verklebt, trägt die Biene den Pollen als »Höschen« ins Nest.

Den Nektar nimmt die Biene mit ihren Mundwerkzeugen auf. Durch das Zusammenlegen von Unterkiefer und Unterlippe entsteht eine Art Saugrüssel. An der Unterlippe befindet sich das Löffelchen zum Auflecken kleiner Nektartröpfchen. Außer dem Saugrüssel verfügt die Biene noch über zangenartige Oberkiefer, mit denen sie beispielsweise Wachs formen kann.

Der Nektar gelangt zunächst in einen besonderen Abschnitt der Verdauungsorgane, den *Honigmagen.* Dort wird er mit Drüsensekreten vermengt. Nur ein kleiner Teil des aufgenommenen Nektars dient der Sammelbiene zur eigenen Ernährung. Den Großteil gibt sie im Nest an andere Bienen ab. Diese *Honigmacher* setzen dem Nektar weitere Drüsensekrete zu und lassen die Flüssigkeit eindicken. So entsteht aus dem Nektar Honig.

1 Erläutere die Arbeitsteilung in der Gemeinschaft von Honigbienen. Begründe, warum die Bezeichnung »Bienenstaat« missverständlich ist.

2 Wende das Basiskonzept Struktur und Funktion auf die Sammelbeine der Biene an.

3 Entwickle Hypothesen, auf welchem Wege ein Informationsaustausch zwischen Bienen möglich sein könnte.

1.2 Orientierung und Kommunikation bei Honigbienen

Honigbienen auf einem Sammelflug: Zielstrebig steuern die Tiere eine Blüte nach der anderen an, um Nektar und Pollen zu sammeln. Welche Sinnesorgane helfen den Bienen bei der Orientierung?

Die meisten Sinnesorgane der Honigbiene konzentrieren sich an den Fühlern. Dort liegen Geruchssinnesorgane, mit denen die Tiere beispielsweise den Geruch des heimischen Nestes oder die Düfte verschiedener Blüten unterscheiden können. Mit ihrem Geschmackssinn können sie vor allem Zucker schmecken. Mit Hilfe der Fühler sind Bienen außerdem in der Lage, Wärme und Kälte, die Luftfeuchtigkeit sowie den Kohlenstoffdioxid-Gehalt der Luft zu bestimmen. Die zahlreichen Tastborsten machen die Fühler auch zu einem wichtigen Tastorgan. Schließlich können Bienen mit ihren Fühlern sogar hören.

Wie fast alle Insekten verfügen auch Bienen über zwei große gewölbte Komplexaugen seitlich am Kopf. Zusätzlich haben sie vorn noch drei kleine Punktaugen. Mit einer Lupe erkennt man, dass die Oberfläche eines Komplexauges in viele winzige Sechsecke gegliedert ist. Mikroskopische Schnittbilder zeigen, dass jedes dieser Sechsecke die Linse eines keilförmigen **Einzelauges** ist. Bei einer Arbeitsbiene setzt sich jedes Komplexauge aus etwa 5000 solcher weitgehend gleich aufgebauten Einzelaugen zusammen. Auf die außen liegende, starre Linse aus Chitin folgt ein von mehreren Zellen gebildeter Kristallkegel. Daran schließen sich acht Sehzellen mit lichtempfindlichen Sehzellen an. Benachbarte Einzelaugen sind durch dunkle Pigmentzellen gegeneinander abgeschirmt. Wie sieht die Biene mit den Komplexaugen ihre Umwelt, beispielsweise eine Blüte?

Fällt Licht auf ein Bienenauge, wird es durch die Linsen und Kristallkegel der Einzelaugen gebrochen und auf die wie eine Netzhaut wirkenden Sehstäbchen in den Sehzellen gelenkt. In jedem Einzelauge entsteht dabei lediglich ein winziger Bildpunkt aus der Umgebung. Diese Sinneseindrücke werden über Sehnerven zum Gehirn geleitet. Dort entsteht aus den Einzelbildern ein Gesamtbild, das ähnlich wie ein Zeitungsfoto aus vielen einzelnen Bildpunkten zusammengesetzt ist. Versuche haben ergeben, dass Bienen unterschiedliche Formen, etwa von Blütenblättern, gut erkennen können. Sie haben auch die Fähigkeit Farben zu sehen, allerdings unterscheidet sich ihre Farbwahrnehmung von der des Menschen. Bienen können Rot nicht als Farbe, sondern nur als Grauton erkennen. Dafür sind sie in der Lage, ultraviolettes Licht zu sehen, für das ein menschliches Auge blind ist. Man hat festgestellt, dass die meisten Blüten auch ultraviolettes Licht reflektieren. Bienen sehen eine für uns rote Blüte daher im ultravioletten Licht. Bienenaugen haben noch andere besondere Eigenschaften: Sie können durch eine geschlossene Wolkendecke die Position der Sonne am Himmel ausmachen. Außerdem können sie bei schnellen Bewegungsabläufen etwa zehnmal mehr Einzelheiten unterscheiden als der Mensch.

An blühenden Obstbäumen oder auf Rapsfeldern kann man manchmal Folgendes beobachten: Einzelne Bienen

1 Oberfläche eines Bienenauges (REM Bild)

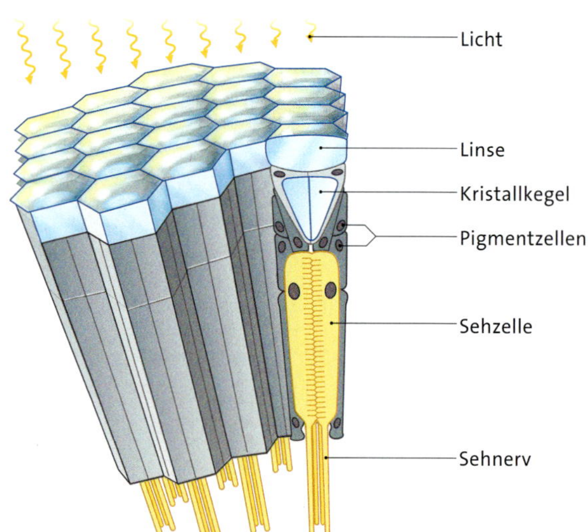

2 Bauplan eines Komplexauges

besuchen die Blüten, anschließend fliegen sie wieder zu ihrem Nest zurück. Wenig später treffen am gleichen Futterplatz mehrere Bienen fast gleichzeitig ein, als ob sie herbeigerufen wurden. Der Biologe und spätere Nobelpreisträger Karl von FRISCH (1886–1982) nahm solche Beobachtungen zum Anlass, das Verhalten der Bienen genauer zu erforschen. Nach jahrelangen Versuchen hatte er Gewissheit: Sammelbienen können sich tatsächlich untereinander verständigen, sie *kommunizieren* miteinander. Zur Kommunikation verwenden sie eine Art Zeichensprache, die **Bienentänze.**

Hat eine Sammelbiene im Umkreis von etwa 50 Metern um das Nest eine reiche Futterstelle gefunden, teilt sie dies auf einer leeren Wabe durch schnelles Laufen im Kreis mit. Andere Sammelbienen werden durch einen solchen *Rundtanz* sowie die von der tanzenden Biene abgegebenen Duft- und Futterproben angeregt, das Nest zu verlassen und beginnen nach der Futterstelle zu suchen. Bei weiter entfernten Futterplätzen führt die Biene Tanzbewegungen durch, bei denen sie den Hinterleib hin und her bewegt. Ein solcher *Schwänzeltanz* gibt auch Informationen über die genaue Lage und die Entfernung zum Futterplatz. Dabei werden die Lage von Futterstelle und Nest in Beziehung zum Sonnenstand gesetzt. Diese Lagebeziehungen müssen beim Schwänzeltanz auf der senkrecht hängenden Wabe in eine Art Code umgesetzt werden. Dies geschieht auf folgende Weise: Liegt die Futterquelle vom Nest aus gesehen genau in Richtung zur Sonne, so tanzt die Biene auf der Wabe in einer Linie senkrecht nach oben und schwänzelt dabei. Durch Bögen abwechselnd nach links oder nach rechts kehrt sie immer wieder an den Ausgangspunkt dieser Linie zurück. Dabei beschreibt sie die Form einer Acht. Liegt der Futterplatz vom Stock aus entgegengesetzt zur Sonne, schwänzelt die Biene in der Senkrechten mit dem Kopf nach unten. Ist das Futter um einen bestimmten Winkel von der Sonne entfernt zu finden, dreht die Biene die Schwänzellinie um genau diesen Winkelbetrag aus der Senkrechten heraus. Liegt der Futterplatz beispielsweise um 60 Grad rechts von der Sonne, wird auch die Schwänzellinie um 60 Grad aus der Senkrechten nach rechts gedreht. Bei einer nahe gelegenen Futterquelle tanzt die Biene schneller als bei einer weiter entfernten. Weil die Bienen im dunklen Nest die Tänzerin nicht sehen können, tasten sie nach ihr und folgen den Bewegungen, um die Information des Tanzes verstehen zu können. Geräusche und Schwingungen der Wabe, die die tanzende Biene mit ihrer Flugmuskulatur erzeugt, dienen ebenfalls der Informationsübermittlung. Die Fähigkeit der Honigbienen, Informationen auszutauschen, ist ein Beispiel für das Basiskonzept Information und Kommunikation.

1 Nenne Beispiele von Tätigkeiten im Leben einer Arbeitsbiene, in denen die verschiedenen Sinnesorgane von Bedeutung sind.

2 Erläutere den Aufbau und die Leistungen eines Komplexauges. Vergleiche mit dem menschlichen Auge.

3 Bienen und Menschen sehen ihre Umwelt unterschiedlich. Begründe diese Aussage anhand der Abbildung 4.

4 Wende das Basiskonzept Information und Kommunikation auf die Bienentänze an. Nenne weitere Beispiele für dieses Konzept aus anderen Tiergruppen.

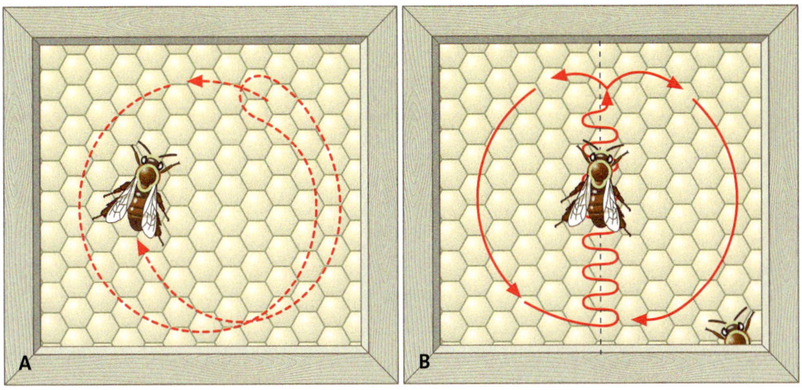

3 **Bienentänze.** **A** Rundtanz; **B** Schwänzeltanz

4 **A** Blüte im »normalen« Licht; **B** im ultravioletten Licht

1.3 Die Gemeinschaften der Roten Waldameisen

In Nadelwäldern, seltener auch in Laubwäldern, findet man manchmal *Ameisenhügel*. Sie werden von mehreren Arten der Roten Waldameisen errichtet, die in ähnlichen Gemeinschaften wie Honigbienen leben. Die Völker setzten sich aus mehreren hunderttausend bis einigen Millionen Tieren zusammen. Die überwiegende Mehrheit sind dabei unfruchtbare Weibchen, die *Arbeiterinnen*. Zu ihren Aufgaben gehören der Bau und die Pflege des Nestes. Der oft weit über einen Meter hohe kuppelförmige Bau wird aus Pflanzenmaterial, beispielsweise Nadeln und Aststückchen, aufgehäuft. Dabei schichten die Ameisen das Material immer wieder um und verhindern auf diese Weise eine Verpilzung. Innen ist der Ameisenbau in ein Labyrinth von kleinen Kammern und Gängen gegliedert, die noch über einen Meter tief in die Erde reichen können. Durch Öffnen oder Verschließen der Ausgänge werden die Temperatur, die Luftfeuchtigkeit sowie der Kohlenstoffdioxid-Gehalt im Nest reguliert.

Untersucht man die Umgebung eines Ameisenhügels, so sieht man, dass sternförmig regelrechte Straßen auf ihn zuführen. Auf diesen »Ameisenstraßen«, die von Blättern und Zweigen freigehalten werden, schaffen lange Kolonnen von Arbeiterinnen Material für den Nestbau und Nahrung heran. Ein Teil der Nahrung besteht aus erbeuteten Insekten, vorwiegend Schmetterlingsraupen. Größere Beutetiere werden von mehreren Ameisen überwältigt. Dabei halten sie die Beute mit ihren Oberkiefern fest und spritzen anschließend aus einer Drüse am Hinterleib Gift in die Bisswunde. Das Ameisengift besteht größtenteils aus ätzender Ameisensäure. Die überwältigte Beute wird entweder zerteilt oder ganz ins Nest geschafft. Bei der Zusammenarbeit verständigen sich die Ameisen überwiegend durch Betasten und Betrillern mit den Fühlern. Eine wichtige Rolle bei der Verständigung spielen aber auch Duftstoffe. Waldameisen sorgen dafür, dass sich Pflanzen fressende Insektenlarven nicht übermäßig vermehren können. Ein großes Volk vertilgt am Tag bis zu 10 000 Larven.

Eine andere Nahrungsquelle der Ameisen ist der so genannte Honigtau von Blattläusen. Diese Insekten stechen mit ihren Mundwerkzeugen Blätter oder grüne Pflanzentriebe an und saugen den zuckerhaltigen Saft der Leitbündel. Die Ameisen betrillern die Blattläuse mit ihren Fühlern und regen sie dazu an, einen Kottropfen abzugeben. Dieser Honigtau enthält noch reich-

1 Nest der Roten Waldameise. **A** Arbeiterin mit Beute; **B** Honigtauernte in einer Blattlauskolonie;

lich unverdauten Zucker. Er wird mit Hilfe der als Zunge ausgebildeten leckenden Unterlippe aufgenommen. Blattläuse, die in dieser *Symbiose* leben, werden von den Ameisen vor Fressfeinden geschützt. Die Ameisen speichern den Honigtau in einer Art Kropf. Auf ihrem Weg zum Nest werden sie von hungrigen Nestgenossinnen mit den Fühlern betrillert. Daraufhin geben die satten Tiere einen Nahrungstropfen aus ihrem Vorrat im Kropf ab. Ameisen nehmen auch pflanzliche Nahrung zu sich, vorwiegend die Anhängsel bestimmter Samen und Früchte, zum Beispiel von Taubnesseln und Veilchen. Insgesamt sind etwa 150 verschiedene Pflanzenarten unserer Wälder auf die Verbreitung ihrer Samen durch Ameisen angewiesen.

Im Gegensatz zur Honigbiene ist die Aufgabenverteilung der Arbeiterinnen bei den Waldameisen nicht streng vom Lebensalter abhängig. Junge Arbeiterinnen übernehmen allerdings vorwiegend Aufgaben im Nest, während ältere Tiere meist außerhalb tätig sind.

In den Völkern der Roten Waldameisen leben oft mehrere hundert Königinnen. Den ganzen Sommer legen diese Tiere befruchtete Eier ab, aus denen sich über eine vollständige Metamorphose ungeflügelte Arbeiterinnen entwickeln. Die Larven werden von Pflegerinnen mit Nahrung aus einer Futtersaftdrüse ernährt. Damit Larven und Puppen jeweils optimale Temperatur- und Feuchtigkeitsverhältnisse haben, werden sie häufig an einen anderen Platz im Nest gebracht. Im Frühjahr legen die Königinnen besonders nährstoffreiche Eier ab. Sind diese unbefruchtet, entwickeln sich daraus geflügelte *männliche Geschlechtstiere,* aus befruchteten Eiern entstehen ebenfalls geflügelte *weibliche Geschlechtstiere.* Auf einem »Hochzeitsflug« werden die jungen Königinnen begattet. Sie erhalten dabei einen Spermienvorrat für ihr etwa zwanzigjähriges Leben. Männliche Tiere sterben nach der Begattung, Königinnen werfen ihre Flügel ab und suchen ein Volk, das sie aufnimmt. Wird ein Volk zu groß, gründen Arbeiterinnen, meist an einem Baumstumpf, ein neues Nest, in das ein Teil des Volkes mit Königinnen umzieht.

1 Beschreibe den Aufbau eines Ameisennestes und erläutere seine Bedeutung für die Gemeinschaft.

2 Vergleiche die Organisation der Gemeinschaften von Waldameisen und Honigbienen tabellarisch miteinander.

3 Begründe, warum Waldameisen unter Naturschutz stehen.

C Hochzeitsflug der geflügelten Geschlechtstiere; **D** Arbeiterinnen versorgen Larven und Puppen

Wissen kompakt In Gemeinschaften lebende Insekten

Name: **Hornisse** *(Vespa crabra)*
Ordnung: Hautflügler
Größe: Arbeiterinnen bis 25 mm, Königin bis 40 mm
Vorkommen: große Teile Europas, vor allem in alten Wäldern, aber auch unter Hausdächern

Merkmale und Lebensweise: Der Körper ist nur spärlich behaart und gelbbraun gezeichnet. Die kugeligen bis 50 cm großen Nester werden in Baumhöhlen oder unter Dächern aus zerkautem und mit Speichel vermischtem Holz angelegt (Papiernester). Ein Volk besteht im Sommer aus mehreren hundert Arbeiterinnen und einer Königin. Im Spätsommer entwickeln sich männliche und weibliche Geschlechtstiere. Arbeiterinnen und männliche Hornissen sterben im Herbst, nur befruchtete Königinnen überwintern und gründen im nächsten Frühjahr ein neues Volk. Als Nahrung dienen erbeutete Insekten, Pflanzensäfte und Früchte.
Besonderheit: Stiche dieser größten einheimischen Wespenart sind sehr schmerzhaft, kommen aber kaum vor, weil die Tiere nicht aggressiv sind. Heute sind Hornissen so selten geworden, dass sie unter Naturschutz gestellt werden mussten.

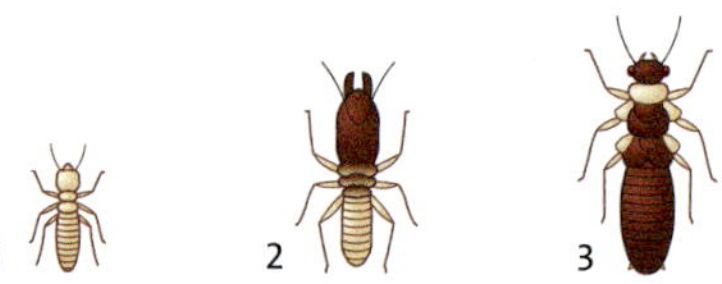

Name: **Termite** (etwa 2000 verschiedene Arten)
Ordnung: Termiten
Größe: 10 mm, Königinnen einiger Arten bis 14 cm
Vorkommen: vorwiegend in tropischen und subtropischen Savannen

Merkmale und Lebensweise: Termitenbauten können mehrere Meter hoch sein. Sie bestehen aus Erde, zerkautem Pflanzenmaterial, Kot und Speichel. Das eigentliche Nest aus Kammern und Gängen liegt unter der Erdoberfläche. Mit Hilfe von Durchlüftungsgängen und Röhren zum Grundwasser können Temperatur und Luftfeuchtigkeit gleich gehalten werden. Ein Volk besteht oft aus mehreren Millionen Einzeltieren. Die blinden und zeitlebens flügellosen Arbeiter (1) und die mit sehr kräftigen Kiefern ausgestatteten Soldaten (2) sind kleine, unfruchtbare Männchen und Weibchen. Zu jedem Volk gehört auch ein männliches (3) und ein weibliches Geschlechtstier (4). Bei manchen Arten ist der Hinterleib der Königin durch die Eierstöcke stark angeschwollen (4). Geflügelte Geschlechtstiere gründen neue Völker. Termiten sind lichtscheu und leben vorwiegend im Verborgenen. Als Nahrung dienen Holz, Humus und saftige Pflanzenteile, die von den Arbeitern gesammelt werden. Einige Termitenarten züchten in ihren Nestern auf Holz und Kot Pilze, mit denen junge Larven gefüttert werden.
Besonderheit: Termiten höhlen abgestorbene Bäume, Holzbauten, Möbel und Bücher von innen bis auf eine hauchdünne Außenschicht aus, die schließlich zu Staub zerfällt.

1 Auch Hummeln leben in Gemeinschaften. Informiere dich über die Lebensweise dieser Tiere.

2 Vergleiche die Gemeinschaften bei Bienen, Hummeln, Wespen und Termiten tabellarisch miteinander.

3 Wende das Basiskonzept Vielfalt auf die in Gemeinschaften lebenden Insekten an.

Aufgaben und Versuche | In Gemeinschaften lebende Insekten

A1 Farbensehen bei Bienen

Der Bienen forscher Karl von FRISCH fand durch Experimente heraus, ob Bienen Farben unterscheiden können. Dazu setzte er zum Beispiel ein Glasschälchen mit geruchlosem Zuckerwasser auf ein blaues Blatt Papier und wartete, bis sich Bienen einfanden und das Zuckerwasser aufnahmen. Dann schob er das blaue Papier auf dem Versuchstisch an eine andere Stelle, legte weitere Blätter in unterschiedlichen Grautönen aus und stellte auf alle Papiere leere Glasschälchen. Die Bienen aus dem ersten Versuch flogen zielsicher zunächst das blaue Papier an und suchten dort nach Nahrung.

Aufgaben:

a) Erläutere, warum durch eine solche Versuchsanordnung bewiesen werden kann, dass Bienen die Farbe Blau erkennen.

b) Schlage ergänzende Versuche vor, mit denen man die Wahrnehmung anderer Farben nachweisen könnte.

c) Begründe, welches Ergebnis ein Versuch hat, bei dem außer verschiedenen Grautönen rotes Papier verwendet wird.

A2 Bienentänze

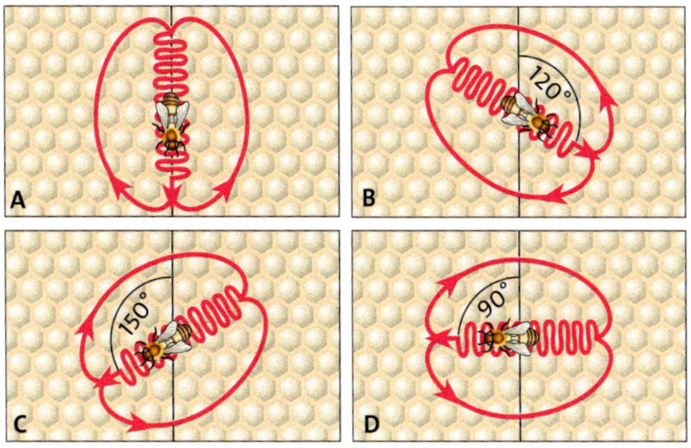

Aufgaben:

a) Erläutere die Funktion der Bienentänze unter Verwendung des Basiskonzepts Information und Kommunikation.

b) Begründe, um welche Form des Tanzes es sich bei den abgebildeten Beispielen handelt.

c) Zeichne in deinem Heft passende Geländeskizzen zu den Tänzen A bis D. Berücksichtige dabei die relative Lage zwischen Nest, Futterstelle und Sonnenstand.

A3 Kommunikation bei Ameisen

Aufgaben:

a) Beschreibe die dargestellten Verhaltensweisen und erläutere ihre biologische Bedeutung.

b) Begründe, welche dieser Verhaltensweisen dem Basiskonzept Information und Kommunikation zugeordnet werden können.

1.4 Zusammenleben bei Wirbeltieren

Der Feldhase und das Wildkaninchen sind zwei sehr ähnlich aussehende heimische Tierarten. Tatsächlich sind beide auch nahe miteinander verwandt: Sie gehören zur Säugetierfamilie der Hasentiere. Beobachtet man die beiden Arten jedoch etwas genauer, kann man sehr schnell feststellen, dass sie ganz unterschiedliche Lebensweisen haben.

Feldhasen leben als **Einzelgänger.** Die ausgewachsenen Tiere treffen einander nur zur Paarung und auch der Kontakt zwischen einer Feldhasenmutter und ihren Jungen ist nicht besonders eng. Die Hasenmutter bringt ihre Jungen in einer flachen, Sasse genannten Mulde am Boden zur Welt. Die Jungen sind bei der Geburt schon behaart und können sehen und laufen. Die Mutter säugt sie nur einmal alle 24 Stunden für fünf Minuten und stillt sie schon nach drei Wochen ab. Danach sind sie selbstständig und verlassen die Mutter.

Wildkaninchen leben dagegen in **Gruppen** aus mehreren ausgewachsenen Tieren und Jungtieren. Aus der Tatsache, dass Gruppenfremde angegriffen und vertrieben werden und zahlreiche soziale Bindungen zwischen den Tieren bestehen, kann man schließen, dass die Gruppenmitglieder einander persönlich kennen. Man spricht daher auch von **individualisierten Verbänden.** Ihre nackten und blinden Jungen bringen Kaninchenmütter in unterirdischen Bauen zur Welt.

Im Alter von vier bis fünf Wochen verlassen die jungen Kaninchen erstmalig den Bau und beginnen sich selbstständig zu ernähren. Die Weibchen werden mit einem halben Jahr geschlechtsreif, bleiben aber in ihrer Gruppe. Die Männchen verlassen dagegen ihre Geburtsgruppe und schließen sich anderen Gruppen an, in denen sie sich fortpflanzen. Auf diese Weise wird Inzucht vermieden.

Trotz ihrer nahen Verwandtschaft haben Hasen und Kaninchen also unterschiedliche **Sozialsysteme:** Hasen leben allein, Kaninchen dagegen in Generationen überdauernden, individualisierten Gruppen. Will man das Zusammenleben von Tieren genauer beschreiben, kann man noch weitere Sozialsysteme unterscheiden. Kaiserpinguine beispielsweise leben nicht das ganze Jahr über in Gruppen, sondern nur während der Brutsaison. In einer solchen Brutkolonie kennen sich die meisten Mitglieder nicht persönlich. Man spricht daher auch von einem **anonymen Verband.** Eltern und ihre Jungen kennen einander allerdings persönlich. Zwischen ihnen besteht auch die ganze Brutsaison über eine enge Beziehung, obwohl die Eltern die meiste Zeit voneinander getrennt sind. Der anonyme Verband einer Pinguinkolonie besteht also aus einer Vielzahl kleiner **Familiengruppen.**

1 Vergleiche körperliche und verhaltensbiologische Merkmale von Wildkaninchen und Feldhase. Recherchiere fehlende Daten in Fachbüchern oder im Internet.

1 Feldhasen. A Erwachsene Tiere; **B** Junghase in Sasse

2 Wildkaninchen. A Erwachsene Tiere; **B** Kaninchenbau

Wissen kompakt Tierverbände

Bezeichnung: **Aggregation**
Merkmale: vorübergehende Ansammlung von Tieren, die einander nicht kennen und zwischen denen keine persönlichen Bindungen bestehen
Vorkommen: weitgehend zufallsbedingt, beispielsweise an Futterpflanzen oder Wasserstellen, die von vielen Individuen einer Art genutzt werden

Bezeichnung: **offener anonymer Verband**
Merkmale: vorübergehender oder permanenter Zusammenschluss von Tieren, die einander nicht kennen und zwischen denen keine persönlichen Bindungen bestehen; Fremde haben ungehinderten Zugang
Vorkommen: Schwarmbildungen bei vielen Fischen, Vögeln und manchen Insekten, wie z. B. Wanderheuschrecken; oft jahreszeitlich bedingt, wie bei Brutkolonien mancher Vögel oder Herdenbildungen bei Säugetieren

Bezeichnung: **geschlossener anonymer Verband**
Merkmale: dauerhafter Zusammenschluss von Tieren, die einander nur als Gruppenmitglied, aber nicht persönlich kennen; Gruppenfremde werden meist am Geruch erkannt und nicht akzeptiert, sondern bekämpft
Vorkommen: Gemeinschaften von Bienen, Wespen, Ameisen und Termiten

Bezeichnung: **individualisierter Verband**
Merkmale: permanenter Zusammenschluss von Tieren, die einander persönlich kennen und zwischen denen mehr oder weniger enge Bindungen bestehen; Fremde haben keinen ungehinderten Zugang
Vorkommen: Säugetiere wie Löwen, Elefanten, Hirsche oder Affen

1 Entwickele eine Hypothese, die erklären könnte, warum manche Tiere allein, andere dagegen in sozialen Verbänden leben.

2 Diskutiert in der Klasse auch anhand von persönlichen Erfahrungen, welche Probleme permanentes Zusammenleben mit sich bringt.

1.5 Signale dienen der Verständigung

Knurren, Bellen oder Schwanzwedeln sind Verhaltensweisen von Hunden, die fast jeder kennt und die auch fast jeder zu deuten weiß: Wedelt ein Hund mit seinem Schwanz, freut er sich, knurrt er, ist er ärgerlich, bellt er, ist er aufgeregt.

Verhaltensweisen, die etwas über die Stimmung eines Lebewesens verraten, zählt man zum **Ausdrucksverhalten.** Hunde verfügen über zahlreiche Elemente dieses Verhaltens. Der hoch aufgerichtete Schwanz eines Schäferhundes zeigt beispielsweise, dass sich dieser einem Artgenossen gegenüber überlegen fühlt: Er *imponiert*. Greift ein Hund einen anderen an, stellt er den Schwanz waagerecht. Fühlt er sich unterlegen, klemmt er seinen Schwanz zwischen die Beine, und wenn er ängstlich ist, zieht er ihn bis unter den Bauch. Ein locker herabfallender Schwanz signalisiert dagegen eine neutrale Stimmung.

Hunde benutzen ihre verschiedenen Ausdrucksmittel also zur Verständigung oder **Kommunikation.** Dabei dienen bestimmte Verhaltensweisen als **Signale.** Ein Signal ist ein Reiz, der von einem Lebewesen ausgeht. Ähnlich wie ein Signal im Straßenverkehr haben auch Signale im Tierreich die Funktion, das Verhalten anderer Lebewesen zu beeinflussen.

Schwanzhaltungen oder mimische Ausdrucksweisen von Wölfen und Hunden sind *optische* oder *visuelle Signale*: Sie werden von den Sinneszellen im Auge empfangen. Bellen und Knurren sind dagegen *akustische Signale*, die mit dem Gehörsinn wahrgenommen werden. Hunde kommunizieren also über unterschiedliche **Sinneskanäle.**

Der Geruchssinn ist bei Hunden besonders gut entwickelt. Neben dem optischen und dem akustischen Kanal nutzen sie daher auch den *chemischen Kanal,* um zu kommunizieren. Man erkennt dies beispielsweise daran, dass sich Hunde, die sich begegnen, oft sehr intensiv beschnüffeln. Vor allem bei der Kommunikation mit Welpen, die oft abgeleckt werden, spielen auch Berührungen und damit der *taktile* Sinneskanal eine wichtige Rolle.

Was bei der Kommunikation zwischen Lebewesen vor sich geht, verdeutlicht ein **Kommunikationsmodell.** Damit Kommunikation entstehen kann, muss es mindestens einen **Sender** und einen **Empfänger** geben. Schon an der Wortwahl erkennt man, dass solche Kommunikationsmodelle ursprünglich aus der Nachrichtentechnik stammen. Der Sender übermittelt eine **Nachricht,** die in einer für den Empfänger verständlichen Form weitergegeben werden muss. Zu diesem Zweck wird die Nachricht als Signal *verschlüsselt*. Eine bestimmte Schwanzhaltung ist ein optisches, ein Knurren ein akustisches Signal.

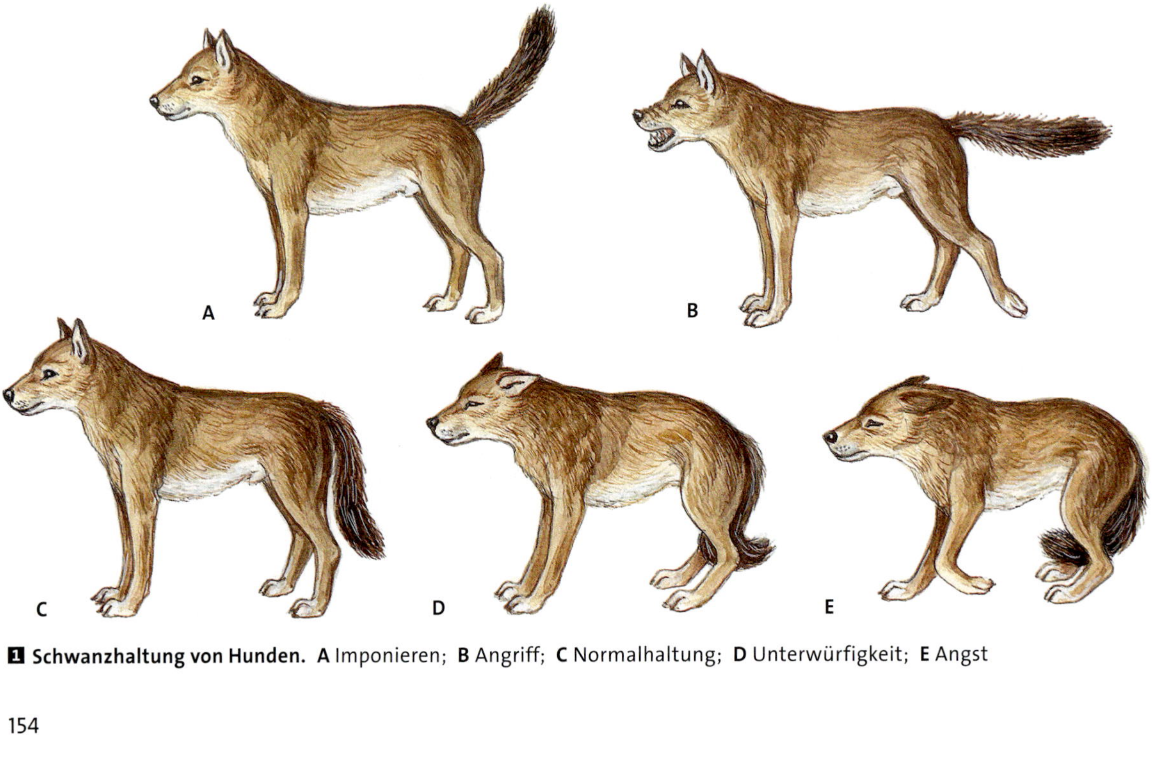

1 Schwanzhaltung von Hunden. **A** Imponieren; **B** Angriff; **C** Normalhaltung; **D** Unterwürfigkeit; **E** Angst

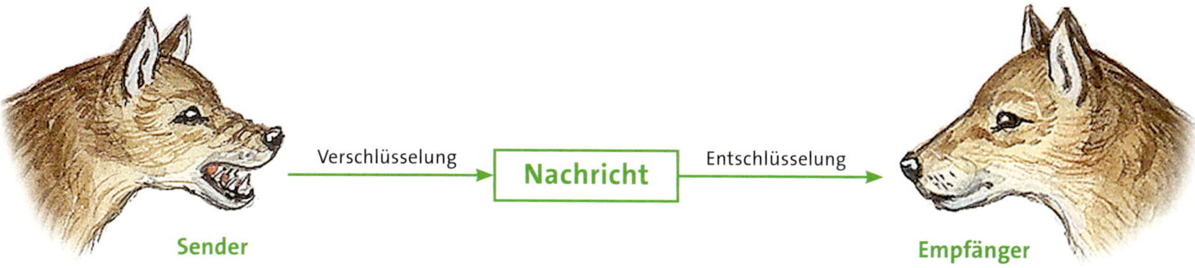

2 Kommunikationsmodell

Damit der Empfänger die Bedeutung des gesendeten Signals verstehen kann, muss er es wiederum *entschlüsseln*. Meist sind Signale von Tieren in ihrer Bedeutung so eindeutig, dass es dabei nicht zu Missverständnissen kommt.

Tiere kommunizieren auf vielfältige Weise und fungieren dabei sowohl als Sender als auch als Empfänger. Die wichtigsten Empfänger von Nachrichten sind in der Regel eigene Artgenossen.

Bewusst oder unbewusst hat der Sender ein Interesse daran, dass der Empfänger seine Nachricht nicht nur versteht, sondern auch in der gewünschten Weise reagiert. Besonders augenfällig ist dies bei der Werbung um Sexualpartner. Schlägt beispielsweise ein männlicher Pfau vor einem Weibchen sein Rad, hat dieses Signal die Funktion, das Weibchen von seiner Qualität als Sexualpartner zu überzeugen. Untersuchungen zeigen, dass sich die Weibchen von der Farbenpracht der Männchen tatsächlich beeindrucken lassen.

Leuchtende Farben, wie auf den Augenflecken der Pfauenfedern, spielen als Signale bei der Partnerwahl vieler Tiere eine wichtige Rolle. Manchmal haben solche Signalfarben aber auch die Funktion, Fressfeinde abzuschrecken. Allein durch die Auffälligkeit ihrer grell bunten Farben signalisieren die tropischen Pfeilgiftfrösche ihren Fressfeinden, dass sie nicht nur ungenießbar, sondern hoch giftig sind. Derartige *Warntrachten* sind ein Beispiel dafür, dass Kommunikation auch zwischen verschiedenen Arten erfolgen kann.

1 Erläutere das Kommunikationsmodell am Beispiel der Abbildung 2.
2 Nenne Beispiele für das Ausdrucksverhalten von Menschen.
3 Nicht alle Verhaltensweisen sind Signale und nicht alle Signale sind Verhaltensweisen. Erläutere diesen Sachverhalt.

3 Kommunikation bei der Pfauenbalz

4 Augenflecken von Pfauenfedern

5 Signalfarben beim Blauen Pfeilgiftfrosch

1.6 Kommunikation beim Menschen

Menschen tauschen ebenso wie Tiere zahlreiche Signale zur Kommunikation aus. Sie nutzen chemische Signale wie Gerüche ebenso wie optische Signale durch Farben oder akustische Signale durch Rufe. Daneben spielen weitere Formen der **nonverbalen Kommunikation** des Menschen eine große Rolle. Durch Mimik, Gestik und Körperhaltung werden Gruppenmitgliedern zum Beispiel Stimmungen und Gefühle mitgeteilt. So bedeuten vor der Brust gekreuzte oder verschränkte Arme Ablehnung oder Abwehr. Viele Stimmungen lassen sich deutlich am Gesichtsausdruck erkennen. Wir können meist ohne Probleme Angst, Wut, Trauer oder Freude bei einem anderen erkennen. Aus Untersuchungen taubblind geborener Kinder hat man abgeleitet, dass die wichtigsten Elemente unserer Mimik angeboren sind. Wie gesunde Kinder können auch solche Kinder über ihre Mimik Lachen, Weinen oder Ärger ausdrücken. Auch viele Gesten sind vergleichbar. Die Kinder stampfen bei Wut mit dem Fuß auf und ballen die Hände zur Faust. Vergleicht man die Mimik und Gestik verschiedener Kulturen miteinander, lassen sich hier ebenfalls Übereinstimmungen finden. Das ist ein weiterer Hinweis darauf, dass es sich um ererbte Verhaltensweisen handelt. So wird zum Beispiel das leichte Heben und Senken der Augenbrauen, das mit einem freundlichen Lächeln und einem Nicken verbunden ist, weltweit als Begrüßungsgeste verstanden. Ebenso signalisieren nach außen gewendete, geöffnete Handflächen gute Absichten und Offenheit. Senkt ein Mensch den Kopf und schlägt die Augenlider nach unten, wird das weltweit als Ausdruck der Verlegenheit verstanden. Andere Gesten sind nicht universell verbreitet. So bedeutet ein Kopfnicken zwar in Deutschland Zustimmung, in Bulgarien wäre mit dieser Geste genau das Gegenteil gemeint. Neben ererbten Elementen werden Feinheiten der Mimik und Gestik erlernt. Das gilt auch für die Entschlüsselung der Signale. Säuglinge lernen zum Beispiel in den ersten Monaten die individuelle Mimik ihrer Bezugspersonen.

Der Mensch hat auch besondere Formen der nonverbalen Kommunikation entwickelt. Zu diesen zählen zum Beispiel die Taubstummensprache oder die Verständigung von Tauchern unter Wasser.

Darüber hinaus verständigen sich Menschen mit ihrer Sprache. Diese **verbale Kommunikation** macht einen sehr komplexen Informationsaustausch möglich. Die frühesten Verwandten des Menschen kommunizierten wahrscheinlich ähnlich wie heutige Menschenaffen. Sie stießen zum Beispiel Kontakt- und Warnrufe aus. Vor mehr als 500 000 Jahren kam es zu anatomischen Veränderungen, die eine detaillierte Lautsprache ermöglichten. Der Kehlkopf senkte sich, dadurch entstand Raum für die Bewegungen der Zunge. Nur durch diesen größeren Resonanzraum konnte der Mensch nun über 100 fein abstimmbare Laute erzeugen. Außerdem verbesserte sich durch neue Nervenverbindungen zum Rückenmark die Atemkontrolle und das Gehirnvolumen vergrößerte sich. Diese Entwicklungen dauerten viele Jahrtausende. Sie gingen mit sozialen Veränderungen einher: Der Mensch lebte in immer stärker organisierten Kleingruppen, der Nachwuchs musste lange betreut werden, Jagd und Werkzeuge wurden immer komplexer. Lernen, Nachahmen und Informieren wurden immer wichtiger und begünstigten die Entwicklung von Sprache. Vor etwa 200 000 Jahren haben sich beim Menschen »Sprachgene« durchgesetzt, die eine klare Artikulation und eine korrekte Zu-

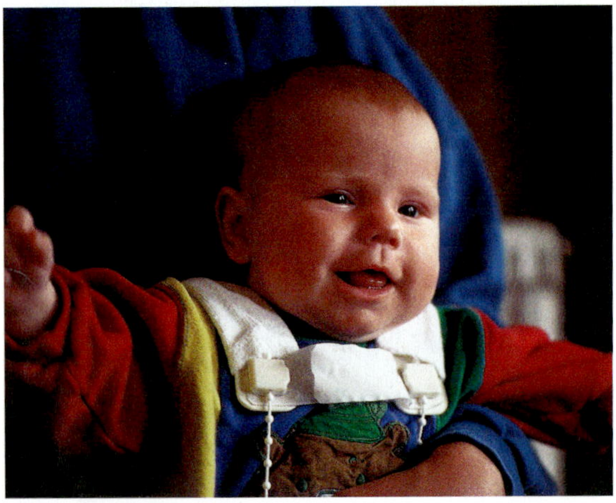

1 Ererbte Mimik – das Lächeln

2 Kommunikation auf dem Schulhof

ordnung von Wort und Grammatik ermöglichten. Man vermutet, dass die erste Sprache noch recht einfach war und aus Einzelworten und sehr kurzen Sätzen bestand. Vor rund 100 000 Jahren sprach der moderne Mensch in Afrika wahrscheinlich schon eine vollwertige Sprache. Sie ermöglichte einen präzisen Austausch von Gefühlen, Gedanken und Erfahrungen. Verbale Kommunikation hat nicht nur positive Seiten. Sprachliche Informationen sind im Vergleich zu nonverbalen Signalen einfacher zu fälschen. Deshalb vertrauen Menschen einer Nachricht eher, wenn diese von einem Verwandten oder einem guten Bekannten stammt, mit dem man gemeinsame Interessen hat.

Im Bereich der Schule kommunizieren ganz unterschiedliche Menschen miteinander. Dabei soll zum Beispiel eine Nachricht eine bestimmte Gruppe von Schülern erreichen. Wie jeder aus Erfahrung weiß, sind die Wege dabei recht vielfältig: Eine Information durch den Fach- oder Klassenlehrer wäre ebenso denkbar wie ein Hinweis von Eltern, eine Nachricht des Schulleiters, eine mündliche Weitergabe oder ein Gerücht. Ob eine Nachricht beim Empfänger dann noch richtig ankommt, ist fragwürdig. Schon allein durch den Weg können also Halb- und Unwahrheiten entstehen. Zum anderen hat jede Nachricht grundsätzlich verschiedene Dimensionen: Ein Schüler kommt zehn Minuten zu spät in die Schule und trifft auf dem Flur seinen Schulleiter. Dieser sagt: »Mein Lieber, es ist schon acht Uhr.« Dabei teilt er einen Sachbestand mit, nämlich die Uhrzeit. Die Ansprache »Mein Lieber« zählt schon nicht mehr dazu. In der als »Selbstoffenbarung« bezeichneten Ebene zeigt der Schulleiter: »Ich habe die Zeit im Blick. Pünktlichkeit ist mir wichtig.« Auf der so genannten Beziehungsebene wird die Nachricht interpretiert: Der Schulleiter muss auf die Einhaltung von Regeln achten. Es ist seine Pflicht, den Schüler auf die vorangeschrittene Zeit hinzuweisen. Wenn der Schüler den Hinweis als Appell auffasst, dann wird er verstehen: Der Unterricht läuft bereits seit zehn Minuten, nun muss ich aber sofort im Klassenraum verschwinden.

Das Problem besteht darin, dass sich der Empfänger immer selbst aussucht, in welcher Weise er auf eine Nachricht reagiert. Weichen Sender und Empfänger in der Ebene voneinander ab, kommt es zu Missverständnissen und es folgen Fehlschlüsse und Konflikte. Dabei sollte uns bewusst sein, dass beim Menschen nur etwa 30 Prozent der Nachrichten die Sachebene meinen. Die restlichen 70 Prozent der verbalen Kommunikation betreffen Selbstoffenbarungen, Beziehungen und Appelle. Deshalb ist es nicht nur in der Schule wichtig, deutlich zu sagen, was man denkt und meint, sondern auch aufmerksam zuzuhören.

1 Beschreibe die verschiedenen Kommunikationsformen in Abbildung 1 und 2.

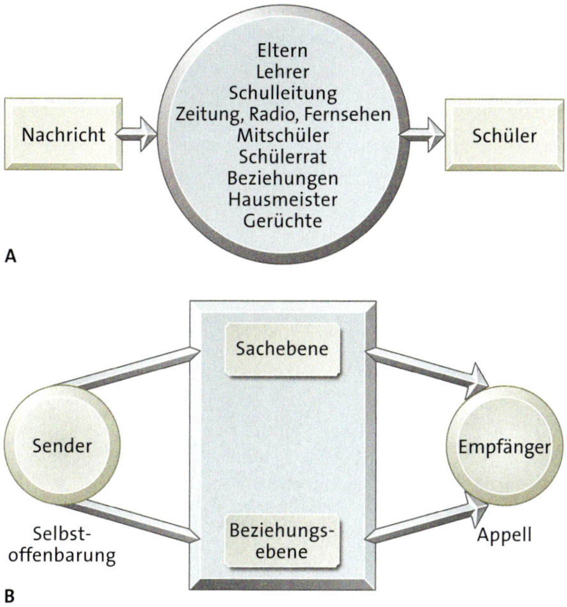

3 Nachrichten. **A** Wege; **B** Ebenen

4 Kommunikation zwischen Lehrer und Schüler

1.7 Konflikte und Konfliktbewältigung

In Gruppen zusammenzuleben, ist in vielerlei Hinsicht vorteilhaft: Der Einzelne findet Schutz und Geborgenheit, viele Ziele lassen sich gemeinsam leichter erreichen und Gruppenmitglieder können voneinander lernen.

Diesem **Nutzen** stehen aber auch **Kosten** gegenüber, denn durch das Zusammenleben mit anderen kommt es häufig auch zu **Konflikten.** Eine der wichtigsten Ursachen für Konflikte ist **Konkurrenz.** Manchmal lässt sich beispielsweise beobachten, wie sich zwei Tiere um einen Brocken Nahrung streiten. Meistens handelt es sich dabei um Tiere derselben Art, denn diese habe in der Regel auch dieselben Bedürfnisse und Ernährungsgewohnheiten. Auch bei der Konkurrenz um Geschlechtspartner, Nistplätze oder Reviere kommt es deshalb häufig zu solchen Konflikten.

Konflikte können aber auch zwischen Individuen entstehen, die ganz unterschiedliche Bedürfnisse haben. Bei Säugetieren kommt es beispielsweise häufig zu Konflikten zwischen Müttern und älteren Säuglingen, wenn die Mutter beginnt, das Kind abzustillen. Besonders Affenkinder bekommen in solchen Situationen oft regelrechte Wutausbrüche. Auch zwischen Familienmitgliedern sind Konflikte also durchaus üblich.

Konflikte führen leicht zu Streitigkeiten, und aus einem zunächst harmlosen Streit kann rasch ein ernsthafter Kampf werden. Kämpfe, bei denen es zu Verletzungen kommen kann, nennt man **Beschädigungskämpfe.** Solche Beschädigungskämpfe gibt es nicht nur bei Raubtieren, die von Natur aus über scharfe Zähne oder andere gefährliche Waffen verfügen, sondern auch bei eher harmlosen Pflanzenfressern.

Verhaltensweisen, die das Ziel haben, Artgenossen zu schädigen oder zu verletzen, bezeichnet man als **Aggression.** Eine Katze, die eine Maus tötet, verhält sich nach dieser Definition nicht aggressiv, ein Löwe, der einen anderen Löwen tötet, aber sehr wohl. Noch bis vor wenigen Jahrzehnten glaubten die Wissenschaftler, dass der Mensch das einzige Lebewesen sei, das gezielt Artgenossen tötet. Erst genaue Beobachtungen frei lebender Tiere machten deutlich, dass dies eine Fehleinschätzung war: Wenn männliche Löwen eine Gruppe Weibchen erobern, versuchen sie meist, sämtliche Jungtiere zu töten. Damit erreichen sie, dass die Weibchen wieder fortpflanzungsbereit werden und sie selbst eigene Junge zeugen können. Solche *Kindestötungen* hat man auch bei Spatzen, Affen, Delfinen und vielen anderen Tierarten beobachtet. Auch kriegerische Auseinandersetzungen zwischen Angehörigen verschiedener Gruppen gibt es im Tierreich. Beobachtet hat man sie vor allem bei Ameisen und Schimpansen.

Tiere verfügen allerdings auch über Mittel, Konflikte zu entschärfen und Auseinandersetzungen friedlich beizulegen. Signale spielen hierbei eine bedeutende Rolle. Begegnen sich beispielsweise zwei Hunde, kann es vorkommen, dass der eine mit aufgerichtetem Schwanz imponiert, während der andere mit eingeklemmtem Schwanz von dannen zieht.

1 Konflikt um Nahrung

2 Beschädigungskampf

Auf diese Weise entsteht eine **Rangordnung,** wie man sie bei vielen Tierarten beobachten kann, die in individualisierten Verbänden leben. Rangpositionen der einzelnen Individuen werden in der Regel durch aggressives Verhalten ermittelt. In einer etablierten Rangordnung werden Konflikte dann aber nicht mehr durch Kämpfe, sondern durch den Austausch von Signalen geregelt. Hiervon profitieren alle Beteiligten, da Kämpfe nicht nur viel Energie kosten, sondern immer auch mit einem Verletzungsrisiko verbunden sind. Dennoch sind Kosten und Nutzen ungleich verteilt. Ein hoher Rang stellt nämlich gleichsam die Eintrittskarte für begehrte Ressourcen dar: Ranghohe Individuen können sich wesentlich leichter Zugang zu Nahrung oder Geschlechtspartnern verschaffen als rangniedere Individuen. Dies führt dazu, dass Tiere und Menschen nicht nur um materielle Güter wie Nahrung konkurrieren, sondern oft noch viel heftiger um das Erreichen eines möglichst hohen sozialen Ranges.

Eine andere Art, Konflikte zu entschärfen, kann man bei männlichen Rothirschen beobachten: Ihre Röhrduelle sind in der Brunftzeit im Herbst kilometerweit zu hören. Das Röhren ist ein akustisches Signal, das erheblichen Energieaufwand erfordert und damit auch etwas über die eigene Kampfkraft aussagt. Schwächere Gegner lassen sich auf diese Weise einschüchtern. Ist dies nicht der Fall, beginnen die Gegner nebeneinander einher zu stolzieren. Auf diese Weise messen sie ihre Kräfte, ohne ein Verletzungsrisiko einzugehen. Solche Auseinandersetzungen nennt man **Kommentkämpfe.** Führt ein solches Kräftemessen zu keiner Entscheidung, kann es zu einem Beschädigungskampf kommen. Die Folgen sind nicht nur harmlose Kratzer: Ein Viertel aller erwachsenen männlichen Rothirsche zieht sich in der Brunftsaison Knochenbrüche, erblindete Augen und andere ernsthafte Verletzungen zu.

Lässt sich ein Streit nicht vermeiden, kann immerhin noch Schadensbegrenzung betrieben werden: Man versöhnt sich mit dem Gegner. Auf diese Weise kann eine durch Streit beeinträchtigte Beziehung wieder »repariert« werden. Schimpansen verhalten sich bei einer solchen **Versöhnung** ganz ähnlich wie Menschen: Sie reichen sich die Hände oder umarmen und küssen sich. Auch bei Schimpansen ist allerdings nicht jeder gleichermaßen versöhnungsbereit. Beobachtungen sprechen eher dafür, dass sich Schimpansen nur dann miteinander versöhnen, wenn ihnen an der Beziehung mit dem Kontrahenten gelegen ist. Daraus lässt sich eine allgemeine Regel ableiten: Versöhnungen finden nur statt, wenn beide Seiten davon profitieren.

3 Rangordnung

4 Kommentkampf

5 Versöhnung

1 Erläutere, wodurch Konflikte entstehen und wozu sie führen können. Nenne auch Beispiele aus deinem Alltagsleben.

2 Erstelle eine Mindmap zum Thema Aggression und stelle sie in der Klasse vor.

Aufgaben und Versuche | Konfliktverhalten und Konfliktbewältigung

A1 Entwöhnungskonflikt bei Säugetieren

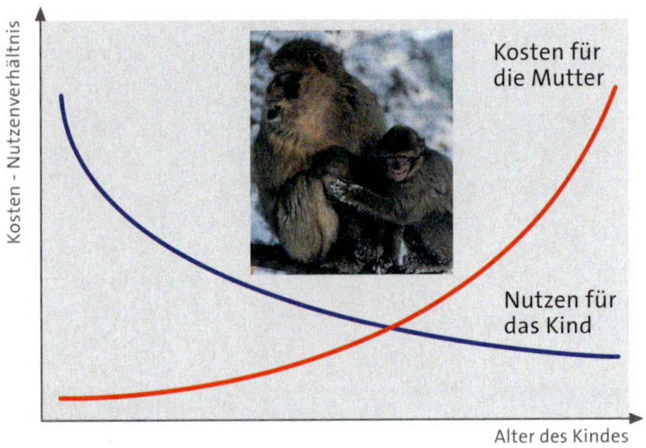

Aufgaben:

a) Erläutere anhand der Grafik, warum es bei Säugetieren zu einem Konflikt zwischen Mutter und Kind kommt.

b) Entwickele eine Hypothese, die erklärt, warum die Konfliktperiode zeitlich begrenzt ist.

V2 Konfliktanalyse

Bitte beantworte die folgenden Fragen möglichst vollständig:
Mit wem hast du dich zuletzt gestritten?
Worum ging es bei dem Streit?
Wer hat den Streit angefangen?
Wurde der Streit nur mit Worten oder auch mit körperlicher Gewalt geführt?
Wie wurde der Streit beendet?
Hat eine Versöhnung stattgefunden?
Hat die Versöhnung die Beziehung zu deinem Streitgegner verbessert?
Bist du männlich oder weiblich?
Wie alt bist du?

Material: Fragebögen

Durchführung: Jeder Teilnehmer der Befragung erhält einen Fragebogen, den er beantwortet. Die Ergebnisse der Befragung werden anschließend ausgewertet und in Form von Tabellen oder Grafiken dargestellt.

Aufgaben:

a) Ermittelt die häufigsten Konfliktursachen.

b) Ermittelt, ob in der Konfliktanalyse Geschlechtsunterschiede erkennbar sind.

c) Stellt die Häufigkeit und die Wirkung von Versöhnungen dar.

A3 Rangordnungen

In einem Hühnerhof kann man die Rangordnung der einzelnen Hühner untersuchen, indem man beobachtet, wer wie oft nach wem hackt. Diese Daten trägt man dann in ein Kombinationsquadrat ein. Die folgende Abbildung gibt hierfür ein Beispiel.

Huhn	A	B	C	D	E
A hackt	--	III		I	𝍸
B hackt		--		II	𝍸II
C hackt	IIII	𝍸I	--	II	II
D hackt				--	
E hackt				II	--

Aufgaben:

a) Ermittle aus den vorliegenden Daten die Rangordnung der fünf Hühner.

b) Erläutere, warum eine Rangordnung bei Hühnern oft auch »Hackordnung« genannt wird.

c) Bewerte, welche Vor- und Nachteile sich aus der Rangordnung für die Hühner ergeben.

d) Rangordnungen gibt es auch in menschlichen Gruppen und Gesellschaften. Erläutere an Beispielen, woran man diese erkennen kann und welche Vor- und Nachteile sich für die einzelnen Personen aus ihrer Rangposition ergeben.

e) Bestimme die Rangordnung in deiner Familie.

f) Beurteile, wie die einzelnen Rangpositionen in deiner Familie zustande kommen.

A4 Konflikt und Kommunikation

Beim Menschen ist die Kommunikation durch Sprache ein wichtiges Mittel, um Konflikte zu lösen. Gleichzeitig kann Sprache jedoch auch Konflikte verursachen, da es schon durch eine einfache Bemerkung zu Missverständnissen kommen kann.

Wie das Beispiel zeigt, kann eine einfache Bemerkung mehrere Botschaften enthalten:
- eine Sachinformation: *Die Ampel ist grün.*
- eine Aussage über den Sender: *Ich bin genervt.*
- eine persönliche Einschätzung über die Beziehung zwischen Sender und Empfänger: *Ich kann besser Auto fahren als du*!
- einen Appell an den Empfänger: *Nun fahr doch endlich los!*

Aus diesen Überlegungen heraus entwickelten Psychologen das »Vier-Ohren-Modell«.

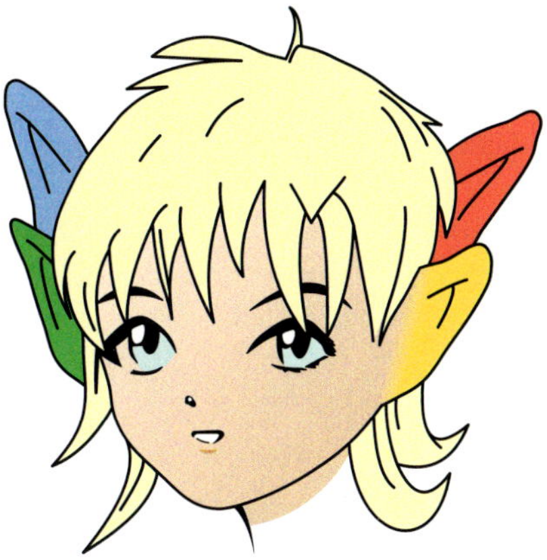

Aufgaben:

a) Erkläre, welche Probleme bei der sprachlichen Kommunikation zwischen Sender und Empfänger entstehen können und wieso es dabei zu Konflikten kommen kann.

b) Erläutere das »Vier-Ohren-Modell«.

c) Nenne Möglichkeiten, durch sprachliche Kommunikation entstandene Konflikte zu begrenzen.

A5 Gewalt an Schulen

Gewalt an Schulen ist ein Thema, das viele Schülerinnen und Schüler ganz direkt betrifft. So gaben in einer Befragung von mehr als 4000 Achtklässlern im Schuljahr 2003/04 in Nordrhein-Westfalen zwölf Prozent der Jungen und sechs Prozent der Mädchen an, innerhalb der vergangenen zwölf Monate schon einmal beraubt worden zu sein. Dabei waren die Täter andere Jugendliche.

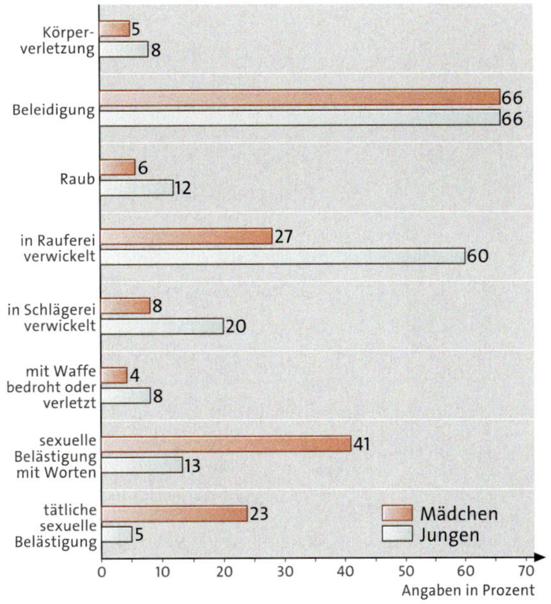

Aufgaben:

a) Werte die Grafik aus.

b) Nenne Ursachen für Konflikte zwischen Jugendlichen.

c) Diskutiert in der Klasse, wie man sich in einer Konfliktsituation verhalten sollte.

d) Erörtert, wie man sich verhalten sollte, wenn man Opfer einer Gewalttat geworden ist.

e) Entwickelt einen Katalog von Maßnahmen, um Konflikte anders als durch Gewalt zu lösen.

2 Informationsleitung und -verarbeitung

2.1 Das Nervensystem – ein Nachrichtennetz

Der Fußballspieler schaut auf seinen Mitspieler. Ein Schuss – und der Ball wird perfekt weitergespielt. Solche zielgerichteten Bewegungen zeigen die Fähigkeit des Körpers, Reize aufzunehmen, Informationen weiterzuleiten und zu verarbeiten. Das *Auge* empfängt Reize von Ball und Mitspieler. Es leitet Informationen darüber über den Sehnerv an das *Gehirn* weiter. Ein geübter Sportler hat das Passen von Bällen häufig trainiert. Deswegen verfügt sein Gehirn über gespeicherte Erfahrungen, die nun genutzt werden, um Muskeln gezielt zu bewegen. Die entsprechenden Befehle werden vom Gehirn über das *Rückenmark* und schließlich über *Nerven* an die *Muskeln* im Bein übermittelt. Diese ziehen sich zusammen und der Fuß lenkt den Ball in Richtung des Mitspielers.

Die Weiterleitung und Verarbeitung von Informationen erfolgt im **Nervensystem,** das aus **Nervenzellen** besteht. Allein im Gehirn sind es 100 Milliarden Zellen.

Gehirn und Rückenmark bilden zusammen das **Zentralnervensystem,** das **ZNS.** Von diesem ausgehend durchziehen Nerven den ganzen Körper und bilden so das **periphere Nervensystem,** das **PNS.** Nerven sind Bündel von *Nervenfasern*, die von Bindegewebshüllen umschlossen sind. Es gibt *sensorische Fasern*, die Informationen von den Sinnesorganen an das ZNS liefern, und *motorische Fasern*, über die das ZNS die Bewegung von Muskeln bewirkt. In den meisten Nerven verlaufen sowohl sensorische als auch motorische Nervenfasern. Nachdem Reize von Ball und Mitspieler verarbeitet wurden, bewirkt dies über motorische Nervenfasern das Anspannen, die *Kontraktion*, bestimmter Muskeln. Die dadurch hervorgerufenen Veränderungen in der Muskulatur werden durch *Rezeptoren* gemessen und über sensorische Nervenfasern an das Gehirn gemeldet. Hier wird nun verglichen, ob die beabsichtigten Bewegungsabläufe mit den tatsächlich stattfindenden übereinstimmen. Bei Abweichungen kann das Gehirn Korrekturen vornehmen, die wiederum kontrolliert werden.

Das Nervensystem regelt nicht nur die Muskeltätigkeit, sondern es beeinflusst auch die Funktion der inneren Organe. Dies erfolgt in der Regel *unwillkürlich*. Unter anderem werden die Atmung, die Bewegungen von Magen und Darm sowie die Tätigkeit der Nieren durch Nerven des **vegetativen Nervensystems** reguliert.

1 Erläutere die Informationsleitung im menschlichen Körper anhand von Abbildung 1.

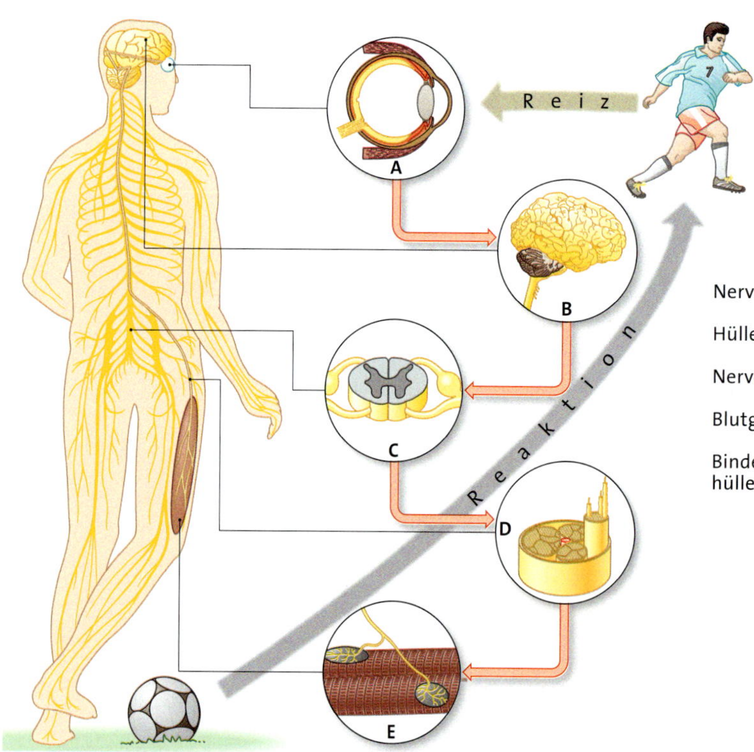

1 Informationsverarbeitung im menschlichen Körper.
A Auge; **B** Gehirn; **C** Rückenmark; **D** Nerv; **E** Muskel

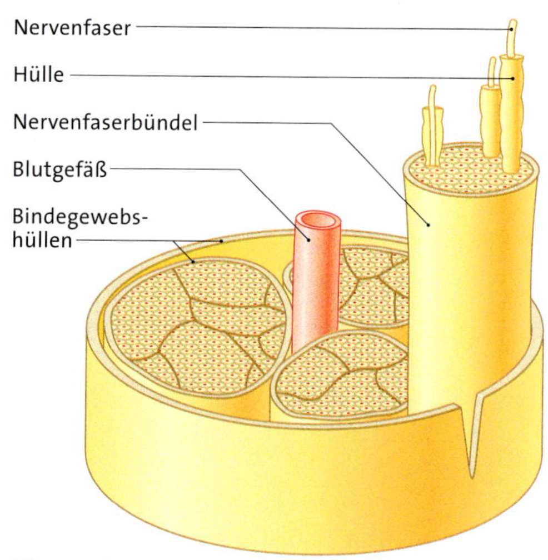

2 Bau eines Nervs

2.2 Bau und Funktion von Nervenzellen

Bausteine eines Nervensystems sind die **Nervenzellen,** die auch **Neurone** genannt werden. Im mikroskopischen Bild erkennt man sie daran, dass vom *Zellkörper*, der den Zellkern enthält, Fortsätze ausgehen. Bei einer motorischen Nervenzelle, einem *Motoneuron*, gehen vom Zellkörper viele verzweigte Fortsätze aus, die höchstens einen Millimeter lang sind. Da sie in ihrer Gesamtheit an eine Baumkrone erinnern, werden sie *Dendriten* (gr. *dendrón*, Baum) genannt.

Am Zellkörper eines Motoneurons gibt es neben den Dendriten einen Fortsatz, der mehr als einen Meter lang werden kann. Er heißt **Axon** und entspringt am *Axonhügel.* Das Axon wird in regelmäßigen Abständen von *SCHWANNschen Zellen* umgeben. Sie wickeln sich während des Wachstums wie eine Rolle Klebeband auf und isolieren das Axon elektrisch. Man spricht auch von einer *Markscheide.* Zwischen zwei benachbarten SCHWANNschen Zellen bleibt ein schmaler Spalt frei, der wie eine Einschnürung erscheint. Diese *RANVIERschen Schnürringe* treten in Abständen von ein bis zwei Millimetern auf. Axon und Markscheiden bilden zusammen eine **Nervenfaser.** Am Ende ist das Axon verzweigt. Bei Motoneuronen endet jede Abzweigung mit einer Verbreiterung an der Muskelfaser, der *motorischen Endplatte*.

Erhält ein Motoneuron von anderen Nervenzellen oder von Sinneszellen Informationen, baut sich eine elektrische Erregung auf. Sie beruht auf Spannungsunterschieden zwischen dem Zellinneren und dem Zelläußeren. Diese Spannungsunterschiede entstehen, indem verschiedene positiv oder negativ geladene Ionen durch die Zellmembran des Motoneurons wandern. Ist die Erregung stark genug, entsteht am Axonhügel ein elektrischer Impuls. Dieser Impuls löst am nächsten Schnürring einen neuen Impuls aus. Er »springt« von Schnürring zu Schnürring das Axon entlang. Dabei werden bei der Informationsleitung Geschwindigkeiten von bis zu 130 Metern pro Sekunde erreicht.

Ist der Impuls am Ende des Axons angelangt, trifft er auf die motorische Endplatte. Er kann aber nicht direkt auf die Muskelfaser weitergeleitet werden: Zwischen der motorischen Endplatte und der Muskelfaser befindet sich ein winziger Spalt, den der elektrische Impuls nicht überwinden kann. Er bewirkt aber, dass an der motorischen Endplatte ein *Botenstoff* freigesetzt wird. Dieser durchwandert den Spalt, erreicht die Muskelfaser und führt hier ebenfalls zu einer Spannungsänderung. Daraufhin zieht sich die Muskelfaser zusammen.

1 Beschreibe den Aufbau einer Nervenzelle.

2 Erläutere, wie Informationen vom Zellkörper eines Motoneurons zu einer Muskelfaser gelangen.

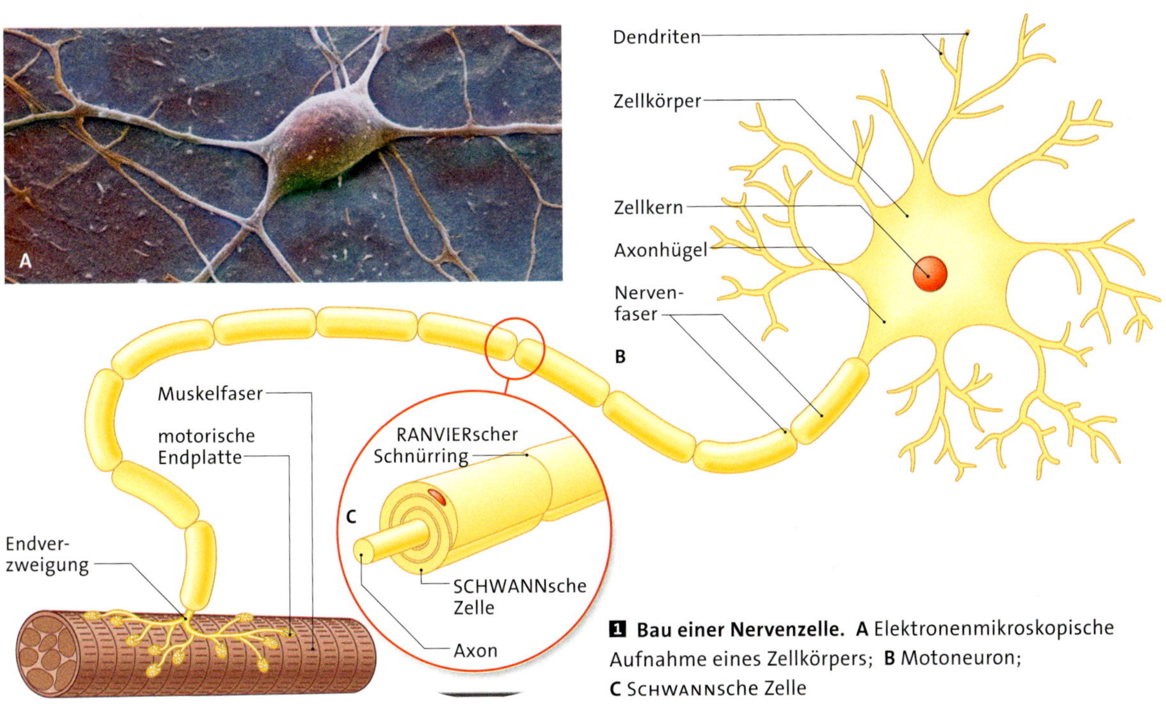

1 Bau einer Nervenzelle. **A** Elektronenmikroskopische Aufnahme eines Zellkörpers; **B** Motoneuron; **C** SCHWANNsche Zelle

2.3 Nervenzellen in Kontakt – die Synapsen

Eine Nervenzelle bildet selbst bis zu 1000 Kontakte aus und empfängt Impulse von bis zu 150 000 anderen Nervenzellen. Die Stelle, an der die Informationsübertragung zwischen zwei Nervenzellen erfolgt, heißt **Synapse** (gr. *sýnapsis*, Verbindung). Die meisten Synapsen bestehen aus drei Teilen: dem *Endknöpfchen* der »Senderzelle«, einem Teil der Zellmembran der nachgeschalteten »Empfängerzelle« sowie dem *synaptischen Spalt*, der beide Zellen voneinander trennt. Die Empfängerzelle kann eine weitere Nervenzelle, eine Muskelzelle oder eine Drüsenzelle sein. Die motorische Endplatte ist eine Sonderform der Synapse.

Gelangt ein Impuls an ein Endknöpfchen der Senderzelle, so bewirkt er, dass ein Botenstoff in den synaptischen Spalt freigesetzt wird. Die Substanz wird im Zellkörper der Nervenzelle hergestellt, in *Bläschen* verpackt und innerhalb des Axons bis in die Endknöpfchen geleitet. Beim Eintreffen eines Impulses verschmelzen die Bläschen mit der Zellmembran und setzen den enthaltenen Botenstoff nach außen in den synaptischen Spalt frei.

Der synaptische Spalt ist mit einer wässrigen Lösung gefüllt, in der sich der Botenstoff frei verteilt. Nach etwa ein bis fünf Millisekunden gelangt er an die Membran der Empfängerzelle. Diese ist von *Ionenkanälen* durchzogen, von denen die meisten geschlossen sind. Trifft der Überträgerstoff auf einen geschlossenen Ionenkanal, bewirkt er, dass dieser sich öffnet. Nun wandern Ionen durch diesen Kanal, wodurch sich der Spannungsunterschied zwischen dem Zellinneren und Zelläußeren verändert.

Übersteigt die Spannungsänderung einen Schwellenwert, wird die Empfängerzelle erregt. Handelt es sich um eine Nervenzelle, so entsteht an deren Axonhügel wieder ein Impuls, der entlang des Axons fortgeleitet wird. Ist die Empfängerzelle eine Muskelzelle, so löst die Erregung eine Kontraktion aus. Wird eine Drüsenzelle erregt, entlässt diese zum Beispiel ein Hormon in die Blutbahn.

1 Beschreibe, wie Information im Nervensystem weitergeleitet wird. Nutze das Basiskonzept Information.

2 Stelle Hypothesen auf, wie Arzneimittel oder Gifte die Erregungsweiterleitung beeinflussen könnten.

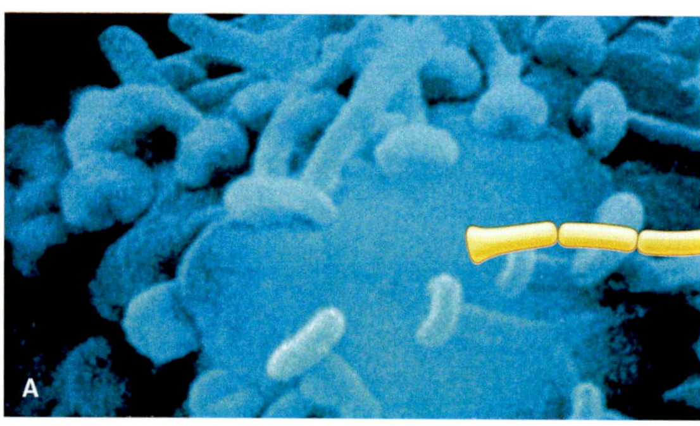

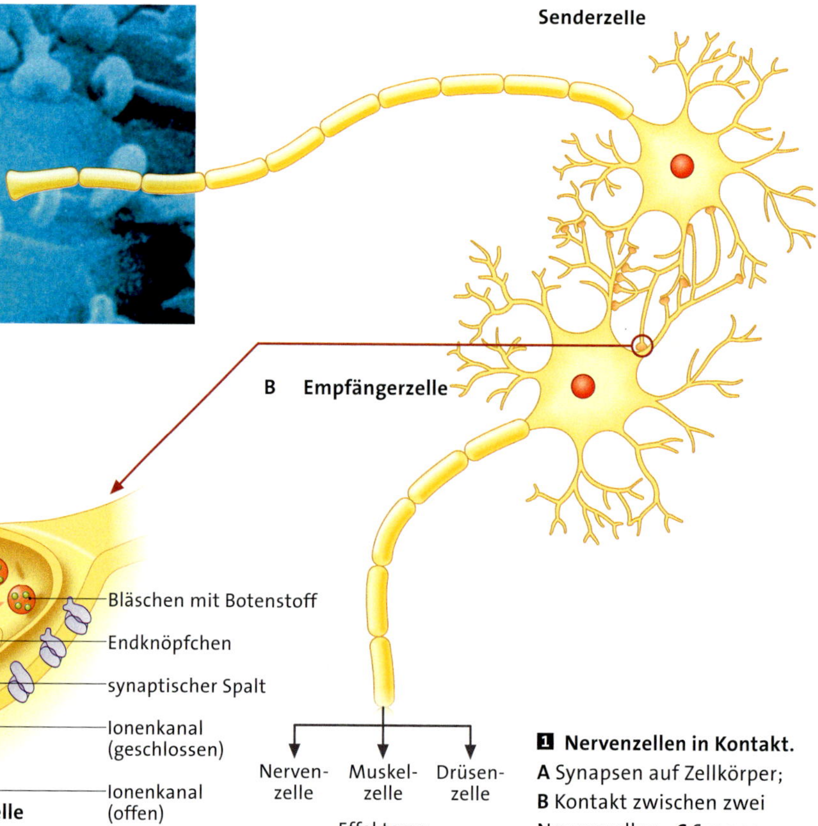

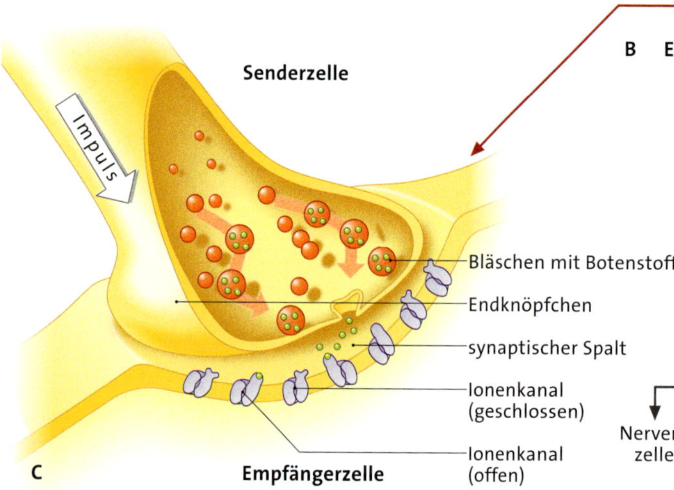

1 Nervenzellen in Kontakt. **A** Synapsen auf Zellkörper; **B** Kontakt zwischen zwei Nervenzellen; **C** Synapse

2.4 Das Rückenmark – Hauptnervenbahn und Schaltzentrale

Alle Nervenverbindungen zwischen dem Gehirn und den Organen in Rumpf und Gliedmaßen verlaufen durch das **Rückenmark.** Es ist Teil des ZNS und liegt innerhalb der Wirbelsäule im *Wirbelkanal,* wo es von einer Flüssigkeit umgeben vor mechanischen Einflüssen geschützt ist. Im Querschnitt erkennt man einen grauen, schmetterlingsförmigen Innenbereich, die **graue Substanz.** Sie ist von einem weißen Außenbereich, der **weißen Substanz,** eingeschlossen. Die graue Substanz besteht überwiegend aus Zellkörpern von Neuronen. Die weiße Substanz wird von Axonen gebildet, die eine Verbindung zum Gehirn herstellen. Jeweils zwischen den Wirbeln verlässt ein Paar *Rückenmarksnerven* den Wirbelkanal. Sie sind die Verlängerung der Nervenwurzeln. Die *sensorische Nervenwurzel* enthält Nervenzellen, die elektrische Impulse von Rezeptoren zum Rückenmark leitet. Die *motorische Nervenwurzel* besteht aus Neuronen, die wiederum elektrische Impulse vom Rückenmark zu Effektoren fortleitet. Die Rückenmarksnerven treten seitlich aus dem Wirbelkanal in der Nähe der elastischen Bandscheiben aus, die Bewegungen der Wirbelsäule abpuffern.

Wer schon einmal barfuß auf einen spitzen Stein getreten ist, weiß, dass man als Reaktion auf den Schmerz *unwillkürlich* und schnell das betroffene Bein anzieht. Eine solche Reaktion nennt man einen **Reflex.** Er schützt den Fuß vor einer schlimmeren Verletzung. Durch die Verletzung werden Schmerzrezeptoren gereizt, die ihre elektrische Erregung über sensorische Nervenfasern zum Rückenmark leiten. In der grauen Substanz wird die einlaufende Erregung über zwischengeschaltete Nervenzellen auf motorische Nervenfasern übertragen. Deren Axone verlaufen zu den Beugemuskeln des Oberschenkels. Diese ziehen sich dann zusammen, sodass der Fuß angehoben wird. Da Reiz und Reaktion nicht im selben Organ erfolgen, spricht man von einem **Fremdreflex.** Damit man beim Heben des Fußes nicht stürzt, gibt es eine weitere neuronale Verschaltung: Die von den Schmerzrezeptoren des rechten Fußes einlaufende Erregung wird durch Verzweigungen auf motorische Nervenfasern der linken Hälfte des Rückenmarks »kopiert«. Diese aktivieren zeitgleich die Streckmuskeln des linken Beins, wodurch das Knie durchgedrückt wird. Die Verletzung und der Schmerz werden bewusst, indem die Information zum Gehirn weitergeleitet wird. Dies geschieht durch Nervenfasern, die innerhalb der weißen Substanz zum Gehirn aufsteigen. Vorher ist jedoch schon die Reaktion erfolgt. Hier zeigt sich die biologische Funktion von Reflexen: In einer gefährlichen Situation zählt jeder Bruchteil einer Sekunde, um Gefahren abzuwenden. Durch einen Reflex wird die Information über einen Reiz durch kurze Leitungswege schnell verarbeitet und eine Reaktion eingeleitet.

1 Beschreibe die Lage und den Bau des Rückenmarks anhand der Abbildungen 1 und 2.

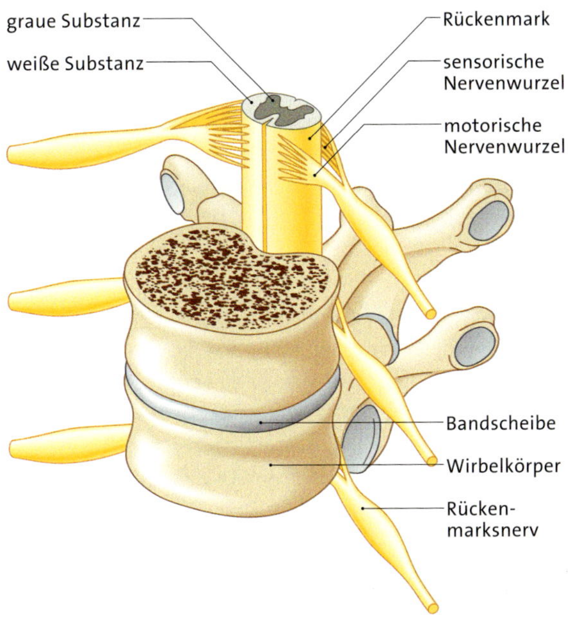

1 Lage und Bau des Rückenmarks

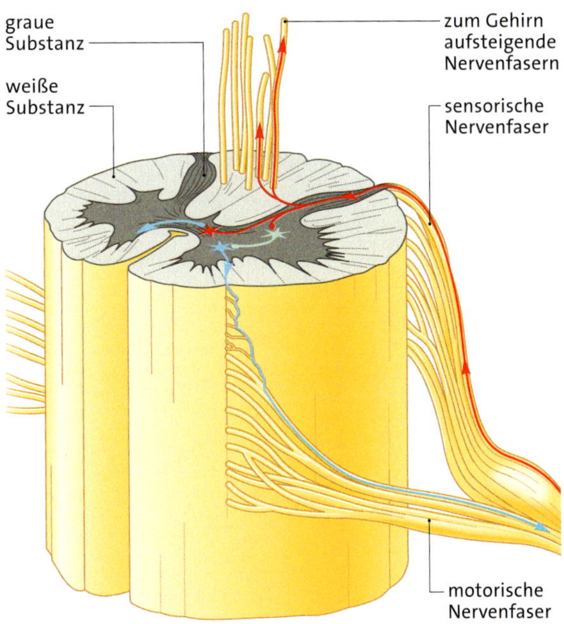

2 Verschaltung eines Fremdreflexes im Rückenmark

Aufgaben und Versuche – Nervensystem und Nerven

V1 Modellversuch zur Informationsübertragung

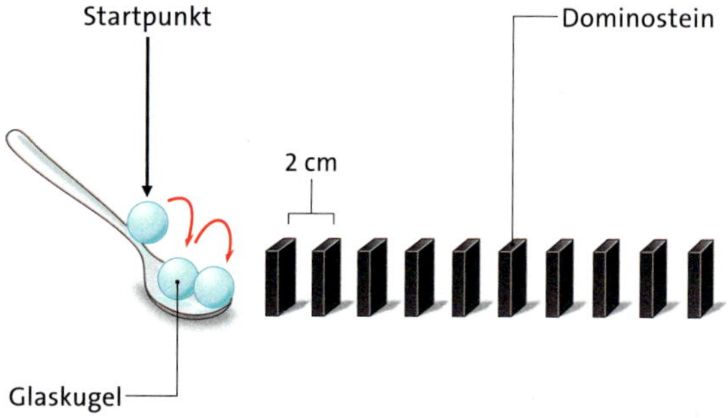

Material: 100 Dominosteine; Maßband oder Lineal; Esslöffel; Glaskugel (Ø 2 cm); Stoppuhr

Durchführung: Arbeitet in Kleingruppen. Baut zunächst die Dominosteine im Abstand von je etwa 2 cm hintereinander auf. Legt dann den Löffel an das eine Ende der Reihe und hebt den Löffelstiel an. Lasst nun die Glaskugel vom Startpunkt (siehe Abbildung) in die Löffelmulde rollen. Der Löffel wird richtig gehalten, wenn die Kugel den ersten Dominostein gerade zum Umfallen bringt.

Aufgaben:

a) Miss die Zeit, bis alle Dominosteine umgefallen sind.

b) Ordne dem Löffel, der Kugel und den Dominosteinen Strukturen und Vorgänge bei der Informationsübertragung im Körper zu.

c) Erläutere, welche dieser Vorgänge durch das Modell gut, welche weniger gut wiedergegeben werden.

A2 Curare – das Pfeilgift der Indianer

Curare ist eine Substanz, die einige Naturvölker in Südamerika aus einer Pflanzenrinde gewinnen, indem sie diese in Wasser auskochen. Die Jäger bestreichen ihre Pfeile mit dem giftigen Sud und benutzen sie zur Jagd. Dabei pirschen sie sich an Tiere an und schießen ihre Pfeile durch lange Blasrohre. Der Tod der Tiere tritt durch Atemlähmung ein, weil ihre gesamte Muskulatur erschlafft.

Aufgabe: Stelle Hypothesen zur Wirkung von Curare im Nervensystem auf.

A3 Reaktion bei Verbrennung

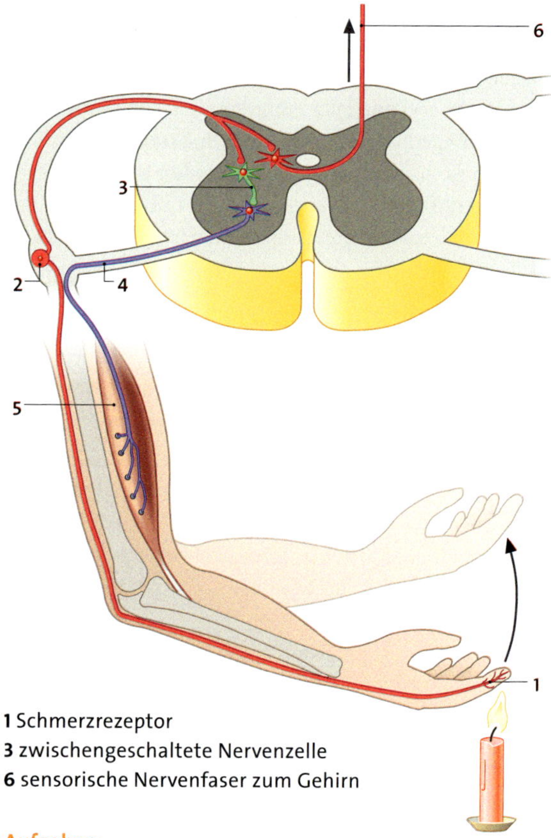

1 Schmerzrezeptor
3 zwischengeschaltete Nervenzelle
6 sensorische Nervenfaser zum Gehirn

Aufgaben:

a) Ordne den mit (2), (4) und (5) gekennzeichneten Strukturen Fachbegriffe zu.

b) Beschreibe den Ablauf der Reaktion. Verwende dabei auch die entsprechenden Fachbegriffe.

c) Erläutere die biologische Bedeutung eines Reflexes anhand des vorliegendes Beispiels.

V4 Reaktion der Armmuskulatur auf Belastung

Durchführung: Bitte einen Mitschüler, sich vor dich hinzustellen und einen Arm so zu beugen, dass die Hand mit der Handfläche nach oben zeigt. Fordere ihn auf, die Armstellung unverändert beizubehalten. Schlage dann nicht zu heftig mit der Faust in die offene Hand. Beobachte genau.

Aufgabe: Erkläre die beobachteten Bewegungen des Arms. Beachte dabei Reaktionen von Beuger und Strecker.

V5 Lidschlussreflex

Material: dünner Gummischlauch

Durchführung: Bitte einen Mitschüler, dir sein Gesicht zuzuwenden und die Augen weit geöffnet zu halten. Puste dann durch den Schlauch aus etwa 5 cm Entfernung auf den Innenwinkel eines seiner Augen. Du kannst den Versuch auch selbst vor einem Spiegel durchführen.

Aufgabe: Beschreibe deine Beobachtung und deute sie.

V6 Kniesehnenreflex

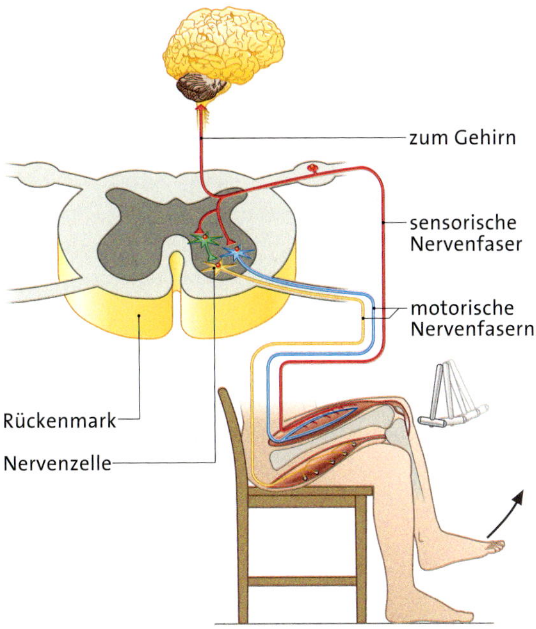

Material: Stuhl; Bleistift

Durchführung: Ein Mitschüler sitzt auf einem Stuhl und schlägt ein Bein über das andere. Schlage mit der Handkante leicht auf den weichen Teil unterhalb der Kniescheibe des übergeschlagenen Beins. Dort befindet sich die Kniesehne.

Aufgaben:

a) Beobachte und beschreibe die Reaktion deines Mitschülers.

b) Erläutere die Reaktion deines Mitschülers mit Hilfe der Abbildung.

c) Übertrage die schematische Darstellung des Reflexbogens in dein Heft. Ordne den Ziffern die richtigen Begriffe zu. Nimm die Abbildung oben zu Hilfe.

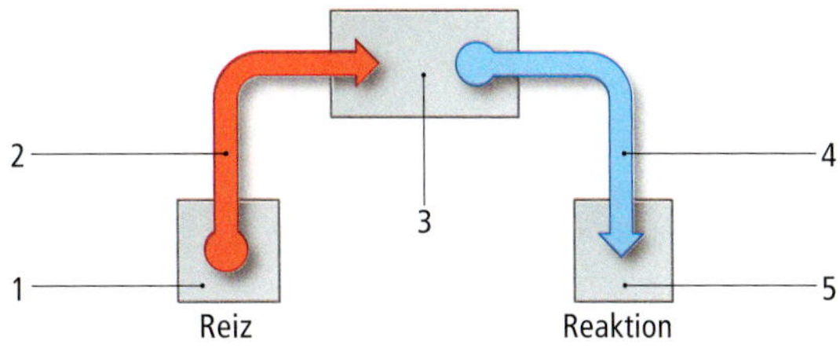

A7 Reflex – ja oder nein?

Aufgabe: Beurteile, bei welchen der folgenden Situationen es sich um Reflexe handelt.

1) Ohne zu überlegen tritt der Autofahrer auf die Bremse, als ihm ein Reh vor das Auto springt.
2) Wenn man Pfeffer in die Nase bekommt, niest man, ob man will oder nicht.
3) Kaum hat der Elfmeterschütze gegen den Ball getreten, hechtet der Torwart in die richtige Ecke.
4) Bei einem unerwarteten kalten Guss auf den Rücken atmet man unwillkürlich tief ein.
5) Nähert sich plötzlich ein Gegenstand auf Augenhöhe, kneift man sofort die Augen zu.

A8 Recherche zur Wirkungsweise von Neurotoxinen

Manche Lebewesen enthalten Gifte, die die Funktion des Nervensystems stören. Recherchiert in arbeitsteiliger Gruppenarbeit, wie folgende Neurotoxine wirken:

1) Tetrodotoxin (TTX) – Kugelfisch (»Fugu«)
2) Botulinumtoxin (BTX) – Botulinus-Bakterium
3) Atropin – Tollkirsche
4) Saxitoxin (STX) – verschiedene Muschelarten
5) Nikotin – Tabakpflanze
6) Muscarin – Fliegenpilz

Aufgabe: Stellt eure Ergebnisse anschließend in Stichworten und Schemazeichnungen auf einer Overhead-Folie zusammen und bereitet ein Kurzreferat vor.

A9 Unterstützung von Menschen mit Behinderungen

Aufgabe: Recherchiere, inwiefern eine Querschnittslähmung das Leben eines Menschen beeinträchtigt. Informiere dich darüber, durch welche Maßnahmen und Einrichtungen Betroffene in deinem Lebensumfeld Hilfe erfahren.

2.5 Bau und Funktion des Gehirns

Das Gehirn liegt geschützt in der Schädelkapsel und ist von drei Hirnhäuten umgeben. Die *harte Hirnhaut* ist über die innere Knochenhaut mit dem Schädelknochen verwachsen und von Bluträumen durchzogen. Die *weiche Hirnhaut* liegt dem Gehirn an. Zwischen diesen beiden Hirnhäuten befindet sich ein Spalt, den ein dichtes Geflecht aus feinen Bindegewebsfäden durchzieht. Die Zwischenräume dieser *Spinnengewebshaut* sind mit zirkulierender *Hirnflüssigkeit* gefüllt. Dieses Flüssigkeitskissen fängt Stöße zwischen dem empfindlichen Gehirn und dem Schädelknochen ab. Schwerere Einwirkungen führen zu einer *Gehirnerschütterung*. Es wird vermutet, dass die Hirnflüssigkeit durch in ihr gelöste Substanzen zur Übermittlung von Signalen beiträgt. Bakterien oder Viren können zu einer Entzündung der harten Hirnhaut und der Spinnengewebshaut führen. Eine solche *Hirnhautentzündung* ist lebensbedrohlich.

Das Gehirn eines Menschen wiegt etwa 1,5 Kilogramm und macht damit zwei Prozent der Körpermasse aus. Dennoch benötigt es rund 20 Prozent der aufgenommenen Energie. Dies liegt an seiner hohen Stoffwechselaktivität. Im Gehirn sind 100 Milliarden Neuronen konzentriert, wobei jedes Neuron durchschnittlich mit 10 000 anderen vernetzt ist. Somit enthält das Gehirn insgesamt eine Billiarde Synapsen. Jedes Neuron ist über höchstens vier zwischengeschaltete Neuronen mit einem beliebigen anderen verbunden. Trotz der Vielzahl an Neuronen und Synapsen weist das Gehirn eine geordnete Struktur auf. Es ist in fünf Teile gegliedert: *Großhirn*, *Zwischenhirn*, *Mittelhirn*, *Kleinhirn* und *Hirnstamm*.

Das **Großhirn** macht fast 90 Prozent des Gehirnvolumens aus und überdeckt die anderen Gehirnteile fast vollständig. Von oben betrachtet erkennt man zwei Großhirnhälften, die *Hemisphären* (gr. *hēmi*, halb; *sphaīra*, Kugel). Sie sind durch den *Balken* miteinander verbunden. Beide Hemisphären lassen sich in Lappen gliedern, die wegen ihrer Lage *Stirnlappen*, *Scheitellappen*, *Schläfenlappen* und *Hinterhauptslappen* heißen. Die Oberfläche des Großhirns beträgt etwa einen halben Quadratmeter. Es weist zahlreiche Windungen und Furchen auf. In der drei bis vier Millimeter dicken Großhirnrinde, dem *Cortex* (lat. *cortex*, Rinde), befinden sich die Zellkörper, in dem darunter liegenden Großhirnmark deren Axone. Das Großhirn vermittelt Denken, Fühlen und Handeln. Dies geschieht in verschiedenen Bereichen des Cortex, den *Arealen*. *Sensorische Areale* empfangen Informationen aus verschiedenen Sinneskanälen. So gibt es Areale, die dem Hören oder dem Riechen zugeordnet werden. Dabei existiert ein Zusammenhang zwischen der Dichte der Rezeptoren eines Sinnesorgans und der jeweils beanspruchten Fläche des Cortex. So werden Körperempfindungen der sehr tastgenauen Finger durch jeweils größere Areale vermittelt als Körperempfindungen, die von dem viel größeren Rumpf ausgehen. Im übertragenen Sinn entsteht eine verzerrte Landkarte, die die Dichte und Anordnung der Rezeptoren auf der Körperoberfläche widerspiegelt. *Motorische Areale* vermitteln die Ausführung von Bewegungen. So sendet das motorische Sprachzentrum Befehle an den motorischen Cortex. Dieser steuert dann die Kontraktion der Muskeln, die an der Spracherzeugung beteiligt sind. Der motorische Cortex ist jedoch nur die letzte Stufe nach einem langen Weg der Informationsverarbeitung.

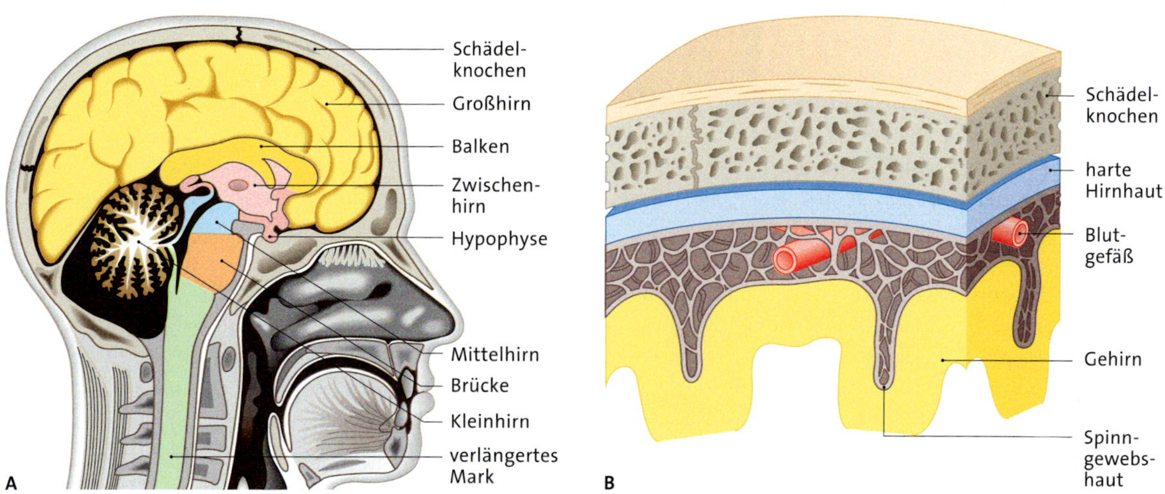

1 Gehirn. A Längsschnitt durch Schädel und Gehirn; **B** Schutz des Gehirns

Psychische und intellektuelle Leistungen wie Einfühlungsvermögen oder Selbstlosigkeit werden durch *Assoziationsareale* vermittelt, die sich unter anderem im vorderen Stirnlappen befinden. Solche Assoziationsareale sind keinem Sinneskanal zugeordnet, sie stehen aber mit anderen cortikalen Arealen in Verbindung. Die verschiedenen Areale können nicht als spezialisierte Funktionszentren angesehen werden. Vielmehr ergibt sich das Verhalten des Menschen wie bei einem Konzert aus dem Zusammenspiel aller Areale. Dabei gibt es jedoch keinen Dirigenten: Die Informationsverarbeitung im Gehirn geschieht zeitgleich, arbeitsteilig und örtlich verteilt.

Informationen von den Sinnesorganen gelangen durch das Zwischenhirn zu den einzelnen Arealen. Unwichtige Informationen werden herausgefiltert, wodurch das Großhirn entlastet wird. Ein Teil des Zwischenhirns, das *Limbische System*, vermittelt zusammen mit anderen Teilen des Gehirns Emotionen und Lernprozesse. Vom Boden des Zwischenhirns, dem *Hypothalamus*, werden lebenswichtige Funktionen wie die Regulation der Körpertemperatur, der Atmung, des Wasserhaushaltes und der Nahrungsaufnahme gesteuert. Am Hypothalamus sitzt die Hirnanhangdrüse, die *Hypophyse*. Sie entlässt Hormone in die Blutbahn, die in den Neuronen des Hypothalamus entstehen. Diese Substanzen beeinflussen zum Beispiel die Funktion der Schilddrüse.

Das **Mittelhirn** ist eine Umschaltstelle für optische und akustische Informationen. Es kontrolliert unter anderem unwillkürliche Augenbewegungen, wie sie zum Beispiel unbemerkt beim Lesen dieser Textzeilen auftreten.

Das **Kleinhirn** trägt zur Steuerung und präzisen Ausführung von Bewegungen bei, die im Großhirn geplant werden. Es ermöglicht das Lernen komplizierter Bewegungsabläufe wie das Jonglieren oder das Tanzen.

Die **Brücke** und das **verlängerte Mark** bilden zusammen den **Hirnstamm** und damit den Übergang zum Rückenmark. Zu den Funktionen des Hirnstamms zählen die Koordination von Bewegungen sowie die Steuerung von Atmung, Kreislauf, Schlucken, Husten und Niesen.

1 Stelle in einer Tabelle die verschiedenen Teile des Gehirns und ihre Funktionen zusammen.

2 Erläutere Schutzeinrichtungen des Gehirns. Nutze dazu die Abbildung 1.

3 Beschreibe die Abbildung von Körperempfindungen auf dem Cortex der linken Hemisphäre. Erläutere, warum die Abbildung nicht maßstabsgerecht ist.

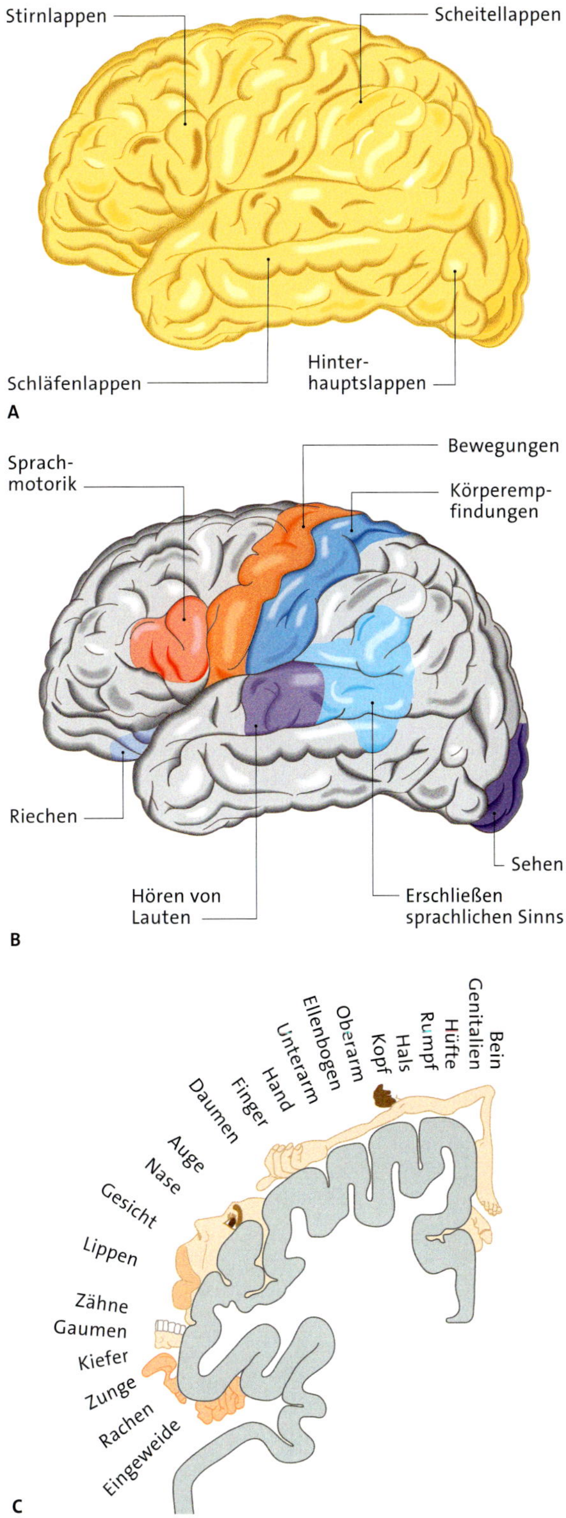

2 Cortex der linken Hemisphäre. **A** Einteilung in Lappen; **B** Funktion ausgewählter Areale; **C** Abbildung von Körperempfindungen (Querschnitt)

2.6 Lernen und Gedächtnis

»Anlauf, Sprung – und Treffer!« Aufmerksam verfolgen die Schüler, wie ihr Sportlehrer mit dem Basketball einen Korbleger demonstriert. Danach versuchen sie es selbst und haben erste Erfolge. Die Hinweise des Lehrers helfen zusätzlich, die Bewegungsabläufe zu koordinieren. Doch vor allem macht die Übung den Meister. Nebenbei erläutert der Sportlehrer die Spielregeln. Nach einiger Zeit haben die Schüler gelernt, wie man Basketball spielt.

Ein Prozess wie dieser, bei dem ein Mensch oder ein Tier Informationen aus seiner Umwelt aufnimmt, speichert und später wieder abruft, wird als **Lernen** definiert. Das Speichern von Informationen ist eine Fähigkeit des Gehirns, die man als **Gedächtnis** bezeichnet. Wie das Beispiel zeigt, existieren verschiedene Gedächtnisformen. Trainierte Fertigkeiten wie Bewegungsabläufe beim Sport zählen zu den *motorischen Gedächtnisinhalten* und werden dem **Können** zugerechnet. Es ist schwierig, das Können in Worte zu fassen – man muss es eben tun. Das Kennen der Spielregeln hingegen zählt zu den *faktenbezogenen Gedächtnisinhalten* und ist Teil des **Wissens.** Wissen kann man leicht in Worte fassen und weitergeben. Eine weitere Gedächtnisform basiert auf den Gefühlen, die man zum Beispiel mit Lebenssituationen in Verbindung bringt. Diese *emotionalen Gedächtnisinhalte* lassen gespeicherte Ereignisse nicht nur als schlichtes Wissen über eine Situation erscheinen, sondern färben sie mit Gefühlen. Daher erinnert man sich zum Beispiel besonders gut an die erste große Liebe. Die neuronale Grundlage für diese Leistung des Gehirns bildet der *Mandelkern*.

Gedächtnisinhalte können durch verschiedene **Lernstrategien** erworben werden. Beim Basketballspiel lernen die Schüler vor allem, indem sie die Bewegungsabläufe ihres Sportlehrers beobachten und nachahmen. Man spricht von Lernen durch **Nachahmung.** Eine andere Strategie verfolgen zum Beispiel Kinder, die »das Haus vom Nikolaus« zeichnen: Wer mit seinem Stift einen falschen Weg entlang fährt, kann die Figur des Hauses nicht in einem Zug zeichnen. Hier hilft nur mehrmaliges Probieren, bis sich der Erfolg einstellt. So lernen die Kinder durch **Versuch und Irrtum,** die Figur zu zeichnen. Diese Lernstrategie beruht also auf dem Testen verschiedener Lösungswege, um so nach und nach Fehler auszuschalten.

Das Gedächtnis kann nicht einer einzigen Stelle des Gehirns zugeordnet werden. Vielmehr entsteht es, indem verschiedene Regionen des Gehirns zusammenarbeiten. Wie dies genau geschieht, ist erst in Ansätzen bekannt. Verschiedene Experimente tragen dazu bei, dass man Lernen und Gedächtnis bestimmten Regionen des Gehirns zuordnen kann. Diese Experimente werden auch durch lernpsychologische Tests bei Patienten ergänzt, die Hirnverletzungen erlitten haben. Daher weiß man, dass je nach Ort der Verletzung bestimmte Gedächtnisleistungen ausfallen können. Eine wichtige Funktion besitzt eine als *Hippocampus* bezeichnete Struktur, die den *Thalamus* umsäumt. Wird der Hippocampus verletzt oder operativ entfernt, kann man kein neues Wissen mehr erwerben. Dennoch ist es weiterhin möglich, sein Können zu erweitern. Man weiß heute, dass Wissen in vielen Arealen des Cortex verteilt gespeichert wird. Vorher durchläuft die Information den Hippocampus, der somit eine Zwischenstation darstellt. Dieser Umweg gilt jedoch nicht für motorische Gedächtnisinhalte. Diese werden direkt an das *Kleinhirn*, cortikale Areale sowie andere Regionen unterhalb des Cortex übermittelt.

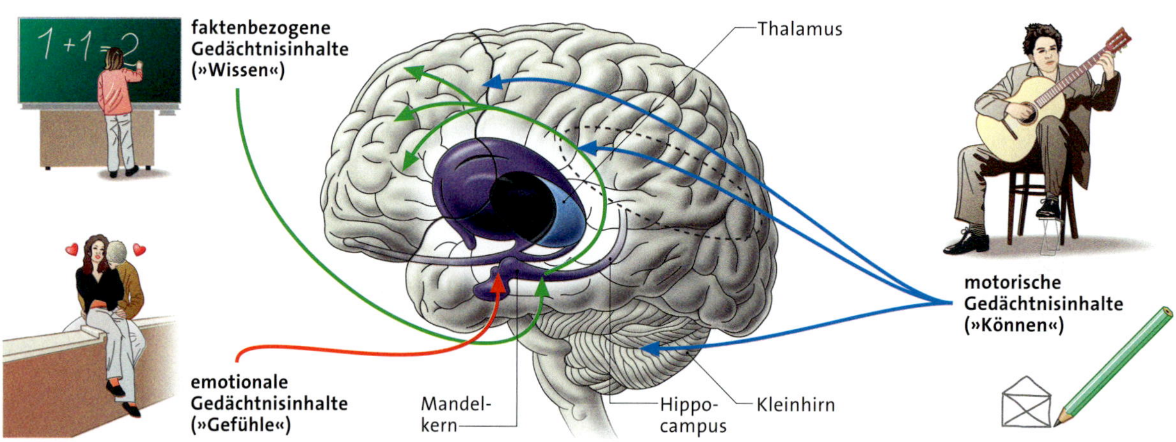

1 Wichtige Speicherorte für verschiedene Gedächnisformen

Beim Menschen lassen sich Gedächtnisvorgänge mit Modellen erklären, die verschiedene Stufen der Informationsverarbeitung unterscheiden. Ein Modell des menschlichen Gedächtnisses sieht vor, dass die über die Sinneszellen einlaufenden Informationen zunächst an das **sensorische Gedächtnis** übermittelt werden. Das sensorische Gedächtnis behält Informationen nur für wenige Sekunden. Dann werden sie in das **Arbeitsgedächtnis** übertragen. Die Informationsmenge, die man im Arbeitsgedächtnis vorübergehend behalten kann, ist begrenzt und wird als *Gedächtnisspanne* bezeichnet. So hat jeder schon einmal eine neue Telefonnummer auf der Suche nach Stift und Papier immer wieder aufgesagt, um sie nicht zwischenzeitlich zu vergessen. Die Gedächtnisspanne ist je nach Art der Informationen unterschiedlich hoch. So können Versuchspersonen nach einmaligem Lesen die Wortfolge »Kopf, Spuk, Bein, Holz, Tisch« besser wiedergeben als die Wortfolge »Installation, Marionette, Koriander, Chrysanthemen, Indonesien«. Dieser Effekt wird dadurch hervorgerufen, dass die einzelnen Wörter unterschiedlich lang sind.

Auch wenn Informationen teilweise im sensorischen Gedächtnis und im Arbeitsgedächtnis verloren gehen können, wird ein Großteil in eine dauerhafte Speicherform überführt, das **Langzeitgedächtnis.** Dieses scheint eine vergleichsweise unbegrenzte Speicherkapazität zu besitzen, obwohl seine Inhalte ebenfalls verfallen können. Ob und wie schnell eine Information aus dem Langzeitgedächtnis abgerufen werden kann, wird zum einen dadurch bestimmt, wie häufig diese Information bisher abgerufen wurde. Zum anderen ist entscheidend, wie lange der letzte Abruf dieser Information zurückliegt. Dies bedeutet, dass einmal Gelerntes regelmäßig abgerufen werden muss, damit es dauerhaft verfügbar bleibt.

Heute erforschen Psychologen und Neurologen gemeinsam, welche Strukturen des Gehirns für welche Leistungen des Gedächtnisses verantwortlich sind. Hierzu werden auch Bild gebende Untersuchungsmethoden eingesetzt, die meist mit Lerntests verbunden werden. Auf diese Weise lässt sich zum Beispiel während einer so genannten fMRT verfolgen, welche Strukturen des Gehirns bei einer bestimmten Testaufgabe aktiviert werden. Auch Tierversuche tragen dazu bei, besser zu verstehen, wie einzelne Neuronen miteinander verschaltet werden, sodass Informationen in einem Netz aus Neuronen gespeichert werden. Heute weiß man zum Beispiel, dass eine wiederkehrende elektrische Aktivität an ein und derselben Synapse bewirkt, dass beim Senderneuron am Ende des Axons weitere Verzweigungen in Richtung des Empfängerneurons wachsen. Diese neuen Verzweigungen bilden weitere Synapsen mit der Empfängerzelle, sodass die ursprünglich relativ schwache Verbindung zwischen diesen beiden Neuronen mit der Zeit verstärkt wird. Ein solcher Mechanismus war bereits 1949 von dem Psychologen Donald HEBB vermutet worden. Daher spricht man heute vom **HEBBschen Lernen.** Dieser neuronale Mechanismus scheint eine Basis für das Langzeitgedächtnis zu sein. Allerdings darf der Begriff Lernen auf neuronaler Ebene nicht mit der alltäglichen Verwendung des Begriffs Lernen verwechselt werden. So wird eine gelernte Vokabel sicher nicht durch eine für sie gebildete Synapse gespeichert. Vielmehr werden Gedächtnisinhalte in einem weit verzweigten Netzwerk verteilt gespeichert.

1 Erläutere die verschiedenen Gedächtnisformen jeweils anhand eines selbst gewählten Beispiels.

2 Beschreibe das vorgestellte Modell des menschlichen Gedächtnisses mit Hilfe der Abbildung 2.

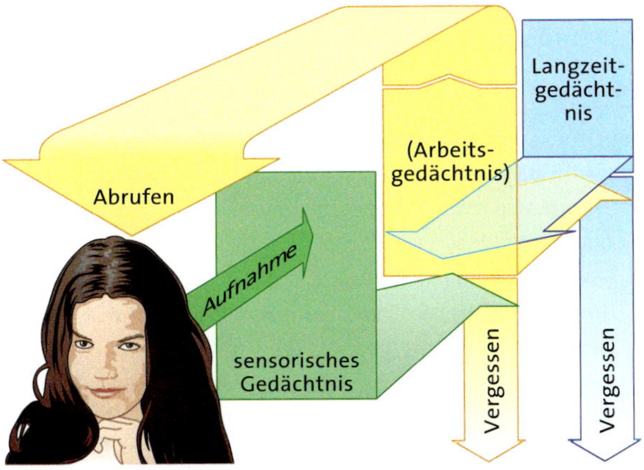

2 Ein Modell des menschlichen Gedächnisses

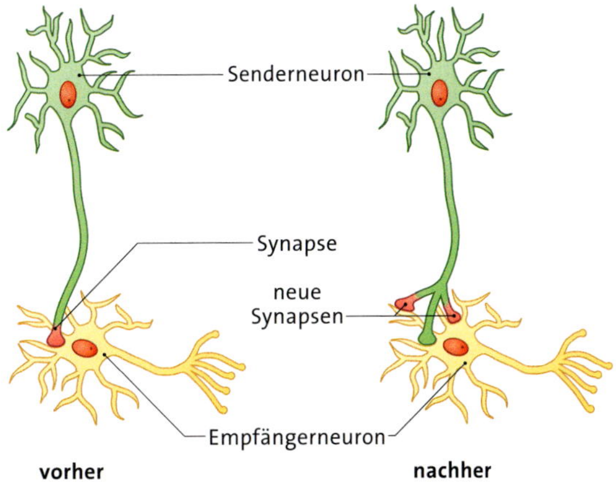

3 HEBBsches Lernen

Aufgaben und Versuche Lernen

V1 Bildliches Gedächtnis

Durchführung: Die Klasse teilt sich zur Hälfte in Versuchsleiter und Versuchspersonen auf. Die Versuchsleiter schneiden ein leeres Blatt Papier so aus, dass die Abbildung sichtbar bleibt, aber die übrige Seite abgedeckt wird. Die Versuchspersonen halten ihr Buch geschlossen. In Partnerarbeit präsentieren nun die Versuchsleiter die Abbildung zehn Sekunden lang den Versuchspersonen. Dann schließen sie das Buch. Sofort danach stellen die Versuchsleiter den Versuchspersonen die Fragen 1 bis 3. Dabei notieren die Versuchsleiter, ob die Fragen richtig oder falsch beantwortet wurden. Unsichere Antworten gelten als falsch. Anschließend sammelt die Klasse die Ergebnisse aller Versuchsgruppen an der Tafel und berechnet dann für jede der Fragen den Mittelwert für jeweils richtige und falsche Antworten.

Frage 1: Was hält der Junge ganz rechts außen in der Abbildung in seinen Händen?

Frage 2: Wer oder was befindet sich unterhalb des großen Wagenrades des Zuckerwatte-Standes?

Frage 3: Hält der sich verneigende Mann seinen Hut in der rechten oder in der linken Hand?

Aufgabe: Interpretiere die Versuchsergebnisse. Berücksichtige dabei das Gedächtnismodell auf Seite 171.

V2 Gedächtnisspanne des Arbeitsgedächtnisses

Durchführung: Jeweils ein Versuchsleiter und eine Versuchsperson bilden eine Versuchsgruppe. Der Versuchsleiter nennt der Versuchsperson eine beliebige Zahl und notiert diese nur für sich sichtbar. Nach drei Sekunden Stille wiederholt die Versuchsperson diese Zahl. Dann nennt der Versuchsleiter eine zweite Zahl. Wiederum nach drei Sekunden Stille wiederholt die Versuchsperson die erste und zweite Zahl. Auf diese Weise wird eine wachsende Zahlenkette gebildet. Dabei wiederholt die Versuchsperson nach jeder hinzugefügten Zahl und drei Sekunden Stille die gesamte Zahlenkette. Dies geschieht solange, bis der Versuchsleiter einen Fehler bei der Wiedergabe feststellt. Dann notiert er die Kettenlänge, die die Versuchsperson richtig wiedergeben kann. Dieser Wert ist die Gedächtnisspanne des Arbeitsgedächtnisses der Versuchsperson. Anschließend trägt die Klasse die Ergebnisse aller Versuchsgruppen zusammen.

Aufgabe: Berechne für deine Klasse die gemittelte Gedächtnisspanne des Arbeitsgedächtnisses.

V3 Beeinflussung der Gedächtnisspanne (1)

Durchführung: wie in V2; Allerdings soll die Versuchsperson jetzt innerhalb der drei Sekunden möglichst viele verschiedene dreisilbige Wörter nennen.

Aufgaben:

a) Berechne erneut für deine Klasse die gemittelte Gedächtnisspanne des Arbeitsgedächtnisses.

b) Vergleiche dieses Ergebnis mit dem aus V2. Stelle Vermutungen an, worauf mögliche Differenzen zurückgeführt werden können.

V4 Beeinflussung der Gedächtnisspanne (2)

Durchführung: Betrachte die folgende Zahlenreihe: 191419181939194519721989. Versuche, die einzelnen Ziffern auswendig wiederzugeben.

Aufgaben:

a) Finde ein System innerhalb der Zahlenreihe, das dir die Wiedergabe der Zahlen erleichtert. Erläutere.

b) Beurteile, inwiefern die in V2 ermittelte Gedächtnisspanne als allgemein gültiger Wert angegeben werden kann. Beziehe die Ergebnisse aus V3 in deine Überlegungen ein.

A5 Aufbau des semantischen Gedächtnisses

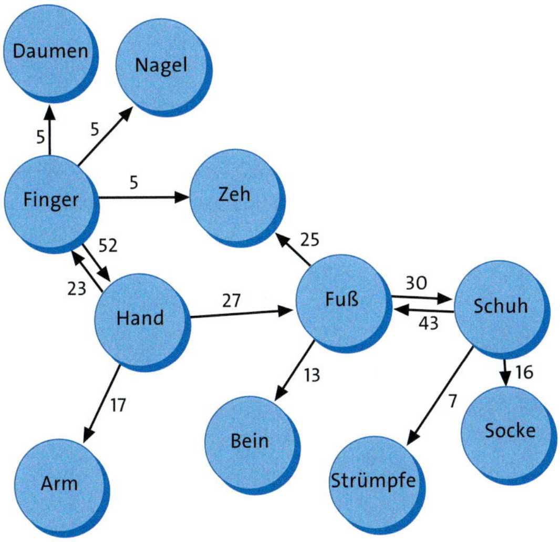

Der Aufbau des Gedächtnisses für Wörter und deren Bedeutungen, das semantische Gedächtnis, ist nur in Ansätzen bekannt. Aufgrund vieler Experimente nähert man sich heute modellhaft einer Erklärung, indem man das semantische Gedächtnis mit einem Netzwerk vergleicht. Die Knoten dieses Netzwerkes sowie Verbindungen zwischen solchen Knoten stellen Wörter und deren Bedeutungen dar. Je näher einzelne Knoten miteinander verbunden sind, desto näher sind auch die durch sie dargestellten Wörter und Bedeutungen miteinander verbunden. Wird nun ein Knoten aktiviert, so breitet sich die Aktivierung von dort in Richtung benachbarter Knoten aus und kann diese ebenfalls aktivieren. Somit steigt die Wahrscheinlichkeit, dass beim Satzbau ein Wort gewählt wird, das sich in der näheren Umgebung des aktivierten Knotens befindet. Die Abbildung zeigt ein solches semantisches Netzwerk. Die Zahlen geben die prozentuale Häufigkeit an, mit der Testpersonen Verbindungen zwischen zwei Knoten herstellten.

Aufgaben:

a) Erläutere den Aufbau des dargestellten Netzwerkes.

b) Verärgert rät der Chefkoch einem Mitarbeiter: »Schau dem Lehrling beim Kochen auf die Finger! Was er macht, hat weder Hand noch Fuß!« Erkläre die Wortwahl anhand der Textinformation zu dieser Aufgabe. Finde ähnliche Beispiele aus dem Bereich der Alltagssprache.

V6 Projektarbeit mit Wortassoziations-Tests

Durchführung: Alle Schüler deiner Klasse fragen in den Pausen andere Mitschüler, welche Begriffe ihnen nach folgenden Signalwörtern spontan einfallen: 1. Kopf, 2. Salz, 3. Finger, 4. Buch, 5. laut, 6. nass, 7. Schüler, 8. Tisch, 9. Gabel, 10. Schuh. Notiert die Antworten. Achtet darauf, dass sich keine Versuchsperson ein zweites Mal beteiligt, indem ihr vorher nachfragt.

Aufgaben:

a) Führt eure Daten mit Hilfe von Programmen zur Textverarbeitung und Tabellenkalkulation zusammen. Ermittelt für jedes Signalwort die jeweils damit verbundenen (assoziierten) Begriffe und bestimmt deren prozentuale Häufigkeit bei den Antworten eurer Mitschüler.

b) Stellt die Ergebnisse für jedes Signalwort in einer separaten Tabelle dar.

c) Interpretiert die Ergebnisse. Nutzt euer Wissen aus A5, um mögliche prozentuale Häufungen zu erklären.

V7 Serieller Positionseffekt

Durchführung: Ein Versuchsleiter erstellt eine Wortliste mit fünfzehn beliebigen, aber ähnlich langen Wörtern. Eine Versuchsperson lernt diese Liste auswendig und sagt dann die Wörter der Reihe nach (seriell) auf. Der Versuchsleiter überprüft, ob für die jeweilige Listenposition das richtige Wort genannt wurde.

Aufgaben:

a) Die Klasse trägt ihre Ergebnisse für jede Listenposition in einer Tabelle zusammen und berechnet so jeweils einen Mittelwert der prozentualen Richtigkeit.

b) Zeichne ein Koordinatensystem, auf dessen x-Achse du die einzelnen Listenpositionen angibst und auf dessen y-Achse du die Skala für die prozentuale Richtigkeit aufträgst. Übertrage nun die Mittelwerte für jede Listenposition aus der Tabelle in das Koordinatensystem und zeichne einen Graphen durch die einzelnen Punkte.

c) Erläutere den Verlauf des Graphen und ziehe Rückschlüsse für Empfehlungen zum Lernverhalten.

Streifzug durch Medizin und Technik Gehirnimplantate

Etwa 250 000, vor allem ältere Menschen, leiden in Deutschland an der PARKINSON-Krankheit. Zu den Symptomen gehören erhebliche Beeinträchtigungen in der Feinmotorik. Dabei treten unkontrollierte Zitterbewegungen der Hände auf, die so stark werden können, dass die Betroffenen beispielsweise keine Tasse mehr zum Mund führen können, ohne den Inhalt zu verschütten. Ursache für die PARKINSON-Erkrankung, die auch *Schüttellähmung* genannt wird, ist die Zerstörung von Gehirnzellen, die den Botenstoff Dopamin erzeugen. Der Mangel an Dopamin führt zu einer Fehlsteuerung der Motorik. Durch Medikamente und krankengymnastische Behandlungen kann der Krankheitsverlauf verlangsamt werden, eine Heilung ist aber nicht möglich.

Hoffnung für PARKINSON-Patienten kommt jetzt aus der Technik: Kleine Elektroden können in einer Operation zielgenau in die betroffene Gehirnregion eingepflanzt und mit einem Impulsgeber in der Nähe des Schlüsselbeins verbunden werden. Durch eine schwache elektrische Dauerreizung werden die Nervenzellen im Bereich der implantierten Elektroden so beeinflusst, dass die Bewegungsstörungen aufhören.

Durch die Implantation kleinster Elektroden in andere Gehirnbereiche können auch andere Krankheiten günstig beeinflusst werden, beispielsweise Depressionen und Epilepsie. In der Entwicklung sind auch winzige Computer-Chips, die bei Blinden die Funktion der Netzhaut übernehmen sollen und bei diesen Menschen einen Teil ihrer Sehfähigkeit wiederherstellen könnten.

Große Fortschritte werden in Zukunft von den Mikrochips erhofft, die in der **Nanotechnologie** entwickelt werden. Dieser Zweig der Technik beschäftigt sich mit der Herstellung von Werkstoffen und Datenspeichern im Nanometer-Bereich. Mit Hilfe dieser Technologie hofft man demnächst Chips zu entwickeln, die so klein sind, dass mit ihnen Kontakte zu einzelnen Synapsen möglich sind.

Ebenfalls noch Zukunftsmusik ist die drahtlose Übertragung von Gedanken. Schon bald soll es möglich sein, mit winzig kleinen Sensoren, die in einer Art Mütze untergebracht sind, gedankliche Befehle zum Beispiel auf einen Computer zu übertragen. Die Computermaus könnte dann bald überflüssig werden, glauben die Techniker, die an dieser neuen Interaktionsmöglichkeit zwischen Mensch und Computer arbeiten.

1 Informiere dich über Symptome und Verlauf der PARKINSON-Krankheit. Berichte.

2 Die Nanotechnologie nutzt Erkenntnisse aus allen Naturwissenschaften. Recherchiere weitere Beispiele über diesen Bereich der Technik und präsentiere die Ergebnisse in geeigneter Form.

3 Begründe, warum die gezielte Beeinflussung von Gehirnerkrankungen von der Größe der verwendeten Implantate abhängt.

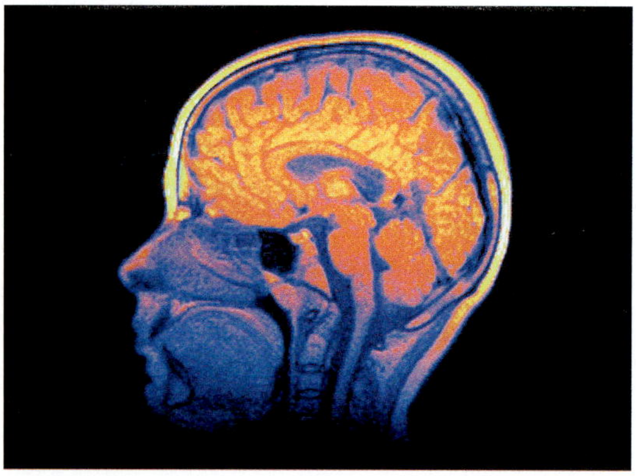

1 Das Gehirn im Längsschnitt (computertomographische Aufnahme)

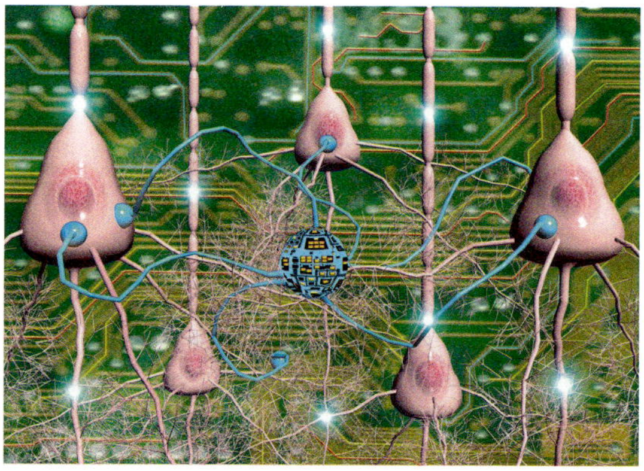

2 Modell eines Nano-Chips im Kontakt mit Gehirnzellen

Methode Einen Vergleich erarbeiten

Häufig werden in der Biologie verschiedene Tierklassen oder Pflanzenfamilien behandelt. So sehr sie sich auch unterscheiden, gibt es ebenfalls Gemeinsamkeiten zwischen ihnen. Um diese Gemeinsamkeiten und Unterschiede deutlich herauszustellen, bietet sich ein Vergleich an. Er soll sehr übersichtlich sein, damit er schon auf den ersten Blick die Unterschiede und Gemeinsamkeiten klar erkennen lässt. Deshalb bietet sich als Form eine Tabelle an. Ein Vergleich muss dabei immer Gemeinsamkeiten **und** Unterschiede enthalten. Am Ende eines Vergleichs steht eine Schlussfolgerung, die wesentliche Sachverhalte aufgreift und wichtige Erkenntnisse ableitet. Für einen Vergleich bieten sich z. B. die Atmungsorgane der Wirbeltierklassen oder auch die Nervensysteme verschiedener Tiergruppen an.

1 Ordne die Nervensysteme der abgebildeten Tiere bzw. des Menschen nach Lage und zunehmender Zentralisierung.

2 Vergleiche das Nervensystem des Menschen mit dem eines Hohltieres.

3 Ziehe Schlussfolgerungen aus dem Vergleich.

Nervensystem	Nervennetz	Strickleiternervensystem	Zentrales Nervensystem mit »Gehirn«	Zentralnervensystem
		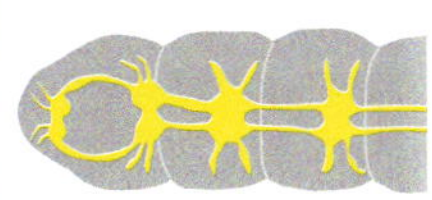	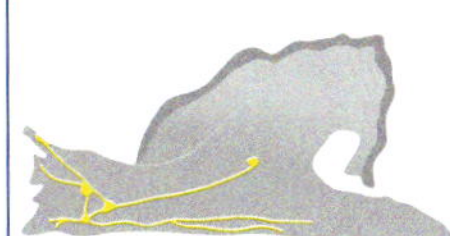	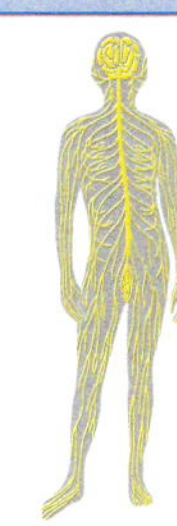
Gemeinsamkeiten	alle Nervensysteme bestehen aus Nervenzellen und dienen der Verarbeitung von Informationen			
Unterschiede				
▪ Bau	Nervenzellen sind gleichmäßig über den Körper verteilt und stehen untereinander in Verbindung (Nervennetz)	Nervenzellen sind auf der Bauchseite konzentriert und bilden ein strickleiterförmiges Nervensystem; deutlich ausgebildetes Oberschlundganglion (Gehirn), paarige Bauchganglien, die untereinander in Verbindung stehen	nur wenige paarige Nervenzellknoten, die durch Quer- und Längsstränge miteinander verbunden sind; zwei Nervenstränge befinden sich im Fuß	gliedert sich in drei Bereiche: a) Zentralnervensystem (Gehirn, Rückenmark) b) peripheres Nervensystem (alle Nervenbahnen, die vom Zentralnervensystem weg- bzw. zum Zentralnervensystem hinführen) c) vegetatives Nervensystem
▪ Erregungsleitung	erfolgt gleichmäßig nach allen Seiten	zum Oberschlundganglion hin beziehungsweise von dort zu den Bauchganglien	in den Quer- und Längssträngen	zum Gehirn hin bzw. vom Gehirn in alle Körperbereiche
▪ Vorkommen	Hohltiere	Ringelwürmer, Insekten, Krebstiere, Spinnen	Weichtiere	Wirbeltiere (z. B. Mensch)

2.7 Das Hormonsystem im Überblick

Basketballprofis sind meist überdurchschnittlich groß. Viele Menschen erreichen die Körpergröße solcher Sportler nicht. Wie lassen sich unterschiedliche Körpergrößen erklären? Vor allem während der Pubertät wachsen junge Menschen besonders schnell. Das Längenwachstum der Knochen wird durch den Stoff *Somatotropin* beeinflusst. Es wird in der Hypophyse, der Hirnanhangsdrüse, gebildet und regt unter anderem das Knochenwachstum an. Da nicht bei jedem die gleiche Menge dieser Substanz gebildet wird, haben Menschen deshalb verschiedene Körpergrößen.

Substanzen wie das Somatotropin entstehen in besonderen Körpergeweben. Sie wirken gezielt an anderen Orten im Körper, indem sie Stoffwechselprozesse beeinflussen. Solche Substanzen nennt man **Hormone** (gr. *hormān*, antreiben). Sie können in *Hormondrüsen* entstehen, die sich von anderen Drüsen wie Speichel- oder Schweißdrüsen dadurch unterscheiden, dass sie ihre Produkte direkt an das Blut abgeben. Es transportiert die Hormone zu allen Organen des Körpers. In bestimmten Organen lagern sich die Hormone an Zellen an und entfalten bereits in sehr geringen Mengen eine spezifische Wirkung. Dies ist möglich, weil jedes Hormon eine besondere Molekülform aufweist, die mit einem Schlüssel verglichen werden kann. Auf den Zellen von Organen befinden sich Andockstellen, die *Rezeptoren*. Diese Rezeptoren können mit einem Schloss verglichen werden. Passen nun Hormon und Rezeptor zueinander wie ein Schlüssel in ein Schloss, so wird als Reaktion der Stoffwechsel der betreffenden Zelle beeinflusst. Im Blutstrom können deshalb gleichzeitig viele verschiedene Hormone zum Einsatz kommen.

Innerhalb des Hormonsystems verlaufen jedoch nicht alle Wege direkt von einer Hormondrüse zu einem Zielorgan. Das Wachstumshormon Somatotropin kann nämlich auf zwei unterschiedliche Weisen wirken: Einerseits fördert es das Wachstum von Knochen- und Knorpelzellen direkt. Andererseits wirkt es indirekt auf Zellen der Leber, die wiederum Botenstoffe in den Blutstrom abgeben. Diese stimulieren dann ebenfalls das Knochen- und Knorpelwachstum.

Bei einigen Wachstumsstörungen ist das Hormonsystem aus dem Gleichgewicht geraten. Wird zum Beispiel infolge eines Tumors der Hypophyse zu viel Somatotropin gebildet, kommt es bei Heranwachsenden zu einem übersteigerten Wachstum der Knochen. Man spricht von Riesenwuchs oder Gigantismus. Es kann aber auch vorkommen, dass zu wenig Somatotropin gebildet wird. Als Folge sind die betroffenen Menschen kleinwüchsig. Heute lässt sich diese Form der Kleinwüchsigkeit durch eine Behandlung mit Wachstumshormonen vermeiden. Hierzu hat vor allem die Gentechnik beigetragen: Wachstumshormone können heute günstig und in großen Mengen produziert werden. Dabei fügt man das menschliche Gen für Somatotropin in das Erbgut von Kolibakterien ein. Nun erzeugen die Bakterien dieses Wachstumshormon, das dann isoliert und als Medikament verkauft wird.

1 Nenne und erläutere Kennzeichen der Hormone und ihrer Wirkungen. Beziehe dich hierbei auf den Text sowie die Abbildungen 2 und 3.

2 Erstelle mit Hilfe der Abbildung 3 eine tabellarische Übersicht über die dort aufgeführten Hormone. Strukturiere die Information, indem du sinnvolle Oberbegriffe wählst.

1 Basketballer

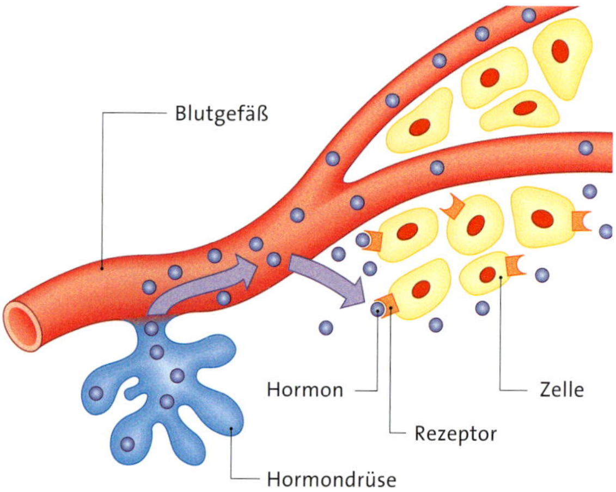

2 Informationsübertragung durch Hormone

(1) Epiphyse (Zirbeldrüse)

liegt im Zwischenhirn und hat etwa die Größe einer Haselnuss; produziert Melatonin, das an der Steuerung des Tag-Nacht-Rhythmus beteiligt ist; hemmt die Entwicklung der Keimdrüsen im Kindesalter; wird im Erwachsenenalter verkleinert

(2) Hypophyse (Hirnanhangsdrüse)

befindet sich an der Unterseite des Zwischenhirns und hat etwa die Größe einer Erbse; produziert verschiedene Hormone: hierzu zählen das Wachstumshormon Somatotropin und Steuerungshormone, die andere Hormondrüsen anregen

(3) Schilddrüse

liegt unter dem Kehlkopf; produziert mehrere Hormone, von denen das Thyroxin das Wachstum und die Stoffwechselvorgänge im Körper reguliert

(4) Thymus

zweilappiges Organ (keine Drüse), liegt hinter dem Brustbein; produziert Thymosin; beeinflusst das Immunsystem; wird während der Pubertät zurückgebildet

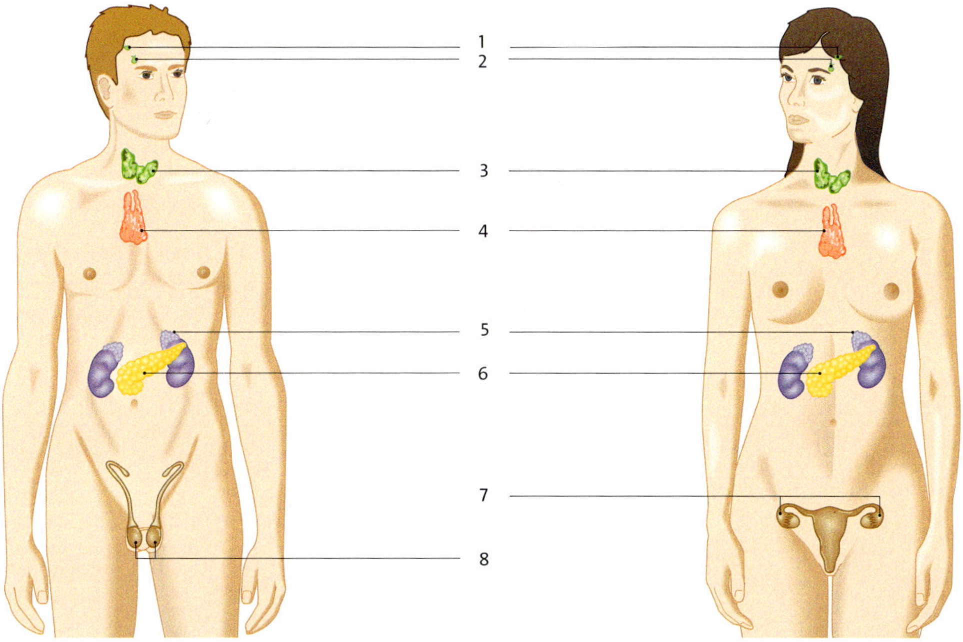

(5) Nebennieren

sitzen auf den Nieren; Hormone beeinflussen den Wasserhaushalt sowie den Zucker-, Fett- und Eiweißstoffwechsel, Androgene und Östrogene tragen zur Entwicklung der Geschlechtsmerkmale bei; Adrenalin und Noradrenalin beeinflussen die körperliche Leistungsbereitschaft

(6) Langerhanssche Inselzellen

liegen in der Bauchspeicheldrüse; bilden die Hormone Insulin und Glukagon, die den Blutzuckerspiegel regulieren

(7) Eierstöcke

liegen im Bauchraum der Frau; produzieren Östrogene, die die weiblichen Geschlechtsmerkmale beeinflussen; produzieren Gestagene, die zusammen mit den Östrogenen den weiblichen Zyklus steuern

(8) Hoden

liegen im Hodensack außerhalb des Bauchraums; produzieren Androgene, von denen vor allem das Testosteron für die Ausbildung der männlichen Geschlechtsmerkmale und die Bildung von Spermienzellen verantwortlich ist

3 Das menschliche Hormonsystem

2.8 Regulation und Steuerung über Hormone

Der Zucker Glucose ist ein wichtiger Betriebsstoff der Körperzellen, der mit dem Blutstrom transportiert wird. Die Konzentration der Glucose im Blut, der *Blutzuckerspiegel*, darf nur wenig schwanken, damit alle Körperfunktionen optimal ablaufen. Daher wird in der Regel ein Blutzuckerspiegel zwischen 0,7 und 1,0 Gramm pro Liter eingehalten. Man spricht von einer **Regulation** des Blutzuckerspiegels. Steigt jedoch der Blutzuckerspiegel des Blutes auf mehr als zwei Gramm pro Liter an, so scheidet der Körper Glucose über die Niere aus. Als Spätfolgen eines dauerhaft erhöhten Blutzuckerspiegels treten beispielsweise Schädigungen der Blutgefäße auf. Sinkt hingegen der Blutzuckerspiegel auf unter 0,2 Gramm pro Liter ab, ist unter anderem die Energieversorgung der Neuronen gefährdet. Eine solche Unterzuckerung kann sich durch Zittern, Benommenheit, Erbrechen und Ohnmacht bemerkbar machen.

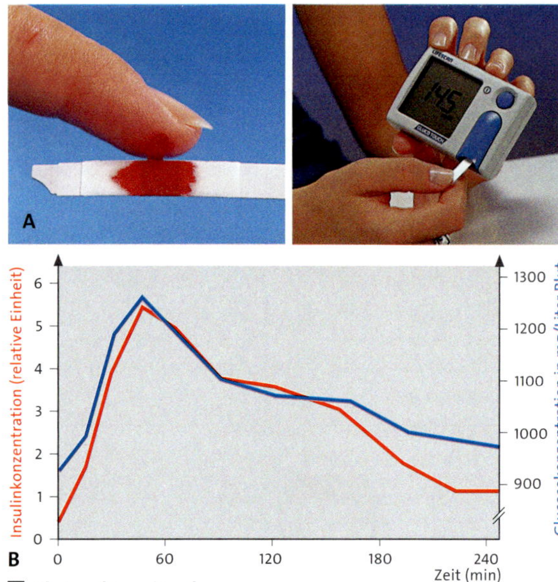

1 Blutzuckerspiegel.
A Messung; **B** Ergebnis eines Glucose-Belastungstests

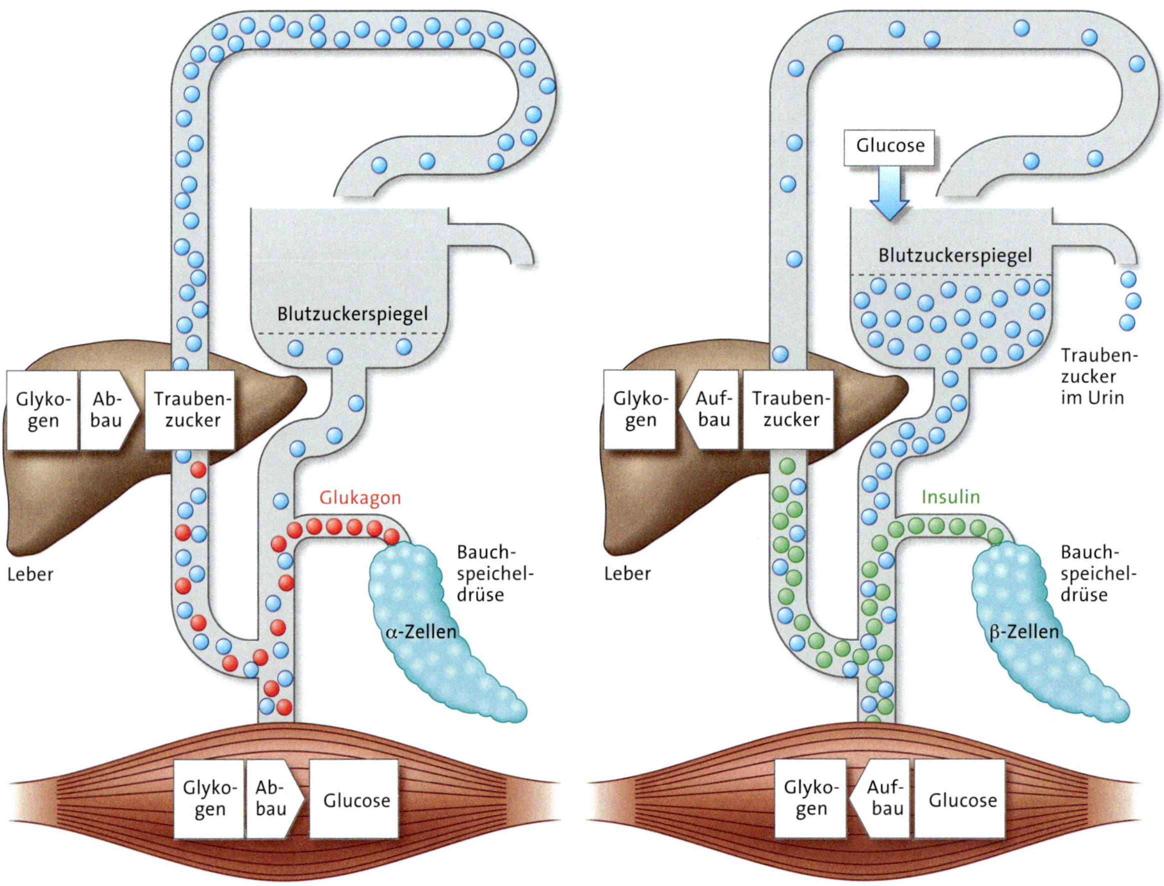

2 Regulation des Blutzuckerspiegels

Regulations- und Steuerungsvorgänge lassen sich schematisch durch ein **Regelkreisschema** darstellen, wie ein Beispiel aus der Technik zeigt: Ein Wasserbad eines Labors soll auf einer bestimmten Temperatur konstant gehalten werden. Die Temperatur ist die zu regelnde Größe, die *Regelgröße*. Ein Thermometer, der *Messfühler*, misst die aktuelle Temperatur, den *Istwert*. Dieser Wert wird an den *Regler* übermittelt, der den Istwert mit dem vom *Führungsglied* eingestellten *Sollwert* vergleicht. Weicht der Istwert vom Sollwert ab, so übermittelt der Regler diese Differenz als *Stellwert* an das *Stellglied*, den Heizstab. Der Stellwert entsteht dadurch, dass die Temperatur des Wasserbades durch eine *Störgröße* sinkt. Hier ist die Störgröße die Wärmeabgabe an die Umgebung.

Das Prinzip des Regelkreises spiegelt sich in vielen biologischen Vorgängen wider: In einem Glucose-Belastungstest werden einer Person 50 Gramm Glucose-Lösung verabreicht. Danach werden in regelmäßigen Zeitabständen der Glucosespiegel und die Konzentration der Hormone **Insulin** und **Glukagon** im Blut bestimmt. Diese Hormone werden von verschiedenen Zelltypen im Gewebe der Bauchspeicheldrüse gebildet. Glukagon entsteht in den *α-Zellen*, Insulin in den *β-Zellen*. Nach Verabreichung der Glucose steigt der Blutzuckerspiegel erwartungsgemäß an. Zellen im Zwischenhirn reagieren auf diesen Anstieg und veranlassen die Bauchspeicheldrüse, Insulin in den Blutstrom abzugeben. Das Insulin bewirkt daraufhin, dass Leber und Muskulatur Glucose aus dem Blut aufnehmen und in die Speicherform *Glykogen* umwandeln. Hierdurch sinkt der Blutzuckerspiegel. Zellen des Zwischenhirns registrieren diese Veränderung und regen die Bauchspeicheldrüse an, Glukagon in den Blutstrom abzugeben. Glukagon fungiert als Gegenspieler des Insulins. Es bewirkt, dass die Leber und die Muskulatur das eingelagerte Glykogen wieder zu Glucose umwandeln und in den Blutstrom abgeben. In Folge dessen steigt der Blutzuckerspiegel wieder an. Durch die ständige Wechselwirkung von Insulin und Glukagon wird der Blutzuckerspiegel konstant gehalten.

1 Erläutere anhand der Abbildungen 1 und 2, wie der Blutzuckerspiegel konstant gehalten wird.

2 Übertrage mit Hilfe der Abbildung 3 die Begriffe des Regelkreisschemas auf die Regulation des Blutzuckerspiegels. Lege hierzu eine Tabelle an.

3 Erläutere mit Hilfe der Abbildung 3 die Regulation des Schilddrüsenhormons Thyroxin im Blut.

4 Informiere dich über das Krankheitsbild Diabetes. Erstelle dann einen Kurzvortrag und gehe insbesondere auf Ursachen und Folgen der Diabetes ein.

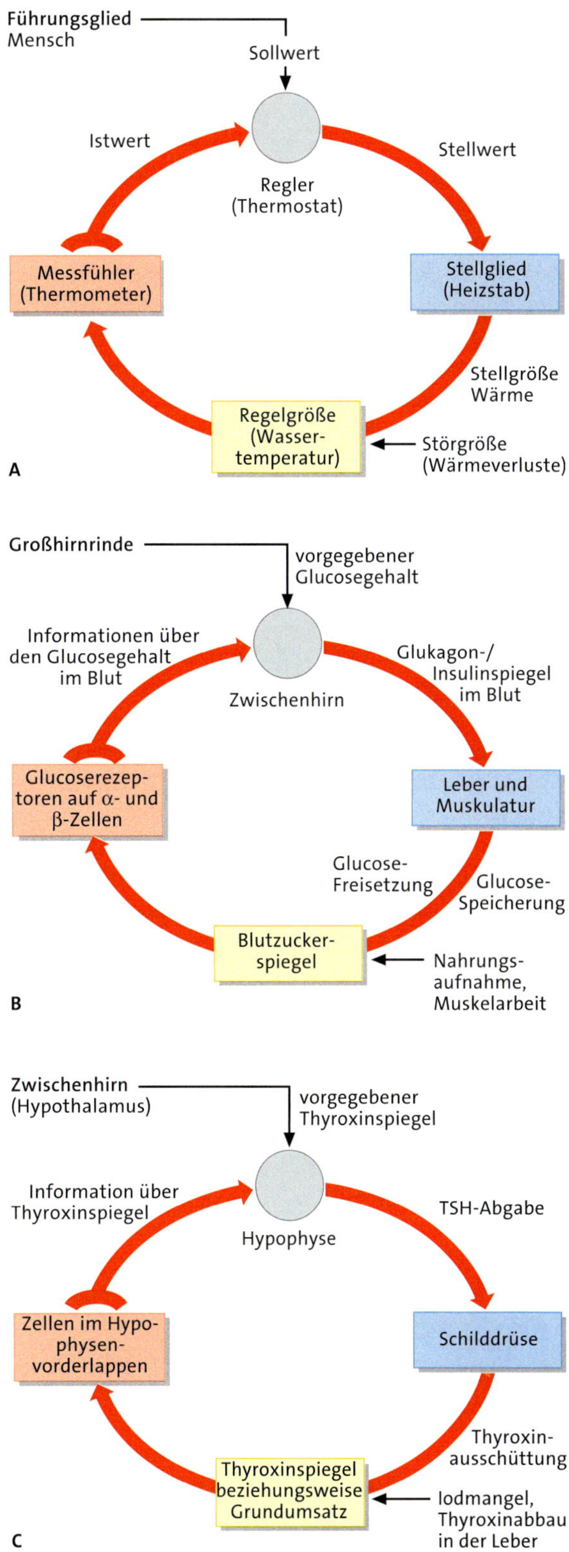

3 **Regelkreise.** **A** Wassertemperatur; **B** Blutzuckerspiegel; **C** Thyroxinspiegel im Blut

2.9 Nerven- und Hormonsystem arbeiten zusammen

Eine Klassenarbeit beginnt, die Aufgabenblätter werden ausgeteilt. Werde ich die Aufgaben lösen können? Hoffentlich kommt nicht so viel dran, was ich nicht kann – Herzklopfen, der Puls steigt, unwillkürlich atmet man schneller und fühlt sich hell wach. Situationen wie diese kennt jeder. Psychologen bezeichnen die Auswirkungen psychisch und körperlich belastender Situationen als **Stress.** Normalerweise erfolgt auf eine Stresssituation entweder eine Fluchtreaktion oder eine Reaktion, durch die man sich der Stresssituation stellt. Im Falle der Klassenarbeit sind die Nachteile des Fernbleibens bekannt, weshalb man die Herausforderung annimmt und versucht, die Aufgaben bestmöglich zu lösen. Meist klingen die Symptome der Aufregung schon im Laufe der Arbeitszeit ab, auf jeden Fall jedoch nach der Abgabe der Arbeit. »Wie war's? Stress gehabt?«, fragt ein Mitschüler später. »Halb so wild …«, schließlich will man ›locker‹ erscheinen und fühlt sich allmählich auch wieder so. Die einsetzende Entspannung beweist, dass es sich bei der Prüfungssituation um eine zeitlich begrenzte Stresssituation gehandelt hat. Man spricht in solchen Situationen von **akutem Stress.** Im Gegensatz hierzu leiden manche Menschen unter Stress, der über sehr lange Zeit anhalten kann. Hierbei handelt es sich um **chronischen** Stress (gr. *Chronikós,* zeitlich lang), der zum Beispiel durch ständigen Zeitdruck am Arbeitsplatz, schulischen oder beruflichen Erfolgsdruck, unausweichlichen Lärm oder ungelöste zwischenmenschliche Probleme entstehen kann.

Gleich, ob eine Stresssituation eine Fluchtreaktion oder ein Herangehen hervorruft, der Körper wird stets auf die erhöhte psychische und körperliche Beanspruchung vorbereitet. Dies geschieht unwillkürlich, nachdem das Gehirn in Bruchteilen von Sekunden eine Situation als Stresssituation bewertet hat. Bei akutem Stress werden Nervenzellen des Hypothalamus aktiviert. Diese senden als Teile des vegetativen Nervensystems elektrische Impulse über das Rückenmark zum Nebennierenmark. Die Zellen des Nebennierenmarks werden hierdurch angeregt, die Hormone **Adrenalin** und **Noradrenalin** zu bilden. Beide *Hormone* werden in die Blutbahn abgegeben. Adrenalin bewirkt die schnelle Bereitstellung von Energie in Form von Glucose, die Weitung der Bronchien, die Erhöhung der Herzschlagfrequenz sowie die Senkung der Aktivität des Verdauungssystems und der Nieren. Noradrenalin 50 führt zu einer Verengung der Arterien und trägt so zur Erhöhung des Blutdrucks bei.

Bei chronischem Stress bilden spezialisierte Zellen des Hypothalamus ein **Releasing Hormon** (engl. *to release,* freisetzen), das in die *Hirnanhangsdrüse* gelangt. Dort bewirkt es, dass das Adrenocorticotrope Hormon, kurz ACTH, gebildet und in die Blutbahn abgegeben wird. So gelangt ACTH zur Nebennierenrinde. Dort stellen Zellen verschiedene Hormone her, die wieder in die Blutbahn abgeben werden. Ist durch chronischen Stress die Konzentration dieser Hormone im Blut dauerhaft erhöht, rufen sie im Vergleich zu akutem Stress ähnliche Effekte hervor oder verstärken diese. Durch die anhaltende Alarmierung des Körpers kommt es zu Erschöpfungszuständen, die von anderen Krankheitsbildern begleitet werden. So können Störungen der Regulation des Blutzuckerspiegels auftreten. Des Weiteren begünstigt ein erhöhter Blutdruck Herz-Kreislauf-Erkrankungen. Es wird auch darüber berichtet, dass chronischer Stress Neuronen des ZNS schädigen kann und die Neigung zu Magen-Darm-Erkrankungen erhöht. Letztlich steigt auch die Neigung zu Infektionskrankheiten, weil das Immunsystem gehemmt wird.

Vergleicht man die Auswirkungen von akutem und chronischem Stress auf den Körper, lässt sich schlussfolgern: Akuter Stress ist eine nützliche und in manchen Situationen überlebenswichtige Reaktion des Körpers, um kurzfristig Höchstleistungen zu erbringen. Das Beispiel der Klassenarbeit bezieht sich vor allem auf Stress wegen des Erfolgsdrucks, der individuell verschieden stark erlebt wird. Man denke jedoch an lebensgefährliche Situationen wie im Straßenverkehr oder bei einem Feueralarm. Hier wird man durch ein unbemerkt herannahendes Auto oder ein lautes Alarmsignal plötzlich aufgeschreckt und bringt sich schnell in Sicherheit. Chronischer Stress hingegen schadet dem Körper. Daher ist es wichtig, regelmäßig für Entspannung zu sorgen. Dies kann zum Beispiel durch Meditation, Sport oder Musizieren geschehen. Zudem bieten Krankenkassen Kurse zur so genannten Progressiven Muskelentspannung an.

1. Erläutere den Unterschied zwischen akutem und chronischem Stress.
2. Erläutere mit Hilfe der Abbildung 1 das Zusammenspiel des Nerven- und Hormonsystems bei akutem und chronischem Stress.
3. Beschreibe drei alltägliche Situationen, in denen akuter Stress für den Körper vorteilhaft sein kann.
4. Nenne drei alltägliche Ursachen für chronischen Stress und entwickle jeweils Strategien diesen zu vermeiden.

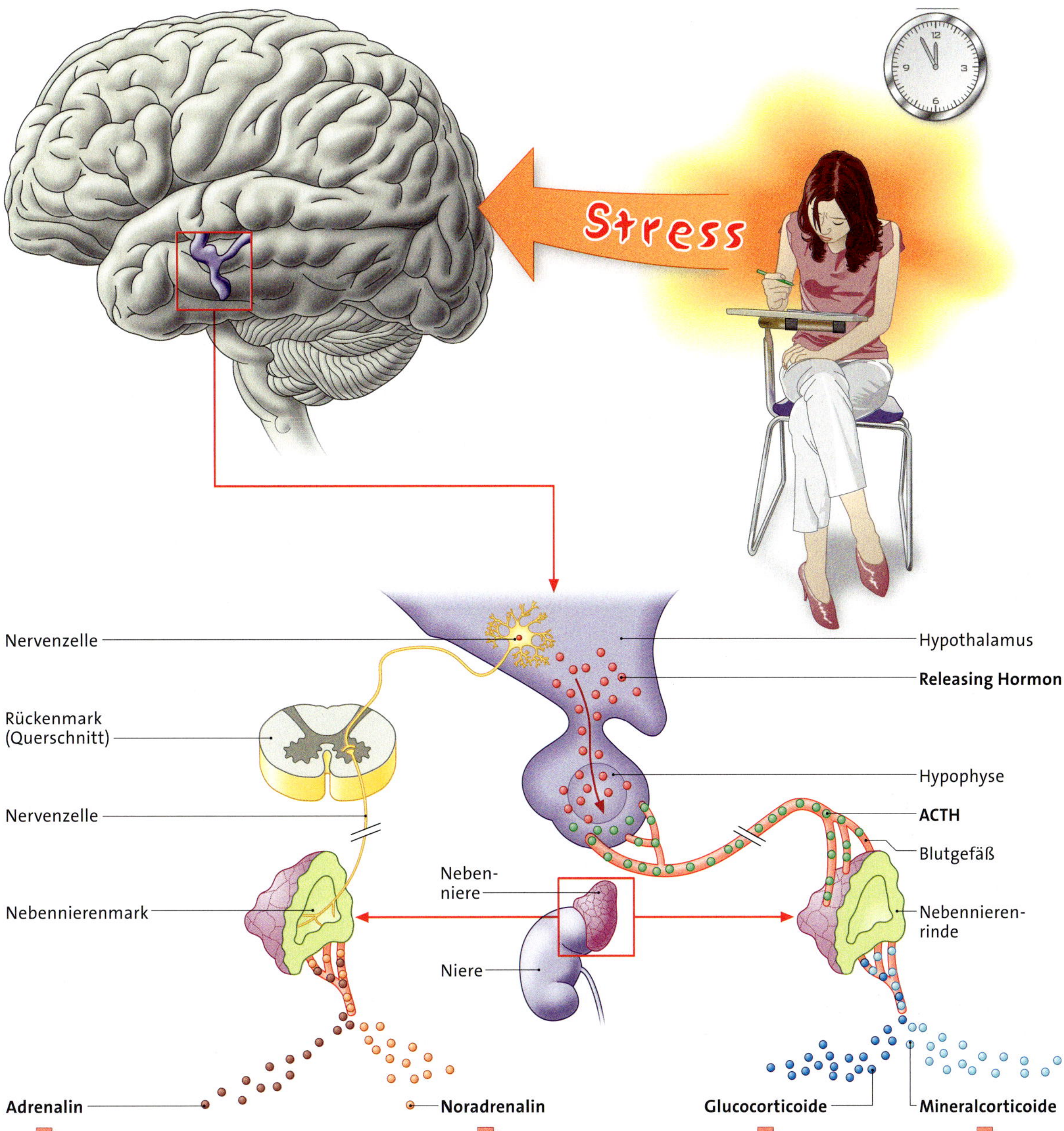

Reaktionen auf akuten Stress

1. Erhöhung des Blutzuckerspiegels
2. Weitung der Bronchien und Erhöhung der Atemfrequenz
3. Erhöhung der Herzschlagfrequenz und des Blutdrucks
4. Erhöhung des Wachheitszustandes und der geistigen Leistungsfähigkeit
5. Senkung der Aktivität des Verdauungssystems und der Nieren
6. Hemmung des Immunsystems

Reaktionen auf und Folgen von chronischem Stress

1. Muskelerkrankungen, Müdigkeit und Stress-Diabetes wegen erhöhten Blutzuckerspiegels
2. Herz-Kreislauf-Erkrankungen durch anhaltenden Bluthochdruck
3. Schädigung von Neuronen durch anhaltende Steigerung der geistigen Leistungsfähigkeit
4. Neigung zu Magen-Darm-Erkrankungen, zum Beispiel durch anhaltende Hemmung der Verdauungsprozesse
5. Neigung zu Infektionskrankheiten durch Hemmung des Immunsystems

1 Zusammenspiel des Nerven- und Hormonsystems bei Stress

3 Der Körper erkennt und bekämpft Infektionskrankheiten

3.1 Bakterielle Infektionskrankheiten

Jeden Sommer häufen sich die Meldungen über Lebensmittelvergiftungen. Besonders betroffen sind Nutzer von Großküchen in Altersheimen, Kindergärten und Krankenhäusern, die mit **Salmonellen** verunreinigtes Essen zu sich genommen haben. Salmonellen sind Bakterien, die sich bei sommerlichen Temperaturen besonders rasch vermehren, sodass sie eine Gesundheitsgefährdung für den Menschen darstellen. Jedes Jahr werden von den Gesundheitsämtern in Deutschland etwa 75 000 Erkrankungen registriert. Kleinkinder und ältere Menschen sind besonders gefährdet. Bei ihnen kann die Krankheit, die auch **Salmonellose** genannt wird, tödlich verlaufen. Die Erreger kommen vor allem in Milchprodukten, Eiern, Muscheln und nicht durchgegartem Geflügel vor. Solche Speisen sollten deshalb gut durchgebraten oder gekocht sein. Die Salmonellen werden nämlich durch die große Hitze abgetötet und verlieren ihre Krankheit auslösende Wirkung.

Der Verlauf einer Salmonellose ist typisch für eine durch Bakterien ausgelöste **Infektionskrankheit.** Die Übertragung in den menschlichen Körper nennt man **Infektion.** Nach dem Verzehr verunreinigter Lebensmittel gelangen Salmonellen in den Dünndarm und vermehren sich dort durch zahlreiche Teilungen. Dabei sondern sie Giftstoffe ab, die **Toxine.** Diese breiten sich über Blut und Lymphe im ganzen Körper aus. Als Folge davon reagiert der Körper mit Durchfall, Erbrechen und Fieber. Diese **Symptome** sind charakteristisch für eine Salmonelleninfektion.

Die Zeit zwischen der Infektion und dem Ausbruch der Krankheit nennt man **Inkubationszeit.** Bei einer Salmonellose dauert sie nur wenige Stunden. Während der Erkrankung ist unser Abwehrsystem, das **Immunsystem,** damit beschäftigt, die Erreger unschädlich zu machen. Dabei kann die Erhöhung der Körpertemperatur in Form von Fieber die körpereigene Abwehr unterstützen.

Der Verlauf und die Dauer der Erkrankung sind vom Gesundheitszustand, vom Alter und vom Zustand des Abwehrsystems abhängig. Besonders gefährdet sind Kleinkinder, bei denen das Abwehrsystem noch nicht voll entwickelt ist, sowie ältere und kranke Menschen mit geschwächtem Immunsystem. In solchen Fällen ist es dringend anzuraten, einen Arzt zu konsultieren. Anhand der Symptome und weiterer Untersuchungsergebnisse ermittelt er die Schwere der Erkrankung und entscheidet über eine passende Behandlungsmethode, die **Therapie.** Bei erfolgreicher Therapie lassen die Krankheitsbeschwerden schließlich nach und die **Genesung** setzt ein.

Außer der Salmonellose gibt es noch andere Infektionskrankheiten. Neben der Aufnahme von bakteriellen Krankheitserregern über die Nahrung kann man sich auch durch Kontakt mit unsauberem Trinkwasser, über offene Wunden, Schleimhäute und sogar über die Atem-

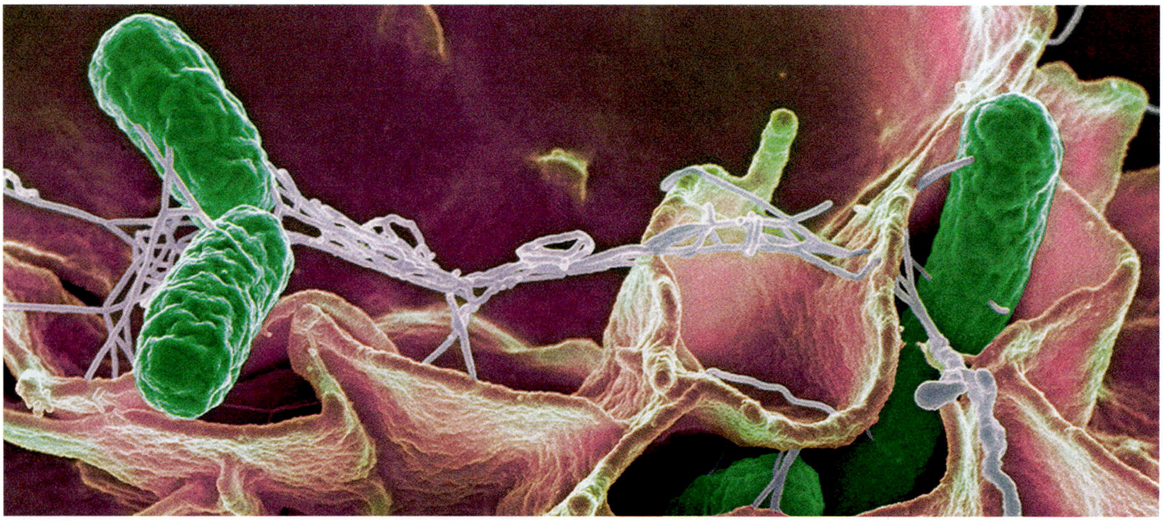

1 Erreger der Salmonellose (grün gefärbt) auf einer menschlichen Schleimhaut (eletronenmikroskopische Aufnahme)

luft infizieren. Die Übertragung von Mensch zu Mensch erfolgt dabei oft durch kleine Speicheltröpfchen beim Sprechen, Husten oder Niesen. Diese Art der Ansteckung nennt man **Tröpfcheninfektion.** Sind viele Menschen davon betroffen, entwickelt sich die Krankheit zu einer Seuche oder **Epidemie** (gr. *epi,* über; *demos,* Volk). Breitet sich eine Epidemie weltweit aus, bezeichnet man sie als **Pandemie** (gr. *pan,* alles).

In den vergangenen Jahrhunderten war die Bevölkerung Infektionskrankheiten wie Pest, Typhus und Cholera meist hilflos ausgeliefert. In der zweiten Hälfte des 19. und zu Beginn des 20. Jahrhunderts trat in den rasch wachsenden Städten Europas und Nordamerikas die *Tuberkulose* häufig auf. Eine Ursache dafür war das Zusammenleben von vielen Menschen auf engem Raum unter schlechten hygienischen Bedingungen.

Die Erreger der Tuberkulose werden durch Tröpfcheninfektion verbreitet. Zu den Symptomen der Krankheit gehören Fieber, Schwäche, Müdigkeit, Gewichtsabnahme und ein blutiger Husten. Bei den meisten Erkrankten kommt es zu einer Umkapselung der Krankheitsherde in den Lungen. Diese Kapseln werden auch Tuberkel genannt und gaben der Krankheit ihren Namen. Von offener Tuberkulose spricht man, wenn Gewebe, meist in der Lunge, großräumig zerstört wird. In diesem Stadium ist die Erkrankung höchst ansteckend und führte früher unweigerlich zum Tode. Weil die Erkrankten im Endstadium an zunehmender Auszehrung litten, war die Tuberkulose auch unter dem Namen »Schwindsucht« bekannt.

Im ausgehenden 19. Jahrhundert entwickelte sich ein neuer Zweig der Naturwissenschaften, die *Mikrobiologie.* Mit Hilfe besserer Mikroskope war es möglich geworden, Bakterien genauer zu untersuchen. Dem französischen Chemiker und Biologen Louis PASTEUR gelang es nachzuweisen, dass Mikroorganismen bestimmte Infektionskrankheiten auslösen können. Daraufhin setzte eine fieberhafte Suche nach diesen Erregern ein. Der deutsche Arzt Robert KOCH entwickelte Methoden zur Züchtung von Bakterien auf Nährböden. Für eine Reihe von Krankheiten entdeckte er die Erreger, auch für die Tuberkulose. Im Gewebe von Tuberkulose-Infizierten fand KOCH große Mengen eines leicht gekrümmten stäbchenförmigen Bakteriums, dem er den Namen *Mycobacterium tuberculosis* gab. Doch mit der Entdeckung der Erreger im Jahre 1882 hatte man noch keine wirksamen Behandlungsmöglichkeiten gefunden. Die Zahl der Erkrankten ging erst zurück, nachdem zu Beginn des 20. Jahrhunderts Antibiotika und ein Impfstoff entwickelt wurden. Durch eine flächendeckende Impfung in aller Welt konnte die Tuberkulose eingedämmt werden.

1 Erläutere anhand von Abbildung 2 den Verlauf einer Infektionskrankheit.

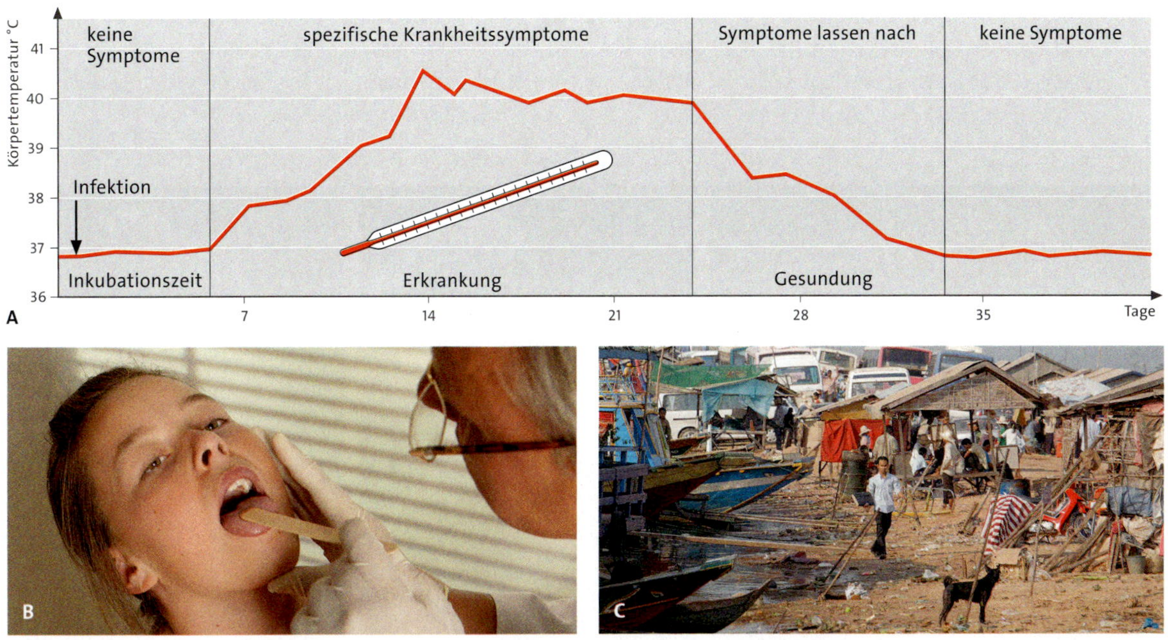

2 Infektionskrankheiten. **A** Typischer Verlauf einer Infektion; **B** Ärzte entscheiden über die Therapie; **C** Unzureichende Hygienebedingungen begünstigen die Ausbreitung von Seuchen

3.2 Antibiotika

Im Jahre 1928 machte der schottische Bakteriologe Alexander FLEMMING zufällig eine wichtige Entdeckung. Er fand auf einer alten Agarplatte, auf der er Bakterien kultiviert hatte, einen Schimmelpilz. Dabei fiel ihm auf, dass um den Schimmelpilz keine Bakterien wuchsen. Er zog daraus den Schluss, dass der Schimmelpilz einen Stoff in seine Umgebung abgegeben hatte, der das Bakterienwachstum hemmte, vielleicht sogar die Bakterien tötete.

Um die Ursache für diesen Befund zu finden, führte FLEMMING weitere Versuche durch. Er bestimmte zunächst den beteiligten Schimmelpilz als Pinselschimmel der Gattung *Penicillium*. Diesen züchtete er in einer Nährlösung. Kamen Bakterien mit dieser Lösung in Kontakt, hörten sie auf sich zu teilen. Somit konnte FLEMMING eindeutig nachweisen, dass der Pilz einen Stoff produziert, der die Teilung der Bakterien hemmt. Diesen Stoff nannte er nach dem wissenschaftlichen Namen des Pilzes **Penicillin.** Das erste **Antibiotikum** war gefunden. Leider erwies sich die Gewinnung des Penicillins als sehr schwierig. Erst 1940 gelang es, größere Mengen von Penicillin durch den Einsatz von besseren Nährmedien herzustellen.

Mittlerweile kennt man eine Vielzahl verschiedener bakterieller Antibiotika, die alle eine gemeinsame Eigenschaft haben. Sie schädigen nur die Bakterien und keine anderen Zellen, wie zum Beispiel die Körperzellen des Menschen. Dieses Phänomen beruht auf der einzigartigen chemischen Struktur der bakteriellen Zellwände. So stören manche Antibiotika zum Beispiel nur den Aufbau der Bakterienzellwand. Die Bakterien werden instabil und platzen. Wiederum andere Antibiotika blockieren die Proteinbiosynthese an den Ribosomen der Bakterien. Obwohl Ribosomen auch beim Menschen vorkommen, unterscheiden sie sich hinsichtlich ihrer Größe und der Struktur der beteiligten Proteine. Diese Unterschiede reichen aus, dass Antibiotika sich nur an die bakteriellen Ribosomen anlagern und hier die Proteinbiosynthese hemmen. Neuartige künstlich hergestellte Antibiotika greifen in den Stoffwechsel der Bakterien ein und hemmen hier spezielle Enzyme, sodass die Bakterienzelle verhungert. Diese Antibiotika werden zur Gruppe der antibakteriellen Chemotherapeutika gezählt.

Mit dem Penicillin war es erstmals möglich, bakterielle Infektionskrankheiten schnell und wirksam zu bekämpfen. Doch es gelang nicht, die Infektionserreger durch die Antibiotika endgültig auszurotten. Schon bald traten Bakterienstämme auf, denen die Antibiotika nichts anhaben konnten. Solche Bakterien nennt man **resistent.** Die zunehmende Resistenz von Bakterien zwingt Forscher dazu, immer neue Antibiotika zu entwickeln. Oft werden dabei bereits bekannte Antibiotika chemisch so verändert, dass sie wieder wirksam gegen Bakterien sind.

1 Beschreibe Abbildung 1 und erkläre, wie die Bakterienverteilung auf der Agarplatte zustande kommt.

2 Recherchiere nach weiteren Antibiotika und stelle in einer Tabelle vier unterschiedliche Wirkungsweisen gegenüber.

3 Diskutiert die These vom ständigen Wettlauf zwischen Medizin und Bakterien in der Klasse. Begründet, warum die häufige Anwendung von Antibiotika dabei eine Rolle spielt.

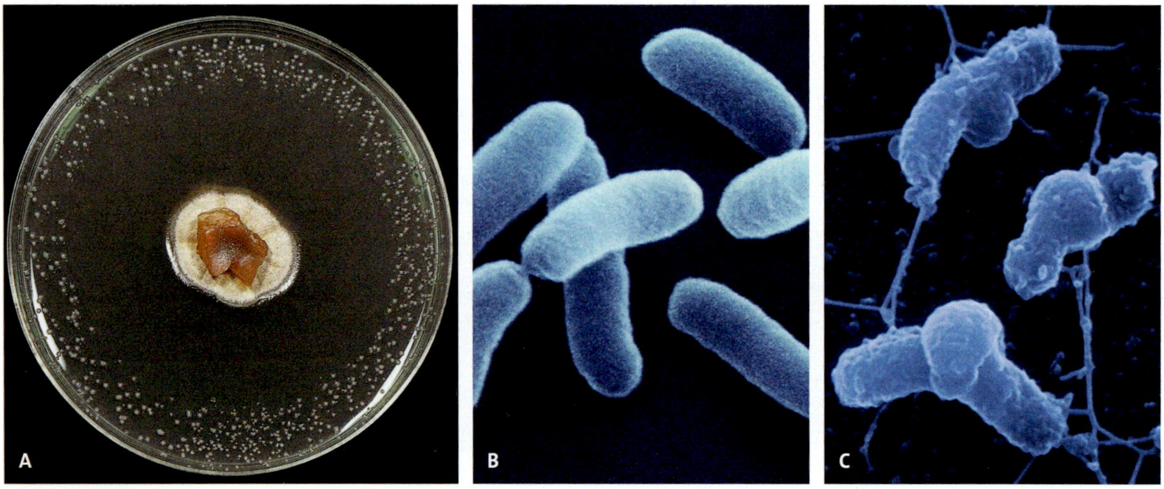

1 Wirkung von Antibiotika. **A** Schimmelpilz auf Bakterienkultur; **B** Bakterien vor Behandlung; **C** Bakterien nach Behandlung

Wissen kompakt Durch Bakterien verursachte Infektionen

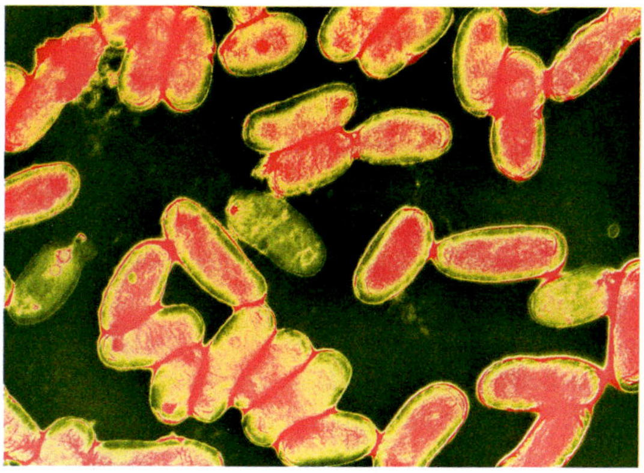

Keuchhusten
Erreger: *Bordetella parapertussis*
Übertragung: Tröpfcheninfektion
Inkubationszeit: bis zu 2 Wochen
Verlauf: anfängliche Symptome wie bei einer Erkältung, später schwere Hustenanfälle mit Atemnot und Erbrechen

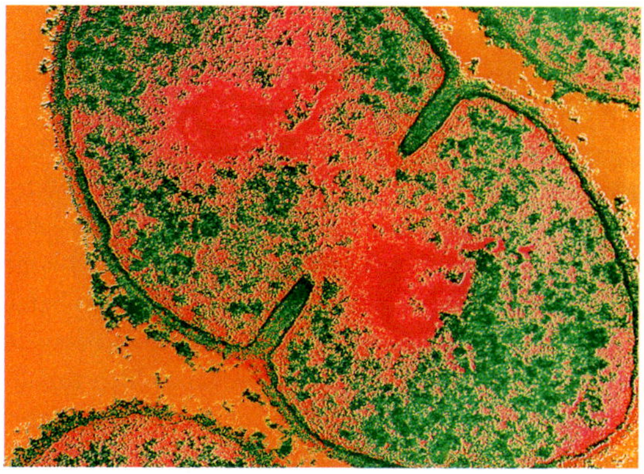

Scharlach
Erreger: *Streptococcus pyogenes*
Übertragung: direkter Körperkontakt
Inkubationszeit: drei bis fünf Tage
Verlauf: Beginn der Krankheit mit Fieber und gerötetem Rachen, später kommt eine Mandelentzündung dazu; Mandeln sind mit gelblichen Flecken belegt; roter Ausschlag breitet sich über den ganzen Körper aus

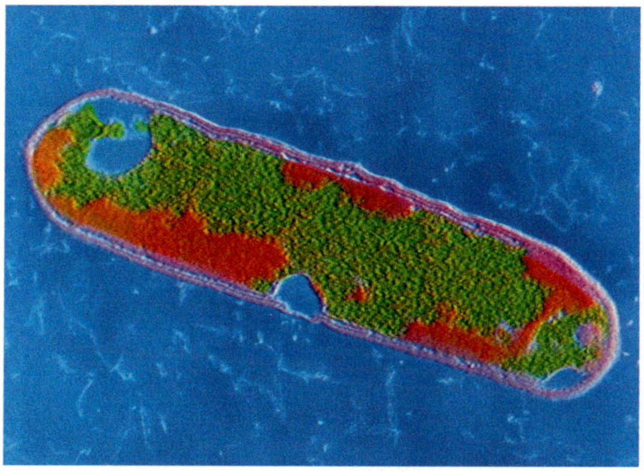

Tetanus
Erreger: *Chlostridium tetani*
Übertragung: Tierbisse; Erde, die in offene Wunden gelangt
Inkubationszeit: wenige Tage bis zwei Wochen
Verlauf: Erregertoxin führt zunächst zu Krämpfen der Kiefer- und Zungenmuskulatur; später verkrampft die Rücken- und Rumpfmuskulatur; bei unbehandelten Tetanusinfektionen beträgt die Sterblichkeit etwa 50 %

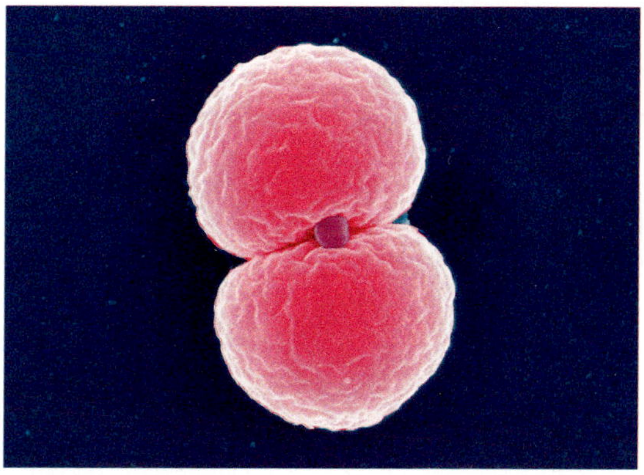

Tripper
Erreger: *Neisseria gonorrhoeae*
Übertragung: ungeschützter Geschlechtsverkehr
Inkubationszeit: zwei bis acht Tage
Verlauf: zu Beginn Schmerzen beim Wasserlassen; eitrige Absonderungen der Harnröhre; bei Nichtbehandlung kann Tripper zu Unfruchtbarkeit führen; besonders gefährlich für Neugeborene, bei denen die Infektion auch während der Geburt erfolgen kann

1 Recherchiere, wie man sich vor den hier vorgestellten Bakterien schützen kann.

2 Recherchiere nach weiteren bakteriellen Infektionskrankheiten und stelle sie in Steckbriefen vor.

3.3 Infektionskrankheiten durch Viren

Husten, Schnupfen, starke Kopf- und Gliederschmerzen, hohes Fieber mit Schüttelfrost und Mattigkeit sind deutliche Symptome einer Grippeerkrankung. Die Inkubationszeit ist viel kürzer als bei einer Erkältung und die ersten Symptome bemerkt man oft schon nach wenigen Stunden. Verursacher der Grippe sind nicht Bakterien, sondern **Viren,** die um ein Vielfaches kleiner als Bakterien sind. Daher wurden sie auch erst im letzten Jahrhundert durch den Einsatz hoch auflösender Mikroskope entdeckt. Durch ihre schnelle Vermehrung und den Befall lebenswichtiger Organe können sie bleibende Schäden verursachen. Die Erkrankung kann sogar tödlich verlaufen. Besonders gefürchtet waren in den vergangenen Jahrhunderten häufig wiederkehrende Grippeepidemien, die unzählige Todesopfer unter der wehrlosen Bevölkerung forderten. Auch die Entdeckung der Antibiotika führte hier zu keinem Erfolg, da Viren keine Zellen sind und infolgedessen auch nicht durch Antibiotika bekämpft werden können. Sie bestehen lediglich aus einer Eiweißhülle, in deren Innern sich die Erbsubstanz befindet. Viren besitzen auch keinen eigenen Stoffwechsel und können sich auch nicht selbst vermehren. Dazu benötigen sie Zellen von Lebewesen, die **Wirtszellen.** Das Grippevirus befällt meist durch Tröpfcheninfektion die oberen Luftwege und heftet sich hier zunächst an eine Schleimhautzelle an. Danach wird es von einem Membranbläschen, einer *Vakuole,* umschlossen und ins Zellinnere aufgenommen. Dort verschmilzt die äußere Schicht der Eiweißhülle des Virus mit der Vakuolenmembran. Die innere Viruskapsel wird freigesetzt und entlässt die Erbsubstanz in die Wirtszelle.

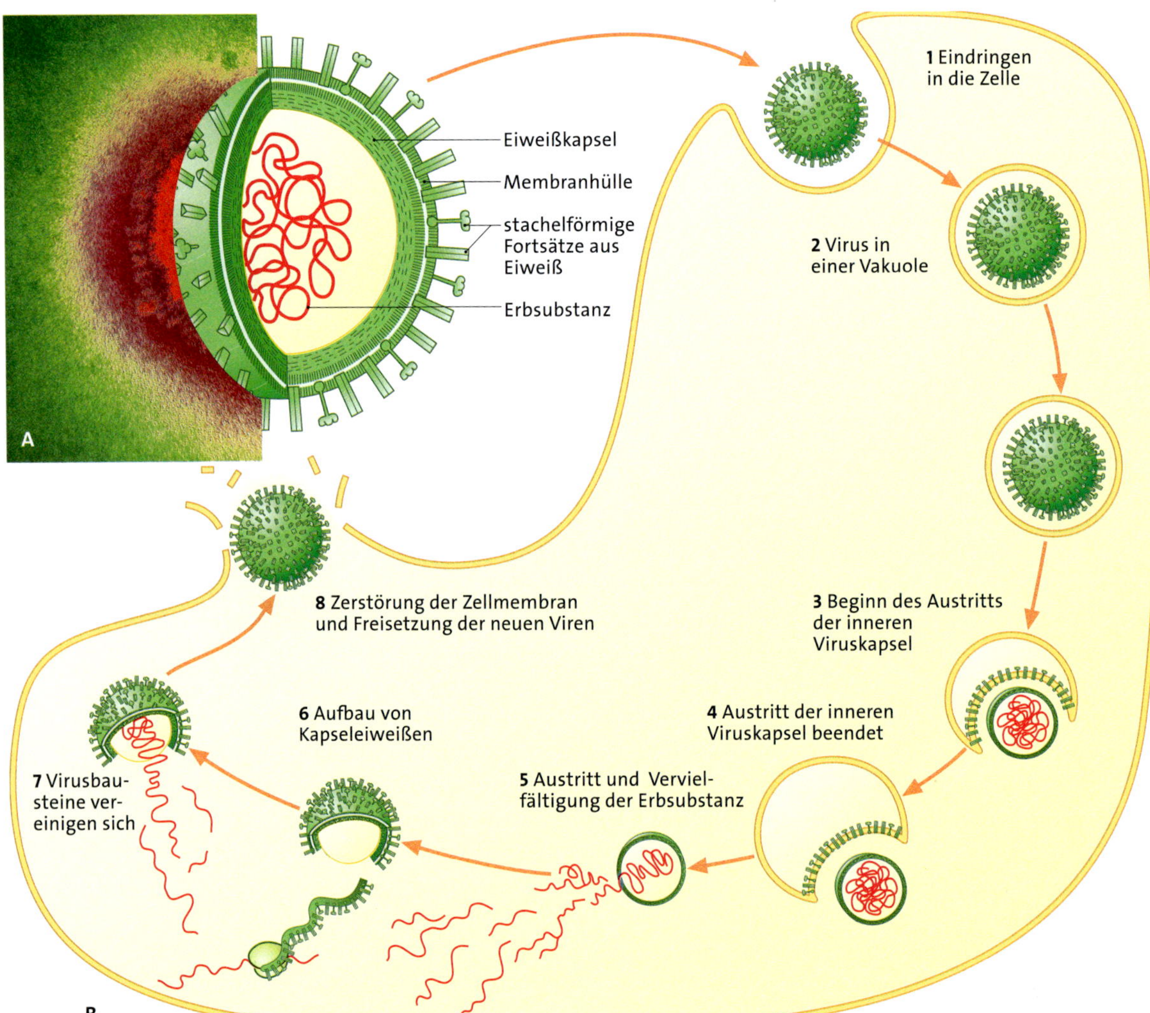

1 Grippe-Virus. A Aufbau; **B** Entwicklung und Vermehrung

Die Erbsubstanz gelangt in den Zellkern und stellt den Stoffwechsel des Zellkerns der Wirtszelle so um, dass in der Zelle nun die Eiweißhülle und die Erbsubstanz des Virus vervielfältigt werden. Die einzelnen Virusbestandteile werden zu fertigen Viren zusammengebaut und sammeln sich an der Zellmembran der Wirtszelle an. Es können also gleichzeitig sehr viele neue Viren entstehen. Die Viren lösen die Zellmembran auf, gelangen ins Freie und befallen neue Wirtszellen. Die Krankheitssymptome wie zum Beispiel Fieberschübe entstehen vor allem durch die Zerstörung vieler Wirtszellen. Eine Bekämpfung der Viren mit Arzneimitteln in ihren Wirtszellen ist bis heute kaum möglich, ohne gleichzeitig den Patienten zu schädigen. Bei Virusinfektionen können meist nur die Symptome gemildert werden, mit der eigentlichen Infektion muss der Körper selbst fertig werden. Den Kampf unseres Immunsystems gegen Grippe-Viren kann man durch eine Grippeschutzimpfung unterstützen. Diese Impfung muss rechtzeitig vor der Infektion vorgenommen und jährlich wiederholt werden.

Da sich die Grippe durch Tröpfcheninfektion ausbreitet, erkranken im Umkreis eines Grippepatienten viele Kontaktpersonen, die wieder weitere Menschen infizieren können. Grippeepidemien wie in den Jahren 1918 bis 1923 hat es immer schon gegeben. Diese bisher schwerste Pandemie wütete in Europa und in anderen Teilen der Welt und wurde *Spanische Grippe* genannt. Weltweit erkrankten etwa 700 Millionen Menschen. Etwa 50 Millionen Menschen starben. *Die Asiatische Grippe* von 1957 bis 1958 und die *Hongkong-Grippe* von 1968 bis 1969 waren die letzten beiden großen Pandemien, der jeweils etwa eine Million Menschen zum Opfer fielen. Was ist nun die Ursache solcher Pandemien und warum ist eine wirkungsvolle Bekämpfung so schwierig?

Unser Abwehrsystem ist in der Lage, auch Viren erfolgreich zu bekämpfen. Erschwert wird die Abwehr jedoch durch die Tatsache, dass Viren häufig ihre Oberfläche verändern. Dadurch können neue Grippe-Viren nach einer überstandenen Grippe erneut denselben Menschen wieder befallen. Der Körper erkennt das Virus dann nicht und es kommt erneut zum Ausbruch der Krankheit. Die Eigenschaft der Viren, ihre Oberfläche ständig zu verändern, erschwert das Bekämpfen der Viren sehr. Auch bei der Herstellung von Impfstoffen muss dies berücksichtigt werden. Der Impfstoff muss jedes Jahr neu auf den zu erwartenden Virus eingestellt werden. Eine Grippeschutzimpfung muss daher jährlich wiederholt werden.

Zahlreiche Viruserkrankungen sind bis heute für Tiere und Menschen gleichermaßen gefährlich. Hierzu gehören unter anderem die Vogelgrippe, die Lungenkrankheit SARS, Aids, Hepatitis A und B, gegen die es bis heute keine heilenden Medikamente oder Schutzimpfungen gibt. Dies trifft ebenso auf die als »Killer-Viren« bezeichneten Ebola-, Hanta- und Lassa-Viren zu.

1 Vergleiche Bakterien und Viren und stelle die wichtigsten Merkmale in einer Tabelle gegenüber.

2 Erläutere mit Hilfe der Abbildung 1 die Vermehrung der Viren.

3 Begründe, weshalb Antibiotika bei einer Viruserkrankung nicht helfen.

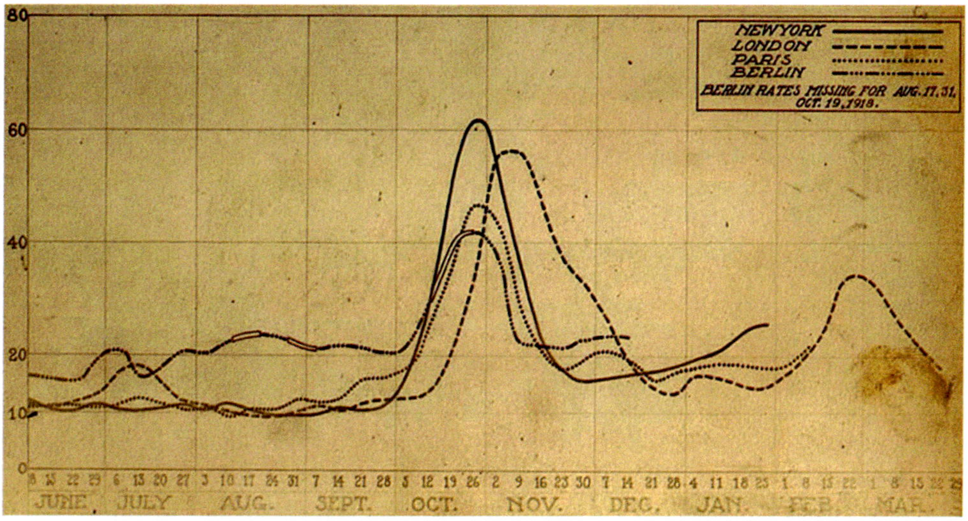

Wöchentliche Todesfälle pro 1000 Einwohner, von 1918 bis 1919 in New York, London, Paris und Berlin.

2 **Grippeepidemien von 1918 bis 1919**

Wissen kompakt | Durch Viren verursachte Infektionen

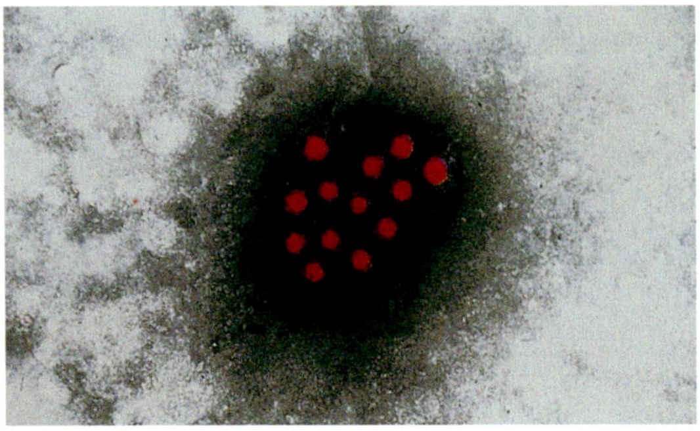

Hepatitis (Gelbsucht)
Erreger: *Hepatovirus*
Übertragung: vor allem verunreinigte Lebensmittel
Inkubationszeit: 2 Wochen bis 2 Monate
Verlauf: Entzündung der Leber; Fieber, Schwäche, Appetitlosigkeit, Erbrechen, Gelbfärbung der Haut; Leber kann Gallenflüssigkeit nicht verarbeiten und Gallenfarbstoff tritt ins Blut über; bei Kindern verläuft diese Erkrankung oft unbemerkt
Besonderheit: man unterscheidet mehrere Formen; Hepatitis B schädigt Leber dauerhaft und kann zu Krebs führen

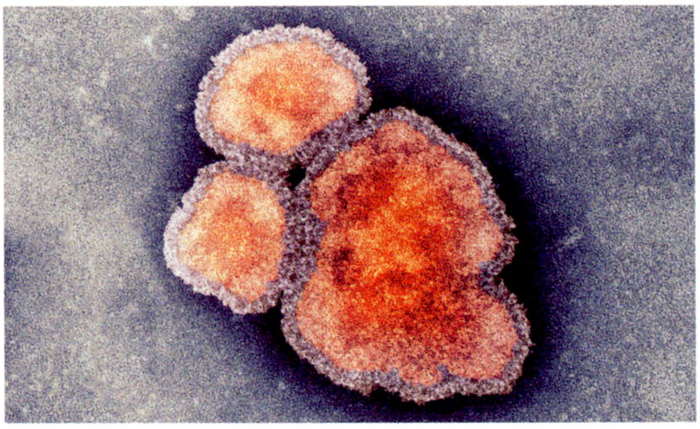

Masern
Erreger: *Mobillivirus*
Übertragung: Tröpfcheninfektion
Inkubationszeit: 1 bis 2 Wochen
Verlauf: hohes Fieber; Schnupfen; Bronchitis; Bildung von grau-weißen Flecken im Rachenraum; später am Körper rote Flecken
Besonderheiten: kann bei Befall der inneren Organe zum Tode führen

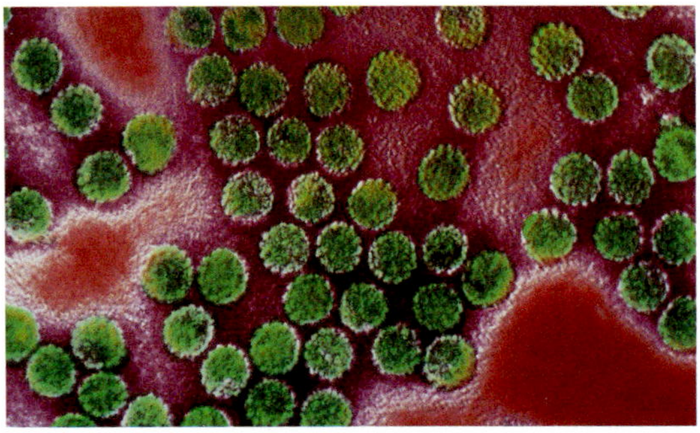

Poliomyelitis (Kinderlähmung)
Erreger: *Poliovirus*
Übertragung: Tröpfchen- oder Schmierinfektion
Inkubationszeit: 1 bis 2 Wochen
Verlauf: Erreger nistet sich in der Darmwand ein; gelangt ins Blut oder Rückenmark; im Rückenmark zerstört er Nervenzellen; Fieber, Erbrechen, Kopf- und Gliederschmerzen; ist die Atemmuskulatur betroffen, tritt der Tod ein
Besonderheiten: Polioviren sind außerhalb des Körpers sehr widerstandsfähig; durch Schutzimpfung starke Abnahme von Poliofällen

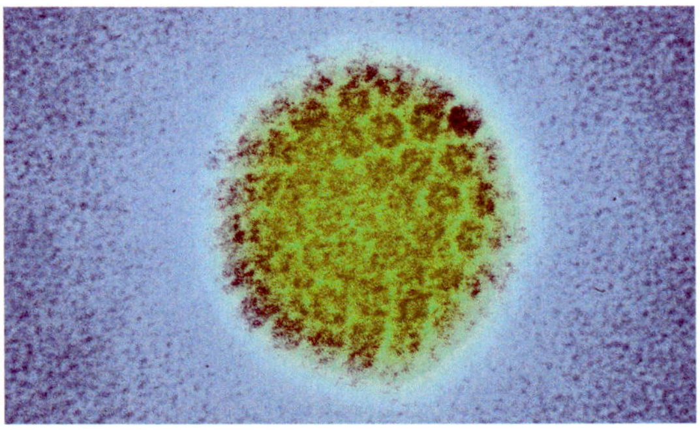

Zervixkarzinom (Gebärmutterhalskrebs)
Erreger: *Papillomvirus*
Übertragung: Schmierinfektion, Geschlechtsverkehr
Inkubationszeit: ein Monat bis mehrere Jahre
Verlauf: Virus schaltet die Wachstumskontrolle der Gebärmutterhalszellen aus, sodass ein Tumor entsteht
Besonderheiten: sehr früh diagnostizierbar bei regelmäßigen Kontrolluntersuchungen; Impfung wird seit kurzem jungen Mädchen empfohlen

1 Erkläre, wie man sich vor den hier dargestellten Viren schützen kann.

2 Recherchiere nach weiteren Virusinfektionen. Erstelle jeweils einen Steckbrief.

Methode Internetrecherche

Das Internet hat sich in den letzten Jahren zu einer bedeutenden Informationsquelle entwickelt. Es stehen mittlerweile zu fast jedem Thema zahlreiche Internetseiten zur Verfügung. Dies macht den kritischen Umgang mit solchen Texten notwendig und man sollte immer noch eine weitere Quelle hinzuziehen. Sinnvoll ist es daher, geeignete Suchmaschinen zu benutzen. Diese helfen, Informationen zu einzelnen Themen zu finden. Solche Suchmaschinen findet man zum Beispiel auf den Seiten www.google.de oder www.altavista.de.

Bei der Benutzung einer Suchmaschine sollte man sich über die Wahl der Suchbegriffe im Klaren sein. Gibt man in der Suchmaschine Google den Begriff »Infektionskrankheiten« ein, so wirft Google Millionen von Treffern aus. Es würde sehr viel Zeit in Anspruch nehmen all diese Seiten zu durchsuchen. Deshalb bieten die Suchmaschinen die Möglichkeit, die Suche durch geeignete Kombination verschiedener Suchbegriffe einzuschränken.

Eine geringere Auswahl an Fundstellen bekommt man, wenn man eine logische Verknüpfung der Suchbegriffe vornimmt. Werden die Suchbegriffe mit »UND« verknüpft, sucht die Suchmaschine nur solche Seiten, die beide Begriffe enthalten. So lässt sich das Suchergebnis nach Verknüpfung mit dem Begriff »Verbreitung« auf 198 000 Treffer reduzieren.

Einfacher wird es, wenn sich das Thema, zu dem Informationen gesucht werden, sehr gut abgrenzen lässt. So findet man bei der Suche nach der Geschlechtskrankheit Tripper nur 16 000 Treffer. Diese lassen sich weiter einschränken. Eine weitere Möglichkeit bietet die Suchmaschine, wenn zu einem Thema Bilder beschafft werden müssen. Hier werden dann alle Bilder, die auf einer zu den Suchbegriffen passenden Seite stehen, angezeigt. Eine detaillierte Auskunft über die einzelnen Begriffe, zu denen Information im Internet beschafft werden sollen, liefern so genannte online Lexika. Das berühmteste Lexikon für naturwissenschaftliche Begriffe ist Wikipedia. Hierbei handelt es sich um eine offene Seiten, die jeder Nutzer bearbeiten und erweitern kann.

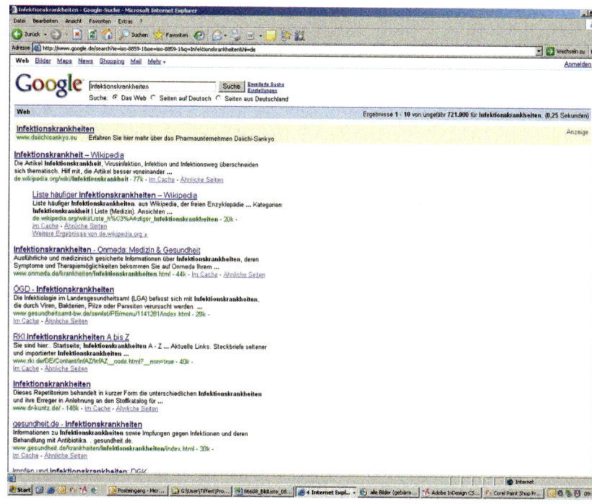

1 Oberfläche der Google-Suchmaschine

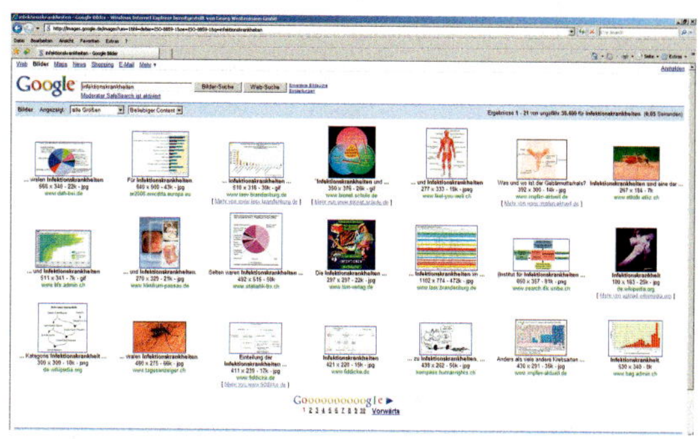

2 Bildersuche mit Google

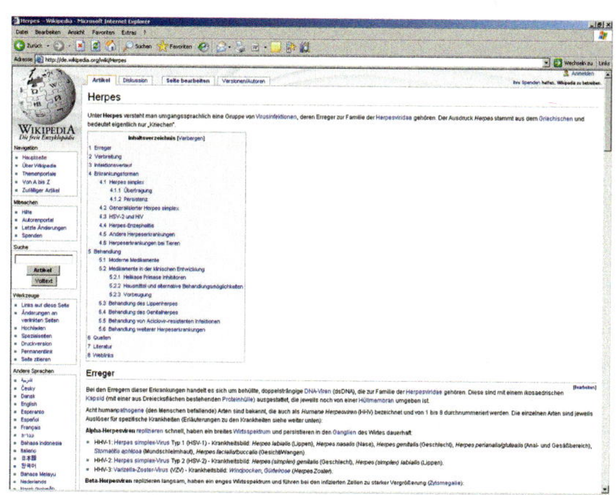

3 Wikipedia-Oberfläche

1 Recherchiere weitere Infektionskrankheiten.

3.4 Das Immunsystem – eine hoch spezialisierte Abwehr

Der menschliche Körper steht in ständigem Kontakt mit Bakterien, Viren und Pilzsporen. Darunter sind auch viele Krankheitserreger. Die meisten von ihnen können jedoch erst gar nicht in den Körper eindringen. Für viele Erreger ist bereits die verhornte Außenschicht der Haut ein unüberwindliches Hindernis. Leichter wäre ein Eindringen durch die Schleimhäute. Diese werden jedoch durch Flüssigkeiten aus Drüsen benetzt. So findet sich in der Tränenflüssigkeit das Enzym *Lysozym*, das Bakterien zerstört.

Einigen Krankheitserregern gelingt es dennoch, diese natürlichen Barrieren zu überwinden. Über die Atemwege und andere Körperöffnungen, durch Wunden oder Insektenstiche gelangen sie in den Körper. Trotzdem kommt es nur selten zum Ausbruch einer Infektionskrankheit, denn der Körper kann sich gegen die Erreger zur Wehr setzen. Wie geschieht das?

Die Abwehr körperfremder Stoffe ist Aufgabe des **Immunsystems.** Dabei handelt es sich um ein komplexes Netzwerk aus Organen, Zellen und Molekülen. Eine zentrale Bedeutung haben die **Weißen Blutzellen.** Sie bewegen sich wie Amöben und verändern dabei ihre Form. Auf diese Weise können sie durch Zellzwischenräume kriechen und die Blutkapillaren verlassen. Sie gelangen dann in die mit **Lymphe** gefüllten Zwischenräume der Gewebe. Diese farblose Flüssigkeit tritt zum Beispiel an Schürfwunden aus und sammelt sich in Druck- oder Brandblasen. Die Weißen Blutzellen umfließen körperfremde Stoffe, auf die sie treffen, nehmen sie auf und verdauen sie. Daher werden sie **Fresszellen** genannt. Sie kommen im gesamten Körper vor, besonders häufig jedoch in den **Lymphknoten,** die in Rumpf und Hals liegen und über **Lymphgefäße** miteinander verbunden sind. Im oberen Brustraum ist das Lymphsystem mit dem Blutkreislauf verbunden.

Fresszellen können ganz unterschiedliche Fremdkörper vernichten, beispielsweise Bakterien und Viren. Weil die Fresszellen nicht auf einen bestimmten Erreger spezialisiert sind, nennt man diesen Abwehrmechanismus die **unspezifische Immunabwehr.**

In manchen Fällen vermehren sich Erreger so schnell, dass die unspezifische Abwehr überfordert ist. Dann kommt ein anderer Mechanismus des Immunsystems ins Spiel, die **spezifische Abwehr.** Daran sind ebenfalls Weiße Blutzellen beteiligt, die **Lymphozyten** genannt werden. Man unterscheidet verschiedene Gruppen dieser Zellen. Die **B-Lymphozyten** reifen im Knochenmark, die **T-Lymphozyten** im Thymus. Dieses lymphatische Organ liegt hinter dem Brustbein. Es ist nur bei Kindern und Jugendlichen voll ausgebildet und wird im Erwachsenenalter langsam zurückgebildet. Wie erfolgt die spezifische Abwehr durch Lymphozyten?

An der Oberfläche von Zellen und Viren befinden sich bestimmte Eiweißstoffe, die als **Antigene** bezeichnet wer-

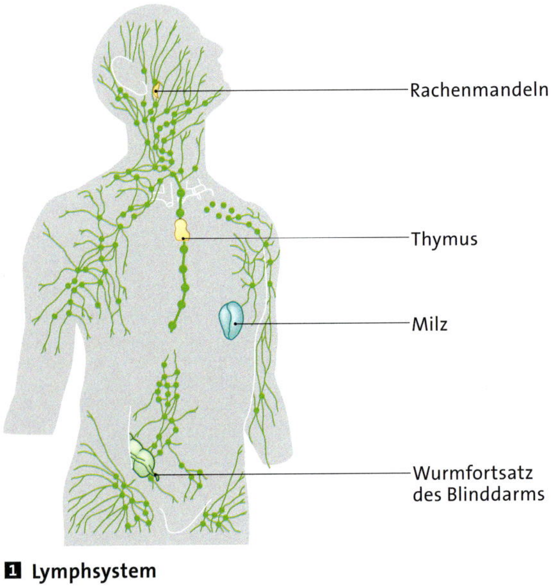

1 Lymphsystem

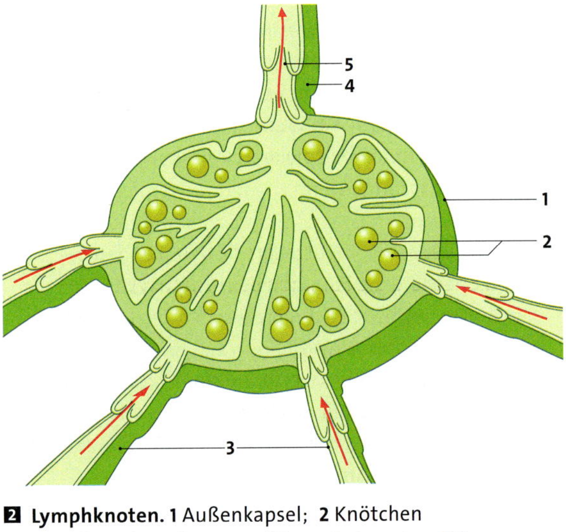

2 Lymphknoten. **1** Außenkapsel; **2** Knötchen mit Weißen Blutzellen; **3** zuführende Lymphgefäße; **4** abführendes Lymphgefäß; **5** Klappen den. Fresszellen und von Viren infizierte Körperzellen lagern diese Antigene außen auf der Zellmembran an: Sie »präsentieren« die Antigene. Lymphozyten, die mit den Antigenen in Kontakt kommen, erkennen diese als körperfremd. Daraufhin erzeugt eine Untergruppe der Lymphozyten, die **T-Helferzellen,** Botenstoffe, die von B- und T-Lymphozyten erkannt werden. Bestimmte B-Lymphozyten, die **Plasmazellen,** beginnen sich daraufhin zu vermehren und große Mengen spezifischer **Antikörper** zu produzieren. Dies sind Eiweißstoffe, die sich mit den Antigenen der Krankheitserreger verbinden können. Durch diese **Antigen-Antikörper-Reaktion** werden die Erreger unschädlich gemacht – Bakterien können sich nicht mehr teilen und Viren werden daran gehindert, in Wirtszellen einzudringen. Fresszellen bauen dann die Erreger ab. Zur Abwehr von Virusinfektionen entstehen auch so genannte **Killerzellen.** Diese Untergruppe der T-Lymphozyten erkennt und zerstört von Viren befallene Körperzellen durch bestimmte Enzyme.

Die spezifische Abwehr des Immunsystems braucht eine gewisse Zeit, meist mehrere Tage, bis genügend Antikörper oder Killerzellen gebildet sind, um eine Infektion erfolgreich zu bekämpfen. Manche Krankheiten, zum Beispiel viele Kinderkrankheiten, bekommt man aber nur einmal im Leben. Dies liegt daran, dass die Information über den Aufbau von Antigenen und den dazu passenden Antikörpern langfristig gespeichert werden kann. Dies übernehmen die **Gedächtniszellen,** die ebenfalls zu den Lymphozyten gehören. Erkennen sie Antigene, mit denen das Immunsystem bereits einmal zu tun hatte, können in kurzer Zeit die spezifischen Antikörper oder Killerzellen neu bereitgestellt werden. Der Körper ist gegen diese Art von Erregern **immun** geworden – die Krankheit bricht nicht mehr aus. Bei manchen Erregern verändern sich allerdings die Antigene im Laufe der Zeit so stark, dass die Gedächtniszellen sie nicht mehr erkennen können. Deshalb kann man beispielsweise immer wieder einen Schnupfen bekommen.

1 Nenne die am Immunsystem beteiligten Organe und erläutere die Funktion des Lymphsystems.

2 Erläutere den Unterschied zwischen unspezifischer und spezifischer Abwehr.

3 Beschreibe mit Hilfe der Abbildung 3 den Mechanismus der spezifischen Abwehr.

4 Wende das Basiskonzept Struktur und Funktion auf die Antigen-Antikörper-Reaktion an.

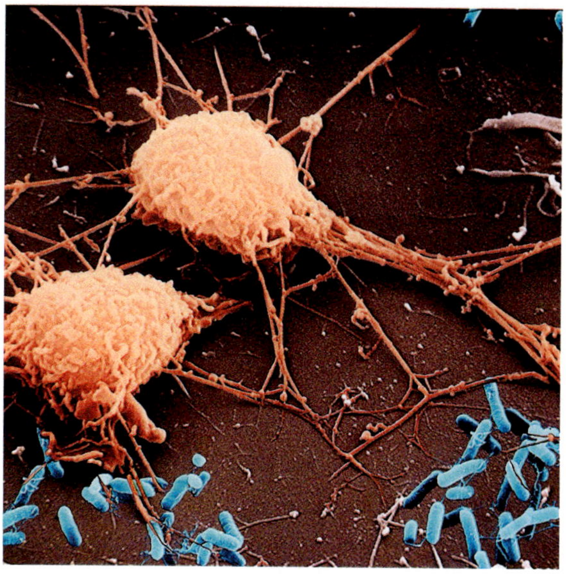

3 Fresszellen (orange) vertilgen Bakterien (blau)

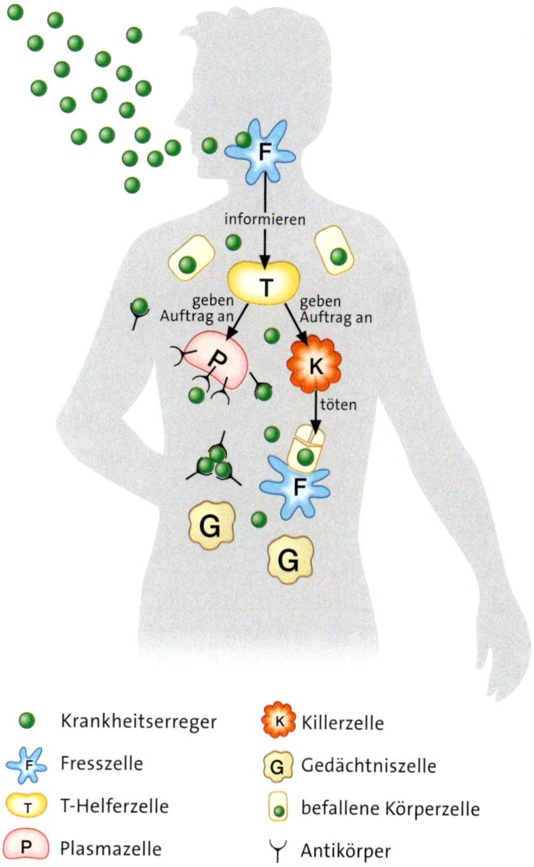

4 An der spezifischen Abwehr beteiligte Zelltypen (Schema)

3.5 Aids

Es gibt kaum eine andere Krankheit, die in der Werbung und in den Medien so präsent ist, wie die Immunschwäche Aids. »Gib Aids keine Chance« ist mittlerweile ein Slogan, der sich eingeprägt hat. Mit diesem Slogan und zahlreichen Werbespots versuchen die Gesundheitsministerien, Krankenkassen, und Aids-Selbsthilfegruppen auf das Risiko der Ansteckung und auf das Schicksal der Infizierten hinzuweisen.

Mittlerweile ist in Westeuropa und Nordamerika die Zahl der Neuerkrankungen dank der intensiven Aufklärungsbemühungen in den letzten Jahren zurückgegangen. Dagegen steigt die Zahl in Afrika weiter an. Hier ist die Krankheit mittlerweile völlig außer Kontrolle geraten. Auch in Asien und Osteuropa steigt die Zahl der Aidsinfizierten rapide an. Weltweit gibt es mittlerweile 40 Millionen Infizierte. Im Jahre 2006 starben drei Millionen Menschen.

Bei Aids handelt es sich um eine virale Infektionskrankheit, die 1981 erstmals in den USA entdeckt wurde. Dort traten zur selben Zeit mehrere Fälle einer ungewöhnlichen Lungenentzündung und einer Krebserkrankung auf. Der Krankheitsverlauf von Aids kann im Einzelfall recht unterschiedlich sein, einige gemeinsame Symptome treten allerdings fast immer auf. Kurz nach der Infektion kommt es zu grippeähnlichen Beschwerden. Erst Monate bis Jahre später schwellen die Lymphknoten an, es kommt zu Fieberanfällen und Pilzinfektionen. Häufig bildet sich eine ansonsten seltene Form von Hautkrebs. Das Immunsystem bricht nun völlig zusammen und Erreger, die dem Körper vorher nichts anhaben konnten, lösen nun verschiedenste Infektionen aus, die letztendlich zum Tode führen. Das Auftreten dieser Infektionen weißt darauf hin, dass der Aids-Erreger das Immunsystem gezielt schwächt. Aus dieser Beobachtung entstand der Name ***a**cquired **i**mmune **d**eficiency **s**yndrome* (Aids), erworbene Immunschwäche-Erkrankung.

Erst 1983 konnte der Erreger der Erkrankung Aids identifiziert werden. Es handelt sich um ein Virus, welches **HIV** genannt wird, abgeleitet von **H**umanes **I**mmunschwäche-**V**irus. Übertragen wird das Virus durch sexuelle Kontakte und Blut. Ein besonders hohes Risiko tragen dabei Personen, die ihre Geschlechtspartner sehr oft wechseln. Die Ansteckungsgefahr kann aber durch die sachgerechte Verwendung von Kondomen deutlich reduziert werden. Mittlerweile wurde ein weiteres HIV-Virus, welches Aids auslöst gefunden, es wird HIV-2 genannt.

1 Plakat zum Welt-Aids-Tag

Weltregionen	HIV-Infizierte	neu Infizierte	Aids-Tote
Nordamerika	1 400 000	43 000	18 000
Lateinamerika	1 700 000	140 000	65 000
Westeuropa	740 000	22 000	12 000
Osteuropa/Zentralasien	1 700 000	270 000	84 000
Nordafrika/Naher Osten	460 000	68 000	36 000
Afrika südl. der Sahara	247 000 000	2 800 000	2 100 000
Ostasien	750 000	100 000	43 000
Süd-/Südostasien	7 800 000	860 000	590 000
Ozeanien	81 000	7 100	4 000

2 Zahl der mit Aids Infizierten weltweit im Jahre 2006

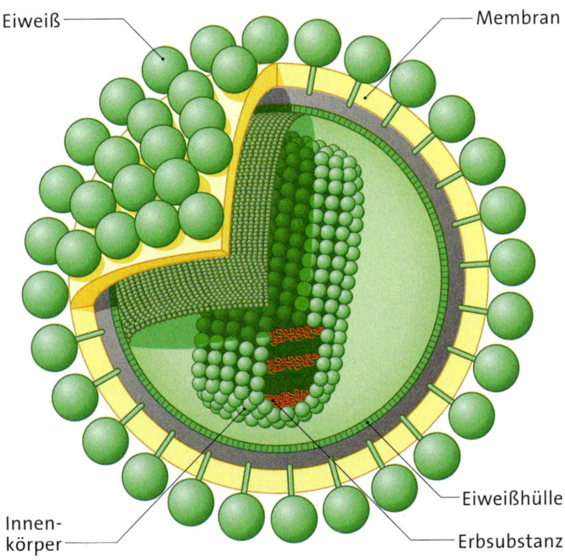

3 Aufbau von HIV

Neben dem ungeschützten Geschlechtsverkehr ist eine Ansteckung mit HIV auch über das Blut möglich. Hier sind Drogenabhängige besonders gefährdet, die dieselbe Injektionsnadel benutzen. Blutkonserven von HIV Infizierten stellen heute keine Gefahr mehr dar. Denn mittlerweile werden aber alle Blutkonserven vor ihrer Verwendung auf HIV getestet.

HIV kann sich wie jedes andere Virus auch, nur in lebenden Zellen vermehren. Dazu dringt es in die Zellen des Immunsystems ein. Hier befällt es die T-Helferzellen, indem es sich an die Oberfläche anlagert. Dann schleust es seine Erbinformation in die Helferzelle ein, wobei die Eiweißhülle des Virus an der Zelloberfläche verbleibt. Die Erbinformation wird nun in die Erbinformation des Virus eingebaut und kann hier jahrelang ruhen. Während dieser Zeit bricht die Krankheit nicht aus, aber der HIV-Infizierte kann den Erreger an andere Menschen zum Beispiel beim Geschlechtsverkehr weitergeben.

Irgendwann wird die Erbinformation von HIV in der T-Helferzelle wieder aktiv. Der Stoffwechsel der Wirtszelle erzeugt nun neue Virusbestandteile, die sich an der Zellmembran zu vollständigen Viren zusammensetzen. Die Viren werden freigesetzt und befallen nun andere Zellen. Die T-Helferzelle stirbt nach der Freisetzung ab.

Das Absterben der T-Helferzellen ist der eigentliche Grund für das Zusammenbrechen des Immunsystems. Es kann keine Infektionen mehr abwehren. Jetzt kommt das volle Krankheitsbild von Aids zum Ausbruch. Der gesamte Krankheitsverlauf von Aids verläuft schubartig. Zwischen unterschiedlich langen Krankheitsschüben treten Phasen auf, in denen sich der Patient besser fühlt und kaum Beschwerden hat.

Da es bis heute noch nicht gelungen ist, HIV wirksam zu bekämpfen, steht am Ende der verschiedenen Krankheitsschübe der Tod. In den letzten Jahren ist es allerdings gelungen, wirksame Medikamente zu entwickeln, die den Tod herauszögern. Da diese Medikamente bislang sehr teuer sind, kommen sie in den Entwicklungsländern kaum zur Anwendung. Mit Hochdruck wird an der Entwicklung eines Impfstoffs gegen HIV gearbeitet. Dies ist allerdings sehr schwierig, weil die HIV-Antigene sich sehr stark verändern.

Im normalen täglichen Umgang mit Aidsinfizierten besteht keine Gefahr, sich anzustecken. Da sich aber das Virus in hohen Konzentrationen im Blut und in der Samenflüssigkeit des Mannes befindet, gilt die Benutzung von Kondomen immer noch als die sicherste Variante, um sich vor einer Infektion zu schützen.

1 Erläutere die Entwicklung von HIV.
2 Beschreibe die Werte in Tabelle 2 und diskutiere sie.
3 Recherchiere nach der nächsten Aids-Beratungsstelle. Stelle die angebotenen Hilfen zusammen.

1 HIV heftet sich an die Zellmembran
2 und **3** Freisetzen der Erbsubstanz
4 Erbsubstanz wandert zum Zellkern
5 Einbau der Erbsubstanz ins menschliche Erbgut
6 Vervielfältigen und Freisetzen der Erbsubstanz von HIV
7 Aufbau von HIV-Bausteinen
8 und **9** Zusammenbau der HIV-Bausteine an der Zellmembran
10 Freisetzung neuer Viren

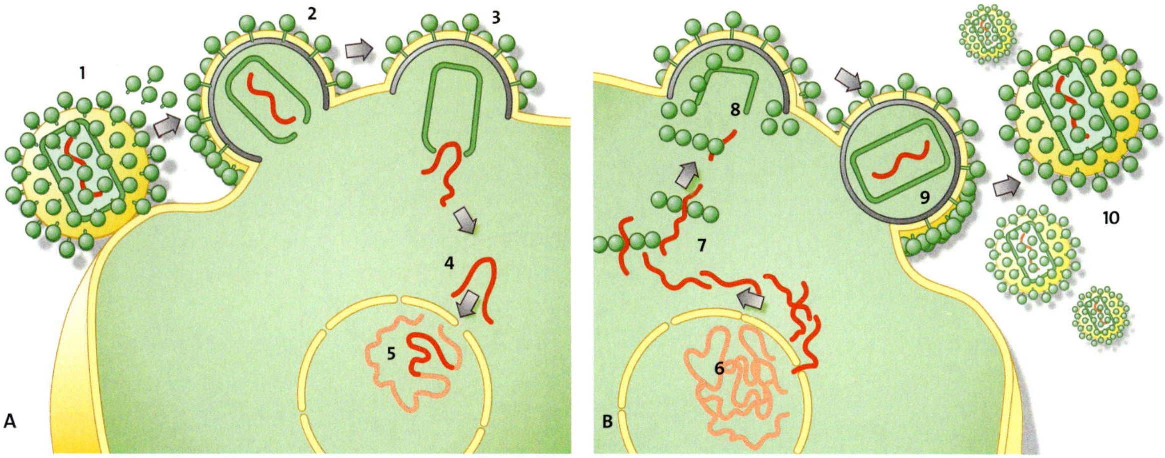

4 Entwicklung von HIV.
A Eindringen in T-Helferzelle und Einschleusen der Erbinformation; **B** Vermehrung und Ausschleusen der neuen Viren

3.6 Vorsicht Einzeller!

Nach Schätzungen der Weltgesundheitsorganisation *WHO* erkranken jährlich 300 bis 500 Millionen Menschen an Malaria. Bis zu drei Millionen Menschen sterben jedes Jahr an dieser Infektionskrankheit, darunter etwa eine Million Kinder. Am schlimmsten betroffen sind die Menschen in den Ländern Schwarzafrikas, aber auch in den tropischen und subtropischen Regionen Asiens und Lateinamerikas ist die Krankheit weit verbreitet. Auch Touristen, die in diese Länder reisen, können sich infizieren. In Deutschland werden jedes Jahr mehrere hundert Fälle gemeldet.

Erreger der Malaria sind verschiedene Arten von Einzellern der Gattung ***Plasmodium.*** Gelangen sie in den Körper eines Menschen, vermehren sie sich dort massenhaft und zerstören Leberzellen und Rote Blutzellen. Die ersten Symptome einer Erkrankung sind hohes Fieber, das meist in Schüben wiederkehrt, Kopf- und Gliederschmerzen, Schüttelfrost sowie Magen-Darm-Beschwerden. Diese Symptome treten frühestens nach einer Inkubationszeit von ein bis zwei Wochen auf und ähneln denen einer Grippe. Daher wird die Krankheit bei Reisenden, die aus den Tropen zurückgekehrt sind, nicht immer rechtzeitig erkannt – was lebensgefährlich sein kann.

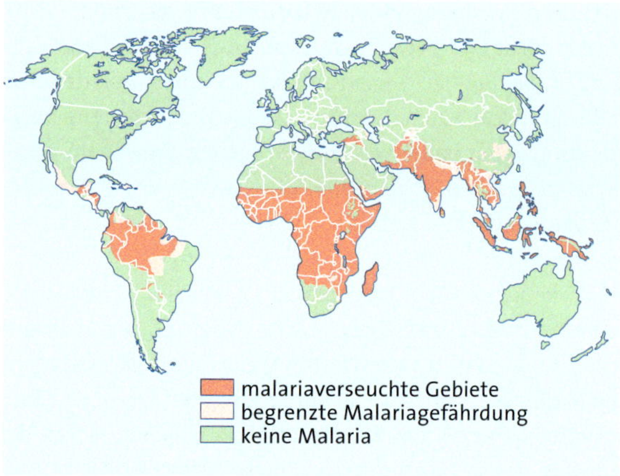

1 Verbreitung der Malaria

Überträger der Malariaerreger sind Stechmücken der Gattung Anopheles. Weltweit gibt es über 400 Anopheles-Arten und einige davon leben auch in Deutschland. Tatsächlich war auch Deutschland bis zur Mitte des 20. Jahrhunderts Malariagebiet: Im norddeutschen Tiefland war die Krankheit lange unter dem Namen »Marschenfieber« bekannt. Durch das Begradigen von Flüssen, das Trockenlegen von Feuchtgebieten und den Einsatz von Insektiziden wurde die Krankheit in Europa schließlich ausgerottet. Hilfreich war dabei, dass zumindest in Deutschland die

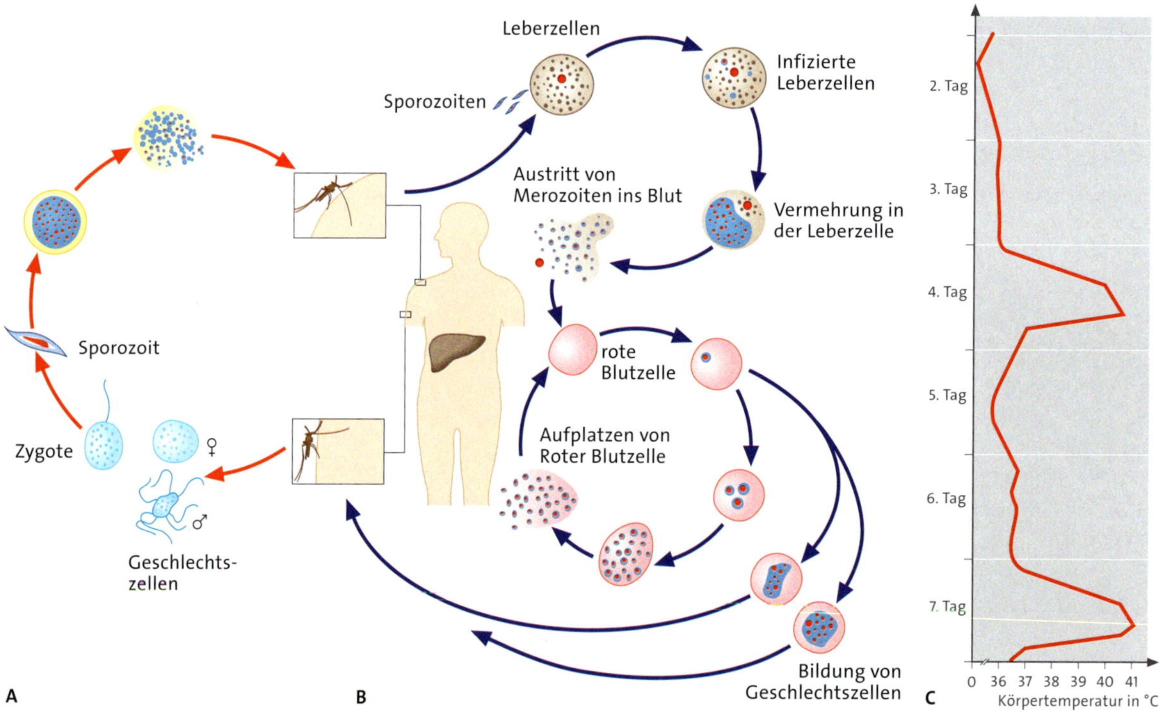

2 Lebenszyklus von Plasmodium. A in der Mücke; **B** im Menschen; **C** Fieberkurve

Temperaturen für das Überleben von Plasmodien bislang nicht förderlich waren: Um sich im Darm einer Mücke erfolgreich zu entwickeln, benötigen die verschiedenen Plasmodium-Arten nämlich Mindesttemperaturen von 14 bis 16 Grad Celsius.

Wie bei allen Stechmücken saugen nur die weiblichen Anopheles-Mücken Blut. Daher sind auch nur sie Überträger der Parasiten. Einige afrikanische Anopheles-Arten haben sich jedoch auf den Menschen als Blutlieferanten spezialisiert und sind darum besonders gefährlich. Ebenso wie die gewöhnlichen einheimischen Stechmücken sind auch sie abends und nachts aktiv und suchen gezielt das Innere von menschlichen Behausungen auf. Aus diesen Gründen sollte man in Malariagebieten nach Einbruch der Dunkelheit stets Mücken-Spray benutzen, langärmelige Kleidung tragen und nur unter einem besonders imprägnierten Moskitonetz schlafen.

Eine Besonderheit der Malariaerreger ist, dass sie sich sowohl geschlechtlich als auch ungeschlechtlich fortpflanzen, wobei verschiedene Entwicklungsstadien auftreten. Die geschlechtliche Fortpflanzung, bei der es zur Befruchtung zweier Geschlechtszellen kommt, findet im Körper der Mücke statt. Aus der Zygote entstehen einige Tage später durch ungeschlechtliche Fortpflanzung bis zu 1000 sichelförmige Tochterzellen, die *Sporozoiten* genannt werden. Sie wandern in die Speicheldrüsen der Mücke und können nun bei einem Stich in die Blutbahn des Menschen übertragen werden. Von dort aus dringen sie in die Leberzellen ein, wo sie sich noch einmal durch ungeschlechtliche Fortpflanzung vermehren. Die dabei entstehenden Zellen sind rundlich und werden *Merozoiten* genannt. Sie können weitere Leberzellen oder Rote Blutzellen befallen und sich dort noch weiter vermehren. Aus einigen Meozoiten werden Vorläufer von Geschlechtszellen, die Gametozyten. Gelangen sie bei einem erneuten Stich wieder in eine Mücke, werden aus Ihnen die eigentlichen zur Befruchtung fähigen Gameten oder Geschlechtszellen.

Eine wirksame Impfung gegen Malaria gibt es trotz intensiver Forschung bislang nicht. Bei Reisen in Malariagebiete empfehlen die Gesundheitsbehörden allerdings die Einnahme bestimmter Medikamente, die eine vorbeugende Wirkung haben. Da viele Erreger gegen diese Mittel jedoch unempfindlich geworden sind, wird zusätzlich die Mitnahme weiterer Medikamente zur Notfallbehandlung bei einer Infektion empfohlen. Welche Medikamente zum Einsatz kommen, ist von Land zu Land unterschiedlich. Daher sollte jeder, der in ein Malaria gefährdetes Gebiet reist, vorher einen Arzt aufsuchen und mit ihm die notwendigen Maßnahmen besprechen.

Plasmodien sind nicht die einzigen Einzeller, die beim Menschen Krankheiten verursachen. Ein naher Verwandter von Plasmodium, der weltweit verbreitete Einzeller *Toxoplasma gondii,* ruft beispielsweise **Toxoplasmose** hervor. Bei den meisten Menschen verläuft die Krankheit ohne erkennbare Symptome, aber eine Infektion während der Schwangerschaft kann den Fötus erheblich schädigen. Schwangere werden daher grundsätzlich getestet, ob sie Abwehrstoffe gegen *Toxoplasma* besitzen. Die Infektion erfolgt über Katzenkot oder den Verzehr nicht durchgegarten Fleisches.

Andere gefährliche Einzeller können über verunreinigtes Wasser, Obst oder Gemüse aufgenommen werden. Die vor allem in den Tropen verbreitete Amöbe *Entamoeba histolytica* löst beispielsweise die gefürchtete **Amöbenruhr** aus, eine von schweren Durchfällen begleitete Erkrankung, an der jährlich etwa 40 000 Menschen sterben.

1 Begründe, warum der Schutz vor Mückenstichen zu den wichtigsten Vorbeugemaßnahmen gegen Malaria zählt.

2 Erläutere das Basiskonzept Fortpflanzung am Beispiel der Malariaerreger.

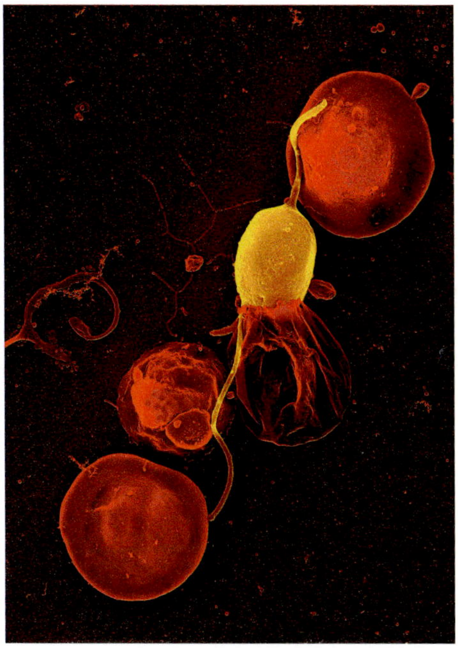

3 Rote Blutzelle und Erreger (REM-Aufnahme)

3.7 Aktive und passive Immunisierung

Bis ins 20. Jahrhundert gehörten die Pocken zu den Geißeln der Menschheit. Wer sich angesteckt hatte, bekam zunächst hohes Fieber. Am Körper bildeten sich kleine Pusteln, die Pocken. Überlebende der schweren Virusinfektion behielten für den Rest ihres Lebens entstellende Narben im Gesicht.

Die Pocken waren im 18. Jahrhundert auch in England verbreitet. Dort beobachtete damals der Arzt Edward JENNER, dass die Menschen auf dem Lande nie an Pocken erkrankten, wenn sie früher einmal die viel leichter verlaufenden Kuhpocken gehabt hatten. Diese Krankheit kommt normalerweise bei Rindern vor. Im Mai 1796 wagte JENNER ein Experiment: Er hatte an den Händen einer jungen Magd die typischen Pusteln der Kuhpocken erkannt. Aus einem dieser Bläschen entnahm er etwas Flüssigkeit und impfte damit einen achtjährigen Jungen. Dieser bekam daraufhin leichtes Fieber und einige wenige Pusteln. Bald verschwanden diese Symptome wieder. Anschließend infizierte JENNER den Jungen dann mit Flüssigkeit aus den Pusteln eines Patienten mit menschlichen Pocken. Wie der Arzt erwartet hatte, erkrankte der Junge nicht. Der Kontakt mit den Kuhpocken hatte ihn immun gemacht. Bald setzte sich die Pockenschutzimpfung weltweit durch. Heute gelten die Pocken als ausgerottet. Wie wirkt diese **Schutzimpfung?**

Die Antigene des Kuhpocken-Virus sind ähnlich aufgebaut wie die des menschlichen Pocken-Virus. Wird ein Mensch mit dem Kuhpocken-Erreger geimpft, erzeugt das Immunsystem Antikörper und entsprechende Gedächtniszellen. Diese Immunität ist auch gegen den Erreger der menschlichen Pocken wirksam.

Die Pocken sind allerdings ein Sonderfall. Zu den meisten Erregern von Infektionskrankheiten gibt es keine harmlosen Varianten. Deshalb müssen in der Regel erst Impfstoffe entwickelt werden, bevor eine vorsorgliche Schutzimpfung erfolgen kann. Dazu verändert man die Erreger oder ihre Antigene zunächst so weit, dass sie für den Körper unschädlich werden. Durch die Impfung wird das Immunsystem dann dazu angeregt, Antikörper zu bilden. Wie bei einer tatsächlich überstandenen Infektionskrankheit entstehen auch in diesem Fall Gedächtniszellen. Diese setzen bei einer erneuten Infektion mit dem gleichen Erreger die Antikörperbildung sofort in Gang, sodass die Krankheit nicht zum Ausbruch kommen kann. Weil der Körper die Abwehr gegen die Infektion durch die Schutzimpfung selbst entwickelt, spricht man von einer **aktiven Immunisierung.** Der volle Impfschutz, die *Grundimmunisierung,* wird in vielen Fällen erst nach mehreren Impfungen erreicht. Dies gilt beispielsweise für Impfungen gegen Tetanus oder Hepatitis B. Häufig lässt der Impfschutz im Laufe der Zeit nach, weil die entsprechenden Gedächtniszellen nicht mehr neu gebildet werden.

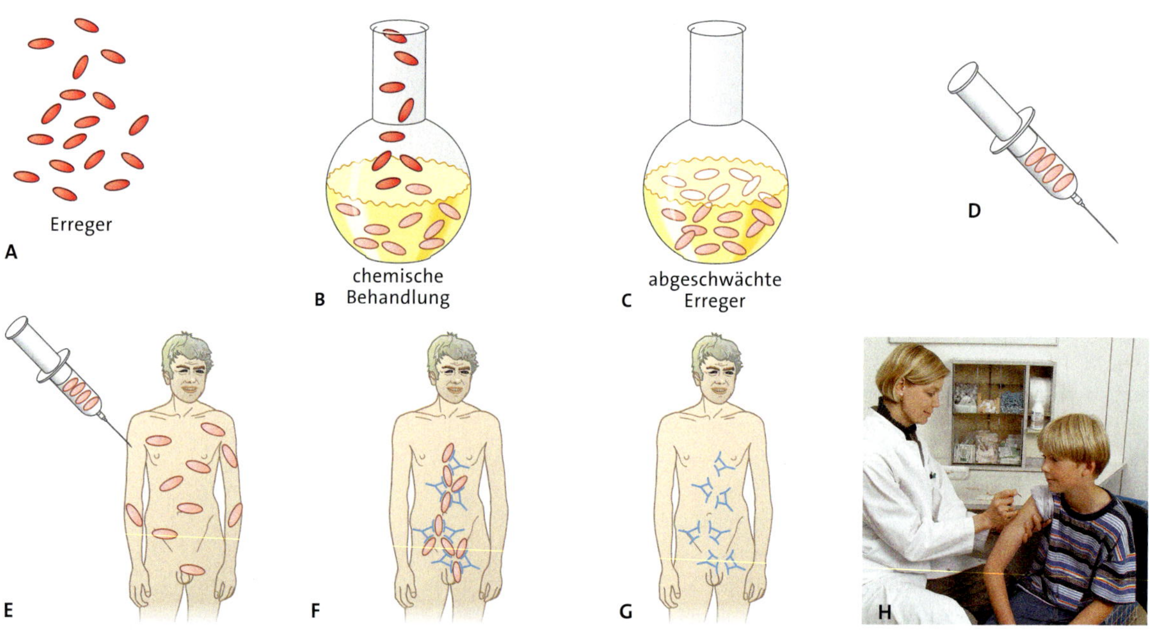

1 Aktive Immunisierung (Schema). A–C Behandlung zur Abschwächung der Erreger; **D** fertiger Impfstoff; **E** Impfung; **F** Bildung von Antikörpern; **G** Bildung von Gedächtniszellen; **H** Schutzimpfung durch den Arzt

Dann sind in bestimmten Abständen *Auffrischimpfungen* erforderlich.

In Deutschland gibt es keinen Impfzwang. Allerdings veröffentlicht die Ständige Impfkommission am Robert-Koch-Institut in Berlin regelmäßig Empfehlungen, welche Bevölkerungsgruppe sich bestimmten Impfungen unterziehen sollte. Diese Empfehlungen passt die Kommission den jeweils aktuellen Gefährdungen immer wieder an. Insbesondere Kinder und Jugendliche werden heute gegen eine Reihe von Infektionskrankheiten vorsorglich geimpft. Damit möglichst wenige Impftermine wahrgenommen werden müssen, verabreicht man oft Kombinationsimpfstoffe, die eine gleichzeitige Immunität gegen mehrere Erkrankungen verleihen, zum Beispiel Masern, Mumps, Röteln. Die erfolgten Impfungen werden in ein international gültiges Dokument eingetragen, den Impfausweis. Ärzte können den Eintragungen unter anderem entnehmen, wann und mit welchem Impfstoff die Immunisierungen durchgeführt wurden. Auf diese Weise lassen sich Mehrfachimpfungen vermeiden und Termine für Auffrischimpfungen einhalten.

Eine besondere Impfung wird Mädchen vor dem ersten Geschlechtsverkehr empfohlen, die *HPV*-Impfung (wirksam gegen Humane Papilloma-Viren). Diese Impfung schützt vor Gebärmutterhalskrebs. Weitere Impfungen werden besonders gefährdeten Personengruppen empfohlen. So erhalten zum Beispiel Tierärzte und Förster Impfungen gegen Tollwut. Auch vor Reisen in die Tropen werden bestimmte Impfungen fällig, etwa gegen Typhus, Cholera und Gelbfieber.

Eine besondere Form der Impfung ist die **passive Immunisierung,** die auch Heilimpfung heißt. Sie kann bei Patienten angewandt werden, die sich wegen fehlenden Impfschutzes eine lebensbedrohende Infektionskrankheit zugezogen haben. In diesem Fall kann man ein Serum mit den spezifischen Antikörpern spritzen. Dadurch wird das Immunsystem unterstützt und die Heilung beschleunigt. Die Antikörper gewinnt man meist dadurch, dass man abgeschwächte Erreger in das Blut von Tieren bringt. Später werden die dort gebildeten Antikörper isoliert und daraus ein Heilserum hergestellt.

1 Erläutere anhand von Abbildung 1 das Prinzip der aktiven Immunisierung.

2 Vergleiche die Eintragungen in deinem Impfausweis mit den Empfehlungen in Abbildung 2. Erläutere, warum sich deine Impfungen nicht in allen Punkten mit denen der Empfehlungen decken müssen.

ab 3. Lebensmonat	Diphterie (1.), Wundstarrkrampf (Tetanus, 1.), Keuchhusten (Pertussis, 1.), Hirnhaut- und Kehlkopfentzündung (1.), Kinderlähmung (Poliomyelitis, 1.), Hepatitis B (1.)
ab 4. Lebensmonat	Diphterie (2.), Wundstarrkrampf (2.), Keuchhusten (2.), Hirnhaut- und Kehlkopfentzündung (2.), Kinderlähmung (2.), Hepatitis B (2.)
ab 5. Lebensmonat	Diptherie (3.), Wundstarrkrampf (3.), Hirnhaut- und Kehlkopfentzündung (3.), Keuchhusten (3.), Kinderlähmung (3.), Hepatitis B (3.)
ab 12.–15. Lebensmonat	Diphterie (4.), Wundstarrkrampf (4.), Keuchhusten (4.), Hirnhaut- und Kehlkopfentzündung (4.), Kinderlähmung (4.), Hepatitis B (4.), Masern, Mumps, Röteln (1.), Windpocken (1.)
ab 16.–24. Lebensmonat	Masern, Mumps, Röteln (2.), Windpocken (2.)
ab 6. Lebensjahr	Diptherie, Wundstarrkrampf, Keuchhusten (Auffrischimpfungen)
9.–17. Lebensjahr	Diphterie, Wundstarrkrampf, Keuchhusten, Kinderlähmung, Hepatitis B (Auffrischimpfungen); HPV (Mädchen)

2 Impfkalender für Kinder und Jugendliche (nach Empfehlungen der Ständigen Impfkommission für 2007)

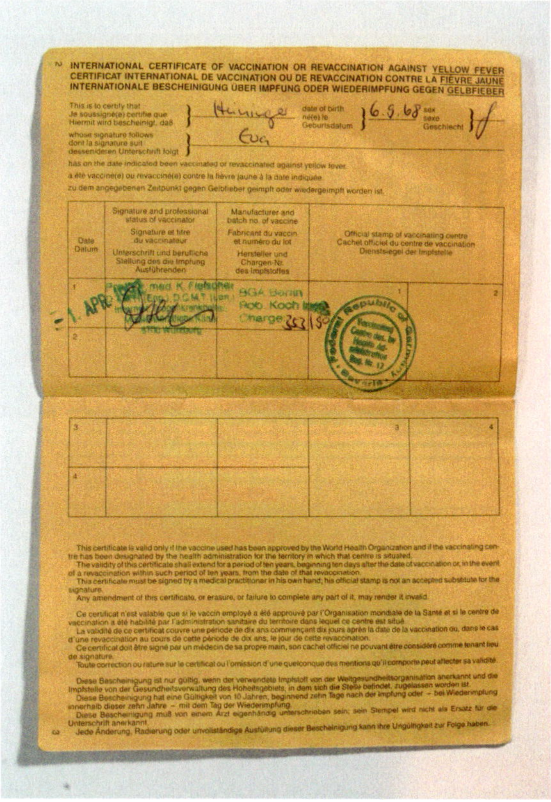

3 Impfausweis

3.8 Übereifer der Abwehr – Allergien

Wenn im Vorfrühling die ersten schönen Tage kommen und Bäume und Sträucher zu blühen beginnen, zieht es die meisten Menschen hinaus ins Freie. Doch manche bleiben lieber zu Hause, denn sie leiden jetzt wieder an *Heuschnupfen:* Sobald sie sich längere Zeit draußen aufhalten, beginnen die Augen zu tränen, die Nase läuft, sie müssen häufig niesen, Kopfschmerzen und Mattigkeit stellen sich ein. In manchen Fällen kommt es auch zu asthmatischen Beschwerden: Atemnot durch Verengung der Bronchien. Bei Kindern und Jugendlichen können diese Symptome so heftig sein, dass die Leistungsfähigkeit in der Schule deutlich herabgesetzt ist.

Heuschnupfen ist eine **Allergie,** die durch den Kontakt mit Pollenkörnern hervorgerufen wird. Während Nicht-Allergiker keine Beschwerden haben, reagiert das Immunsystem bei Allergikern überempfindlich auf diese körperfremden Stoffe. Solche Stoffe, die Allergien auslösen können, werden als **Allergene** bezeichnet. Voraussetzung für die Ausbildung einer Allergie ist eine Phase der **Sensibilisierung.** Dabei kommt es zum Erstkontakt mit den Antigenen des Allergens. B-Lymphozyten teilen sich daraufhin und erzeugen große Mengen spezifischer Antikörper. Bei Nicht-Allergikern sorgen Unterdrücker-Zellen, eine Untergruppe der T-Lymphozyten, dafür, dass die Antikörper nur in geringem Umfang gebildet werden. Diese Regulation der Antikörperproduktion erfolgt bei Allergikern nicht oder nur unzureichend. Die Antikörper überschwemmen dann das Immunsystem und binden sich langfristig an eine besondere Form der Weißen Blutzellen, die **Mastzellen.** Nun ist der Körper sensibilisiert. Erfolgt ein erneuter Kontakt mit dem Allergen, tritt die allergische Reaktion ein: Die Antigene des Allergens verbinden sich mit den Antikörpern auf den Mastzellen. Diese reagieren auf den Allergenkontakt mit der massenhaften Abgabe bestimmter Stoffe, unter denen sich auch der Botenstoff **Histamin** befindet. Histamin verursacht unter anderem die Erweiterung kleiner Blutgefäße und die Entstehung von Entzündungen. Erste Symptome einer allergischen Reaktion durch die Histaminausschüttung sind meist Rötungen, Schwellungen, erhöhte Schleimproduktion sowie ein unangenehmer Juckreiz. Mastzellen und Histamin sind nicht an allen Allergieformen beteiligt. In manchen Fällen kommt es durch andere Fehlfunktionen des Immunsystems zu der allergischen Reaktion.

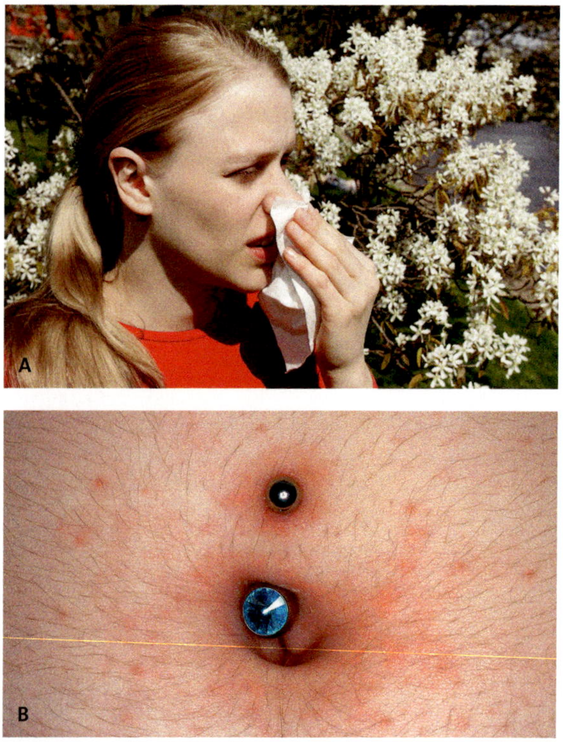

1 Allergische Reaktionen. A Heuschnupfen; **B** Kontaktallergie durch Nickel

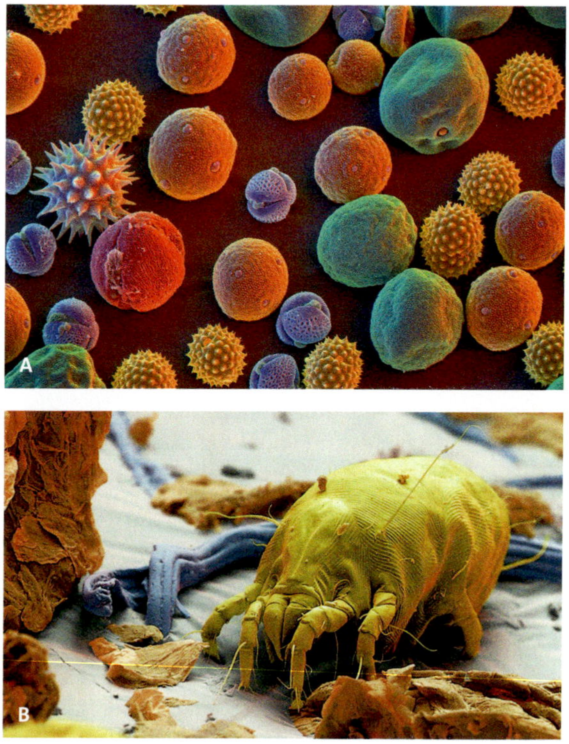

2 Auslöser von Allergien. A Pollenkörner; **B** Hausstaubmilben (elektronenmikroskopische Bilder)

Nicht nur Pollenkörner können allergische Symptome hervorrufen. Viele Menschen leiden an einer *Nahrungsmittelallergie,* die manchmal schon durch bloßen Hautkontakt oder das Einatmen von Nahrungsdüften ausgelöst wird. Weitere Allergieauslöser können Schimmelpilzsporen, Tierhaare, Hausstaubmilben, Insektenstiche, Reinigungsmittel und Medikamente sein. Von einer *Kontaktallergie* spricht man, wenn allergische Hautreaktionen zum Beispiel durch das Tragen von Schmuck, etwa aus Nickel, hervorgerufen werden. Viele allergische Beschwerden verstärken sich bei häufigem Allergenkontakt. In einigen Fällen kann dadurch sogar ein lebensbedrohlicher Schock durch massiven Blutdruckabfall ausgelöst werden.

Nicht jede Allergie ist ohne weiteres auf den Kontakt mit einem bestimmten Allergen zurückzuführen. In solchen Fällen muss ein *Allergietest* beim Hautarzt durchgeführt werden. Dabei wird die Haut mit mehreren in Frage kommenden Allergenen in Kontakt gebracht. Zeigt sich an einer Stelle eine Reaktion, kann man diese dann einem bestimmten Allergen zuordnen.

Manche Allergien lassen sich durch Medikamente unterdrücken. Häufig ist eine solche Behandlung jedoch mit unerwünschten Nebenwirkungen verbunden. Vielfach können Allergiker den Beschwerden entgehen, indem sie den Kontakt mit Allergenen meiden. Bei einer Nahrungsmittelallergie müssen die Betroffenen auf bestimmte Nahrungsmittel verzichten, zum Beispiel Nüsse, Zitrusfrüchte oder Milch. Liegt eine Hausstauballergie vor, die durch die Ausscheidungen kleiner Milben hervorgerufen wird, sollten Teppiche, Vorhänge und Matratzen durch Materialien ersetzt werden, in denen sich diese Tiere nicht einnisten können.

Die Neigung zu allergischen Reaktionen ist mit großer Wahrscheinlichkeit genetisch bedingt. Allerdings ist seit einigen Jahrzehnten eine deutliche Zunahme von Allergieerkrankungen zu beobachten. Dies lässt vermuten, dass auch Umwelteinflüsse sowie veränderte Ernährungsgewohnheiten die Ausbildung von Allergien begünstigen.

1 Erläutere anhand von Abbildung 4 die Entstehung einer allergischen Reaktion.

2 Erläutere, wann Heuschnupfen-Allergiker am stärksten betroffen sind. Nutze dazu den Pollenflugkalender in Abbildung 3.

3 Begründe, warum die Symptome von Heuschnupfen vor allem bei trockenem, sonnigem Wetter auftreten.

4 Eine Methode zur Behandlung von Allergien ist die Hyposensibilisierung. Recherchiere, worin diese Behandlung besteht und bereite einen Kurzvortrag vor.

Pollenart	Jan	Feb	Mär	Apr	Mai	Jun	Jul	Aug	Sep	Okt	Nov	Dez
Hasel		■										
Erle		■	■									
Ulme			■	■								
Weide			■	■								
Birke				■								
Esche				■								
Hainbuche				■								
Pappel				■								
Eiche					■							
Rotbuche					■							
Gräser						■	■					
Wegerich						■	■					
Roggen						■						
Spitzwegerich						■	■					
Linde							■					
Beifuß								■				

3 **Pollenflugkalender**

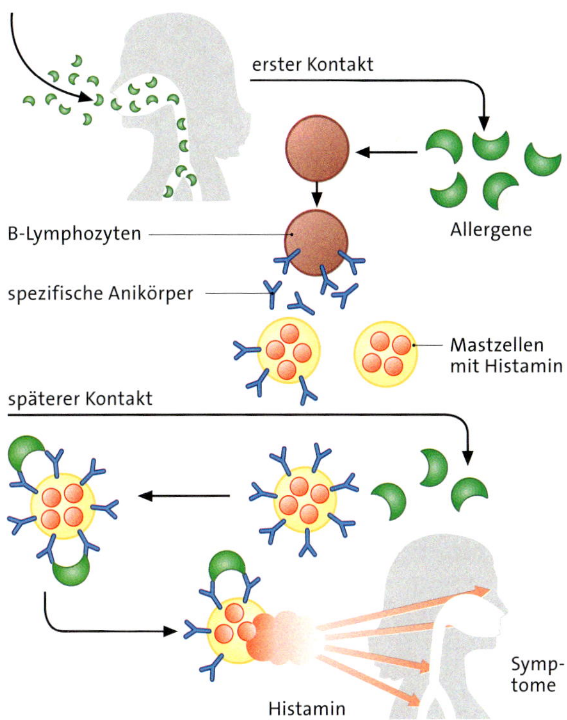

4 **Entstehung einer allergischen Reaktion**

Methode Mindmaps erstellen mit dem PC

Gezieltes und effektives Nachdenken ist sehr wichtig, um beispielsweise Probleme zu lösen oder begründete Entscheidungen zu treffen. Lernen und Erinnern sind dabei wichtige Grundlagen. Dabei wird in der modernen Neurobiologie schon lange davon ausgegangen, dass unser Gehirn nicht nur als bloßer Informationsspeicher dient. Vielmehr nimmt man heute an, dass in der Großhirnrinde die Erinnerungen nicht direkt in den Nervenzellen gespeichert sind, sondern aus einer starken Verknüpfung von Nervenzellen miteinander resultieren. Diese können auch weit voneinander entfernt liegen. Je stärker die Nervenzellen durch Synapsen verknüpft sind, umso besser ist auch das Informationsspeichervermögen. Die Ausbildung und Verstärkung von Synapsen dient mittlerweile als Standardmodell für das Lernen und Gedächtnis beim Menschen. Eine Reihe von Wissenschaftlern geht davon aus, dass die Vernetzung und Zusammenarbeit von rechter und linker Hirnhälfte für ein erfolgreiches Denken und Handeln entscheidend ist. So stellte man fest, dass Menschen, bei denen beide Hirnhälften gut miteinander kommunizieren, kreativ und erfolgreich im Handeln sind.

Beim Lernen kann man die Arbeitsweise unseres Gehirns, möglichst viele Vernetzungspunkte zu schaffen nutzen. Man spricht auch vom sogenannten Clustering.

Dazu notiert man einen Begriff oder einen Satz in die Mitte eines Blattes und zeichnet einen Kreis darum. Nun notiert man alle Ideen, die einem zu diesem Thema einfallen und verknüpft sie, ohne dabei eine Struktur zu entwickeln. Jeder Einfall wird mit einem Kreis umgeben und mit einem Strich mit dem Kern oder dem vorherigen Gedanken verknüpft.

Auch das Mindmapping dient der Visualisierung von Gedanken. Man geht dabei ähnlich vor wie beim Clustering, nur werden hier Begriffe zueinander in Beziehung gesetzt. Am Ende entsteht ein Netz von Beziehungen zwischen Elementen, die grafisch dargestellt werden. Zunächst sollte dabei eine Liste der wichtigen Begriffe notiert werden. Danach wird der Oberbegriff in die Mitte eines Blattes geschrieben und die anderen Begriffe darum angeordnet. So bietet sich eine Möglichkeit, Gedanken, Ideen und Inhalte strukturiert und hierarchisch zu notieren.

Mit Hilfe des MindManagers® der Firma MindJet GmbH (www.mindjet.de) kann eine Mindmap am Computer erstellt werden. Die Zweige und Äste der Mindmap werden normalerweise mit der Hand gezeichnet. In das PC-Programm werden sie jedoch mittels der rechten Maustaste eingefügt. Außerdem ist es möglich, Texte, Links und Abbildungen einzufügen, sodass alle Informationen schnell zugänglich sind. Die Ergebnisse können mit anderen Dokumenten verknüpft, elektronisch präsentiert oder als Bild bzw. Text gedruckt werden.

1 Erstelle eine eigene Mindmap zum Thema Infektionskrankheiten. Orientiere dich dabei an der Abbildung.

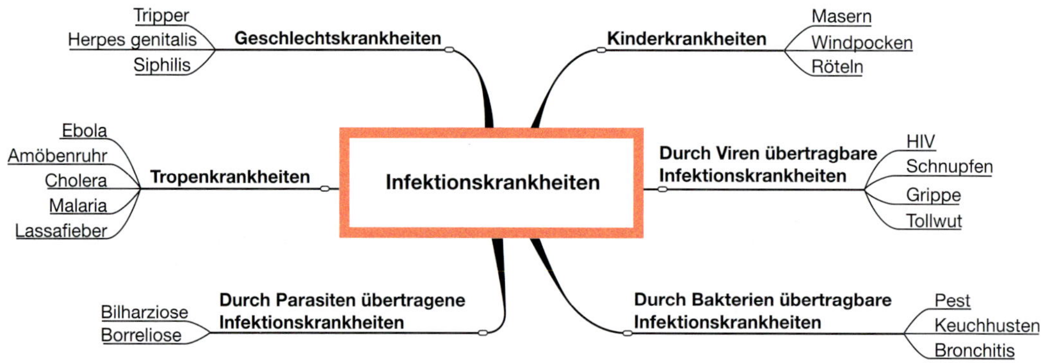

1 **Mindmap – erstellt mit dem MindManager®**

Aufgaben und Versuche Infektionskrankheiten und Immunsystem

A1 Abwehrreaktion

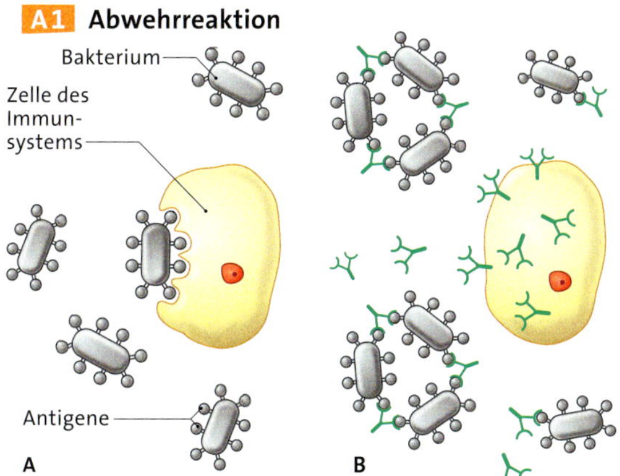

In der Abbildung sind zwei Stadien aus einer Abwehrreaktion des menschlichen Immunsystems dargestellt.

Aufgaben:

a) Beschreibe die dargestellten Vorgänge.

b) Ergänze deine Beschreibung mit den Vorgängen, die zwischen diesen beiden Stadien ablaufen.

A2 Immunisierung

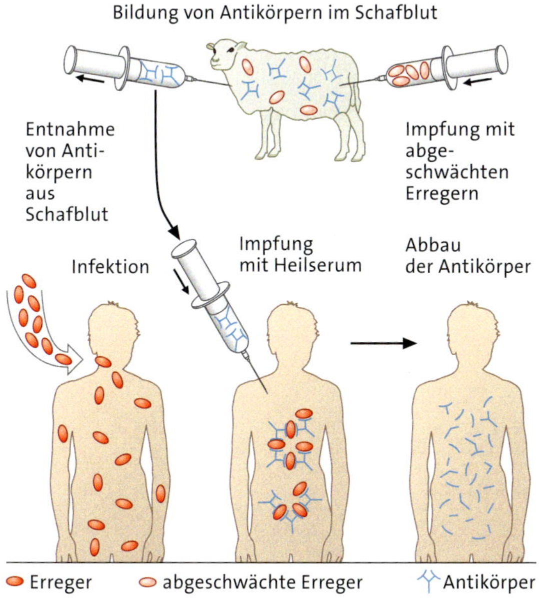

Aufgaben:

a) Beschreibe das 1890 von BEHRING entwickelte Verfahren der passiven Immunisierung und vergleiche es mit dem der aktiven Immunisierung.

b) Nenne Vor- und Nachteile bei den beiden Verfahren.

A3 Infektionskrankheiten

Krankheiten	Anzahl der Erkrankungen (weltweit)
Malaria	300–500 Millionen
Masern	30 Millionen
Aids	40 Millionen
Tuberkulose	10 Millionen
Kinderlähmung	80 000

Infektionskrankheiten werden durch unterschiedliche Erreger ausgelöst.

Aufgaben:

a) Nenne für die in der Tabelle aufgeführten Krankheiten jeweils den Erregertyp.

b) Vergleiche den Aufbau eines Bakteriums und eines Virus. Nenne Gemeinsamkeiten und Unterschiede.

c) Erläutere, welche der genannten Krankheiten durch Antibiotika bekämpft werden können.

A4 Viruserkrankung

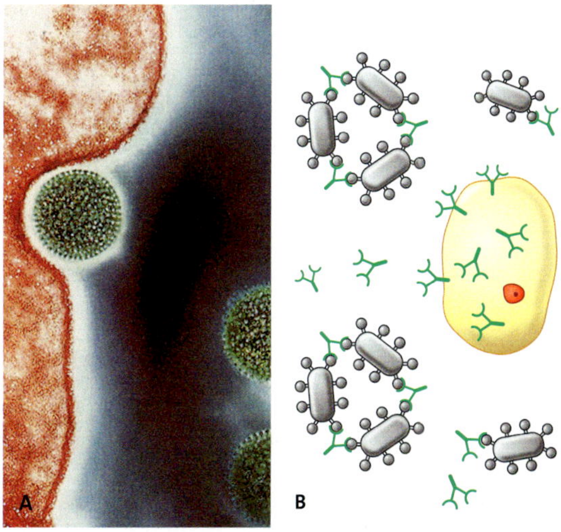

Die Abbildungen beziehen sich auf eine schwerwiegende Erkrankung des Menschen.

Aufgaben:

a) Erläutere den in Abbildung A gezeigten Sachverhalt.

b) Ordne den Ziffern in Abbildung B die entsprechenden Begriffe zu.

c) Benenne die zugehörige Krankheit. Schildere den Ablauf der Erkrankung und erläutere die einzelnen Krankheitsabschnitte.

Zusammenfassung Erkennen und Reagieren

Basiskonzept Information und Kommunikation

Menschen und Tiere tauschen Signale miteinander aus – sie kommunizieren. Signale sind Reize, die von Lebewesen erzeugt, empfangen und auch entschlüsselt werden können. Dementsprechend gibt es bei der Kommunikation Sender und Empfänger. Je nachdem, auf welchem Wege Signale gesendet und empfangen werden, unterscheidet man zwischen einem optischen, akustischen, chemischen und taktilen Informationskanal.

Nicht nur Wirbeltiere, sondern auch in Gemeinschaften lebende Insekten, zum Beispiel Honigbienen und Waldameisen, verfügen über differenzierte Kommunikationsmethoden. So dienen die Bienentänze dazu, Informationen über Lage und Beschaffenheit von Futterquellen weiterzugeben.

Alle eingehenden Informationen über Umweltreize werden in Nervenimpulse umgewandelt und über sensorische Nerven ins Zentralnervensystem (ZNS) geleitet. Dort erfolgt die Auswertung der Informationen. Motorische Nerven leiten anschließend Impulse zu Muskeln oder Drüsenzellen, wenn eine Reaktion erfolgen soll. Die Neuronen sind durch Synapsen miteinander vernetzt. Das Gehirn ist die Zentrale des ZNS. Dort entstehen beim Menschen alle bewussten Sinneseindrücke. Gedächtnis, Sprache und Lernvorgänge sind ebenfalls im Gehirn lokalisiert.

Damit das Immunsystem Krankheitserreger abwehren kann, ist es ebenfalls auf Informationen angewiesen. Diese beruhen auf der Basis chemischer Verbindungen. Bestimmte Leukozyten tasten jede Struktur ab, mit der sie in Kontakt kommen, und erkennen am chemischen Aufbau, ob sie zum eigenen Körper gehört oder körperfremd ist. Fresszellen nehmen körperfremde Strukturen, zum Beispiel Bakterien, direkt auf und verdauen sie. Körperfremde Stoffe werden als Antigene bezeichnet. Sind sie erkannt worden, wird durch Botenstoffe und direkten Kontakt zwischen verschiedenen Zelltypen eine Informationskette in Gang gesetzt und dadurch die spezifische Abwehr eingeleitet. Dazu gehört vor allem die Produktion von Antikörpern, die sich zum Beispiel mit den Antigenen auf der Oberfläche von Bakterienzellen verbinden und diese dadurch unschädlich machen. Von Viren befallene Zellen können von der körpereigenen Abwehr ebenfalls erkannt und zerstört werden. Die langfristige Informationsspeicherung über die Struktur von Antigenen und Antikörpern erfolgt in Gedächtniszellen. Durch eine Infektion mit HI-Viren wird die Informationskette im Immunsystem gestört und die Abwehr dadurch beeinträchtigt.

Basiskonzept System

In Gemeinschaften lebende Insekten und Wirbeltiere verfügen über hoch entwickelte Kommunikationssysteme und häufig auch über Sozialsysteme mit Aufgabenteilung und einer Rangordnung. Zur Aufnahme und Auswertung von Informationen aus der Umwelt verfügen Tiere und Menschen über Sinnesorgane und ein Nervensystem. Diesen Systemen sind auch Muskeln und Drüsen zugeordnet, wenn eine Reaktion auf Reize erfolgt.

An der Regulation von Stoffwechselprozessen auf der Ebene der Zellen ist unter anderem das Hormon-

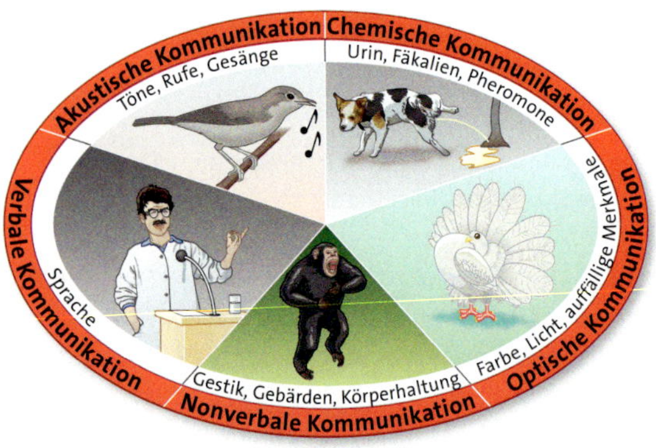

1 Kommunikationsmöglichkeiten

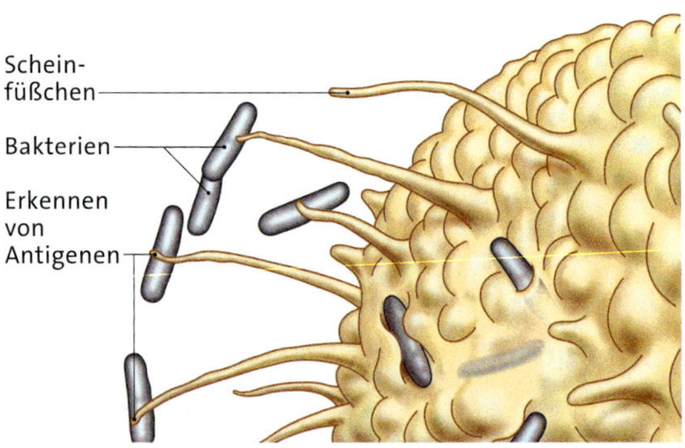

2 Fresszelle erkennt und vernichtet Bakterien

system beteiligt. Auch das Immunsystem zur Abwehr von Krankheitserregern ist vorwiegend auf zellulärer und molekularer Ebene wirksam.

Basiskonzept Steuerung und Regelung

Zur Informationsübertragung im Körper dienen neben bestimmten Zellen des Immunsystems und dem Nervensystem auch Hormone. Sie werden in verschiedenen Hormondrüsen gebildet und über das Blut transportiert. Hormone beeinflussen unterschiedliche Stoffwechselaktivitäten. So erfolgt die Regulation des Blutzuckerspiegels über die Hormone Insulin und Glukagon.

Basiskonzept Struktur und Funktion

Hormone passen zu einem bestimmten Rezeptor am Zielort wie ein Schlüssel zum Schloss. Diese Passgenauigkeit wird durch eine entsprechende räumliche Struktur von Hormon und Rezeptor gewährleistet.

In ähnlicher Weise passt auch der chemische Aufbau eines Antikörpers exakt zu einer bestimmten Antigen-Struktur. Bei der Antigen-Antikörper-Reaktion verbinden sich die Antikörper mit den Antigenen und inaktivieren auf diese Weise Krankheitserreger. Durch eine Schutzimpfung wird das Immunsystem dazu angeregt, spezifische Antikörper gegen einen bestimmten Krankheitserreger zu bilden und diese Information zu speichern.

Auch Verhaltensweisen haben eine bestimmte Struktur und eine damit verbundene Funktion, wie etwa die verschiedenen zum Ausdrucksverhalten gehörenden Schwanzhaltungen von Hunden.

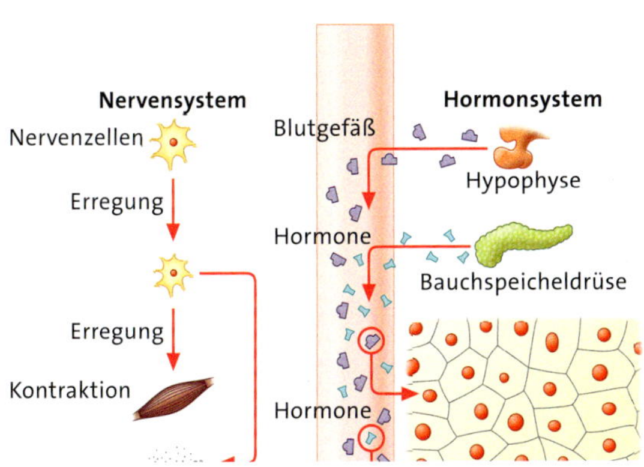

3 Vergleich von Nervensystem und Hormonen

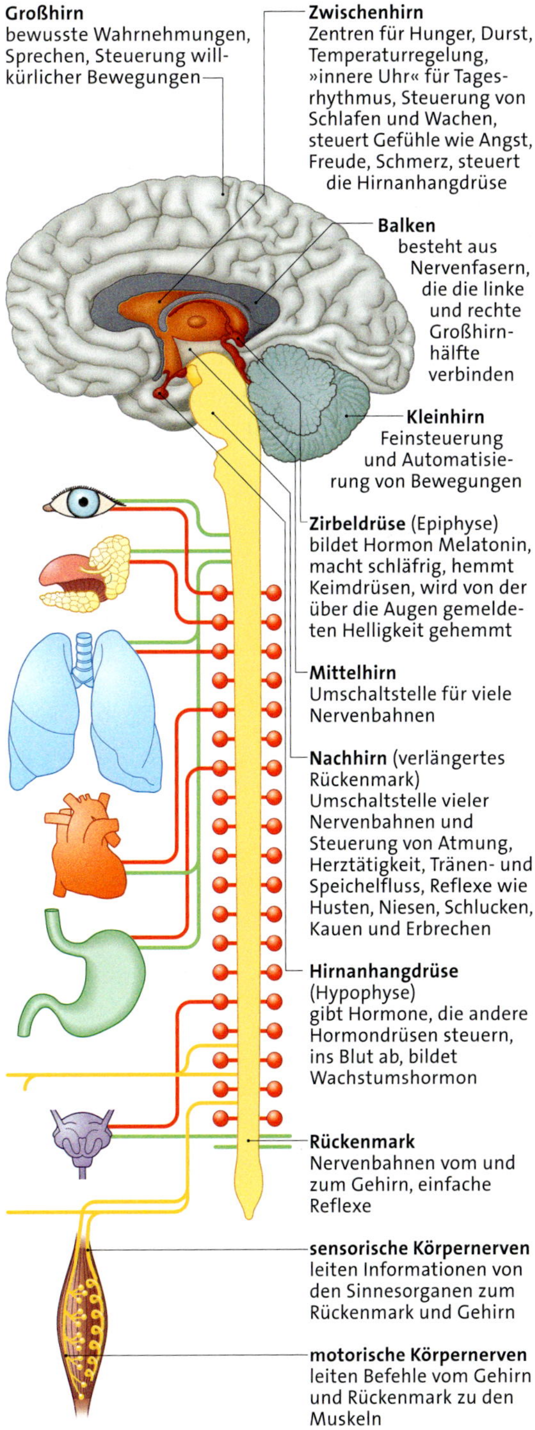

4 Nervensystem des Menschen

Wissen vernetzt Erkennen und Reagieren

A1 Fuchsrevier

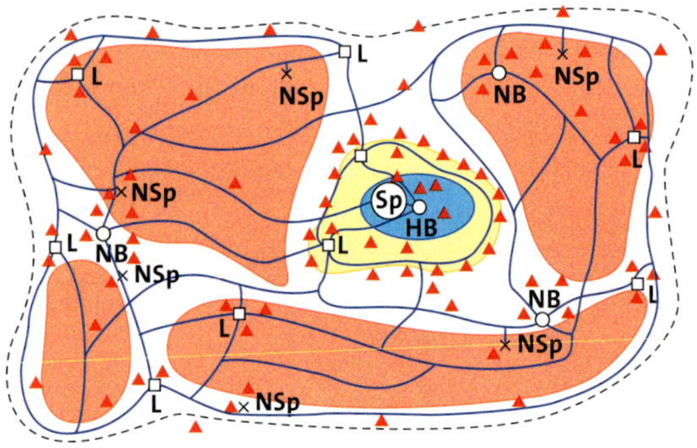

HB Hauptbau: häufiger Aufenthalt
NB Notbau: gelegentlicher Aufenthalt (bei Weibchen: Wurfbau)
(blau) Baufeld, in dem keine Beute gemacht wird
(gelb) Wohngebiet, wird aktiv verteidigt, eindeutige Grenzen
(orange) Beuterevier, ständig bejagt
- - - - Grenze des Lebensraumes (=Territoriums), Grenze nicht eindeutig festgelegt
—— Wechsel, Fuchspass
L Liegeplätze
Sp Spielplatz, von Jungen benutzt
NSp Nahrungsspeicher
▲▲ Markierungspunkte (Markieren mit Urin, Kot, Drüsensekret)

Wie viele andere Tiere besetzen auch Füchse ein Revier oder Territorium, dessen wichtigste Elemente die Abbildung zeigt.

Aufgaben:

a) Beschreibe und deute die einzelnen Elemente des Fuchsreviers. Wende das Basiskonzept Struktur und Funktion an.

b) Erläutere, wodurch sich ein Revier von einem Wohn- oder Streifgebiet unterscheidet.

A2 Sozialsysteme bei Menschenaffen

Obwohl viele Säugetiere in individualisierten Verbänden leben, unterscheiden sich ihre Sozialsysteme deutlich voneinander.

Aufgaben:

a) Informiere dich über die Sozialsysteme von Menschenaffen und vergleiche sie miteinander.

b) Leite aus den Befunden eine Möglichkeit ab, Gruppen anders als durch die persönliche Bekanntschaft ihrer Mitglieder zu kategorisieren.

A3 Nervenzellen in Kontakt

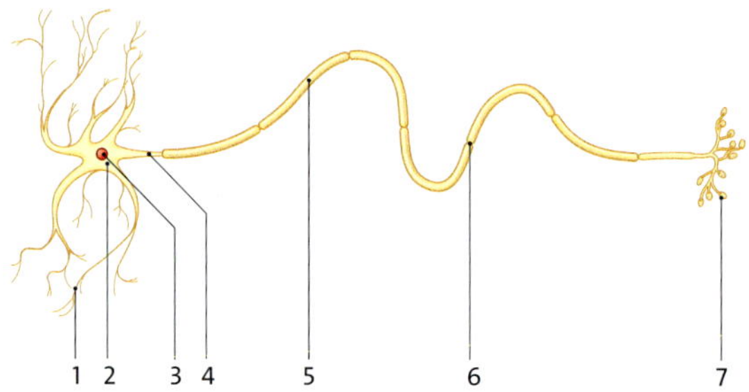

Aufgaben:

a) Ordne den Ziffern in der Abbildung die entsprechenden Begriffe zu.

b) Wende das Basiskonzept Struktur und Funktion auf 1, 4 und 8 an.

c) Kann die Verbindung zwischen zwei Nervenzellen mit einem elektrischen Steckkontakt, zum Beispiel in einer Steckdose, verglichen werden? Erläutere.

d) Wohin werden die Signale geleitet? Gibt es Unterschiede hierbei? Erläutere.

A4 Gehirne im Vergleich

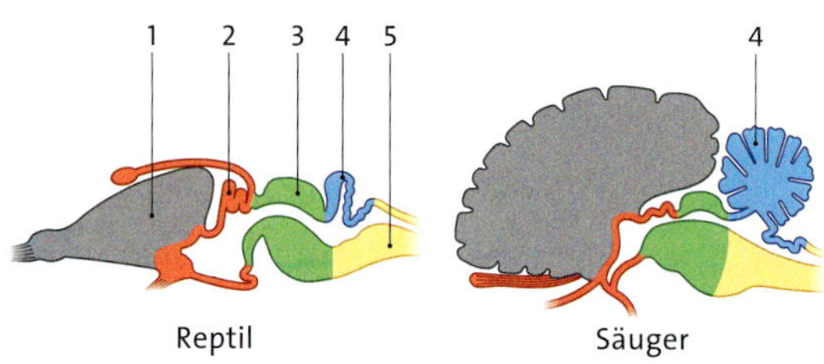

Die Abbildung zeigt schematische Längsschnitte durch das Gehirn eines Reptils und eines Säugetiers.

Aufgaben:

a) Nenne die verschiedenen Abschnitte des Wirbeltiergehirns und ordne sie den Ziffern in der Abbildung zu.

b) Gib für die entsprechenden Gehirnabschnitte beim Menschen jeweils wichtige Aufgaben an.

c) Vergleiche die Größe und die Faltenbildung in der Oberfläche der Struktur 4 bei Reptil und Säugetier. Wende zur Erläuterung auch die Basiskonzepte Struktur und Funktion, Information und Angepasstheit an.

d) Erläutere, weshalb bei Vögeln die Struktur 4 sowohl in der Größe als auch in der Faltenbildung besonders umfangreich ausgebildet ist.

A5 Aufgaben des Gehirns

Aufgabe: Ordne den Gehirnabschnitten Großhirn, Kleinhirn, Zwischenhirn, Stammhirn die Aufgaben zu.

a) Hier werden Herzschlag, Blutdruck und Atmung überwacht.
b) Es ist das Zentrum der Wahrnehmung.
c) Es stimmt alle Bewegungen des Körpers aufeinander ab.
d) Hier entstehen Gefühle.
e) Es steuert das Gleichgewicht.
f) Hier ist das Wissen eines Menschen gespeichert.

A6 Handlungsablauf

Aufgabe: Beschreibe die Entstehung eines willkürlichen Handlungsablaufes. Benutze dabei folgende Begriffe: Muskel, sensorischer Nerv, Handlungsablauf (Tasse zum Mund führen), Gegenstand (Tasse), motorischer Nerv, Auge, Gehirn.

A7 Blutzuckerspiegel

Die Abbildung zeigt die Regelung des Blutzuckerspiegels.

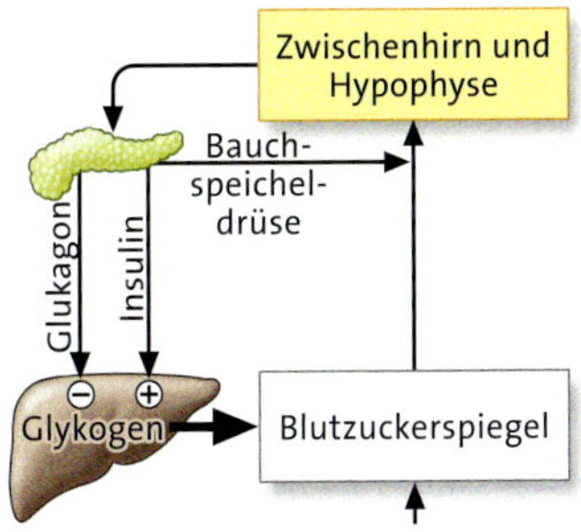

Aufgaben:

a) Erläutere, welche Vorgänge bei körperlicher Anstrengung im Regelkreis ablaufen. Wende dabei das Basiskonzept Steuerung und Regelung an.
b) Erläutere krankhafte Veränderungen des Blutzuckerspiegels.
c) Erläutere, inwiefern durch eine glucosefreie Diät Diabetes beeinflusst werden kann.

A8 Tollwut

Die Tollwut ist eine gefährliche Infektionskrankheit, bei der die Viren meist durch den Biss eines infizierten Tieres übertragen werden. Zur Bekämpfung der Tollwut werden »Impfaktionen« in Wäldern durchgeführt. Dazu werden im Frühjahr Fleischköder für Füchse ausgelegt, die abgeschwächte Erreger der Tollwut enthalten.

Aufgabe: Handelt es sich um eine Schutz- oder Heilimpfung? Begründe deine Antwort.

A9 Aids

Aufgabe: Gib an, welche Aussagen auf Aids zutreffen.

a) Erreger: Virus;
b) Erreger: Bakterium;
c) Symptome: Gewichtszunahme; Aktivierung des Immunsystems;
d) Immunsystem: geschwächt;
e) bei einem HIV-positiven Menschen: große Erregermengen nur im Blut, in der Samenflüssigkeit und der Scheidenflüssigkeit;
f) Art der Krankheit: Infektionskrankheit;
g) Ansteckung: über Atemluft, durch Händedruck oder Kuss auf die Wange.

A10 Pest

Die Abbildung unten illustriert die Schrecken der Pest.

Aufgaben:

a) Informiere dich über die Infektionswege und den Verlauf einer Pesterkrankung. Untersuche, welche der biologischen Zusammenhänge in der Abbildung richtig wiedergegeben sind.
b) In Europa gab es in der Vergangenheit mehrere verheerende Pestepidemien. Informiere dich über die Auswirkungen dieser Ereignisse. Stelle Verbindungen zum Fach Geschichte her.
c) Präsentiere deine Ergebnisse über die Pest.

Sexualität des Menschen

Krisenzeit Pubertät?

Notiert auf einem Zettel innerhalb von zwei Minuten alle Begriffe und Probleme, die euch einfallen, wenn ihr diese Überschrift lest.

Versucht dann, mit Hilfe dieser Begriffe eine Mindmap zu erstellen, die Pubertät und ihre Erscheinungen möglichst übersichtlich und genau wiederspiegelt. Arbeitet dabei in Kleingruppen.

Stellt die verschiedenen Ergebnisse vor und diskutiert in der Klasse.

Ist die Verzweiflung dieses jungen Mannes berechtigt? Diskutiert in Gruppen über diese Karikatur.

Mann- und Frau-Schema

Recherchiert, was man unter dem Mann- beziehungsweise Frau-Schema versteht. Stellt die Merkmale in einer Tabelle gegenüber. Sammelt Werbung aus verschiedenen Illustrierten, die mit diesem Schema arbeiten. Bringt Beispiele in die Klasse mit. Was soll beim Betrachter erreicht werden?

Ei- und Spermienzelle im Vergleich

Gestaltet mit Hilfe von Pappe oder Styropor Modelle oder Applikationen einer Eizelle und einer Spermienzelle. Informiert euch dazu im Lehrbuch. Vergleicht beide Zelltypen des Menschen miteinander. Entwickelt ein eigenes Tafelbild und stellt dieses gemeinsam mit den Modellen vor.

»Ein Gespräch mit einer Hamburger Muslimin ...«

special: Frau Amin, ich darf Ihnen nicht die Hand geben?
Amin: Nein, das geht nicht.
special: Das ist doch absurd.
Amin: Das ist mein Glaube, und das ist überhaupt nicht absurd. Zwischen Nichtverheirateten darf es keine Berührung geben.
special: Aber sie hatten doch sicherlich mal einen Freund, den Sie berührt, mit dem Sie geschmust haben.
Amin: Ich war schon mal verliebt. Das war schön. Aber ich habe noch nie geküsst, und ich bin froh darüber. Ich hatte ein Angebot zum Heiraten, und wir haben uns näher kennengelernt – ohne körperlich in Berührung zu kommen; ich habe ihm auch nicht die Hand gegeben. Sex ist nicht nötig, es gibt auch geistige Zärtlichkeit. Und dann haben wir gemerkt, wir passen doch nicht zusammen. Wenn wir nun miteinander geschlafen, kurzfristig Gefühle füreinander entwickelt hätten – furchtbar.

aus: Liebe. Ein Gefühl wird erforscht, Spiegel special 5/1995

Befragt Mitschülerinnen und Mitschüler islamischen Glaubens, wie sich die Beziehung zwischen Mann und Frau im Islam gestaltet. Arbeitet dazu auch mit der Methodenseite 219.

Recherchiert dann zusätzliche Informationen im Internet. Fasst eure Ergebnisse in Form eines kurzen Referates zusammen.

Unangenehme Situationen ...

Simone sitzt mit ihrem Freund auf einer versteckten Parkbank. Er beginnt, sie an der Brust zu streicheln. Sie möchte das nicht, hat aber Angst, ihm das zu sagen. Sie könnte ihn ja verlieren ...

Erzähle die Geschichte weiter.
Wie würdest du dich verhalten?

Verhütung

Befragungen aus dem Jahr 2007 zeigen, dass über 50 Prozent aller Frauen zwischen 20 und 44 Jahren mit der Pille verhüten. 20 Prozent der Befragten ziehen Kondome vor.

Informiere dich über die Wirkungsweise und die Vor- und Nachteile von Kondom und Pille. Berichte. Die Bundeszentrale für gesundheitliche Aufklärung startet regelmäßig neue Kampagnen für die Verwendung von Kondomen. Recherchiere im Internet Beispiele für solche Plakate und bewertet sie.

1 Freundschaft, Liebe und Partnerschaft

Timo ist entsetzt und versteht die Welt nicht mehr. Auf den Unterricht kann er sich kaum noch konzentrieren. Hätte er bloß nicht auf sein Handy mit der alles vernichtenden SMS geschaut. Dort steht emotionslos und knapp, dass Miriam ihre Beziehung mit ihm nach zwei Jahren beendet hat. Dabei liebt Timo Miriam immer noch, er ist sich seiner Gefühle eigentlich ganz sicher. Enttäuschung und Wut steigen in ihm auf. Wie konnte sie nur so feige sein, ihm das nicht einmal ins Gesicht zu sagen?

Vor zwei Jahren hatte alles so toll angefangen. Zuerst waren beide häufig mit ihren Freunden unterwegs. Doch dann wollten sie mehr Zeit miteinander verbringen. Es hatte »gefunkt« und beide waren ineinander verliebt. Der Begriff »Liebe« steht für ein zärtliches schönes Gefühl, das man für einen anderen Menschen empfindet. Kinder lieben ihre Eltern, Geschwister oder Großeltern. Auch für Haustiere kann man tiefe Zuneigung empfinden.

In der **Pubertät** kommt neu hinzu, dass Liebe jetzt etwas mit **Sexualität** zu tun hat. Wer verliebt ist, möchte den anderen anfassen, ihn streicheln, küssen und vielleicht irgendwann sogar mit ihm schlafen. In den ersten Wochen und Monaten der Verliebtheit möchte man vor allem zu zweit sein. Man entdeckt täglich Neues an seinem Partner und hat das Gefühl, auf Wolken zu schweben.

1 Trennung per SMS

Das erste **Verliebtsein** lässt sich auch biologisch beschreiben. Dabei laufen in unserem Körper vielfältige Reaktionen ab. Wir werten zum Beispiel optische Signale aus, die uns wesentliche sexuelle Reize liefern. Aber auch Riechen und Hören beeinflussen unsere sexuelle Wahrnehmung. Millionen Rezeptoren der Haut sind bereit, feinste Berührungen aufzunehmen und das Limbische System im Gehirn bewertet diese Sinneswahrnehmungen. Botenstoffe wie Adrenalin und Dopamin werden freigesetzt, die Durchblutung steigt und das Herz schlägt schneller. Ist ein bestimmtes Maß an Erregung erreicht, produzieren die Geschlechtsdrüsen Sexualhormone und der gesamte

2 Partnerschaft. A Treffen mit Freunden; **B** Zeit zu zweit

Organismus ist hellwach und bereit für eine sexuelle Beziehung.

Trotzdem ist es auch in dieser Zeit wichtig, über die eigenen Erwartungen an den Partner zu reden. Nur so können beide die Einstellungen und Wünsche des anderen kennen lernen und respektieren. Wer etwas tut, nur um den Erwartungen des anderen zu entsprechen, wird unzufrieden und ist von der Beziehung schnell enttäuscht.

Vertrauen und gegenseitige Achtung sind Grundlagen für eine gute Beziehung. Trotzdem ist es völlig normal, wenn es hin und wieder zu Konflikten und manchmal auch zu einem ernsthaften Streit kommt. Man erkennt dann, dass der Partner nicht dem Traumbild entspricht, das man sich von ihm gemacht hat. Lassen sich keine Kompromisse finden und will man nicht mit den Fehlern und Schwächen des anderen leben, zerbrechen viele Beziehungen wieder. Dann ist es hilfreich Freunde oder Freundinnen zu haben, mit denen man über alles reden kann. Auch bei einer Trennung sollten alle Beteiligten darauf achten, sich gegenseitig nicht zu verletzen und fair miteinander umzugehen. In der Entwicklung von Jugendlichen ist es normal, dass Beziehungen geschlossen werden und wieder zerbrechen. Nur so kann man Erfahrungen für spätere Partnerschaften sammeln. Wenn sich ein Paar entschließt, gemeinsam zu leben, müssen viele Gesichtspunkte bedacht werden. Es sollte zum Beispiel geklärt werden, ob das Paar Kinder haben möchte und wie die beruflichen Pläne aussehen.

Befragt man übrigens Paare, die jahrzehntelang miteinander leben, erfährt man, dass gegenseitiges Vertrauen, Zuneigung, Respektieren der persönlichen Freiheit und Treue zum Erfolgsgeheimnis gehören. Viele Entscheidungen wurden miteinander besprochen und gleichberechtigt getroffen.

Die Ansprüche an Partnerschaften sind je nach Religion, Kulturkreis und Zeit recht unterschiedlich und unterliegen teilweise einem starken Wandel. In den sechziger Jahren des letzten Jahrhunderts begannen zum Beispiel in Deutschland solche Veränderungen, die durch die Einführung der »Pille« unterstützt wurden. Die moralischen Normen der Elterngeneration wurden jetzt in Frage gestellt. Die Familie selbst empfanden viele junge Menschen als Brutstätte sexueller und gesellschaftlicher Unterdrückung. Daraufhin gerieten zahlreiche traditionelle Tabus ins Wanken: Das Zusammenleben ohne Trauschein wurde mehr und mehr akzeptiert, ebenso wie häufiger wechselnde Partnerschaften, Sex im Alter und Geschlechtsverkehr bei Jugendlichen. Allerdings ist auch diese Zeit schon längst wieder Geschichte: Neue Forschungen belegen, dass Jugendliche und Erwachsene Treue heute wieder weit mehr schätzen als noch vor 40 Jahren. Hauptargument für die neue Zweisamkeit ist die Sorge um eine gute Partnerschaft und das gemeinsame Wohlergehen.

1 Nenne Eigenschaften, die dir an einem Freund oder einer Freundin wichtig sind.

3 Paarbeziehung. **A** Austausch von Zärtlichkeiten; **B** Auseinandersetzung

2 Grundlagen der Sexualität

2.1 Sexualhormone steuern die Entwicklung

In den ersten Wochen der Entwicklung eines Kindes im Mutterleib lässt sich das Geschlecht rein äußerlich noch nicht erkennen. Erst im zweiten Monat unserer Embryonalphase offenbart sich der »kleine Unterschied«.

Sexualhormone, die in den Geschlechtsdrüsen des Embryos gebildet werden, verursachen die Bildung der **primären Geschlechtsmerkmale:** Bei Jungen entwickeln sich Samenleiter, Penis und Hodensack, bei Mädchen Schamlippen, Scheide, Eileiter und Eierstöcke. Nach dieser Differenzierung legt die Entwicklung der Geschlechtsmerkmale eine lange Pause ein. Erst in der Pubertät, wenn die Geschlechtsreife eintritt, setzt eine stürmische Hormonproduktion ein.

Aus Jungen entwickeln sich Männer und aus Mädchen Frauen. Bei den Jungen prägen sich unter dem Einfluss des männlichen Geschlechtshormons *Testosteron* die **sekundären Geschlechtsmerkmale** aus. Das Gesicht wird kantiger, Muskulatur und Körperbehaarung nehmen zu. Schultern und Brust werden breiter. Neben dem Bartwuchs und der zunehmenden Schambehaarung treten auch eine tiefere Stimme und meist ein starkes Längenwachstum auf. Die Geschlechtsorgane wachsen und werden voll funktionsfähig. Jungen bemerken dies an ihrem ersten Spermienerguss, der meist unbewusst im Schlaf stattfindet. Im Körper eines Jungen werden auch geringe Mengen weiblicher Sexualhormone gebildet. Je geringer ihre Menge ist, desto deutlicher formen sich die typisch männlichen Geschlechtsmerkmale heraus. Neben dem Körper verändert sich auch das Verhalten. Mädchen werden plötzlich mit zunehmendem Interesse betrachtet. Aber auch Unsicherheit, Unzufriedenheit und Streitlust sind typisch für diesen Entwicklungsabschnitt.

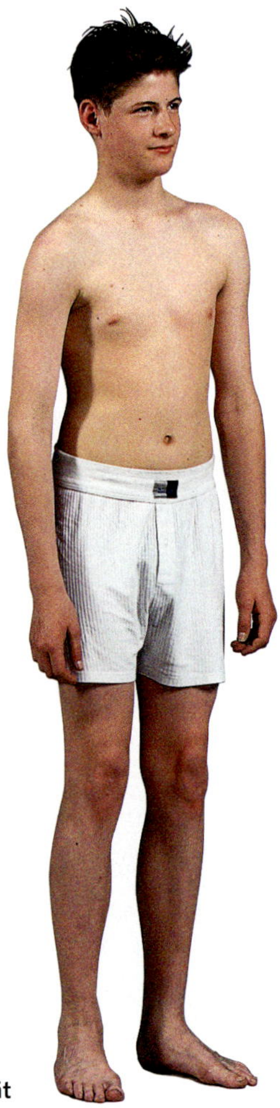

1 **Junge in der Pubertät**

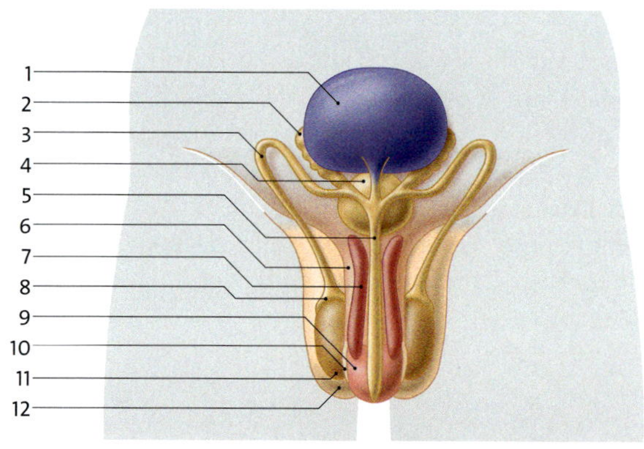

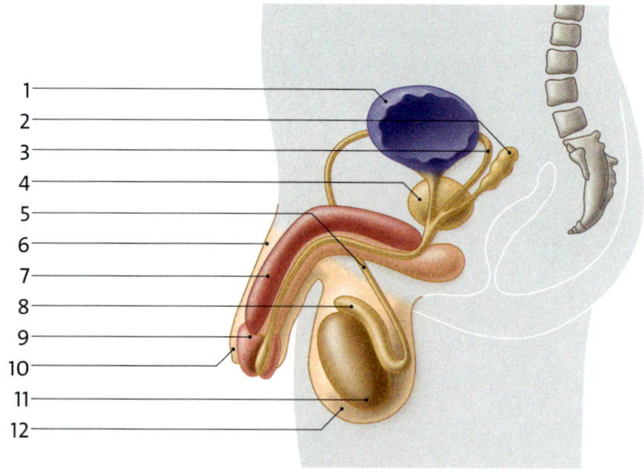

2 **Männliche Geschlechtsorgane.** **1** Harnblase; **2** Bläschendrüse; **3** Spermienleiter; **4** Vorsteherdrüse; **5** Harn-Sperma-Röhre; **6** Penis (Glied); **7** Schwellkörper; **8** Nebenhoden; **9** Eichel; **10** Vorhaut; **11** Hoden; **12** Hodensack

Mit Beginn der Pubertät bilden sich auch bei Mädchen unter dem Einfluss weiblicher Geschlechtshormone, der *Östrogene,* sekundäre Geschlechtsmerkmale aus. Zu diesen zählen neben einem starken Körperwachstum, die Entwicklung der Brüste und schmaler Schultern, die Verbreiterung des Beckens und das Wachstum der Schambehaarung. Die Ausprägung dieser Merkmale ist abhängig von den geringen Mengen männlicher Geschlechtshormone, die es im Körper jeder Frau ebenfalls gibt. Je weniger dieser *Androgene* produziert werden, desto deutlicher prägen sich ein breites Becken, weibliche Rundungen durch Fetteinlagerungen in der Unterhaut und eine höhere weibliche Stimme aus. Auch bei Mädchen treten in der Pubertät starke Verhaltensschwankungen auf. Wenn in den Eierstöcken die erste Eizelle heranreift, kommt es zur Regelblutung, der **Menstruation.** Der Ablauf dieser Regelblutung wird ebenfalls von Hormonen gesteuert. Durch sie werden die weiblichen Geschlechtsdrüsen, die Eierstöcke, angeregt, Eizellen zu bilden.

Die Eierstöcke liegen in Höhe des Blinddarms im Bauchraum und werden von Bindegewebe gehalten. Sie haben etwa die gleiche Größe wie die Hoden beim Mann. Im Gegensatz zu den männlichen Geschlechtsdrüsen, die nach Eintritt der Geschlechtsreife ständig große Mengen neuer Spermienzellen ausbilden, enthalten die beiden Eierstöcke eines Mädchen bereits bei der Geburt einen Vorrat an 300 000 bis 400 000 Zellen, die sich später zu Eizellen weiterentwickeln können. Bei einer geschlechtsreifen Frau reift meist nur eine einzige Eizelle in einem der beiden Eierstöcke pro Monat. Im Alter zwischen 45 und 55 Jahren geht die Produktion weiblicher Geschlechtshormone stark zurück. In diesen Wechseljahren reifen dann keine Eizellen mehr heran. Im Vergleich dazu bleiben Männer ihr Leben lang zeugungsfähig.

Die gesamte Entwicklung in der Pubertät sowie die Bildung der Geschlechtszellen ist eng mit dem Hormonsystem verknüpft. Welche Prozesse laufen dabei genau ab?

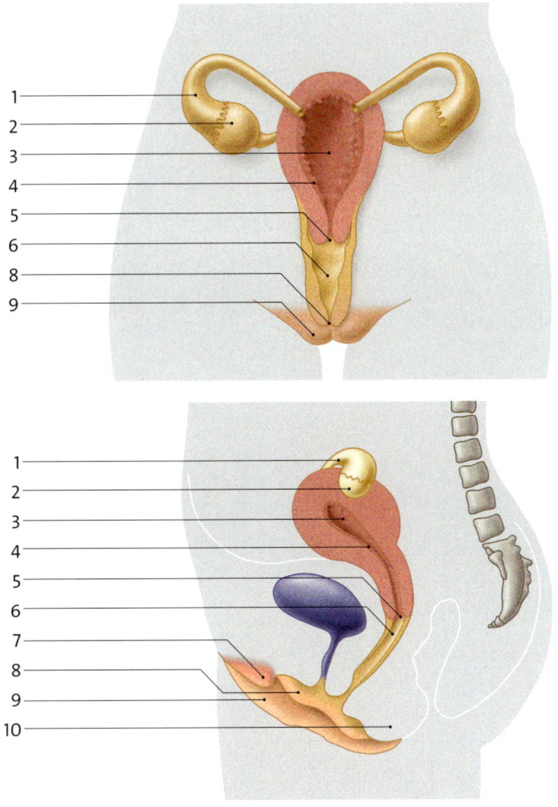

3 Weibliche Geschlechtsorgane. **1** Eitrichter und Eileiter; **2** Eierstock; **3** Gebärmutter; **4** Gebärmutterschleimhaut; **5** Muttermund; **6** Scheide; **7** Kitzler; **8** Kleine Schamlippen; **9** Große Schamlippen; **10** Damm

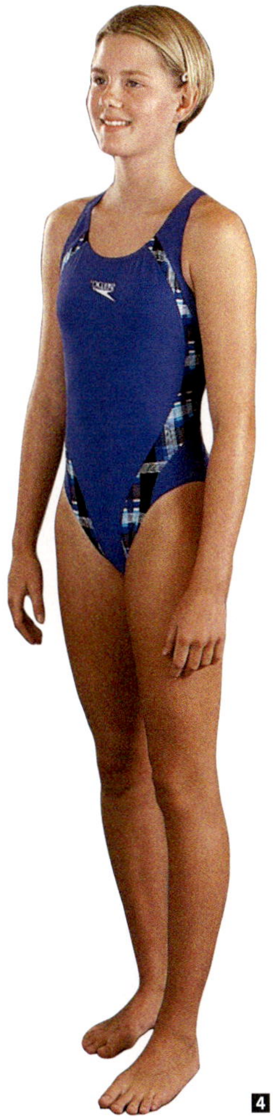

4 Mädchen in der Pubertät

Die oberste Schaltzentrale des gesamten Geschehens ist der Hypothalamus, eine Region im Zwischenhirn. In ihr beginnt eine komplizierte Nachrichtenkette: Sie sendet ein Hormon an die **Hirnanhangsdrüse.** Diese setzt daraufhin im Vier-Stunden-Rhythmus zwei weitere Hormone in die Blutbahn frei. Dabei handelt es sich um das **Luteinisierende Hormon (LH)** und das **Follikelstimulierende Hormon (FSH).** Sie regulieren die Tätigkeit von Hoden und Eierstöcken, wobei der Spiegel im weiblichen Körper zusätzlich im monatlichen Rhythmus schwankt.

Im männlichen Körper steuern LH und FSH die Bildung des Testosterons und der Spermien in den Hoden. Diese sind durch Scheidewände in einzelne Hodenläppchen unterteilt. In ihnen liegen die stark gewundenen Hodenkanälchen. Dort entwickeln sich aus den Vorstufen der Spermien, den Spermienmutterzellen, in etwa zwei Monaten reife Spermien. Die Produktion ist gewaltig: Immerhin werden bei gesunden Männern pro Tag etwa 100 Millionen Spermien gebildet. Das Follikelstimulierende Hormon ist direkt an der Spermienreifung beteiligt. Das Luteinisierende Hormon wirkt auf Zwischenzellen im Bindegewebe des Hodens ein. Sie geben daraufhin Testosteron ab. Auch dies ist ein Hormon, das zur Reifung der Spermien beiträgt. Von den Hoden gelangen die Spermien über die Hodenkanälchen in die Nebenhoden. Dort werden sie bis zum nächsten Spermienerguss gespeichert und reifen nach.

Ein Spermienerguss besteht aus etwa vier Millilitern Flüssigkeit. Darin können sich mehrere Millionen Spermien befinden. Ein voll ausgereiftes Spermium ist beim Menschen etwa 0,05 Millimeter lang. Im ovalen Kopfabschnitt liegen der Zellkern mit der Erbsubstanz und Enzyme zum Durchdringen der Eihülle. Im Mittelstück befinden sich Mitochondrien, mit deren Hilfe Glucose abgebaut und Energie für die Bewegung freigesetzt wird. Die Bewegung selbst erfolgt durch den Schwanzfaden. Bei geschlechtlicher Erregung versteift sich das Glied, es kommt zur Erektion. Beim Geschlechtsverkehr erfolgt durch die Bewegung des Gliedes in der Scheide eine Reizung, vor allem an der empfindlichen Eichel. Beim Höhepunkt der geschlechtlichen Erregung, dem Orgasmus, kommt es zum Ausstoßen des Spermas, der **Ejakulation.**

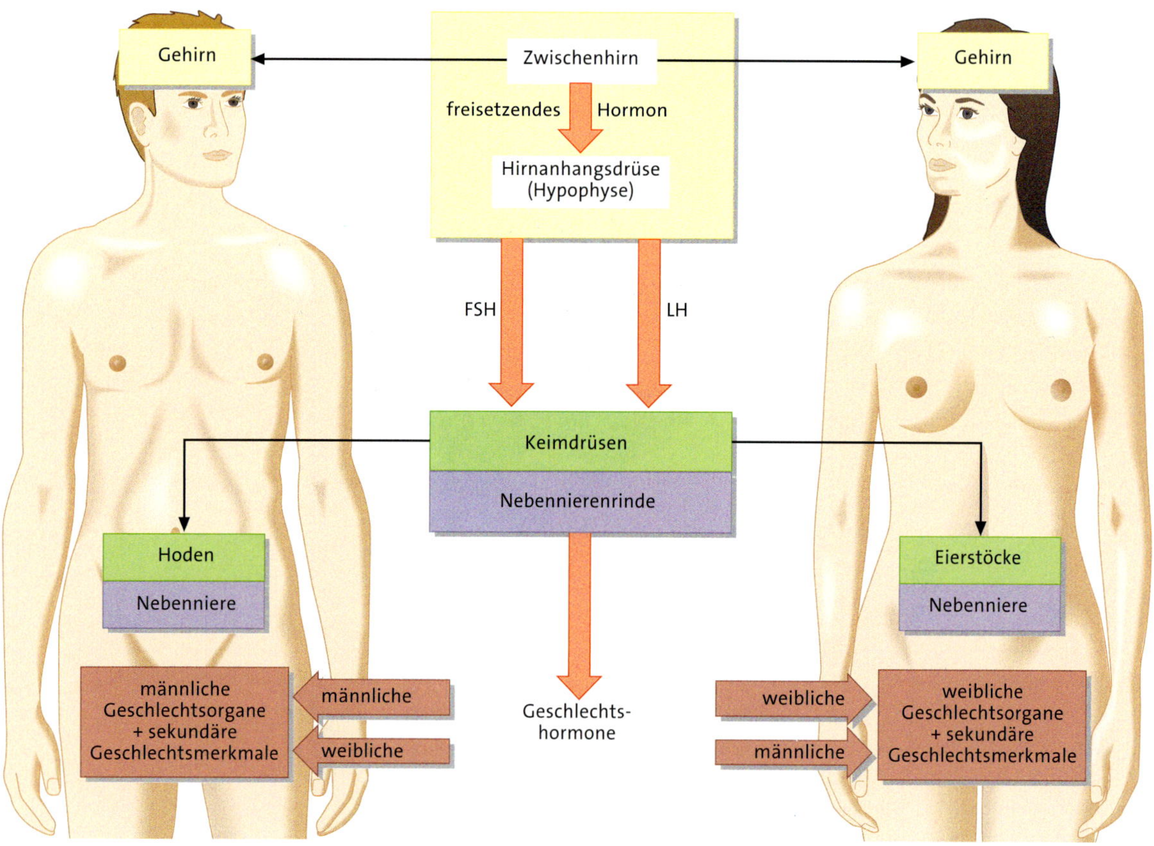

5 Hormonelle Steuerung der Veränderungen in der Pubertät

Der Hodensack liegt außerhalb des männlichen Körpers. Hier ist es kühler und genau diese etwas geringeren Temperaturen brauchen Spermien für ihre Entwicklung. Eng anliegende, reibende Kleidung kann die Funktion der Hoden beeinträchtigen. Auch viele andere Dinge schaden den Spermien. Zu ihnen zählen Verletzungen des Hodens, Drogen, Medikamente und Infektionskrankheiten. So kann die Kinderkrankheit Mumps bei Jungen zu einer Hodenentzündung führen und sie unfruchtbar machen.

In den letzten Jahren haben Wissenschaftler etwa 100 Substanzen identifiziert, die hormonartig wirken oder die Wirkung von Hormonen blockieren. Unter ihnen befinden sich Pestizide, Dioxine, Biphenyle, die als Hydrauliköl und Isolierflüssigkeiten dienen, und Abbauprodukte von Tensiden, die in Putzmitteln und Kosmetika vorkommen. Sie können ähnlich wie Östrogene wirken und zu einer Abnahme der Spermienzahl im Ejakulat, zu Penismissbildungen und Hodenkrebs führen. Auch für Frauen bleibt ein Eingriff in den Hormonhaushalt nicht ohne Folgen: Nachgewiesen wurden bisher Fruchtbarkeitsstörungen und erhöhte Brustkrebsraten.

Bei Frauen kontrollieren die Hormone FSH und LH die Reifung der Geschlechtszellen. Über das Blut gelangt das Follikelstimulierende Hormon in den Eierstock und regt dort die Reifung der Eizellen an. Sie entwickeln sich in einem aus Zellen bestehendem Bläschen, das mit Flüssigkeit gefüllt ist. Man bezeichnet dieses als **Follikel.** Innerhalb der nächsten 14 Tage wandert der Follikel von der Mitte zum Rand des Eierstockes. Dabei reift er und erreicht etwa die Größe einer Erbse. Der reife Follikel platzt und gibt die Eizelle mit etwas Flüssigkeit frei. Bei diesem Eisprung verlässt die reife Eizelle den Eierstock. Sie wird von der Trichteröffnung des Eileiters aufgenommen, die sich dazu über den Eierstock stülpt. Die reife Eizelle ist eine der größten Zellen im menschlichen Körper. Mit einem Durchmesser von 0,1 Millimeter ist sie gerade noch mit dem bloßen Auge als Punkt sichtbar. Eine Eizelle besteht aus dem Zellkern und dem Dotter. Dieser dient der ersten Ernährung des Keims nach der Befruchtung. Die Eizelle ist von einer feinen Hülle und vielen Kranzzellen umgeben. Sie lösen sich im Eileiter in wenigen Stunden auf.

1 Stelle die sekundären Geschlechtsmerkmale von Mann und Frau tabellarisch gegenüber.

2 Berechne, wie viele Eizellen bei einer Frau im Laufe von 35 Jahren zur Reife kommen können.

3 Erkläre die hormonelle Steuerung der Veränderungen in der Pubertät mit Hilfe der Abbildung 5.

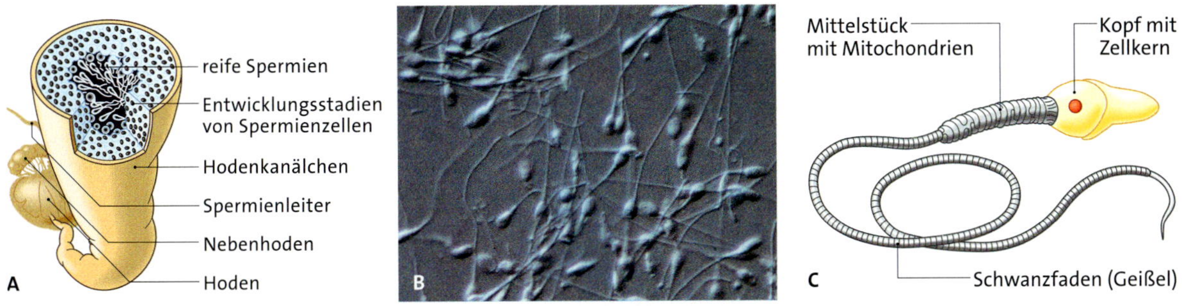

6 Spermienbildung. **A** Hodenkanälchen; **B** Spermien (Mikrofoto); **C** schematischer Bau einer Spermiumzelle

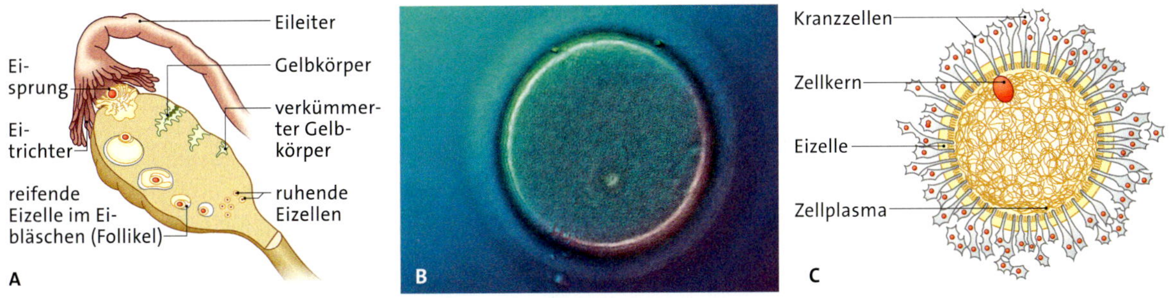

7 Eizellenbildung. **A** Follikelreifung im Eierstock; **B** Eizelle (Mikrofoto); **C** schematischer Bau einer Eizelle

2.2 Der Menstruationszyklus

Ein wesentliches Merkmal des Frauseins ist der monatliche **Zyklus.** Dieser dauert meist 28 Tage und beginnt mit der mehrere Tage anhaltenden Monatsblutung. In der Mitte des Zyklus erfolgt der Eisprung, die **Ovulation.** Wird die reife Eizelle danach nicht befruchtet, setzt nach weiteren 14 Tagen die nächste Menstruation ein. Die zahlreichen Vorgänge im Körper der Frau unterliegen dabei der Steuerung durch verschiedene Hormone.

Zunächst gibt die Hypophyse FSH ab. Dieses Hormon bewirkt die Reifung des Follikels in den Eierstöcken. Der Eisprung tritt ein, wenn ein weiteres Hypophysenhormon seine höchste Konzentration erreicht hat. Es ist das Luteinisierende Hormon LH. Beide werden auch Gonadotrope Hormone genannt. Bereits während der Follikelreifung beginnt auch der Eierstock mit der Produktion von Hormonen. Man bezeichnet diese Hormongruppe als **Östrogene.** Das Haupthormon wird als *Östradiol* oder Follikelhormon bezeichnet. Der Name weist darauf hin, dass der Follikel dieses Hormon selbst bildet. Unter seinem Einfluss verdickt sich die Gebärmutterschleimhaut auf das Vierfache ihrer ursprünglichen Größe. Diese Wucherungsphase beginnt etwa mit dem sechsten Zyklustag und endet nach rund zehn Tagen. Östrogene verändern auch den Schleimpfropf im Gebärmutterhalskanal. Normalerweise ist dieser Schleim dick und zähflüssig. Er stellt einen Schutzwall gegen Keime dar, die von außen durch die Scheide eindringen können. Zur Zeit des Eisprunges wird der Schleim dünnflüssiger und durchgängiger. Er kann nun Spermienzellen zur reifen Eizelle durchlassen. Zu diesem Zeitpunkt steigt auch die Körpertemperatur um etwa 0,5 Grad Celsius an.

Nach der Ovulation bildet der übrig gebliebene Rest des Follikels den *Gelbkörper,* der später verkümmert. Auch in diesem Stadium wird wieder ein Hormon gebildet. Das Gelbkörperhormon **Progesteron** verdickt die Gebärmutterschleimhaut weiter und löst die Absonderungsphase aus. In dieser Phase bildet die Gebärmutterschleimhaut Sekrete, die sie zur Aufnahme eines Keimes nach der Befruchtung vorbereiten. Progesteron wirkt auch auf das Zwischenhirn ein und hemmt die Bildung von FSH und LH, sodass zunächst kein weiterer Follikel reifen kann.

Wird die Eizelle nicht befruchtet, bildet sich der Gelbkörper nach einigen Tagen zurück. Es kommt zu einem steilen Abfall der Progesteronproduktion. Dadurch wird die Gebärmutterschleimhaut abgebaut und mit der beginnenden Monatsblutung abgestoßen. Dabei verschwindet natürlich nicht die gesamte Schleimhaut, sondern nur ihre obere Wucherungsschicht. Die Grundzellschicht, die zur späteren Regeneration nötig ist, bleibt bestehen. In dieser Zeit wird der Schleimpfropf, der sonst den Eingang in die Gebärmutter versperrt, aufgelöst. So können Blut und Reste der Schleimhaut ungehindert abfließen. Die Dauer der Blutung beträgt meist drei bis fünf Tage. Blutungen, die länger als eine Woche dauern, gelten nicht mehr als normal. Bei einer Regelblutung gehen nur ganz geringe Blutmengen verloren: zwischen 20 und 100 Milliliter pro Zyklus.

Da der Körper in dieser Zeit kein Progesteron mehr herstellt, hat auch dessen Einfluss auf das Zwischenhirn nachgelassen. Die Rückkopplung entfällt und die Hirnanhangsdrüse produziert wieder vermehrt FSH und LH. So wird die Reifung eines weiteren Follikels angeregt und der Kreislauf beginnt von Neuem.

Wie alle Vorgänge im Körper ist auch der Menstruationszyklus nichts Starres. Zwar dauern die Zyklen in der Regel 28 Tage, aber sie können sich auch leicht verschieben. Die Ursachen für solche Unregelmäßigkeiten sind recht vielfältig: Ferien, Zeitverschiebungen, Stress, Infektionen und die Einnahme von Antibiotika zählen zum Beispiel dazu. Besonders junge Mädchen haben oft einen unregelmäßigen Zyklus. Nur wenn die Zyklusdauer häufig unter 24 oder über 35 Tagen liegt, sollte ein Frauenarzt aufgesucht werden, der die Ursachen abklären kann. Dabei hilft ein selbst geführter Menstruationskalender. In diesen werden Stärke, Dauer und Regelmäßigkeit der Blutungen eingetragen. Bei sehr kurzen Zyklen ist meist die Follikelreifung etwas zu schnell, sodass der Eisprung eher einsetzt. Dies können Frauen auch selbst überprüfen, indem sie jeden Morgen zur selben Zeit ihre Körpertemperatur messen. Diese wäre dann schon um den zehnten Tag und nicht erst zwischen dem 14. und 16. Tag erhöht. Der Arzt kann auch helfen, wenn während der Regelblutung sehr starke Schmerzen auftreten und man sich generell unwohl fühlt.

1 Erstelle eine Tabelle, die die verschiedenen Hormone des weiblichen Zyklus und ihre Wirkung zusammenfasst. Verwende dazu die Abbildung 1.

2 Begründe, warum sich natürliche Verhütungsmethoden nach der Körpertemperatur richten können. Nenne Gründe, warum diese Methoden für junge Frauen weniger geeignet sind.

3 Stellt Hygieneregeln für die Zeit der Menstruation auf und bewertet diese.

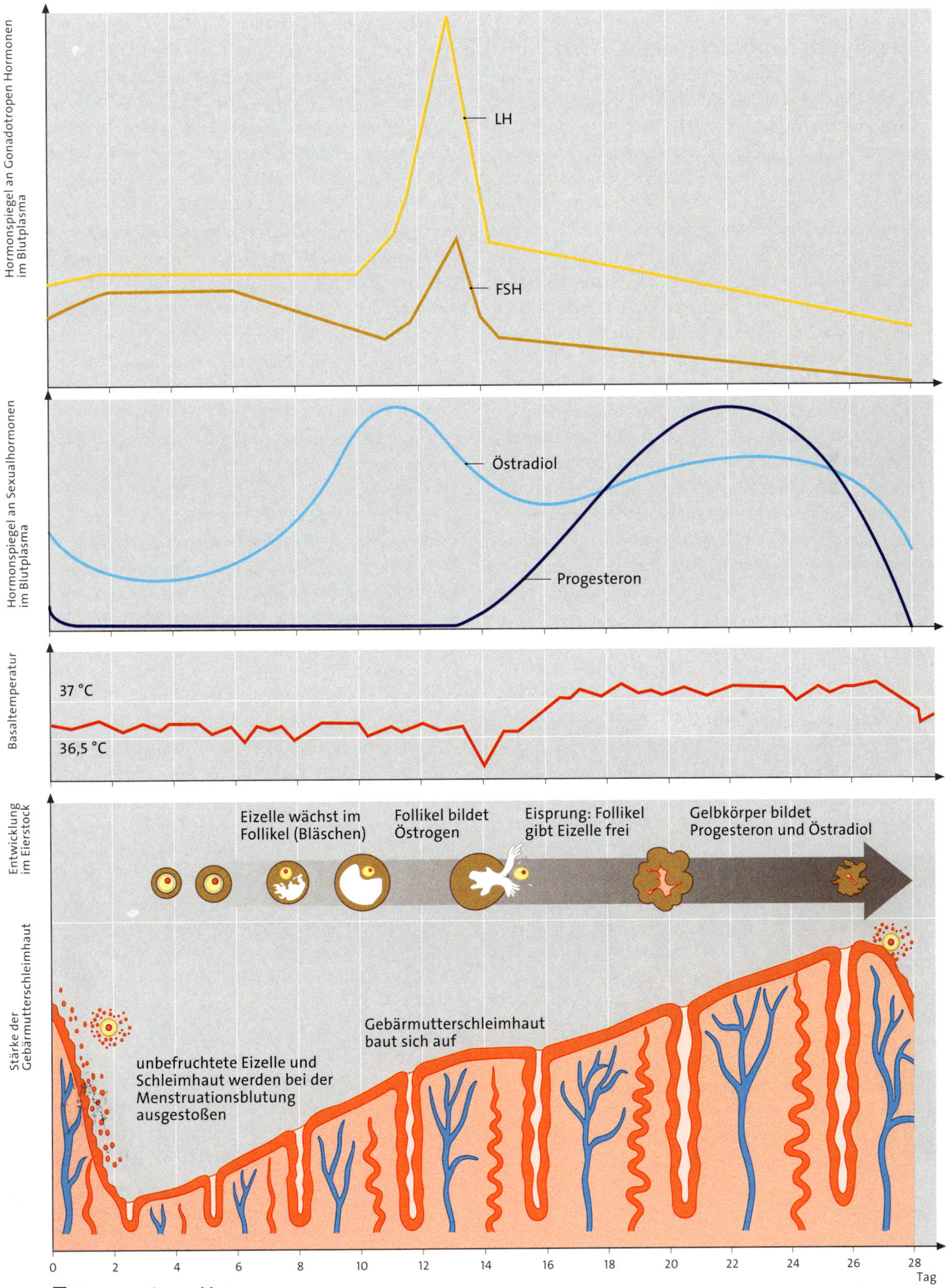

1 Menstruationszyklus

3 Typisch Mann – typisch Frau?

3.1 Geschlechtsunterschiede und Verhalten

In der Werbung findet man häufig ein bestimmtes Bild von Männern und Frauen. Neben geschlechtsneutralen Merkmalen wie Jugendlichkeit, Gesundheit und makelloser Haut werden bewusst weibliche und männliche Reize in den Vordergrund gestellt. So werben zum Beispiel sportliche Männer mit breiten Schultern, muskulösem Körper, schmalen Hüften und kräftigen Beinen nicht nur für Männerparfüms und Unterwäsche, sondern auch für Buttermilch, die meist von Frauen gekauft wird. Auf Autos oder schnellen Motorrädern räkeln sich dagegen hübsche Frauen mit typisch weiblichen Attributen wie schmalen Schultern, ausgeprägter Taille und langen schlanken Beinen. Sollte das Model einmal nicht ganz diesem Schönheitsideal entsprechen, werden die Aufnahmen am Computer bearbeitet: Schon »wachsen« die Beine ein bisschen, die Wangen tauchen sich in zartes Rot oder die Pupillen weiten sich noch etwas. So kann man dem Betrachter eine leichte sexuelle Erregung vorgaukeln. Ist der potenzielle Käufer männlich, wird er auf die dargebotenen sexuellen Reize reagieren und dem Produkt seine Aufmerksamkeit zuwenden.

Entspricht so ein **Männer-** oder **Frauenbild** der Wirklichkeit? Wenn man sich in seinem Freundeskreis umschaut, wird man schnell feststellen, dass dieses Bild eher ein Wunschbild ist. Kaum eine Frau oder ein Mann haben die in der Werbung dargestellten Traumfiguren. Außerdem »schummeln« Zeitschriften und Fernsehserien häufig beim Alter. So ist es kein Wunder, dass die Fünfzehnjährige so fraulich wirkt.

Nicht nur im Hinblick auf das Aussehen gibt es Unterschiede zwischen den Geschlechtern. Zahlreiche Studien, Veröffentlichungen und sogar Filme beschäftigen sich mit dem Verhalten von Frau und Mann. Dabei lassen sich tatsächlich einige Unterschiede in der Körpersprache und in den Interessen feststellen. So interessieren sich zwar Frau und Mann etwa gleich stark für lokale Ereignisse sowie Natur- und Umweltfragen, Differenzen treten jedoch bei der Nutzung moderner Medien, bei Sport und Einkaufen auf. Beobachtet man das Verhalten von Jugendlichen in der Schule, werden auch hier Unterschiede wahrnehmbar. So berühren sich Mädchen und Frauen viel häufiger gegenseitig, als Jungen und Männer dies tun.

Andere Unterschiede wie das verstärkte Redebedürfnis von Frauen lassen sich nicht immer belegen. So gelten Frauen mit 20 000 gesprochenen Worten pro Tag gegenüber Männern mit rund 7000 Worten als kommunikativer. Dass dies ein Vorurteil sein könnte, scheint eine amerikanische Studie mit Studenten aus dem Jahr 2007 zu belegen. Sie kam bei beiden Geschlechtern auf etwa 16 000 Worte pro Tag und konnte den angeblich deutlichen Unterschied zumindest bei dieser Gruppe nicht finden.

Generell ergeben sich Verhaltensunterschiede zwischen den Geschlechtern immer durch genetische und gesellschaftliche Einflüsse. Wer sich so verhält, wie es die Gesellschaft, in der man lebt, von seinem Geschlecht erwartet, wird anerkannt und gelobt. So lernen Kinder schon

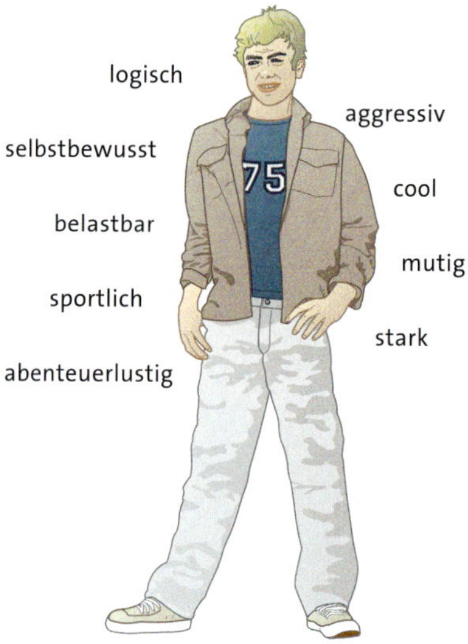

1 Typisch Mann?

in früher Kindheit, wie sie sich verhalten sollten und dass Abweichungen nur Schwierigkeiten bringen. Das in unserer Gesellschaft geförderte Jungen- und Männerbild pflegt die Vorstellung von »coolen«, starken und mutigen Jungen. Sie sollen sich durchsetzen können und erfolgreich sein. Allerdings scheinen viele Jungen diesen Erwartungen und dem damit verbundenen Druck nicht gewachsen zu sein. So kann man nachweisen, dass stressabhängige Krankheiten wie Asthma oder Allergien bei Jungen häufiger vorkommen. Sie stellen auch den größeren Teil der Schüler von Förder- und Hauptschulklassen. Sozialforscher haben dieses Phänomen untersucht und sind zu dem Schluss gekommen, dass »das größte Problem der Jungen ist, dass sie keine Probleme haben dürfen.« Daraufhin hat man eine Reihe von Förderprojekten speziell für Jungen ins Leben gerufen.

Aber auch vielen Frauen wird in unserer Gesellschaft immer noch ein bestimmtes Rollenbild aufgezwungen. In der Regel sind sie es, die die Kinder betreuen und dafür auf ihre berufliche Karriere ganz oder teilweise verzichten. So wünschten sich zwar beide Geschlechter bei einer aktuellen Befragung deutlich mehr Frauen in Vorstandsetagen, in der Forschung und auf Regierungsebene, Wunsch und Wirklichkeit klaffen hier jedoch weit auseinander. Es gibt in den Chefetagen der 100 größten deutschen Firmen nur wenige Frauen und der Anteil an Professorinnen liegt immer noch unter zehn Prozent. Anders ausgedrückt: Männer können sich in der Mehrzahl der Fälle ganz auf ihre berufliche Karriere konzentrieren und erobern neun von zehn Spitzenjobs. Die Tatsache, dass nur Frauen Kinder bekommen können, will natürlich keiner bestreiten. Aber bei Betreuung und Erziehung sind Väter ebenso gefragt. In den vergangenen Jahren hat sich hinsichtlich Elterngeld und Erziehungsurlaub Einiges in Deutschland getan. Obwohl es schon positive Ausnahmen gibt, ist das Rollenbild gerade bei der Berufswahl immer noch stark von überholten Vorstellungen geprägt. Schon bei der Fächerwahl werden Mädchen häufig schief angesehen, wenn sie sich für Physik oder Chemie entscheiden. Hier ist es ganz wichtig, dass man herausfindet, welche Interessen man selbst hat. So kann man sich dementsprechend verhalten und den passenden Beruf wählen. Obwohl es immer noch Klischees und Vorurteile gibt, sind die Zeiten, in denen Frauen in Deutschland nicht Schornsteinfeger, Chemiker, Pilot oder Mechatroniker werden konnten, vorbei. Genauso wenig sollte man Männer belächeln, wenn sie Berufswünsche wie Kosmetiker, Kindergärtner oder Grundschullehrer äußern.

1 Sammle Werbeanzeigen, die »typisch männliche« und »typisch weibliche« Beispiele zeigen. Fertige eine Collage an. Erläutere, welche Absichten hinter dieser Werbung stecken.

2 Erkläre mit eigenen Worten, was ein Klischee ist. Erläutere, welche Bilder auf dieser Seite deiner Meinung nach einem Klischee entsprechen.

3 Berichte aus eigener Erfahrung, mit welchen Problemen man rechnen muss, wenn man sich nicht an das gängige Rollenbild hält. Du kannst dazu auch Eltern und Verwandte befragen.

4 Recherchiere nach Programmen und Gesetzen, die Frauen in unserer Gesellschaft fördern. Berichte über zwei Beispiele.

2 **Typisch Frau?**

Aufgaben und Versuche Mädchen und Jungen

V1 Traumpartner

Material: Zeichenkarton; Bleistift

Durchführung: Zeichne ein Haus mit Fundament, zwei Stockwerken, Dach, Türen und Fenstern. Trage dann in alle Teile eine oder zwei Eigenschaften deines zukünftigen Partners ein, die sie oder er unbedingt erfüllen sollen. Sei ehrlich zu dir selbst. Wichtige Dinge stehen im Fundament.

Aufgabe: Vergleiche dein Haus mit dem deiner Mitschülerinnen und Mitschüler. Ihr könnt auch alle Häuser miteinander vergleichen. Gibt es grundlegende Dinge, die häufig eingetragen wurden? Ermittelt, wenn möglich, eine Art Rangliste.

V2 Partnersuche

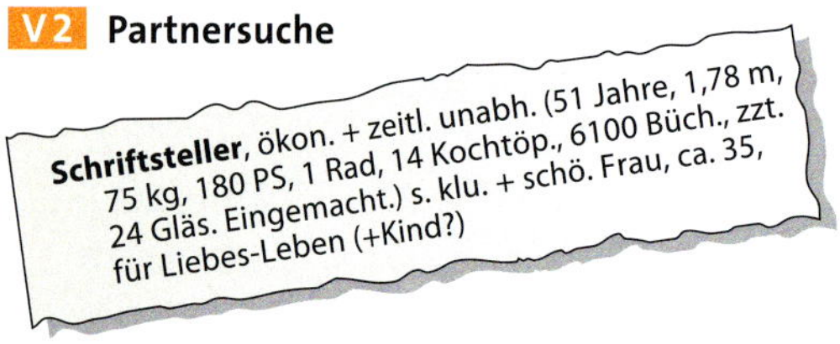
Schriftsteller, ökon. + zeitl. unabh. (51 Jahre, 1,78 m, 75 kg, 180 PS, 1 Rad, 14 Kochtöp., 6100 Büch., zzt. 24 Gläs. Eingemacht.) s. klu. + schö. Frau, ca. 35, für Liebes-Leben (+Kind?)

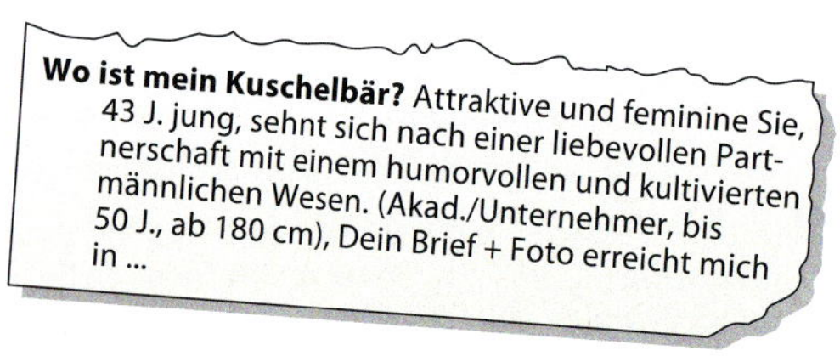
Wo ist mein Kuschelbär? Attraktive und feminine Sie, 43 J. jung, sehnt sich nach einer liebevollen Partnerschaft mit einem humorvollen und kultivierten männlichen Wesen. (Akad./Unternehmer, bis 50 J., ab 180 cm), Dein Brief + Foto erreicht mich in ...

Material: Anzeigen zur Heirats- und Partnersuche aus Tageszeitungen, Wochenzeitungen oder dem Internet; Schere; Kopierpapier; Klebstift

Durchführung: Arbeitet in Gruppen zu drei bis vier Schülern. Schneidet pro Schüler je vier ausgewählte Anzeigen, die euch ansprechen, aus und klebt diese auf. Kopiert das Blatt für die anderen Arbeitsgruppen. Vergleicht dann die Anzeigen und findet heraus, welche Erwartungen die Suchenden von ihrem Partner haben und was ihnen für eine gemeinsame Partnerschaft besonders wichtig ist. Wählt die eurer Meinung nach gelungenste Anzeige einer Frau und eines Mannes aus.

Aufgaben:

a) Begründet eure Auswahl und diskutiert in der Klasse.

b) Untersucht, ob es Unterschiede darin gibt, was Frauen bzw. Männer von sich preisgeben.

A3 Körperhaltungen

Aufgabe: Betrachte die oben abgebildeten Fotos. Beschreibe sowohl die Bilder als auch die Reaktionen und Gedanken, die sie hervorrufen können.

V4 Jungen und Mädchen sind unterschiedlich

Material: Fragebogen; Schreibzeug

Durchführung: Entwirf einen eigenen Fragebogen, mit dem du herausfinden kannst, welche Spiele Jungen und Mädchen verschiedenen Alters bevorzugen und welche Berufswünsche sie haben. Befrage dann mindestens zehn Testpersonen von sechs bis achtzehn Jahren.

Aufgaben:

a) Werte die Befragungsergebnisse in geeigneter Form aus.

b) Stelle fest, ob es geschlechtstypische Unterschiede gibt.

c) Erläutere, ob sich die Ergebnisse mit zunehmendem Alter verändern.

Methode Meinungen sammeln und auswerten

Wenn ihr herausfinden möchtet, ob bestimmte Arbeiten im Haushalt eher von Mädchen und Frauen oder von Jungen und Männern erledigt werden, könnt ihr eine Meinungsumfrage durchführen. Dabei könnt ihr Meinungen mündlich erfragen und die Antworten aufzeichnen oder ihr arbeitet mit einem vorbereiteten **Fragebogen.** So lässt sich zum Beispiel auch ermitteln, ob sich die Erziehungsziele von Eltern unterscheiden, wenn sie eine Tochter oder einen Sohn haben. Dabei geht ihr folgendermaßen vor:

- Überlegt euch, was ihr wissen möchtet. Entwerft dazu einen passenden Fragebogen. Dabei könnt ihr Antworten ankreuzen lassen oder ihr lasst Platz für die Antworten, die ihr bekommt.
- Überlegt euch, wen ihr befragen möchtet und wo ihr die Umfrage durchführt. Beachtet, dass man für größere Umfragen in der Schule die Genehmigung des Schulleiters braucht.
- Es macht mehr Spaß und ist sicherer, wenn ihr die Umfrage in Kleingruppen mit drei bis vier Schülern durchführt. Plant vorher, wer die Fragen stellt und wer die Antworten aufschreibt.
- Wenn ihr Personen ansprecht, begrüßt sie höflich und stellt euch und euren Befragungswunsch vor. Fragt immer, ob euer Gegenüber überhaupt an der Befragung teilnehmen möchte.
- Falls die ausgesuchte Person zustimmt, könnt ihr mit der Befragung beginnen. Notiert sorgfältig alle Antworten. Bedankt euch am Schluss für die Mit Hilfe und verabschiedet euch. Verwendet für jede Befragung einen neuen Fragebogen.
- Bearbeitet anschließend im Klassenzimmer die Fragebögen. Dazu könnt ihr zum Beispiel Strichlisten erstellen. Zählt die Ergebnisse aus und stellt sie zum Beispiel in Form von Tabellen oder Diagrammen in der Klasse vor. Dabei könnt ihr auch passende Computerprogramme nutzen oder eigene Folien erstellen.
- Beachtet bei euren Befragungen, dass man die befragte Person nicht unbewusst beeinflussen darf. Wissenschaftlich exakt sind nur Umfragen, bei denen sehr viele Personen befragt werden. Viele heißt etwa 1000. Denkt also bei eurer Auswertung daran, dass ihr nur eine Stichprobe ermittelt habt und seid vorsichtig mit Verallgemeinerungen.

1 Durchführung einer Umfrage

Erziehungsziele

1. Angaben zur eigenen Person

weiblich ☐ männlich ☐

Zahl der Kinder ☐

Töchter ☐ Söhne ☐

eigenes Alter ☐ 20–30 ☐ 31–40

☐ 41–50 ☐ 51–60 ☐ 61–70

2. Erziehungsziele

Am wichtigsten sind für mich:

1) ______________________

2) ______________________

3) ______________________

Vielen Dank für Ihre Teilnahme!

2 Beispiel für einen Fragebogen

1 Führt eine Umfrage zum Thema »Wer macht was im Haushalt?« oder »Erziehungsziele« durch.

2 Wertet die Ergebnisse aus. Bestimmt die Gesamtzahl aller befragten Personen. Stellt die Ergebnisse in geeigneter Form zum Beispiel durch Kreis- oder Balkendiagramme dar. Erläutert, ob es Unterschiede beziehungsweise Gemeinsamkeiten zwischen den Geschlechtern gibt.

3.2 Formen der Sexualität beim Menschen

Würde man viele verschiedene Menschen nach ihren Vorstellungen zum Begriff »Sexualität« fragen, bekäme man ganz unterschiedliche Antworten. Einige denken an zärtliche Worte, Streicheln, Küssen und Kuscheln, andere sofort an Geschlechtsverkehr, Fremdgehen oder Prostitution. Dass man in unserer Gesellschaft so offen über Sexualität reden kann, war nicht immer so. Noch vor hundert Jahren waren Zärtlichkeiten in der Öffentlichkeit nicht gern gesehen. Nackte Körper zählten ebenso zu den Tabus wie Sex vor der Ehe oder uneheliche Kinder. Dies heißt natürlich nicht, dass es all dies nicht gegeben hätte.

Im Verlauf der Pubertät entwickelt sich das Bedürfnis, einen anderen Menschen zu lieben, und zwar anders als bisher die Eltern oder Freunde. Fühlt man sich dabei vom anderen Geschlecht sexuell angezogen, nennt man das **heterosexuell.** Heterosexualität wird als »normal« empfunden, weil diese Form der Sexualität besonders häufig ist, und weil in solchen Beziehungen die Möglichkeit besteht sich fortzupflanzen. Schon im Kindergarten und Grundschulalter tuscheln Kinder und necken sich gegenseitig, wer wen wohl besonders mag.

Die Formen des Zusammenlebens sind beim Menschen recht vielseitig. So ist in westlichen Kulturen die Einehe, die so genannte Monogamie, bei der ein Mann mit einer Frau zusammenlebt, weit verbreitet. In anderen Kulturen tritt häufig auch Polygynie, so genannte Vielweiberei, auf. Hier lebt ein Mann, der meist einen hohen sozialen Status hat, mit mehreren Frauen zusammen. Vielmännerei, auch Polyandrie genannt, tritt dagegen beim Menschen nur sehr selten auf.

Fühlt man sich vom eigenen Geschlecht gefühlsmäßig und sexuell angezogen, nennt man das **homosexuell.** Als schwul bezeichnen sich homosexuelle Männer, bei Frauen hat sich der Begriff lesbisch durchgesetzt. Gleichgeschlechtliche Liebe ist nicht so selten, wie viele glauben. Immerhin sind fünf bis acht Prozent der Bevölkerung homosexuell. Bisher sind alle Versuche der Wissenschaft gescheitert, eine genaue Ursache für die Entstehung sexueller Neigungen herauszufinden. Sicher ist, dass man Homosexualität nicht einfach erwirbt oder dazu verführt werden kann. Welche Rolle genetische Anlagen und die vorgeburtliche Entwicklung bei der Entstehung sexueller Neigungen genau spielen, wird noch erforscht. Manche Menschen gehen sowohl homosexuelle als auch heterosexuelle Beziehungen ein. Sie tun dies manchmal sogar parallel und bevorzugen beide Geschlechter gleichermaßen. Man spricht dann von **Bisexualität.**

Wenn Jugendliche in der Pubertät entdecken, dass sie Partner desselben Geschlechtes bevorzugen, versuchen sie meist diese Gefühle als falsch abzutun und zu verdrängen. Diese Phase kann mehrere Jahre dauern. Gestehen sie sich selbst ihre Neigungen ein, beginnt die Zeit des »Coming-Out«. Sie ist oft schwierig, weil die Betroffenen häufig zahlreiche Ängste haben. Wie reagiert die Umwelt? Halten meine Freunde zu mir? Was sagen die eigenen Eltern? Leider gibt es noch immer viele Zwänge und Vorurteile. Rückendeckung können neben guten Freunden auch die eigenen Familienmitglieder geben. Informationen, Beratung und Hilfe kann man auch in verschiedenen Beratungsstellen und Kontaktgruppen finden.

Jugendliche, die sich abfällig und diskriminierend über Homosexuelle äußern, sollten sich immer bewusst ma-

1 Formen des Zusammenlebens. **A** Hochzeitspaar; **B** Kenianischer Häuptling mit Frauen und Kindern;

chen, dass keiner mit 14 oder 15 Jahren hundertprozentig weiß, wie er selbst veranlagt ist oder später seine Kinder. Gleichgeschlechtliche Lebensgemeinschaften werden in der Gesellschaft heute besser anerkannt als früher, obwohl sie immer noch gegen alte Vorurteile ankämpfen müssen. So können Homosexuelle vor dem Gesetz eine Lebenspartnerschaft eingehen, sie ist aber der Ehe gesetzlich nicht gleichgestellt.

Neben diesen Formen der Sexualität und des Zusammenlebens gibt es noch eine Reihe sexueller Veranlagungen, die zum Teil in die Grauzone unserer Gesellschaft gehören oder sogar strafbar sind. Zu diesen Veranlagungen zählt der Exhibitionismus. Meist handelt es sich um Männer, die ihre Geschlechtsteile vor fremden Menschen entblößen und dabei sexuelle Erregung empfinden. Solche Handlungen sind strafbar und können besonders jüngere Kinder traumatisieren. Eine weitere krankhafte Veranlagung ist die Pädophilie, verharmlosend als »Kinderliebe« übersetzt. Pädophile wollen ihre Sexualität mit Säuglingen und Kindern ausleben und nutzen häufig das Internet für ihre Kontakte. Dabei handelt es sich eindeutig um sexuellen Missbrauch, der mit Freiheitsstrafen geahndet wird. Harmloser sind dagegen Fetischisten. Sie benötigen bestimmte Gegenstände wie Unterwäsche, Handschuhe, Schuhe mit hohen Absätzen oder andere Kleidungsstücke als Auslöser und Verstärker ihrer sexuellen Lust. Wenn solche Handlungen zwanghafte Züge annehmen und für den Betroffenen oder den Partner zum Problem werden, müssen sie therapeutisch behandelt werden.

1 Betrachte die Abbildungen und beschreibe für einige Beispiele die Formen menschlicher Sexualität.

C Tibetische Frau mit ihren Männern

2 **Liebe ist vielfältig**

4 Familienplanung und Empfängnisverhütung

Der soziale Wandel hat in den letzten Jahrzehnten in Deutschland nicht nur Bereiche wie Arbeit, Wohnen und Freizeit sondern auch die Lebensformen und die **Familienplanung** stark verändert. Dabei versteht man unter Lebensformen relativ stabile Muster privater Beziehungen, bei denen Menschen entweder allein oder mit anderen zusammen leben. Sie sind zum Beispiel durch die Generationenzusammensetzung, den Familienstand und die Kinderzahl gekennzeichnet. Eine wichtige Voraussetzung für die Familienplanung ist die **Empfängnisverhütung.** Dabei gibt es verschiedene Methoden, die in Frage kommen. Welche Methode für ein Paar die geeignete ist, sollten immer beide Partner gemeinsam entscheiden. Wichtig sind dabei die Sicherheit, die richtige Art der Anwendung und die Gesundheitsverträglichkeit.

Eine Befruchtung ist nur in einem Zeitraum von etwa zehn Tagen in der Mitte eines Menstruationszyklus zur Zeit des Eisprungs möglich. Bei den so genannten *natürlichen Verhütungsmethoden* vermeidet das Paar in dieser Zeit den Geschlechtsverkehr. Um die fruchtbaren Tage relativ sicher zu bestimmen, gibt es unterschiedliche Methoden. Bei einer Variante misst die Frau jeden Morgen ihre Körpertemperatur. Das ist sowohl mit einem digitalen Thermometer oder mit Hilfe eines speziell dafür entwickelten Testgerätes mit Sensor möglich. Wichtig ist, dass der Messwert immer zu gleichen Bedingungen, also vor dem Aufstehen und zu einer festgelegten Zeit, ermittelt wird. Im Display des dazugehörigen Testgerätes lässt sich dann ablesen, ob es sich um einen fruchtbaren oder unfruchtbaren Tag handelt. Bei dieser Temperaturmethode nutzt man die Tatsache aus, dass die Körpertemperatur einer Frau nach dem Eisprung um einige Zehntel Grad ansteigt. Zwischen dem dritten Tag nach dem so bestimmten Eisprung und der nächsten Menstruation ist eine Befruchtung unwahrscheinlich.

Eine andere Variante ist das Testen des Morgenurins auf bestimmte Hormone. Hier gibt es einen kleinen Handmonitor mit passenden Teststäbchen. Das Gerät zeigt wieder die fruchtbaren und unfruchtbaren Tage an. Diese Methode ist zwar wesentlich sicherer, aber auch recht teuer. Natürliche Verhütungsmethoden sind für junge Frauen nur bedingt geeignet, da sich der Zeitpunkt des Eisprungs durch Krankheit, Stress und seelische Einflüsse verschieben kann. Sie helfen jedoch, die fruchtbaren Tage zu bestimmen, wenn eine Schwangerschaft gewollt ist.

Chemische Verhütungsmittel wie Zäpfchen oder Salben sind recht unsicher. Sie werden einige Zeit vor dem Geschlechtsverkehr tief in die Scheide eingeführt. Ihre Wirkstoffe töten Spermienzellen ab oder hemmen ihre Beweglichkeit, sodass sie die Eizelle nicht erreichen können. Wenn man chemische Verhütungsmittel mit einem Kondom oder Diaphragma kombiniert, erhöht sich die Sicherheit deutlich.

Diese Mittel zählen zu den *mechanischen Verhütungsmethoden.* Bei richtiger Anwendung ist das *Kondom* ein relativ sicheres Verhütungsmittel. Es wird über den steifen Penis gestreift und sorgt dafür, dass die Spermien nicht in die Scheide gelangen. Kondome sind leicht zu erhalten und schützen gleichzeitig vor der Ansteckung mit Aids und Geschlechtskrankheiten.

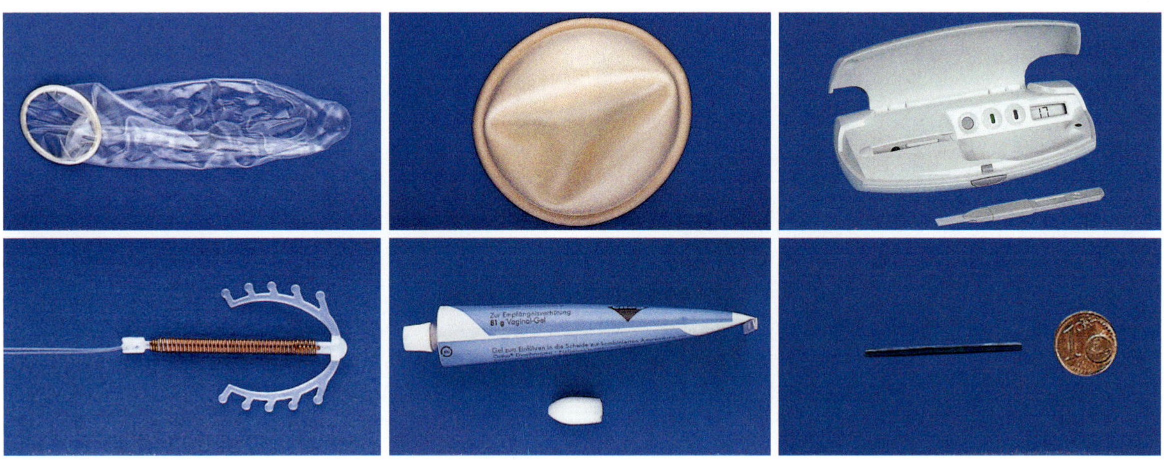

1 **Ausgewählte Mittel und Methoden der Empfängnis- und Schwangerschaftsverhütung**

Andere mechanische Verhütungsmittel wie das *Diaphragma* oder die *Spirale* bieten diesen Schutz nicht. Das Diaphragma ist eine Gummikappe, bei der Größe und Passform vom Frauenarzt angepasst werden. Das richtige Einsetzen muss geübt werden. Dabei setzt die Frau das Diaphragma für mehrere Stunden so ein, dass es vor der Öffnung der Gebärmutter liegt. Es verhindert dort das Eindringen der Spermienzellen. Ein Diaphragma muss mit chemischen Mitteln kombiniert werden, damit die Sicherheit erhöht wird.

Spiralen sind zum Beispiel aus Kunststoff und einem Metall wie Kupfer. Sie werden vom Frauenarzt angepasst und in die Gebärmutter eingesetzt. Sie verhindern vor allem mechanisch die Einnistung einer befruchteten Eizelle in die Gebärmutterschleimhaut. Außerdem werden kleinste Mengen Kupfer-Ionen abgegeben. Diese Schwermetall-Ionen hemmen den Stoffwechsel von Zellen. Obwohl die Spirale zu den sicheren Verhütungsmethoden zählt und mehrere Jahre wirkt, ist sie nur für erwachsene Frauen geeignet. Zu den möglichen Nebenwirkungen zählen Abstoßungsreaktionen, Blutungen, Entzündungen und das Einwachsen in die Gebärmutterschleimhaut.

Die sicherste und von Frauen am häufigsten angewandte Methode ist die *hormonale Empfängnisverhütung* durch die *Pille*. Die Tabletten müssen regelmäßig eingenommen werden und stellen einen Eingriff in den natürlichen Hormonhaushalt der Frau dar. Sie enthalten eine bestimmte Mischung weiblicher Sexualhormone. Östradiol und Progesteron signalisieren der Hirnanhangsdrüse, dass sie selbst keine Hormone herstellen muss und bewirken so, dass weder eine Eireifung noch ein Eisprung stattfinden kann. Zudem wird die Gebärmutterschleimhaut nicht vollständig aufgebaut, sodass sich auch kein Keim einnisten könnte. *Minipillen* enthalten keine Östrogene. Ihre Einnahme bewirkt, dass sich der Schleimpfropf am Muttermund verdichtet. Er wird für Spermienzellen undurchlässig. Da die Pille ein Medikament ist, muss sie vom Frauenarzt verordnet werden. Oft muss das Präparat noch einmal gewechselt werden, um unerwünschte Nebenwirkungen wie Übelkeit, Durchfall, Gewichtszunahme oder Kopfschmerzen auszuschließen. Ähnlich wie die Pille wirken auch Hormonpräparate, die man einmal für mehrere Monate spritzt oder als kleine Depot-Stäbchen unter der Haut einsetzt. Verhütungsstäbchen bestehen aus weichem Kunststoff und geben regelmäßig kleinere Mengen an Hormonen ab. So ergibt sich ein langfristiger Schutz über drei Jahre und man braucht nicht an die regelmäßige Einnahme eines Präparates zu denken.

Als Methode der Empfängnisverhütung völlig ungeeignet ist der *Coitus interruptus,* das so genannte »Aufpassen«. Hier wird der Penis vor dem Spermienerguss aus der Scheide gezogen. Allerdings können schon vorher einige Spermienzellen abgegeben werden, sodass keine ausreichende Sicherheit besteht.

Man kann sich auch für eine *Sterilisation* entscheiden. Dazu verschließt oder durchtrennt man bei Männern den Spermienleiter und bei Frauen den Eileiter. Diese Methode ist zwar sehr sicher, aber lässt sich nur schwer oder gar nicht wieder rückgängig machen.

1 Erstelle eine Mindmap mit den verschiedenen Methoden der Empfängnisverhütung.

2 Erläutere die Vorteile, Nachteile und Wirkungsweise der Pille.

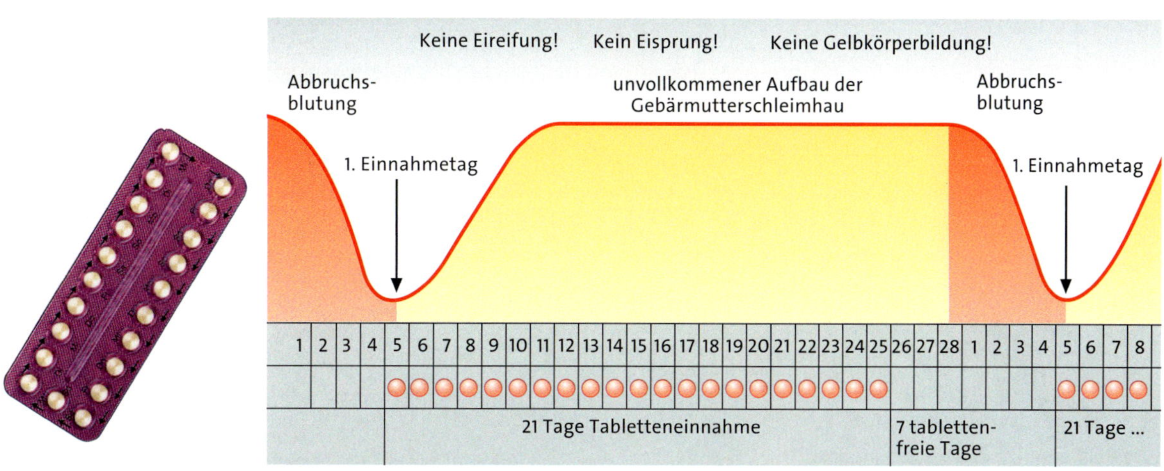

2 **Wirkungsweise des Hormonpräparates Pille**

Zusammenfassung Sexualität des Menschen

Basiskonzept Fortpflanzung

Fortpflanzung ist ein Merkmal aller Lebewesen, einschließlich des Menschen. Die Zeit der Geschlechtsreife, der Pubertät, beginnt bei Mädchen mit dem zehnten bis zwölften Lebensjahr, bei Jungen etwas später. Durch die Geschlechtshormone ändern sich Verhaltensweisen sowie körperliche Merkmale: Die sekundären Geschlechtsmerkmale bilden sich aus und die Geschlechtsorgane erreichen ihre volle Funktionsfähigkeit. Nun reifen im Eierstock der Frau Eizellen heran und in den Hoden des Mannes werden Spermienzellen gebildet. Beide Geschlechtszelltypen enthalten in ihren Zellkernen Erbmaterial, das sich bei der Befruchtung vereinigt, sodass mütterliche und väterliche Erbanlagen miteinander kombiniert werden. Diese Form der Fortpflanzung wird wegen der Bildung von Geschlechtszellen als *geschlechtliche Fortpflanzung* bezeichnet. Beim Menschen findet wie bei allen anderen Säugetieren die Befruchtung im Inneren des weiblichen Körpers statt. Auch die Entwicklung des Embryos und Fetus erfolgt im Mutterleib. Sie ist mit der Geburt beendet.

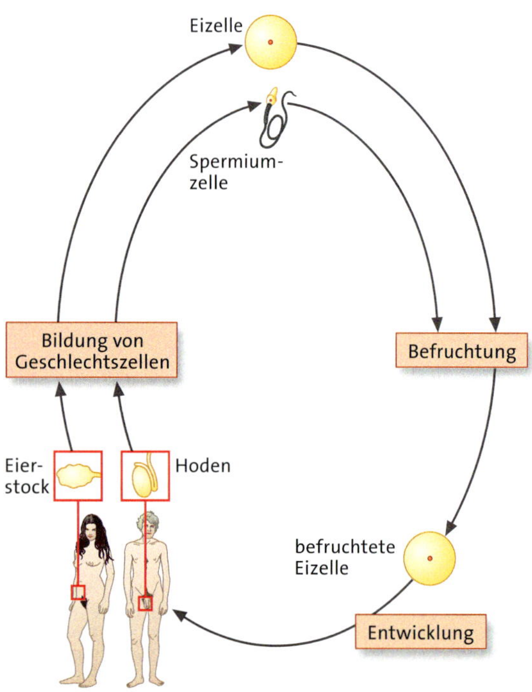

1 Der Mensch pflanzt sich geschlechtlich fort

Basiskonzept Information und Kommunikation

Beim Menschen haben sich Mechanismen herausgebildet, die es ermöglichen, Individuen mit hohem Partnerwert zu identifizieren. Als Fortpflanzungspartner werden zum Beispiel junge Frauen mit gesunder Haut, runden Brüsten, schmaler Taille und breitem Becken bevorzugt. Bei Männern haben ein muskulöser Körper, breite Schultern, schmales Becken, kantiges Gesicht und tiefe Stimme eine sexuelle Signalwirkung.

Basiskonzept Steuerung und Regelung

Die Bildung und Reifung der Geschlechtszellen wird durch Hormone gesteuert. Dabei regeln zum Beispiel die Hormone der Hypophyse den *Menstruationszyklus* einer Frau. Während der ersten 14 Tage reift im Eierstock ein Follikel mit der sich entwickelnden Eizelle heran. In der Gebärmutter bildet sich zeitgleich eine dicke Schleimhaut. Um den 14. Tag des Zyklus erfolgt der Eisprung, die Eizelle wird freigesetzt. Der Follikel wandelt sich zum Gelbkörper um, der selbst das Hormon Progesteron bildet. Es sorgt dafür, dass die Schleimhaut mit feinen Blutgefäßen durchzogen wird und hemmt die Ausschüttung der Hypophysenhormone FSH und LH. Falls keine Befruchtung erfolgt, verkümmert der Gelbkörper und die Schleimhaut wird mit der Menstruationsblutung ausgestoßen.

Eine Befruchtung kann durch *Verhütungsmittel* verhindert werden. Dabei werden in Deutschland am häufigsten Pillen zur hormonellen Verhütung angewendet. Auch hier lässt sich das Basiskonzept Regelung und Steuerung anwenden. Für Jugendliche sind Kondome besonders zu empfehlen, da sie nicht nur eine ungewollte Schwangerschaft, sondern auch Infektionen mit Krankheitserregern verhindern.

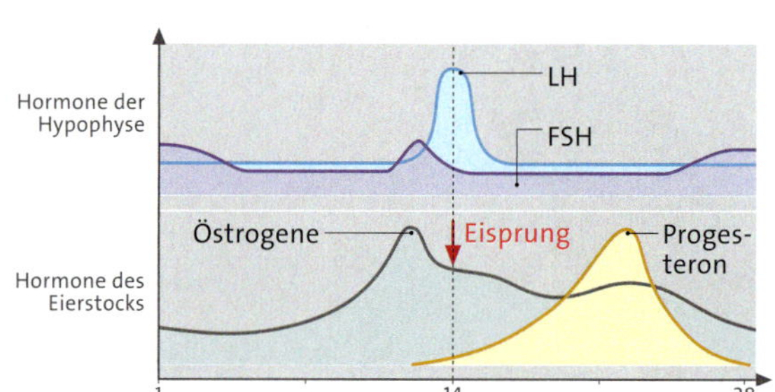

2 Hormonhaushalt im Menstruationszyklus

Wissen vernetzt Sexualität des Menschen

A1 Pubertät

Aufgaben:

a) Erläutere den Begriff »Pubertät«.

b) Stelle in einer Tabelle auftretende Veränderungen bei Jungen und Mädchen gegenüber. Beachte neben körperlichen Merkmalen auch Verhaltensmerkmale.

c) Erläutere, weshalb gleichaltrige Jugendliche unterschiedlich weit entwickelt sein können.

A2 Geschlechtsorgane

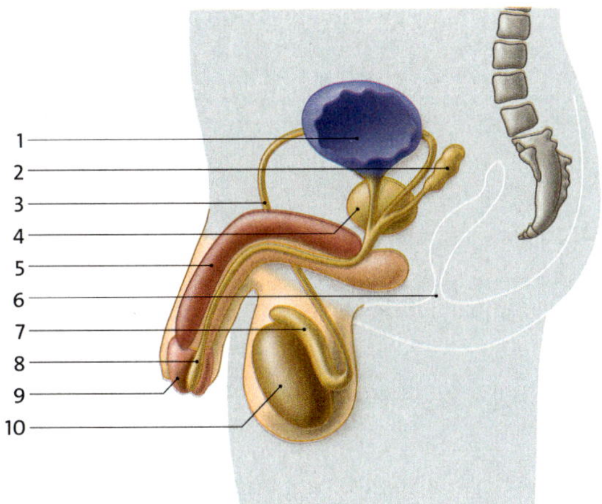

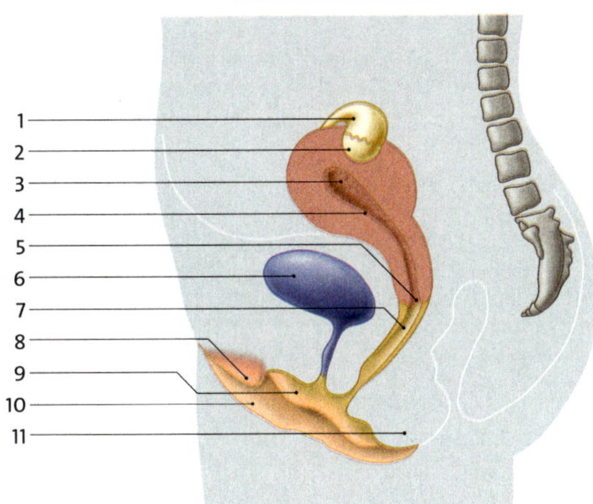

Aufgaben:

a) Ordne den Ziffern in den beiden Abbildungen die entsprechenden Begriffe zu.

b) Wende auf das männliche Organ 10 und das weibliche Organ 3 das Basiskonzept Struktur und Funktion an.

A3 Menstruationszyklus

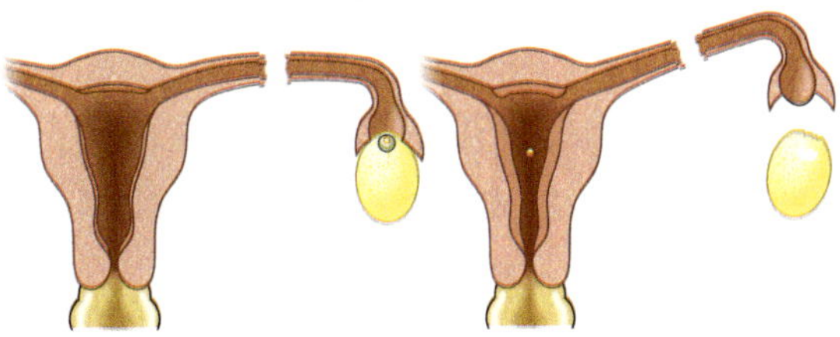

Aufgaben:

a) Finde passende Bildunterschriften.

b) Beschreibe den Vorgang A. Verwende dabei folgende Begriffe: Eierstock, Eireifung, Follikel, Eizelle, Eileiter.

c) Erläutere den Hormonhaushalt einer Frau in Bezug auf die beiden Hypophysenhorme und die Hormone des Eierstocks während der Phase B.

A4 Verhütung

Die Zuverlässigkeit verschiedener Verhütungsmethoden wird wie folgt angegeben:

Zeitwahlmethode	85 Prozent
Kondom	95 Prozent
Minipille	98 Prozent
Pille	99,9 Prozent

Aufgabe: Ordne die Verhütungsmethoden einer bestimmten Gruppe zu und erläutere kurz, wie sie funktionieren.

A5 Hodenkanälchen

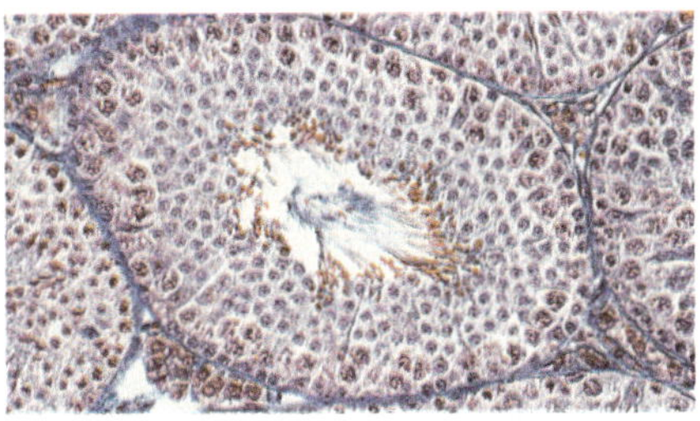

Das Foto zeigt eine mikroskopische Aufnahme aus den Hodenkanälchen eines Mannes. Man erkennt Bindegewebe, Wände aus Stützzellen und Urgeschlechtszellen, aus denen sich später die Spermienzellen entwickeln.

Aufgabe: Wende die Basiskonzepte System sowie Struktur und Funktion auf diesen Sachverhalt an.

Stationen eines Lebens

Gesundheit für Mutter und Kind

Wählt aus den unten angegebenen Piktogrammen ein Thema zur Gesunderhaltung in der Schwangerschaft aus. Bearbeitet dieses Thema in der Gruppe und präsentiert es durch ein kurzes, passendes Rollenspiel vor der Klasse.

Süß, oder?

Erläutert mit Hilfe des Fotos, welche Merkmale der Kinder als »süß« oder »niedlich« empfunden werden. Überlegt, welche biologische Bedeutung dieses ererbte Verhalten haben könnte.

Ultraschall

Ultraschalluntersuchungen gehören zu den klassischen Vorsorgeuntersuchungen. Informiert euch im Internet, wie zwei- und dreidimensionale Ultraschallbilder entstehen. Wählt einige Beispiele aus und illustriert damit ein Plakat oder eine Mappe zum Thema »Vorgeburtliche Entwicklung des Menschen«. Fügt eventuell Ultraschallbilder eurer eigenen vorgeburtlichen Entwicklung bei.

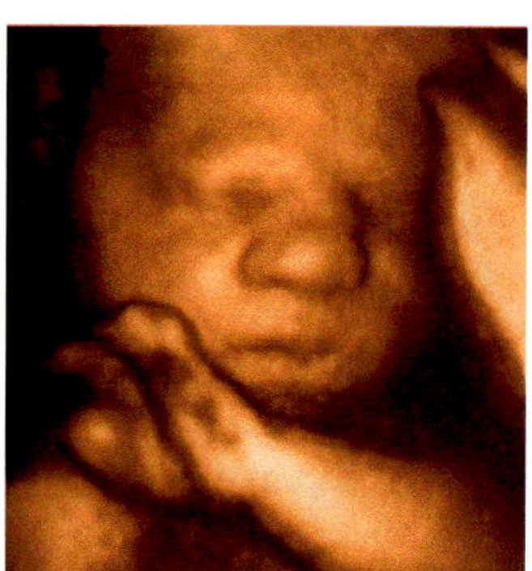

Mutterpass

Der Mutterpass wurde schon 1968 in Deutschland eingeführt. Ihn erhält jede Schwangere nach der ersten Vorsorgeuntersuchung. Wozu wird so ein Dokument gebraucht? Welche Informationen findet man im Mutterpass? Präsentiert eure Ergebnisse in geeigneter Form.

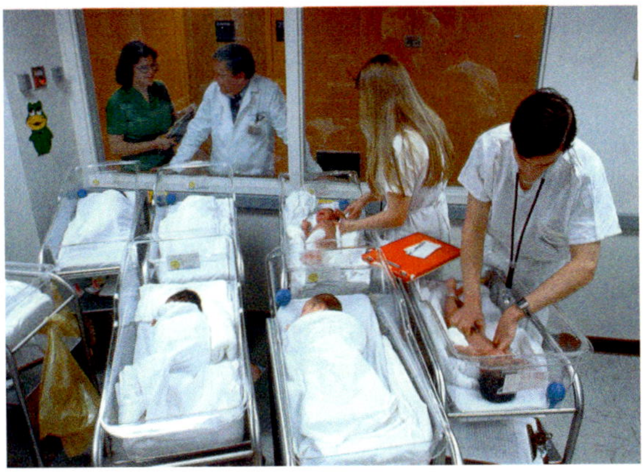

Besuch einer Hebamme oder einer Säuglingsstation

Informiert euch über die Arbeit einer Hebamme. Plant dann gemeinsam mit eurem Lehrer oder eurer Lehrerin eine Exkursion zu einer Säuglingsstation oder einer Hebamme.

Bereitet dazu einen Fragenkatalog vor. Was würde euch besonders interessieren?

Klärt organisatorische Fragen, zum Beispiel wie ihr zu dem Ort kommt oder wie lange die Veranstaltung dauert. Fragt vorher, ob Fotos oder ein Aufzeichnungsgerät erlaubt sind.

Präsentiert euer Interview in der Schülerzeitung oder veröffentlicht einen kurzen Bericht in der Lokalpresse.

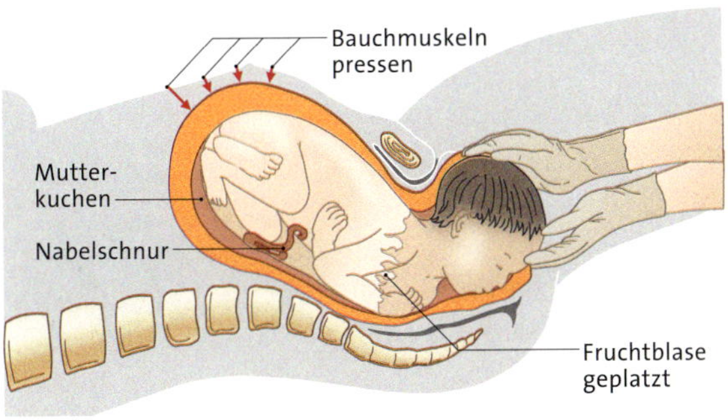

Die Geburt

Recherchiert, welche Geburtsphase auf dieser Zeichnung dargestellt ist und wie lange sie dauert. Welche Funktionen haben die beschrifteten Organe während der Schwangerschaft?

Befragt eure Eltern, wie lange eure eigene Geburt gedauert hat und wie groß und schwer ihr wart.

Wenn die Nieren versagen ...

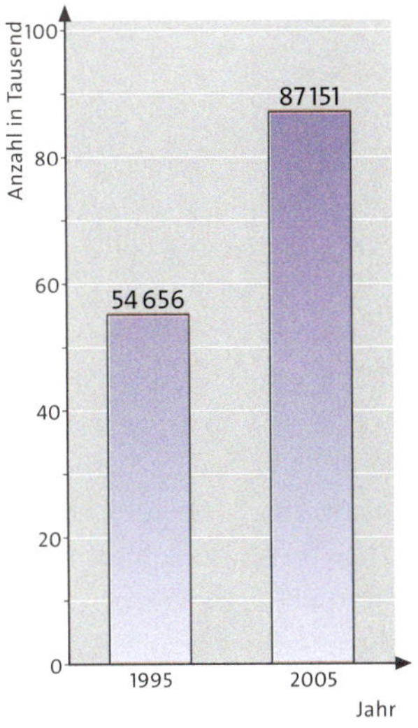

Das Diagramm zeigt die Zahl der Patienten mit einer Nierenersatztherapie in Deutschland. Dabei handelt es sich sowohl um Patienten, die zur Dialyse gehen, als auch um Behandlungen mit einer Transplantation.

Die Zahl der Nierenkranken steigt in Deutschland jährlich etwa um fünf bis sieben Prozent. Die Hauptursachen liegen in einer höheren Lebenserwartung verbunden mit der Zuckerkrankheit Diabetes und Gefäßerkrankungen, die durch Bluthochdruck verursacht werden. Klassische Nierenerkrankungen werden dagegen nicht häufiger als früher diagnostiziert. Dialysepflichtige Patienten haben eine deutlich eingeschränkte Lebenserwartung.

Recherchiert weitere aktuelle Zahlen zur Situation Nierenkranker in Deutschland. Wie viele Transplantationen werden jährlich durchgeführt? Wie viele Betroffene warten auf eine Spenderniere?

Schreibt einen Steckbrief zum Organ Niere. Dieser sollte nur eine DIN-A4-Seite lang sein und auch eine Abbildung zeigen.

Die Abbildung unten zeigt eine Dialysestation. Wie funktioniert die Dialyse? Lest im Schulbuch oder einem Gesundheitslexikon nach.

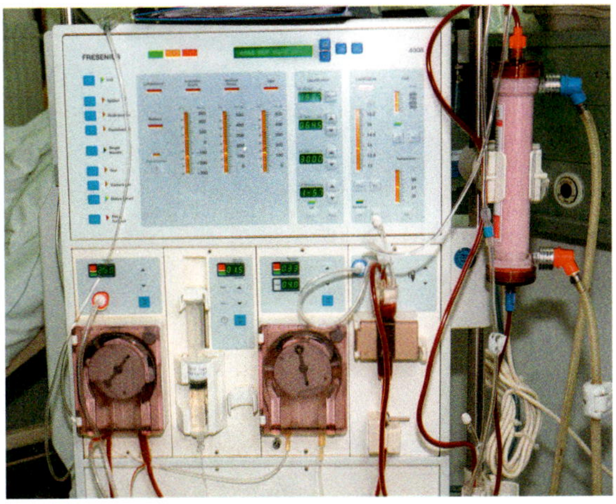

1 Entwicklung des Menschen

1.1 Befruchtung und Keimesentwicklung

Geschlechtsverkehr in der Zeit um den Eisprung kann zu einer **Schwangerschaft** führen. Durch die Ejakulation des Mannes werden die Spermienzellen ausgestoßen und schwimmen mit Hilfe ihrer Geißeln durch Scheide und Gebärmutter in den Eileiter der Frau. Sie erreichen dabei Geschwindigkeiten von drei bis fünf Millimetern pro Minute und orientieren sich an chemischen Signalen. Allerdings sterben viele Spermienzellen im sauren Scheidenmilieu bereits vorher ab. Der Orgasmus einer Frau kann durch das Eintauchen des Muttermundes in das Ejakulat diesen Weg etwas verkürzen und wahrscheinlich die Befruchtungschancen erhöhen. Die erste Spermienzelle, die auf die reife Eizelle trifft, durchdringt mit dem Kopf die Zellmembran der Eizelle. Diese wird dann für weitere Spermien undurchlässig. Im Inneren der Eizelle wandern die beiden Zellkerne aufeinander zu und verschmelzen miteinander. Nun ist die **Befruchtung** abgeschlossen und eine befruchtete Eizelle ist entstanden, die *Zygote.* Dabei kommt es zur Vermischung der Erbanlagen von Vater und Mutter.

Bewegungen von Flimmerhärchen, die den Eileiter auskleiden, treiben die Zygote in Richtung Gebärmutter. Dabei laufen die ersten Teilungen ab. Nach 36 Stunden ist das Zwei-Zell-Stadium erreicht, nach 80 Stunden besteht der Keim aus 16 Zellen.

Wenn der Keim die Gebärmutter erreicht, erkennt man bereits ein blasenförmiges Entwicklungsstadium aus zwei Zellgruppen. Dabei hat der Bläschenkeim, die **Blastocyste,** eine äußere Zellschicht zum Einnisten in die Gebärmutterschleimhaut und zur Ernährung des Embryos. Die innere Zellgruppe, der Embryoblast, der von der Seite her in das flüssigkeitsgefüllte Bläschen ragt, bildet später den eigentlichen **Embryo**. Ist die Einnistung am sechsten oder siebenten Tag erfolgt, produziert die Gebärmutterschleimhaut ein Hormon, das den Abbau des Gelbkörpers im Eierstock verhindert. Dadurch wird das Gelbkörperhormon weiter gebildet und die Reifung eines neuen Follikels sowie der Abbau der Gebärmutterschleimhaut werden unterbunden. Das Ausbleiben der Regelblutung ist meist das erste Anzeichen einer Schwangerschaft.

Ab dem achten Tag entsteht zwischen der äußeren Zellschicht und dem Embryoblasten ein Hohlraum, die *Amnionhöhle.* In diesem Bereich entwickeln sich die embryonalen Hilfsorgane, die den Embryo schützen und ernähren. So entsteht die *Fruchtblase* mit dem Fruchtwasser als Schutz vor Stößen. Außen wächst eine *Zottenhaut*, die den Kontakt zwischen Keim und mütterlichem Gewebe weiter verstärkt. Erst am 14. Tag ist die Einnistung vollständig abgeschlossen. Es hat sich der Mutterkuchen gebildet. Dieses auch **Plazenta** genannte Organ besteht vor allem aus Blutgefäßen und ist über einen Stiel, aus dem später die **Nabelschnur** wird, mit dem Embryo verbunden. Das mütterliche Blut bleibt vom Blut des heranwachsenden Kindes durch eine dünne Membran getrennt. Durch diese

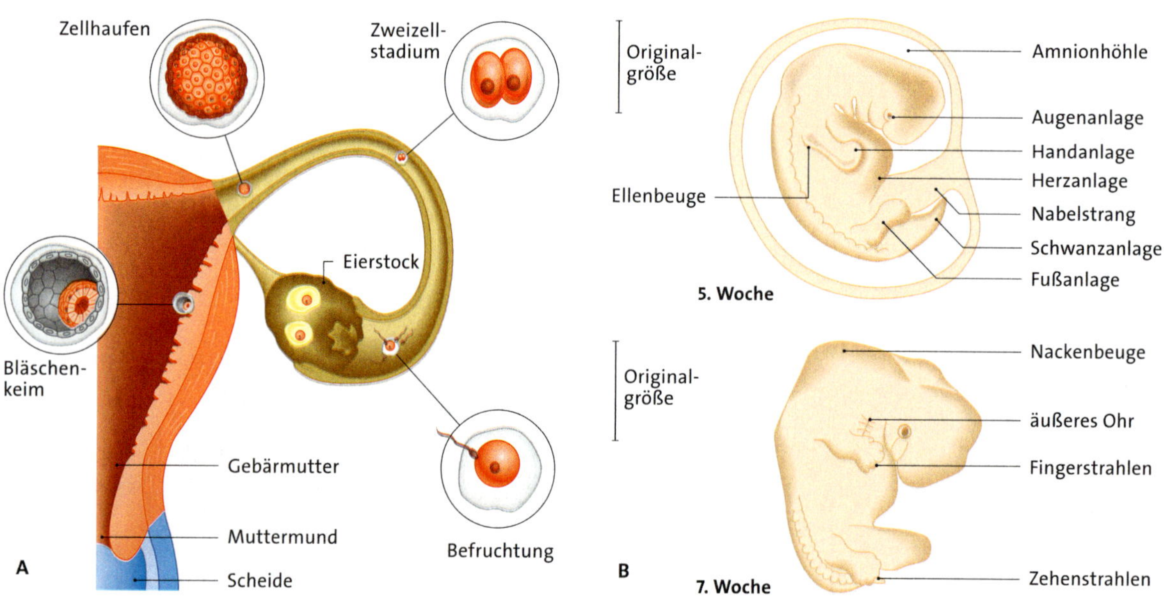

1 Erste Entwicklungsstadien eines Menschen. A Schema; **B** Embryo in der 5. und 7. Woche (Schema)

Plazentaschranke kann aber ein Stoffaustausch erfolgen: Der Embryo erhält Nährstoffe und Sauerstoff, seine Stoffwechselprodukte und Kohlenstoffdioxid werden entfernt. Auch für bestimmte Stoffe wie Alkohol, Nikotin und Bestandteile von Medikamenten sowie Drogen ist die Plazentaschranke durchlässig. Sie können den Embryo schädigen. Dadurch erklärt sich auch das Alkohol- und Rauchverbot während einer Schwangerschaft.

Der Embryoblast bildet in den folgenden Tagen verschiedene Gewebeschichten aus, aus denen nach und nach die einzelnen Organe entstehen. So bilden sich am 20. Tag zu beiden Seiten der späteren Wirbelsäule würfelförmige Gebilde aus, die Somiten. Aus ihnen entsteht die Wirbelsäule mit der zugehörigen Muskulatur. Zur gleichen Zeit ist schon ein einfaches Kreislaufsystem vorhanden. Das Herz schlägt ab der vierten Woche. Eine in Somiten gegliederte Schwanzanlage ist in dieser Zeit noch deutlich zu erkennen, bildet sich jedoch in der weiteren Entwicklung zurück. Ab der fünften Woche wächst infolge der verstärkten Gehirnentwicklung vor allem der Kopf des Embryos. Jetzt beginnt auch die Differenzierung der Extremitäten. Ab der sechsten Woche werden die Fingerstrahlen sichtbar, der Gehörgang wird angelegt und die Netzhaut der Augen bildet sich.

Etwa acht Wochen nach der Befruchtung sind alle Organe des Kindes angelegt. Der etwa vier Zentimeter große Keim wird nun als **Fetus** bezeichnet. Am Ende des vierten Monats ist er bereits 16 Zentimeter groß und etwa 150 Gramm schwer. Während des fünften und sechsten Schwangerschaftsmonats reifen die Organe weiter und werden funktionsfähig. Da auch die Muskulatur immer kräftiger wird, kann die Schwangere nun die Bewegungen ihres Kindes deutlich wahrnehmen. In den letzten zwei Monaten nimmt der Fetus weiter an Größe und Masse zu. Dadurch werden die inneren Organe der Frau stark zusammengedrückt. Dies kann zu Atemnot, Rückenschmerzen und häufigem Harndrang führen. Gegen Ende der etwa 280-tägigen Schwangerschaft wiegt der Fetus zwischen drei und vier Kilogramm und ist etwa 50 Zentimeter groß. Er hat sich mit dem Kopf nach unten gedreht und ist nun zur Geburt bereit.

1 Wende das Basiskonzept Fortpflanzung auf den Menschen an. Verfasse dazu einen kurzen passenden Lexikoneintrag.

2 Lege eine Tabelle an, in der du die neun Schwangerschaftsmonate und die wichtigsten Entwicklungsschritte beim Menschen einträgst. Nutze dazu auch die Abbildung 2 und recherchiere weiteres Material in Fachbüchern oder dem Internet.

3 Trage Material aus der Zeit deiner eigenen Embryonalentwicklung oder der deiner Geschwister zusammen. Nutze zum Beispiel den Mutterpass oder Ultraschallbilder. Berichte.

4 Erstellt in Gruppenarbeit eine Collage zum Thema »Gesundheit von Mutter und Kind während der Schwangerschaft«. Stellt hier Beispiele für richtiges Verhalten und Gefahren in der Schwangerschaft vor.

Monat	1.	2.	3.	4.	5.	6.	7.	8.	9.	10.
Körpermasse in g	6	12	41	175	500	800	1300	2300	2900	3500
Körperlänge in cm	1	4	9	16	25	30	35	40	45	51
Sexualorgane			- - -	- - -	- - -	- - -	- - -	- - -	- - -	- - -
Niere		- - -	- - -	- - -	- - -	- - -	———	———	———	———
Kopf	- - -	- - -	- - -	- - -	- - -	- - -	———	———	———	———
Lunge		- - -	- - -	- - -	- - -	- - -	———	———	———	———
Leber		- - -	- - -	———	———	———	———	———	———	———
Herz	- - -	- - -	- - -	———	———	———	———	———	———	———
Gehirn		- - -	- - -	- - -	- - -	- - -	- - -	- - -	- - -	- - -
Gliedmaßen	- - -	- - -	- - -	- - -	- - -	- - -	———	———	———	———
Gesicht			- - -	- - -	- - -	- - -	———	———	———	———

- - - - - Beginn der Entwicklung und weitere Ausprägung
——— voll entwickelt vorliegende Organe

2 Embryonalentwicklung

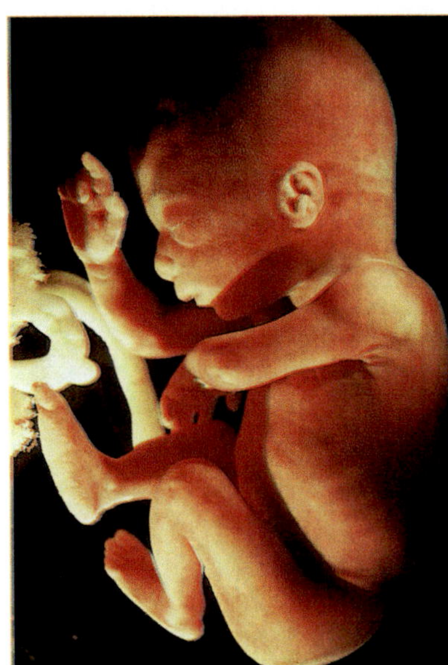

3 Geburtsreifer Fetus

Streifzug durch die Politik und Ethik | Schwangerschaftsabbruch

Es gibt Frauen, die durch eine ungewollte Schwangerschaft in eine schwierige Lage kommen. Sie wollen oder können ihr Kind aus verschiedenen Gründen nicht austragen und anschließend versorgen. Ein solcher Fall kann zum Beispiel vorliegen, wenn die Frau vergewaltigt und dann schwanger wurde. Es kann auch sein, dass ein Kind die persönliche Lage der Mutter unzumutbar belasten würde, etwa wenn diese selbst noch sehr jung ist. Manchmal kann eine Schwangerschaft sogar die Gesundheit oder das Leben der Mutter bedrohen. In anderen Fällen lässt sich schon zu Beginn einer Schwangerschaft feststellen, dass das Kind so unheilbar krank ist, dass es sich im Mutterleib nicht weiter entwickeln würde oder dass es nach der Geburt an einer unheilbaren schweren Erbkrankheit leiden wird.

In einer solchen oder ähnlichen Situation kann sich die Frau für einen Schwangerschaftsabbruch, eine Abtreibung entscheiden. Nach § 218 des Strafgesetzbuches gelten dabei in Deutschland folgende Bestimmungen: Der Abbruch einer Schwangerschaft ist gesetzwidrig. Trotzdem ist eine Abtreibung unter bestimmten Bedingungen straffrei. Die betroffene Frau muss sich dazu zuerst von ihrem Arzt oder ihrer Ärztin die Schwangerschaft bestätigen lassen. Anschließend muss sie eine anerkannte Beratungsstelle aufsuchen.

In diesem Gespräch werden Möglichkeiten aufgezeigt, sich trotz schwieriger äußerer Umstände für ein Kind zu entscheiden. Aber auch die Folgen eines Abbruchs und das Lebensrecht des ungeborenen Kindes werden dabei diskutiert. Ungeborenes Leben steht unter dem besonderen Schutz des Staates, seine Vernichtung ruft zahlreiche ethische und religiöse Bedenken hervor. Beratungsstellen sollen aber auch konkrete Hilfen und Wege aufzeigen. Sie klären zum Beispiel über Rechtsansprüche und finanzielle Hilfen auf, die Mutter und Kind in der Zukunft entlasten können. Die Beratungsstelle gibt der Schwangeren eine schriftliche Bestätigung über die Durchführung des Beratungsgespräches. Nun steht die Frau vor der schwierigen Entscheidung, ob sie das Kind aufgrund des Beratungsgespräches doch austragen will oder sich entschließt, den Schwangerschaftsabbruch tatsächlich durchzuführen. Entscheidet sie sich für die Abtreibung, muss sie den Nachweis über das Beratungsgespräch ihrem behandelnden Arzt vorlegen. Zu diesem Zeitpunkt darf die Empfängnis nicht länger als 12 Wochen zurückliegen. Bei einem Schwangerschaftsabbruch entfernt der Mediziner unter Narkose den Embryo mit allen embryonalen Hilfs-organen aus der Gebärmutter. Der Keim stirbt dabei ab. Besteht die Schwangerschaft erst seit sehr kurzer Zeit, kann ein Abbruch auch mit Medikamenten unter ärztlicher Aufsicht durchgeführt werden. Diese so genannten Abtreibungspillen lösen eine Regelblutung aus und der Keim kann sich gar nicht erst einnisten.

1 Diskutiert, welche Faktoren für die Unterschiede in der Abbildung 2 verantwortlich sein könnten.

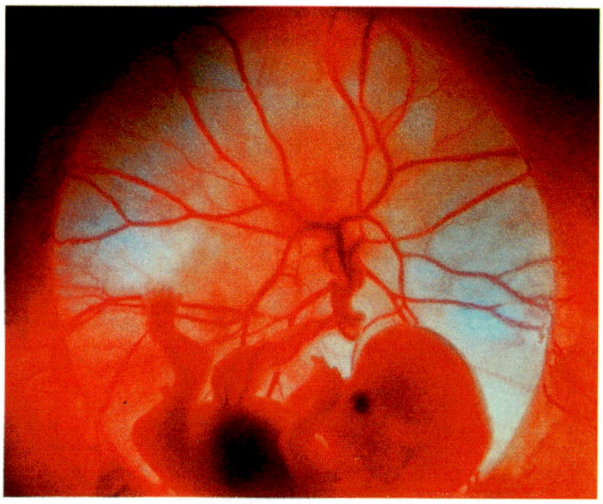

1 **Gesunder menschlicher Embryo mit 11 Wochen**

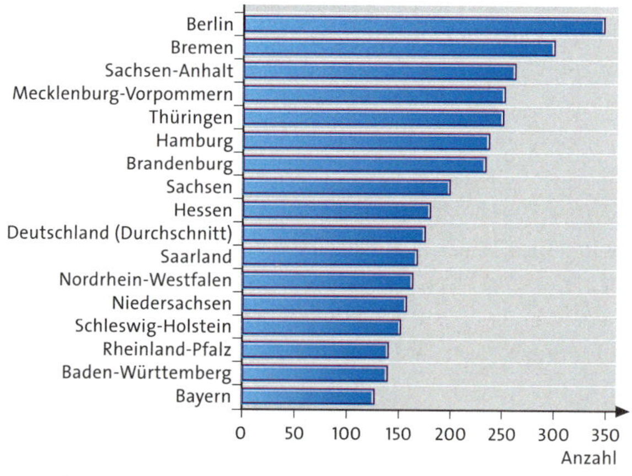

2 **Anzahl der Abtreibungen je 1000 Geburten**

Streifzug durch die Medizin | Reproduktionsmedizin

Ungewollt kinderlos – von diesem Schicksal ist in Deutschland fast jedes achte Paar betroffen. Immer häufiger wenden sich Betroffene an Fachärzte, um sich ihren Kinderwunsch dennoch zu erfüllen. Allein in Deutschland werden jährlich 2500 Kinder geboren, bei denen technologisch nachgeholfen wurde. Die Ursachen für Kinderlosigkeit sind vielfältig. Umweltbelastungen, Stress, vorausgegangene Infektionen, angeborene Störungen, Hormonmangel, zu wenige oder fehlgebildete Spermienzellen, ein unregelmäßiger Eisprung und verschlossene Spermien- oder Eileiter sind nur einige Beispiele.

Die moderne Medizin bietet viele Möglichkeiten, um Paaren mit Kinderwunsch zu helfen. Neben operativen Eingriffen lassen sich auch Methoden wie die **In-vitro-Fertilisation (IVF)**, anwenden. Hierbei werden die Eizellen der Frau außerhalb des Körpers mit den Spermienzellen des Mannes befruchtet. Die Behandlung umfasst sieben Phasen: Zuerst werden die Eierstöcke durch Hormongaben angeregt, mehrere Eizellen zu bilden. Über Ultraschall lässt sich die Eireifung überwachen und der günstigste Zeitpunkt zur Entnahme der Eizellen bestimmen. Mit einem weiteren Hormon löst man einen Eisprung aus und kann operativ die Eizellen entnehmen. Parallel gewinnt man für jede Eizelle rund 100 000 Spermienzellen. Beides wird zusammen für 24 Stunden in einen Brutschrank gestellt. Ist eine Befruchtung erfolgt, wählt man maximal drei Zygoten aus und kultiviert sie wieder für 48 Stunden im Brutschrank. Sie werden im 8- Zellstadium über einen feinen Katheter in die Gebärmutterhöhle übertragen. Meist schließt sich eine weitere Hormonbehandlung an, um das Einnisten des Embryos zu fördern. Trotzdem führt nur jede vierte bis fünfte Embryonenübertragung zum Erfolg.

Eine weitere Methode ist die **Mikroinjektion.** Hierbei wird eine einzelne Spermienzelle mit einer extrem feinen Kanüle direkt in das Innere einer Eizelle injiziert wird. Der Embryo wird dann wie bei der IVF in die Gebärmutter eingesetzt.

1 Erläutere anhand der Abbildung 1 die In-vitro-Fertilisation.

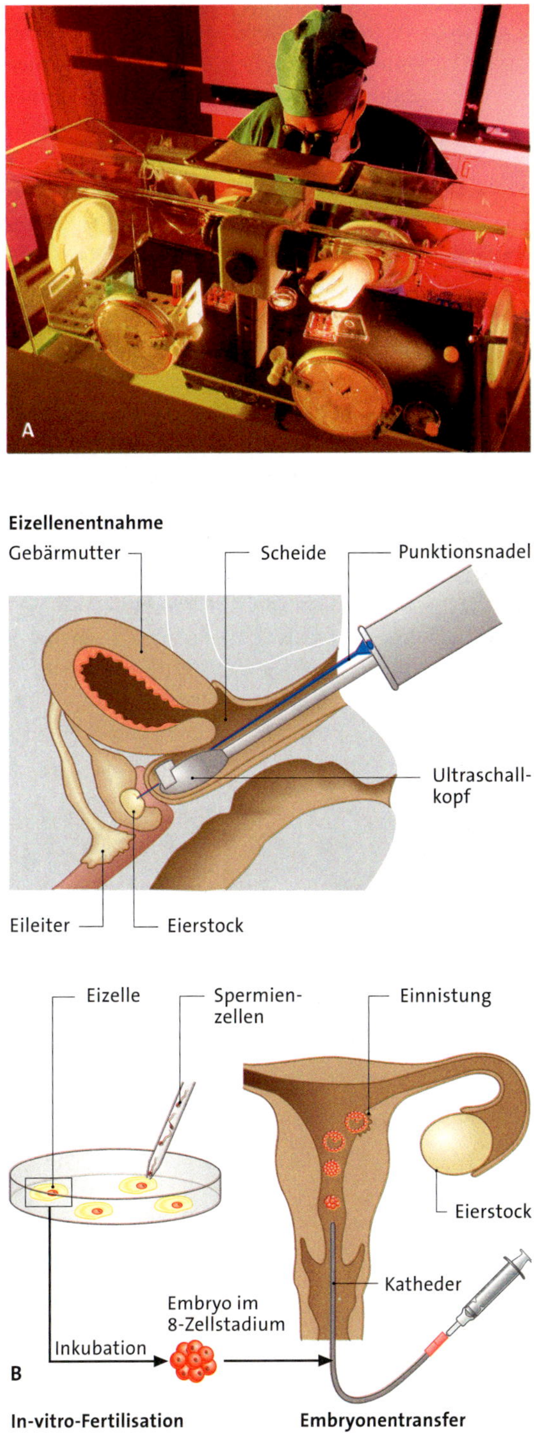

1 Ablauf der IVF. A Technische Ausstattung; **B** Schema

1.2 Die Geburt

Nach etwa 280 Tagen der Entwicklung im Mutterleib ist das Kind geburtsreif. Schon drei Wochen vor der eigentlichen Geburt verändert es seine Lage. Es liegt nun mit dem Kopf nach unten, eng angelegten Beinen und Armen in der Gebärmutter. Diese senkt sich durch kurze Senkwehen schon tiefer in den Beckenraum.

Der eigentliche Geburtsvorgang kündigt sich durch **Wehen** an. Dabei zieht sich die Muskulatur der Gebärmutter krampfartig zusammen und entspannt sich danach wieder. Nach einem meist unregelmäßigem Beginn kommen die Wehen in Intervallen von etwa 15 Minuten. Dabei wird das Kind in Richtung Gebärmutterhals und Muttermund geschoben, der sich nun schrittweise von wenigen Millimetern auf etwa zehn Zentimeter öffnet. In dieser mehrere Stunden dauernden **Eröffnungsphase** platzt auch die Fruchtblase und das Fruchtwasser läuft durch die Scheide ab.

In der darauffolgenden **Austreibungsphase** werden die Wehen stärker und die Abstände zwischen ihnen verkürzen sich. Durch einige besonders kräftige Presswehen wird das Kind durch den engen Geburtskanal zwischen den Beckenknochen der Mutter in die Scheide gepresst. Diese schwierige Phase kann die Gebärende durch eine bestimmte Atemtechnik und zusätzliche Anspannen der Bauchdecke unterstützen. Sobald der Kopf des Kindes durch die Scheide tritt, ergreift ihn die Hebamme oder der Arzt, um auch den Körper durch eine vorsichtige Drehung aus dem Geburtskanal zu ziehen. Das Kind ist nun geboren und beginnt selbstständig zu atmen. Die Nabelschnur wird abgeklemmt und durchtrennt, nachdem der Säugling sich ausruhen durfte.

Etwa eine halbe Stunde später folgt die letzte Geburtsphase, die **Nachgeburt.** Hier wird die Plazenta mit der Nabelschnur und den Resten der embryonalen Hilfsorgane ausgestoßen.

Sind bei einer Geburt ernste Komplikationen zu erwarten, zum Beispiel eine ungünstige Lage oder ein Sauerstoffmangel, muss die Geburt durch einen operativen Eingriff erfolgen. Bei einem solchen *Kaiserschnitt* werden Bauchdecke und Gebärmutter unter Narkose geöffnet, um das Kind auf diesem Weg zur Welt zu bringen.

1 Beschreibe den Ablauf einer Geburt.

2 Erkundige dich, welche Untersuchungen gleich nach der Geburt mit einem Neugeborenen gemacht werden. Berichte.

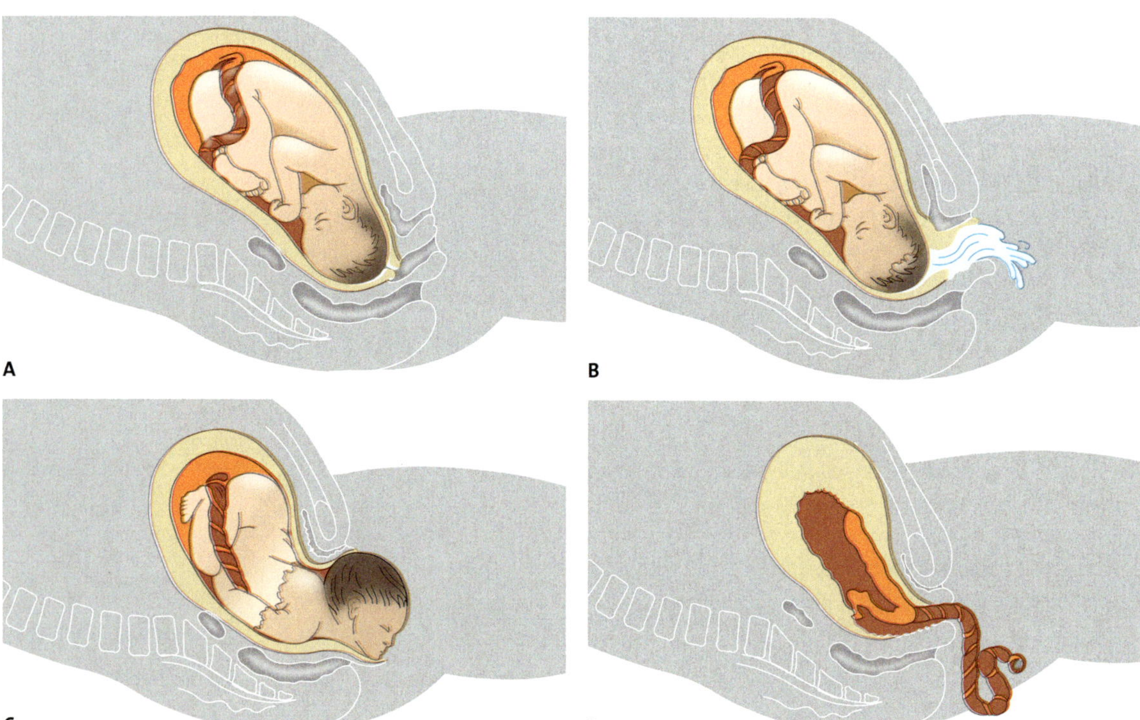

1 Ablauf der Geburt

1.3 Vom Säugling zum Kleinkind

Nach der Geburt ist der Säugling auf die Fürsorge seiner Eltern angewiesen. Ohne Pflege, Aufmerksamkeit und Zuwendung wäre er nicht lebensfähig. Direkt nach der Geburt verfügt das Baby über einige angeborene Verhaltensweisen, die es nicht erlernen muss. Zu diesen zählen zum Beispiel der Saug- und Greifreflex sowie das Schreien. In den ersten Wochen ernährt die Mutter den Säugling meist durch Stillen mit Muttermilch. Diese liefert alle notwendigen Stoffe für die Entwicklung und das Wachstum. Sie ändert sich sogar in ihrer Zusammensetzung mit dem Älterwerden des Säuglings. Trotzdem genügt es nicht, einen Säugling sauber zu halten und mit Nahrung zu versorgen. Für eine gesunde körperliche und geistige Entwicklung braucht er vor allem feste Bezugspersonen, im Regelfall seine Eltern. Um mit ihnen Kontakt aufzunehmen, haben Säuglinge schon ein erstaunliches Repertoire an Verhaltensweisen: Sie erkennen bereits kurz nach der Geburt die Stimme ihrer Mutter und betrachten aufmerksam Gesichter. Im ersten Monat geben sie bereits gurrende Laute von sich und können Menschen anlächeln. Im zweiten Monat beginnt ein Säugling zu lachen und ab dem vierten Monat wendet er sich Stimmen zu und lacht laut. Eine Trennung von den festen Bezugspersonen kann schwere seelische Entwicklungsstörungen auslösen.

In den ersten Wochen nach der Geburt schläft der Säugling noch viel. Mit zunehmendem Alter werden die Wachphasen jedoch länger und das Kind nimmt seine Umwelt immer aufmerksamer wahr. So kann es zum Beispiel im dritten Monat schon den Kopf in Bauchlage anheben, später auch den Oberkörper auf die Arme stützen. Ab dem fünften Monat drehen sich Säuglinge im Liegen um und mit einem halben Jahr können sie schon ohne Hilfe sitzen. Die motorische Entwicklung erfolgt so rasant, dass Säuglinge nach zehn Monaten mit dem Pinzettengriff greifen und nach einer kurzen Krabbelphase mit elf Monaten schon stehen sowie wenig später die ersten Schritte laufen können.

Auch in der Sprachentwicklung gibt es im ersten Lebensjahr Fortschritte. Dabei spielen die Reifung des Gehirns und die Entwicklung zahlreicher Synapsen eine große Rolle. Aus ersten plappernden Lauten und Silben bilden sich erste Worte wie Mama und Papa. Mit etwa neun Monaten verstehen Säuglinge schon etwa 60 Begriffe und mit etwa 24 Monaten können sie selbst rund 50 Wörter sprechen, wobei der Wortschatz dann deutlich zunimmt. In dieser Zeit wird aus dem Säugling ein Kleinkind, das mit zwei Jahren ein ausgeprägtes Ich-Bewusstsein ausbildet und erste soziale Kontakte zu Gleichaltrigen zum Beispiel beim gemeinsamen Spielen eingeht. Eltern können diese Entwicklungsprozesse unterstützen, wenn sie sich viel Zeit für ihr Kind nehmen, mit ihm spielen und ihm die Umwelt zeigen und erklären.

1 Erstelle eine Tabelle, in der du die Monate des ersten Lebensjahres und die Abschnitte der Kindesentwicklung zusammenfasst. Arbeite mit dem Lehrbuch und mit Fachliteratur oder dem Internet.
Wenn es Fotos von dir aus diesen Entwicklungsabschnitten gibt, könntest du damit deine Übersicht ergänzen.

2 Begründe, warum das Stillen für Säuglinge so wichtig ist.

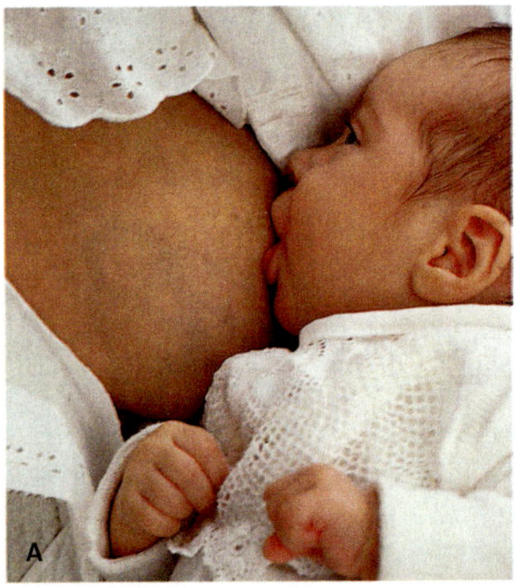
A

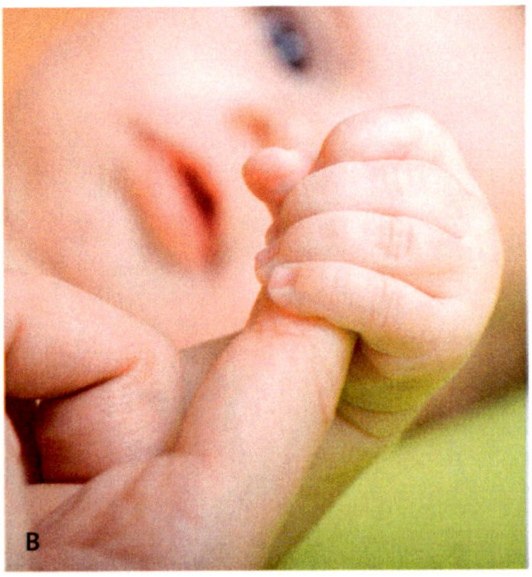
B

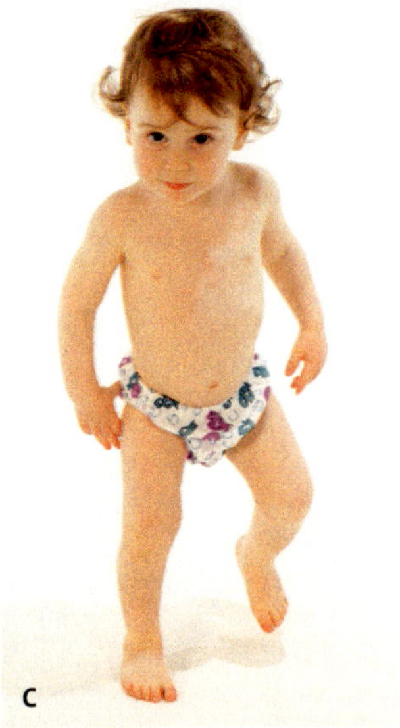
C

1 Verhaltensweisen eines Säuglings. **A** Saugreflex; **B** Greifreflex; **C** erste Schritte

1.4 Vom Kleinkind zum Greis

In jeder Minute werden weltweit etwa 250 Kinder geboren. Ein Mädchen, das heute in Deutschland zur Welt kommt, hat gute Chancen etwa 100 Jahre alt zu werden. Ein Junge könnte etwa 94 Jahre erreichen. Im Laufe des Lebens verändern sich Körper und Verhalten, man wird älter. Die gesamte Entwicklung eines Menschen von der Befruchtung der Eizelle bis zum Tod bezeichnet man als **Individualentwicklung.** Welche biologischen und sozialen Entwicklungsphasen werden dabei durchlaufen?

Die *vorgeburtliche Entwicklung* im Mutterleib dauert etwa neun Monate. In dieser Zeit entsteht aus einer befruchteten Eizelle ein vollständig ausgebildetes menschliches Lebewesen mit etwa 50 Zentimetern Körperlänge und einer Körpermasse von über drei Kilogramm. Es besteht zum Zeitpunkt der Geburt bereits aus hundert Billionen Zellen, die mehr als 200 verschiedene Formen aufweisen. Mit der *Geburt* beginnt die eigenständige Entwicklung des Menschen.

Die erste Etappe der *Kindheit* ist das *Säuglingsalter,* das mit etwa einem Jahr endet. Eine Fülle von neuen Anforderungen und Informationen strömt auf den Säugling ein und muss von ihm verarbeitet werden. Neben einigen angeborenen Verhaltensweisen sind es vor allem Lernvorgänge, die die weitere Entwicklung beeinflussen. So führt ein Säugling mit dem Älterwerden immer gezieltere Bewegungen aus. Er lernt krabbeln, laufen und entwickelt sich zum *Kleinkind.* Auch geistige Fähigkeiten wie das Ich-Bewusstsein, Sprechen und Verstehen werden weiter geübt und entwickeln sich. Mit vier Jahren umfasst allein der Wortschatz schon fast 8000 Worte und es hat sich ein Zeitverständnis ausgebildet. Der Körper wird immer besser beherrscht und es wird soziales Verhalten im Spiel mit Gleichaltrigen gelernt.

Eine weitere wichtige Etappe der Kindheit beginnt mit dem Schuleintritt mit etwa sechs Jahren. Als *Schulkind* kommen immer neue Fähigkeiten und Fertigkeiten hinzu. Das Kind lernt Lesen, Schreiben und Rechnen und kann sich problemlos große Datenmengen merken.

Die anschließende *Jugendphase* ist der Zeitraum, in dem aus Kindern Erwachsene werden. Diese Zeit wird vor allem durch Erreichen der Geschlechtsreife geprägt, in der erhebliche körperliche und psychische Veränderungen eintreten. Sie ist aber auch durch eine hohe Lernfähigkeit, Kreativität und komplexe Denkvorgänge geprägt. Jungen und Mädchen erleben einen Wachstumsschub, bei dem Knochen, Muskeln, Herz, Lunge und andere Organe noch einmal kräftig wachsen. Viele körperliche Veränderungen werden von Sexualhormonen angeregt und gesteuert. Sie bewirken die Ausbildung der sekundären Geschlechtsmerkmale, lassen die Geschlechtsorgane heranreifen und lösen seelische Veränderungen aus. Auch im Gehirn finden tiefgreifende neuronale Umstrukturierungen statt. Nicht mehr benötigte Synapsen werden abgebaut und die Feinabstimmung zwischen den einzelnen Arealen verbessert sich, so etwa kognitive Leistungen wie Sprachkompetenz, Kombinationsfähigkeit und logisches Denken. Als Jugendlicher betrachtet man sich und seine Umwelt kritischer, stellt überlieferte Werte in Frage und fühlt sich oft unverstanden. Konflikte mit Erwachsenen werden häufiger, die Stellung im Freundeskreis immer wichtiger. Am Ende der Pubertät kann das Sozialverhalten meist gut gesteuert werden und es hat sich ein Gefühl für moralisches

Kleinkind 18 Monate | 3 Jahre | Schulkind 6 Jahre | Jugendliche 14 Jahre | Erwachsener 20 Jahre

1 Vom Kleinkind zum Erwachsenen

Handeln entwickelt. Da sich das Einsetzen der sexuellen Reife in den letzten Jahrzehnten etwas nach vorne verschoben hat und die schulische Ausbildung relativ lange dauert, hat sich die Jugendphase verlängert.

Mit etwa 20 Jahren sind die Wachstumsprozesse endgültig abgeschlossen, der Mensch ist körperlich voll entwickelt. Sozial gesehen befindet er sich nun in der Phase des *Erwachsenseins.* In dieser Zeit ist er besonders leistungsfähig und kann sein Leben selbstverantwortlich gestalten und für andere Verantwortung übernehmen. Er ist nicht nur in der Lage, sich fortzupflanzen, sondern gleichzeitig auch eine Familie zu gründen und sie zu versorgen. Zahlreiche Entscheidungen für Lebensplanung und berufliche Entwicklung stehen in dieser Phase an. Der erwachsene Körper verändert sich verhältnismäßig langsam. Dennoch kommt es bereits zu *Alterungsprozessen.* Dabei altert jedes Organ des Körpers nach einer eigenen, biologischen Uhr. Der Verschleiß an Knorpelmasse und die damit verbundene Abnahme der Gelenkflüssigkeit führt schon zwischen dem 20. und 30. Lebensjahr zu einer geringeren Beweglichkeit. Der Verlust von Calcium lässt die Knochen altern, sie werden ab dem 40. Lebensjahr anfälliger für Brüche. Einzelne Haare lagern keine Pigmente mehr ein und werden langsam grau. Auch die Linse im Auge verliert an Brechkraft, sodass ab dem 40. Lebensjahr Altersweitsichtigkeit auftreten kann. Die Arterienwände werden unelastischer und dicker, womit sich vor allem bei Männern das Infarktrisiko erhöht. Frauen sind durch ihre Sexualhormone besser vor einem Herzinfarkt geschützt. Erst mit den Wechseljahren, die meist zwischen dem 45. und 50. Lebensjahr beginnen, lässt dieser Schutz nach, weil die Hormonproduktion langsam eingestellt wird. Damit sind Frauen auch nicht mehr fortpflanzungsfähig. Männer bleiben bis ins hohe Alter zeugungsfähig. Der weitere Verschleiß des Körpers zeigt sich an der Rückbildung von Muskeln und dem Nachlassen der Spannkraft der Haut – sie wird faltig. Auch das Gehirn ist nun immer weniger leistungsfähig. Die Synapsendichte nimmt kontinuierlich ab und die Hirnrinde wird dünner. Erste Anzeichen dieses Alterungsprozesses lassen sich noch durch Erfahrung und Routine kompensieren. Allerdings nimmt die Zahl der Nervenzellen trotzdem weiter ab. Die Funktionen der Sinnesorgane und des Immunsystems verschlechtern sich ebenfalls. Zum Beispiel lassen Hörsinn und Tastsinn im Alter nach. Das Gleichgewichtsorgan wird jedoch sensibler, es wird einem schneller schwindlig. Die Fähigkeit, ein Leben lang lernen zu können, ermöglicht es den Menschen bis ins hohe Alter geistig fit zu bleiben. Dazu muss man das Lernen aber immer wieder trainieren. Moderne Medizin und Altersvorsorge ermöglichen vielen Menschen auch im hohen Alter ein erfülltes Leben.

Trotz aller technischen Fortschritte wie Herzschrittmachern oder künstlichen Gelenken, darf jedoch nicht vergessen werden, dass unser Altern einem genetischen Programm folgt. Es ist also biologisch normal, dass immer mehr fehlerhafte Zellen entstehen und Reparaturvorgänge langsam zum Stillstand kommen. Diese Mechanismen lassen uns letztendlich nicht ewig leben, sondern führen zum *Tod.* Die maximale Lebenserwartung eines Menschen ist zwar begrenzt, durch die Weitergabe von eigenen Genen und Erfahrungen kann jedoch ein Teil von ihm weiterleben.

1 Die durchschnittliche Lebenserwartung des Menschen ist in den letzten Jahrzehnten deutlich gestiegen. Während sie 1900 noch bei 45 Jahren lag, waren es 1950 schon 65 Jahre und 2000 bereits 78 Jahre. Erläutere mögliche Ursachen für diese Entwicklung.

2 Gene und Erfahrungen lassen sich weitergeben

3 Ein langes Leben – die Französin J. CALMENT wurde 122 Jahre alt

2 Organspenden können Leben retten

2.1 Manchen Kranken kann nur eine Organtransplantation helfen

Verschiedene Erkrankungen können menschliche Organe so schädigen, dass lebensbedrohliche Zustände eintreten. Die Unterfunktionen von Nieren, Leber, Lunge, Bauchspeicheldrüse oder Herz lassen sich dann durch eine medikamentöse Behandlung allein nicht mehr ausgleichen. Diesen Patienten kann geholfen werden, wenn für eine **Transplantation** (lat. *transplantare*, verpflanzen) ein geeignetes Spenderorgan zur Verfügung steht. Die Organtransplantation ist ein medizinisches Verfahren, bei dem einem Spender Organe entnommen und dann auf einen passenden Empfänger übertragen werden.

Vor mehr als 50 Jahren wurde die erste Niere erfolgreich transplantiert. Es folgten einige Jahre später Übertragungen von Bauchspeicheldrüse, Herz, Lunge und Leber. Kurz vor der Jahrtausendwende gelang erstmals eine kombinierte Herz-Lungen-Leber-Transplantation.

Neben der Organspende ist die **Gewebespende** ein weiterer wichtiger Bereich der Transplantationsmedizin. Übertragbare Gewebe wie Hornhäute, Herzklappen, Knochenmaterial oder Haut werden von Mehrorgan-Spendern entnommen und später bei geeigneten Patienten eingesetzt. Ein neuartiges Verfahren ermöglicht eine Übertragung von funktionstüchtigen Leberzellen des Spenders, die dem Empfänger mit einer Nährlösung in das erkrankte Organ gespritzt werden. 2004 konnten so in Deutschland Patienten geheilt werden, die sonst nur mit einer Lebertransplantation überlebt hätten.

Damit eine Organübertragung erfolgreich verlaufen kann, müssen Organspender und Organempfänger in ihren Gewebemerkmalen weitgehend übereinstimmen. Der menschliche Körper reagiert auf ein fremdes Organ grundsätzlich mit einer Abstoßung durch das eigene Immunsystem. Diese Immunantwort wird durch spezielle Medikamente unterdrückt, sodass ein körperfremdes Organ häufig über viele Jahre funktionstüchtig bleiben kann. Die Organempfänger werden nach Transplantationen weiterhin regelmäßig medizinisch kontrolliert und müssen mit den Nebenwirkungen der ständig benötigten Medikamente leben. Da die Nieren als paarige Organe vorliegen und eine funktionstüchtige Niere für den Körper ausreicht, dürfen enge Verwandte eine *Lebendspende*

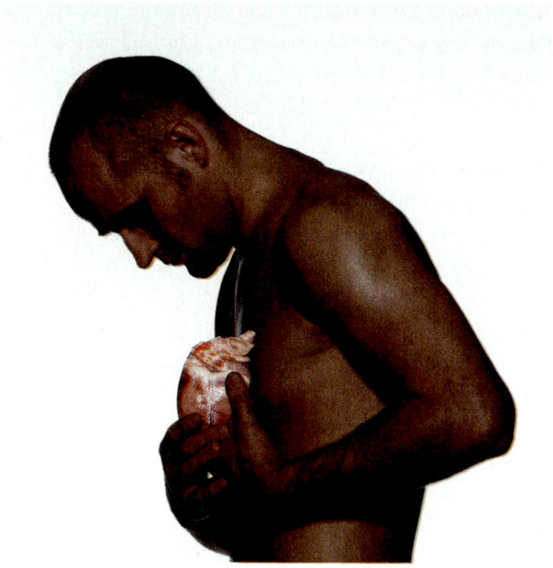

1 Ich hab mein Herz verschenkt

vornehmen. Dabei wird zum Beispiel einem Elternteil eine Niere entnommen und dem Kind transplantiert. In diesem Fall kann die Abstoßungsreaktion wegen der Ähnlichkeit der Gewebemerkmale enger Verwandter fast vollständig entfallen.

Dank des medizinischen Fortschrittes sind die Erfolgsraten bei Transplantationen ständig gestiegen. Beispielsweise sind etwa 87 Prozent der transplantierten Nieren nach einem Jahr noch funktionstüchtig, nach fünf Jahren arbeiten noch etwa 70 Prozent der Spendernieren. Bei der Übertragung der Hornhaut des Auges liegen die Erfolgsraten noch höher. Transplantierte Organe wie Leber, Herz, Lunge und Bauchspeicheldrüse funktionieren nach fünf Jahren noch zu etwa 60 Prozent.

In der Regel stammen Organspenden von Menschen, die zum Beispiel bei Verkehrsunfällen tödlich verunglückt sind. Im **Transplantationsgesetz** von 1997 sind die rechtlichen Grundlagen zur Organspende festgelegt. Aus medizinischer Sicht muss der Organspender bestimmte Bedingungen erfüllen: Es muss sich um einen Patienten handeln, der zu Lebzeiten frei von HIV-Infektionen und Krebserkrankungen gewesen ist. Weiterhin muss der Hirntod vor dem Stillstand des Herz-Kreislaufsystems eingetreten sein. Beim Hirntod, der durch zwei speziell geschulte Ärzte festgestellt werden muss, liegt ein unwiederbringlicher Verlust der Gesamthirnfunktion vor. Das Herz-Kreislaufsystem wird dann künstlich in Gang gehalten, um eine Schädigung der Organe zu vermeiden. Nun beginnt ein genau festgelegter Ablauf, in dem verschiedene Spezialisten mit dem Ziel zusammenarbeiten, die gespendeten Organe mit einer guten Funktion zu übertragen.

Bei der Vermittlung der Organe werden von der europäischen Organvermittlungsstelle Eurotransplant in den Niederlanden die Daten des Organspenders verwendet, um nach festgelegten Merkmalen den geeignetsten Empfänger zu ermitteln. Eurotransplant führt die Wartelisten aus Deutschland, Österreich, Belgien, Luxemburg, Slowenien, Kroatien und den Niederlanden zusammen. Auswahlkriterien für den Empfänger sind unter anderem Blutgruppe, Gewebeeigenschaften, Dringlichkeit und Wartezeit, die je nach Organ verschieden gewichtet werden. Die Organvermittlung richtet sich nach medizinischen Kriterien – sozialer Status, Einkommen und Geschlecht werden nicht berücksichtigt. Da die Wartelisten für Spenderorgane lang sind, sollte sich jeder zu Lebzeiten mit dem Thema Organspende persönlich auseinandersetzen, denn Organe können Leben retten.

1 Recherchiere im Internet nach den Aufgaben der Deutschen Stiftung Organtransplantation.

2 Begründe, warum die Therapie zur Unterdrückung der Abwehrreaktion gegen das Transplantat den Patienten empfindlich gegenüber Infektionskrankheiten werden lässt.

3 Diskutiert in der Klasse, welche Argumente für oder gegen eine Organspende sprechen. Nutze dazu auch den Streifzug auf Seite 238.

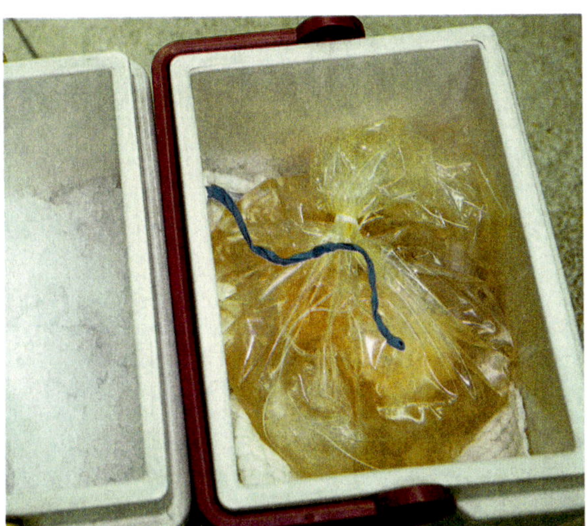

2 **Transportkoffer für Spenderherz**

1. Feststellung des Todes
Zwei Ärzte müssen unabhängig vom Transplantationsteam den endgültigen Verlust der Gehirnfunktion feststellen.

2. Gespräch
Besitzt der Verstorbene keinen Organspendeausweis, werden die Angehörigen gebeten, stellvertretend für ihn zu entscheiden.

3. Medizinische Tests
Der mögliche Spender wird auf Krankheiten untersucht, die Organfunktionen überprüft. Blutgruppe und Gewebemerkmale werden festgestellt.

4. Organvermittlung
Die medizinischen Daten werden an Eurotransplantat übermittelt. Dort werden nach festgelegten Kriterien die optimalen Empfänger gesucht.

5. Vorbereitung der Transplantation
Die ermittelten Empfänger werden benachrichtigt und ihr Gesundheitszustand überprüft.

6. Organentnahme
Ein erfahrenes Ärzteteam entnimmt die Spenderorgane und konserviert sie. Dann werden diese in die Transplantationszentren gebracht.

7. Transplantation
Unmittelbar nach dem Eintreffen im Transplantationszentrum werden den Empfängern die Organe übertragen.

3 **Ablauf einer Organspende**

Streifzug durch die Politik und Ethik – Wer kann Organspender werden?

In Deutschland warteten im Jahr 2006 rund 12 000 Menschen auf ein Spenderorgan – eine Niere, eine Lunge, ein Herz oder eine Bauchspeicheldrüse. Viele von ihnen warten vergebens auf das lebensrettende Organ, denn nur für etwa jeden dritten Patienten kann ein passendes Organ gefunden werden. Jeden Tag sterben drei Menschen von der Warteliste, denen man durch eine rechtzeitige Organspende hätte helfen können. Obwohl in der Bevölkerung das Thema Organspende nach dem Tod auf eine breite Zustimmung stößt, haben nur relativ wenige Menschen ihre Bereitschaft zur Spende mit Angehörigen diskutiert und in einem Organspendeausweis dokumentiert.

In Deutschland regelt das Transplantationsgesetz von 1997, dass nach dem Tod der Person Organe zu Transplantationszwecken entnommen werden können, wenn der Patient zu Lebzeiten sein Einverständnis dazu gegeben und schriftlich festgelegt hat. Dies sollte derjenige mit dem Organspendeausweis dokumentieren und den Ausweis mit sich führen. Die »erweiterte Zustimmungslösung« sieht außerdem vor, dass beim Fehlen einer schriftlichen Stellungnahme enge Angehörige des Patienten nach dessen Tod gemäß dem mutmaßlichen Willen des Verstorbenen entscheiden können, die Organe zur Entnahme freizugeben. Jugendliche können ab dem vollendeten 16. Lebensjahr selbst ihre Bereitschaft zur Organspende erklären, nach dem 14. Lebensjahr ihre Ablehnung dazu dokumentieren. Empfehlenswert ist es, diese Entscheidung mit den Eltern zu besprechen. Das Transplantationsgesetz soll klare gesetzliche Grundlagen schaffen, die Unsicherheiten ausräumen, eine Gleichbehandlung gewährleisten und damit das Vertrauen der Bevölkerung in die Organspende stärken. So ist der von zwei Spezialisten festgestellte Hirntod die medizinische Voraussetzung zur Organspende. Während Herz- und Atemstillstand überwunden werden können, ist der Verlust der Gehirnfunktion endgültig und gilt als sicheres Todeszeichen.

Auch die beiden großen Kirchen Deutschlands haben sich schon 1990 mit den religiösen und ethischen Hintergründen der Organspende befasst. In einer gemeinsamen Erklärung befürworten sie die Organspende, wenn Organhandel ausgeschlossen, die Würde des hirntoten Spenders gewahrt und die Freiwilligkeit bei einer Lebendspende gegeben ist. In der Erklärung heißt es: »Aus christlicher Sicht ist die Bereitschaft zur Organspende nach dem Tod ein Zeichen der Nächstenliebe und Solidarisierung mit Kranken und Behinderten.«

Aufgrund des hohen Bedarfs gibt es eine Art Schwarzmarkt mit Organen, die meist aus Entwicklungsländern stammen. Ein solcher Organhandel ist gesetzlich verboten und alle Beteiligten machen sich dabei strafbar. Eine größere Spendenbereitschaft in unserem Land könnte dazu beitragen, die Wartelisten zu verkürzen und damit den illegalen Organhandel einzudämmen.

1 Informiere dich über die gesetzlichen Regelungen zur Organtransplantation in den Nachbarstaaten Deutschlands.

2 Recherchiere im Internet die Ziele des Vereins »Junge Helden«.

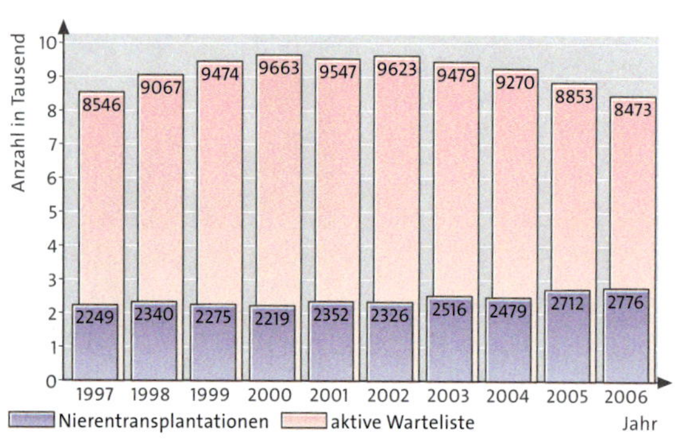

1 Zahl der Nierentransplantationen im Vergleich zum Bedarf in Deutschland

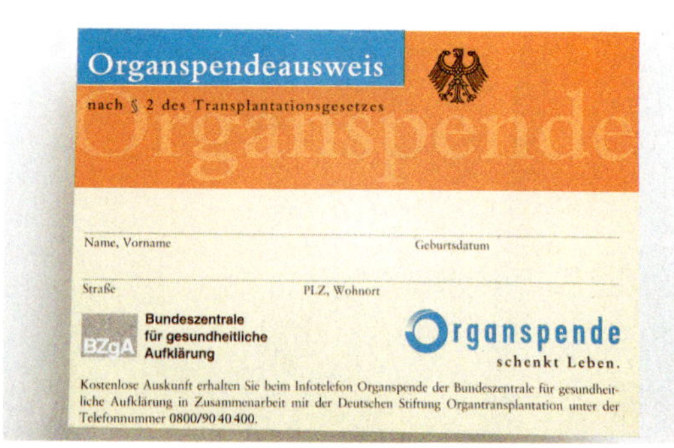

2 Organspendeausweis

2.2 Bei Dialysepatienten funktionieren die Nieren nicht

Der Mensch nimmt Nahrung zu sich und verarbeitet sie. Bei diesen Stoffwechselvorgängen entstehen auch Abfallprodukte, die wieder ausgeschieden werden müssen. Ein wesentlicher Teil dieser Stoffe wird über die **Nieren** aus dem Blut herausgefiltert und mit überflüssigem Wasser später als Harn abgegeben. Ohne die Nieren, die wie eine Kläranlage des Blutes funktionieren, wäre der Körper innerhalb kurzer Zeit tödlich vergiftet.

Die Nieren sind Organe mit einer hohen Stoffwechselleistung und empfindlich gegenüber bestimmten Infektionskrankheiten. Bei einer Blasenentzündung sind Bakterien durch die Harnröhre zur Blase gelangt. Falls es den Krankheitserregern gelingt, durch den Harnleiter weiter zur Niere vorzudringen, kann eine Nierenbeckenentzündung oder sogar eine Nierenentzündung die Folge sein. Dabei ist es möglich, dass Nierengewebe zerstört wird. Auch Vergiftungen des Nierengewebes zum Beispiel durch Medikamente oder Alkohol sowie Nierenkrankheiten führen häufig zu einer dauerhaften Schädigung der Nieren. Eine leichte Beeinträchtigung der Nierenfunktion kann durch eine spezielle eiweiß- und phosphatarme Diät ausgeglichen werden.

Menschen mit sehr schweren Nierenschäden oder Nierenversagen hilft die Transplantation einer gespendeten Niere oder eine künstliche Reinigung des Blutes, die **Dialyse.** Bei dieser Therapie wird das Blut einer Arterie über eine Pumpe in eine Maschine, den *Dialysator,* geleitet. Dort fließt es, umgeben von einer *Dialysemembran,* langsam durch eine Waschflüssigkeit, das *Dialysat.* Dessen Zusammensetzung ist so eingestellt, dass Giftstoffe, Harnstoff, Mineralstoffe und Wasser in der gewünschten Menge aus dem Blut in das Dialysat übertreten. Die Dialysemembran verhindert aufgrund der Porengröße das Übertreten von größeren Blutbestandteilen wie Eiweißmolekülen und Roten Blutzellen. Das gereinigte Blut wird über eine Vene zurück in den Körper des Patienten geführt.

Der Dialysepatient muss für diese Behandlung drei bis vier Mal in der Woche für etwa fünf Stunden zu einer medizinisch betreuten Dialyseeinrichtung, sodass große familiäre und persönliche Einschränkungen und Belastungen auftreten. Bei Kindern kommt das Problem hinzu, dass nur wenige Dialysestationen eine Kinderdialyse anbieten.

Die Dialyse kann die *Nierenfunktion* nur teilweise ersetzen, denn neben der Entgiftung des Blutes haben die Nieren noch weitere zentrale Aufgaben im Körperstoffwechsel. Sie sind von großer Bedeutung für die Regulation des gesamten Wasser- und Mineralstoffhaushaltes, weil der Körper mittels der abgegebenen Harnmenge den Wasserhaushalt steuern kann.

Welche Funktionen übernehmen die Nieren genau, wie sind sie aufgebaut und aus welchen funktionellen Einheiten setzen sie sich zusammen? Die Nieren sind paarig angeordnete Organe, die auf der Körperrückseite oberhalb der Taille liegen. Sie sind etwa sieben Zentimeter groß, bohnenförmig und haben wegen ihrer starken Durchblutung eine dunkelrote Farbe. Nierenarterie und -vene sind direkt an die großen Blutgefäße des Körpers angeschlossen. Im Längsschnitt der Niere erkennt man die außenliegende, hellere *Nierenrinde* und darunter das dunklere *Nierenmark.* Dieses ragt mit seinen kegelför-

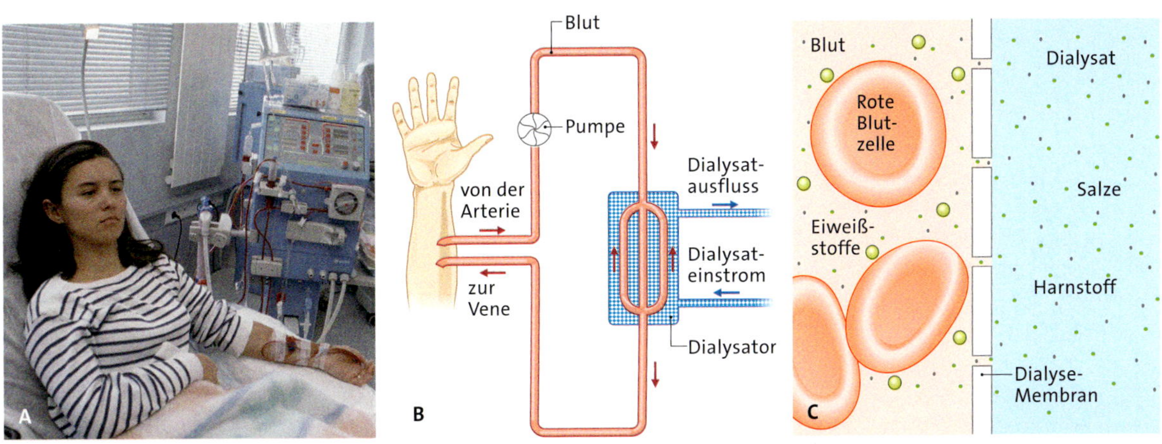

1 Dialyse. **A** Dialysepatientin; **B** Ablauf der Dialyse; **C** Vorgänge an der Dialysemembran migen *Nierenpyramiden* in das *Nierenbecken,* aus dem der *Harnleiter* entspringt und zur Blase führt.

Pro Tag strömen über tausend Liter Blut durch die Nieren. Wie kann dieses kleine Organ die darin mitgeführten Schadstoffe herausfiltern? Jede Niere enthält etwa eine Million funktionelle Einheiten, die **Nephron** genannt werden. Ein Knäuel aus sehr feinen arteriellen Kapillaren liegt in einer doppelwandigen Kapsel, dem **Nierenkörperchen.** Da das Blut durch das enge Kapillarknäuel nur sehr langsam fließen kann, erhöht sich der Blutdruck, und aus dem Blutplasma wird Wasser mit darin gelösten Stoffen durch Poren in den Hohlraum des Nierenkörperchens gepresst. Dieser **Primärharn** enthält Traubenzucker, Mineralstoffe und Harnstoff, ein Abbauprodukt von Proteinen. Größere Blutbestandteile wie Rote Blutzellen und Proteine werden aufgrund der Porengröße zurückgehalten und verbleiben im Blut.

Das folgende **Nierenkanälchen** verläuft in Windungen, die ebenso wie das Nierenkörperchen im Bereich der Nierenrinde liegen. Der gesamte Bereich des Nierenkanälchens ist dicht von Blutkapillaren umsponnen. Schon im kapselnahen Bereich des Kanälchens werden unter Energieaufwand die Stoffe aus dem Primärharn zurückgewonnen, deren Ausscheidung unerwünscht ist: Durch den Rücktransport von Mineralstoffen und Traubenzucker ins Blut wird ein osmotisches Übertreten von Wasser bewirkt, sodass sich die Konzentration der auszuscheidenden Stoffe im Nierenkanälchen erhöht. An die kapselnahen Windungen schließt sich ein Bereich des Kanälchens an, der wie ein zusammengedrücktes »U« erscheint und weit in das Nierenmark hineinreicht. Der absteigende Abschnitt des Kanälchens ist wasserdurchlässig, für Mineralstoffe und Harnstoff aber undurchlässig. Der aufsteigende Abschnitt hingegen ist weitgehend undurchlässig für Wasser, mit Hilfe Energie verbrauchender Transportsysteme können aber Mineralstoffe aus dem Kanälchen in die Umgebung abgegeben werden. Damit steigt dort ihre Konzentration an, sodass aus dem absteigenden Kanälchen Wasser austreten kann. In den kapselfernen Windungen des Nierenkanälchens, die wieder im Bereich der Nierenrinde liegen, und auch im Bereich des Sammelröhrchens findet man weitere Transportstrukturen, sodass dort wiederum Mineralstoffe und Wasser in das Blutgefäßsystem übertreten können.

Die rückgewonnenen Stoffe und das Wasser werden über die Nierenvene wieder dem Körperkreislauf zugeführt. So wird die Menge des Primärharns auf weniger als ein Hundertstel reduziert und ein sehr konzentrierter **Endharn** gebildet. Dieser gelangt über die Sammelröhrchen ins Nierenbecken, wird über den Harnleiter zur Harnblase geleitet und dort gesammelt, bis der Endharn über die Harnröhre ausgeschieden wird. Täglich werden 170 Liter Primärharn gebildet, die etwa 170 Gramm Traubenzucker, 46 Gramm Harnstoff und 1520 Gramm Mineralstoffe enthalten. In den 1,5 Litern Endharn finden sich nur noch 0,5 Gramm Traubenzucker und 18,5 Gramm Mine-

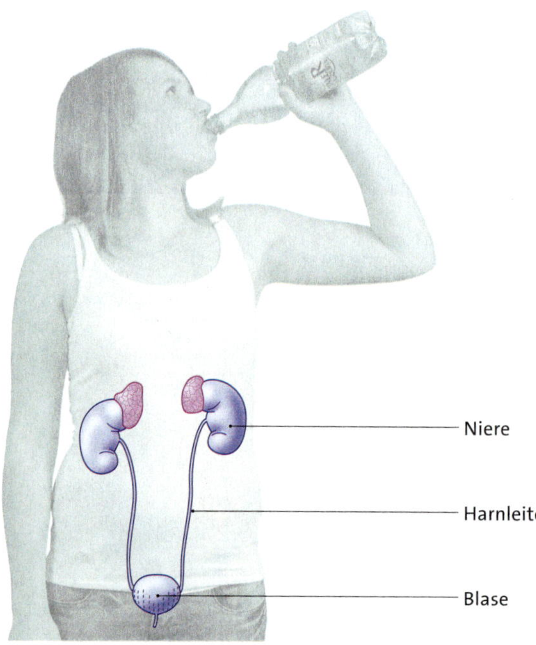

2 Lage der Nieren im Körper

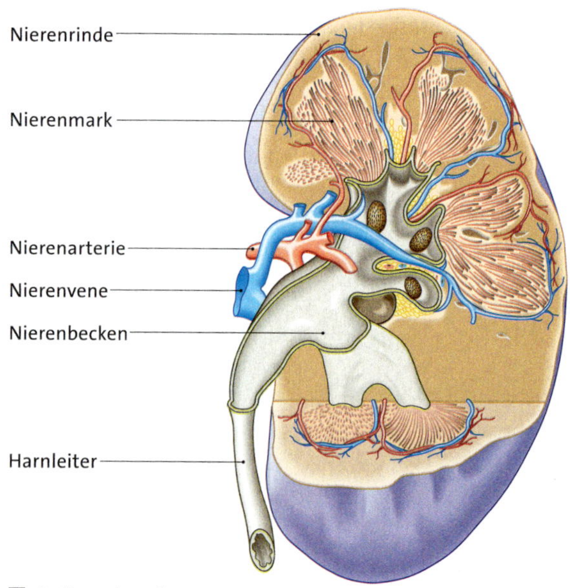

3 Aufbau der Niere

ralstoffe, aber 27 Gramm Harnstoff. Die gelbe Färbung des Endharns entsteht durch die in der Leber gebildeten Abbauprodukte des roten Blutfarbstoffes Hämoglobin, die über die Nieren den Körperstoffwechsel verlassen.

Die Zusammensetzung des Urins dient als Diagnosehilfe für Erkrankungen der Niere oder der Blase. Färbung, Trübung, Geruch, Eiweiß- oder Zuckergehalt erlauben dem behandelnden Arzt Rückschlüsse auf die Art der Krankheit. Außerdem lassen sich Abbauprodukte von Medikamenten, Drogen, Dopingmitteln oder auch Hormone im Urin nachweisen.

Die hohe Durchblutung der Nieren dient drei Zwecken: Täglich werden über eintausend Liter Blut gefiltert und von vielen Abfallstoffen befreit. Über die im Blut mitgeführte Glucose wird die notwendige Energie für die Prozesse bei der Rückgewinnung zugeführt. Der Abtransport der wiedergewonnen Stoffe wird gesichert und sie gelangen zurück in den Körperkreislauf.

Die Nieren haben eine zentrale Funktion in der Aufrechterhaltung des Gleichgewichtes im Mineralstoff- und Wasserhaushalt. Die Menge des zurückgewonnenen Wassers wird durch ein Hormon der Hirnanhangdrüse gesteuert. Es reguliert spezielle Transportsysteme für den Wasserrückfluss. Ist der Wassergehalt des Körpers hoch, muss weniger Wasser rückresorbiert werden. Bei geringem Wassergehalt des Körpers gelangt eine größere Wassermenge ins Blut zurück und zudem produziert die Niere dann einen Botenstoff, der im Zwischenhirn ein Durstgefühl auslöst. Neben dem Wasserhaushalt wird auch der Mineralstoffhaushalt durch die Nieren reguliert. Lebensnotwendige Mineralstoffe werden rückresorbiert und stehen dem Körper erneut zur Verfügung.

1 Beschreibe den Vorgang der Dialyse mit Hilfe der Abbildung 1B und 1C.

2 Beschreibe mit Hilfe der Abbildungen 4 und 5 die Funktion der Nieren.

3 Stelle die Zusammensetzung von Primär- und Endharn als Säulendiagramm dar und vergleiche.

4 Berechne, wie oft im Durchschnitt das Blutvolumen eines Erwachsenen (5 Liter) täglich seine Nieren durchströmt.

5 Erstelle ein Kurzreferat zum Thema »Nierensteine«.

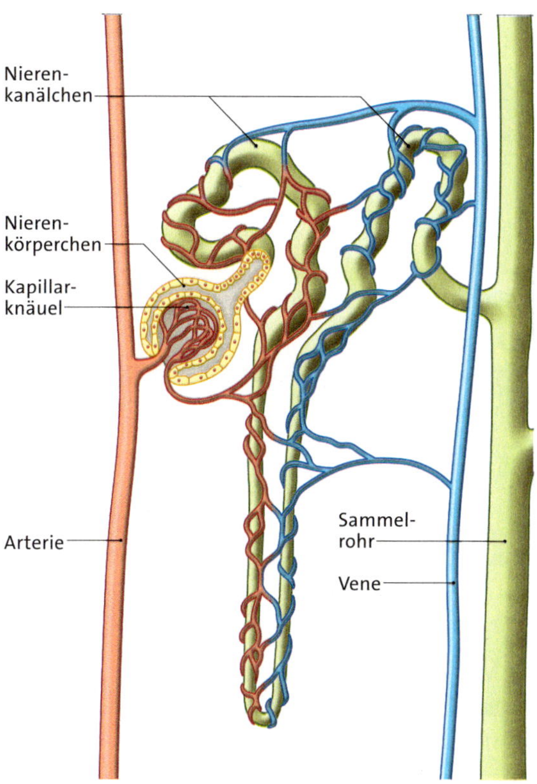

4 Aufbau des Nephrons

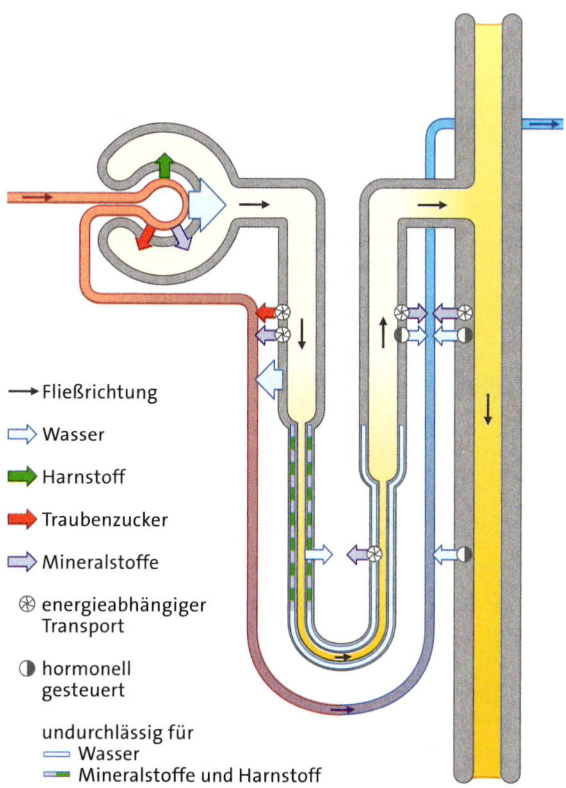

5 Funktionsweise des Nephrons

Zusammenfassung Stationen eines Lebens

Basiskonzept Entwicklung

Die Entwicklung eines Menschen beginnt mit dem Verschmelzen der Erbsubstanz von Eizelle und Spermiumzelle. Dabei werden väterliches und mütterliches Erbmaterial gemischt, es kommt zur Neukombination. Im Anschluss an die Befruchtung teilt sich die Zygote in rascher Folge, sodass nach etwa sechs Tagen ein Bläschenkeim entstanden ist. Nach erfolgreicher Einnistung des Keims in der Gebärmutterschleimhaut, die etwa am achten Tag nach der Befruchtung stattfindet, spricht man von einer Schwangerschaft.

Nach etwa 28 Tagen weist der vier Millimeter große Embryo erste Körperstrukturen auf. So kann man bereits die Anlage für Ohren und Augen im Kopfbereich erkennen. In der 21. Woche misst der Fetus rund 25 Zentimeter, Arme und Beine sind nun voll entwickelt. In den letzten drei Monaten reift das Kind im Mutterleib heran und nimmt etwa pro Monat noch einmal 700 Gramm zu. Nach etwa 40 Wochen ist der Fetus geburtsreif. Die Geburt selbst gliedert sich in drei Phasen: die Eröffnungs-, die Austreibungs- und die Nachgeburtsphase.

Nach der Geburt folgen weitere Phasen in der Individualentwicklung eines Menschen. Zu ihnen zählen die Zeit als Säugling, Kleinkind, Schulkind, Jugendlicher, Erwachsener. Das Säuglingsalter ist durch viel Pflege und Zuwendung durch die Bezugspersonen charakterisiert. Auch im Kleinkind und Schulkindalter spielen zunehmende Erfahrungen eine wesentliche Rolle für die Entwicklung. So werden motorische Prozesse wie Laufen oder Schwimmen ebenso erlernt wie Sprache und Sozialverhalten. Nach der Jugendphase kann man als Erwachsener immer mehr Verantwortung übernehmen und eine eigene Familie gründen. Schon in dieser Phase beginnt der menschliche Körper zu altern. Dabei wird das Altern durch Erbanlagen und Umwelteinflüsse gesteuert. Am Ende der Individualentwicklung steht der Tod.

Basiskonzept Struktur und Funktion

Die Plazenta ist von zahlreichen feinen Blutgefäßen durchzogen, wobei mütterliches und fetales Blut eng aneinander vorbeifließen und ein Stoffaustausch durch die stark vergrößerte Oberfläche stattfinden kann. Nur so kann die Plazenta, ihre zahlreichen Aufgaben erfüllen: Der Embryo nimmt Nährstoffe und Sauerstoff auf und gibt Kohlenstoffdioxid und Abfallstoffe ab. Die Plazenta produziert auch Progesteron, damit kein neuer Follikel reifen kann.

Zusammenhänge zwischen Struktur und Funktion lassen sich bei allen Organen des Menschen finden. Jeder gesunde Mensch besitzt zwei Nieren. Sie bestehen aus der Nierenrinde, in der ein bis zwei Millionen Nephrone liegen, und dem Nierenbecken. Mehr als 1,2 Liter Blut strömen in jeder Minute durch diese Nephrone. Sie trennen kleinere Bestandteile wie Mineralsalze, Aminosäuren, Traubenzucker und Harnstoff von Blutzellen und großen Eiweißmolekülen. Das Filtrat ist der Primärharn. Er fließt ins Nierenbecken. Auf dem Weg durch die Kanälchen werden Wasser, Salze, Zucker und Aminosäuren gezielt entzogen und ins Blut zurückgegeben. Es bildet sich der Endharn.

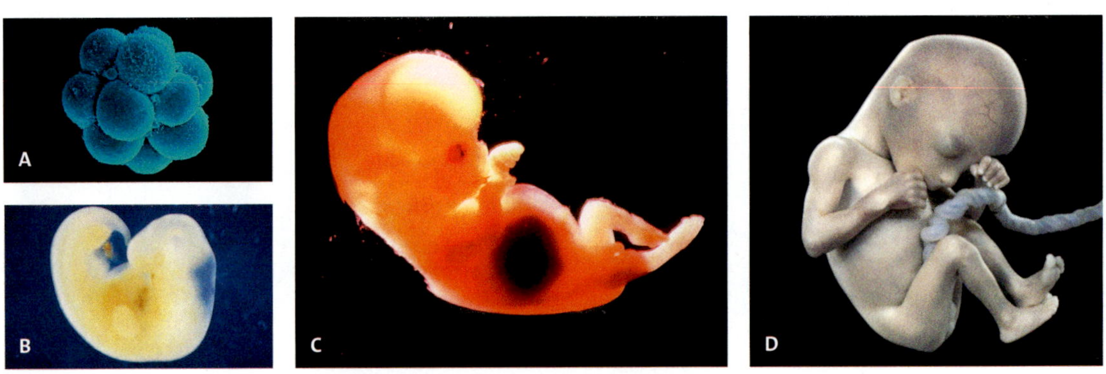

1 Vom Zellhaufen zum Fetus. **A** 16-Zellstadium; **B** 28 Tage alter Embryo; **C** 10 Wochen alter Fetus; **D** Fetus mit 21 Wochen

Wissen vernetzt Stationen eines Lebens

A1 Gelbkörper

Nach einem Eisprung wandelt sich der Follikelrest in den Gelbkörper um. Dieser bildet sich nach etwa zehn Tagen wieder zurück, wenn keine Befruchtung erfolgt.

Aufgaben:

a) Erläutere die Aufgaben des Gelbkörpers im weiblichen Zyklus. Wende dabei das Basiskonzept Steuerung und Regelung an.

b) Begründe, welche Bedeutung der Gelbkörper während einer Schwangerschaft hat.

A2 Embryo

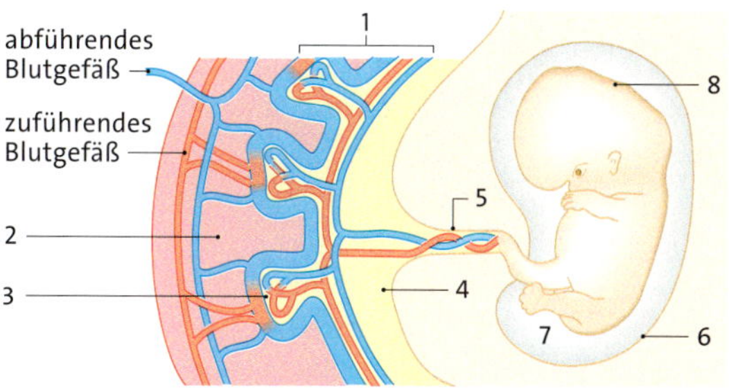

Die Abbildung zeigt einen Embryo mit den mütterlichen Hilfsorganen.

Aufgaben:

a) Ordne den Ziffern die passenden Begriffe zu.

b) Erläutere die Aufgaben der Organe 1, 5 und 6.

c) In der Abbildung sind zwei getrennte Blutkreisläufe zu erkennen, die in engem Kontakt zueinander stehen. Begründe die Trennung der beiden Kreisläufe.

A3 Individualentwicklung

Die Fotos zeigen zwei Entwicklungsphasen aus dem Leben eines Menschen.

Aufgaben:

a) Ordne sie der richtigen Entwicklungsphase zu.

b) Beschreibe die wesentlichen Merkmale dieser Phasen.

A4 Bau der Niere

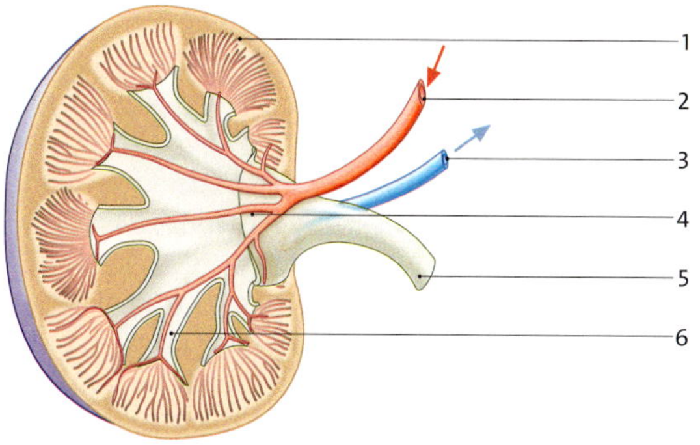

Aufgabe: Benenne die Teile einer Niere und wende das Basiskonzept Struktur und Funktion auf die Niere an.

A5 Funktion der Niere

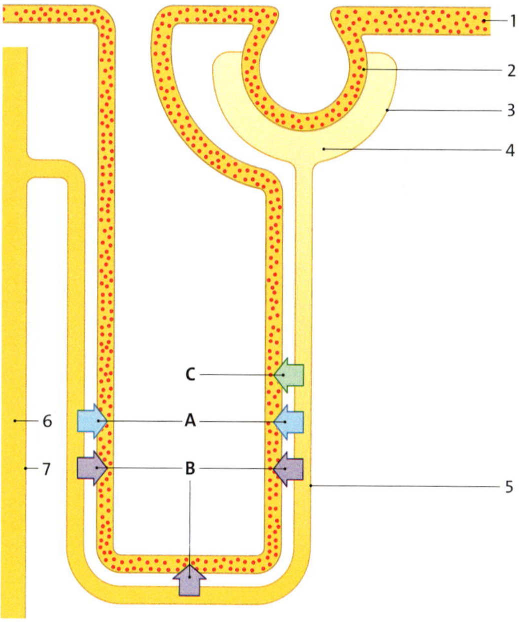

Aufgaben:

a) Ordne den Ziffern die entsprechenden Begriffe zu.

b) Ordne den Pfeilen A, B und C jeweils einen der folgenden Stoffe zu: Glucose, Wasser, Kochsalz.

Grundlagen der Vererbung

Am Anfang stand ein Mönch

Ihren Anfang nimmt die Genetik schon Mitte der 1850er Jahre in einem Augustinerkloster in Brünn, das im heutigen Tschechien liegt.

Recherchiert, was dieses Kloster und der Augustinermönch Gregor Johann MENDEL (1822–1884) mit Genetik zu tun haben. Stellt eure Ergebnisse in geeigneter Form vor.

Erstellt zu zwei anderen Genetikern Steckbriefe, die einige Lebensdaten und ihre Forschungsarbeit vorstellen.

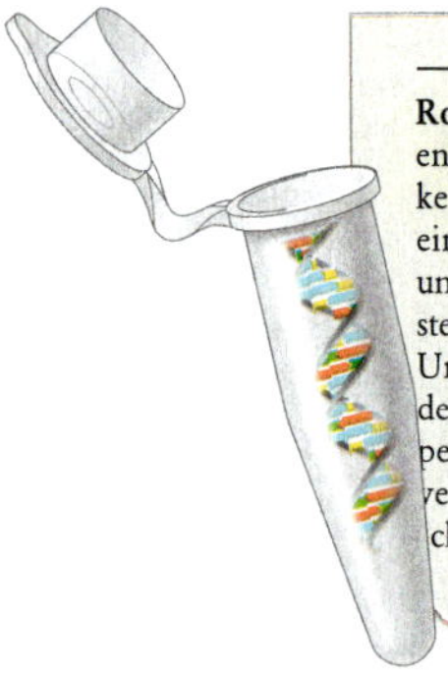

Rotenberg. Beim Einbruch in ein Einfamilienhaus wurde der Einbrecher von der heimkehrenden Tochter überrascht. Es kam zu einem Handgemenge, bevor der Einbrecher unerkannt, aber mit der Beute floh. In Verdacht steht J., ein Jugendlicher aus der Nachbarschaft. Unter den Fingernägeln der Tochter sind bei der Rauferei möglicherweise einige Hautschuppen des Täters hängen geblieben. Die Polizei versucht mit deren Hilfe jetzt, einen genetischen Fingerabdruck des Täters zu erstellen.

Der genetische Fingerabdruck

Informiert euch, wie ein genetischer Fingerabdruck eines Menschen gewonnen wird. Veranschaulicht eure Ergebnisse in Form eines Fließdiagramms.

Entscheidet und begründet dann anhand des Materials, wer der Täter war.

Recherchiert ein aktuelles Bespiel, bei dem diese Methode angewendet wurde. Berichtet.

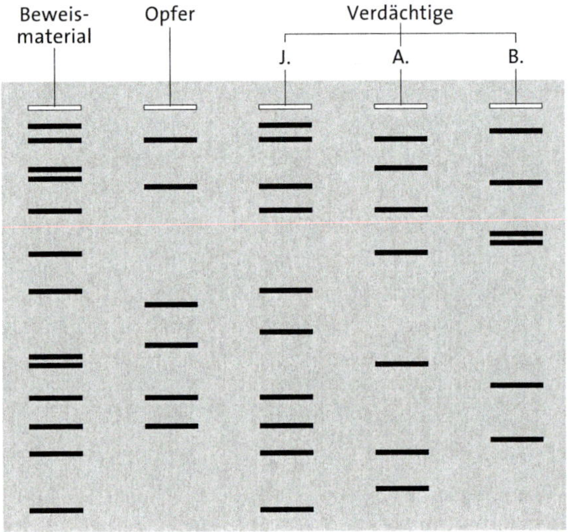

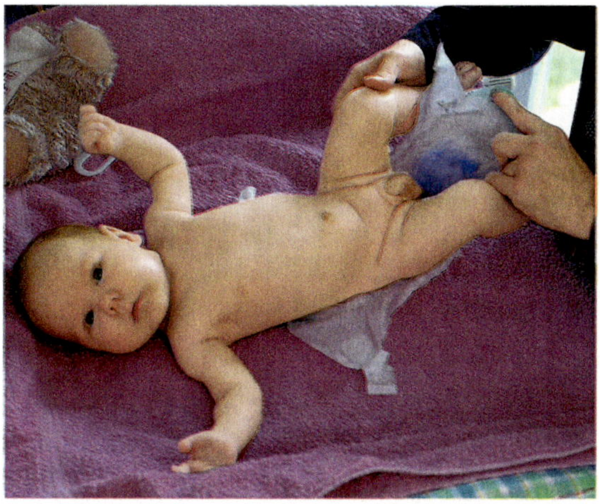

Phenylketonurie ist eine Erbkrankheit

Alle Neugeborenen werden in Deutschland gleich nach ihrer Geburt auf die Erbkrankheit PKU (Phenylketonurie) getestet. Das Foto zeigt zum Beispiel wie sich der Urin auf der Windel mit Hilfe eines Nachweisstoffes blau färbt. Diese Stoffwechselerkrankung beruht auf einem angeborenen Enzymmangel, sodass die Aminosäure Phenylalanin nicht richtig im Körper umgesetzt werden kann. Diese Aminosäure ist in vielen Eiweißstoffen der Nahrung enthalten. Sie wird bei einem Gesunden in Tyrosin, eine weitere Aminosäure umgewandelt. Bei einem PKU-Kranken tritt eine Mutation auf, die das Gen zur Umwandlung von Phenylalanin betrifft. Wird dieser Fehler nicht zeitig genug entdeckt, kommt es zu schwerwiegenden Folgen: Die Aminosäure Phenylalanin reichert sich im Blut an und wird zu einem giftigen Stoff, dem Phenylketon umgesetzt. Dieser Stoff zerstört vor allem Nervenzellen. Es kommt zu schweren Schäden im Gehirn und im gesamten Nervensystem. Sie können zu Lähmungen führen und sind nicht reparabel.

Recherchiert nach Therapien für PKU-Kranke. Prüfe in diesem Zusammenhang, ob Lebensmittelverpackungen (vor allem Süßigkeiten) einen Hinweis auf Phenylalanin enthalten. Begründe, warum diese Kennzeichnung nötig ist.

Zwei phänotypisch gesunde Eltern haben ein PKU-krankes Mädchen. Sie wünschen sich ein zweites Kind.

Plant ein Rollenspiel, in dem ihr mögliche Stammbäume aufstellt und über die Erkrankungswahrscheinlichkeit eines weiteren Kindes beratet. Nutzt dazu das Lehrbuch.

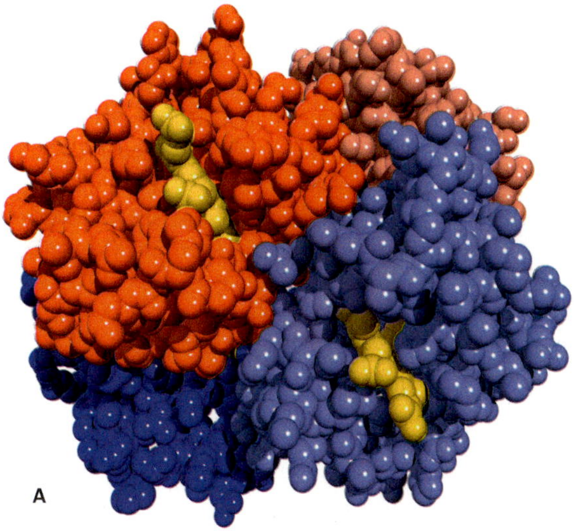

A

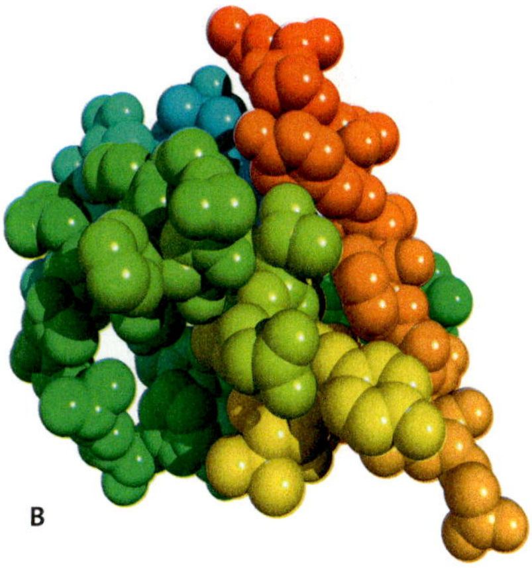

B

Unser Körper ist eine große Eiweißfabrik

Bei den abgebildeten Proteinen handelt es sich um die Eiweißbestandteile des Hämoglobins (**A**) und das Insulin (**B**). Welche Funktionen erfüllen diese Proteine im Körper?

Informiert euch im Lehrbuch, wie der Körper solche Proteine bilden kann. Schreibt dann eine kurze Zusammenfassung als Eintrag für ein Schülerlexikon.

1 Erbanlagen werden von den Eltern weitergegeben

1 **Familienfoto**

Beim Betrachten von Familienfotos fallen oft verblüffende Ähnlichkeiten im Aussehen von Verwandten auf. So können Kinder ihren Geschwistern, ihren Eltern oder sogar ihren Großeltern recht ähnlich sein. Daneben stellt man aber auch Unterschiede zwischen den Angehörigen einer Familie fest. Wie kommt es zu diesem Phänomen?

Die Farbe von Haut und Haaren, die Art der Haare sowie die Form von Ohren oder Nase sind äußere Eigenschaften, also **Merkmale.** Aber Merkmale sind nicht nur körperliche Eigenschaften, sondern auch Verhaltensweisen, Fähigkeiten und besondere Veranlagungen. Das äußere Erscheinungsbild eines Menschen, sein **Phänotyp,** setzt sich aus einer Vielzahl von Merkmalen zusammen. Alle Informationen zur Ausbildung von Merkmalen liegen in einer befruchteten Eizelle bereits vor. Die Gesamtheit dieser Information an *Erbanlagen* oder **Genen,** ergibt das Erbbild des Menschen, den **Genotyp.** Bei der Befruchtung einer Eizelle durch eine Spermiumzelle werden Erbanlagen von Mutter und Vater kombiniert. Daher weisen Kinder Merkmale beider Eltern auf.

Die Weitergabe der Erbanlagen von Generation zu Generation nennt man **Vererbung.**

Für das neue biologische Forschungsgebiet, das die Gesetzmäßigkeiten dieser Weitergabe erforscht, schlug der englische Biologe William BATESON 1906 die Bezeichnung Genetik vor. Damals erkannte man bereits, dass auch bestimmte Erkrankungen des Menschen erblich bedingt sind. So wurde zum Beispiel eine Form der Kurzfingrigkeit als eine der ersten Erbkrankheiten mit genauen Verwandtschaftsbeziehungen beschrieben.

Obwohl damals schon Kenntnisse der Zellbiologie, wie der Bau und die Teilung von Zellkernen vorlagen, konnten die Wissenschaftler noch keine Beziehung zur Genetik herstellen. Auch der Zusammenhang zwischen biochemischen und genetischen Erkenntnissen wurde nur selten erkannt. Zwar konnten erste angeborene Stoffwechselerkrankungen wie Albinismus als solche beschrieben werden, aber Veröffentlichungen in dieser Richtung blieben meist unbeachtet.

Heute weiß man, dass jeder Mensch genetisch einmalig ist. Das bedeutet auch, dass jeder von uns die Veranlagung für die Ausprägung bestimmter Krankheiten wie Diabetes, Krebs oder Alzheimer in sich tragen kann. Diese individuellen Unterschiede werden in den nächsten Jahrzehnten eine große Rolle bei der Diagnose und Therapie von Krankheiten spielen. Ein Ziel der Mediziner ist zum Beispiel der genetisch abgestimmte Einsatz von Medikamenten, bei dem jeder genau die persönlich benötigte Menge bekommt und so das Risiko von Nebenwirkungen minimal wird. Die Genetik spielt mittlerweile in vielen Bereichen eine bedeutende Rolle. Neben der Medizin findet sie auch in der Pflanzen- und Tierzucht sowie bei vielen täglichen Dingen wie dem Bierbrauen, der Herstellung von Vitamin C, dem Wäschewaschen oder der Abwasserreinigung ihre Anwendung.

Nur sehr wenige Menschen können ihr Daumenendglied nach außen biegen. Dieses Merkmal ist also nur sehr selten in der Bevölkerung zu finden. Personen, die ein bestimmtes Merkmal aufweisen, heißen **Merkmalsträger.**

Auch das Merkmal »angewachsene Ohrläppchen« tritt in der Bevölkerung selten auf. Die meisten Menschen haben freie Ohrläppchen und sind in dieser Hinsicht keine Merkmalsträger. Recht häufig kommt es dagegen vor, dass kleine Härchen auf dem zweiten Fingerglied wachsen. Bei etwa 70 Prozent der deutschen Bevölkerung tritt dieses Merkmal »Fingerbehaarung auf dem zweiten Fingerglied« auf. Etwa ebenso häufig wird die Fähigkeit vererbt, die Zunge mit den beiden Rändern nach oben einzurollen. Allerdings erlernen manche Menschen das Zungenrollen auch. Ein weiteres Beispiel für ein vererbtes Merkmal ist ein auffälliger Uringeruch, den einige Menschen nach dem Verzehr von Spargel wahrnehmen. Ursache hierfür ist ein flüchtiger schwefelhaltiger Stoff, das Methylmercaptan. Es entsteht durch ein bestimmtes Enzym aus Stoffen des Spargels und wird mit dem Urin ausgeschieden. Das Gen zur Bildung dieses Enzyms vererbt sich von den Eltern auf die Kinder.

Bei der Vererbung der meisten Merkmale, wie beispielsweise der Haarfarbe, wirken jedoch verschiedene Gene zusammen. Die Farbe der Haare wird durch das Vorhandensein von bestimmten Farbstoffen, den Pigmenten, bestimmt. Da sich die Information verschiedener Gene mischt, entstehen unterschiedliche Farbtöne. Manchmal tauchen auch Farbtöne auf, die weder beim Vater noch bei der Mutter vorkommen, stattdessen bei den Großeltern oder sogar Urgroßeltern. Auf ähnliche Weise wie die Haarfarbe werden auch die Haut- und Irisfarbe vererbt.

Die Vererbung eines Merkmals über mehrere Generationen kann durch einen **Familienstammbaum** verdeutlicht werden. Hier werden die verschiedenen Generationen der Nachkommen einer Familie grafisch durch Symbole und Verbindunglinien dargestellt. Merkmalsträger und Nichtmerkmalsträger werden entsprechend gekennzeichnet. Außerdem kann man anhand der Symbole männliche und weibliche Familienmitglieder unterscheiden.

1 Beschreibe Ähnlichkeiten und Unterschiede bei den Migliedern der Familie in Abbildung 1.

2 Nenne Ähnlichkeiten zwischen dir und anderen Familienmitgliedern wie Geschwistern, Eltern und Großeltern.

3 Zeichne einen Stammbaum deiner Familie bis zu den Großeltern. Stelle die Vererbung des Merkmals »angewachsene Ohrläppchen« dar.

4 Beschreibe mit Hilfe der Abbildung 3 den dargestellten Stammbaum zum Auftreten des Mermals »Daumenbiegen«.

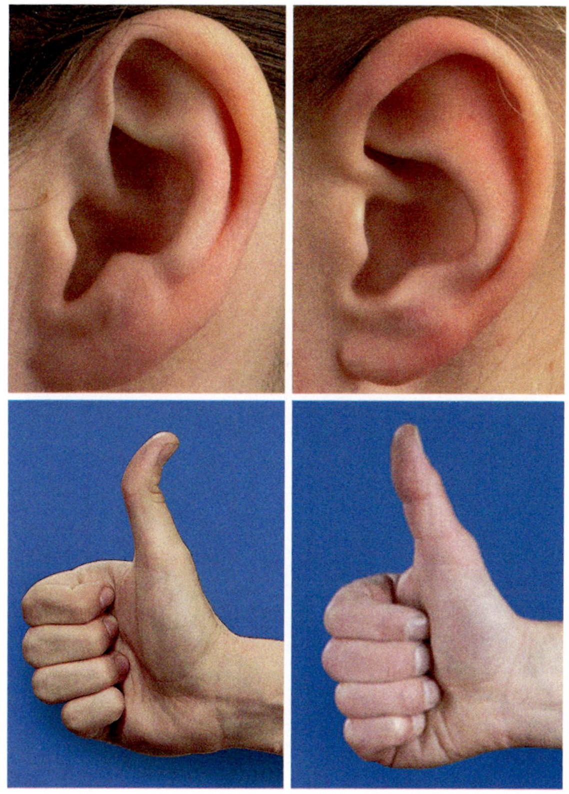

2 Merkmale beim Menschen

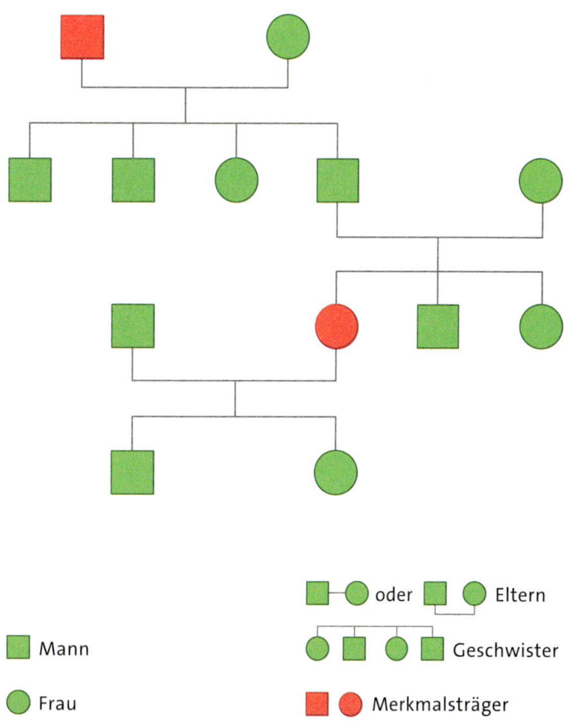

3 Stammbaum: Vererbung des Merkmals »Daumenbiegen«

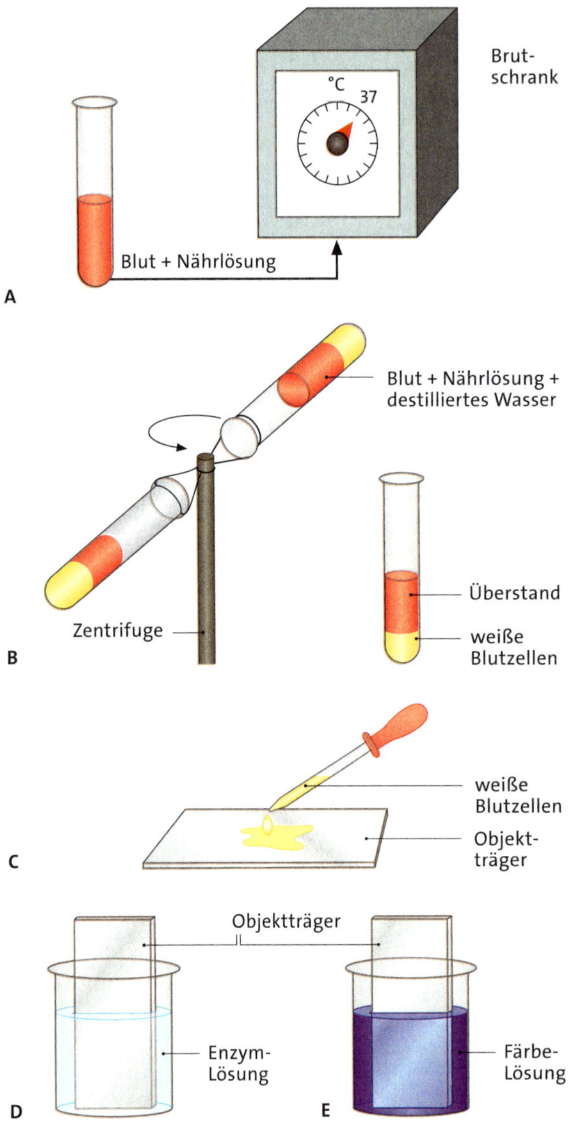

1 Chromosomenpräparation

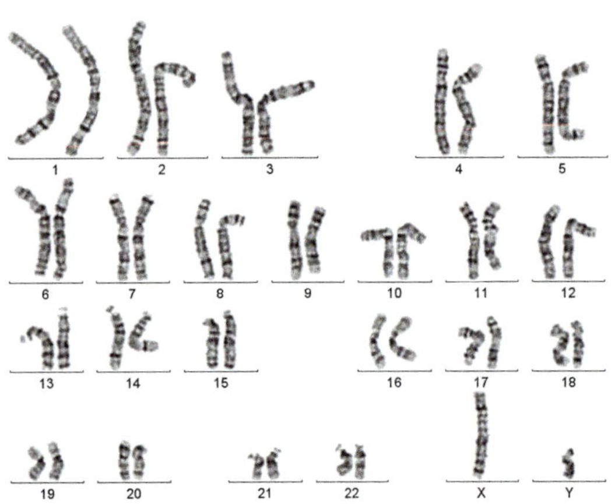

2 Karyogramm

2 Chromosomen sind Träger der Erbanlagen

2.1 Der Chromosomensatz des Menschen

Ende des 19. Jahrhunderts stellte man fest, dass sich im Zellkern fädige Strukturen befinden, die sich anfärben lassen. Man bezeichnete sie als **Chromosomen** (gr. *chromos*, Farbe; *soma*, Körper). Heute weiß man, dass in den Chromosomen die Erbanlagen enthalten sind. Die Erbinformation befindet sich also im Zellkern jeder Zelle eines Lebewesens. Erst seit 1956 kennt man die genaue Anzahl der Chromosomen des Menschen, seinen **Chromosomensatz.** Jede Körperzelle eines Menschen enthält 46 Chromosomen. Jeweils zwei Chromosomen stimmen in ihrem Aussehen überein. Man nennt sie *homologe Chromosomen*. Der Chromosomensatz eines Mannes weist 22 solcher Chromosomenpaare auf. Sie heißen Körperchromosomen oder *Autosomen*. Hinzu kommen noch zwei unterschiedlich gestaltete Chromosomen, die als X-Chromosom und Y-Chromosom bezeichnet werden. Dies sind die Geschlechtschromosomen oder *Gonosomen*. Der Chromosomensatz einer Frau besteht ebenfalls aus 22 Autosomenpaaren und außerdem zwei X-Chromosomen als Gonosomen.

Menschliche Chromosomen können aus den Zellkernen weißer Blutzellen präpariert werden. Hierzu werden einige Tropfen Blut in eine Nährlösung gegeben. Im Brutschrank vermehren sich die weißen Blutzellen. Nach drei Tagen wird ihre weitere Entwicklung abgebrochen, indem der Zellkultur ein Zellgift zugegeben wird. Durch weitere Arbeitsschritte werden die weißen Blutzellen dann aus dem Blut isoliert. Hierzu erfolgt zunächst eine Behandlung mit einer schwach konzentrierten Salzlösung, wodurch die Roten Blutzellen platzen. Ihre Überreste und die übrigen Blutbestandteile werden dann durch Zentrifugation von den Weißen Blutzellen getrennt. Eine alkoholhaltige Lösung sorgt dafür, dass die Weißen Blutzellen Flüssigkeit verlieren. Mit Hilfe einer Pipette lässt man die Lösung mit den Zellen auf einen Objektträger fallen. Dabei platzen die Weißen Blutzellen und deren Zellkerne. So werden die Chromosomen frei und auf dem Objektträger ausgebreitet. Die Chromosomen werden dann mit einer Enzym- und einer Färbelösung behandelt. Dadurch werden Bandenmuster aus hellen und dunklen Bereichen auf den Chromosomen sichtbar. Schließlich mikroskopiert man die Chromosomen auf dem Objektträger und fotografiert sie. Am Computer werden die Chromosomen nach Größe, Form und Bandenmuster sortiert. Der geordnete Chromosomensatz heißt **Karyogramm.**

Streifzug durch die Chemie DNA

Die Chromosomen bauen sich aus Chromatinfäden auf. Sie bestehen aus *Nukleinsäuren* und Proteinen. Chromosomen sind Träger der Erbanlagen. Der Bakteriologe Oswald AVERY konnte 1944 nachweisen, dass die Nukleinsäuren in den Chromosomen die stoffliche Grundlage der Gene bilden, die die Erbinformation enthalten. Dabei stellt eine bestimmte Art von Nukleinsäuren die Erbsubstanz dar. Es ist die Desoxyribonukleinsäure, DNA (engl. ***D**esoxyribo* ***N**ucleic* ***A**cid*).

Die DNA ist ein unverzweigtes, langkettiges Molekül. Man kann sich seinen Aufbau wie eine in sich gedrehte Strickleiter vorstellen. Die beiden »Seile« sind einheitlich aus den gleichen Bausteinen zusammengesetzt. Es handelt sich um einen bestimmten Zucker, die Desoxyribose, und Phosphorsäure, die abwechselnd in den beiden »Seilen« angeordnet sind. Die »Sprossen« werden jeweils von zwei organischen Basen gebildet. In der DNA treten immer nur vier verschiedene Basen auf: Adenin (A), Thymin (T), Guanin (G) und Cytosin (C). Jeweils ein Zuckermolekül, ein Phosphorsäuremolekül und eine Base bauen ein *Nukleotid* auf. Viele Nukleotide bilden die Nukleinsäure. Aufgrund der speziellen Bauweise der einzelnen Basen können sie nur in bestimmten Kombinationen (Basenpaaren) auftreten. In einer »Sprosse« liegen stets Adenin und Thymin sowie Guanin und Cytosin einander gegenüber. Durch diese Kopplung sind die beiden Stränge der DNA nicht identisch. Sie entsprechen sich wie Positiv und Negativ eines Abdrucks. Man sagt, sie sind *komplementär*. Da der Doppelstrang der DNA nicht gestreckt, sondern spiralförmig gewunden ist, spricht man auch von einer Doppelspirale oder **Doppelhelix.**

Untersuchungen der beiden Chemiker James WATSON und Francis CRICK führten 1953 zu dem beschriebenen Modell des räumlichen Aufbaus der DNA.

Durch die Abfolge der Basenpaare wird die genetische Information festgelegt. Diese Erbinformation nennt man auch den **genetischen Code.** Die DNA einer Zelle enthält rund drei Milliarden Basenpaare. Diese verschlüsseln die etwa 25 000 Gene des Menschen. Die DNA aus einer einzelnen menschlichen Körperzelle ist im entwundenen Zustand etwa zwei Meter lang.

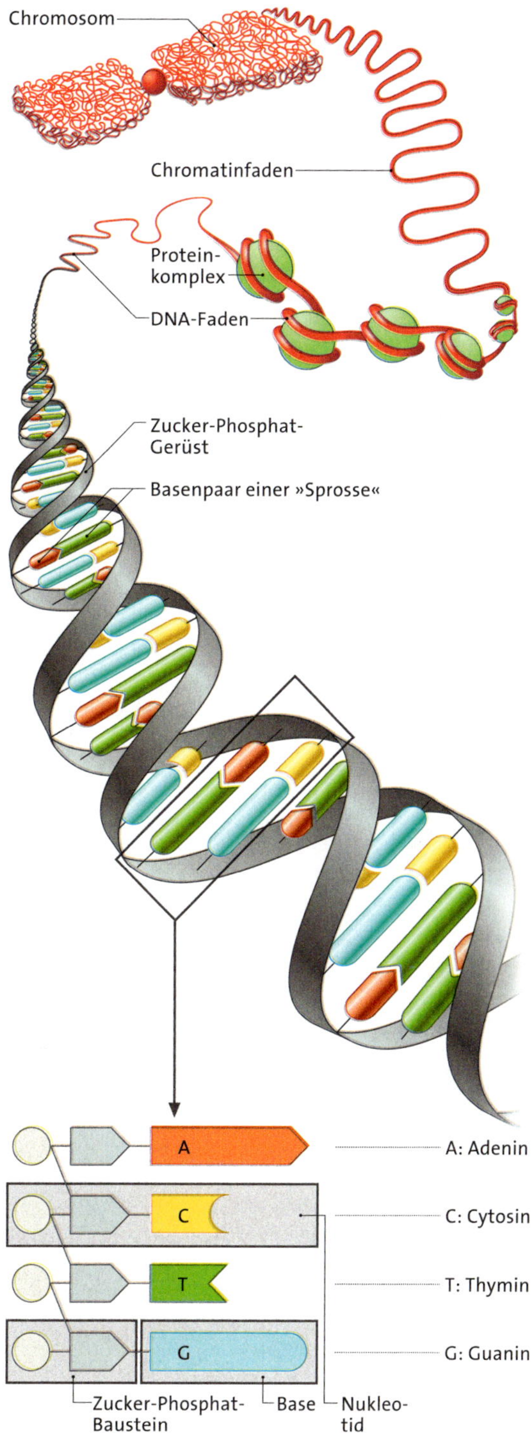

1 Bau der DNA

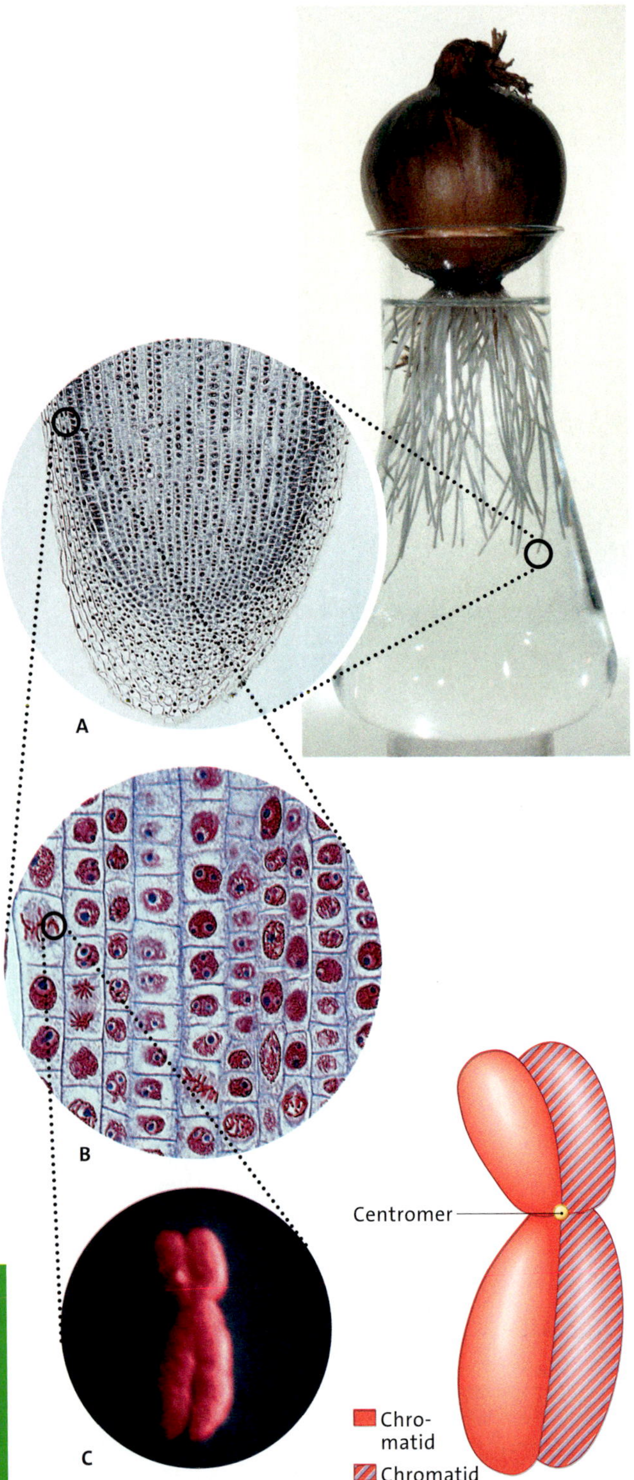

1 Küchenzwiebel. A Wurzelspitze (längs, mikroskopische Aufnahme); **B** Bildungsgewebe (Ausschnitt, mikroskopische Aufnahme); **C** Chromosom (links: mikroskopische Aufnahme, rechts: Schema)

2.2 Mitose und Zellteilung

Die zahlreichen, unterschiedlich differenzierten Zellen eines Menschen, eines Hundes, einer krautigen Pflanze oder eines Baumes sind jeweils aus einer einzigen Zelle hervorgegangen: aus der befruchteten Eizelle, der *Zygote*. Das Wachstum eines Lebewesens beruht auf der Vermehrung von Zellen. Auch bei der Regeneration verletzter Gewebe, zum Beispiel nach einem Sonnenbrand, müssen neue Zellen gebildet werden, die die abgestorbenen Zellen ersetzen. Die Vermehrung von Zellen erfolgt durch **Zellteilungen.**

Zellteilungen kann man besonders gut bei Wurzelspitzen von Pflanzen wie der Küchenzwiebel beobachten. Ein solches Gewebe sich ständig teilender Zellen bezeichnet man bei Pflanzen als **Bildungsgewebe** oder **Meristem.** Betrachtet man unter dem Mikroskop verschiedene Zellen im Meristem der Küchenzwiebel, fallen unterschiedlich aussehende Zellkerne und -strukturen auf.

Bei der mikroskopischen Beobachtung einer Zellteilung in einer angefärbten Wurzelspitzenzelle der Küchenzwiebel ist zu sehen, dass vor der eigentlichen Zellteilung die Teilung des Zellkerns erfolgt. Diese Kernteilung nennt man **Mitose.** Den Ablauf der Mitose kann man in einzelne Zeitabschnitte oder Phasen einteilen.

In der ersten Phase, der *Prophase*, ist der Zellkern deutlich als ein im Querschnitt rundliches Gebilde zu erkennen, das von einer Kernhülle begrenzt ist. Zu Beginn der Prophase sind keine Chromosomen zu sehen, sondern ein Knäuel von Chromatinfäden, deren Gesamtheit man als **Chromatin** bezeichnet. Im Verlauf der Prophase verkürzen sich die Chromosomen durch Aufschraubung und Faltung und werden dadurch sichtbar. Kernhülle und Kernkörperchen werden in kleinere Teile zerlegt und sind nun mikroskopisch nicht mehr zu erkennen. Gleichzeitig bilden sich faserige Strukturen aus, die *Spindelfasern*, die von den Zellpolen ausgehen und mit den Chromosomen verbunden sind.

Während der *Metaphase* werden die Chromosomen mit Hilfe dieses Spindelapparates zur Zellmitte bewegt und dort in einer Ebene, der *Äquatorialebene*, angeordnet. So entsteht die *Äquatorialplatte*. Die Chromosomen sind nun maximal verdichtet oder *kondensiert*. Deutlich lässt sich der Bau der Chromosomen erkennen: Jedes Metaphase-Chromosom setzt sich aus zwei identischen Längshälften, den *Chromatiden*, zusammen. Sie werden an einer Einschnürungsstelle, dem *Zentromer*, zusammengehalten.

Chromosomen, die aus zwei Chromatiden bestehen, bezeichnet man als **Zwei-Chromatiden-Chromosomen.**

In der *Anaphase* verkürzen sich die Spindelfasern. Dabei werden die Chromatiden eines jeden Zwei-Chromatiden-Chromosoms voneinander getrennt und als *Ein-Chromatid-Chromosomen* zu den entgegengesetzten Polen gezogen.

Die letzte Phase der Mitose heißt *Telophase*. Die Chromosomen entschrauben und entfalten sich nun wieder. Gleichzeitig werden Kernhüllen und Kernkörperchen erneut sichtbar. Nach der Teilung des Zellkerns liegen somit zwei *Tochterkerne* vor. Im Zellplasma sind die Spindelfasern nicht mehr zu erkennen.

Bereits während der Telophase beginnt die Zelle sich einzuschnüren. Durch Ausbildung von Zellmembranen kommt es zur **Zellteilung.** Aus der Ausgangszelle sind zwei Tochterzellen gebildet worden. Diese besitzen jeweils die gleiche Chromosomenzahl wie die Mutterzelle und sind genetisch identisch.

Vor einer erneuten Zellteilung der Tochterzellen müssen sich die Ein-Chromatid-Chromosomen verdoppeln. Dies geschieht in einem Zeitabschnitt zwischen der Zellteilung und der nächsten Mitose, den man als **Interphase** bezeichnet. Der gesamte Vorgang von einer Interphase zur nächsten heißt **Zellzyklus.**

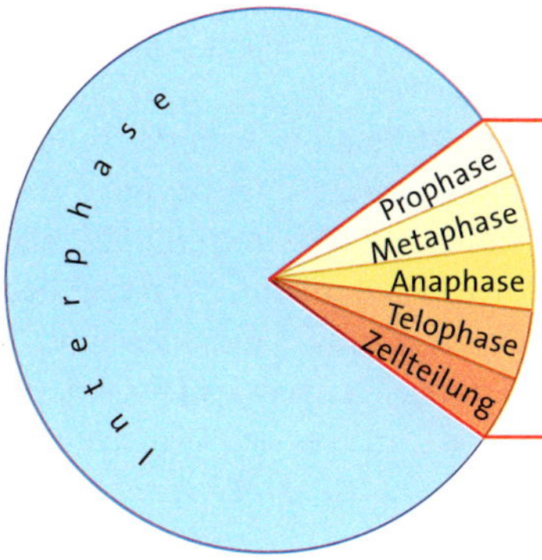

2 Zellzyklus

Die Dauer eines Zellzyklus ist je nach Zelltyp unterschiedlich. Der Zellzyklus einer Weißen Blutzelle des Menschen dauert unter optimalen Zellkulturbedingungen etwa 24 Stunden. Mitose und Zellteilung laufen in weniger als einer Stunde ab. Im Leben einer Zelle sind ihre Chromosomen also nur für wenige Minuten sichtbar.

1 Erstelle eine Tabelle, in der du den einzelnen Phasen des Zellzyklus den jeweiligen Zustand eines Chromosoms zuordnest und die jeweilige DNA-Menge nennst.

2 Beschreibe mit Hilfe der Abbildung 2 den Ablauf der Mitose.

3 Informiere dich, zum Beispiel über das Internet, über die Anzahl der Chromosomen bei verschiedenen Lebewesen. Leite daraus Schlussfolgerungen ab über die Bedeutung der Chromosomenzahl für den Komplexitätsgrad eines Lebewesens.

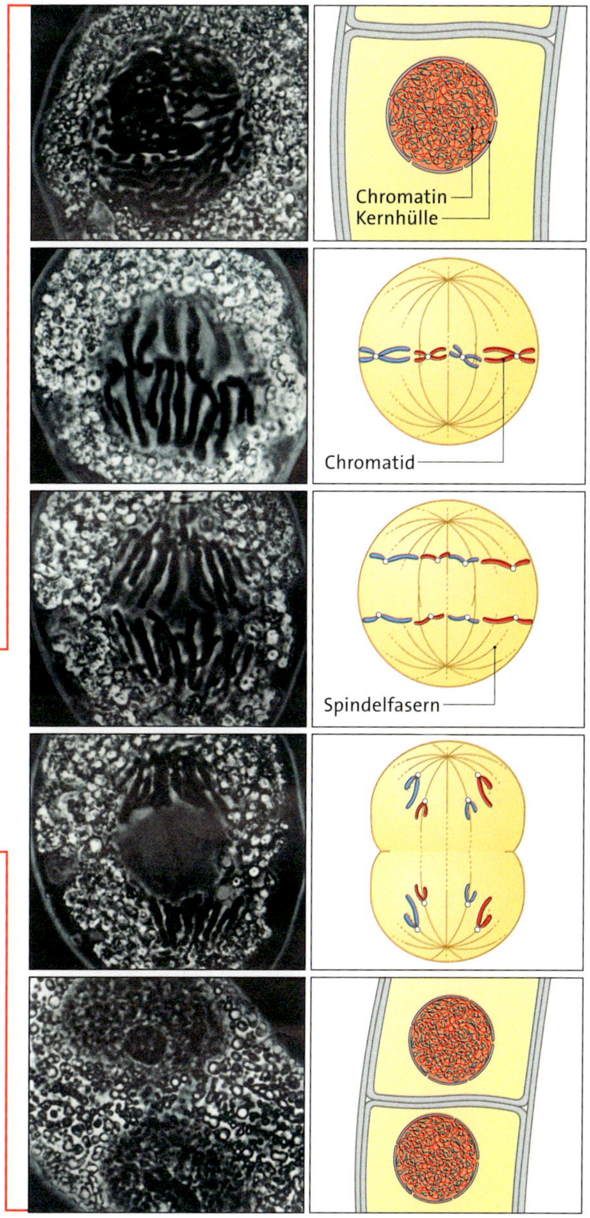

2.3 Geschlechtszellen entstehen durch Meiose

Bei der sexuellen Fortpflanzung verschmelzen die Zellkerne von je einer Spermiumzelle und einer Eizelle. Die befruchtete Eizelle des Menschen enthält 46 Chromosomen, die als 23 homologe Paare vorliegen. Auch alle Körperzellen des Embryos, die durch mitotische Zellteilungen aus der befruchteten Eizelle hervorgehen, enthalten wie die Körperzellen seiner Mutter und seines Vaters 46 und nicht etwa 92 Chromosomen. Demnach erfolgt vor der Verschmelzung von zwei Geschlechtszellen eine Halbierung der Chromosomenzahl von 46 auf 23 Chromosomen. Geschlechtszellen weisen einen einfachen oder **haploiden** Chromosomensatz auf. Bei der Befruchtung vereinigen sich zwei haploide Chromosomensätze zu einem doppelten oder **diploiden** Chromosomensatz.

Zur Bildung von haploiden Geschlechtszellen aus Geschlechtsmutterzellen sind zwei Zellteilungen, so genannte *Reifeteilungen*, erforderlich, die man zusammen als **Meiose** bezeichnet.

Die Halbierung des Chromosomensatzes einer Geschlechtsmutterzelle findet in der **1. Reifeteilung** statt. Sie hat vorher die Interphase durchlaufen und das gesamte DNA-Material liegt bereits doppelt vor. Da der Chromosomensatz auf die Hälfte reduziert wird, spricht man auch von **Reduktionsteilung.** Im Verlauf der Prophase I werden die Zwei-Chromatiden-Chromosomen sichtbar. Sie werden dann in der Metaphase I zur Zellmitte bewegt. Dabei finden sich die homologen Chromosomen zusammen und ordnen sich nach dem Zufallsprinzip in der Äquatorialebene an: Mal liegt ein Chromosom mütterlicher Herkunft, mal eines väterlicher Herkunft oberhalb der Äquatorialebene. In der nachfolgenden Anaphase I werden die Zwei-Chromatiden-Chromosomen zu den entgegengesetzten Zellpolen transportiert. Somit werden die beiden homologen Chromosomen eines Chromosomenpaares voneinander getrennt. Die einzelnen Chromosomen in den Zellen können dann zufallsbedingt mütterlicher oder väterlicher Herkunft sein und dementsprechend die Erbinformation mütterlicher oder väterlicher Gene tragen. Es ist zu einer Durchmischung des Erbmaterials gekommen, die man **Rekombination** nennt. An jedem Zellpol liegt

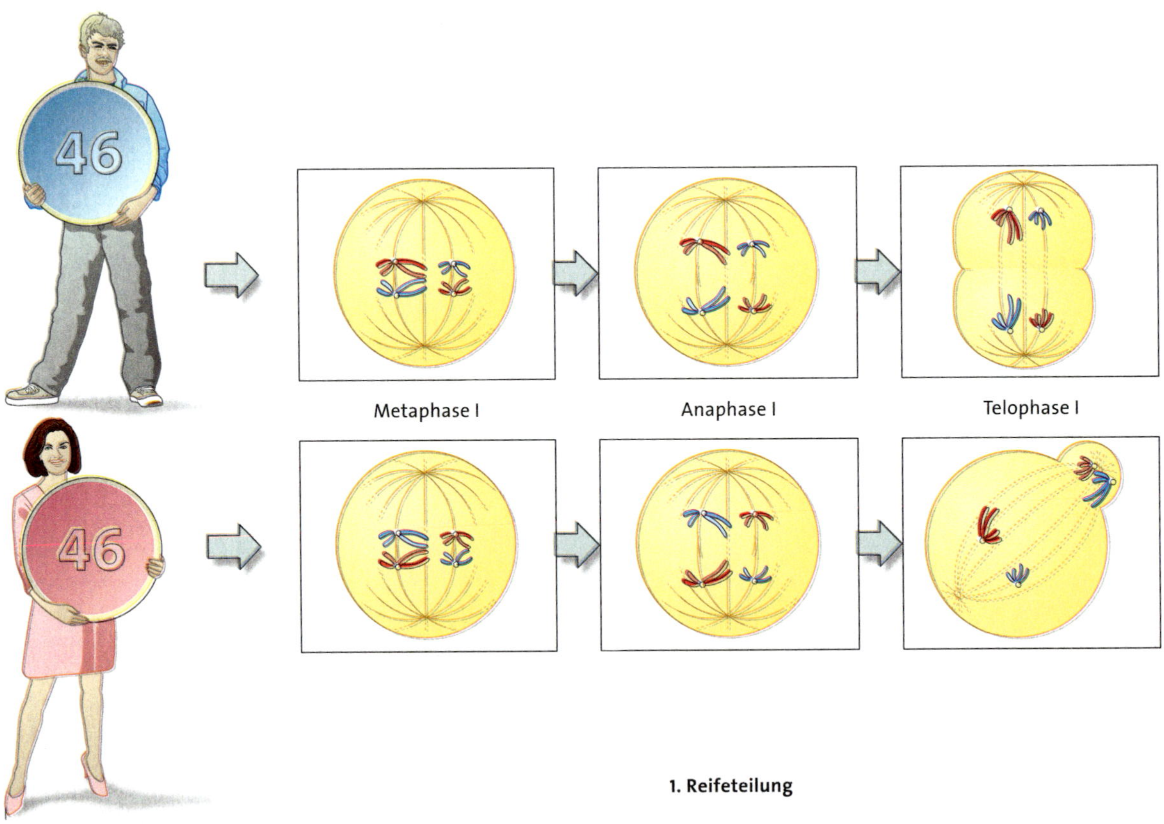

1 Bildung von Geschlechtszellen beim Menschen am Beispiel von zwei Chromosomenpaaren.
(Schema und mikroskopische Aufnahmen einer Eizelle sowie von vier Spermiumzellen)

nun ein einfacher Chromosomensatz aus Zwei-Chromatiden-Chromosomen vor. Diese werden dann in einer sofort anschließenden **2. Reifeteilung** in Ein-Chromatid-Chromosomen getrennt. Damit ist die 2. Reifeteilung mit einer mitotischen Zellteilung vergleichbar.

Aus einer Spermienmutterzelle entstehen vier haploide Spermiumzellen. Auch aus einer Eimutterzelle gehen vier haploide Zellen hervor. Allerdings verkümmern drei dieser Zellen zugunsten einer großen, plasmareichen Eizelle.

Die biologische Bedeutung der Meiose ist somit die Halbierung des diploiden Chromosomensatzes zum haploiden Chromosomensatz. Bei der Verschmelzung von zwei Geschlechtszellen mit jeweils einfachem Chromsomensatz entsteht dann wieder ein Individuum mit doppeltem Chromosomensatz. Darüber hinaus kommt es bei der Meiose zur Neukombination von Erbanlagen durch die zufällige Verteilung von Chromosomen väterlicher und mütterlicher Herkunft. Dies zeigt sich zum Beispiel bei Geschwistern, die nicht gleich aussehen, obwohl sie gleiche Eltern haben. Auch bei anderen Lebewesen, die sich geschlechtlich fortpflanzen, wird der doppelte Chromosomensatz bei der Bildung von Geschlechtszellen halbiert. Dies erklärt die gerade Anzahl von Chromosomen in deren Körperzellen. So sind es zum Beispiel beim Hund 78, bei der Stechmücke 6, bei der Zwiebel 16 und bei der Kartoffel 48 Chromosomen.

1. Definiere folgende Begriffe: Zwei-Chromatiden-Chromosom, homologe Chromosomen, diploider Chromosomensatz, Reduktionsteilung.
2. Beschreibe den Unterschied zwischen mitotischer und meiotischer Anaphase I.
3. Erläutere, worin sich die Meiose bei Mann und Frau unterscheidet.
4. Berechne, wie viele Chromosomen sich nach 3 Generationen beim Menschen ergäben, wenn bei der Geschlechtszellbildung keine Meiose erfolgt. Stelle deine Ergebnisse in geegneter Form grafisch dar.

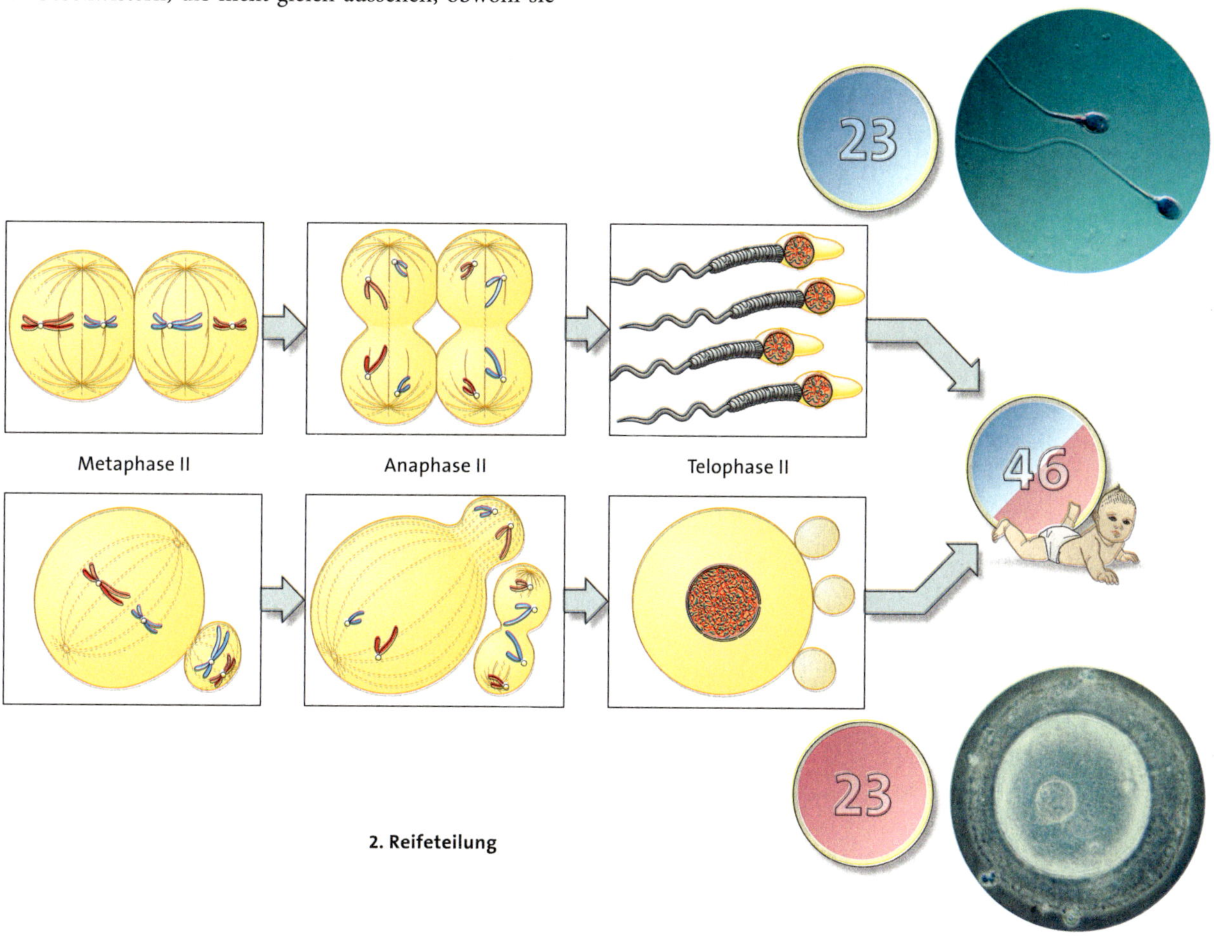

2. Reifeteilung

Aufgaben und Versuche – Mitose, Meiose und Zellteilung

A1 Mitose und Zellteilung bei tierischen Zellen

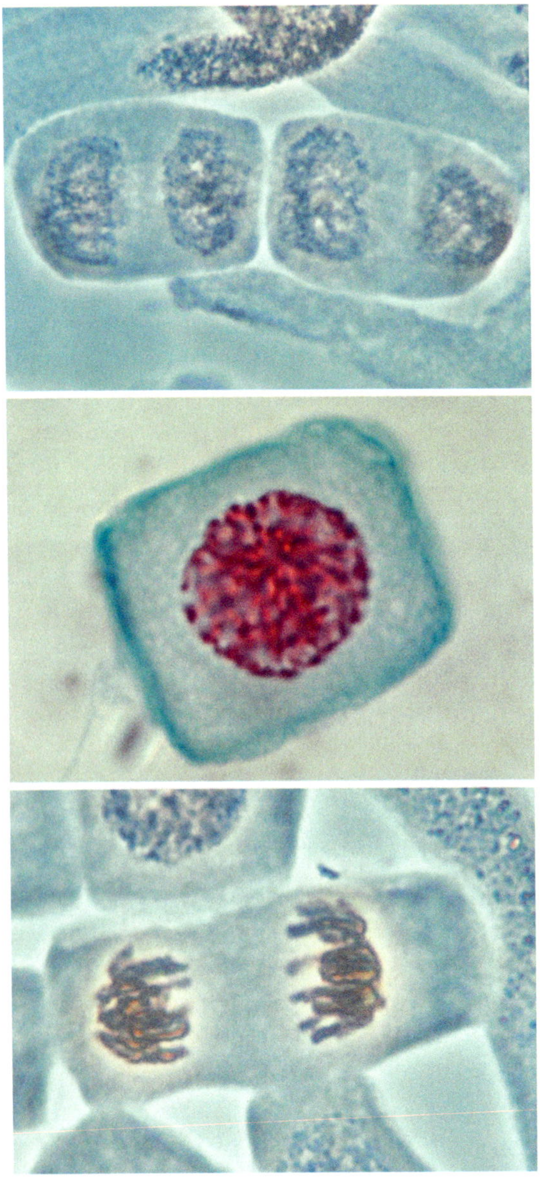

Die fotografischen Aufnahmen zeigen Präparationen von Wurzelzellen einer Zwiebel in verschiedenen Phasen des Zellzyklus.

Aufgaben:

a) Benenne und erläutere die jeweils dargestellten Phasen des Zellzyklus.

b) Grenze folgende Begriffe gegeneinander ab: Mitose, Metaphase, Zellteilung, Interphase, Zellzyklus.

V2 Bau von Chromosomenmodellen

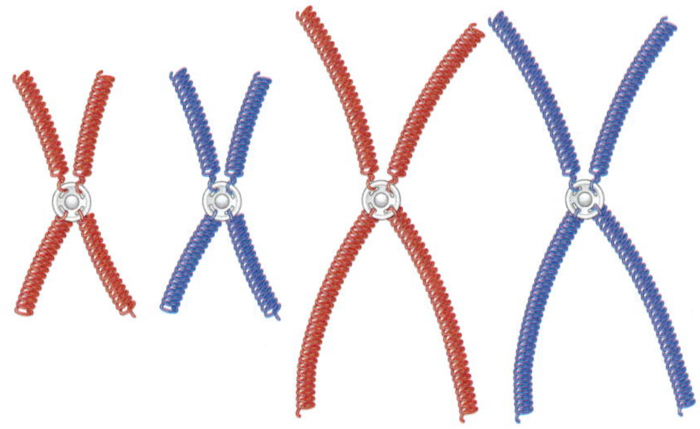

Material: Draht (zwei 40 cm lange rote und zwei 40 cm lange blaue sowie zwei 20 cm lange rote und zwei 20 cm lange blaue Stücke); vier große Druckknöpfe (mindestens 1 cm Durchmesser); Bleistift; weißes DIN-A4-Papier

Durchführung: Aus jeweils zwei gleich langen und gleich farbigen Drahtstücken sowie einem Druckknopf wird ein Modell eines Zwei-Chromatiden-Chromosoms gebaut. Hierzu wird jeder Draht durch zwei benachbarte Löcher einer Druckknopfhälfte gezogen. Mit Hilfe des Bleistifts werden die Drahtstücke aufgewickelt. Drahtstücke gleicher Farbe und Länge werden dann über einen Druckknopf miteinander verbunden.

Aufgaben:

a) Erläutere, welche Teile des Chromosomenmodells den Teilen eines Chromosoms entsprechen. Erkläre außerdem, was durch das Aufwickeln der Drahtstücke veranschaulicht wird.

b) Lege die vier Chromosomenmodelle auf das Blatt Papier. Stelle die Vorgänge bei der Kernteilung von Körperzellen im Rahmen der Mitose gemäß Abbildung 2 auf Seite 251 dar. Erläutere.

c) Nach der Entstehung der Tochterkerne soll einer davon im Modellversuch erneut geteilt werden. Vollziehe die Vorgänge im weiteren Verlauf des Zellzyklus am Modell nach.

d) Lege nun wieder die vier Chromosomenmodelle auf das Blatt Papier. Stelle dann die Vorgänge bei der Bildung von Geschlechtszellen im Rahmen der Meiose gemäß Abbildung 1 auf den Seiten 252 und 253 dar. Erläutere dabei die Unterschiede zu den Vorgängen bei der Mitose.

V3 Mikroskopische Untersuchung von Mitosestadien

Material: Mikroskop; Zeichenpapier; Zeichenmaterial; Dauerpräparat einer Wurzelspitze der Küchenzwiebel (aus der Biologiesammlung)

Durchführung: Mikroskopiere das Bildungsgewebe der Wurzelspitze einer Küchenzwiebel.

Aufgabe: Suche vier Zellen in verschiedenen Phasen der Kernteilung. Stelle die stärkste Vergrößerung ein und zeichne diese Zellen. Gib durch Ziffern den zeitlichen Verlauf der Kernteilungsphasen an.

A4 Metaphasenpräparat

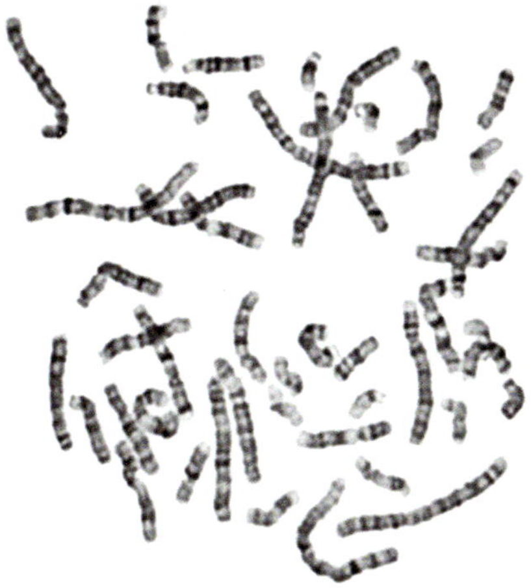

Aufgaben:

a) Begründe, ob es sich um Chromosomen aus dem Zellkern eines Menschen handelt.

b) Nenne Ordnungskriterien, nach denen Chromosomen sortiert werden können.

c) Bei der Chromosomendiagnostik werden die fotografierten Chromosomen zunächst zum Karyogramm geordnet und dann auf Abweichungen vom normalen Erscheinungsbild untersucht. Entscheide, ob sich die Abbildung für ein Karyogramm eignet.

V5 DNA-Präparation

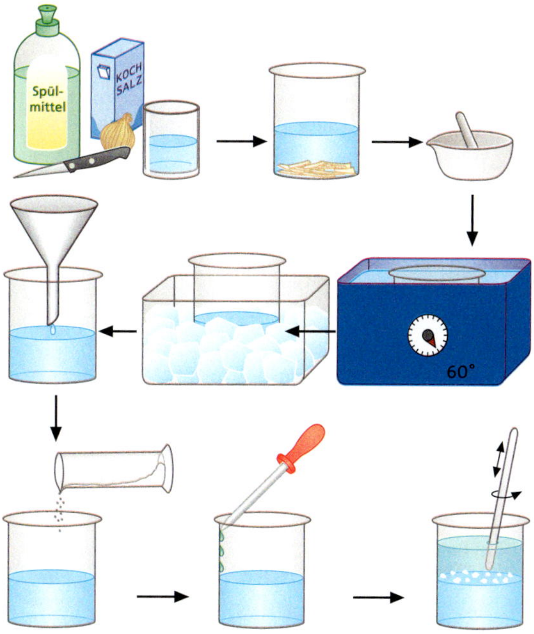

Material: Zwiebel (auch Tomate, Paprika oder Leber eignen sich); Spülmittel; Kochsalz; destilliertes Wasser; Feinwaschmittel; Ethanol; Brett; Messer; Becherglas (200 ml); Becherglas (50 ml); Pipette; Messpipette; Peleusball; Spatel; Glasstab; Mörser mit Pistill; Trichter; Filtrierpapier; Wasserbad; Eisbad

Durchführung: Die Zwiebel wird möglichst klein geschnitten und in das große Becherglas gegeben. Es werden 5 ml Spülmittel, eine Spatelspitze Kochsalz und 50 ml destilliertes Wasser hinzugegeben und vermischt. Die Mischung wird in den Mörser überführt, mit dem Pistill zu einem körnigen Mus verrieben und wieder in das Becherglas gegeben. Das Becherglas wird im Wasserbad für etwa 15 Minuten bei 60 °C erhitzt und anschließend im Eisbad auf Raumtemperatur gekühlt. Die Mischung wird filtriert, das Filtrat wird im kleinen Becherglas aufgefangen. Es genügen 2 bis 3 ml. Das Filtrat wird mit einigen Körnchen Feinwaschmittel versetzt und durch Schütteln vermischt. Mit Hilfe der Pipette wird die Mischung vorsichtig mit Ethanol überschichtet. Die DNA fällt aus und kann mit dem Glasstab als Faden aus der Flüssigkeit entnommen werden.

3 Vererbung folgt bestimmten Regeln

3.1 Gregor Mendel entdeckte erste Regeln der Vererbung

Lange Zeit bemühten sich Naturforscher vergebens, die Vererbung von Merkmalen zu erklären. Erst Mitte des 19. Jahrhunderts entdeckte Gregor MENDEL durch Versuche mit Pflanzen einige Gesetzmäßigkeiten der Vererbung. MENDEL war Augustinermönch in einem Kloster in Brünn, wo er sich intensiv mit der Botanik beschäftigte. Nach einem zweijährigen Studium der Naturwissenschaften in Wien begann er 1857 im Abteigarten seines Klosters mit Vererbungsversuchen. MENDEL experimentierte mit verschiedenen Zuchtformen der Gartenerbse, die sich in bestimmten Merkmalen wie der Blütenfarbe, der Samenfarbe und der Samenform voneinander unterschieden. Für seine Versuche verwendete er nur solche Pflanzen, die das bestimmte Merkmal über mehrere Generationen beibehielten. Solche Pflanzen bezeichnet man als **reinerbig.** So wählte MENDEL Erbsenpflanzen mit reinerbig weißen und reinerbig roten Blüten aus. Diese Pflanzen bildeten die Elterngeneration oder **Parentalgeneration (P).**

2 Gregor MENDEL (1822–1884)

MENDELverwendete als Technik für seine Kreuzungsversuche die *künstliche Bestäubung:* Er entfernte die noch unreifen Staubblätter der jungen weiß blühenden Erbsenpflanzen, um eine Bestäubung durch Pollenkörner derselben Pflanze zu verhindern. Dann bestäubte er die Narben

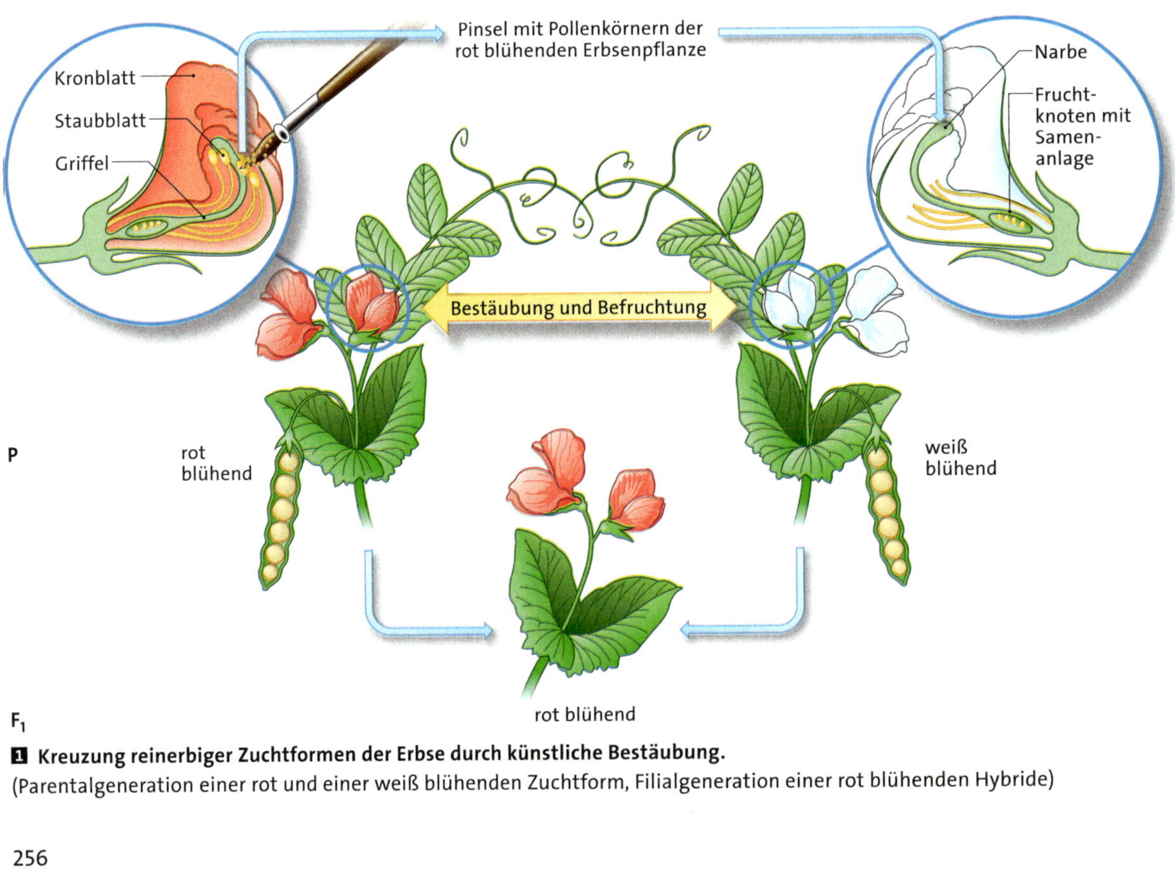

1 Kreuzung reinerbiger Zuchtformen der Erbse durch künstliche Bestäubung.
(Parentalgeneration einer rot und einer weiß blühenden Zuchtform, Filialgeneration einer rot blühenden Hybride)

dieser Blüten mit Pollenkörnern der rot blühenden Erbsenpflanzen mit Hilfe eines Pinsels. Durch Schutzhüllen um die behandelten Blüten verhinderte er eine Fremdbestäubung durch Insekten oder Wind.

Die Vereinigung von Geschlechtszellen unterschiedlicher Phänotypen heißt *Kreuzung*. Nach der Befruchtung der Eizellen in den Samenanlagen durch die männlichen Geschlechtszellen entstanden die Samen. Diese säte MENDEL wieder aus und beobachtete, wie sich die Pflanzen der 1. Tochtergeneration oder **Filialgeneration (F_1)** entwickelten. Obwohl er den Pollen einer rot blühenden Zuchtform auf eine weiß blühende Zuchtform übertragen hatte, waren zu seiner Überraschung alle F_1-Pflanzen rot blühend. Auch wenn er umgekehrt, bei einer *reziproken Kreuzung*, rot blühende Erbsen mit dem Pollen weiß blühender Erbsen bestäubte, erhielt er in der F_1-Generation wieder einheitlich rot blühende Pflanzen. Anhand dieser Beobachtungen sowie vieler weiterer Untersuchungen auch mit anderen Merkmalen formulierte er eine Gesetzmäßigkeit, die später als die **1. MENDELsche Regel** bezeichnet wurde: *Kreuzt man Lebewesen einer Art, die sich in einem Merkmal unterscheiden, für das sie reinerbig sind, so sind die Nachkommen in der F_1-Generation in Bezug auf dieses Merkmal untereinander gleich (uniform).* Man spricht daher auch von der **Uniformitätsregel.** Wie ist diese Uniformität zu erklären?

MENDEL nahm an, dass jedes Merkmal im Phänotyp durch das Zusammenwirken von zwei Erbanlagen ausgebildet wird, die jeweils von einem der beiden Eltern stammen. Heute weiß man, dass sich diese Erbanlagen, auch **Allele** genannt, am gleichen Ort auf zwei homologen Chromosomen befinden. Die durch Meiose gebildeten haploiden Geschlechtszellen besitzen nur eines von zwei homologen Chromosomen und damit nur eine Erbanlage. Die Geschlechtszellen reinerbig rot blühender Erbsen enthalten somit das Allel zur Ausbildung der Blütenfarbe Rot, die von reinerbig weiß blühenden Erbsen das Allel zur Ausbildung der Blütenfarbe Weiß. Treffen nun beide Geschlechtszellen bei der Befruchtung zusammen, enthält die Zygote ein Allel für »rot« und eines für »weiß«. Die Beobachtung, dass die Pflanzen ausschließlich rot blühend waren, erklärte MENDEL folgendermaßen: Die Anlage für rote Blütenfarbe ist »stärker« als die Anlage für weiße Blütenfarbe und unterdrückt sie. Man sagt, dieses Allel ist **dominant.** Es wird durch einen Großbuchstaben (R) gekennzeichnet. Die unterdrückte Anlage wird als **rezessiv** bezeichnet und mit dem entsprechenden Kleinbuchstaben (r) benannt. Reinerbig rot blühende Erbsen haben demnach den Genotyp RR, reinerbig weiß blühende Erbsen den Genotyp rr. Ihre gemeinsamen Nachkommen haben bezüglich des Merkmals »Blütenfarbe« den Genotyp Rr. Die F_1-Pflanzen sind somit in Bezug auf dieses Merkmal *mischerbig*, man spricht auch von Mischlingen oder *Hybriden*.

Bei dem beschriebenen *dominant-rezessiven Erbgang* entstehen ausschließlich rot blühende Erbsenpflanzen in der 1. Filialgeneration. Der Botaniker Carl Erich CORRENS (1864–1933) führte um 1900 Versuche durch, bei denen er reinerbig rot und weiß blühende Wunderblumen kreuzte. Er beobachtete eine besondere Ausnahme: Die entstehenden Mischlinge waren alle rosafarben. Bei der Wunderblume wird die Blütenfarbe also ebenfalls gemäß der 1. MENDELschen Regel vererbt. Weil die Blütenfarbe Rosa zwischen den Blütenfarben der Eltern liegt, spricht man von einem *intermediären Erbgang*.

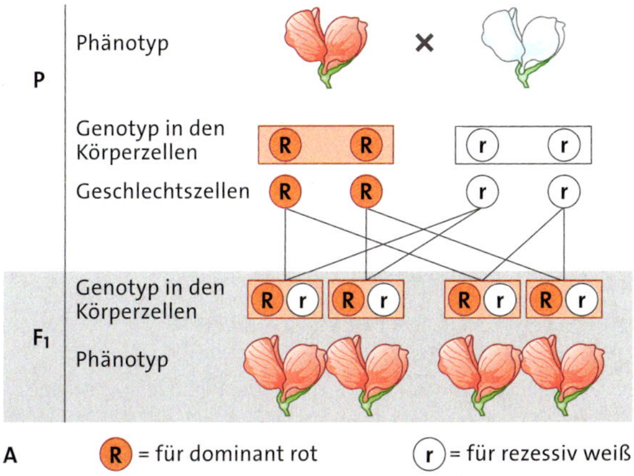

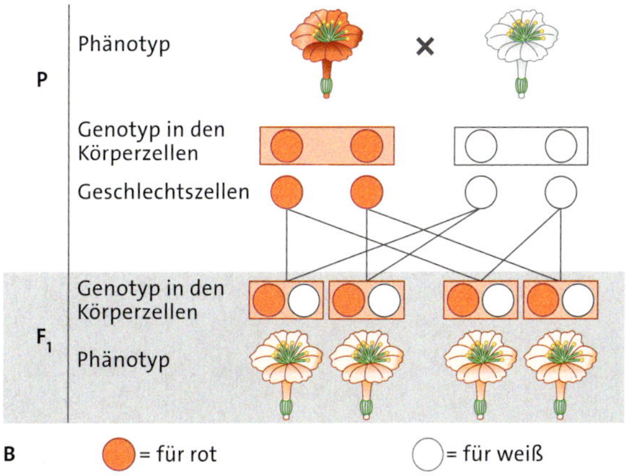

3 Uniformitätsregel. A dominant-rezessiver Erbgang bei reinerbigen Erbsen; B intermediärer Erbgang bei reinerbigen Wunderblumen

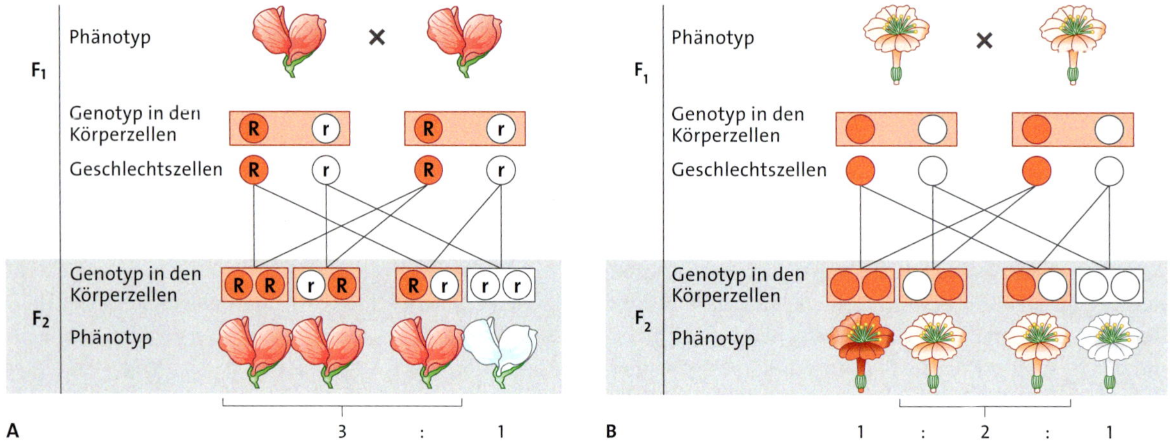

4 Spaltungsregel. **A** dominant-rezessiver Erbgang bei mischerbigen Erbsen; **B** intermediärer Erbgang bei mischerbigen Wunderblumen

Was geschieht, wenn die Hybriden der F_1-Generation miteinander gekreuzt werden? Zur Klärung dieser Frage säte MENDEL Samen von rot blühenden Erbsen-Hybriden aus und vermehrte sie durch Selbstbestäubung. Dann untersuchte er das Aussehen der **2. Filialgeneration (F_2)**. Er zählte etwa dreimal so viele rot blühende wie weiß blühende Erbsenpflanzen. Die Merkmale der Parentalgeneration spalteten sich somit in der F_2-Generation in einem Verhältnis von etwa 75 zu 25 Prozent wieder auf. Kontrollversuche mit anderen Merkmalen wie Farbe oder Form der Samen oder Hülsen ergaben stets ein ähnliches Verhältnis. Daraus leitete sich eine weitere Gesetzmäßigkeit der Vererbung ab, die später als **2. MENDELsche Regel** oder **Spaltungsregel** formuliert wurde: *Kreuzt man die Mischlinge der F_1-Generation untereinander, so spalten sich die Merkmale der Eltern in der F_2-Generation in einem bestimmten Zahlenverhältnis wieder auf.*

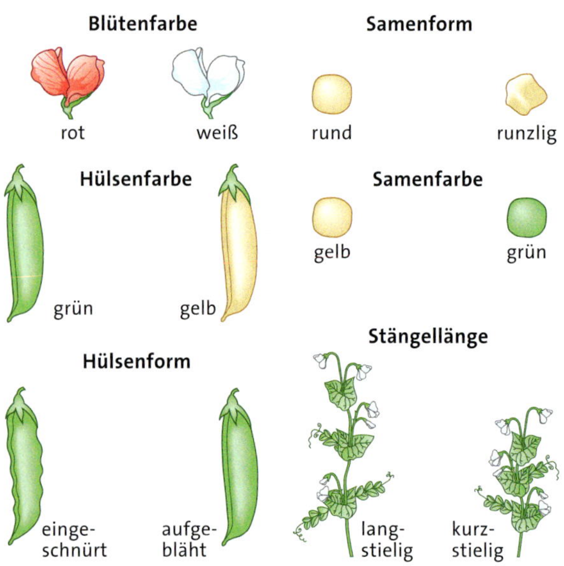

5 Merkmale von Erbsenpflanzen

Mit dem heutigen Wissen über die Verteilung der Chromosomen bei der Meiose und ihre Kombination bei der Verschmelzung von Geschlechtszellen kann dies erklärt werden: Alle rot blühenden F_1-Hybriden haben den Genotyp Rr. Die von ihnen gebildeten Geschlechtszellen enthalten jeweils eines der beiden homologen Chromosomen mit dem Allel R oder r. Bei der Befruchtung sind die Kombinationen RR, Rr, rR oder rr möglich. Die Pflanzen mit den Genotypen RR (reinerbig) und Rr beziehungsweise rR (mischerbig) blühen Rot, nur die reinerbigen rr-Erbsenpflanzen haben weiße Blüten. Das Verhältnis von 3:1, das hier beim Phänotyp vorliegt, trifft allerdings nur auf einen dominant-rezessiven Erbgang zu. Beim intermediären Erbgang, nach dem die Blütenfarbe bei der Wunderblume vererbt wird, ist das Verhältnis 1:2:1. Das heißt, etwa 25 Prozent der F_2-Pflanzen haben rote Blüten (zwei Allele für »rot«), 50 Prozent haben rosafarbene Blüten (ein Allel für »rot« und eines für »weiß«), und 25 Prozent haben weiße Blüten (zwei Allele für »weiß«).

1 MENDEL erhielt bei der Auswertung von Kreuzungsversuchen mit Erbsen für verschiedene F_2-Generationen folgende Ergebnisse: 6022 gelbe und 2001 grüne Samen; 5474 runde und 1850 runzelige Samen. Berechne das jeweilige Verhältnis.

2 Vergleiche den dominant-rezessiven mit dem intermediären Erbgang. Berücksichtige die 1. und 2. MENDELsche Regel sowie Phänotypen und Genotypen.

3.2 Neukombination von Erbanlagen

Erbgänge, bei denen sich die Eltern in nur einem Merkmal unterscheiden, nennt man **monohybrid.** MENDEL wollte auch wissen, wie mehrere unterschiedliche Merkmale gleichzeitig vererbt werden. So untersuchte er einen Erbgang mit zwei Merkmalen, einen **dihybriden Erbgang.** Er verwendete Erbsenpflanzen, die sich in den Merkmalen Samenform und Samenfarbe unterschieden. Die Samen der einen Zuchtform waren gelb und rund, die der anderen Zuchtform grün und runzelig.

Entsprechend der Uniformitätsregel hatten die Mischlinge der F_1-Generation den gleichen Phänotyp: Ihre Samen waren gelb und rund. Durch die Vereinigung des Erbgutes beider Eltern waren *doppelt-mischerbige* Mischlinge entstanden, bei denen die dominanten Merkmale »gelbe Samenfarbe« und »runde Samenform« die rezessiven Merkmale »grüne Samenfarbe« und »runzelige Samenform« überdeckten. Ein solcher Erbgang lässt sich an einem Erbschema in Form eines Kombinationsquadrates nachvollziehen.

Heute weiß man, dass die Anlage für die Ausbildung der Samenfarbe auf einem anderen Chromosom liegt als die Anlage für die Ausbildung der Samenform. Als MENDEL 15 Pflanzen dieser F_1-Mischlinge miteinander kreuzte, waren von den 556 gezählten Erbsensamen der F_2-Generation 315 gelb-rund, 101 gelb-runzelig, 108 grün-rund und 32 grün-runzelig. Es entstanden also vier verschiedene Samenformen, die in einem Zahlenverhältnis von etwa 9:3:3:1 auftraten. Dies zeigte, dass die Merkmale der Ausgangsformen unabhängig voneinander kombiniert werden konnten. Es kam auch zu Neukombinationen, nämlich gelben und runzeligen sowie grünen und runden Samen, und damit zur Entstehung neuer Zuchtformen. Diese Neukombination von Erbanlagen wurde in der **3. MENDELschen Regel,** der **Unabhängigkeitsregel** formuliert: *Kreuzt man Lebewesen einer Art, die sich in mehreren Merkmalen reinerbig unterscheiden, so können die einzelnen Anlagen unabhängig voneinander vererbt und neu kombiniert werden.* In der Tier- und Pflanzenzüchtung nutzt man die unabhängige Weitergabe von Erbanlagen, um neue Zuchtformen zu schaffen und gewünschte Merkmale miteinander zu kombinieren.

1 Ermittle das Zahlenverhältnis für die verschiedenen Phänotypen der F_2-Generation in Abbildung 1.

2 Erkläre anhand von Abbildung 1, wie die neuen Zuchtformen entstanden sind. Beziehe dabei deine Kenntnisse über die Meiose ein.

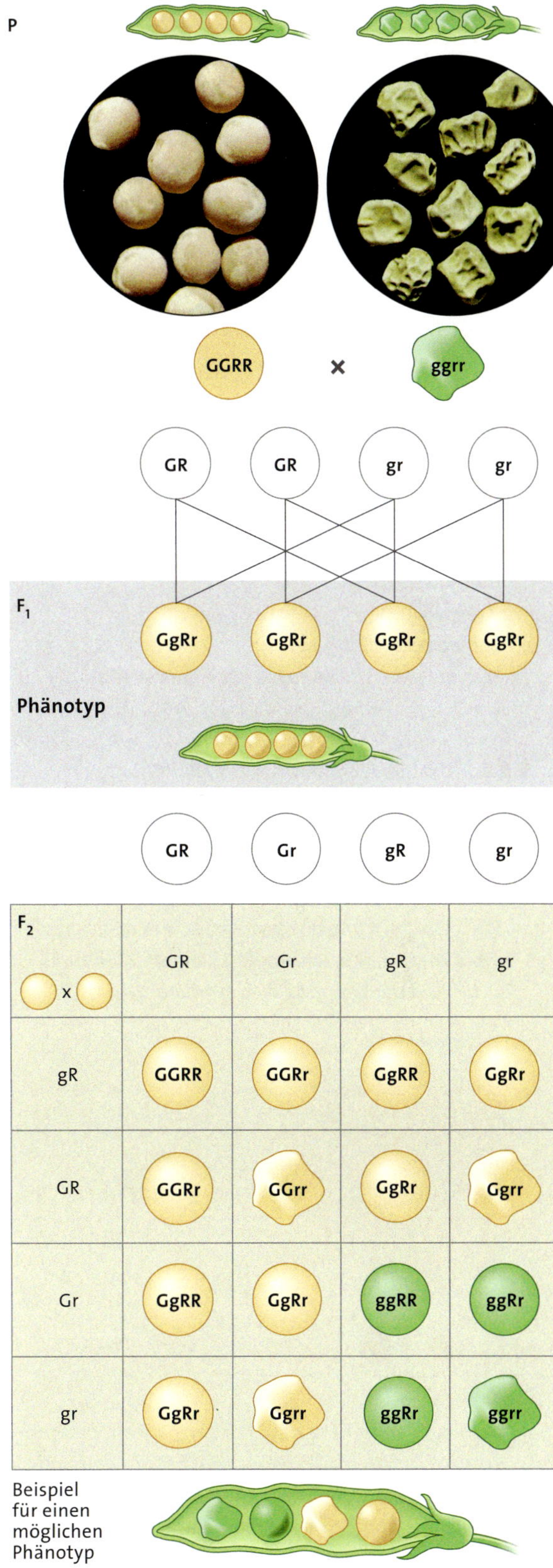

1 **Dihybrider Erbgang**

Aufgaben und Versuche Vererbungsregeln

A1 Kreuzung zweier Erbsenpflanzen

Die Kreuzung zweier reinerbiger Erbsenpflanzen ergibt in der F_1-Generation Nachkommen mit ausschließlich grünen Hülsen.

Aufgaben:

a) Benenne den Erbgang.

b) Zeichne ein Erbschema bis zur F_2-Generation.

V2 Vererbung eines Merkmalspaares

Material: Zeichenkarton in den Farben Weiß, Rosa und Rot; Schere; Stift

Durchführung: Zeichne auf jeden der 3 Zeichenkartons je 5 Blütensymbole (etwa in der Größe eines 2-Euro-Stücks), und schneide diese aus. Schneide aus dem roten und weißen Karton je 12 kleinere Kreise aus. Diese Farbpunkte symbolisieren Erbanlagen.

Parentalgeneration:

Aufgaben:

a) Lege mit den Blütensymbolen einen intermediären Erbgang, bei dem die Eltern 4 Nachkommen haben. Verwende Eltern mit den Blütenfarben Weiß und Rot. Ordne den einzelnen Blütensymbolen je 2 Farbpunkte als Erbanlagen zu.

b) Lege mit den Blütensymbolen einen dominant-rezessiven Erbgang, bei dem die Eltern 4 Nachkommen haben. Verwende Eltern mit den Blütenfarben Weiß und Rot. Ordne den einzelnen Blütensymbolen je zwei Farbpunkte als Erbanlagen zu.

c) Übertrage die Erbgänge, die du bei a) und b) erhalten hast, in dein Heft. Verbinde die Erbanlagen der Parentalgeneration und Filialgeneration mit Linien, die die jeweilige Kombination der Erbanlagen bei der Vererbung zeigen. Vergleiche.

d) Lege mit den Blütensymbolen eine Kreuzung von Mischlingen, die aus einem intermediären Erbgang stammen. Lege dann eine Kreuzung von Mischlingen aus einem dominant-rezessiven Erbgang. Gib zu jedem Erbgang die Genotypen an. Vergleiche.

e) Vollziehe mit Hilfe der Blütensymbole und der Farbpunkte eine Rückkreuzung für eine Blüte »unbekannten« Genotyps. Lege Blütensymbole und Erbanlagen wie folgt:

A3 Kreuzung von F_1-Erbsenpflanzen

In einem Lehrbuch findet sich folgende Beschreibung zur Kreuzung von Erbsen mit dem Merkmal Samenfarbe: »Kreuzt man zwei F_1-Erbsenpflanzen mit gelben Samen miteinander, erhält man in der F_2 drei gelbsamige und eine grünsamige Pflanze.«
Nimm begründet Stellung zu dieser Beschreibung.

V4 Vererbung von zwei Merkmalspaaren

Material: 2 Bögen Zeichenkarton oder dünne Pappe (DIN A4); Papier (DIN A2) oder Tapete; schwarzer Farbstift; Bleistift; Schere; Klebestift

Durchführung: Vergrößere die dargestellten Symbole für das Aussehen (Phänotyp) der Meerschweinchen auf etwa 400 % und klebe sie auf Zeichenkarton. Stelle auf gleiche Weise die Symbole für die Genotypen her. Es bedeuten: großes Quadrat, mit Großbuchstaben = dominantes Merkmal; kleines Quadrat, mit Kleinbuchstaben = rezessives Merkmal.

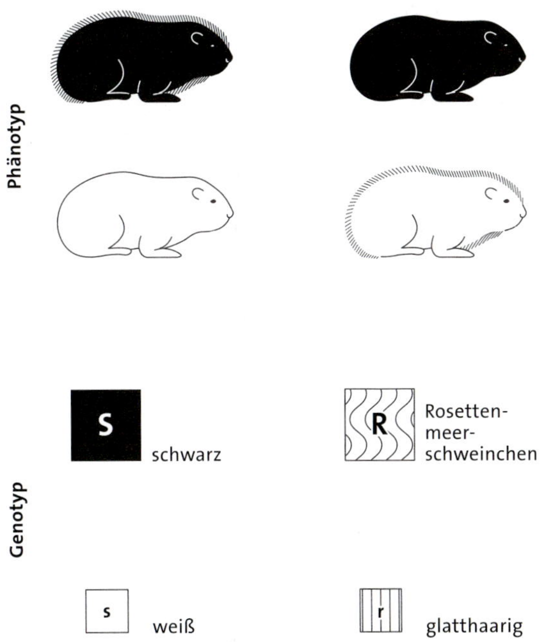

Zeichne auf das Papier – entsprechend der Abbildung rechts – ein Kombinationsquadrat mit 16 Kreuzungsfeldern. Wähle die Größe der Kreuzungsquadrate so, dass die Symbole der Phänotypen und Genotypen hineinpassen.

Aufgaben:

a) Erläutere den Erbgang der Kreuzung zweier reinerbiger Meerschweinchen.

b) Ermittle die möglichen Genotypen der Meerschweinchen in der F_2-Generation. Lege dazu den Erbgang für die Kreuzung der F_1-Mischlinge. Verwende die Symbole und ein Kombinationsquadrat.

c) Welche Bedeutung hat das Ergebnis von Aufgabe b) für den Züchter? Erläutere.

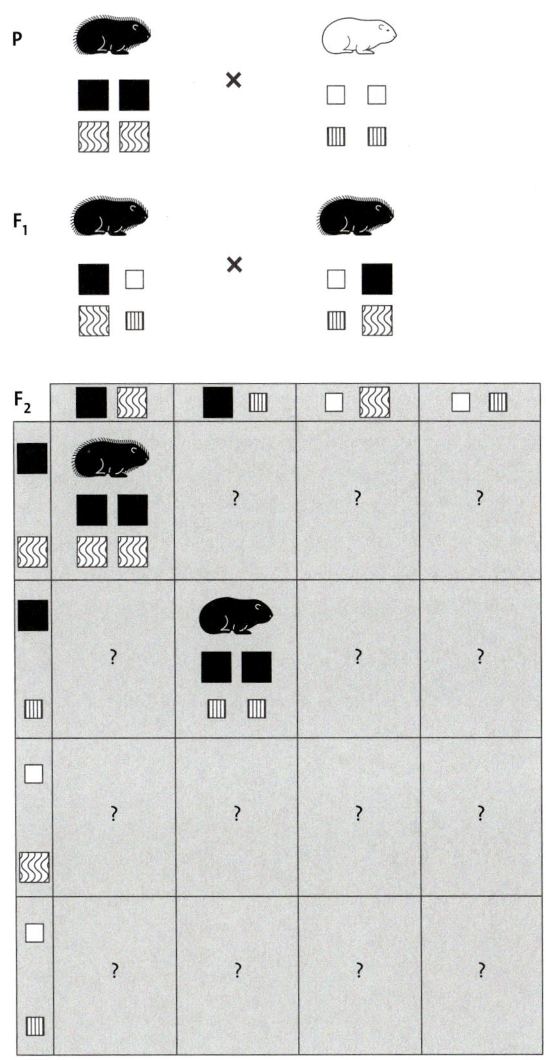

A5 Vererbung beim Menschen

Auch beim Menschen folgt die Vererbung vieler Merkmale den MENDELschen Regeln. So können Erbkrankheiten dominant oder rezessiv vererbt sein.

Aufgabe: Informiere dich, zum Beispiel über das Internet, über Mukoviszidose (Zystische Fibrose), und Chorea Huntington. Berücksichtige die Art des Erbgangs, das Krankheitsbild (Phänotyp) und die Häufigkeit in der Bevölkerung. Du kannst auch Berichte von Betroffenen recherchieren oder Kontakt zu Selbsthilfegruppen aufnehmen.

4 Vom Gen zum Merkmal

In welcher Beziehung steht die genetische Information, die im Genotyp festgelegt ist, zu den phänotypischen Merkmalen eines Lebewesens? Wie wird zum Beispiel die genetische Botschaft für rot gefärbte Blüten bei der Ausprägung dieses Merkmals in den Zellen einer Erbsenblüte umgesetzt?

In den Zellen der Kronblätter einer rot blühenden Erbse wird der rote Farbstoff aus farblosen Vorstufen in den Vakuolen aufgebaut. Diese Synthese erfolgt im Zellplasma der Kronblattzellen mit Hilfe von Enzymen. Enzyme sind spezielle Proteine, die Stoffe auf-, um- oder abbauen. Den weiß blühenden Pflanzen fehlt das Enzym, das für die Synthese des roten Farbstoffs benötigt wird. Ihr Stoffwechsel ist verändert. Die Nachkommen aus der Kreuzung weiß blühender Erbsen untereinander haben ebenfalls weiße Blüten. Der veränderte Stoffwechsel ist somit erblich. Die Information für die Bildung des Enzyms zur Farbstoffsynthese ist in der Erbsubstanz in Form von **Genen** gespeichert. Man sagt, die Blütenfarbe ist genetisch festgelegt.

Ein Gen ist ein Abschnitt der Erbsubstanz DNA. Dieses lange fadenförmige Molekül ist ein Bestandteil der Chromosomen. Ein Gen kann also einem bestimmten Ort auf einem Chromosom zugeordnet werden.

Für die Ausprägung des Merkmals »rote Blütenfarbe« ist ein Gen verantwortlich, das die Information für den Aufbau des entsprechenden Enzyms enthält. Rot blühende Erbsen besitzen das funktionsfähige Gen und damit das entsprechende Enzym für die Merkmalsausbildung, während weiß blühende Erbsen ein verändertes Gen haben und dieses Enzym deshalb nicht herstellen können. Somit stellen Proteine das Bindeglied zwischen Genotyp und Phänotyp dar.

In jedem Lebewesen kommt eine Vielzahl unterschiedlicher Proteine vor. Proteine sind aus 20 verschiedenen Bausteinen, den Aminosäuren, aufgebaut. Je nach Art des Proteins sind die Aminosäuren in unterschiedlicher Anzahl und Reihenfolge miteinander verknüpft. In welcher Weise ist nun die Information für die Abfolge der Aminosäuren in der Erbsubstanz DNA gespeichert?

Die genetische Information ist in der Reihenfolge der Nukleotide verschlüsselt, ähnlich wie sich der Sinn von Wörtern durch die Kombination verschiedener Buchstaben ergibt. Man spricht vom **genetischen Code** oder Gencode. Man sagt auch, ein Gen *codiert* für ein bestimmtes

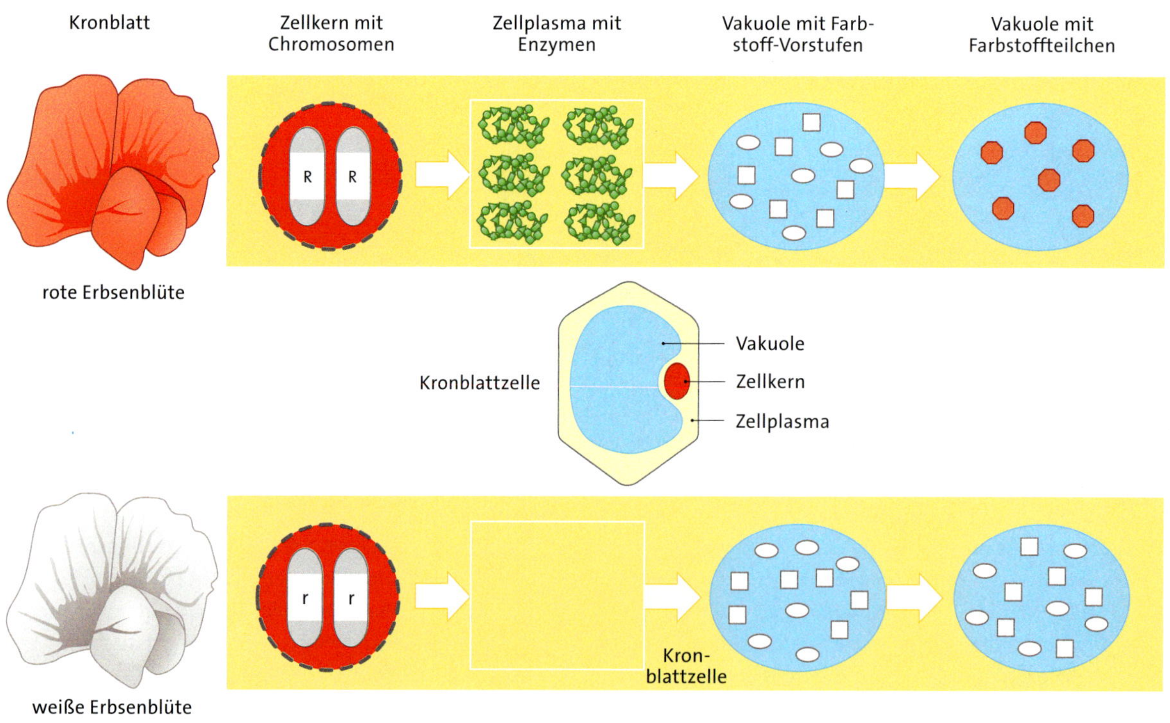

1 Ausprägung des Phänotyps in Abhängigkeit vom Genotyp bei der Erbse

Protein. Im Gegensatz zu unserem Alphabet mit seinen 26 Buchstaben kommt die genetische Information mit vier Buchstaben aus, nämlich den Basen Adenin, Thymin, Guanin und Cytosin. Wie aber können 20 verschiedene Aminosäuren durch nur vier verschiedene Basen verschlüsselt werden?

Die Information für eine Aminosäure wird nicht durch eine einzelne, sondern durch drei aufeinanderfolgende Nukleotide festgelegt. Durch solche **Tripletts** ergeben sich $4^3 = 64$ Kombinationsmöglichkeiten. Dadurch kann ein- und dieselbe Aminosäure sogar durch mehrere verschiedene Tripletts bestimmt werden, so wie verschiedene Wörter die gleiche Bedeutung haben können. Die Anzahl der Aminosäuren eines Proteins wird durch die Anzahl der Tripletts eines Gens bestimmt. Die genetische Information der DNA wird abgelesen und für die Bildung eines Proteins verwendet. Diesen Vorgang nennt man **Proteinbiosynthese.** Die Proteinbiosynthese erfolgt in zwei Schritten.

Im ersten Schritt wird das Gen, das für die Bildung eines bestimmten Proteins erforderlich ist, im Zellkern abgelesen und kopiert. Hierzu weichen die beiden Einzelstränge der DNA-Doppelhelix auseinander. An die ungepaarten Basen eines der beiden DNA-Einzelstränge lagern sich dann komplementäre freie Nukleotide an. Diese unterscheiden sich geringfügig von den DNA-Nukleotiden: Sie enthalten als Zucker Ribose statt Desoxyribose und die Base Uracil statt Thymin. Die Nukleotide werden zu einer neuen Nukleinsäurekette verbunden, die als Ribonukleinsäure, **RNA** (engl. ***ribonucleic acid***) bezeichnet wird. Im Gegensatz zur DNA ist die RNA einzelsträngig. Die in der DNA gespeicherte Information wird in eine RNA-Kopie umgeschrieben. Dieser Vorgang heißt **Transkription.** Die RNA verlässt den Zellkern durch die Kernporen und

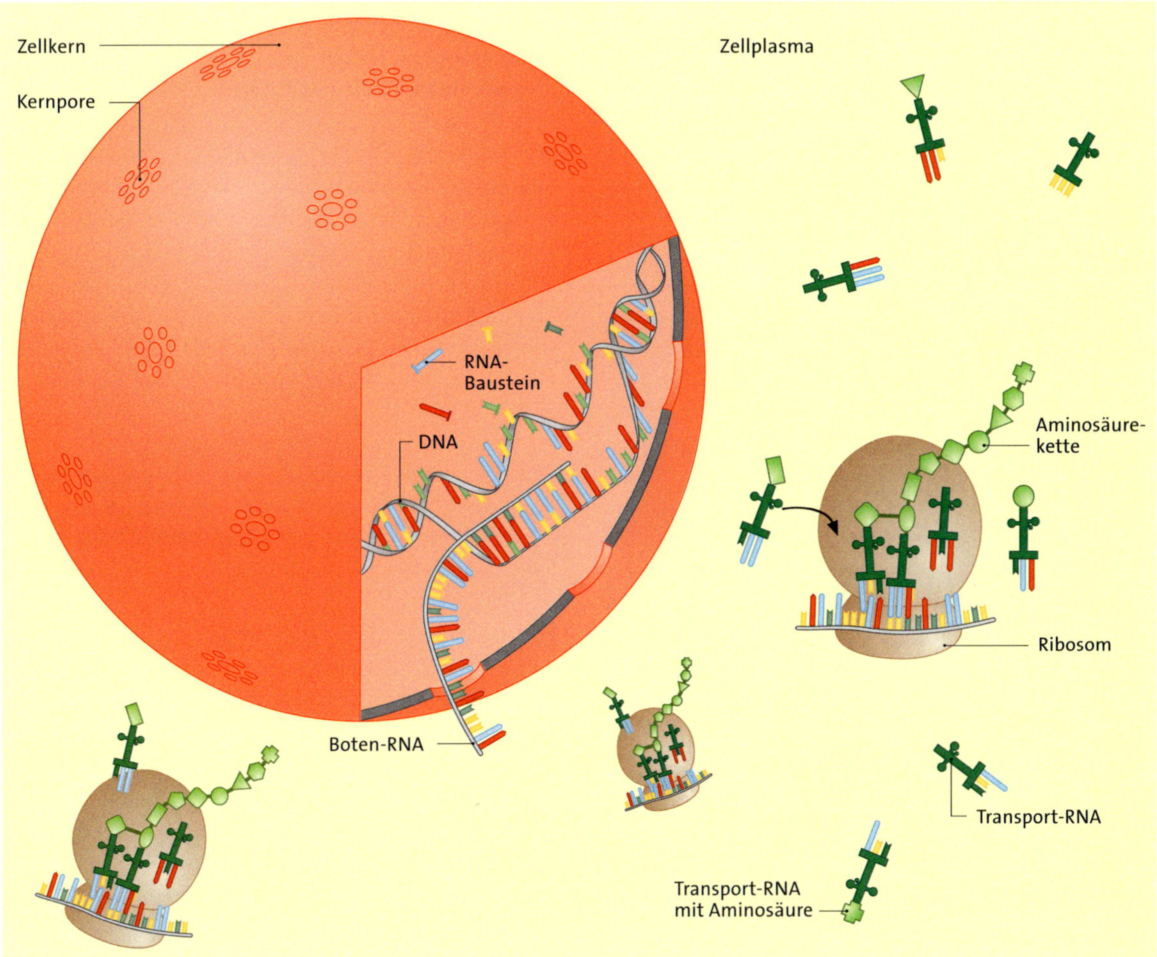

2 **Proteinbiosynthese**

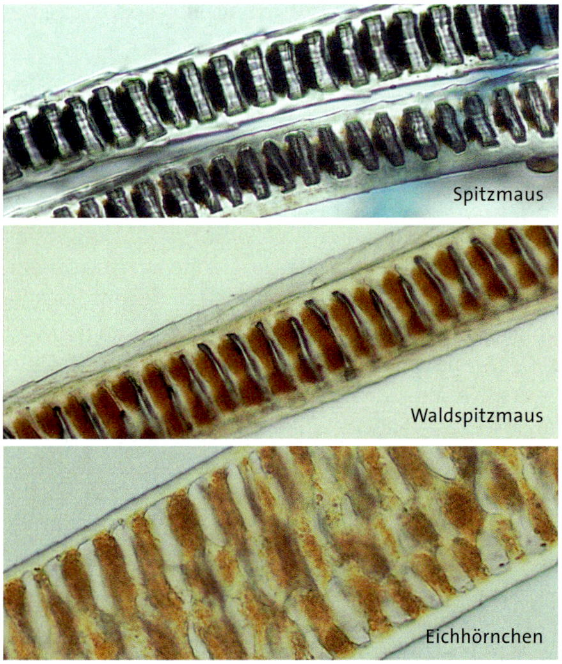

3 Haare verschiedener Säugetiere (mikroskopische Aufnahmen)

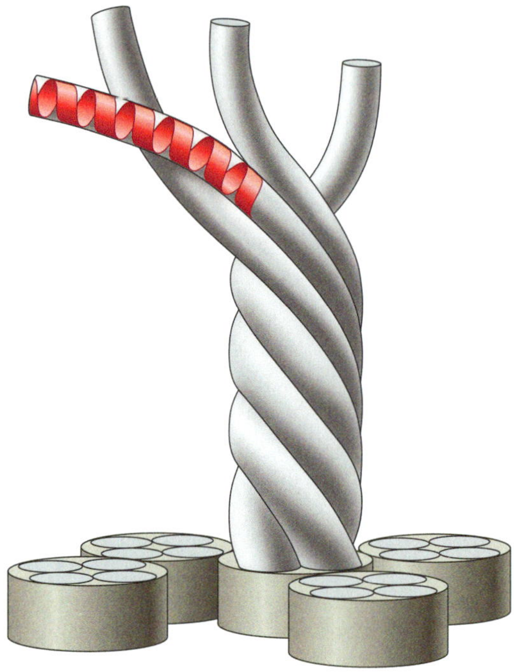

4 Das Protein Keratin, ein Produkt der Proteinbiosynthese (3-D-Modell)

übermittelt die genetische Information ins Zellplasma. Sie wird daher **Boten-RNA** genannt.

Im zweiten Schritt gelangt die Boten-RNA zu den Ribosomen im Zellplasma und wird an diese gebunden. Die Boten-RNA dient als Anweisung für die Herstellung eines bestimmten Proteins. Die zur Proteinbiosynthese erforderlichen Aminosäuren gelangen durch andere RNA-Moleküle, die **Transport-RNA,** zu den Ribosomen. Jeweils eine Aminosäure ist an eine passende Transport-RNA gekoppelt. Diese besitzt als Erkennungsstelle ein Basentriplett, mit dem sie an eine komplementäre Stelle der Boten-RNA im Ribosom binden kann. Die Boten-RNA gleitet nun durch das Ribosom hindurch, sodass sich dort an das nächste freie Triplett eine weitere Transport-RNA mit ihrem komplementären Triplett anlagern kann. Die an die Transport-RNA-Moleküle gekoppelten Aminosäuren werden gelöst und untereinander verknüpft. Auf diese Weise verlängert sich die Aminosäurekette, während die Boten-RNA durch das Ribosom gleitet.

Die fertiggestellte Aminosäurekette löst sich schließlich vom Ribosom. Die genetische Information ist damit verwirklicht: Die Basenabfolge der Nukleinsäuren wurde in die Aminosäureabfolge eines Proteins übersetzt. Man nennt diesen Vorgang **Translation.**

Die durch die Translation gebildete Aminosäurekette nimmt eine bestimmte räumliche Struktur an. In dieser dreidimensionalen Form lagern sich häufig mehrere Aminosäureketten zu einem funktionsfähigen Protein zusammen. Jedes Protein erfüllt eine spezifische Funktion im Körper des Lebewesens, zum Beispiel als Enzym wie verschiedene Verdauungsenzyme oder als Baustoff wie das Keratin in Haaren und Nägeln und das Kollagen im Bindegewebe.

Eine veränderte Basenabfolge eines Gens kann die Bildung eines veränderten Proteins bewirken. Somit kann ein veränderter Genotyp einen veränderten Phänotyp zur Folge haben.

1 Vergleiche DNA und RNA im Hinblick auf Aufbau, Vorkommen und Funktion.
2 Beschreibe mit Hilfe der Abbildung 2 den Vorgang der Proteinbiosynthese.
3 Vergleiche die biologische Funktion von Replikation und Proteinbiosynthese.
4 Berechne, wie viele Kombinationsmöglichkeiten sich jeweils ergäben, wenn einer Aminosäure 1, 2 oder 4 Basen zugeordnet wären.
5 Informiere dich, zum Beispiel im Internet, über Struktur, Vorkommen und Funktion von Keratin. Bereite hierzu einen Kurzvortrag vor.

5 Die genetische Information ist flexibel – Modifikationen

Betrachtet man die Samen erbgleicher Pflanzen der Feuerbohne, entdeckt man, dass diese nicht alle gleich groß sind, sondern unterschiedliche Längen aufweisen. Die meisten Samen sind zwischen 16 und 20 Millimeter lang, daneben gibt es kürzere und längere Bohnen von minimal zehn und maximal 26 Millimeter Länge. Somit variieren die Bohnen trotz ihrer Erbgleichheit im Phänotyp.

Trägt man die jeweilige Anzahl der Samen gegen die Länge in ein Koordinatensystem ein, erhält man eine grafische Darstellung der Längenverteilung. Bei einer entsprechend hohen Anzahl von ausgemessenen Samen ergibt sich eine glockenförmige Kurve, die man GAUSSsche Verteilungskurve nennt.

Sät man die Bohnensamen aus und misst wiederum die Samenlänge der daraus wachsenden Feuerbohnen, ergeben sich ebenfalls unterschiedliche Werte, die unabhängig von der Samenlänge der Elterngeneration sind. In der grafischen Darstellung erhält man also wieder eine glockenförmige Verteilung. Wie kommt es zur unterschiedlichen Länge erbgleicher Bohnensamen?

Vererbt wird nicht die Anlage für eine bestimmte Länge, sondern Anlagen für einen Spielraum, der für die Feuerbohne zehn bis 26 Millimeter beträgt. Diesen Spielraum nennt man **Reaktionsnorm.** Umwelteinflüsse wie Feuchtigkeit, Bodenbeschaffenheit, Mineralstoffangebot, Temperatur und Licht wirken zusammen, sodass die Kombination günstiger und ungünstiger Faktoren dafür verantwortlich ist, welche Länge ein Bohnensamen innerhalb der Reaktionsnorm tatsächlich erreicht. Die Auswirkung von Umwelteinflüssen auf die Ausbildung des Phänotyps bezeichnet man als **Modifikation.** Modifikationen sind nicht vererbbar.

Auch Löwenzahnpflanzen zeigen Modifikationen. Teilt man junge Löwenzahnpflanzen in zwei Längshälften und pflanzt diese jeweils im Tiefland und im Hochgebirge aus, so entwickeln die erbgleichen Teilpflanzen verschiedene Modifikationen: Der im Tiefland ausgepflanzte Löwenzahn zeigt einen hohen, kräftigen Wuchs, im Hochgebirge dagegen ist er kleinwüchsig. Durch die jeweils unterschiedlichen Standortfaktoren wird also der Phänotyp des Löwenzahns beeinflusst. Die Ausprägung des Phänotyps wird somit durch das Erbgut wie durch die Umwelt bestimmt.

1 Nenne weitere Beispiele für Modifikationen.

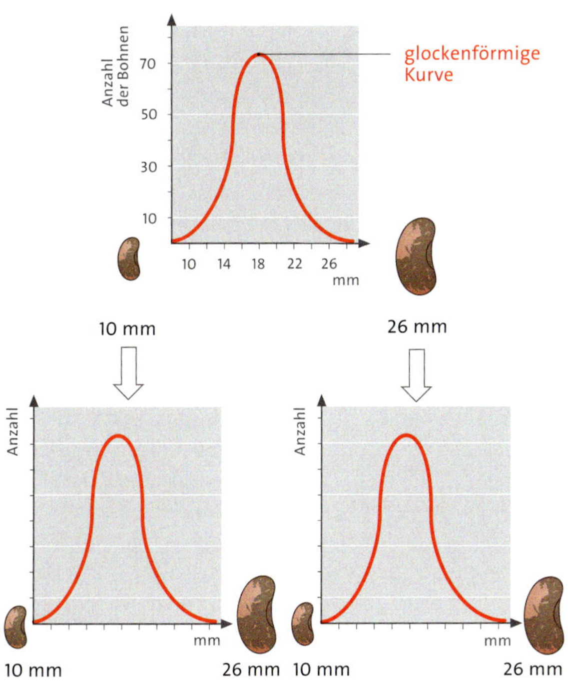

1 GAUSSsche Verteilungskurven der Länge von Feuerbohnensamen

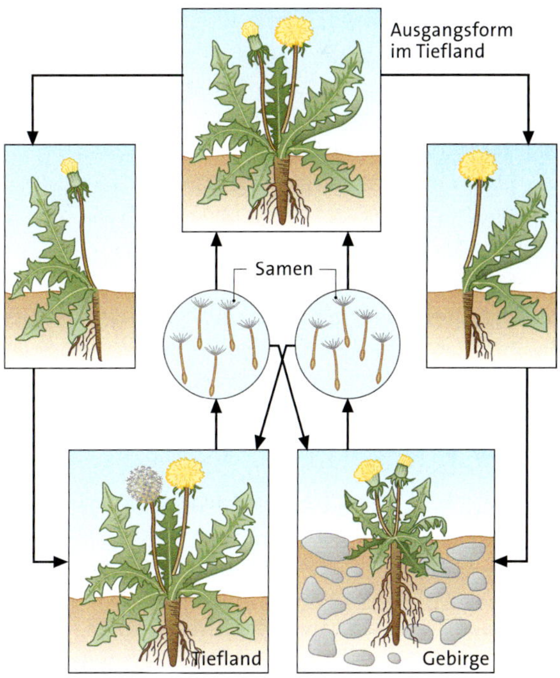

2 Modifikationen beim Löwenzahn

6 Mutationen sind Veränderungen des Erbgutes

1 Gorillamännchen »Schneeflöckchen«

Der bekannteste Gorilla der Welt lebte bis zu seinem Tod im Jahr 2003 im Zoo von Barcelona. »Schneeflöckchen« hatte im Gegensatz zu seinen schwarzen Artgenossen ein weißes Fell und eine rosafarbene Haut. Als *Albino* fehlte ihm der Farbstoff Melanin in Fell und Haut. Auch bei anderen Tierarten und beim Menschen kommt *Albinismus* gelegentlich vor. Er entsteht durch sprunghafte Veränderungen im Erbgut. Solche **Mutationen** treten selten und zufällig auf. Sie können sich vorteilhaft, neutral oder nachteilig auswirken. Da Albinos kein Melanin ausbilden können, fehlt ihnen ein Schutz gegen die schädliche UV-Strahlung des Sonnenlichtes.

Wenn Mutationen in Geschlechtszellen auftreten, werden sie an die Nachkommen vererbt. Mutationen können alle Ebenen des Erbmaterials wie Gene, Chromosomen oder sogar den ganzen Chromosomensatz betreffen. Am häufigsten treten Mutationen auf der Ebene der Gene auf. Bei solchen *Genmutationen* können Nukleotide fehlen, zusätzlich vorliegen oder ausgetauscht sein. Dadurch entsteht ein »Druckfehler« in der Erbinformation. Da die Basenabfolge eines Gens die Abfolge der Aminosäuren im Protein bestimmt, wird dann unter Umständen das funktionsfähige Protein nicht mehr gebildet. Genmutationen sind zum Beispiel die Ursache für den genannten Albinismus bei Menschen und Tieren. Auch eine bestimmte Veränderung von Form und Länge des Schwanzes bei Mäusen ist auf eine Genmutation zurückzuführen: Hier ist ein einziges Nukleotid innerhalb eines Gens verändert, welches an der Ausbildung der Wirbelsäule während der Embryonalentwicklung beteiligt ist.

Genmutationen sind lichtmikroskopisch nicht sichtbar, da lediglich einzelne Nukleotide der DNA verändert sind. Es können aber auch ganze Abschnitte von Chromosomen fehlen oder zusätzlich am gleichen oder an einem anderen Chromosom vorhanden sein. Solche *Chromosomenmutationen* sind daher oft im Lichtmikroskop erkennbar. Zum Beispiel fehlt bei Menschen, die das so genannte Katzenschrei-Syndrom zeigen, bei einem Chromosom 5 ein endständiges Stück, während das homologe Chromosom 5 unverändert ist. Dies hat komplexe Veränderungen des Phänotyps zur Folge, wie eine verzögerte geistige und körperliche Entwicklung. Betroffene Kinder fallen im Säuglingsalter durch ein ungewöhnliches Wimmern auf, das an einen Katzenschrei erinnert.

Da bei Chromosomenmutationen größere Teile der Erbinformation fehlen oder mehrfach vorliegen, sind häufig mehrere oder viele Gene von der Veränderung betroffen. Somit werden dann viele unterschiedliche Proteine in der Zelle entweder überhaupt nicht oder in zu großer Menge gebildet.

Bei *Genommutationen* ist die Anzahl der Chromosomen einer Zelle verändert, das heißt, das gesamte Genom ist von der Veränderung betroffen. So kann ein einzelnes Chromosom vollständig fehlen oder zusätzlich vorhanden sein. Darüber hinaus kann auch der ganze Chromosomensatz einer Zelle vervielfacht sein. Bei Gräsern treten häufig vervierfachte Chromosomensätze auf. Die entstehenden tetraploiden Arten sind besonders widerstandsfähig und etwas größer als die diploiden Arten. In der Pflanzenzüchtung werden solche Genommutationen künstlich erzeugt, da zum Beispiel Erdbeeren oder Zitronen mit drei- oder vierfachem Chromosomensatz besonders große Früchte haben.

Oft sind Mutationen für deren Träger schädlich, da sie die Überlebenschancen eines Individuums verringern. Mutationen können jedoch auch nützlich sein, wenn die Mutanten durch einen veränderten Phänotyp bessere Überlebenschancen haben als ihre Artgenossen mit unverändertem Phänotyp. Die meisten Unterschiede zwischen Angehörigen einer Art sind auf neutrale Mutationen zurückzuführen, die für die betroffenen Individuen keine wesentliche Bedeutung haben. Die Vielfalt der Blütenfarben bei Tulpen ist ein Beispiel hierfür.

1 Erläutere den Unterschied zwischen Mutation und Modifikation.

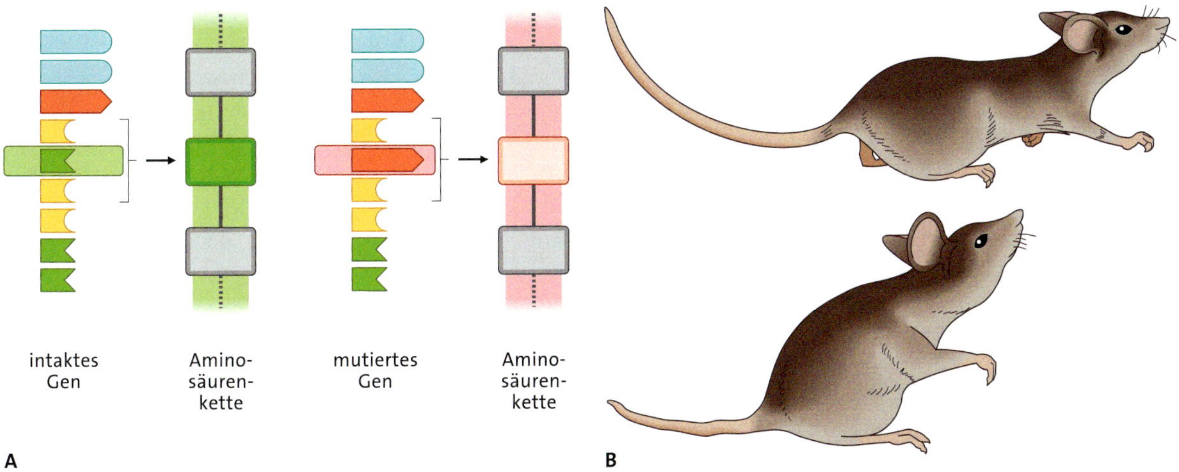

2 Genmutation. **A** Schema; **B** veränderter Schwanz bei einer Maus

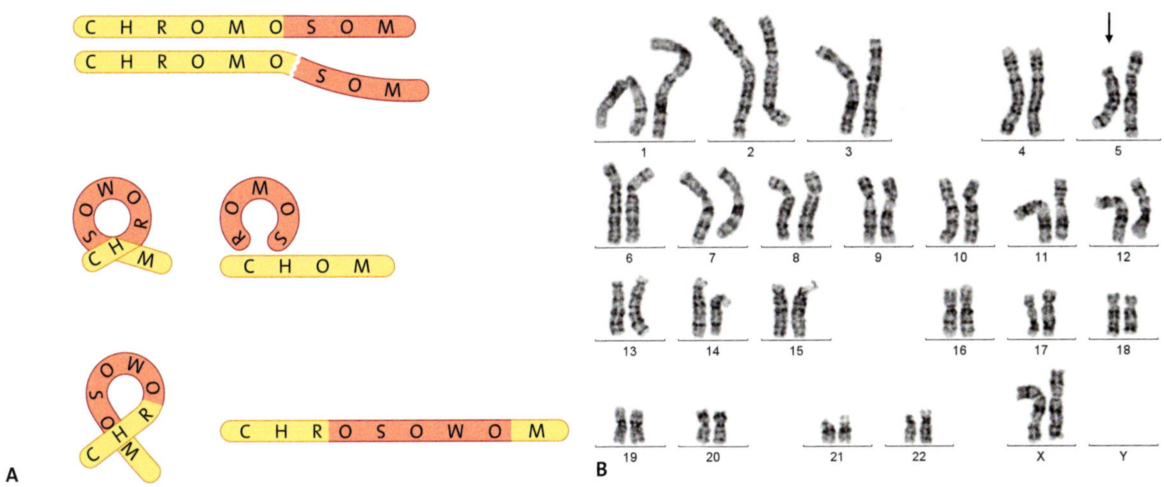

3 Chromosomenmuationen. **A** Schema; **B** Stückverlust am Chromosom 5

4 Genommutationen. **A** Schema; **B** Walderdbeere und Zuchtform der Erdbeere mit unterschiedlichen Chromosomensätzen

7 Vererbung beim Menschen

7.1 Methoden der Erbforschung

Die Wissenschaft, die sich mit der Vererbung beim Menschen beschäftigt, heißt **Humangenetik.** Da aus ethischen Gründen keine Kreuzungsexperimente am Menschen durchgeführt werden, müssen andere Methoden herangezogen werden, um beispielsweise die Gültigkeit der MENDELschen Regeln nachzuweisen.

Bei der *Familienforschung* untersucht man das Auftreten von Merkmalen über möglichst viele Generationen hinweg, um Erbgänge zu ermitteln. So zeigt der abgebildete Stammbaum, dass Albinismus bei Männern und Frauen etwa gleich häufig auftritt. Ferner ist festzustellen, dass das Krankheitsbild nicht in jeder Generation auftritt. Dies lässt auf ein rezessiv vererbtes Gen für Albinismus schließen, das unabhängig vom Geschlecht vererbt wird. Albino-Eltern sind also wie ihre Nachkommen reinerbig. Wenn die Eltern keinen Albinismus zeigen, jedoch bezüglich dieses Merkmals mischerbig sind, können sie ein Albino-Kind bekommen.

In Deutschland kommt Albinismus durchschnittlich einmal bei 30 000 bis 40 000 Personen vor. Auf dem afrikanischen Kontinent tritt Albinismus dagegen deutlich häufiger auf, nämlich bei einer von etwa 10 000 Personen. Die Untersuchung einer großen Zahl von Menschen ist somit eine weitere wichtige Methode der Humangenetik.

Eine solche **genetische Bevölkerungsanalyse** gibt zum Beispiel Auskunft über die Verteilung und Häufigkeit von Erbkrankheiten. Es handelt sich dabei um statistische Aussagen, die die Gesamtbevölkerung betreffen. Die regionalen Häufigkeiten können von diesen Werten abweichen. Die Ergebnisse solcher Analysen nutzt man zum Beispiel, um durch Vorsorgeuntersuchungen von Säuglingen oft vorkommende angeborene Stoffwechselerkrankungen zu erkennen und gegebenenfalls zu behandeln.

Erbkrankheiten wie Albinismus, aber auch viele andere Merkmale beim Menschen, werden nach bestimmten Gesetzmäßigkeiten vererbt und bleiben im Laufe des Lebens in der gleichen Ausprägung erhalten. Dagegen verändern sich andere Eigenschaften wie zum Beispiel Körpergröße, Körpermasse oder auch Intelligenz. In welchem Maße wird die Ausbildung solcher Merkmale durch das Erbgut und die Umwelt beeinflusst?

Zur Klärung dieser Frage kann die Methode der *Zwillingsforschung* beitragen. Es gibt eineiige und zweieiige Zwillinge. Eineiige Zwillinge entstehen, wenn sich nach der Teilung der Zygote die entstandenen Tochterzellen voneinander trennen und weiterentwickeln. Die Erbinformation ist bei eineiigen Zwillingen identisch. Zweieiige Zwillinge entstehen, wenn zufällig nicht eine, sondern zwei Eizellen heranreifen und dann zeitgleich befruchtet werden. Wie Geschwister, die unterschiedlich alt sind, haben zweieiige Zwillinge unterschiedliche Erbanlagen, weil sie aus verschiedenen Zygoten entstanden sind.

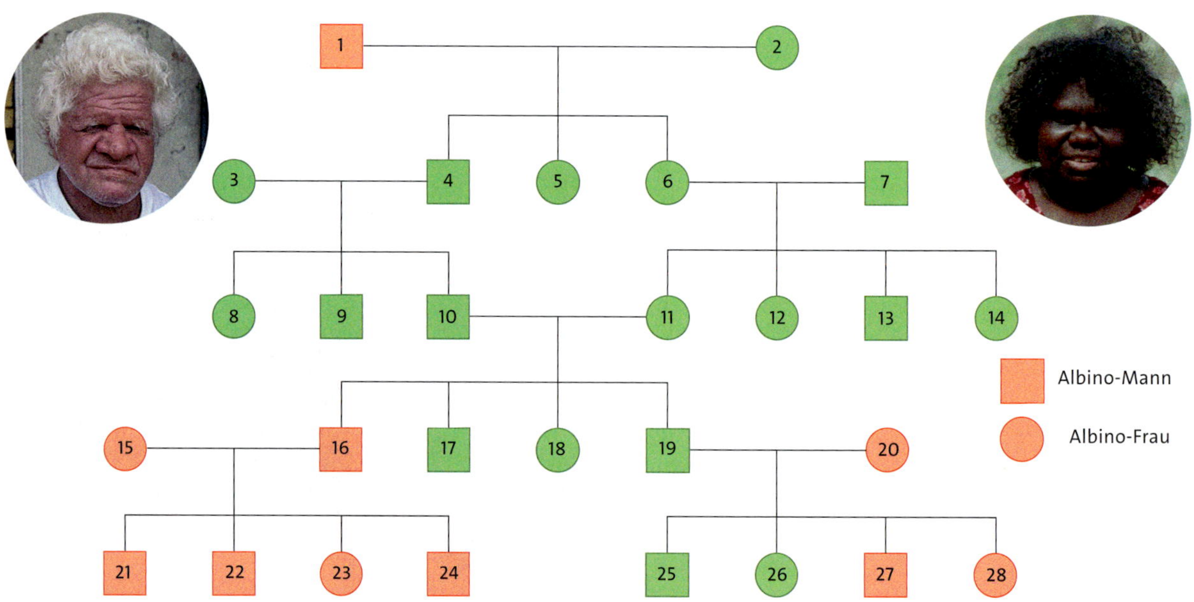

1 Stammbaum einer Familie mit Albinismus

Bei der Zwillingsforschung werden ausgewählte Merkmale bei ein- und zweieiigen Zwillingen statistisch erfasst und miteinander verglichen. Besonders interessant sind dabei die Ergebnisse der Untersuchungen von eineiigen Zwillingen, die in früher Kindheit getrennt wurden und einzeln aufwuchsen. Bei ihnen lässt sich der Einfluss von Erbgut und Umwelt besonders gut einschätzen. Vergleicht man zum Beispiel die Körpergröße bei gemeinsam aufgewachsenen ein- und zweieiigen Zwillingen, so stellt man bei eineiigen Zwillingen einen durchschnittlichen Unterschied von 1,3 Zentimetern fest, bei zweieiigen Zwillingen beträgt der Unterschied 4,5 Zentimeter. Hieraus folgert man, dass das Merkmal Körpergröße überwiegend genetisch festgelegt ist. Allerdings zeigen getrennt aufgewachsene eineiige Zwillinge einen Größenunterschied von durchschnittlich 2,1 Zentimetern. Diese Abweichung gegenüber zusammen aufgezogenen Zwillingen lässt auf einen Einfluss durch die Umwelt schließen. Ergebnisse der Zwillingsforschung zeigen weiterhin, dass neben körperlichen Merkmalen auch geistige Eigenschaften, wie Merkfähigkeit, schlussfolgerndes Denken und Zahlenverständnis in erheblichem Maße erbbedingt sind. Jedoch lässt dies keine direkten Aussagen über die Leistungsfähigkeit eines Menschen zu. Durch Erziehung und Lernen, also durch den Einfluss der Umwelt, können vorhandene Anlagen gefördert oder gehemmt werden. Erbgut und Umwelt bestimmen den Menschen also gemeinsam.

Neben den genannten Methoden lässt sich das Erbgut eines Menschen auch direkt untersuchen. Dieses wird in der Regel aus Blut, aber auch aus anderen Gewebeproben gewonnen. Je nach Präparationsmethode können dann die Chromosomen im Lichtmikroskop oder die DNA durch molekulargenetische Analysen untersucht werden.

1 Werte die Tabelle in Abbildung 2 aus.

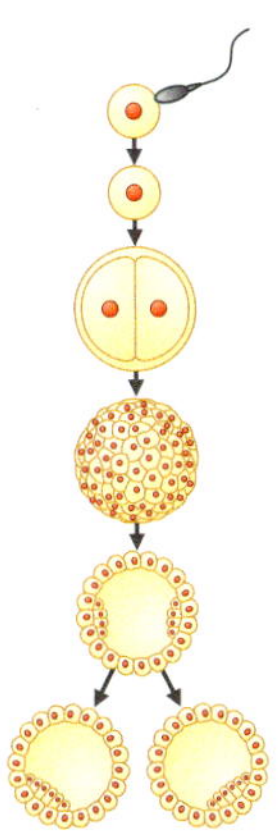

<table>
<tr><th rowspan="2">Zwillingspaare</th><th colspan="3">Unterschiede in</th><th colspan="3">Übereinstimmung in %</th></tr>
<tr><th>Körpergröße (cm)</th><th>Körpergewicht (kg)</th><th>Punkte beim Intelligenztest</th><th>Masern</th><th>Zuckerkrankheit</th><th>Tuberkulose</th></tr>
<tr><td>zweieiige Zwillinge</td><td>4,5</td><td>7,9</td><td>13,4</td><td>4,7</td><td>4,5</td><td>4,5</td></tr>
<tr><td>eineiige Zwillinge (getrennt aufgewachsen)</td><td>2,1</td><td>4,8</td><td>9,5</td><td rowspan="2">95</td><td rowspan="2">84</td><td rowspan="2">69</td></tr>
<tr><td>eineiige Zwillinge (gemeinsam aufgewachsen)</td><td>1,3</td><td>4,7</td><td>7,4</td></tr>
</table>

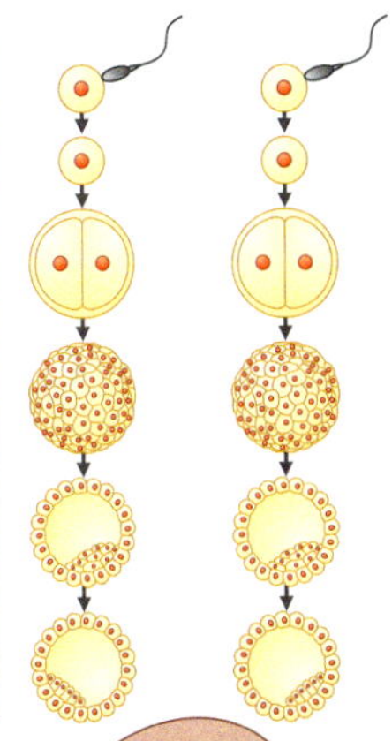

2 **Eineiige und zweieiige Zwillinge: Entstehung und Merkmalsvergleich**

Methode Stammbäume in der Humangenetik

Zur Untersuchung von Gesetzmäßigkeiten der Vererbung beim Menschen erstellt man häufig Stammbäume. Durch die Auswertung eines Stammbaums kann man zum Beispiel ermitteln, wie bestimmte Krankheiten vererbt werden. Bei einem Stammbaum stellt man die Mitglieder der verschiedenen Generationen einer Familie durch Symbole und Verbindungslinien dar. Man berücksichtigt hierzu ihr Geschlecht und ihren Phänotyp. Je größer eine Familie ist und je mehr Generationen berücksichtigt werden können, desto einfacher ist es, bei der Analyse des Stammbaums vom Phänotyp eindeutig auf den Genotyp der einzelnen Familienmitglieder zu schließen und damit eine Aussage über den Erbgang zu treffen.

Allgemeine Vorgehensweise

Verwendete Symbolik

Mann

Frau

Eltern

Geschwister

Merkmalsträger

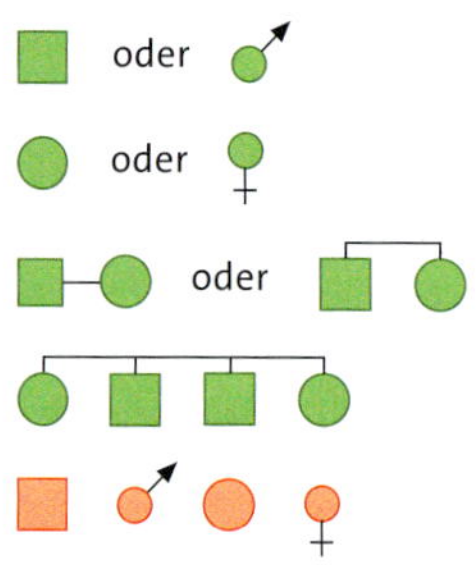

Beispiel: Vererbung der Kurzfingrigkeit

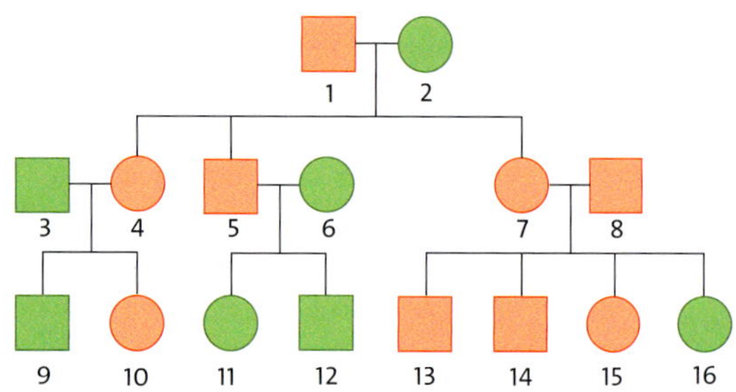

1. Wie wird das untersuchte Gen vererbt?

→ das betreffende Gen tritt meist gehäuft in jeder Generation auf → *dominanter Erbgang*
→ das betreffende Gen tritt selten auf, oft werden Generationen übersprungen, phänotypisch gesunde Eltern können Kinder mit diesem Merkmal haben
→ *rezessiver Erbgang*

Beispiel:
→ das Merkmal tritt in jeder Generation relativ häufig auf, 9 von 16 Personen sind davon betroffen
→ *das Gen wird dominant vererbt*

2. Welche Form des Erbganges liegt vor?

→ das Merkmal tritt in beiden Geschlechtern mit gleicher Häufigkeit auf → *autosomaler Erbgang*
→ das untersuchte Merkmal zeigt sich gehäuft bzw. ausschließlich bei Männern → *X-Chromosomaler Erbgang* (das entsprechende Gen oder die entsprechenden Gene liegen auf dem X-Chromosom)

Beispiel:
→ fünf Männer und vier Frauen sind betroffen
→ *es handelt sich um einen autosomalen Erbgang*

3. Zuordnung der Genotypen

→ autosomaler Erbgang: dominantes Allel Symbol A und rezessives Allel Symbol a
→ X-Chromosomaler Erbgang: Symbole X und Y, betroffenes X-Chromosom kennzeichnen z.B. durch Unterstreichen X

Beispiel:
→ Genotyp für Personen 1, 4, 5, 7, 8, 10, 13, 14 und 15 ist immer Aa, sie sind heterozygot und Merkmalsträger
→ Genotyp für Personen 2, 3, 6, 9, 11, 12 und 16 ist immer aa, sie sind homozygot und keine Merkmalsträger

1 Nenne zwei weitere Erbkrankheiten, auf die der oben abgebildete Stammbaum zutreffen könnte. Begründe.

2 Führe eine Stammbaumanalyse für Abbildung 1 auf Seite 268 durch. Begründe deine Entscheidungen.

7.2 Zwei Chromosomen bestimmen den kleinen Unterschied

Das Geschlecht eines Menschen kann anhand der beiden Gonosomen oder Geschlechtschromosomen identifiziert werden, die sich neben den 44 Autosomen in einer Körperzelle befinden. Während die beiden X-Chromosomen einer Frau gleich gestaltet sind, unterscheiden sich die Gonosomen eines Mannes in Größe und Gestalt: Im Vergleich zum X-Chromosom ist das Y-Chromosom deutlich kleiner, sein Zentromer befindet sich sehr nah am oberen Ende. Es weist außerdem eine geringere DNA-Menge auf. Das Y-Chromosom ist für die Ausbildung des männlichen Geschlechts verantwortlich. Das X-Chromosom besitzt neben Genen, die die Geschlechtsentwicklung steuern, auch viele Gene, die für körperliche Vorgänge bei Mann und Frau gleichermaßen von Bedeutung sind.

Gibt man den Chromosomensatz als Formel an, so schreibt man bei einer Frau: 46,XX. Dieser **Karyotyp** bezeichnet die Gesamtzahl der Chromosomen und die Art der Gonosomen. Der Karyotyp eines Mannes lautet entsprechend 46,XY.

Im Verlauf der Meiose werden die haploiden Geschlechtszellen gebildet. Die Eizellen einer Frau weisen stets 22 Autosomen und ein X-Chromosom auf. Dagegen entstehen beim Mann zwei verschiedene Arten von Spermiumzellen: Sie besitzen neben den 22 Autosomen entweder ein X- oder ein Y-Chromosom.

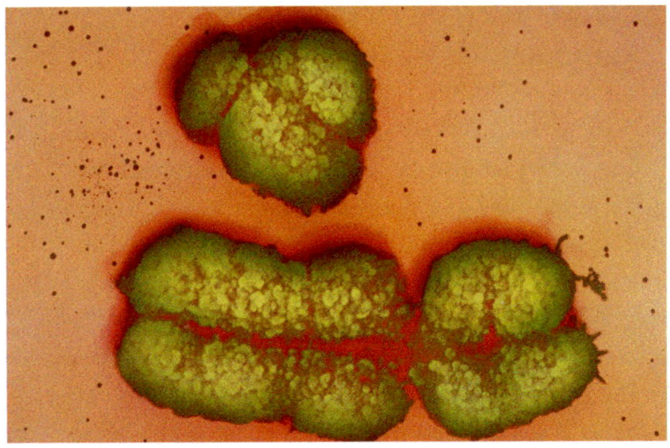

1 X- und Y-Chromosom. (elektronenmikroskopische Aufnahme)

Die Entscheidung über das Geschlecht eines Menschen hängt vom Zufall bei der Befruchtung ab. Dringt eine Spermiumzelle mit einem X-Chromosom in die Eizelle ein, entsteht eine Zygote mit 44 Autosomen und zwei X-Chromosomen. Verschmilzt dagegen eine Spermiumzelle mit einem Y-Chromosom mit der Eizelle, enthält die Zygote neben den 44 Autosomen ein X- und ein Y-Chromosom.

1 Lea und Leon sind Zwillinge. Erläutere, ob es sich bei den beiden um eineiige oder zweieiige Zwillinge handelt.

2 Begründe mit Hilfe eines Kreuzungsschemas, dass die Vererbung der Geschlechter im Verhältnis 1:1 erfolgt.

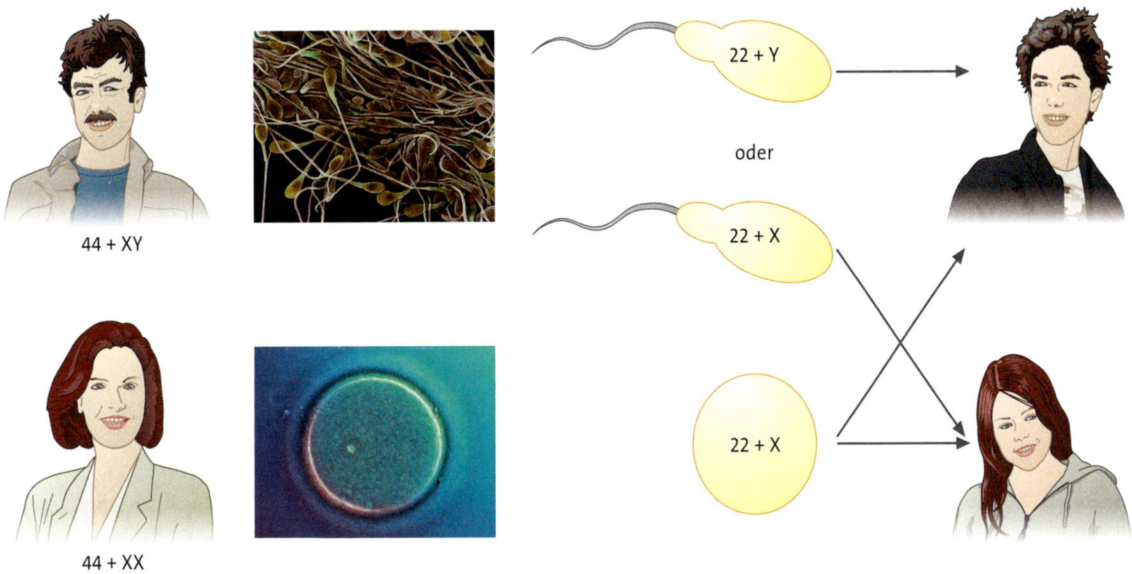

2 Vererbung des Geschlechts

7.3 Vererbung der Blutgruppen und des Rhesusfaktors

Zu den charakteristischen Merkmalen eines Menschen gehört seine Blutgruppe. Diese bleibt im Laufe des Lebens unverändert. Im so genannten AB0-System unterscheidet man die Blutgruppen A, B, AB und 0.

Das Blutgruppenmerkmal ist durch bestimmte Eiweißstoffe, die **Antigene,** gekennzeichnet. Sie befinden sich in der Zellmembran der Roten Blutzellen. Die Information zur Ausbildung dieser Antigene ist in Genen auf den Chromosomen verschlüsselt. Man bezeichnet sie als die Allele A, B und 0. Im Serum des Blutes befinden sich bei den Blutgruppen A, B und 0 weitere Eiweiße, die **Antikörper.**

Durch statistische Auswertung hat man herausgefunden, dass die Blutgruppen des AB0-Systems gemäß den MENDELschen Regeln vererbt werden. Es handelt sich um einen dominant-rezessiven Erbgang. Dabei sind die Allele A und B dominant über das Allel 0. Das bedeutet, dass Menschen mit der Blutgruppe A die Genotypen AA oder A0 haben können. Menschen mit der Blutgruppe B können für das Blutgruppenmerkmal ebenfalls reinerbig (BB) oder mischerbig (B0) sein. Menschen mit der Blutgruppe 0 haben stets den Genotyp 00 und sind somit reinerbig. Bei der Blutgruppe AB liegt Mischerbigkeit vor, die beiden dominanten Allele A und B ergeben den Genotyp AB. Im Phänotyp sind die Merkmale der Blutgruppen A und B gleich stark ausgeprägt. Man spricht von **Codominanz.**

Das AB0-Blutgruppensystem wurde früher bei Vaterschaftstests herangezogen. Mit Hilfe von Kreuzungsschemata kann bei bestimmten Blutgruppen eine Vaterschaft ausgeschlossen werden. Beispielsweise kann ein Kind mit der Blutgruppe 0 niemals einen Vater mit der Blutgruppe AB haben. Bei etwa 20 Prozent solcher Blutgruppen-Untersuchungen kann eine eindeutige Aussage über die Abstammung des Kindes getroffen werden. Heute werden andere Merkmale zum Vergleich herangezogen, in der Regel durch DNA-Analysen.

Das Rhesus-System ist ein weiteres erbliches Blutgruppensystem beim Menschen. Der Rhesusfaktor (Rh) befindet sich als Antigen ebenfalls in der Zellmembran der Roten Blutzellen. Menschen, die dieses Rhesus-Antigen besitzen, bezeichnet man als Rhesus-positiv (Rh-positiv oder Rh^+). Das Symbol für dieses dominante Allel lautet D. Rhesus-positive Menschen können für dieses Merkmal reinerbig (DD) oder mischerbig (Dd) sein. Das betrifft

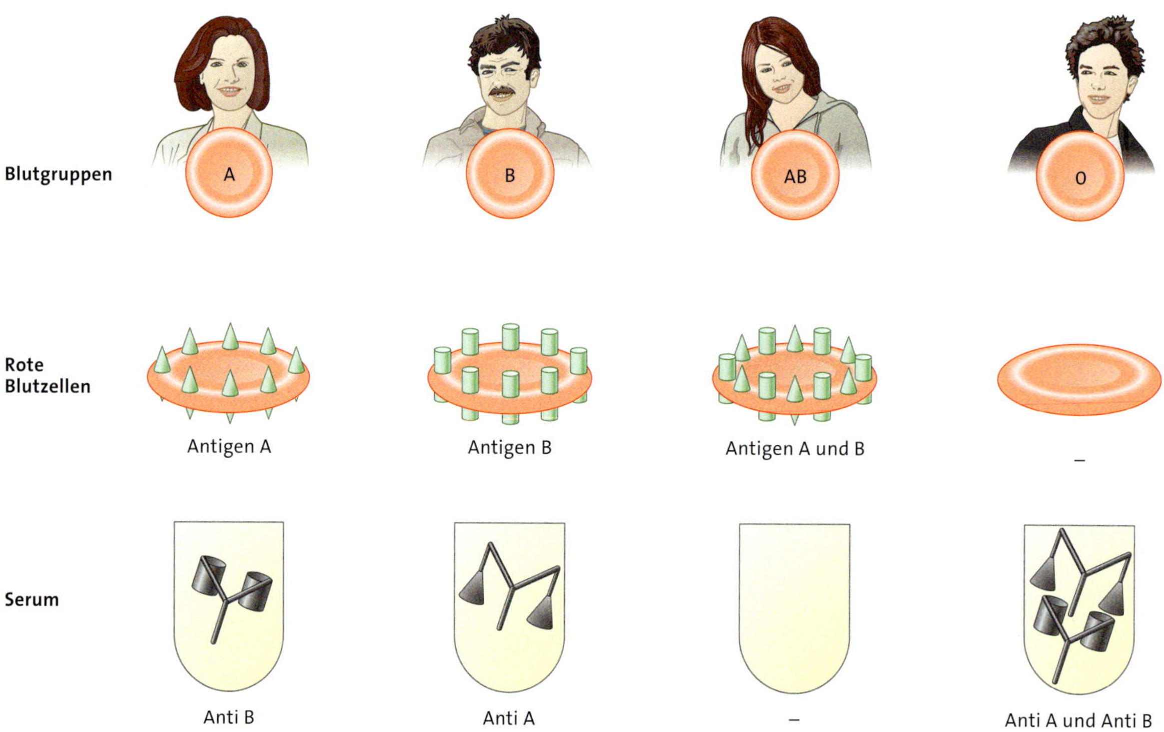

1 ABO-System

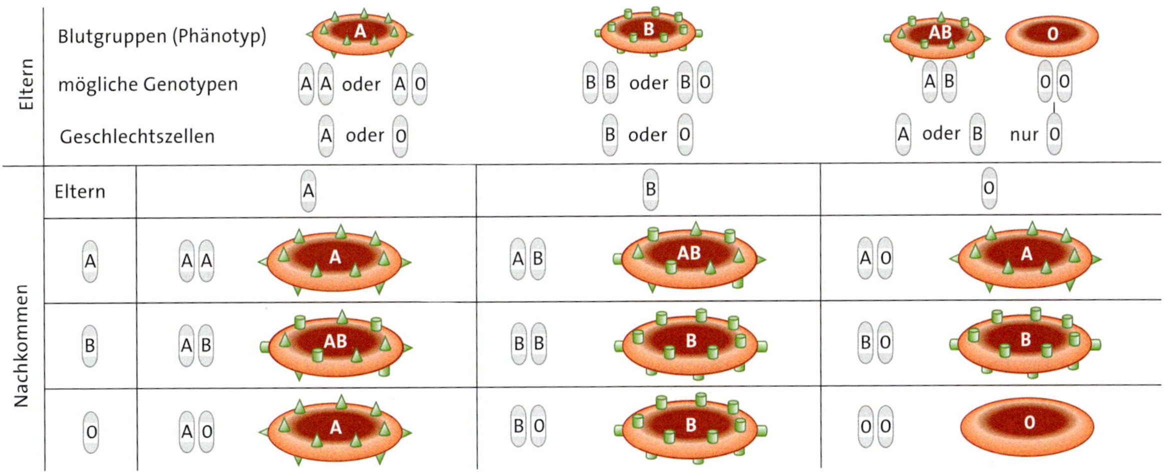

2 **Vererbung der Blutgruppen des AB0-Systems**

etwa 85 Prozent der Bevölkerung. Die übrigen 15 Prozent sind reinerbig für das rezessive Allel d (dd). Sie sind Rhesus-negativ (Rh-negativ oder rh⁻) und haben keine Rhesus-Antigene in den Zellmembranen der Roten Blutzellen.

Wenn eine Rhesus-negative Frau (dd) und ein reinerbig Rhesus-positiver Mann (DD) ein Kind haben, ist dieses Rhesus-positiv (Dd). Beim Geburtsvorgang gelangt etwas Blut des Fetus in die Blutbahn der Mutter. Daraufhin werden dort Antikörper gegen das fremde Antigen D gebildet. Bei einer zweiten Schwangerschaft gelangen diese mütterlichen Antikörper gegen D über die Plazenta in den Embryo und verklumpen seine Roten Blutzellen. Es kommt dadurch zu einer schweren Blutarmut und eventuell zu einer Fehlgeburt. Um dies zu verhindern, spritzt man betroffenen Frauen gleich nach der ersten Geburt einen Eiweißstoff, der die wenigen Blutzellen des Kindes aus dem Blut der Mutter wieder beseitigt. Das Immunsystem der Mutter bildet dann keine Antikörper gegen D aus.

Neben dem AB0- und dem Rhesus-System kennt man noch 14 weitere Blutgruppensysteme mit 60 verschiedenen Antigenen.

1 Weise anhand eines Kreuzungsschemas nach, dass ein Mann mit der Blutgruppe AB nicht Vater eines Kindes mit der Blutgruppe 0 sein kann. Begründe deine Antwort.

2 Erläutere die Rhesus-Unverträglichkeit mit Hilfe der Abbildung 4.

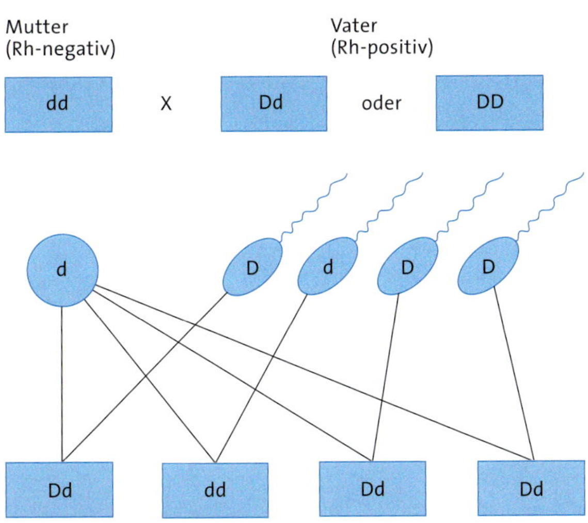

3 **Vererbung des Rhesus-Faktors**

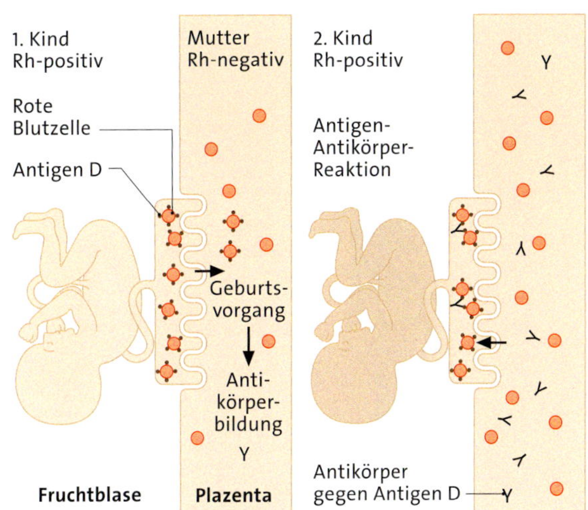

4 **Rhesus-Unverträglichkeit**

7.4 Vererbte Behinderungen und Krankheiten

Verschiedene Krankheiten und Behinderungen beruhen auf Mutationen. Oft werden genetisch bedingte Veränderungen des Phänotyps über Generationen hinweg vererbt. Sie können jedoch auch erstmals bei einem Menschen auftreten. Es handelt sich dann um *Neumutationen.* Wenn man einer Mutation keine eindeutige Ursache zuordnen kann, spricht man von einer *Spontanmutation.*

Die häufigsten Ursachen für erbliche Krankheiten sind Genmutationen. Ein Beispiel ist das so genannte MARFAN-Syndrom, das nach dem französischen Kinderarzt Antoine MARFAN benannt ist. Bei Betroffenen ist ein einzelnes Gen auf Chromosom 15 verändert, was einen Bindegewebsdefekt zur Folge hat. Da Bindegewebe an verschiedenen Stellen des Körpers vorkommt, zeigen sich krankhafte Veränderungen bei zahlreichen unterschiedlichen Organen. Man spricht daher von einem *Syndrom.* Das MARFAN-Syndrom wird dominant vererbt und kommt weltweit bei etwa einem von 10 000 Menschen vor.

Manche Erbkrankheiten treten bei Männern wesentlich häufiger auf als bei Frauen. Die Rot-Grün-Sehschwäche, bei der bestimmte Abstufungen der Farben Rot und Grün nicht unterschieden werden können, kommt beispielsweise bei etwa acht Prozent der Männer, aber nur bei 0,5 Prozent der Frauen vor. Der Geschlechtsunterschied erklärt sich dadurch, dass sich das verantwortliche Gen auf dem X-Chromosom befindet. Man spricht daher auch von einem *X-chromosomalen Erbgang.*

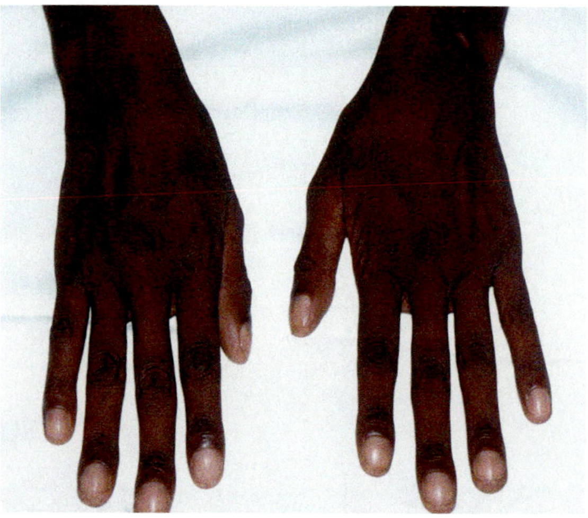

1 MARFAN-Syndrom. »Spinnenfinger«

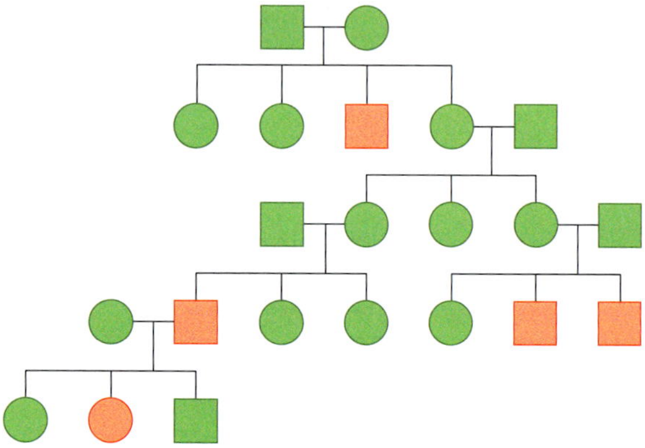

2 Stammbaum einer Familie mit Rot-Grün-Sehschwäche

Das Allel für Rot-Grün-Sehschwäche ist rezessiv gegenüber dem Allel für normales Farbensehen. Bei Frauen tritt die Rot-Grün-Sehschwäche nur dann auf, wenn sie auf beiden X-Chromosomen jeweils das veränderte Gen tragen, also für dieses Allel reinerbig sind. Ist eine Frau hingegen mischerbig, hat sie also nur ein Allel für Rot-Grün-Sehschwäche, zeigt sie normales Farbensehen und ist damit phänotypisch unauffällig. Sie kann aber das Allel für Rot-Grün-Sehschwäche auf ihre Nachkommen übertragen. Sie ist *Überträgerin* oder *Konduktorin.* Ihre Söhne haben daher mit einer Wahrscheinlichkeit von 50 Prozent eine Rot-Grün-Sehschwäche. Wenn sie das rezessive Allel ihrer Mutter geerbt haben, wirkt sich dies auch phänotypisch aus, da auf ihrem Y-Chromosom das entsprechende Allel fehlt.

Im Gegensatz zu Genmutationen kann man Chromosomenmutationen wie das Katzenschrei-Syndrom nur selten bei Neugeborenen feststellen. Durch Veränderungen des Erbmaterials, bei denen ein Stück eines Chromosoms fehlt oder zusätzlich vorliegt, wird ein Embryo in der Regel so stark geschädigt, dass er bereits im Mutterleib stirbt.

Hauptmerkmale des MARFAN-Syndroms	
Skelett	hoher Gaumen, Zahnfehlstellung, Wirbelsäulenverkrümmung, Trichterbrust, überdehnbare Gelenke, »Spinnenfinger«, überlange Gliedmaßen
Auge	Hornhautverkrümmung, Augapfelverlängerung, Linsenverlagerung, Linsentrübung, Netzhautablösung
Herz und Gefäße	Herzklappendefekte, Aortenaussackung, Aortenriss, niedriger Blutdruck
Lunge	Gewebedefekte

In den meisten Fällen von Genommutationen liegt ein überzähliges Autosom vor. Am häufigsten ist die Trisomie 21, bei der das Chromosom 21 im Chromosomensatz dreimal statt nur zweimal vorhanden ist. Diese Mutation wurde erstmals von dem Londoner Arzt John DOWN beschrieben und wird daher auch als DOWN-Syndrom bezeichnet. Bei der Trisomie 21 liegen Proteine, für deren Bildung Gene auf dem Chromosom 21 verantwortlich sind, in erhöhter Konzentration vor. Dadurch zeigen Menschen mit DOWN-Syndrom eine Reihe von Veränderungen: Sie sind klein, die Hände sind kurz, an den Handflächen kann man eine typische Furche erkennen. Der Kopf hat eine rundliche Form mit tiefsitzenden Ohren. Die Zunge ist vergrößert. Die meist typische Form der Augen ergibt sich durch eine schmale Lidfalte. Die Menschen leiden oft an Herzfehlern und einer erhöhten Infektionsanfälligkeit, vor allem im Magen-Darm-Bereich. Durch die verbesserte medizinische Versorgung haben Menschen mit DOWN-Syndrom heute eine deutlich höhere Lebenserwartung als früher. Bei der Trisomie 21 ist auch die geistige Entwicklung der Betroffenen beeinträchtigt. Früher wurden viele von ihnen in Heimen für geistig Behinderte untergebracht. Heute werden bereits im Kindesalter durch intensive Fördermaßnahmen Voraussetzungen geschaffen, die einen Schulbesuch und eine nachfolgende Berufsausbildung ermöglichen. Auf diese Weise können auch Menschen mit DOWN-Syndrom ein weitgehend selbstbestimmtes Leben führen.

Statistische Untersuchungen haben gezeigt, dass die Wahrscheinlichkeit für die Geburt eines Kindes mit DOWN-Syndrom mit zunehmendem Alter der Schwangeren steigt. Bei ihnen werden im Verlauf der Meiose häufiger Geschlechtszellen gebildet, die beide mütterlichen Chromosomen 21 enthalten. Auch bei Männern nimmt die Wahrscheinlichkeit einer Fehlverteilung der Chromosomen während der Meiose mit steigendem Alter zu. Neben der Trisomie 21 kennt man beim Menschen auch die Trisomie 13 und die Trisomie 18. Das Fehlen eines dieser Autosomen ist so schwerwiegend, dass ein Embryo schon in einem sehr frühen Entwicklungsstadium stirbt.

Der Überschuss oder Verlust eines Gonosoms hat insgesamt weniger schwerwiegende Folgen für den Phänotyp. Vergleicht man die geistige Entwicklung von Betroffenen mit derjenigen der durchschnittlichen Bevölkerung, lassen sich in der Regel keine Auffälligkeiten feststellen. Dies ist zum Beispiel bei Frauen mit einem fehlenden X-Chromosom der Fall. Ihr Karyotyp lautet 45,X. Der Phänotyp wird als TURNER-Syndrom bezeichnet. Ähnliches gilt auch für Männer, deren Chromosomensatz ein zusätzliches X-Chromosom aufweist. Sie haben das KLINEFELTER-Syndrom mit dem Karyotyp 47,XXY.

1 Nenne und vergleiche Beispiele für Gen-, Chromosomen- und Genommutationen beim Menschen.

2 Erläutere, weshalb die Rot-Grün-Sehschwäche vermehrt bei Männern auftritt.

3 Werte die Grafik bei Abbildung 3 aus.

4 Informiere dich, zum Beispiel über das Internet, über den Phänotyp von Frauen mit TURNER-Syndrom und erstelle einen kurzen Bericht.

A

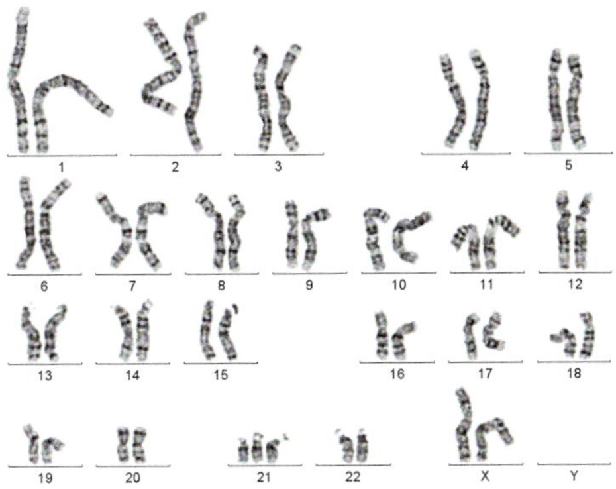

B

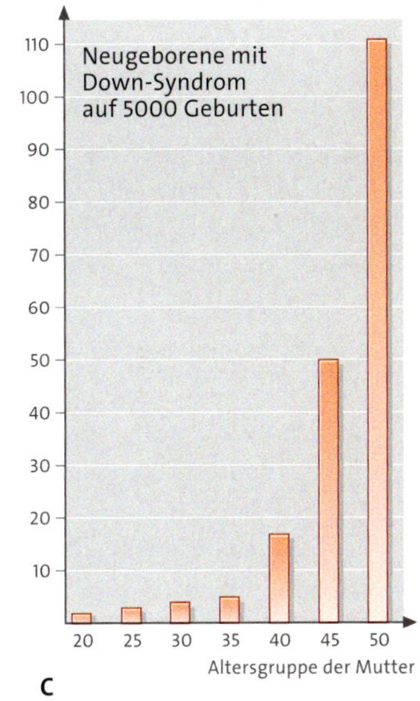

C

3 DOWN-Syndrom. A Phänotyp; B Karyogramm; C Häufigkeit

Streifzug durch die Medizin — Genetische Familienberatung

Man schätzt, dass in Deutschland jährlich etwa 50 000 Kinder mit körperlichen und geistigen Behinderungen geboren werden. In etwa 75 Prozent der Fälle sind diese genetisch bedingt. Gibt es medizinische Möglichkeiten, erbkranken Menschen zu helfen?

Ein gezielter Eingriff in das Erbgut eines Menschen ist heute noch nicht möglich. Allerdings können die gesundheitlichen Auswirkungen mancher Mutationen gemildert oder ganz vermieden werden, wenn sie frühzeitig erkannt werden und eine entsprechende Therapie eingeleitet wird.

Wenn sich ein Paar ein Kind wünscht und in der Familie eine Erbkrankheit bekannt ist, kann es einen Facharzt für Humangenetik aufsuchen. Dieser führt eine genetische Familienberatung durch. Besonders häufig werden Partner beraten, die miteinander verwandt sind. Dann ist die Wahrscheinlichkeit höher, dass beide heterozygote Träger eines rezessiven Allels sind, das negative Folgen für den Phänotyp hat. Diese Anlagen könnten dann bei einem Nachkommen reinerbig zur Ausprägung kommen. Mit Hilfe von Familienstammbäumen wird die Wahrscheinlichkeit für eine mögliche Erkrankung des Kindes ermittelt. Bei Bedarf veranlasst der Arzt eine Untersuchung der Chromosomen oder der DNA der Partner in einem humangenetischen Labor. In vielen Fällen kann dadurch bereits eine Risikoaussage getroffen werden.

Ist bereits eine Schwangerschaft eingetreten, kann das ungeborene Kind innerhalb der Gebärmutter untersucht werden. Zu den Methoden dieser *pränatalen Diagnostik* zählt die Ultraschalluntersuchung. Dabei können Fehlbildungen des Skeletts oder innerer Organe festgestellt werden. Bei einer *Fruchtwasseruntersuchung* werden die im Fruchtwasser befindlichen Zellen des Fetus auf genetische Veränderungen untersucht. Hierzu entnimmt man in der 14. bis 16. Schwangerschaftswoche mit einer Kanüle etwas Fruchtwasser aus der Fruchtblase.

Allerdings ist die werdende Mutter vor eine äußerst schwere Entscheidung gestellt, wenn zum Beispiel eine Trisomie 21 vorliegt. In solchen und anderen begründeten Fällen ist nach einer Beratung in einer staatlich anerkannten Einrichtung ein Schwangerschaftsabbruch straffrei. Dennoch entscheiden sich viele Frauen für ihr Kind.

Eine humangenetische Beratung wird auch von Eltern aufgesucht, die bereits ein Kind mit auffälligem Phänotyp haben. Durch entsprechende Labortests kann geklärt werden, ob eine genetische Ursache zugrunde liegt. Dies ist für die Betroffenen oft eine große Hilfe. Sie können dann zum Beispiel gezielt Unterstützung in einer Selbsthilfegruppe finden.

Manche Erbkrankheiten treten erst in höherem Alter auf. Daher kommen auch Erwachsene in die humangenetische Beratung, die Verwandte mit einem Erbleiden haben. Wenn jedoch die fragliche Mutation bei einem Ratsuchenden gefunden wird, muss dieser möglicherweise Jahrzehnte mit dem Gedanken daran leben, dass er an einer schweren und unheilbaren Krankheit erkranken wird. Manche Menschen entscheiden in einer solchen Situation, dass sie keine endgültige Gewissheit haben wollen.

1 Beschreibe, aus welchen Gründen eine humangenetische Beratungsstelle aufgesucht wird.

2 Erläutere die Abbildung 1.

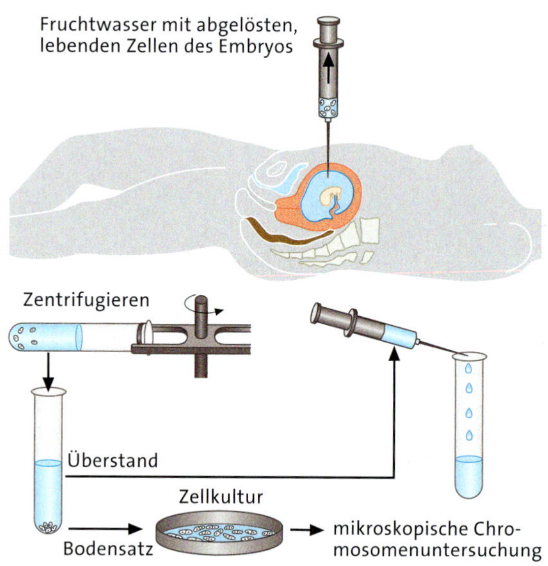

1 Fruchtwasseruntersuchung

Methode Ein Gespräch leiten

Gesprächsregeln:

- Im Gespräch eure eigene Meinung vertreten
- Den Beiträgen der anderen zuhören
- Die anderen ausreden lassen
- Melden, wenn ihr etwas sagen möchtet
- Die Reihenfolge der Meldungen einhalten
- Beim Reden einander ansehen
- Jeden zu Wort kommen lassen
- Nicht zu lange reden

Regeln zum Leiten einer Diskussion:

- Thema kurz vorstellen, an die Tafel schreiben
- Diskussion eröffnen, Rednerliste führen
- Auf Einhaltung der Gesprächsregeln achten
- Für Ordnung sorgen, keine Seitengespräche zulassen und auf Einhaltung gleicher Redezeiten achten
- Klärende Nachfragen stellen, Widersprüche zwischen den Beiträgen aufzeigen und Diskussionsimpulse geben
- Zwischen- und Endergebnisse notieren
- Diskussion beenden

1 Regeln für eine gute Diskussion

Im Unterricht wurden die Grundlagen der Genetik behandelt. Dabei interessierte sich die Klasse besonders für genetisch bedingte Krankheiten. Auch die Frage, ob und warum Schwangere eine genetische Beratung in Anspruch nehmen sollten, beschäftigte die Schülerinnen und Schüler. Sie beschließen, offen darüber zu diskutieren. Dazu setzten sich alle zusammen und ein Schüler wird zum **Diskussionsleiter** gewählt.

Der Diskussionsleiter stellt das Thema der Diskussion vor. Er schreibt es an die Tafel und weist später darauf hin, wenn jemand vom Thema abweicht.

Als die Diskussion eröffnet ist, versuchen gleich mehrere Schülerinnen und Schüler auf einmal loszureden. Damit verstoßen sie jedoch gegen die vereinbarten Regeln für eine Diskussion. Auf solche Regelverstöße weist der Diskussionsleiter hin. Es sollte immer nur eine Schülerin oder ein Schüler reden. Man muss sich melden, um anzuzeigen, dass man etwas beitragen will. Melden sich mehrere Personen gleichzeitig, notiert sich der Diskussionsleiter die Namen in der Reihenfolge der Wortmeldungen. Mit dieser Rednerliste wird für Ordnung während der Diskussion gesorgt. So lassen sich auch Zwischenbemerkungen verhindern.

Unterhalten sich kleine Gruppen, muss das der Diskussionsleiter ebenfalls unterbinden und alle bitten, ihre Meinung offen darzulegen.

Bei einer guten Diskussion darf die Redezeit des Einzelnen nicht zu lang sein. Alle sollten deshalb darauf achten, dass die einzelnen Beiträge alle gleichlang sind. Dabei kann im Notfall auch einem Redner das Wort entzogen werden, wenn die Hinweise des Diskussionsleiters nicht beachtet werden. Der Diskussionsleiter darf bei den einzelnen Beiträgen auch nachfragen oder Fragen anderer zulassen, wenn etwas unklar erscheint oder ein Widerspruch zu vorherigen Beiträgen auftritt.

Bemerkt der Diskussionsleiter, dass die Wortmeldungen zögerlicher und weniger werden, fasst er den momentanen Stand kurz zusammen: »Wir kennen jetzt Vor- und Nachteile einer genetischen Beratung. Solche Untersuchungen beziehungsweise »Beratungen« gab es auch schon im Dritten Reich. Ich meine das Gesetz zur Verhütung erbkranken Nachwuchses. Wie sah man damals genetische Beratung und welche Aufgabe hatte sie?« Durch diese neue Sichtweise kann eine Diskussion wieder angekurbelt werden. Zum Schluss der Diskussion fasst der Diskussionsleiter die verschiedenen Argumente an der Tafel zu einem Gesamtergebnis zusammen. Es ist also wichtig, dass sich der Diskussionsleiter selbst gut in dem Thema auskennt.

1 Diskutiert in der Klasse zum Thema »Genetische Beratung – Für und Wider«. Wählt dazu einen Diskussionsleiter und beachtet die Gesprächsregeln.

Aufgaben und Versuche | Vererbung beim Menschen

A1 Familienstammbaum

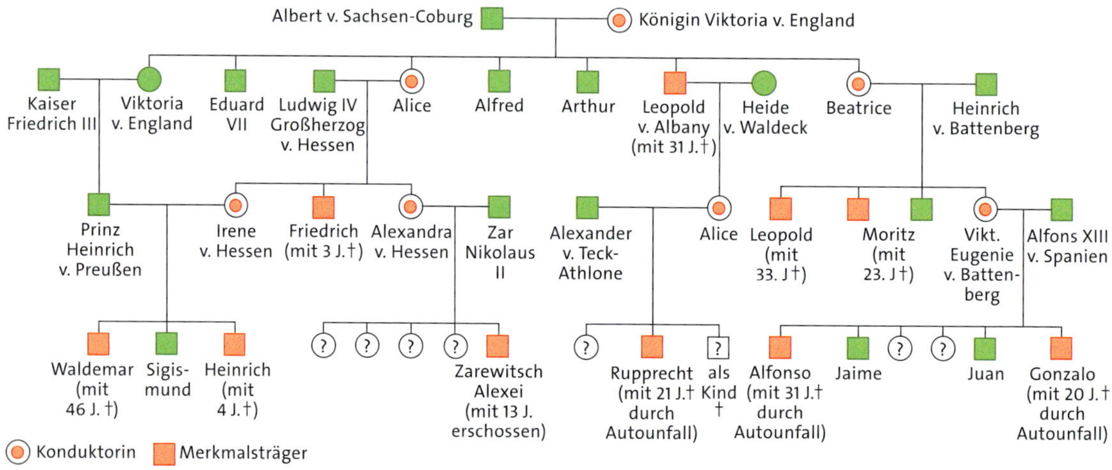

Die Abbildung zeigt einen Familienstammbaum für die Bluterkrankheit im europäischen Adel. Bei dieser Krankheit ist die Blutgerinnung verzögert. Dadurch können selbst kleine Verletzungen lebensbedrohlich sein. Früher war diese Krankheit nicht behandelbar, sodass Betroffene meist schon im Kindesalter starben.

Aufgaben:

a) Ermittle, wie diese Krankheit vererbt wird. Belege deine Entscheidung mit Hilfe des Stammbaums.

b) Nimm begründet zu der Frage Stellung, ob es auch bluterkranke Frauen geben kann.

A2 Karyogramm

Die Abbildung zeigt ein Karyogramm, das für das sogenannte EDWARDS-Syndrom typisch ist. Betroffene zeigen schwere Fehlbildungen an Herz, Kleinhirn, Ohren, Fingern und Füßen. Sie sterben in der Regel im ersten Lebensjahr.

Aufgaben:

a) Werte das abgebildete Karyogramm aus und begründe, um welchen Mutationstyp es sich handelt.

b) Erläutere eine Möglichkeit, wie die dargestellte Fehlverteilung der Chromosomen während der Meiose entstehen konnte. Fertige hierzu auch Skizzen an.

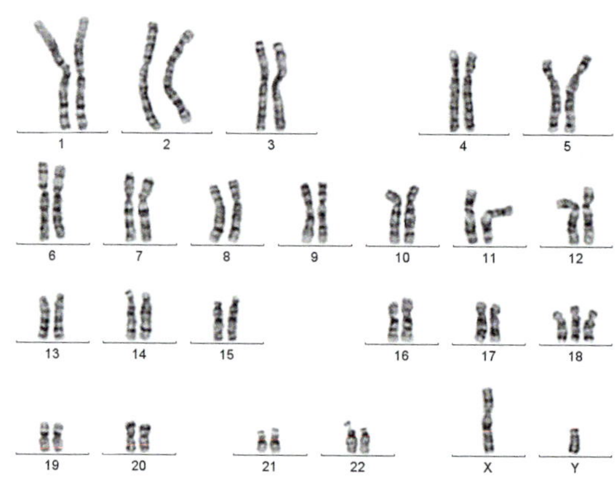

A3 Blutgruppenbestimmung

Die abgebildeten Säuglinge sind auf einer Geburtsstation vertauscht worden.

Aufgaben: Ermittle mit Hilfe der Blutgruppen, zu welchem der folgenden Elternpaare sie gehören:

Paar 1: 0 rh^- und A rh^-

Paar 2: A Rh^+ und B Rh^+

Paar 3: A rh^- und 0 Rh^+

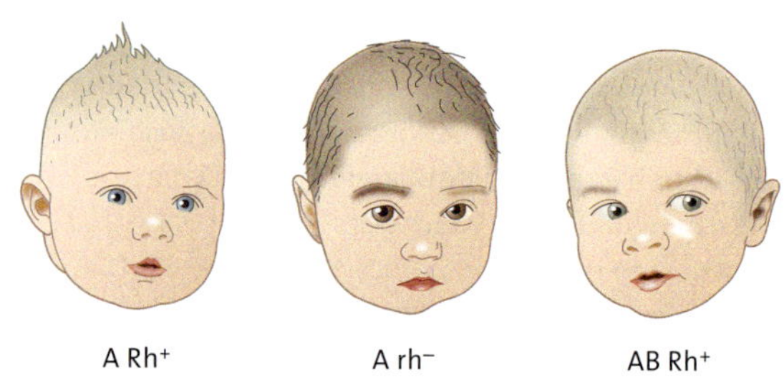

A4 Mukoviszidose

Im Volksglauben hieß es früher, dass ein Kind bald sterben müsste, wenn seine Stirn beim Küssen salzig schmeckt. Schon 1606 beschrieb der spanische Arzt RUYZES diese Erscheinung als Symptom einer Krankheit, die heute als Mukoviszidose oder Cystische Fibrose bekannt ist. In Europa ist diese tödlich verlaufende Erbkrankheit besonders häufig. Etwa eins von 2000 Neugeborenen weist diesen Fehler im Erbmaterial auf. Der Gesundheitszustand der Betroffenen verschlechtert sich mit zunehmendem Alter. 1960 lag die Lebenserwartung der Erkrankten bei nur fünf Jahren. Heute haben die Betroffenen eine Lebenserwartung von etwa 30 Jahren.

Erst 1990 konnte man den genauen Zusammenhang zwischen Ursache und Wirkung bei dieser Erkrankung aufklären. Das betroffene Gen befindet sich auf dem langen Arm des siebenten Chromosoms. Das nicht veränderte Allel besteht aus 250 000 Nuckleotidpaaren, die wiederum ein Protein aus 1480 Aminosäuren codieren. Dieses röhrenförmige Protein wird in die Zellmembran von Drüsenzellen eingebaut. Es ist dort für den Transport von Chlorid-Ionen verantwortlich. Bei Mukoviszidose ist dieses Protein fehlerhaft. Die häufigste Genmutation dieses Allels ist ein Nucleotidverlust, der drei Basen betrifft. Dadurch fehlt die Aminosäure 508. Dies hat zur Folge, dass der Ionenkanal für die Chlorid-Ionen blockiert ist oder erst gar nicht in die Membran eingebaut wird. Dadurch enthält der Schleim zu wenig Chlorid-Ionen und kann nicht genügend Wasser binden. Er wird sehr zähflüssig. Im Bereich der Lunge behindert der zähe Schleim die Atmung, aber auch viele andere Drüsengewebe sind betroffen.

Aufgaben:

a) Stelle mit Hilfe der Abbildung 1 die Symptome eines Mukoviszidose-Kranken zusammen.

b) Begründe, um welche Mutationsart es sich bei der häufigsten Ursache für Mukoviszidose handelt.

c) Die Abbildung 2 zeigt den Stammbaum einer betroffenen Familie, der in einer humangenetischen Beratungsstelle erarbeitet wurde. Analysiere diesen Stammbaum, ermittle alle möglichen Genotypen und begründe, um welche Form des Erbganges es sich handelt.

d) Berate die Ehefrau in Bezug auf mögliche Risiken bei eigenen Kindern.

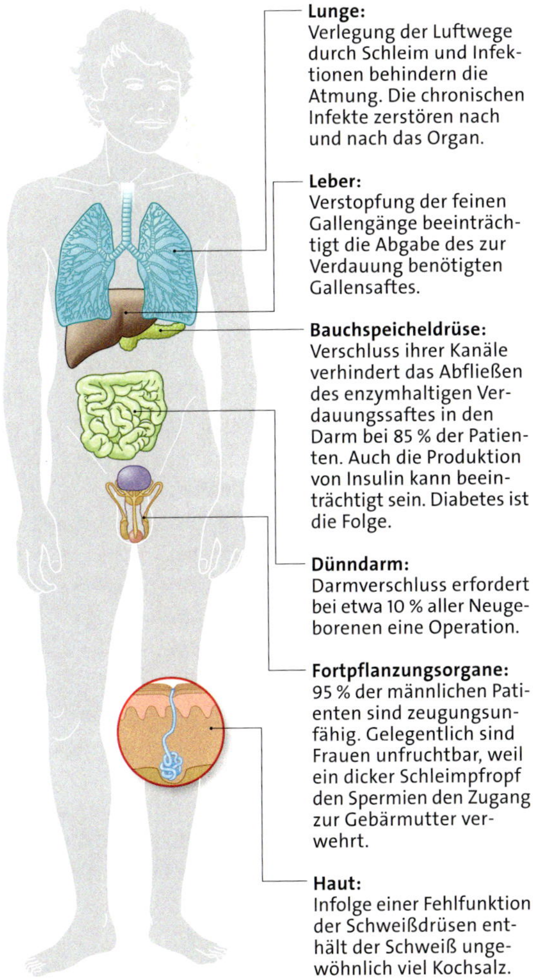

1 Symptome bei Mukoviszidose

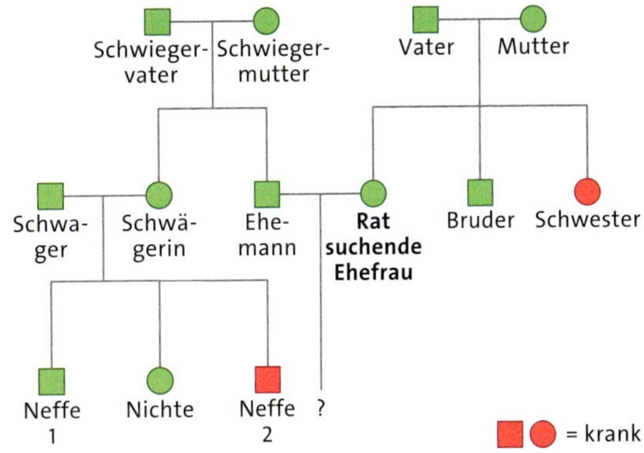

2 Stammbaum einer betroffenen Familie

Zusammenfassung Grundlagen der Vererbung

Basiskonzept Vielfalt

Alle Individuen einer Art zeigen mehr oder weniger große Unterschiede in der phänotypischen Merkmalsausprägung. Diese Erscheinung bezeichnet man als Variabilität. Dabei treten genetisch bedingte Unterschiede durch Mutation und Rekombination auf. Als Vererbung bezeichnet man die Weitergabe der Erbanlagen oder Gene von Generation zu Generation. Nicht vererbbare Unterschiede entstehen dagegen durch unterschiedliche Umwelteinflüsse wie Nahrungsangebot, Temperatur oder Licht. Sie werden als Modifikationen bezeichnet. Vererbt wird hier nur die Reaktionsnorm, innerhalb der die Ausbildung eines Merkmals variieren kann. Vielfältige Unterschiede treten auch zwischen einzelnen Arten auf. Neben Körpermerkmalen unterscheiden sich auch die Genome verschiedener Arten. Das Genom von Coli-Bakterien besitzt zum Beispiel über 4000 Gene, das des Menschen etwa 25 000 Gene.

Die Vererbung von Merkmalen unterliegt bestimmten Gesetzmäßigkeiten. Nach Gregor MENDEL, der diese Mitte des 19. Jahrhunderts durch die Kreuzung von Erbsen entdeckte, spricht man von den MENDELschen Regeln. Man unterscheidet die Uniformitätsregel, die Spaltungsregel und die Unabhängigkeitsregel.

Erbgänge beim Menschen können mit Hilfe genetischer Bevölkerungsanalysen, der Zwillingsforschung und von Stammbäumen untersucht werden. Auf diese Weise werden zum Beispiel genetisch bedingte Krankheiten erfasst. So wird zum Beispiel das MARFAN-Syndrom autosomal-dominant, die Rot-Grün-Sehschwäche X-chromosomal-rezessiv vererbt.

Basiskonzept Struktur und Funktion

Bestimmte molekulare und zelluläre Strukturen ermöglichen bestimmte Funktionen. Die Träger der Erbanlagen sind die Chromosomen, die sich im Zellkern einer Zelle befinden. Ihre kompakte Struktur ermöglicht den Verteilungsvorgang während der Mitose und Meiose. Beim Menschen umfasst der Chromosomensatz 46 Chromosomen: Es gibt 44 Autosomen und zwei Gonosomen. Das X- und Y-Chromosom unterscheidet sich in Größe, Gestalt und Anzahl der Gene.

Chromosomen sind aus Chromatinfäden aufgebaut, die aus DNA und Proteinen bestehen. Die DNA-Doppelhelix hat zwei komplementäre Einzelstränge, bei denen sich die Basen Adenin (A) und Thymin (T) sowie Guanin (G) und Cytosin (C) jeweils gegenüberliegen. Eine Base bildet gemeinsam mit dem Zucker Desoxyribose und einem Phosphatmolekül ein Nukleotid. Vor der Zellteilung erfolgt die identische Verdopplung, die Replikation. Die Doppelhelix wird wie ein Reißverschluss geöffnet und in ihre Einzelstränge aufgetrennt. Durch Anlagerung von Nukleotiden an die komplementären Basen der Einzelstränge werden diese wieder zu einem Doppelstrang ergänzt.

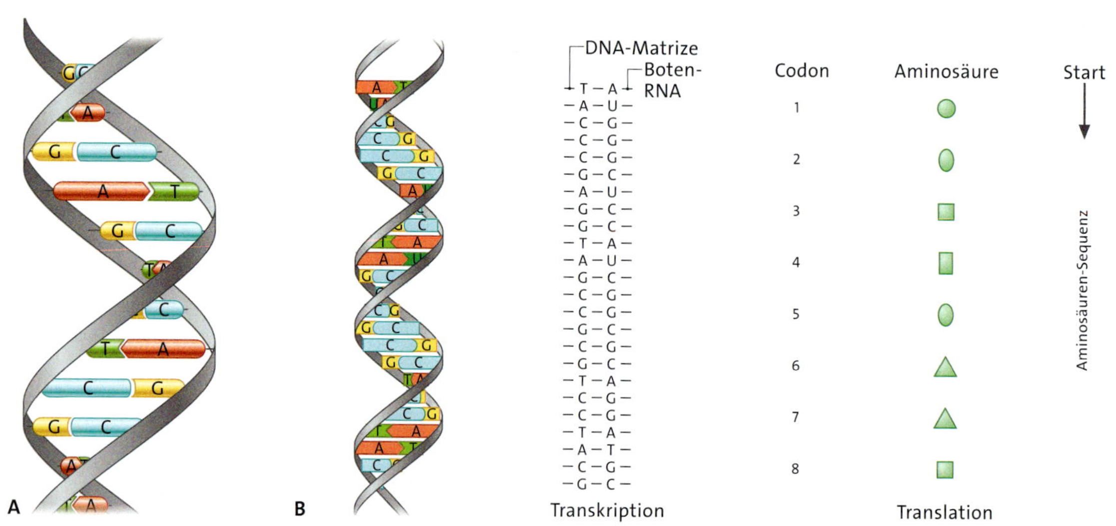

1 Molekulare Grundlagen der Vererbung. A DNA-Doppelhelix; **B** Genetische Informationsübertragung

Basiskonzept Information und Kommunikation

Durch die Abfolge der Basenpaare in der DNA wird der genetische Code festgelegt. Dabei verschlüsseln drei aufeinanderfolgende Nukleotide als Tripletts die genetische Information für eine von 20 Aminosäuren.

Sie wird abgelesen und für die Bildung eines Proteins verwendet. Diese Proteinbiosynthese erfolgt in zwei Schritten: Bei der Transkription wird ein Abschnitt der DNA im Zellkern abgelesen und in Form einer Boten-RNA kopiert. Nachdem diese den Zellkern verlassen hat und ins Zellplasma gelangt ist, beginnt die Translation. Mit Hilfe der Ribosomen wird die Basenabfolge der Nukleinsäuren in die Aminosäureabfolge eines Proteins übersetzt. Die erforderlichen Aminosäuren sind an die Transport-RNA gekoppelt. Sie besitzen als Erkennungsstelle ein Basentriplett, mit dem sie an eine komplementäre Stelle der Boten-RNA im Ribosom binden können. Während die Boten-RNA durch das Ribosom gleitet, lagern sich weitere Transport-RNA-Moleküle an, die an sie gekoppelten Aminosäuren werden gelöst und untereinander verknüpft, bis sich die fertiggestellte Aminosäurekette schließlich vom Ribosom löst. Damit ist die genetische Information verwirklicht. Aus den Aminosäureketten bilden sich Proteine wie der rote Blutfarbstoff Hämoglobin.

Basiskonzept Fortpflanzung

Fortpflanzung ist ein Merkmal des Lebens. Dabei wird die genetische Information der Eltern an die Nachkommen weitergegeben. Bei der ungeschlechtlichen Fortpflanzung entstehen durch Mitose erbgleiche diploide Tochterzellen. Bei der Bildung von Geschlechtszellen läuft dagegen eine Meiose ab. Hier werden zunächst die homologen Chromosomen voneinander getrennt (1. Reifeteilung oder Reduktionsteilung), wobei väterliche und mütterliche Chromosomen zufällig verteilt werden. Es kommt dadurch zu einer Durchmischung des Erbguts. Erst dann erfolgt, ähnlich der Mitose, die Trennung der beiden Chromatiden eines Zwei-Chromatiden-Chromosoms (2. Reifeteilung). Bei der Meiose entstehen Geschlechtszellen mit haploidem Chromosomensatz. Verschmelzen diese bei der Befruchtung, entsteht wieder der diploide Chromosomensatz.

Basiskonzept Regulation und Steuerung

Regulierende Prozesse laufen auch auf molekularer Ebene ab. So wird zum Beispiel die Menge eines benötigten Proteins im Körper durch Genregulation gesteuert. Außerdem können fehlerhafte Abschnitte der DNA erkannt und repariert werden. Bei Genmutationen entsteht durch eine veränderte Abfolge von Nukleotiden in der DNA ein »Druckfehler« in der Erbinformation. Sie treten selten und zufällig auf. Faktoren, die Mutationen auslösen können, heißen Mutagene. Zu ihnen zählen radioaktive Strahlung, Röntgen- und UV-Strahlung sowie bestimmte Chemikalien.

Basiskonzept Angepasstheit

Lebewesen besitzen vielfältige, genetisch bedingte Merkmale, die ihnen das Leben in einem bestimmten Lebensraum ermöglichen. Häufig sind Mutationen für deren Träger schädlich. So verringern sich die Überlebenschancen eines Individuums zum Beispiel durch Krebs. Mutationen können jedoch auch nützlich sein, wenn der entsprechend veränderte Phänotyp zufällig bessere Überlebenschancen bietet. So sind zum Beispiel die heterozygoten Träger der Sichelzellanämie resistent gegen den Malaria-Erreger. Bessere Angepasstheiten können auch das Ziel verschiedener Züchtungen sein.

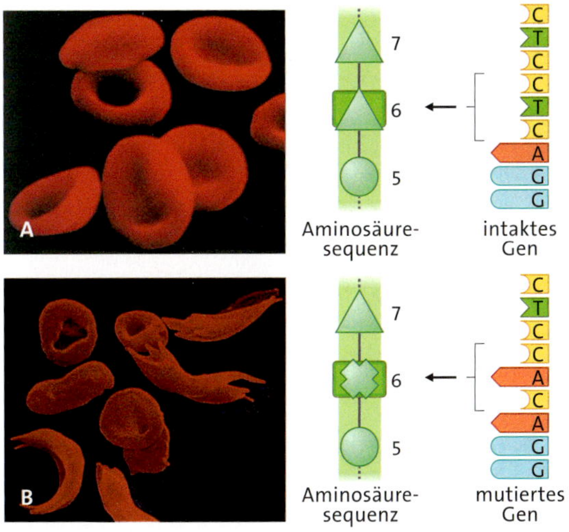

2 Erbkrankheit. A Gesunde Blutzellen; **B** Sichelzellen

Wissen vernetzt – Grundlagen der Vererbung

A1 Mitose und Meiose

Aufgabe: Vergleiche die Vorgänge während der Mitose und Meiose in tabellarischer Form. Nenne die jeweilige Bedeutung für beide Prozesse.

A2 Gonosomen

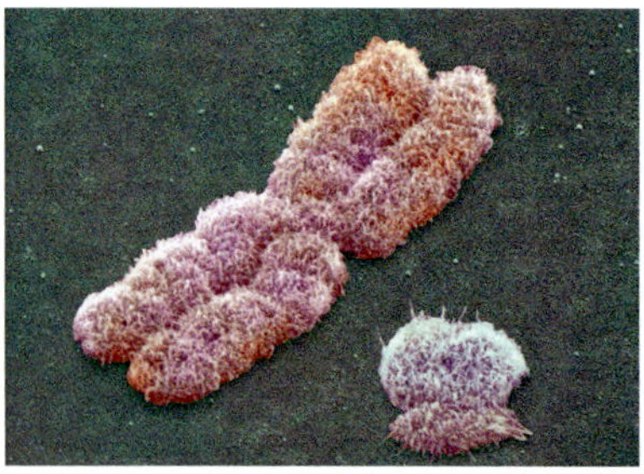

Die Abbildung zeigt eine rasterelektronische Aufnahme von Gonosomen des Menschen.

Aufgaben:

a) Erläutere die Merkmale des Chromosomensatzes eines Menschen.

b) Begründe, welches Geschlecht die Abbildung zeigt.

c) Vergleiche die beiden Gonosomen miteinander.

A3 Karyogramme

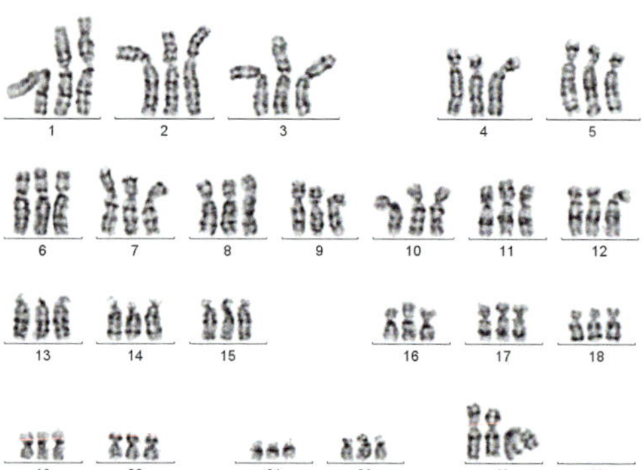

Die Abbildung zeigt das Karyogramm eines Embryos, der bereits in einem frühen Stadium in der Gebärmutter gestorben ist.

Aufgaben:

a) Erläutere allgemein die Methode zum Erstellen eines solchen Karyogramms.

b) Werte das abgebildete Karyogramm aus. Begründe, um welchen Mutationstyp es sich handelt.

A4 Ungleiche Geschwister

Bei den abgebildeten Schweinen handelt es sich um gleichaltrige Geschwister, die auf unterschiedlichen Höfen gehalten wurden.

Aufgabe: Erkläre dies mit Hilfe des Basiskonzeptes Angepasstheit.

A5 Vererbung bei Erbsen

Die Kreuzung zweier reinerbiger Erbsenrassen mit den Merkmalen grüne und gelbe Hülsen ergibt in der F_1-Generation Erbsenpflanzen mit ausschließlich grünen Hülsen.

Aufgabe: Zeichne ein Erbschema bis zur F_2-Generation und begründe, welche MENDELsche Regeln der Kreuzung zu Grunde liegen.

A6 Vererbungsregeln

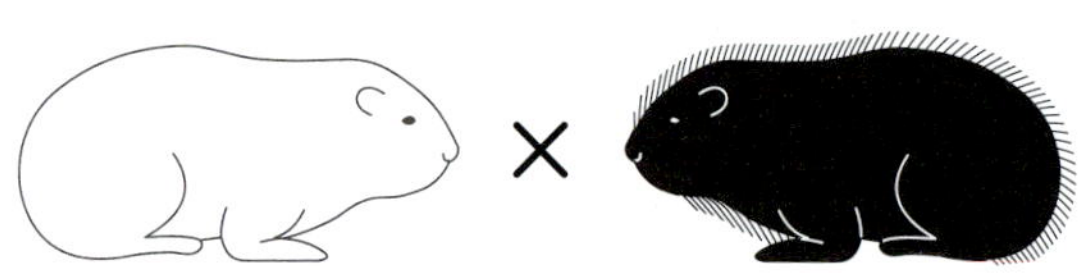

Ein reinerbiges Meerschweinchen mit glatten Fellhaaren und weißer Fellfarbe wird mit einem reinerbigen Tier, das rauhaarig und schwarz ist, gekreuzt. Die Mitglieder der F_1-Generation sind rauhaarig und schwarz.

Aufgaben:

a) Erstelle ein Erbschema für die F_1-Generation. Begründe, welche Mendelsche Regel hier zutrifft.

b) Gib an, wie viele verschiedene Erscheinungsbilder bei den Nachkommen der F_1-Generation auftreten.

A7 Stammbaum

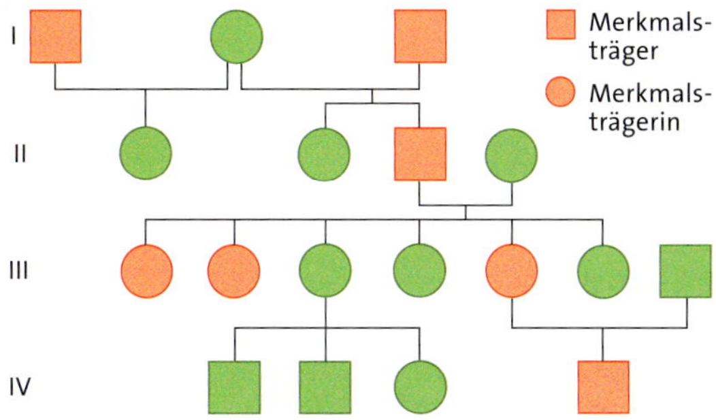

Die Abbildung zeigt einen Familienstammbaum, bei dem Kurzfingrigkeit auftritt.

Aufgaben:

a) Übernimm den Stammbaum in dein Heft und gib alle Genotypen an.

b) Führe eine vollständige Stammbaumanalyse durch.

A8 Mutation oder Modifikation

Aufgabe: Entscheide, ob es sich um eine Mutation oder eine Modifikation handelt. Begründe.

a) weiße Amsel
b) Mensch mit Sonnenbrand
c) Blumenkohl
d) Meerschweinchen mit gelocktem Fell
e) dicke Hauskatze
f) gelb-rot blühende Tulpe
g) große und kleine Kartoffeln auf einem Acker
h) Albino-Pfau
i) Mensch mit Rot-Grün-Blindheit

A9 Mutation oder Modifikation

Krankheit	Übereinstimmung in %	
	eineiige Zwillinge	zweieiige Zwillinge
Keuchhusten	96	94
Blinddarmentzündung	29	16

Aufgaben:

a) Beschreibe die Entwicklung von eineiigen und zweieiigen Zwillingen.

b) Weshalb eignen sich eineiige und zweieiige Zwillinge für die Untersuchung von Erbanlagen?

c) Vergleiche die beiden Krankheiten in Bezug auf ihre Anteile von Erbe und Umwelt miteinander. Erkläre.

d) Ist es möglich, dass Zwillinge zwei verschiedene Väter haben können? Erläutere

e) Erläutere die Entwicklung von Drillingen.

A10 Gentechnisches Verfahren

Aufgabe: Nenne die richtige Antwort.
Das Geschlecht des Menschen steht fest

a) bei der Geburt des Kindes
b) im Verlauf der Entwicklung im Mutterleib
c) bei der Befruchtung der Eizelle durch eine Spermienzelle
d) wenn 2 Geschlechtschromosomen sich vereinigen

A11 Familienstammbäume im Vergleich

Aufgaben:

a) Entscheide und begründe, welcher Erbgang dominant beziehungsweise rezessiv ist.

b) Ordne den Stammbäumen folgende Erbkrankheiten zu: Albinismus, Marfan-Syndrom, PKU, Mukoviszidose.

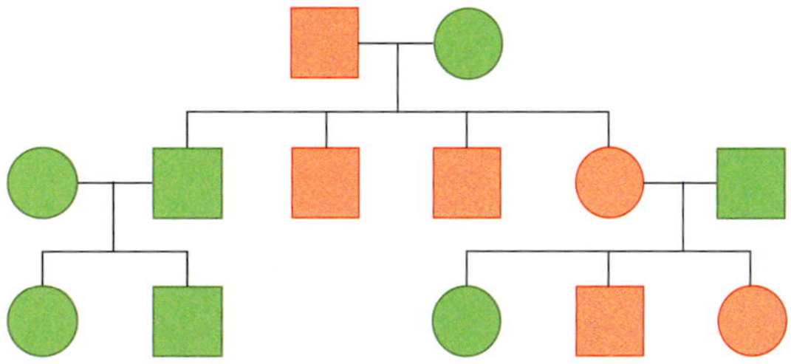

A

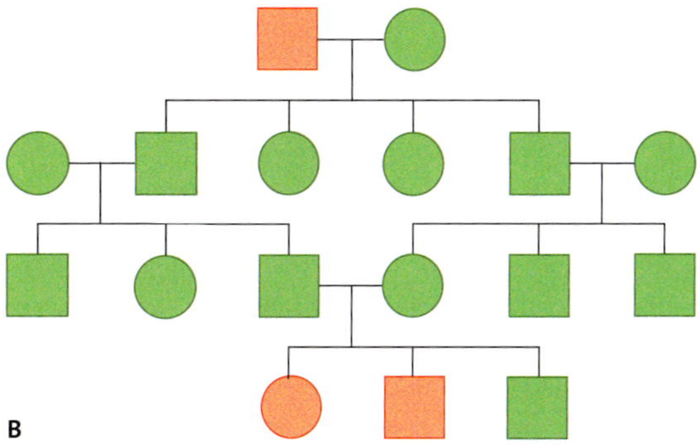

B

Zeitreise durch die Erdgeschichte

Die Entdeckungsgeschichte eines Fossils

In den kanadischen Rocky Mountains wurden bereits 1886 einzelne fossile Abdrücke gefunden, die einer Garnele ohne Kopf ähnelten. Sie wurden später mit dem Namen *Anomalocaris* bezeichnet, was soviel wie »merkwürdige Garnele« bedeutet. Als man 1909 im kanadischen Burgess-Schiefer zahlreiche Fossilien entdeckte, fand man die »Garnelen« wieder. Außerdem konnte man einen scheibenförmigen Abdruck bergen, den man zunächst für eine Qualle hielt. Später zeigte sich, dass beide Teile zu einem Tier gehörten.

Erzählt die Entdeckungsgeschichte des *Anomalocaris* weiter. Recherchiert dazu im Internet oder in entsprechender Fachliteratur. Berichtet über den Bau und die Lebensweise dieses Tieres im kambrischen Meer.

A

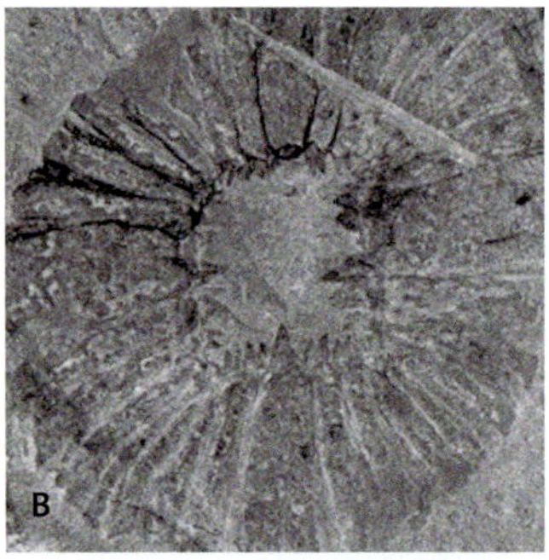
B

C

Vergangene Welten

Betrachtet die Abbildung aus dem Karbon. Beschreibt die Lebensbedingungen der Tier- und Pflanzenwelt in dieser Zeit. Gestaltet mit Hilfe weiterer Informationen eine kurze Präsentation zum Karbon. Beachtet neben den damals dort lebenden Organismen auch Angaben zu Klima und geographischen Verhältnissen.

Wie kommt der Storch zu seinen langen Beinen?

Seit jeher bewegt die Menschen die Frage nach der Herkunft und Entwicklung der Lebewesen. Viele Naturforscher und Biologen haben versucht, diese Frage zu beantworten und dabei unterschiedliche Theorien entwickelt.

Wendet die Theorien von LAMARCK und DARWIN auf die Entwicklung eines Storches an. Erklärt dabei vor allem, wie die langen Beine und der spitze, lange Schnabel entstanden sind.

Lest dazu im Lehrbuch nach und stellt zum Beispiel passende Fließdiagramme auf.

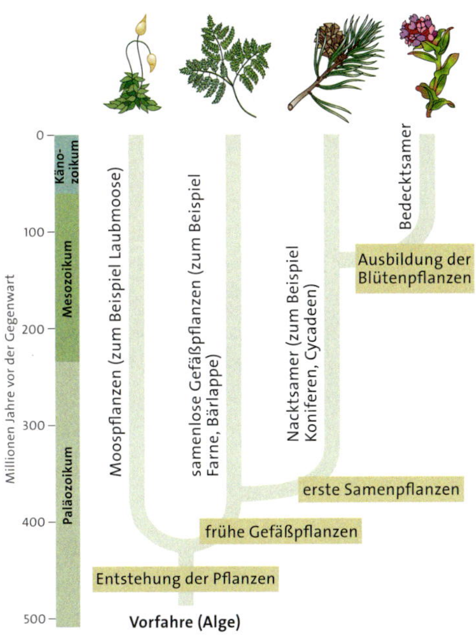

Vereinfachter Stammbaum der Pflanzen

Beschreibt mit eigenen Worten und mit Hilfe des angegebenen Stammbaumes die Entwicklung der Pflanzen.

Zoobesuch

Plant einen Besuch im Zoo zum Thema Primaten. Wählt fünf oder sechs verschiedene Affen-Arten aus und beobachtet über einen bestimmten Zeitraum ihr Verhalten. Erstellt dazu Protokolle. Beobachtungsschwerpunkte könnten sein: Nahrungsaufnahme, Spielverhalten, Verhalten zwischen Gruppenmitgliedern und weitere.

Bearbeitet diese Aufgabe in Kleingruppen. Ihr könnt eure Beobachtungen auch mit Fotos oder als kurzen Film festhalten.

Fasst eure Ergebnisse zusammen und präsentiert sie in geeigneter Form in der Klasse.

Neandertaler und moderner Mensch

Vergleicht beide Menschen miteinander und legt dazu eine Tabelle an. Informiert euch im Lehrbuch und in weiteren Medien. Stellt eure Ergebnisse vor.

1 Die Entwicklung der Lebensvielfalt auf der Erde

1.1 Verwandtschaft erzeugt Ähnlichkeit

Im Jahr 1901 entdeckten Forscher im zentralafrikanischen Regenwald eine bis dahin unbekannte Säugetierart, das Okapi. Diese scheuen, nachtaktiven Tiere sind Einzelgänger. Sie haben ein kastanienbraunes bis schwarzes Fell, die Beine und die hinteren Oberschenkel sind gestreift, ähnlich wie bei Zebras und auch ihr Körperbau ähnelt diesen. Bei oberflächlicher Betrachtung scheinen die Okapis also Ähnlichkeiten mit den Zebras zu haben. Eine genauere Untersuchung ergibt jedoch, dass sie viel mehr Gemeinsamkeiten mit den Giraffen aufweisen, die als Herdentiere tagaktiv in den Savannen Afrikas leben: Die Vorderbeine sind länger als die Hinterbeine, der Kopf mit Schnauze ist lang gestreckt, die Zunge ist überaus lang und kann weit herausgestreckt werden. Im Gegensatz zu Zebras gehen Okapis und Giraffen zudem immer im Passgang, das heißt, sie heben die beiden Beine einer Körperseite gleichzeitig. Sowohl Okapis als auch Giraffen ernähren sich von Blättern und beide sind Wiederkäuer. Während alle Giraffen zwei bis fünf vollständig von Fell überzogene Hörner tragen, haben bei Okapis nur die Männchen zwei kleine Hörner, deren Spitzen nicht vom Fell überwachsen sind. Abgesehen von der Fellzeichnung, den fehlenden Hörnern bei den Weibchen und dem kurzen Hals haben Okapis also viele Gemeinsamkeiten mit den Giraffen. Deshalb wird das Okapi auch als Waldgiraffe bezeichnet.

Vergleicht man Okapi und Giraffe mit anderen Säugetieren Afrikas, beispielsweise Flusspferden, Kaffernbüffeln und Antilopen, erkennt man auf den ersten Blick kaum Gemeinsamkeiten. Untersucht man jedoch die Gliedmaßen dieser Tiere, so stellt man fest, dass sie alle zwei oder vier mit Horn überzogene Zehen zum Laufen haben, die Hufe. Man kann deshalb Giraffen, Flusspferde, Antilopen und weitere Säuger als Paarhufer zusammenfassen.

Unter den Paarhufern sind Okapi und Giraffe sehr ähnlich, von den übrigen genannten Tieren unterscheiden sie sich jedoch deutlich. Biologen nutzen solche abgestuften Ähnlichkeiten und Unterschiede, um die große Vielfalt der Lebewesen auf der Erde zu ordnen. So entsteht ein **System der Lebewesen.**

Sind die mehr oder weniger großen Ähnlichkeiten zwischen verschiedenen Lebewesen Zufall oder Ausdruck von Verwandtschaftsbeziehungen? Diese Frage hatte sich im 19. Jahrhundert schon der englische Naturforscher Charles DARWIN gestellt. Er kam zu dem Schluss, dass »gemeinsame Abstammung die einzige bekannte Ursache für die großen Ähnlichkeiten zwischen Lebewesen« ist. Beim Menschen stellt man manchmal Stammbäume auf, die eine nähere oder fernere Verwandtschaft verschie-

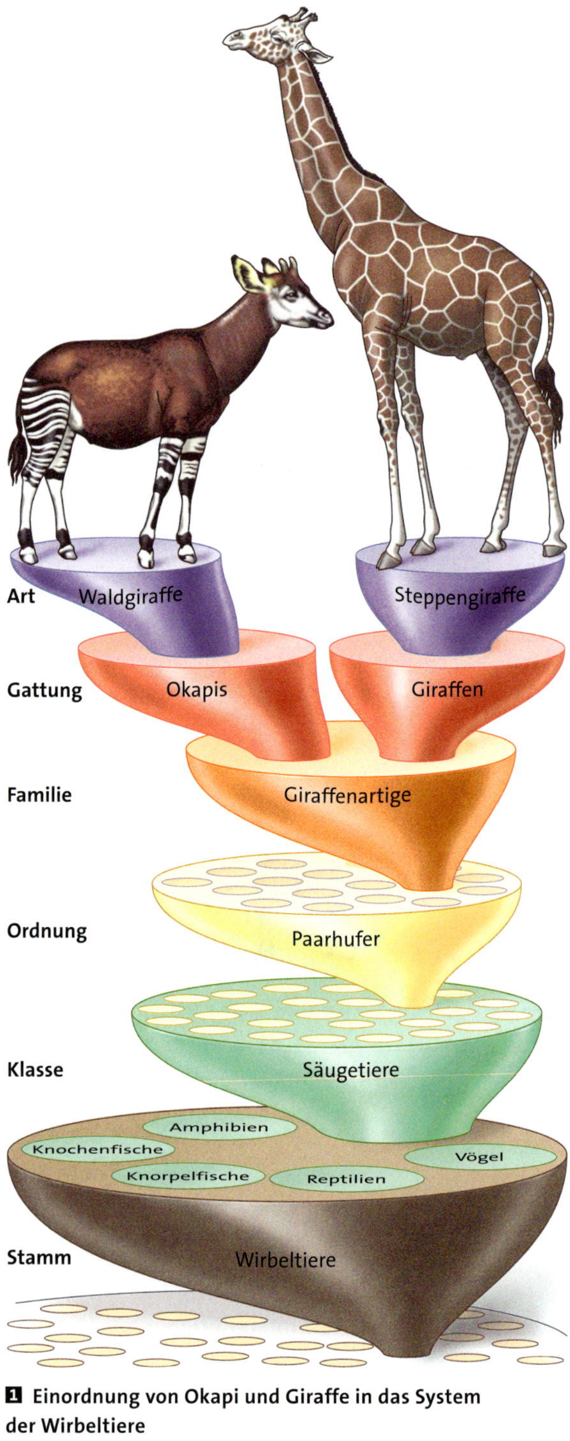

1 Einordnung von Okapi und Giraffe in das System der Wirbeltiere dener Familienmitglieder zeigen. In ähnlicher Weise ging Darwin davon aus, dass alle Lebewesen durch einen gemeinsamen Stammbaum miteinander verbunden sind. Die heute vorkommenden Lebewesen sind das Ergebnis einer langen Stammesentwicklung, der **Evolution.** Die **stammesgeschichtliche Verwandtschaft** aller Lebewesen ist heute allgemein anerkannt. Welche Hinweise gibt es auf diese gemeinsame Stammesgeschichte?

Betrachtet man die Vordergliedmaßen von verschiedenen Wirbeltieren, so erkennt man, dass diese in der Regel auf eine bestimmte Funktion spezialisiert sind: Bei Huftieren dienen sie zum Laufen, bei Walen zum Schwimmen, bei Fledermäusen und Vögeln zum Fliegen, beim Menschen zum Greifen. Trotz dieser unterschiedlichen Spezialisierungen sind die Gliedmaßen alle aus den gleichen Knochen aufgebaut: Oberarmknochen, Unterarmknochen, Handwurzel-, Mittelhand- und Fingerknochen. Die Anzahl der Knochen, ihre Stärke und Länge sind bei den verschiedenen Wirbeltiergruppen unterschiedlich, der Grundbauplan ist jedoch gleich. Dies kann nur dadurch erklärt werden, dass diese Tiere miteinander verwandt sein müssen. Die unterschiedlichen Spezialisierungen der Gliedmaßen sind das Ergebnis langer stammesgeschichtlicher Entwicklungsvorgänge.

Merkmale, die trotz unterschiedlicher Funktion im Grundbauplan übereinstimmen und deshalb ursprungsgleich sind, nennt man **homolog.** Nicht alle Ähnlichkeiten beruhen auf **Homologien.** So haben beispielsweise Vögel und Insekten Flügel. Bei Vögeln werden die Flügel von einem knöchernen Innenskelett gestützt und die Tragflächen bestehen aus Federn. Insektenflügel sind demgegenüber im Wesentlichen Bestandteile des Außenskeletts aus Chitin – Knochen und Federn kommen nicht vor. Offenbar sind Vögel- und Insektenflügel in der Evolution unabhängig voneinander entstanden. Solche Merkmale, die eine ähnliche Funktion, aber eine unterschiedliche Herkunft haben, nennt man **analog.**

1 Erläutere mit Hilfe von Abbildung 1, wie man die Vielfalt der Lebewesen nach Ähnlichkeiten und Unterschieden ordnet.

2 Informiere dich anhand von Fachbüchern oder im Internet über Körperbau und Lebensweise von Zebras. Erstelle eine Liste von Unterschieden zu den Giraffenartigen. Fasse deine Ergebnisse in Form eines Kurzvortrags zusammen.

3 Vergleiche die Gliedmaßen in Abbildung 2 unter Anwendung der Basiskonzepte Struktur und Funktion sowie Entwicklung.

4 Bei Honigbienen gibt es Sammelbeine, Gelbrandkäfer haben Schwimmbeine, Heuschrecken tragen Sprungbeine. Begründe, ob es sich bei diesen Gliedmaßen um homologe oder analoge Merkmale handelt.

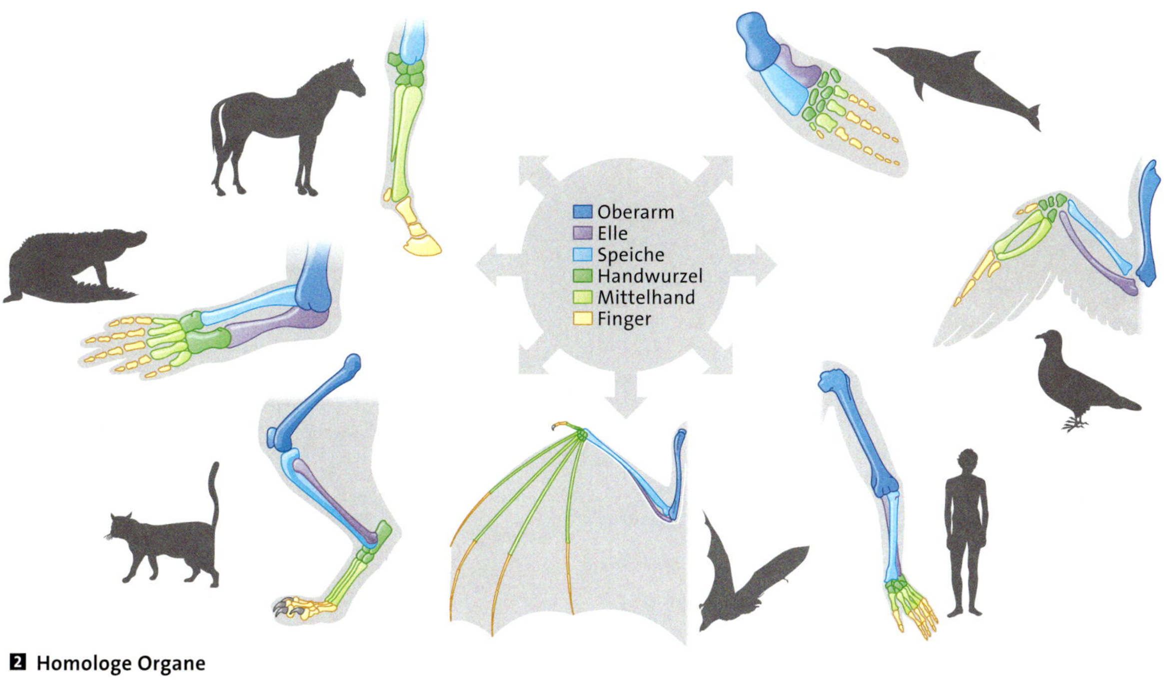

2 **Homologe Organe**

1.2 Fossilien sind Zeugen der Erdgeschichte

Dinosaurier kennt jedes Kind. Durch zahllose Filme, Bücher und Ausstellungen sind sie manchen Menschen besser bekannt als die heutige einheimische Tierwelt. Dennoch hat niemand je einen lebenden Dinosaurier zu Gesicht bekommen, weil diese Tiere bereits vor etwa 65 Millionen Jahren ausgestorben sind. Woher weiß man dennoch, wie die Tiere ausgesehen und gelebt haben?

In vielen Naturkundemuseen sind die Skelette von Dinosauriern ausgestellt. Betrachtet man diese genauer, so erkennt man, dass es sich dabei nicht um echte, sondern um versteinerte Knochen handelt. Solche durch Mineralieneinlagerungen versteinerte Reste ausgestorbener Lebewesen zählen zu den **Fossilien.** Die meisten Fossilien findet man in **Sedimentgesteinen,** die sich im Laufe sehr langer Zeiträume aus lockeren Ablagerungen am Boden von Seen oder auf dem Meeresgrund verfestigt haben.

In manchen Sedimentgesteinen wimmelt es nur so von kleineren Fossilien. In den Kreidefelsen der Insel Rügen oder in manchen Gebieten der Schwäbischen Alb lassen sich ohne langes Suchen fossile Reste von Meerestieren finden. Dennoch ist die Wahrscheinlichkeit, dass ein Lebewesen nach seinem Tod zu einem Fossil wird, sehr gering. Aasfresser, Pilze und Bakterien beginnen bereits kurz nach dem Tod mit der Verwertung der Biomasse. Bereits nach wenigen Tagen oder Wochen sind nur noch Hartteile wie Knochen, Schalen oder Gehäuse übrig. Wird ein toter Organismus jedoch schnell genug von einer Sedimentschicht bedeckt, kann der Verwesungsprozess abgebrochen werden. In diesem Falle ist die Entstehung eines Fossils möglich. Manchmal wurden auf diese Weise auch Abdrücke von Weichteilen, Federn, Pflanzenblättern oder Fußspuren fossil erhalten. Sehr selten findet man mehr oder weniger vollständige fossile Lebewesen. In Bernstein, der aus erstarrten Harztropfen entstanden ist, sind manchmal Insekten oder andere Kleinlebewesen eingeschlossen. Aus dem Dauerfrostboden der Arktis kennt man zum Beispiel tiefgefrorene Mammuts.

Die Wissenschaft, die sich mit der Untersuchung von Fossilien beschäftigt, ist die **Paläontologie** (gr. *palaios,* alt). Durch Vergleiche mit heute lebenden Organismen ist es möglich, das Aussehen ausgestorbener Tiere und Pflanzen aus Fossilien zu rekonstruieren. Bei Wirbeltierfossilien geben die Zähne zum Beispiel Auskunft über die Ernährung. So konnte der Dinosaurier *Tyrannosaurus* den Fleischfressern und *Diplodocus* den Pflanzenfressern zugeordnet werden. Genaue Auswertungen von Fossilfundstätten offenbaren zudem viele Informationen über die Entwicklung des Klimas, der Lebensräume und der Lebensgemeinschaften im Laufe der Erdgeschichte.

1 Skelett eines Diplodocus im Vergleich zum Menschen

Um ein Fossil richtig einordnen zu können, ist es natürlich wichtig, sein Alter zu kennen. Bei Fossilien, die in Sedimentgesteinen eingeschlossen sind, gibt die Schichtenfolge einen ersten Hinweis. Tiefer liegende Gesteinsschichten sind in der Regel älter als darüber liegende. Manche Fossilien treten nur in ganz bestimmten Gesteinsschichten auf. Sie dienen als **Leitfossilien** und ermöglichen in vielen Fällen die Zuordnung von Gesteinsschichten gleichen Alters auf der ganzen Erde. Mit Hilfe der Leitfossilien und der Untersuchung von Schichtenfolgen kann man jedoch lediglich feststellen, welche Fossilien älter oder jünger als andere sind, das wirkliche Alter bleibt verborgen. Heute lässt sich mit physikalischen Methoden relativ genau bestimmen, wann eine bestimmte Gesteinsschicht entstanden ist und wie alt die darin enthaltenen Fossilien sind. Auf diese Weise hat man beispielsweise herausgefunden, wann die Dinosaurier ausgestorben sind. Außer ihren versteinerten Knochen und Spuren ist offenbar nichts von ihnen übrig geblieben. Aber das stimmt nicht ganz.

Tatsächlich haben die Dinosaurier noch heute lebende Nachfahren – die Vögel. Den Beweis für diese Behauptung lieferten Fossilien von Tieren, die vor etwa 150 Millionen Jahren auf dem Grund einer tropischen Lagune von Sand und Schlamm bedeckt wurden. Die daraus entstandenen Fossilien wurden erstmal 1861 in einem Kalksteinbruch in der Nähe des bayerischen Ortes Solnhofen gefunden. Das Fossil, das wie eine Art Kreuzung aus Reptil und Vogel aussieht, erhielt den Namen *Archaeopteryx* oder »Urvogel«. Er besaß Federn und Flügel wie ein Vogel, hatte aber – ähnlich wie ein Dinosaurier – einen langen Schwanz, Zähne und an den Flügelspitzen drei Finger mit Krallen. Tatsächlich hat man ein Archaeopteryx-Exemplar lange für einen Dinosaurier gehalten, bis man schließlich seine versteinerten Federn entdeckte. Diese Fossilien zeigen also, dass es zwischen manchen Gruppen von Lebewesen Übergänge gibt, so genannte *Brückenformen*. Sie sind wichtige Hinweise auf die stammesgeschichtliche Entwicklung.

1 Begründe, warum Fossilien wichtige Zeugnisse für die Entwicklung des Lebens auf der Erde sind.

2 Erläutere mit Hilfe von Abbildung 2, wie Fossilien entstehen können.

3 Vergleiche Archaeopteryx mit heutigen Vögeln und Reptilien. Erläutere seine Sonderstellung.

4 Informiere dich über den Dinosaurier Diplodocus. Erarbeite ein Kurzreferat, das Körperbau, Lebensraum und Lebensweise berücksichtigt. Nutze dazu auch Abbildung 1.

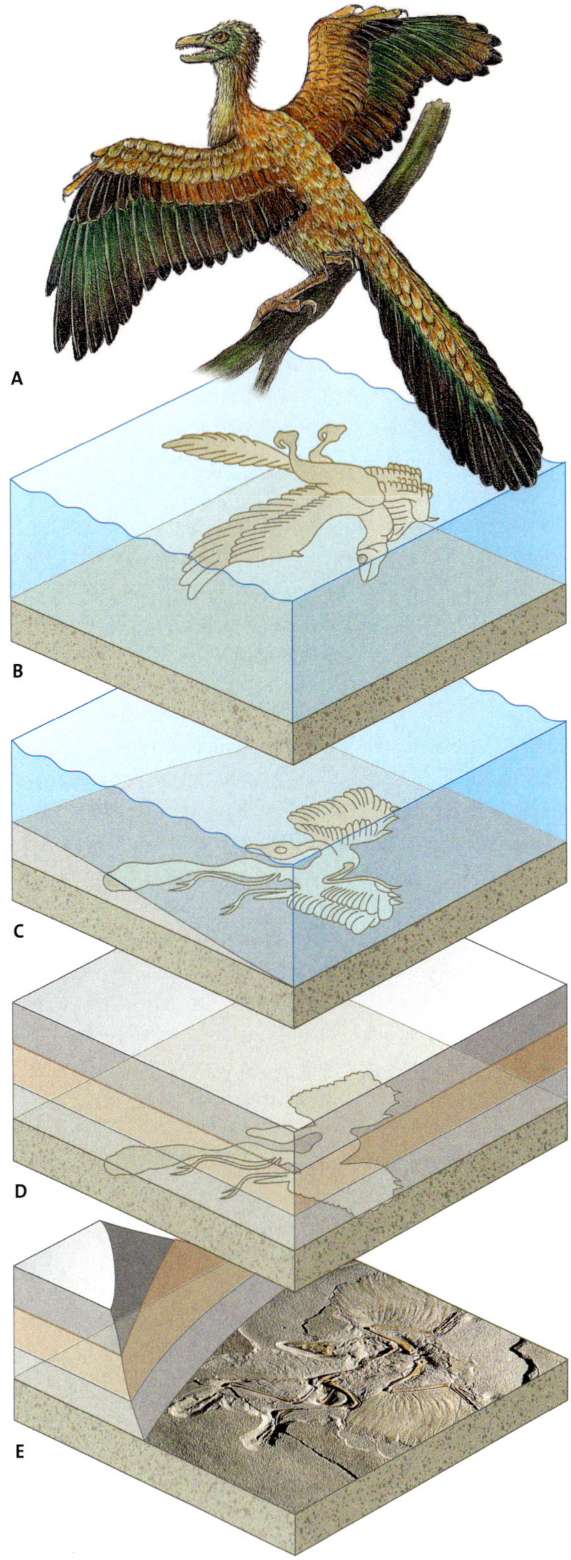

2 Urvogel.
A Rekonstruktion; **B** bis **E** Entstehung des Fossils

1.3 Die Geschichte der Erde und des Lebens – ein Überblick

Vor mehr als viereinhalb Milliarden Jahren entwickelten sich aus einer riesigen rotierenden Ansammlung von Staub, Eis und Gasen die Sonne und ihre Planeten – unser Sonnensystem. Wahrscheinlich war die Erde zunächst noch glutflüssig. Bestandteile mit einer hohen Dichte, vor allem Eisen und Nickel, sanken zum Erdinneren hin. Weniger dichtes Material, aus dem später die feste Erdkruste entstand, schwamm oben auf. Bald bildeten Gase eine erste Atmosphäre, in der aber noch kein Sauerstoff vorkam. Mit zunehmender Abkühlung der Erdoberfläche entwickelte sich der globale Wasserkreislauf und allmählich sammelte sich ein Teil des Wassers in den Urmeeren.

Heftige Gewitter, sintflutartige Regengüsse und ein viel intensiverer Vulkanismus als heute prägten die folgenden Jahrhundertmillionen der jungen Erde. Experimente, in denen die wahrscheinlichen Bedingungen auf der Urerde simuliert wurden, zeigen, dass unter diesen Bedingungen organische Verbindungen entstehen konnten – die Bausteine des Lebens. Man spricht von der **chemischen Evolution.** Wie sich aus diesen Molekülen schließlich Zellen und damit die ersten Lebensformen entwickelt haben, ist noch weitgehend unklar. Auf jeden Fall finden sich bereits in den ältesten bekannten Gesteinen, die vor fast vier Milliarden Jahren entstanden sind, Spuren von einzelligen Lebensformen, ähnlich den heutigen Bakterien. Sie sind die ersten Zeugnisse der **biologischen Evolution.**

Die Entstehung des Lebens erfolgte mit ziemlicher Sicherheit im Wasser. Früher vermutete man, dass die ersten Zellen im seichten Uferbereich des Meeres entstanden sind. Demgegenüber sind gegenwärtig viele Forscher davon überzeugt, dass sich das Leben in der Nähe vulkanischer Tiefseequellen entwickelt haben könnte. Noch heute gibt es an solchen heißen Quellen, den so genannten »Schwarzen Rauchern«, ganze Lebensgemeinschaften, die unabhängig vom Sonnenlicht existieren.

Die ersten Lebensformen ernährten sich wahrscheinlich von organischen Verbindungen und deckten ihren Energiebedarf durch *Gärung,* ähnlich wie noch heute viele

1 **Umweltbedingungen auf der jungen Erde**

2 **Lebensgemeinschaft an einem »Schwarzen Raucher«**

Bakterien und Hefepilze. Andere Arten nutzen chemische Reaktionen unter Beteiligung von Schwefelwasserstoff oder anderen anorganischen Verbindungen, bei denen Energie freigesetzt wird. Bereits vor etwa dreieinhalb Milliarden Jahren gab es aber auch Bakterienformen, die ihre Nährstoffe mit Hilfe der *Fotosynthese* unter Ausnutzung der Energie des Sonnenlichtes selbst herstellen konnten. Diese *Cyanobakterien* setzten erstmals größere Mengen an Sauerstoff frei, der sich zunächst nur im Wasser ansammelte und für die meisten damaligen Lebewesen giftig war. Diese drastische Umweltveränderung konn-

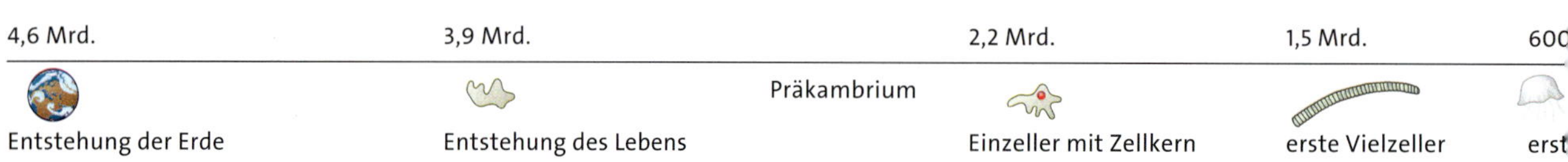

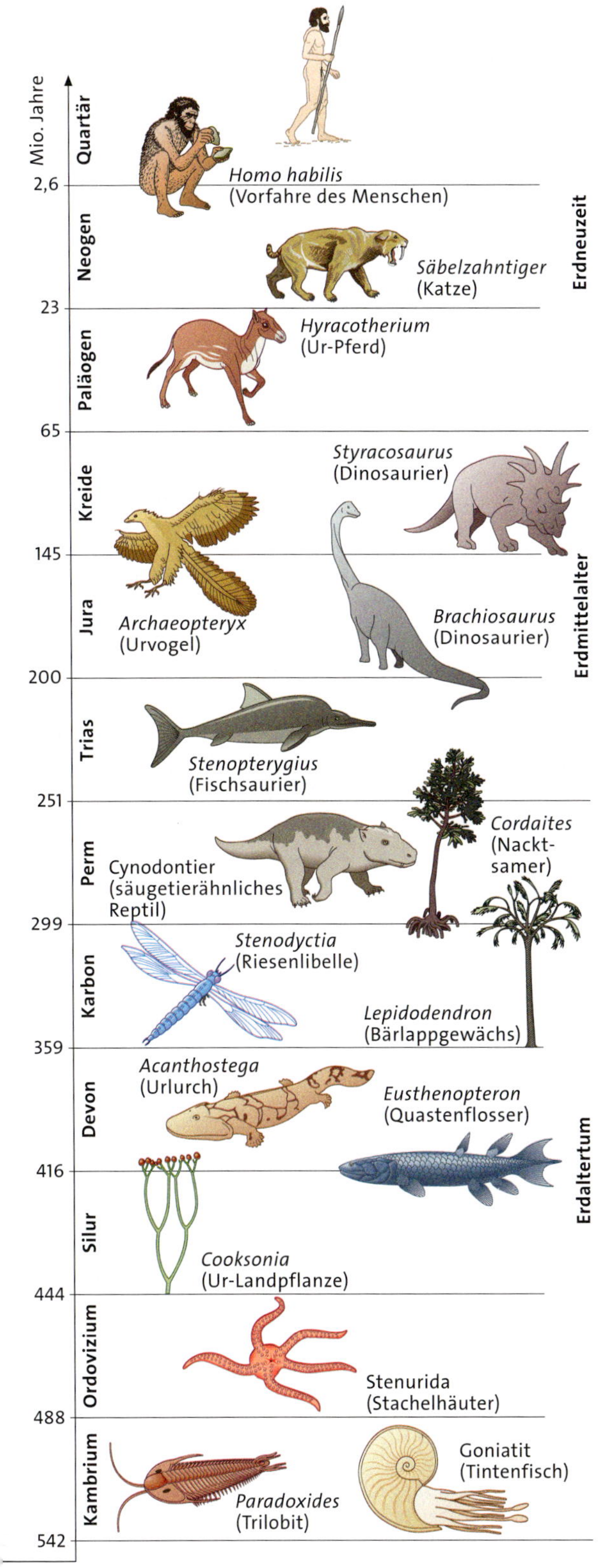

3 **Zeittafel der Erdgeschichte**

ten nur solche Organismen überleben, die sich mit Hilfe bestimmter Enzyme vor den schädigenden Wirkungen des Sauerstoffs schützen konnten. Manche Bakterien entwickelten sogar eine Strategie, den Sauerstoff zu nutzen: Energiegewinnung durch *Zellatmung*. Dies war ein wesentlicher Entwicklungsschritt, denn noch heute setzen die meisten Lebewesen die lebensnotwendige Energie durch diesen Prozess frei. Im Laufe der Zeit nahm der Anteil des Sauerstoffs in der Erdatmosphäre zu. Dadurch konnte sich in größeren Höhen die Ozonschicht ausbilden, die einen wirksamen Schutz gegen die schädliche UV-Strahlung der Sonne bot. Erst die Ozonschicht ermöglichte schließlich die spätere Besiedlung des Landes.

Doch zunächst gab es Leben noch ausschließlich im Wasser. In fast zwei Milliarden Jahren alten Gesteinsschichten kommen fossile Reste von Einzellern vor, die bereits einen Zellkern besaßen. Aus solchen Formen entstanden die ersten Vielzeller.

Fast sieben Achtel der gesamten Erdgeschichte waren bereits vergangen, als es vor etwa 600 Millionen Jahren – gerade war eine Eiszeit gewaltigen Ausmaßes zu Ende gegangen – zu einer wahren Explosion an Lebensformen kam. Fossilfunde aus Australien und China belegen, dass zu dieser Zeit die ersten einfach gebauten Tiere erschienen. Zunächst waren sie noch, ähnlich wie Schwämme, am Boden festsitzend und filtrierten vermutlich Kleinstlebewesen als Nahrung aus dem Wasser. Doch bald gab es auch Arten, die sich mit Gliedmaßen laufend oder schwimmend fortbewegen konnten. Diese Tiere verfügten auch schon über leistungsfähige Sinnesorgane, mit denen sie gezielt auf Beutefang gehen konnten – die ersten räuberisch lebenden Organismen waren entstanden. Festsitzende Filtrierer und Pflanzenfresser konnten fortan nur überleben, wenn sie durch harte Schalen, Panzer, Stacheln oder andere Einrichtungen vor Fressfeinden geschützt waren. Feste Schutzeinrichtungen aus Kalk oder Chitin konnten sich viel leichter fossil erhalten als die bisherigen Lebewesen, die vorwiegend aus Weichteilen bestanden. Deshalb findet man in Sedimentgesteinen, die jünger als etwa 540 Millionen Jahre sind, bedeutend mehr Fossilien als in älteren Schichten.

Vor 540 Millionen Jahren endet der längste Abschnitt der Erdgeschichte, das **Präkambrium.** Die nun folgende Zeit ist durch Fossilien so gut dokumentiert, dass Geologen und Paläontologen sie in drei **Erdzeitalter** eingeteilt haben: **Erdaltertum, Erdmittelalter** und **Erdneuzeit.** Jedes dieser Zeitalter wird noch einmal in mehrere Abschnitte untergliedert.

Das Erdaltertum beginnt mit dem **Kambrium.** Alle heute bekannten Tierstämme sind zu dieser Zeit bereits vertreten, darunter verschiedene Formen von Gliederfüßern und die ältesten Vorfahren der Wirbeltiere. Im **Ordovizium** beschränkte sich das Leben – abgesehen von einigen Cyanobakterien, die bereits am Land existierten – noch immer auf das Meer. Vielzellige Algen erreichten bereits die Größe von mehreren Metern. In Flachwassergebieten entwickelten sich die ersten Sporenpflanzen, Vorfahren der heutigen Moose, Farn- und Samenpflanzen.

Im **Silur** erfolgte der Übergang der ersten Pflanzen zum Landleben. Zu den ältesten bekannten Fossilien gehört die Sporenpflanze Cooksonia. Die Eroberung des Landes wurde möglich durch die Entstehung von Strukturen, die zur Aufnahme von Wasser und Mineralstoffen aus dem Boden geeignet waren. Zudem brauchen Landpflanzen Festigungselemente und Schutzeinrichtungen gegen Austrocknung. Die im **Devon** lebende knapp einen halben Meter große Pflanze Rhynia bildete einen Erdspross, aber noch keine Blätter und Wurzeln aus. Sie hatte aber schon Leitgewebe und Spaltöffnungen. Die nackten Sprossachsen trugen am Ende Sporenkapseln. Später im Devon traten Blätter tragende Bärlapp- und Schachtelhalmgewächse auf, die teilweise schon Baumgröße erreichten.

Aus dem Devon sind auch die ältesten Landtiere nachgewiesen, Spinnentiere, Tausendfüßer und noch flügellose Insekten. Diese Gliederfüßer hatten mit Hilfe ihres Chitinpanzers Einrichtungen zum Verdunstungsschutz entwickelt. In den devonischen Meeren und Lebensräumen des Süßwassers lebten als Vertreter der Wirbeltiere zahlreiche Gruppen von Fischen. Zu ihnen gehörten auch Lungenfische und die nahe mit ihnen verwandten Quastenflosser. Diese Tiere verfügten über muskulöse Brust- und Bauchflossen mit einem handähnlichen Skelett. Außer den Kiemen zur Atmung im Wasser konnten sie über die Schwimmblase auch Luftsauerstoff atmen. Aus solchen Tieren entwickelten sich die ersten Landwirbeltiere, zu denen beispielsweise der Ur-Lurch Ichthyostega gehörte. Lurche können zwar einen Teil ihres Lebens an Land verbringen, doch wegen ihrer feuchten Haut ohne Verdunstungsschutz und ihrer unbeschalten Eier sind sie weiterhin auf das Wasser angewiesen.

Erst die Reptilien eroberten mit ihrer verhornten Haut und den durch eine pergamentartige Hülle geschützten Eiern auch trockene Lebensräume. Erste Vertreter dieser Gruppe, wie das Ur-Reptil Seymouria, lebten im **Karbon.** In diesem Zeitabschnitt gab es umfangreiche Sumpfwälder aus riesigen Farnpflanzen. Große Mengen dieser Biomasse gerieten durch Überflutungen unter Luftabschluss und wandelten sich im Laufe der Zeit in Steinkohle um. Im **Perm** wurde das Klima trockener, die Anzahl an Feuchtgebieten nahm ab. Während dieser Zeit setzten sich in der Pflanzenwelt die Nacktsamer durch, in der Tierwelt dominierten die Reptilien. Massive Vulkanausbrüche und ein rascher Klimawandel führten am Ende der Permzeit

4 Lebewesen im Kambrium. **1** *Eldonia* (Stachelhäuter?); **2** *Odontogriphus* (Weichtier?); **3** *Vauxia* (Schwamm); **4** *Yohoia* (Gliederfüßer); **5** *Odaraia* (Gliederfüßer); **6** *Opabinia* (Krebstier?); **7** *Wiwaxia* (Weichtier?); **8** *Aysheaia* (Gliedertier); **9** *Marrella* (Gliederfüßer); **10** *Hallucigenia* (Gliederfüßer); **11** *Dinomischus* (?); **12** *Pikaia* (Wirbeltier-Vorfahr)

innerhalb einer halben Million Jahre zum größten Massenaussterben der Erdgeschichte. Allein etwa 90 Prozent aller Meerestierarten starben dabei aus.

Im Erdmittelalter, das **Trias, Jura** und **Kreide** umfasst, waren Reptilien die vorherrschenden Tiere in allen Lebensräumen. Am Ende des Jura entwickelten sich unter den Dinosauriern die größten und schwersten Landwirbeltiere aller Zeiten, unter ihnen der über 50 Tonnen schwere Brachiosaurus. Ebenfalls im Jura entwickelten sich aus einer bestimmten Gruppe von Dinosauriern die ersten Vögel, von denen Archaeopteryx der bekannteste ist. Die ältesten Säugetiere gab es bereits in der Trias. Sie gehen auf säugetierähnliche Reptilien zurück, beispielsweise Cynognathus. Am Ende der Kreidezeit führte wahrscheinlich ein großer Meteoriteneinschlag zu massiven Umweltveränderungen. In der Folge starben nicht nur die Dinosaurier aus, sondern beispielsweise auch die Ammoniten, den Tintenfischen verwandte Meerestiere, die in manchen Gesteinen zu den häufigsten Fossilien zählen.

Die Erdneuzeit wird in die Abschnitte **Paläogen, Neogen** und **Quartär** gegliedert. Im Paläogen begann die Blütezeit der Säugetiere. Sie besetzten nun viele ökologische Nischen, die vorher von Dinosauriern eingenommen worden waren. Auch Vögel und Insekten erreichten allmählich die heutige Artenvielfalt. Unter den Samenpflanzen entwickelten die Bedecktsamer viele neue Arten. Allerdings entwickelten sich in der Erdneuzeit nicht sofort die Arten, wie wir sie heute kennen. Viele Säugetiere, unter ihnen ein über sieben Meter langer Pflanzenfresser, sind längst wieder ausgestorben. Gleiches gilt auch für andere Tier- und Pflanzengruppen.

Im jüngsten Abschnitt der Erdgeschichte, dem Quartär, kühlte sich das Klima weltweit langsam ab. Vor knapp zwei Millionen Jahren wurde es so kalt, dass ein neues Eiszeitalter begann. Es ist gekennzeichnet durch einen Wechsel von Kaltzeiten, in denen es zu großflächigen Vereisungen kam, und Warmzeiten, in denen sich das Eis wieder zurückzog. Während dieser Zeit entwickelte sich der Mensch zur dominierenden Lebensform auf der Erde. Die Leistungsfähigkeit seines Großhirns ermöglichte es ihm, die Umwelt wie kein anderes Lebewesen vor ihm seinen Bedürfnissen entsprechend zu verändern.

1 Bildet arbeitsteilige Gruppen. Erstellt Plakate mit Lebensformen aus verschiedenen Abschnitten der Erdgeschichte. Orientiert euch dazu an den Abbildungen 4 und 5. Bereitet Kurzvorträge über die Entwicklung der Erde und die Evolution in diesen Zeitabschnitten vor.

2 Erläutere die Bedeutung wichtiger Entwicklungsschritte im Laufe der Evolution. Nutze dazu die Hinweise im Text und in Abbildung 2.

5 Lebewesen aus dem Eiszeitalter. **1** Mammut; **2** Rentier; **3** Moschusochse; **4** Mensch; **5** Zwergbirke; **6** Wollnashorn; **7** Steinbrech; **8** Silberwurz; **9** Wollgras; **10** Netzweide

1.4 Wirbeltiere erobern das Land

In Afrika, Südamerika und Australien gibt es Flüsse und Seen, die teilweise oder sogar vollständig austrocknen können. Dennoch leben dort Fische. Untersuchungen haben ergeben, dass diese Fische außer ihren Kiemen noch zusätzlich eine Art Lunge besitzen. Deshalb werden sie **Lungenfische** genannt. Sie können bis zu eineinhalb Meter lang und 50 Kilogramm schwer werden.

Australische Lungenfische besitzen einen Lungenflügel, der oberhalb des Darms liegt, wie die Schwimmblase eines Fisches. Beim völligen Austrocknen ihres Gewässers sterben diese Fische, weil sie hauptsächlich über ihre Kiemen atmen. Afrikanische und südamerikanische Lungenfische sieht man regelmäßig aus dem Wasser auftauchen und nach Luft schnappen. Sie können das vollständige Verschwinden des Wassers überdauern, weil sie hauptsächlich über ihre Lunge atmen. Eine Untersuchung der Lunge zeigt, dass sie aus zwei Flügeln beiderseits des Darms besteht. Wenn zu Beginn der Trockenzeit der Wasserstand ihres Gewässers sinkt, graben sich die Tiere ein und verfallen in eine Trockenstarre.

Die Fähigkeit dieser Lungenfische, sowohl über Kiemen als auch über die Lunge atmen zu können, konnte auch durch Untersuchung ihres Blutkreislaufes bestätigt werden. Ein Teil des aus den Kiemen kommenden Blutes fließt zusätzlich durch die Lungenkapillaren. Auf diese Weise kann das Blut mit Sauerstoff aus der Luft und dem Wasser angereichert werden.

Einige Lungenfische besitzen verknöcherte und mit Muskulatur versehene Skelette der Brust- und Bauchflossen.

1 Australischer Lungenfisch im Wasser

Sie erinnern im Bau an die Gliedmaßenskelette der Landwirbeltiere. Die Skelette der Brust- und Bauchflossen unterstützen die Tiere bei der Fortbewegung in flachem Wasser oder über schlammiges Land.

Eine andere Fischgruppe, die **Quastenflosser,** besitzt ebenfalls ähnlich aufgebaute Flossen. Diese Fische galten lange Zeit als ausgestorbene Übergangsformen zwischen Wasser- und Landtieren. Zu diesem Schluss kam man nach der Entdeckung von 400 Millionen Jahre alten versteinerten Resten dieser urtümlichen Fischgruppe. 1938 wurde völlig überraschend ein lebender Quastenflosser gefangen. Die heutigen Quastenflosser leben nicht etwa in flachen Tümpeln, aus denen sie hin und wieder an Land gehen, sondern in bis zu 200 Metern Tiefe vor der Küste des östlichen Afrikas und in indonesischen Meeresgebieten. Weil Quastenflosser heute noch leben, kommen sie nicht als unmittelbare Vorfahren der Landwirbeltiere in

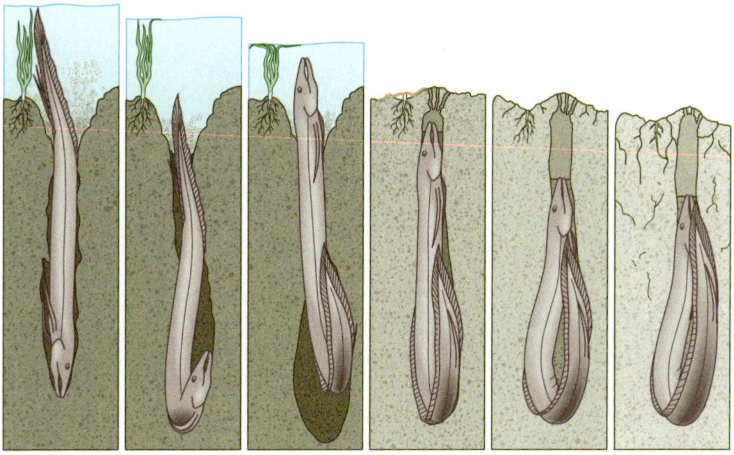

2 Ein Lungenfisch gräbt sich ein

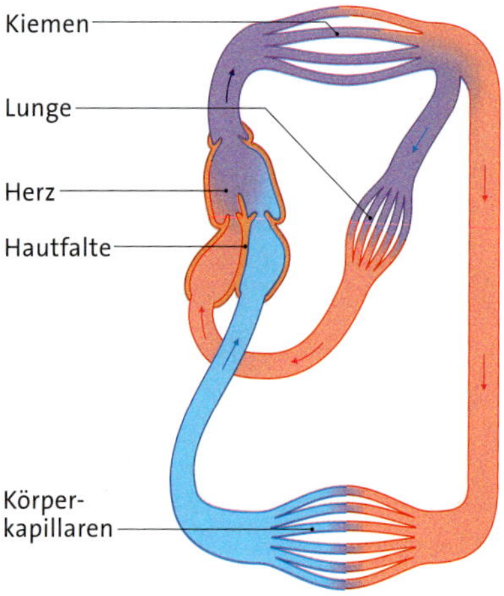

3 Blutkreislauf der Lungenfische

Frage. Die heutigen Quastenflosser haben sich seit Jahrmillionen kaum verändert. Man bezeichnet sie deshalb als »lebende Fossilien«.

Viel wahrscheinlicher ist, dass die ersten Lurche aus Vorfahren der heutigen Lungenfische hervorgegangen sind. Wie ihre heute lebenden Vertreter atmeten sie mit lungenähnlichen Gebilden, die aus Teilen des Vorderdarms entstanden sind. Der Lungenfisch Tiktaalik, der vor 380 Millionen Jahren lebte, besaß bereits Oberarmknochen, Elle, Speiche und Handwurzelknochen, aber keine eindeutigen Finger. Er war wahrscheinlich eines der ersten Wirbeltiere, das sich längere Zeit an Land aufhalten konnte. Möglicherweise hatten die fossilen Lungenfische dadurch gegenüber anderen Fischen einen Vorteil. Denn zu Lebzeiten des Tiktaalik, im Zeitalter des Devons, war die Landschaft durch zahllose Seen und weite Ebenen geprägt, die immer wieder austrockneten. Echte Landwirbeltiere waren die fossilen Lungenfische dennoch nicht. Ihnen fehlte ein wirksamer Verdunstungsschutz sowie ein entsprechendes Skelett zur schnellen Fortbewegung auf dem Lande. Erst bei den urtümlichen Lurchen entstanden vor 300 Millionen Jahren gut ausgebildete Schulter- und Beckengürtel als Voraussetzung für eine Fortbewegung auf dem Land. Mit leistungsfähigeren Lungen konnten sich diese Tiere dauerhaft außerhalb des Wassers aufhalten. Bereits während der Karbonzeit traten die ersten Kriechtiere auf. Diese konnten auch trockene Lebensräume besiedeln, weil sie durch eine Haut aus Hornschuppen wirksam gegen Wasserverlust geschützt waren.

1 Erläutere Angepasstheiten, die den Übergang vom Leben im Wasser zum Leben an Land kennzeichnen.

5 Quastenflosser. **A** Fossil; **B** lebendes Tier im Indischen Ozean

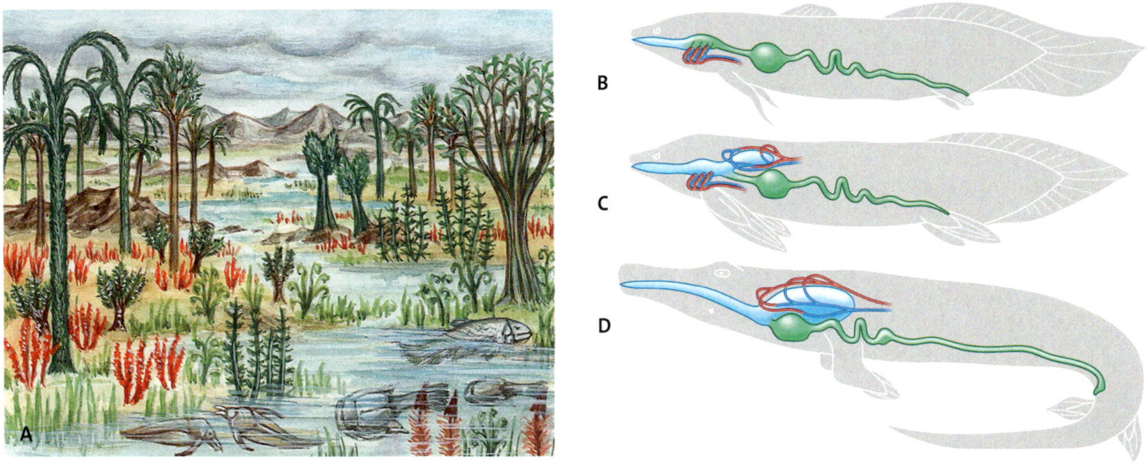

4 Entwicklung von Lurchen aus Fischen. **A** Landschaft im Devon; **B** Vorfahr der Lungenfische; **C** Lungenfisch; **D** Tiktaalik

1.5 Der Stammbaum der Wirbeltiere

Im Jahr 1770 fanden Arbeiter in einem Steinbruch am niederländischen Fluss Maas ein 15 Meter langes, versteinertes Skelett. Das Fundstück wurde nach Paris gebracht und dem Forscher Georges CUVIER vorgelegt. Dieser identifizierte es als das Skelett eines Kriechtieres. Später wurden noch weitere dieser Fossilien gefunden und nach dem Fundort des ersten Fossils als Maasechsen oder auch Mosasaurier benannt.

Mosasaurier waren Fleisch fressende Meeresreptilien, die während der Kreidezeit vor 150 Millionen Jahren in den Meeren lebten. Sie bewegten sich mit Flossen und ihrem langen Schwanz fort und konnten sich trotz Lungenatmung lange unter Wasser aufhalten. Wahrscheinlich gingen Mosasaurier nur zur Eiablage an Land, ähnlich den heutigen Meeresschildkröten.

Um 1830 wurden in den USA andere versteinerte Skelette gefunden. Diese waren etwa zwanzig Meter lang. Im Vergleich zum Kopf und zum Brustbereich war der restliche Körper sehr lang gestreckt. Beckengürtel und Hinterbeine fehlten. Auch diese Tiere lebten offensichtlich im Meer. Zunächst hielt man sie ebenfalls für Saurier und nannte sie Basilosaurier. Genauere Untersuchungen ergaben, dass diese Tiere eigentlich Säugetiere waren. So zeigen sich bei dem Vergleich der Skelette eines Basilosauriers und eines Delfins große Ähnlichkeiten im Bau der Tiere. Darüber hinaus haben beide Tiere Backenzähne mit einer Doppelwurzel. Dies ist ein typisches Merkmal für viele Meeressäugetiere. Die Basilosaurier werden daher als Vorfahren der heute lebenden Delfine angesehen. Aufgrund vieler Befunde ist bekannt, dass sich die Säugetiere an Land aus sehr urtümlichen Insektenfressern entwickelt haben. Deshalb müssen auch die Basilosaurier von solchen Vorfahren abstammen.

1 Mosasaurier

Alle diese Erkenntnisse wurden genutzt, um Verwandtschaftsverhältnisse in Form eines Stammbaums darzustellen. Da letztlich alle Lebewesen in einer stammes-

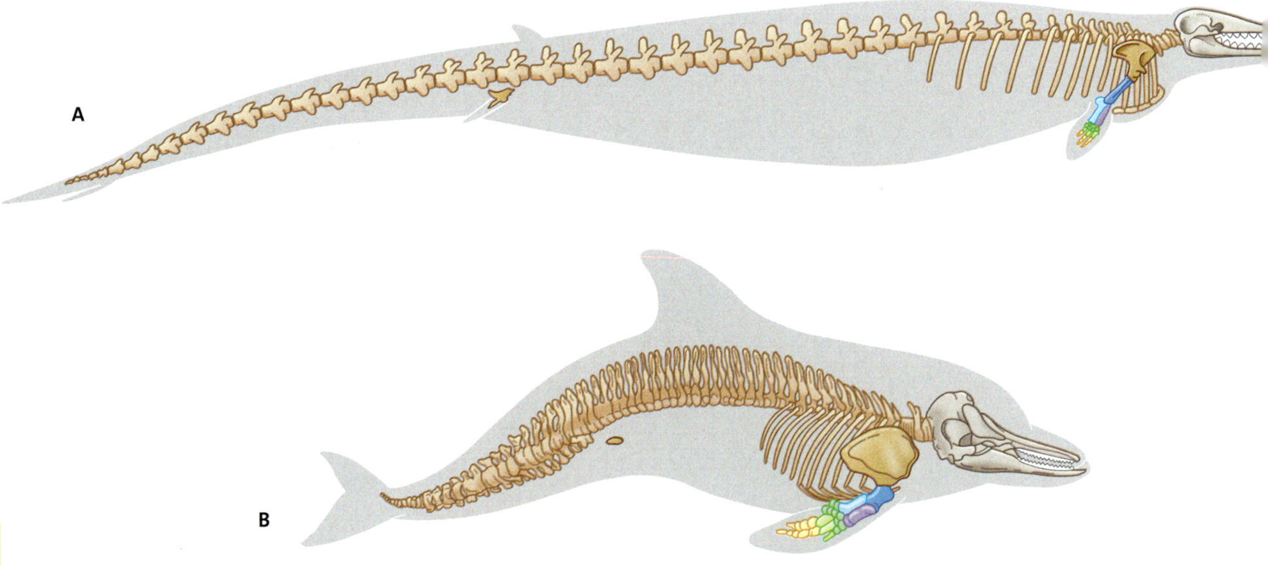

2 Skelette eines Basilosaurus (A) und eines Delfins (B)

geschichtlichen Beziehung zueinander stehen, spricht man auch vom Basiskonzept **Stammesgeschichtliche Verwandtschaft.** Die verwandtschaftlichen Beziehungen zwischen verschiedenen Tierarten werden ermittelt, indem Wissenschaftler nach gemeinsamen Merkmalen zum Beispiel im Körperbau suchen. Je mehr gemeinsame Merkmale vorhanden sind, desto näher sind die untersuchten Arten miteinander verwandt. Nahe verwandte Arten haben gemeinsame Vorfahren.

Der Stammbaum der Wirbeltiere zeigt, dass die Vorfahren der Fische die ältesten Wirbeltiere sind. Von diesen Tieren stammen die heutigen Fische ab. Im Laufe der Erdgeschichte entstanden Lurche, Kriechtiere und zuletzt Säugetiere und Vögel.

1 Erläutere am Beispiel der Mosasaurier, Basilosaurier und Delfine die stammesgeschichtliche Verwandtschaft.

2 Beschreibe mit Hilfe der Abbildung 3 die Entwicklung der Wirbeltiere in der Erdgeschichte.

3 Delfine und Wale leben wie Fische im Wasser. Begründe, ob eine stammesgeschichtliche Verwandtschaft zwischen Walen und Fischen besteht und ob davon gesprochen werden kann, dass sich Wale aus Fischen entwickelt haben.

4 Vögel werden manchmal als Nachfahren der Dinosaurier angesehen. Beurteile diese Zuordnung anhand der Abbildung 3.

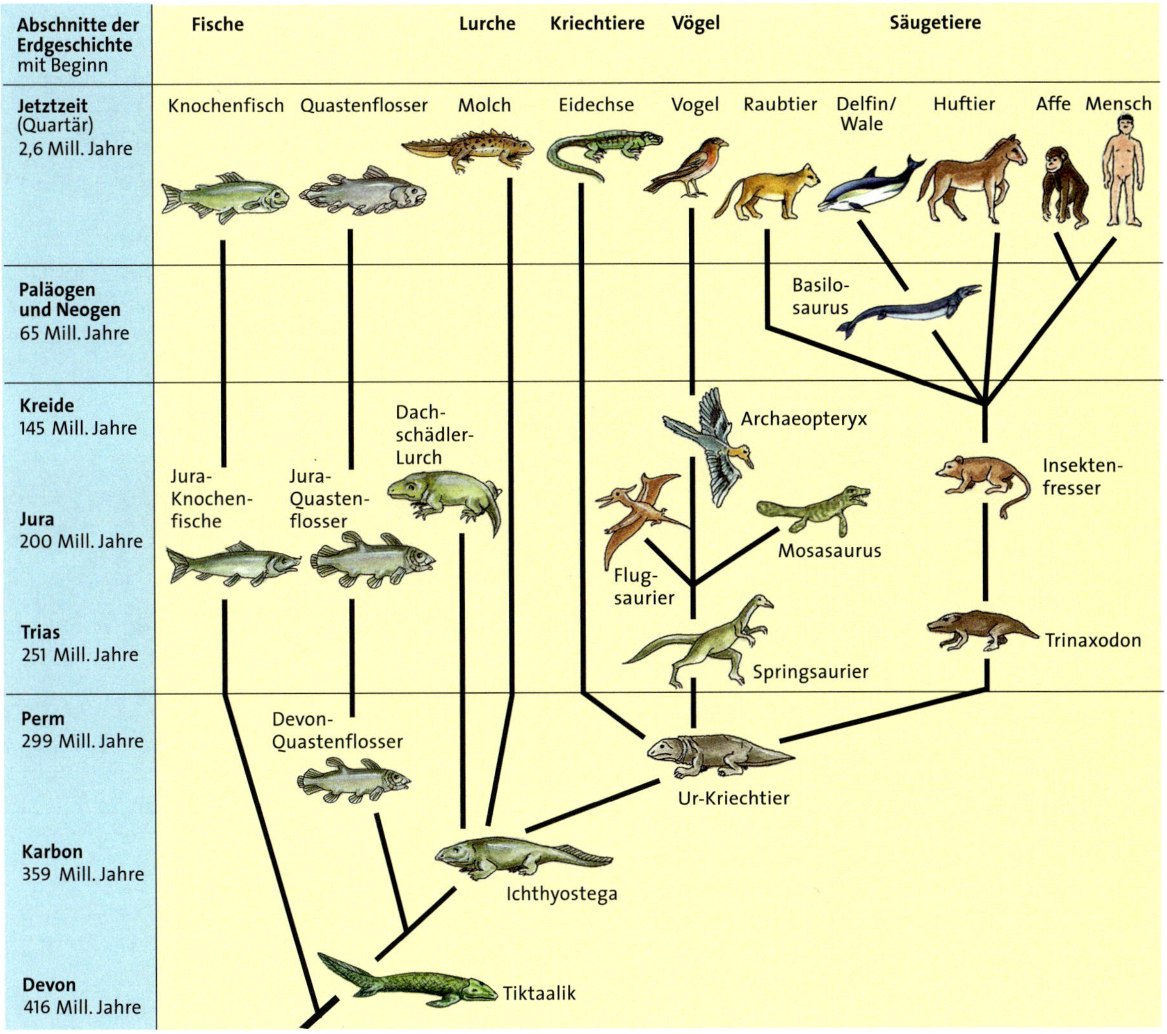

3 Der Stammbaum der Wirbeltiere

Wissen kompakt Ausgestorbene Wirbeltiere

Name: Panzerfisch *(Dunkleosteus)*
Lebenszeitraum: vor 400 Millionen Jahren (Devon)
Körperlänge: acht bis zehn Meter lang
Gewicht: etwa 1,8 Tonnen
Körpermerkmale: im Bereich von Kopf und Rumpf Knochenmerkmale (Panzer) vorhanden
Besonderheiten: erstes Wirbeltier mit Kiefer

Name: Ichthyostega
Lebenszeitraum: vor 380 Millionen Jahren (Devon)
Körperlänge: etwa 1,5 Meter lang
Gewicht: etwa 30 Kilogramm
Körpermerkmale: vier Füße; fünf Finger und Zehen
Besonderheiten: einer der ersten Vierfüßer, der zeitweise auf dem Land leben konnte

Name: Hylonomus
Lebenszeitraum: vor 300 Millionen Jahren (Karbon)
Körperlänge: etwa 20 Zentimeter lang
Gewicht: etwa 0,5 Kilogramm
Körpermerkmale: Haut mit Hornschuppen bedeckt
Besonderheiten: frühe Form eines Reptils mit Zähnen; effektivere Lungenatmung und dadurch größere Unabhängigkeit vom Wasser

Name: Brachiosaurus
Lebenszeitraum: vor 145 Millionen Jahren (Kreide)
Körperlänge: etwa 23 Meter lang und 15 Meter hoch
Gewicht: etwa 85 Tonnen
Körpermerkmale: sehr langer Hals und Schwanz
Besonderheiten: einer der größten Saurier, von denen ein komplettes Skelett vorliegt; Pflanzenfresser

1 Stelle Vermutungen an, welche heutigen Lebewesen von ihren Lebensumständen mit den abgebildeten fossilen Wirbeltieren vergleichbar sind.

2 Recherchiere und erstelle Steckbriefe für folgende Saurier: Triceratops, Iguanodon, Elasmosaurus.

Name: Tyrannosaurus
Lebenszeitraum: vor 70 Millionen Jahren (Kreide)
Körperlänge: etwa 13 Meter lang
Gewicht: etwa 4,5 bis sieben Tonnen
Körpermerkmale: aufrecht laufend
Besonderheiten: Fleisch fressender Dinosaurier mit vergleichsweise großem Gehirn

Name: Pterodactylus
Lebenszeitraum: vor 144 Millionen Jahren (Kreide)
Körperlänge: etwa 0,5 Meter; etwa zwei Meter Spannweite
Gewicht: etwa ein Kilogramm
Körpermerkmale: kurzer Schwanz; langer Kopf; schmales Maul mit kurzen, spitzen Zähnen
Besonderheiten: Flugsaurier mit hohlen Knochen; Vordergliedmaßen zu Flügeln umgewandelt; Flughaut zwischen Vorder- und Hinterbeinen; Haare

Name: Trinaxodon
Lebenszeitraum: vor 215 Millionen Jahren (Trias)
Körperlänge: etwa 0,5 Meter lang
Gewicht: etwa 20 Kilogramm
Körpermerkmale: wasserschützende Schuppenhaut, scharfe Zähne
Besonderheiten: Übergangsform zwischen Reptilien und Säugetieren: legte Eier und säugte Jungtiere

Name: Archaeopteryx
Lebenszeitraum: vor 150 Millionen Jahren (Jura)
Körperlänge: etwa 40 Zentimeter lang
Gewicht: etwa fünf Kilogramm
Körpermerkmale: Schwanz mit Wirbeln; knöcherner Kiefer mit Zähnen; Flügel mit Federn
Besonderheiten: Übergangsform zwischen Reptilien und Vögeln

3 Der Fischsaurier Ichthyosaurus war lebendgebärend. Recherchiere, aufgrund welchen Befundes man diese Schlussfolgerung ziehen kann.

4 Archaeopteryx hatte keinen ausgeprägten Brustbeinkamm und keine hohlen Knochen. Ziehe Schlussfolgerungen in Hinblick auf sein Flugvermögen.

Methode Museumsbesuch

Naturwissenschaft wird immer dann besonders spannend, wenn man vor Ort etwas ansehen, erkunden und selbst entdecken kann. Solche Orte können beispielsweise ein Kalksteinbruch, ein Museum, ein nahe gelegener See oder Wald oder auch eine Biotechnikfirma sein. Wie eine Wanderung in den Bergen will auch eine naturwissenschaftliche Exkursion gut vorbereitet sein.

Exkursionsziel

Einige interessante Exkursionsziele zum Thema Evolution sind in Nordrhein-Westfalen die Naturkundemuseen in Münster und Dortmund oder der Saurierpark in Münchenhagen bei Minden. Umfangreiche Ausstellungen zur Entwicklung des Lebens außerhalb von Nordrhein-Westfalen bieten beispielsweise das Senckenberg-Museum in Frankfurt (Main) oder das Museum für Naturkunde in Berlin, deren Besuch ihr vielleicht im Rahmen einer Klassenfahrt einplanen könnt. Im Zoo oder im Botanischen Garten können Beispiele für Spezialisierung, Rückbildung, lebende Fossilien oder Primaten gefunden werden.

Ausrüstung und Vorbereitung
Welche Materialien und Ausrüstungsgegenstände, wie beispielsweise Hammer, Meißel, Schutzbrille, Fotoapparat, Schreibzeug, trittfeste Schuhe, Gummistiefel oder Arbeitshandschuhe, müssen mitgebracht werden?

Thematische Vorbereitung

Informiert euch vor der Exkursion auf der Homepage des Museums oder mit Hilfe von Lexika über Themenbereiche, zu denen ihr etwas wissen wollt, zum Beispiel zu »Erdzeitalter und ihre Fossilien«. Bereitet kurze Vorträge zur Einführung in diese Themen vor. Erarbeitet mögliche Fragenstellungen und verteilt Arbeitsaufträge. Überlegt euch im Vorfeld, wie die Ergebnisse der Exkursion vor Ort protokolliert und später zusammengestellt und präsentiert werden können.

Organisation
Wo befindet sich das Museum und wie erreichen wir es? Welche Kosten fallen an? Welche Öffnungszeiten hat das Museum? Welche Themenschwerpunkte bietet das Museum? Gibt es Führungen? Ist ein Freigelände, zum Beispiel ein Steinbruch angegliedert, in dem ihr beispielsweise »Steine klopfen« und nach Fossilien suchen könnt?

1 Übertragt das Beispiel der Planung des Museumsbesuchs auf eine andere Exkursion, zum Beispiel in einen Zoo, eine Recyclingfirma oder eine Biogasanlage.

Methode Screenshot

So machst du einen Screenshot:

Screen nennt man den Bildschirm des Monitors.
Ein Screenshot ist der Ausdruck dessen, was sich auf dem Bildschirm befindet, zum Beispiel eine Internetseite. Möchtest du eine Internetseite in ein Word-Dokument einfügen, so gehst du folgendermaßen vor:

1. Drücke die Tasten **Alt** und **Druck** gemeinsam. Die Internetseite ist nun in der Zwischenablage gespeichert.
2. Öffne ein Word-Dokument.
3. Gehe in der Symbolleiste unter **Bearbeiten** auf **Einfügen.** Die Abbildung wird in das Word-Dokument eingefügt und lässt sich ausdrucken.

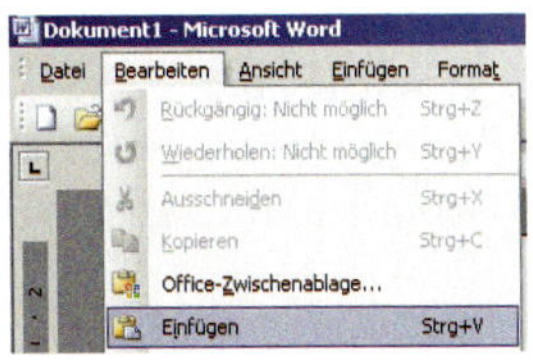

So überträgst du ein Bild aus einer Internetseite:

1. Klicke das Bild mit der rechten Maustaste an. Es öffnet sich ein Feld, auf dem du mit der linken Maustaste das Wort **Kopieren** anklickst. Nun ist das Bild gespeichert.
2. Öffne dein Word-Dokument und gehe unter **Bearbeiten** auf **Einfügen.** Das Bild wird in das Word-Dokument eingefügt.
3. Klicke das Bild durch einen Doppelklick an. Es öffnet sich ein Feld zum Bearbeiten des Bildes. Wähle unter **Layout** das Feld **»Hinter dem Text«** und klicke auf **OK.** Jetzt kannst du das Bild auf der Word-Seite verschieben und die Größe ändern.

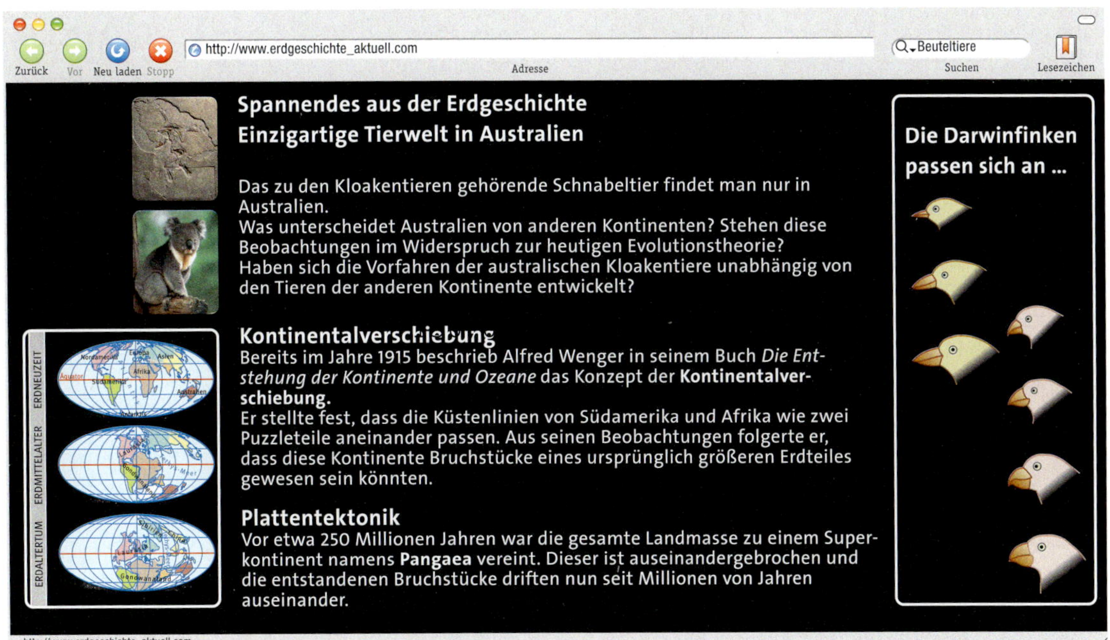

1 Zeige an Beispielen die Besonderheiten der Lebensformen Australiens im Vergleich zu den übrigen Kontinenten. Lege passende Screenshots an. Veranschauliche durch Screenshots, wie die isolierte Lage Australiens sich im Zuge der Plattentektonik entwickelt hat.

Aufgaben und Versuche **Fossilien, Erdgeschichte, stammesgeschichtliche Verwandtsch**

V1 Suche nach Fossilien

Material: Für unterwegs: Arbeitshandschuhe; Hammer; Meißel; Plastik- oder Papiertüten; Lupe; Papier- oder Zellstofftücher; Schreibzeug; feste Schuhe; möglichst Helm und Schutzbrille; Kärtchen für eine Beschriftung
Fürs Präparieren: harte und weiche Pinsel; wasserlöslicher Leim oder Alleskleber; Klarlack; Bestimmungsbücher für Fossilien, geologische Karte, z. B. aus der Schulbücherei

Durchführung:

A Vorbereitung
Lohnende Ziele für eine Fossiliensuche sind Steinbrüche, Kreidefelsen, Kiesgruben oder Braunkohletagebaue. Bei einer Exkursion in einen Steinbruch ist eine Kontaktaufnahme mit dem Betreiber notwendig. Dieser ermöglicht oft auch eine Führung und zeigt Orte, wo gesucht werden darf.

B Fossilsuche und Fossilbergung
Die persönliche Sicherheit ist immer wichtiger als jedes Fossil! Sei also vorsichtig bei wackelnden und rutschenden Steinen und erst recht an Steilwänden!

Halte dich genau an die Anweisungen der begleitenden Lehrkräfte oder eines anderen Exkursionsführers.

Achte beim Losschlagen von Funden immer darauf, dass du vom Fossil wegarbeitest und dich selbst und andere nicht durch Hammerschläge und Steinsplitter verletzt. Bewahre jedes Fundstück in Papiertücher gehüllt jeweils in einer Plastiktüte auf und lege ein Kärtchen mit Ort, Datum, Fundskizze und Name des Finders bei.

Ammonit, versteinert

Bernstein mit Einschlüssen

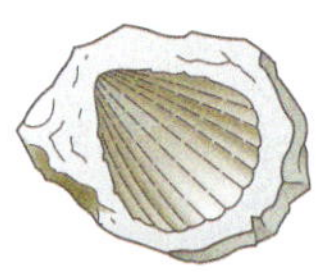
Muschel, Abdruck

Seestern, Abdruck

Schnecke, versteinert

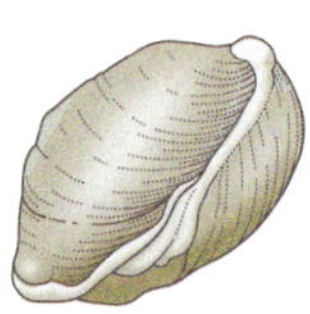
Armfüßer, versteinert

C Präparation
Entferne in der Schule vorsichtig störende Teile des Gesteins, pinsele den Staub weg und klebe lose Teile vorsichtig wieder an. Gut ist es, wenn du die Fossilien mit Klarlack überziehst und so vor Beschädigungen sicherst. Jetzt kannst du den Fund in Ruhe durch die Suche in Nachschlagewerken genauer bestimmen und das Fundkärtchen ergänzen.

D Ausstellung
Zu jeder erfolgreichen Exkursion gehört eine Ausstellung. Hier zeigt ihr euren Mitschülern, Eltern und eventuellen Sponsoren der Exkursion die Fundstücke. Reizvoll ist es auch, die Geschichte der gefundenen Lebewesen darzustellen oder Beziehungen zu heute lebenden Verwandten zu finden.

E Aufbewahrung
Zuletzt ist es an der Zeit, die »Schätze« Platz sparend und schonend zu verstauen. Am besten eignen sich dafür verschließbare, mit Papiertüchern ausgepolsterte Kunststoffschachteln für kleinere Stücke. Größere Funde bewahrt man in offenen Pappschachteln auf, die gut in eine Schublade eingeordnet werden können.

Aufgaben:

a) Ordne die gefundenen Fossilien zeitlich ein. Nutze dazu die geologische Karte und die Bestimmungsliteratur

b) Recherchiert in Gruppen nach weiteren Informationen zu dem betreffenden Zeitabschnitt aus der Erdgeschichte. Präsentiert eure Ergebnisse in geeigneter Form.

c) Erstelle Steckbriefe zur Lebensweise der auf dieser Seite abgebildeten Fossilien.

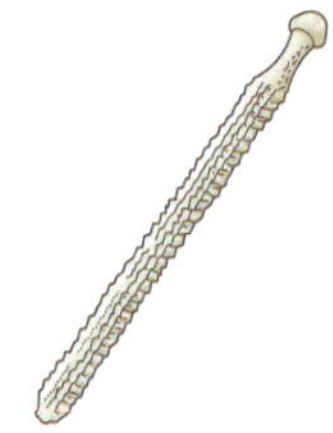
Seeigelstachel

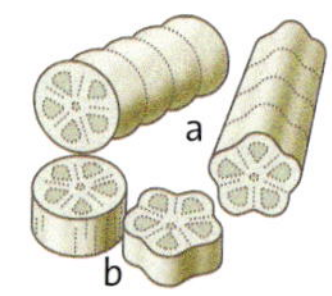

Seelilien
a) Stielstücke
b) Stielglieder

Seeigel, versteinert

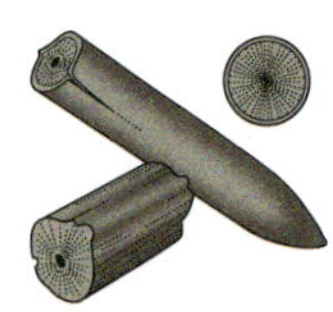
Donnerkeile

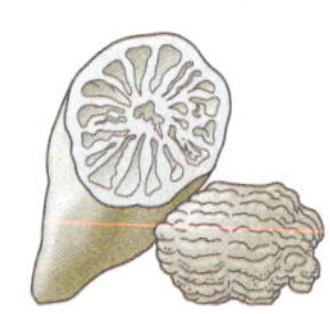
Korallen, versteinert

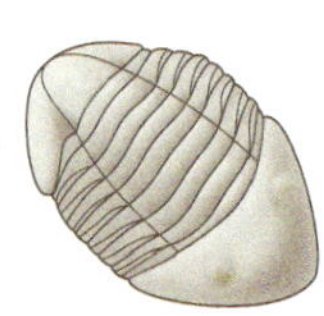
Trilobit, versteinert

A2 Erdzeitalter

Aufgabe: Bringe die Abschnitte der Erdgeschichte in die richtige Reihenfolge und ordne sie dem Erdaltertum, dem Erdmittelalter und der Erdneuzeit zu: Kreide, Devon, Jura, Kambrium, Karbon, Ordovizium, Perm, Neogen, Silur, Paläogen, Quartär, Trias.

A3 Ausgestorbene Tiere

Aufgaben:

a) Benenne die abgebildeten ausgestorbenen Tiere.

b) Ordne sie dem jeweiligen Zeitabschnitt der Erdgeschichte zu, in dem sie gelebt haben.

c) Ordne die ausgestorbenen Tiere einer entsprechenden Tierklasse zu. Begründe.

d) Wende folgende Basiskonzepte an: Angepasstheit auf **1** und **4**; Entwicklung auf **2** und **3**

A4 Dinosaurier mit Federn

Aus Fossilfunden ist bekannt, dass auch einige Dinosaurierarten über ein Federkleid verfügten, obwohl sie nicht fliegen konnten.

Aufgaben:

a) Welche Funktion könnten die Federn bei diesen Dinosauriern gehabt haben? Erläutere deine Überlegungen. Denke dabei auch an die Daunenfedern bei den heutigen Vögeln.

b) Beschreibe einen ähnlichen Funktionswechsel bei der Besiedlung des Landes durch die Wirbeltiere.

A5 Ein eigenartiges Tier

In Australien lebt das Schnabeltier, welches die Wissenschaftler lange Zeit nicht eindeutig einer Wirbeltierklasse zuordnen konnten: Das etwa 60 Zentimeter lange Tier hat einen »Entenschnabel« und Schwimmhäute zwischen den Fingern und Zehen. Es ist von einem Fell bedeckt und lebt überwiegend im Wasser. Das Schnabeltier ist ein guter Schwimmer und muss zum Atmen an die Wasseroberfläche kommen. Das Weibchen des Schnabeltieres legt Eier. Die geschlüpften Jungen ernähren sich zunächst von Muttermilch, bevor sie später Würmer, Insektenlarven und Schnecken fressen.

Aufgaben:

a) Diskutiert in der Gruppe, warum die Wissenschaftler Schwierigkeiten hatten, das Tier einer bestimmten Wirbeltierklasse zuzuordnen.

b) Schreibt alle Merkmale des Schnabeltieres einzeln auf Karteikarten. Erfasst dabei nur solche Merkmale, die für die Zuordnung des Tieres sinnvoll sein könnten.

c) Ordnet die Karten so, dass zueinander passende Merkmale jeweils für eine Wirbeltierklasse stehen. Benennt die zugehörigen Wirbeltierklassen. Beschriftet weitere Karten mit zusätzlichen Merkmalen dieser Klasse, die man am Schnabeltier prüfen müsste, um eine gesicherte Zuordnung vorzunehmen.

d) Recherchiert, welcher Wirbeltierklasse das Schnabeltier tatsächlich zugeordnet wurde.

2 Die Erklärung der Artenvielfalt

2.1 Die Entwicklung der Evolutionstheorie

In den Savannen Afrikas gehören Giraffen zu den auffälligsten Säugetieren. Mit aufgerichtetem Hals erreichen sie eine Höhe von fast sechs Metern. Dadurch können sie das Laub mittelhoher Sträucher und Bäume als Nahrung erreichen. Die meisten anderen Pflanzenfresser der Savanne haben kurze Hälse und ernähren sich von Gräsern oder niedrigen Büschen. Wie lässt sich die Angepasstheit der Giraffen an ihre Nahrungsnische erklären?

Bis ins 19. Jahrhundert waren die meisten Biologen von der **Konstanz der Arten** überzeugt. Diese Auffassung wurde aus dem biblischen Schöpfungsbericht abgeleitet. So vertrat der schwedische Biologe Carl von LINNÉ im 18. Jahrhundert die Ansicht, dass die Arten, wie wir sie gegenwärtig vorfinden, seit Beginn der Welt vorhanden waren. Auf LINNÉ geht das noch heute verwendete Ordnungsprinzip von Lebewesen zurück, die *Systematik*.

Der Franzose Jean-Baptiste de LAMARCK (1744 bis 1829) entwickelte als einer der Ersten die Vorstellung von einer Stammesentwicklung der Lebewesen, also einer Evolution. Er vermutete, dass sich jede heute lebende Art aus einem einfach organisierten Vorfahren entwickelt hat. LAMARCK nahm eine Höherentwicklung als wesentliches Kennzeichen dieses Artwandels an. Während ihrer Entwicklung passten sich die Lebewesen auch an veränderte Umweltbedingungen an. Nach LAMARCK ist der Giraffenhals dadurch entstanden, dass die Vorfahren der heutigen Tiere ihre Hälse zum Fressen nach oben reckten, als die Bäume immer höher wurden. Durch dieses Recken wurden die Hälse im Laufe der Zeit schrittweise immer länger. LAMARCKS Vermutung, nach der alle Lebewesen einen angeborenen Drang zur Vervollkommnung besäßen und durch ständiges Üben erworbene Merkmale an ihre Nachkommen vererbten, gilt heute als widerlegt.

In den Jahren 1831 bis 1836 nahm der junge Naturforscher Charles DARWIN (1809 bis 1882) an Bord des Vermessungsschiffes »Beagle« an einer Erdumseglung teil. Auf dieser Reise untersuchte er nicht nur die Lebewesen im Meer. Während der langen Liegezeiten des Schiffes hatte er auch Gelegenheit, an Land Pflanzen, Tiere und Fossilien zu sammeln. Beim Besuch von Inselgruppen, zum Beispiel den Galápagos-Inseln im Pazifischen Ozean, fiel DARWIN auf, dass auf benachbarten Inseln oft unterschiedliche, aber sehr ähnliche Arten leben.

1 Giraffe. **A** bei der Nahrungsaufnahme; **B** Entstehung des langen Halses nach LAMARCK; **C** nach DARWIN

Nach England zurückgekehrt, widmete sich DARWIN der Auswertung seiner Sammlungen und Tagebuchaufzeichnungen. Dabei kam er immer mehr zu der Überzeugung, dass die Lehre von der Konstanz der Arten nicht zutreffen kann. Über mehr als 20 Jahre trug DARWIN nun Belege für eine neue Evolutionstheorie zusammen. Wesentliche Hinweise erhielt er aus der Tier- und Pflanzenzüchtung. Solche Züchtungen zeigen die Veränderlichkeit der Arten, denn auf diesem Wege sind zum Beispiel alle Hunde- und Taubenrassen oder die verschiedenen Nutzpflanzen entstanden, die es in dieser Form vorher nicht gegeben hatte. Bei der Züchtung bringt der Züchter gezielt solche Individuen zur Fortpflanzung, die bestimmte gewünschte Eigenschaften haben. Diese *künstliche Zuchtwahl* diente DARWIN als Modell für seine 1859 veröffentlichte Theorie der **Entstehung der Arten durch natürliche Zuchtwahl.** Danach sind die Nachkommen eines Elternpaares nicht gleich, sondern unterscheiden sich immer etwas. Es treten auch immer wieder Lebewesen mit neuen Merkmalen auf. In der jeweiligen Umwelt überleben von der Vielzahl der Nachkommen diejenigen, die am besten angepasst sind, und pflanzen sich fort. Es findet also eine Auslese statt, eine **Selektion.** Über viele Generationen können auf diesem Wege neue Arten entstehen.

Nach DARWIN muss man sich die Entstehung der Giraffenhälse also folgendermaßen vorstellen: In einer Giraffenpopulation traten zufällig Individuen mit unterschiedlich langen Hälsen auf. Wurde die Nahrung knapp, erreichten Tiere mit längeren Hälsen auch noch Blätter an höher liegenden Zweigen. Solche Tiere konnten sich vermehrt fortpflanzen und die Anlagen für den längeren Hals auf ihre Nachkommen vererben, während Tiere mit kurzen Hälsen wenige oder keine Nachkommen hatten. Dadurch setzten sich im Laufe vieler Generationen Tiere mit langen Hälsen durch. Die von DARWIN formulierten Grundgedanken zur Evolution sind auch heute noch gültig. Spätere Forscher haben diese **Selektionstheorie** lediglich erweitert.

1 Erläutere mit Hilfe von Abbildung 1 die Entstehung des Giraffenhalses nach LAMARCK und nach DARWIN.

2 Erläutere unter Nutzung des Basiskonzeptes stammesgeschichtliche Verwandtschaft, warum Giraffen wie fast alle anderen Säuger nur sieben Halswirbel haben.

3 Erkläre am Beispiel der Taubenrassen das Ergebnis künstlicher Zuchtwahl.

2 **Taubenrassen sind durch Züchtung aus der Felsentaube entstanden**

2.2 Variation und Selektion

An Meeresküsten werden manchmal an einer Stelle hunderte von Schnecken- oder Muschelschalen angespült. Dann kann man in kurzer Zeit viele Fundstücke der gleichen Art sammeln. Auf den ersten Blick scheinen die Schalen einer Art alle gleich auszusehen. Sieht man jedoch genauer hin, fallen schnell Unterschiede auf, beispielsweise in Form, Größe und Musterung. Solche individuellen Unterschiede lassen sich bei allen Lebewesen beobachten. Diese **innerartliche Variation** wurde bereits von DARWIN erkannt und an vielen Beispielen dokumentiert. Die unterschiedliche phänotypische Merkmalsausprägung ist ein Beispiel für das **Basiskonzept Vielfalt.** Wie kommt die innerartliche Vielfalt zustande?

Viele Unterschiede zwischen den Angehörigen einer Art beruhen auf Umwelteinflüssen und unterschiedlichen Lebensbedingungen. So sind beispielsweise die Muskeln eines Sportlers aufgrund intensiven Trainings besonders gut entwickelt. Das Aussehen eines Menschen oder Tieres wird in hohem Maße von seinem Ernährungszustand beeinflusst. Viele Unterschiede sind jedoch vorwiegend genetisch bedingt, etwa die Hautfarbe oder die Struktur der Haare beim Menschen. Tatsächlich ist bei Arten mit geschlechtlicher Fortpflanzung jedes Individuum genetisch einzigartig. Eine Ausnahme von dieser Regel sind lediglich eineiige Zwillinge, die ein identisches Erbgut haben.

Die Ursache der genetischen Vielfalt sind spontan auftretende **Mutationen,** die an die Nachkommen weitergegeben werden. Mutationen allein können aber die genetische Vielfalt – etwa der Hunde- oder Taubenrassen – nicht erklären, denn dafür sind sie zu selten. Ein weiterer wichtiger Faktor ist die Tatsache, dass bei der Bildung und Verschmelzung der Geschlechtszellen die Chromosomen und durch Austausch auch die Gene ständig neu miteinander kombiniert werden. Diese **Rekombination** ähnelt dem Mischen eines Kartenspiels.

Bei seinen Untersuchungen war DARWIN nicht nur die große innerartliche Variation aufgefallen. Er hatte auch bemerkt, dass Lebewesen in der Regel viel mehr Nachkommen hervorbringen, als zur Erhaltung der Populationsgröße nötig wären. So legen einige Fischarten in kurzer Zeit mehrere Millionen Eier ab. Auch Pflanzen erzeugen manchmal sehr große Mengen an Samen. Was geschieht mit diesen vielen Nachkommen? Ein Großteil von ihnen dient anderen Arten als Nahrung. Doch ist es reiner Zufall, wer gefressen wird?

Betrachten wir dazu einen kleinen, unscheinbaren Schmetterling, den Birkenspanner. Diese Tiere sind nachtaktiv. Tagsüber ruhen sie mit ausgebreiteten Flügeln auf Birkenstämmen oder hellen Flechten. Dort sind sie wegen ihrer hellgrauen Körpermusterung kaum zu erkennen. Aufgrund dieser Tarnung werden Birkenspanner auch von Vögeln nur selten entdeckt und gefressen. Doch

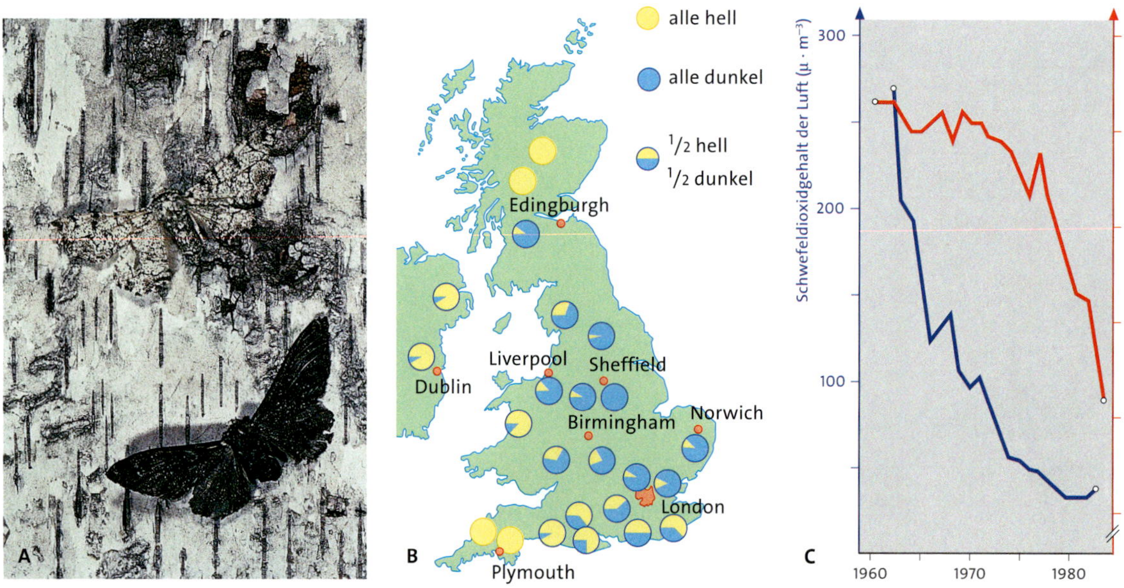

1 Birkenspanner. A Helle und dunkle Form auf einem Birkenstamm; B Verteilung der dunklen und hellen Form in Großbritannien um 1960; C Veränderung des Anteils der dunklen Form in Abhängigkeit von der Luftverschmutzung

gibt es immer wieder auch dunkel gefärbte Birkenspanner. Diese sind auf hellem Untergrund viel leichter zu sehen und werden daher auch öfter zur Beute von Vögeln. Ihre Chance, sich fortzupflanzen, ist folglich viel geringer als bei der hellgrauen Variante. In England wurde jedoch bereits im 19. Jahrhundert beobachtet, dass in einigen Landesteilen dunkle Birkenspanner immer häufiger wurden. Dort waren die Birkenstämme als Folge der Industrialisierung mit Staub und Ruß verunreinigt. Die Flechten starben durch die hohe Belastung mit Schwefeldioxid ab. Der Lebensraum bot nun vorwiegend dunkle Unterlagen. Dort hatten dunkle Birkenspanner eine höhere Überlebenschance. Durch den Rückgang der Luftverschmutzung wurden die Birken in den letzten Jahrzehnten wieder sauberer, die Flechten kehrten zurück. Daraufhin nahm auch wieder die helle Variante des Birkenspanners zu. Wie das Beispiel zeigt, hängt es also von den Umweltbedingungen ab, welche Varianten einer Art überleben und sich fortpflanzen können. Es findet eine **natürliche Selektion** statt. Solche Varianten, die der Umwelt besonders gut angepasst sind, haben einen Fortpflanzungsvorteil gegenüber schlechter angepassten Artgenossen.

Variation und Selektion sind die Grundelemente der Evolutionstheorie DARWINS. Sie bilden die Ursache für die Entwicklung der Lebewesen im Laufe der Stammesgeschichte. **Angepasstheit,** ein wesentliches Kennzeichen von Lebewesen und deshalb ein weiteres **Basiskonzept,** ist ebenfalls ein Ergebnis von Selektion.

Den Einfluss der Umwelt auf die Entwicklung von Angepasstheiten soll ein weiteres Beispiel verdeutlichen: Wasserfrösche sind in Färbung und Verhalten optimal an ihren Lebensraum angepasst. Jeder Wasserfrosch, der eine auffällige Farbe hat, kann leichter von einem Fressfeind erkannt werden und hat demnach eine geringere Überlebenschance. Dabei werden die extrem abweichenden Varianten besonders häufig gefressen, sodass sie sich nur selten fortpflanzen können. Diese **stabilisierende Selektion** sorgt dafür, dass die meisten Individuen bei gleich bleibenden Umweltbedingungen optimal angepasst bleiben. Ändert sich die Umwelt jedoch dauerhaft, ist die bis dahin geltende Angepasstheit nicht mehr optimal. Jetzt wird zugunsten besser angepasster Varianten selektiert. Dies nennt man **transformierende** oder **gerichtete Selektion.**

1 Ein gutes Beispiel für innerartliche Variation ist der Mensch. Erläutere diese Aussage und belege sie durch Beispiele.

2 Begründe, warum das Basiskonzept Vielfalt sowohl innerhalb einer Art als auch für verschiedene Arten angewandt werden kann.

3 Erläutere die Begriffe innerartliche Variation und Selektion am Beispiel des Birkenspanners. Arbeite dazu mit Abbildung 1.

4 Vergleiche anhand von Abbildung 2 stabilisierende und transformierende Selektion.

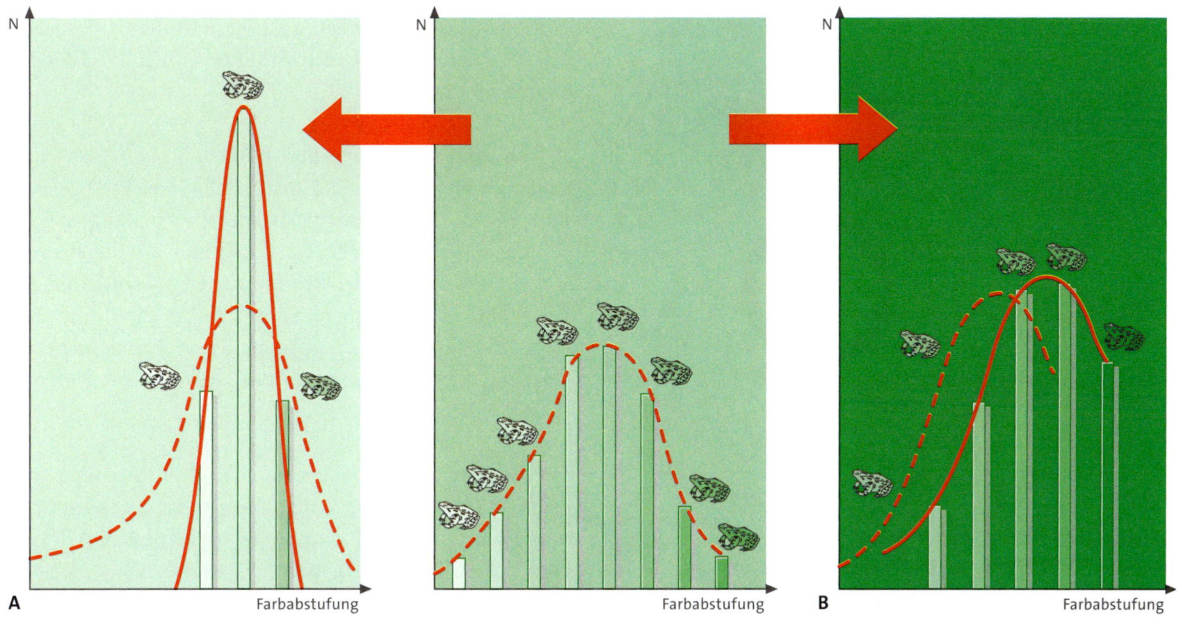

2 Wirken der Selektion. **A** Stabilisierend; **B** transformierend

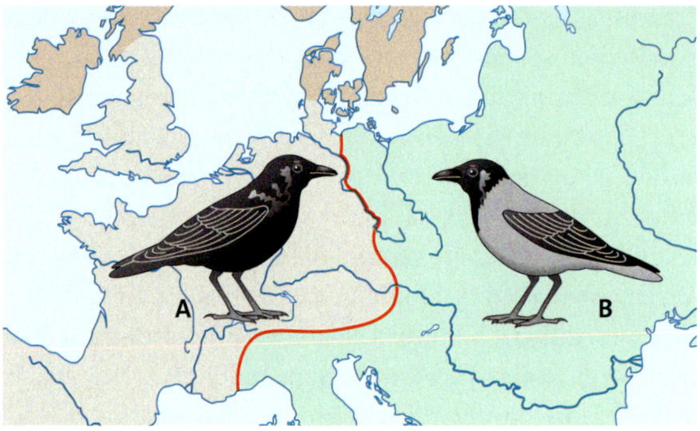

1 Verbreitungsgebiet von Rabenkrähe (A) und Nebelkrähe (B)

2 Modell der Artbildung.
A Entstehung von Teilpopulationen; **B** geographische Isolation; **C** neue Arten sind entstanden, die sich durch Fortpflanzungsbarrieren getrennt weiterentwickeln

2.3 Die Entstehung neuer Arten

Auf welche Weise die Selektion dafür sorgt, dass in einer Population bevorzugt die am besten an die Umwelt angepassten Varianten zur Fortpflanzung kommen, zeigen Beispiele wie Birkenspanner und Wasserfrosch. In den meisten Fällen dauert es schätzungsweise etwa 100 000 bis eine Million Jahre, bevor durch die Summierung kleiner Veränderungen neue Arten entstanden sind. Angesichts derart langer Zeiträume scheint es aussichtslos, nach Belegen für die Artbildung in der gegenwärtigen Tier- und Pflanzenwelt zu suchen. Doch bei genauer Beobachtung findet man tatsächlich Beispiele für Artbildungsprozesse, die noch nicht abgeschlossen sind.

Pferd und Esel kann man leicht voneinander unterscheiden. Andererseits sehen sich die Tiere so ähnlich, dass man von einer engen Verwandtschaft zwischen beiden Arten ausgehen kann. Diese Annahme wird noch dadurch gestützt, dass man Pferd und Esel miteinander kreuzen kann. Ist das Muttertier ein Pferd, nennt man den daraus entstandenen Mischling Maultier. Von Mauleseln spricht man, wenn das Muttertier ein Esel ist. Maultiere und Maulesel sind unfruchtbar – sie können keine Nachkommen haben. Zwischen Pferden und Eseln gibt es also eine *Fortpflanzungsbarriere.* Solche Fortpflanzungsbarrieren sind das wesentliche Kennzeichen verschiedener Arten. Sie sorgen dafür, dass es normalerweise keine Mischlinge zwischen zwei Arten gibt. In der Regel erfolgt zwischen Männchen und Weibchen verschiedener Arten erst gar keine Paarung. Insofern bilden Pferd und Esel eine Ausnahme, die zeigt, dass die Fortpflanzungsbarriere zwischen diesen beiden Arten noch nicht vollständig ausgebildet ist.

Bei anderen Tieren wie der in Westeuropa heimischen Rabenkrähe und der östlich der Elbe lebenden Nebelkrähe ist die Fortpflanzungsbarriere noch weniger vollständig ausgebildet als bei Pferd und Esel. Wo Raben- und Nebelkrähe aufeinander treffen, erzeugen sie miteinander fruchtbare Nachkommen. Anders als bei Pferd und Esel handelt es sich deshalb bei diesem Beispiel noch nicht um verschiedene Arten, sondern um *geographische Unterarten* derselben Art.

Die Beispiele zeigen, wie man sich die Entstehung verschiedener Arten aus einem gemeinsamen Vorfahren vorstellen kann: Sind zwei Populationen einer Art längere Zeit voneinander getrennt, leben sie sich – meist in Angepasstheit an unterschiedliche Lebensverhältnisse – buchstäblich auseinander. Ursachen für eine solche **geo-**

graphische Isolation können beispielsweise Klimaänderungen sein. Die Vorfahren von Raben- und Nebelkrähe wurden beispielsweise durch die nach Mitteleuropa vorrückenden Gletscher der Eiszeit in eine Population in Südwest-Europa und eine in Südost-Europa getrennt. Dauert die Aufspaltung in zwei oder mehrere isolierte Teilpopulationen lange genug, bilden sich durch unterschiedliche Mutationen, Rekombination und Selektion zunächst verschiedene Unterarten, dann neue Arten. Von neuen Arten spricht man, wenn die Nachkommen aus den verschiedenen Teilpopulationen entweder keine fruchtbaren Nachkommen mehr haben oder sich gar nicht mehr miteinander fortpflanzen können.

Buntbarsche sind eine sehr artenreiche Familie der Süßwasserfische. Wegen ihrer prächtigen Färbung werden manche Arten gern von Aquarienliebhabern gezüchtet. In freier Natur leben die meisten Buntbarscharten in den großen Seen Ostafrikas, im Victoria-, Tanganjika- und Malawisee. Man kennt mehrere hundert Arten. Wie kam es zu diesem Artenreichtum?

Die ostafrikanischen Seen bieten sehr unterschiedliche Lebensräume mit ganz verschiedenartigen Nahrungsquellen. Außerdem sind die Seen in viele, zum Teil weitgehend voneinander isolierte Becken gegliedert. Wie man heute weiß, schwankte der Wasserspiegel der Seen in jüngster geologischer Vergangenheit um mehrere hundert Meter. Dabei trocknete der Victoriasee zeitweise fast vollständig aus, aus dem Tanganjikasee wurden drei isolierte kleinere Seen. Später stieg der Wasserspiegel wieder. Durch die raschen Veränderungen der Umwelt und die großen Unterschiede der Lebensräume in verschiedenen Teilen der Seen kam es durch transformierende Selektion zu einer schnellen Veränderung der Buntbarschpopulationen und zur Entstehung neuer Arten. Dabei besetzten die Buntbarsche, die nur wenig Konkurrenz durch andere Fische haben, eine Fülle von ökologischen Nischen. Besonders vielfältig sind die Nahrungsnischen, die verschiedene Arten nutzen: Manche Fische schaben Algen von Steinen, andere fressen Weichtiere, Insekten oder Plankton, wieder andere ernähren sich von ganz bestimmten Körperteilen ihrer Beutetiere. Zur schnellen Artbildung bei den Buntbarschen hat wahrscheinlich auch die Ausbildung unterschiedlichen Balzverhaltens und verschiedenartiger »Hochzeitsfärbungen« in zeitweise getrennten Populationen beigetragen.

1 Pferd und Esel sowie Raben- und Nebelkrähe vermitteln einen Blick in die »Werkstatt der Evolution«. Erläutere diese Aussage.

2 Erkläre anhand von Abbildung 1 und 2 die Entstehung neuer Unterarten und Arten durch geographische Isolation.

3 Wende das Basiskonzept Angepasstheit auf die Nahrungsnischen einiger Buntbarscharten in Abbildung 3 an.

4 Führt Recherchen zur Biologie afrikanischer Buntbarsche durch. Präsentiert die Ergebnisse in geeigneter Form.

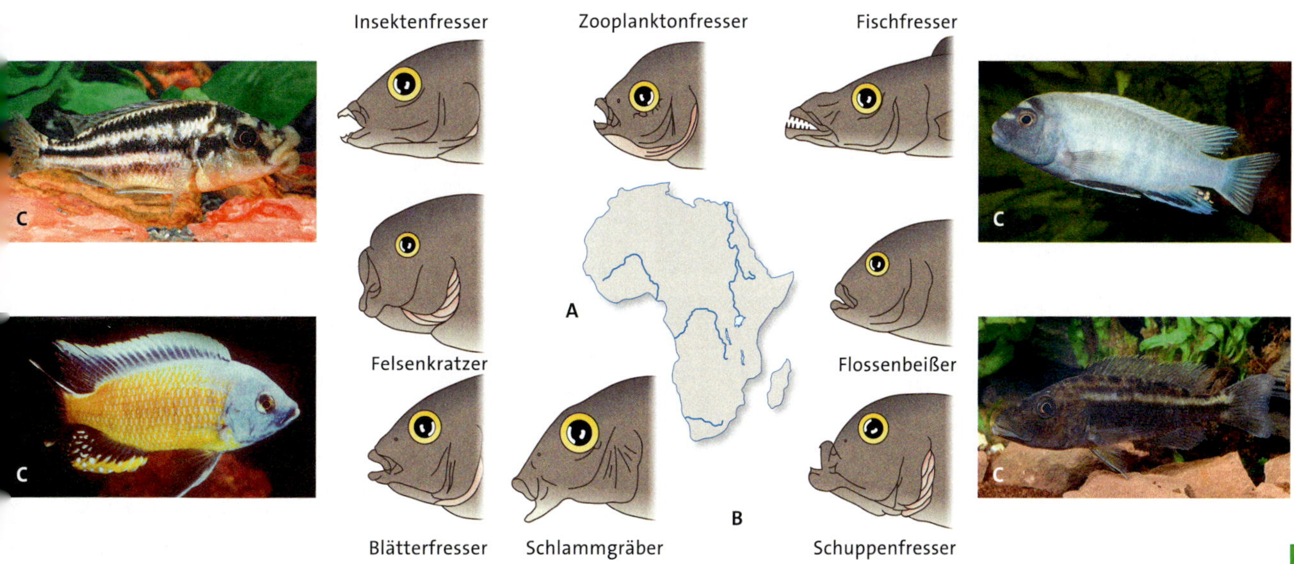

3 Buntbarsche.
A Lage der großen Seen in Afrika; **B** Köpfe von Arten mit unterschiedlicher Ernährungsweise; **C** Beispiele verschiedener Arten

2.4 Tarnen, Warnen, Täuschen – Ergebnisse der Evolution

Laubfrösche sind durch ihre hellgrüne Färbung in ihrer natürlichen Umwelt kaum zu entdecken. Sie verfügen über eine Tarnfärbung. Eine solche Angepasstheit zum Schutz, bei der Teile der Umwelt nachgeahmt werden, bezeichnet man als **Mimese** (gr. *mimesis,* Nachahmung). Stabheuschrecken sind nicht nur durch ihre Färbung, sondern auch aufgrund ihrer Körperform, die kaum von den umgebenden Ästen absticht, im Gebüsch verborgen und vor Fressfeinden geschützt. Tarnfärbung und Mimese werden oft noch durch ein besonderes **Tarnverhalten** verstärkt: Stabheuschrecken bleiben lange Zeit bewegungslos sitzen und fallen dadurch noch weniger auf.

Zu den Schutzmechanismen gehören auch **Schreckeinrichtungen.** Manche beruhen allein auf einem Überraschungseffekt. Augenfalter breiten bei Gefahr plötzlich ihre Flügel aus und zeigen dem Angreifer ihre Hinterflügel. Diese tragen runde, auffällige Flecken, die den Augen von Raubkatzen ähnlich sind.

Die schleimige Haut der Feuersalamander ist mit Giftdrüsen ausgestattet, die ein die Haut reizendes Sekret abgeben. Durch seine auffällige gelb-schwarze **Warnfärbung** schreckt der Feuersalamander zum Beispiel Vögel ab. Gelb-schwarze Warnfarben treten auch bei wehrhaften Wespen und Hornissen auf, die sich mit ihrem Giftstachel verteidigen können. Neben der Kombination schwarz-gelb treten auch schwarz-rot und schwarz-blau als Warnfarben auf. Obwohl diese Tiere besonders auffallen, scheint der Vorteil einer Warnfärbung zu überwiegen. Woran liegt das?

Vögel und Säugetiere lernen aufgrund unangenehmer Erfahrungen, die sie bei dem Versuch machen, giftige oder wehrhafte Tiere zu erbeuten. Sie werden in Zukunft den Kontakt mit ähnlich aussehenden Tieren vermeiden. Insgesamt ist es also vorteilhaft, eine Warnfärbung zu haben, denn in einer Population werden dann nur wenige Tiere von Fressfeinden erbeutet, sodass die Gefährdung des Einzeltieres gering bleibt.

Der Hornissenschwärmer ist ein harmloser Nachtfalter, der jedoch mit seiner auffälligen gelb-schwarzen Querstreifung und seinen durchsichtigen Flügeln einer Hornisse ähnlich sieht. Im Experiment konnte gezeigt werden, dass Vögel getäuscht werden und diesen wehrlosen Schmetterling meiden, obwohl er nicht stechen kann. Man nennt diese Nachahmung wehrhafter oder giftiger Vorbilder **Mimikry** (gr. *mimikos*, schauspielerisch). Alle Tarn-, Schreck- und Warneinrichtungen sind ein Ergebnis der Evolution. Von Generation zu Generation konnten immer diejenigen Nachkommen, die am besten angepasst waren, überleben und sich bevorzugt fortpflanzen.

1 Erläutere am Beispiel der Stabheuschrecke, wie sich Tarnfärbung, Mimese und Tarnverhalten im Laufe der Evolution entwickelt haben könnten.

1 Tarnen, Warnen und Täuschen im Tierreich.
A Stabheuschrecke; **B** Augenfalter; **C** Hornisse (Vorbild); **D** Hornissenschwärmer (Nachahmer)

2.5 Blüten und Blütenbesucher – gegenseitige Angepasstheiten

Doldenblütler, wie die Wilde Möhre, haben große, schirmförmige Blütenstände, auf denen man verschiedene Insektenarten bei der Aufnahme von Nektar beobachten kann – Käfer, Fliegen und Wespen. Die Tiere bepudern sich dabei mit Pollenkörnern. Beim Besuch weiterer Blüten der gleichen Art bestäuben sie diese dann. Die Nektardrüsen der Doldenblütler liegen offen und sind für viele Insektenarten zugänglich. Beim Wiesensalbei, einem Lippenblütler, ist dies anders. Der Eingang der Blüte ist durch eine Art Platte versperrt, die Nektardrüsen liegen tief in der Blüte verborgen. Sie sind nur für Insekten mit langen, rüsselartigen Mundwerkzeugen zu erreichen, wie sie bei Bienen und Hummeln vorkommen. Wenn diese die Platte wegdrücken, wird ein Hebelmechanismus betätigt, der den Pollenstaub auf ihren Rücken drückt. Bei der nächsten Blüte bleibt dieser an der Narbe kleben.

Zwischen Pflanzen und ihren Bestäubern besteht eine Beziehung zum gegenseitigen Nutzen: Die Pflanze liefert den Insekten Nahrung, diese sichern die Bestäubung. Im Laufe der Evolution haben sich dabei verschieden enge gegenseitige Abhängigkeiten entwickelt. Große, auffällig gefärbte Blütenblätter signalisieren den Standort von Nektar und Pollen. Für die Pflanzen lohnt sich der Aufwand am meisten, wenn nur ganz bestimmte Tierarten an Pollen und Nektar gelangen können und anschließend andere Blüten der gleichen Art aufsuchen. Tatsächlich kann man beobachten, dass viele Insektenarten ganz bestimmte Blüten bevorzugen. Dies liegt daran, dass der Bau der Blüte und die Mundwerkzeuge der Insekten vielfach perfekt aufeinander abgestimmt sind. Eine derartige wechselseitige Beeinflussung der stammesgeschichtlichen Entwicklung nennt man **Co-Evolution.**

Die Hummel-Ragwurz ist eine heimische Orchidee. Ihre Blüten ähneln in Aussehen und Geruch einer weiblichen Hummel. Die Hummelmännchen versuchen, diese »Weibchen« zu begatten. Dabei bleibt ein Pollenpaket an ihrem Kopf haften. Bei der nächsten Ragwurz-Blüte fallen sie wieder auf die falschen »Weibchen« herein und bestäuben dabei die Blüte. In diesem Fall erhält das Insekt also für die Bestäubung keine Gegenleistung. Man nennt solche Blüten deshalb auch *Täuschblüten.*

1 Recherchiere die Sicherung der Bestäubung bei verschiedenen Pflanzen durch Insekten, Vögel und Fledermäuse. Wende das Basiskonzept Struktur und Funktion an.

1 Doldenblütler mit Insekten

2 Biene beim Besuch einer Blüte des Wiesensalbeis

3 Hummel-Ragwurz

2.6 Kann die Artenvielfalt dem Menschen nützen?

Auf einer Safari in einem ostafrikanischen Nationalpark: Gerade ist eine Herde von Gnus vorbeigezogen, begleitet von zahlreichen Zebras. In der Ferne kommen Elefanten in Sicht und eine Löwin streift durch das hohe Gras. Geier hocken bewegungslos auf Schirmakazien, am Himmel kreisen mehrere Adler. An einem Gewässer finden sich Schakale und Giraffen zum Trinken ein, Perlhühner laufen umher, Reiher und Störche suchen nach Nahrung, im Wasser sind die Köpfe von Flusspferden auszumachen ... – Vom Menschen weitgehend unberührte, artenreiche Lebensräume sind heute auf der Erde nur noch selten zu finden. In Nationalparks und anderen Schutzgebieten versucht man wenigstens einen Teil der Vielfalt an Lebensformen zu erhalten. Warum ist das notwendig?

Stirbt eine Art aus, ist dieser Verlust endgültig. Mit ihr verschwindet das Ergebnis einer Jahrmillionen langen Evolution. Der Mensch hat deshalb eine moralische Verpflichtung, durch Artenschutz die Vielfalt des Lebens auf der Erde, die **Biodiversität,** zu bewahren. Immer mehr Lebensräume werden deshalb von den Vereinten Nationen als *Weltnaturerbe* ausgewiesen und unter besonderen Schutz gestellt.

Die Erhaltung einer möglichst großen Artenvielfalt hat für den Menschen aber auch ganz konkrete Vorteile. Schätzungen zufolge werden bereits heute Wirkstoffe aus weit mehr als 50 000 Pflanzenarten zu medizinischen, kosmetischen oder technischen Zwecken genutzt. Viele davon kommen nur in den Tropen vor. So liefert eine Immergrün-Art von der Insel Madagaskar Inhaltsstoffe, die äußerst wirksam gegen bestimmte Krebserkrankungen sind.

In den Trockengebieten Namibias wächst eine Pflanze, aus der sich ein wirkungsvoller Appetitzügler gewinnen lässt. Nicht nur Pflanzen, auch Tiere können wertvolle Arzneien liefern: So stammt ein Schmerzmittel, das zweihundert Mal wirksamer ist als das vielfach verwendete Morphin pflanzlichen Ursprungs, aus dem Speichel eines kleinen Frosches aus Südamerika.

Die meisten Heilkräuter werden nicht angebaut, sondern nur gesammelt. Viele Arten sind aus diesem Grunde bereits bedroht. Für die Nutzung solcher Arten müssen deshalb verbindliche Regeln aufgestellt und eingehalten werden. Weil die meisten Lebewesen der Tropen noch gar nicht auf ihren möglichen Nutzen untersucht werden konnten, ist ihre Erhaltung für zukünftige Forschungen unbedingt wünschenswert. Auch die Meere könnten noch viele nützliche Stoffe für Medizin und Technik liefern: In wirbellosen Tieren, aber auch in Bakterien, findet man immer häufiger für den Menschen verwertbare chemische Verbindungen.

Artenreiche Lebensräume bergen einen unschätzbaren Reichtum an genetischer Vielfalt. Diese Ressource könnte vielleicht in Zukunft bei der Züchtung neuer ertragreicher oder schädlingsresistenter Nutzpflanzen eine wichtige Rolle spielen. In diesem Zusammenhang ist auch die Erhaltung der Vielfalt an Kulturpflanzen und Nutztieren von Bedeutung. Die meisten Bauern in den Industriestaaten säen nur noch wenige Hochleistungssorten an Getreide aus. Bekannt sind jedoch allein beim Weizen etwa 3000 verschiedene Sorten. Das genetische Potenzial dieser Sorten sollte für zukünftige Kreuzungen erhalten bleiben. Aus diesem Grunde wird seit 2008 Saatgut der wichtigsten Nutzpflanzen tiefgekühlt auf der arktischen Insel Spitzbergen eingelagert.

1 Wildtiere in einem Nationalpark in Ostafrika

Noch weitgehend unverstanden ist die Bedeutung der Biodiversität für die großen Kreisläufe auf der Erde, beispielsweise den Wasserkreislauf und das Weltklima. Es gibt jedoch bereits genügend Beispiele dafür, dass die regionale Zerstörung der natürlichen Vielfalt, beispielsweise durch das Abholzen großer Waldgebiete, zu ökologischen Veränderungen führt, die auch für den Menschen nachteilig ist.

Um die Bevölkerung und vor allem auch verantwortliche Politiker und Manager von der ökonomischen Bedeutung der Artenvielfalt zu überzeugen, haben Wissenschaftler damit begonnen, den Nutzen bestimmter Arten in Geldwert umzurechnen. So wird der Jahresumsatz mit den Krebsmedikamenten aus dem Madagaskar-Immergrün auf 100 Millionen Euro geschätzt. Honigbienen leisten durch ihre Bestäubungstätigkeit für die amerikanischen Obst- und Gemüseproduktion einen Beitrag von zweieinhalb Milliarden Euro jährlich. Schilfrohr an Ufern hat die Eigenschaften einer natürlichen Kläranlage. Daraus errechnet sich allein im Bereich der mittleren Elbe ein Wert von fast acht Millionen Euro pro Jahr. Regenwürmer erzeugen Humus und verbessern dadurch die Fruchtbarkeit des Bodens. Ihre Leistung wird mit immerhin zweieinhalb Euro pro Hektar angegeben.

1 Recherchiert in Gruppen Beispiele für Nationalparks in aller Welt. Informiert euch dabei über Lebensräume und Arten, die besonders bedroht sind. Präsentiert eure Ergebnisse als Power-Point-Präsentationen.

2 Die Ausweisung von Nationalparks stößt bei der davon betroffenen Bevölkerung oft auf Widerstand. Recherchiert Beispiele aus Deutschland (z. B. Wattenmeer, Bayerischer Wald). Führt Streitgespräche oder Rollenspiele durch, um die Interessenkonflikte zu verdeutlichen.

3 Nenne Regionen und Lebensräume, in denen die Biodiversität besonders hoch ist. Nutze dazu Abbildung 2 und einen Atlas. Begründe Maßnahmen zum Schutz der Artenvielfalt.

4 Erläutere, warum insbesondere Lebensräume in den Tropen als »Grüne Apotheke« bezeichnet werden.

5 Auch in Europa ist die Artenvielfalt gefährdet. Recherchiert konkrete Beispiele und erörtert in der Klasse mögliche Maßnahmen, die zum Erhalt einer artenreichen Umwelt beitragen könnten.

6 Ist es für die Erhaltung der Biodiversität sinnvoll, den Wert einer Art in Euro zu bestimmen? Führt zu dieser Frage ein Streitgespräch durch.

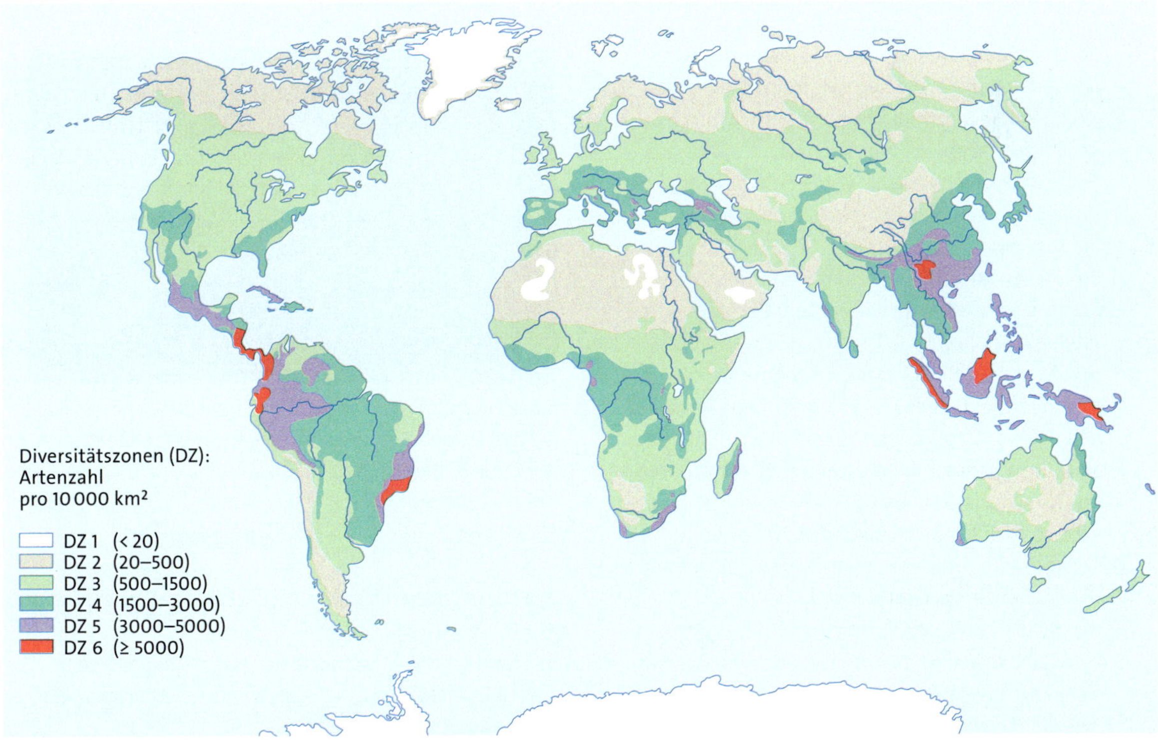

2 Regionale Verbreitung der Biodiversität bei Samen- und Farnpflanzen

Aufgaben und Versuche Entstehung der Artenvielfalt

A1 Lebende Fossilien

A

B

Als lebende Fossilien bezeichnet man Pflanzen oder Tiere, die sich über lange Zeiträume der Erdgeschichte kaum verändert haben. Zu ihnen gehören der Quastenflosser *(Latimeria chalumnae)* und der Ginkgobaum *(Ginkgo biloba)*.

Aufgaben:

a) Beschreibe das Aussehen des Quastenflossers. Nenne Merkmale, die besonders auffällig sind.

b) Recherchiere Informationen zur Entdeckungsgeschichte des heute lebenden Quastenflossers. Finde dabei auch heraus, woher der Gattungsname Latimeria stammt. Stelle deine Ergebnisse als Kurzvortrag vor.

c) Erläutere, warum fossile Quastenflosser für die Stammesentwicklung der Wirbeltiere besonders interessant sind.

d) Beschreibe die Blätter des Ginkgobaumes. Informiere dich über die systematische Zugehörigkeit der Art. Erstelle einen Steckbrief.

e) Der Ginkgobaum gehört zu einer sehr alten Gruppe der Samenpflanzen. Belege diese Aussage, indem du dich über fossile Ginkgoarten informierst.

f) Recherchiere, welche Wirkstoffe des Ginkgobaumes in der Medizin genutzt werden.

g) Suche nach weiteren Beispielen für lebende Fossilien. Stelle begründete Hypothesen auf, warum sich diese Lebensformen seit Jahrmillionen kaum verändert haben.

A2 »Lebende Steine«

»Lebende Steine« (Lithops) kommen in den Trockengebieten Südafrikas vor.

Aufgaben:

a) Begründe anhand des Fotos, warum »Lebende Steine« ein Beispiel für Tarnung bei Pflanzen sind.

b) Recherchiere Aufbau und Lebensweise der »Lebenden Steine« und bereite einen Kurzvortrag vor. Orientiere dich dabei am Basiskonzept Angepasstheit.

A3 Grottenolm

Grottenolme sind Molche, die in den Karst-Höhlen Dalmatiens vorkommen. Wie viele andere unterirdisch oder in Höhlen lebende Tiere sind sie blind, besitzen aber noch Augenanlagen. Solche Reste einst funktionstüchtiger Organe nennt man auch Rudimente.

Aufgaben:

a) Erkläre, warum Rudimente wichtige Belege für die Evolution sind.

b) Erläutere die Entstehung der Augen-Rudimente beim Grottenolm nach den Evolutionstheorien von LAMARCK und DARWIN.

V4 Evolutionsspiel

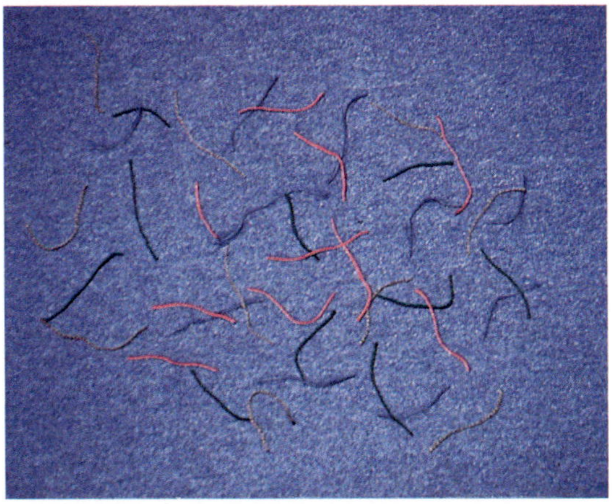

Material: Eine Rasenfläche von 2 × 2 m oder ein entsprechender Teppichboden mit Muster; verschiedenfarbige Spielfiguren (dem Untergrund angepasste und auffällige Farben, z. B. 5 cm lange Wollfäden in grün und rot als Wurmmodell für die Rasenfläche. *Hinweis:* Die Spielfiguren werden im Spiel mehrfach verwendet, trotzdem sollten von jeder Farbe etwa 250 Stück bereitstehen.

Durchführung: **1.** Je 100 Fäden (die 1. Generation) in Grün, das im Farbton in etwa zur Unterlage passt, und in Rot, werden von einer Schülergruppe zufällig auf dem Rasen verteilt.

2. Fünf Schüler (die »Räuber«), die der Verteilung nicht zugesehen haben, suchen in möglichst kurzer Zeit je 30 Fäden. Ein Protokollführer notiert anschließend die Suchergebnisse.

3. Die nicht erbeuteten Spielfiguren vermehren sich jetzt, d. h. zu jedem Faden kommen drei Fäden der gleichen Farbe hinzu (2. Generation). Die neuen Spielfiguren werden erneut verteilt und erneut erbeutet (mindestens vier Generationen durchspielen).

Aufgaben:

a) Fertige ein Spielprotokoll über mehrere Generationen an.

b) Welche Aussagen bezüglich der Selektion sind hier möglich?

c) Variiere das Spiel durch unterschiedliche Größe und Form der Spielfiguren.

d) Spiele auch das Auftreten von Mutationen durch, z. B. längere oder kürzere Fäden. Finde eigene Beispiele und probiere sie aus.

V5 Der Flaschenhalseffekt

Wissenschaftler vermuten, dass die geringe genetische Vielfalt der heute lebenden Menschen auf eine Umweltkatastrophe in der Vergangenheit zurückzuführen ist, die nur ein kleiner Teil der damaligen Menschheit überlebte. Die Folgen eines solchen Ereignisses für die genetische Vielfalt einer Art lassen sich umschreiben mit dem in der Abbildung dargestellten »Flaschenhalseffekt«.

Material: 3 Glasflaschen mit unterschiedlich engem Halsdurchmesser; 500 unterschiedlich gefärbte Kunststoffperlen (zum Beispiel 300 blaue, 100 rote, 90 grüne und 10 gelbe Perlen)

Durchführung: Fülle die Perlen in eine der Flaschen; sorge für eine gute Durchmischung; drehe die Flasche einmal kurz um, sodass ein kleiner Teil der Perlen hinausfällt; wiederhole diesen Versuch dreimal mit jeder der drei Flaschen.

Aufgaben:

a) Erläutere das Modell in einem Kurzvortrag. Erkläre, was die Ergebnisse im Zusammenhang mit einem Bevölkerungsrückgang bedeuten.

b) Zähle die Anzahl der herausgefallenen Perlen jeder Farbe bei jedem einzelnen Versuch; vergleiche diese Zahlen mit der Gesamtzahl der Perlen der entsprechenden Farbe und berechne den Anteil der herausgefallenen Perlen.

c) Berechne für die drei Einzelversuche mit jeder der drei Flaschen Mittelwerte. Stelle die Ergebnisse in Diagrammform dar und vergleiche sie miteinander.

d) Informiere dich, ob es auch noch für andere Arten außer dem Menschen Hinweise auf eine »Flaschenhalsrevolution« gibt. Erstelle einen Bericht.

3 Die Vorfahren des Menschen

3.1 Menschen sind Primaten

Mit dem Namen Eva verbinden die meisten Menschen die Gestalt aus der biblischen Schöpfungsgeschichte. Nicht ohne Hintersinn nennt sich aber auch ein international angesehenes Institut EVA, das sich mit der Naturgeschichte des Menschen befasst: das Max-PLANCK-Institut für **ev**olutionäre **A**nthropologie in Leipzig (gr. *anthropos,* Mensch; *logos,* Lehre). Wissenschaftler aus der ganzen Welt erforschen hier menschliche Fossilien, die Evolution menschlicher Gene und die Vielfalt menschlicher Sprachen. Ausschließlich mit Menschen beschäftigen sie sich aber nicht. Ebenso sehr interessieren sie sich für das Sozialverhalten von Gorillas und die geistige Entwicklung von Schimpansen, die zu den **Primaten** gehören.

Die oft einfach als »Affen« bezeichneten Primaten sind eine außerordentlich vielgestaltige Säugetierordnung mit mehr als 200 rezenten Arten. Der Gorilla ist mit einer Körpermasse von bis zu 275 Kilogramm die größte Art, ein Mausmaki aus Madagaskar mit nur 30 Gramm die kleinste. Ähnlich vielfältig ist die Lebensweise der Primaten. Die nachtaktiven Mausmakis sind Einzelgänger und ernähren sich bevorzugt von Früchten und Insekten. Die tagaktiven Gorillas leben dagegen in Kleingruppen und fressen am liebsten wilden Sellerie und andere Kräuter. Schimpansen sind ebenfalls tagaktiv, leben in größeren Gruppen und machen regelmäßig Jagd auf kleinere Affenarten, die sie auch fressen.

Auch in ihrer Fortbewegung unterscheiden sich die Primaten. Gorillas und Paviane laufen hauptsächlich vierfüßig am Boden, können aber wie nahezu alle Primaten auch gut klettern. Andere Arten, wie die südostasiatischen Gibbons und Orang-Utans, hangeln durch die Baumkronen der dortigen Regenwälder und kommen fast nie auf den Boden. Nur eine Art bewegt sich aufrecht gehend auf dem Boden fort: der Mensch. Bei ihm ist der mit einer beweglichen Großzehe an das Klettern angepasste Greiffuß der anderen Primaten in einen Stand- und Schreitfuß umgewandelt. Die Wölbung in der Sohle des menschlichen Fußes erlaubt ein leichteres Abheben der Ferse beim Laufen und federt den Gang ab.

Dass der Mensch in der zoologischen Systematik zu den Primaten gehört, hatte der schwedische Naturforscher Carl von LINNÉ schon 1758 erkannt. Damit wird verständlich, warum die Leipziger Wissenschaftler auch Gorillas und Schimpansen erforschen. Menschen ähneln anderen Primaten tatsächlich in vieler Hinsicht. Erst hundert Jahre nach LINNÉ wurde allerdings klar, dass diese Ähnlichkeit auf gemeinsamer Abstammung beruht: Menschen, Schimpansen und Gorillas haben gemeinsame Vorfahren.

Orang-Utans, Gorillas, Schimpansen und die manchmal auch »Zwergschimpansen« genannten Bonobos bezeichnet man als Große Menschenaffen. Stammesgeschichtlich stehen diese vier Arten dem Menschen am nächsten. Erkennbar ist dies am Aufbau des Skeletts, das bei allen Arten weitgehend identisch ist. Ein Schwanz fehlt beispiels-

1 Größenverhältnis von Gorilla und Mausmaki

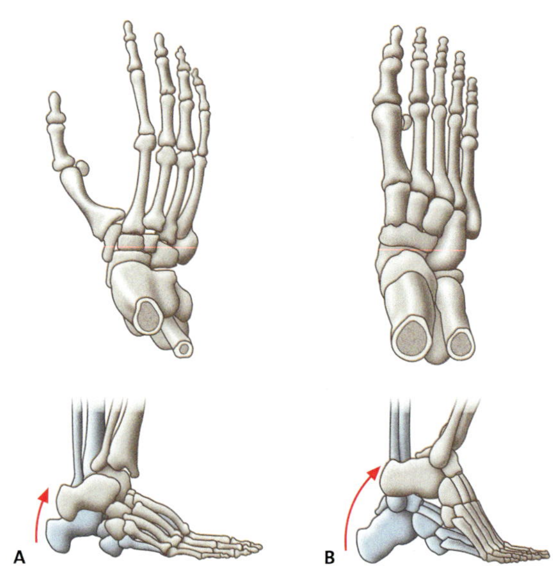

2 Füße. A Schimpanse; **B** Mensch

weise nicht nur dem Menschen, sondern auch sämtlichen Menschenaffen. Auch die Anzahl und Form der Zähne stimmt bei Menschenaffen und Menschen überein. Nur die Eckzähne sind bei den Menschenaffen wesentlich länger und schärfer als beim Menschen.

Vergleicht man die Hände von Affen und Menschen, fällt nicht nur auf, dass sie hervorragend zum Greifen geeignet sind. Auch der Besitz von flachen Fingernägeln ist ein gemeinsames Merkmal, das Primaten von anderen Tiergruppen unterscheidet. An ihren Zehen tragen Primaten ebenfalls Nägel und keine Krallen.

Weitere Merkmale, die Primaten auszeichnen, sind nach vorne gerichtete Augen, die dreidimensionales Sehen ermöglichen, der Besitz eines großen Gehirns und eine lange Entwicklungszeit. Das Gehirn eines Affen ist doppelt so groß wie das eines durchschnittlichen anderen, etwa gleich großen Säugetieres. Rekordhalter ist der Mensch mit einem Gehirn, das dreimal so groß ist wie das eines Schimpansen oder Gorillas. Typisch für Lebewesen mit einem großen Gehirn ist ihre Lernfähigkeit. Lernen benötigt Zeit und deshalb ist für Primaten auch eine lange Kindheit und Jugend typisch. Zum Vergleich: Eine Maus ist mit sechs bis acht Wochen geschlechtsreif, ein Mausmaki dagegen erst mit einem Jahr und ein Schimpanse erst mit elf Jahren. In dieser Zeit lernt ein Schimpanse in Westafrika beispielsweise, wie man es fertig bringt, mit einem Stein als Hammer und einer Baumwurzel als Amboss ebenso harte wie schmackhafte Nüsse zu knacken.

Natürlich fallen bei einem Vergleich der Skelette eines Schimpansen und eines Menschen auch Unterschiede auf. Beispielsweise sind die Arme eines Schimpansen deutlich länger als seine Beine, während beim Menschen die Beine länger sind als die Arme. Genau wie die unterschiedlich gebauten Füße beruht dies darauf, dass beide Arten an unterschiedliche Fortbewegungsweisen angepasst sind: der Mensch an den aufrechten Gang, der Schimpanse an das Hangeln im Geäst. An solchen anatomischen Unterschieden kann man auch erkennen, wie sich fossile Arten, die seit langem ausgestorben sind, fortbewegt haben.

Da sich alle Großen Menschenaffen in ihrer Anatomie sehr ähneln, glaubte man lange, dass keiner von ihnen dem Menschen stammesgeschichtlich näher steht als der andere. Diese Meinung änderte sich erst, als es möglich wurde, die Zusammensetzung von Proteinen und der Erbsubstanz DNA zu untersuchen. Bei diesen Untersuchungen stellte sich heraus, dass die DNA von Schimpansen und Bonobos die größte Übereinstimmung mit menschlicher DNA aufweist. Diese beiden Menschenaffen sind mit dem Menschen enger verwandt als mit dem Gorilla.

1 Wende das Basiskonzept Vielfalt auf die Ordnung der Primaten an. Informiere dich dazu auch über die verschiedenen systematischen Gruppen.

2 Vergleiche Menschen und Menschenaffen hinsichtlich ihrer Anatomie und ihrer Lebensweise.

3 Erläutere den Stammbaum in Abbildung 4 und ziehe Schlussfolgerungen.

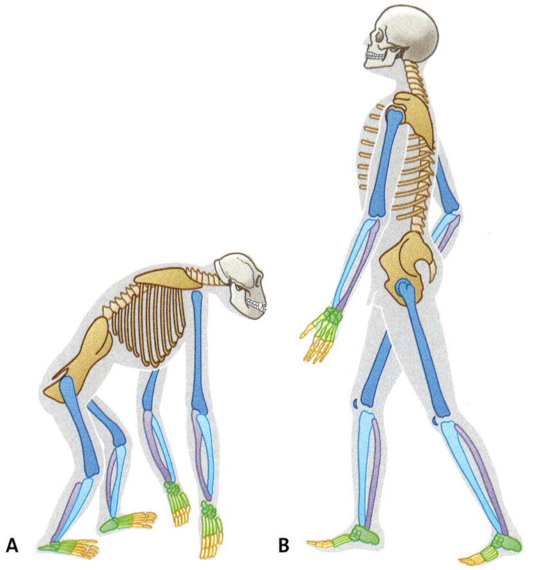

3 Skelettvergleich. A Schimpanse; **B** Mensch

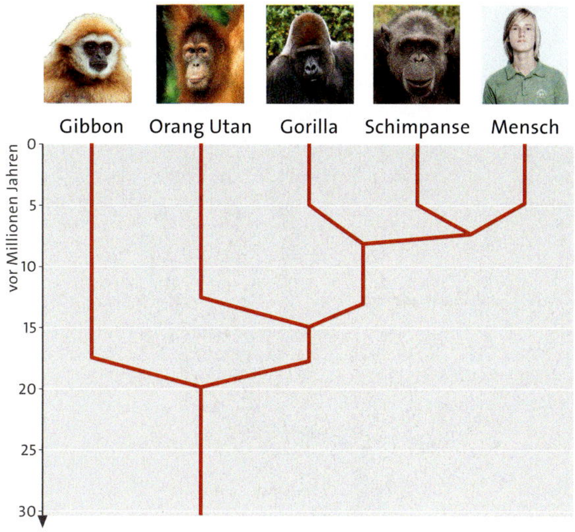

4 Stammbaum der Menschenaffen anhand von DNA-Befunden

Methode Mit Stammbäumen zur Entwicklung des Menschen arbeiten

Mit Stammbäumen versucht man, mögliche Wege der Evolution aufzuzeigen. Dabei werden verschiedene Arten und deren Verwandtschaftsverhältnis in Abhängigkeit von der Zeit dargestellt. Man sucht nach gemeinsamen Stammformen, die Merkmale von beiden nachfolgenden Arten aufweisen. Dort legt man einen Gabelungspunkt fest. Die Entwicklung der beiden Arten ist von diesem Punkt an getrennt abgelaufen.

Beim Aufstellen von Stammbäumen nutzt man in der Regel **Fossilfunde.** Möglich sind heute auch ein DNA-Vergleich oder ein Vergleich von bestimmten Eiweißen im Körper der Lebewesen.

Für die Entwicklung des Menschen wirst du zwar die verschiedensten Stammbäume finden, ob sie jedoch genau der Wahrheit entsprechen, weiß niemand. Gerade unser Stammbaum hat besonders viele Lücken und unsichere Verzweigungen. Das liegt daran, dass man nur wenige Fossilien unserer Vorfahren gefunden hat. Die Funde beziehen sich oft auf kleine und unvollständige Skelettteile wie Schädelbruchstücke oder einzelne Zähne. Ganze Skelettfunde waren die Ausnahme. So lassen sich viele Stücke nur schwer in den bisherigen Stammbaum einordnen. Andere Widersprüche traten auf, weil Funde falsch zugeordnet oder datiert wurden. Hier helfen nur Neubewertungen und weitere Untersuchungen. Weitere Funde könnten ebenfalls hilfreich sein.

Wie du dem Stammbaum rechts entnehmen kannst, ist die Entwicklung des Menschen keineswegs geradlinig verlaufen. Viele Menschengattungen und Arten lebten gleichzeitig. Unsere Vorfahren bildeten also eher einen »Busch mit sehr vielen Zweigen«. Warum bestimmte Arten später wieder ausstarben, ist ebenfalls nicht immer bekannt.

1 Vergleiche die beiden Stammbäume auf dieser Doppelseite miteinander. Denke an Gemeinsamkeiten, Unterschiede und Schlussfolgerungen. Nutze auch die Hinweise zum Auswerten in Abbildung 2.

2 Leite für beide Darstellungen je zwei Vorteile und Nachteile ab. Beurteile beide Stammbäume.

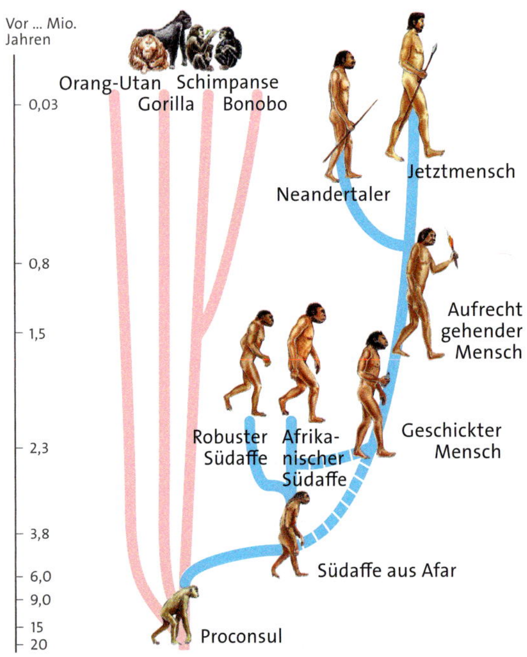

1 **Stammbaum des Menschen und seiner Verwandten**

- Gib zuerst das Thema des Stammbaumes an.
- Finde mit Hilfe der Zeitachse heraus, welchen Zeitraum der Stammbaum darstellt.
- An welchem Punkt beginnt der Stammbaum? Leite daraus den ältesten gemeinsamen Vorfahren ab.
- Ermittle, welche Gruppen (Arten oder Gattungen) dargestellt wurden. Sind sie mit dem deutschen oder lateinischen Namen benannt?
- Schlage unbekannte Bezeichnungen im Lehrbuch oder in einem Fachbuch nach.
- Wie sind die Gruppen miteinander verknüpft? Beachte: durchgezogene Linien oder Balken entsprechen einigermaßen sicheren Entwicklungslinien, fossil nicht belegte und vermutete Wege sind gestrichelt dargestellt.
- Gibt es Gruppen, die ausgestorben sind?
- Findest du noch weitere Informationen in dem Stammbaum?

2 **Hinweise zur Auswertung von Stammbäumen**

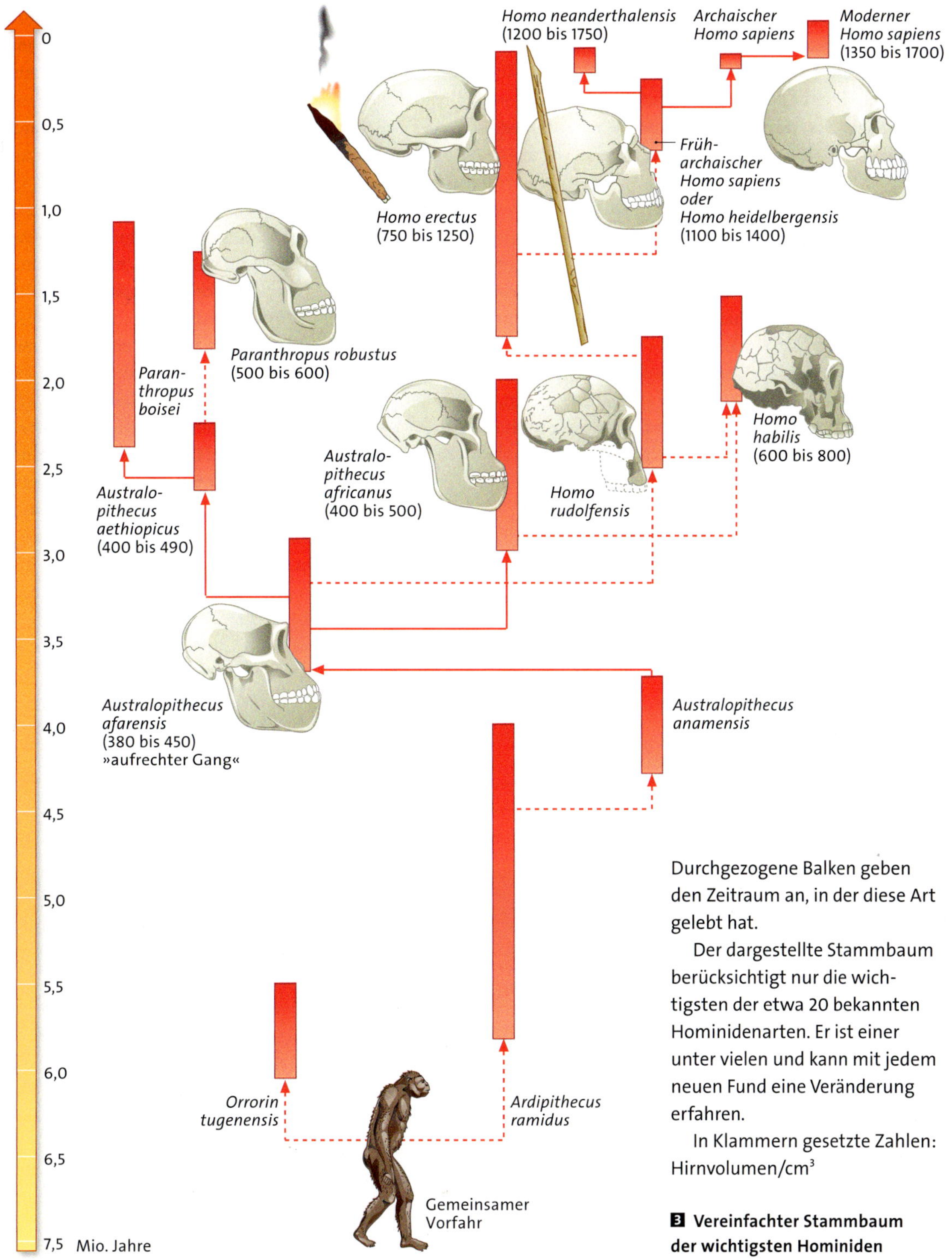

Durchgezogene Balken geben den Zeitraum an, in der diese Art gelebt hat.

Der dargestellte Stammbaum berücksichtigt nur die wichtigsten der etwa 20 bekannten Hominidenarten. Er ist einer unter vielen und kann mit jedem neuen Fund eine Veränderung erfahren.

In Klammern gesetzte Zahlen: Hirnvolumen/cm^3

3 Vereinfachter Stammbaum der wichtigsten Hominiden

3.2 Lucy und ihre Verwandtschaft

Nach Ansicht vieler Reisender gehört der Ostafrikanische Grabenbruch, der sich von Äthiopien bis nach Mosambik erstreckt, zu den schönsten Landschaften der Erde. Gleichzeitig ist dieses Gebiet mit seinen zahlreichen aktiven und erloschenen Vulkanen, wie dem Kilimandscharo und dem Ngorongoro-Krater, eine der weltweit bedeutendsten Fossilienfundstellen. Mit am berühmtesten wurde die Fundstätte *Laetoli* im Norden Tansanias.

Laetoli heißt in der Sprache der dort lebenden Masai »rote Lilie«. Hier hatte man schon 1934 Bruchstücke eines Kiefers gefunden, von dem man vermutete, dass er einem fossilen Menschen gehört hatte. Das Knochenstück geriet in Vergessenheit, bis 1978 eine Wissenschaftlergruppe unter Leitung der britischen Forscherin Mary LEAKEY im selben Gebiet versteinerte menschenähnliche Fußspuren entdeckte. Genauere Untersuchungen ergaben, dass die Spuren von mindestens zwei aufrecht gehenden Individuen stammten, die vor 3,7 Millionen Jahren durch erkaltete vulkanische Asche gewandert waren.

Wer die Spuren in der Asche von Laetoli hinterlassen hatte, wurde bald klar. Vier Jahre zuvor hatte der amerikanische Forscher Donald JOHANSON im Afar-Dreieck am nordöstlichen Rand des Grabenbruchs Teile eines 3,2 Millionen Jahre alten menschenähnlichen Skeletts gefunden. Es hatte den wissenschaftlichen Namen ***Australopithecus afarensis*** erhalten, wurde aber unter dem Spitznamen **»Lucy«** weltweit bekannt.

»Lucy« verfügte über ein Merkmal, das sie mit heutigen Menschen gemeinsam hat. Sie konnte aufrecht gehen. Ansonsten ähnelte ihre Anatomie aber eher der eines heutigen Menschenaffen. Ähnlich wie diese hatte sie relativ lange Arme und kurze Beine. Ebenso wie ihre gekrümmten Finger- und Zehenknochen ist dies ein Hinweis darauf, dass sie gut klettern konnte. Mit einer Körpergröße von einem Meter war sie relativ klein und ihr Gehirn war mit einer Größe von gut 400 Kubikzentimetern nur unwesentlich größer als das eines Schimpansen. »Lucy« und weitere Fossilfunde ermöglichten es, auch das 1934 gefundene Knochenstück zu bestimmen. Es stammte ebenfalls von *Australopithecus afarensis.*

Mit ihrer Merkmalskombination ist »Lucy« ein perfektes Bindeglied zwischen Affen und Menschen. Allerdings ist *Australopithecus afarensis* nicht die einzige Art, die dieses Kriterium erfüllt. *Paläoanthropologen,* die die Fossilgeschichte des Menschen erforschen, unterscheiden heute 13 Arten, die sie sechs verschiedenen Gattungen zuordnen. Allen gemeinsam ist neben einem kleinen Gehirn und mehr oder weniger guten Hinweisen auf den aufrechten Gang, dass sie alle in Afrika lebten. Der älteste Fund, *Sahelanthropus tchadensis,* ist sieben Millionen Jahre alt und stammt aus dem Tschad. Die jüngsten Funde aus der Gattung Paranthropus sind etwas mehr als eine Million Jahre alt und stammen aus Ost- und Südafrika.

Anhand so genannter *Begleitfossilien,* wie den Knochen anderer Tiere und den Pollen von Pflanzen, kann man schließen, dass der bevorzugte Lebensraum von Australopithecus und seinen Verwandten Baumsavannen und Galeriewälder am Rande von Flüssen und Seen waren.

Ernährt haben sie sich hauptsächlich vegetarisch, wobei die Arten der Gattung Paranthropus vorwiegend faser-

1 Fußspuren von Laetoli

2 *Australopithecus afarensis* (Rekonstruktion)

reiche Pflanzenteile fraßen, während »Lucy« und andere Arten eher Allesfresser waren. Vermutlich haben sie sich dabei ähnlich wie Schimpansen, die mit Hilfe präparierter Stöcke Termiten fangen und mit Steinen Nüsse öffnen, einfacher Werkzeuge bedient.

Tatsächlich hatten Mary und ihr Mann Louis LEAKEY 1951 einige Kilometer westlich von Laetoli in der Olduvai-Schlucht Steine gefunden, die Bearbeitungsspuren aufwiesen. Mit einem Schlag- oder Hammerstein hatte jemand von einem anderen Stein scharfkantige Stücke abgeschlagen. Später durchgeführte Experimente zeigten, dass sich mit ihnen selbst Elefantenkadaver zerlegen ließen. Die LEAKEYS gingen davon aus, dass nur ein Mensch diese Werkzeuge hergestellt haben konnte. Diese Vermutung schien bestätigt, als ihr Sohn Jonathan 1960 in der Olduvai-Schlucht 1,8 Millionen Jahre alte, menschenähnliche Knochen einer bislang unbekannten Art fand. Mit einer Gehirngröße von 650 Kubikzentimetern schien diese neue Art eher als Hersteller der Steinwerkzeuge in Betracht zu kommen als »Lucy« und ihre Verwandten. Sie erhielt den Namen ***Homo habilis*** (lat. *homo*, Mensch; *habilis*, geschickt).

Eine zweite Art, die der Gattung Homo zugeordnet wurde, entdeckte Richard LEAKEY 1972 am Turkanasee, der früher Rudolfsee hieß. ***Homo rudolfensis*** lebte vor 2,5 bis 1,9 Millionen Jahren. Da aus dieser Zeit auch die ältesten bekannten Steinwerkzeuge stammen, vermutet man, dass er der erste Hersteller von Steinwerkzeugen war. Mit den scharfen Steinabschlägen haben die beiden Arten vermutlich die Kadaver toter Tiere zerlegt, deren Fleisch sie dann gegessen haben. Ein Fund deutet allerdings darauf hin, dass dies schon Mitglieder der Gattung Australopithecus getan haben könnten. 1999 wurde in Äthiopien *Australopithecus garhi* gefunden, der ebenfalls vor 2,5 Millionen Jahren gelebt hatte. Mit 450 Kubikzentimetern war sein Gehirn zwar deutlich kleiner als das von *Homo habilis*, aber zusammen mit ihm wurden Antilopenknochen gefunden, an denen man Schnittspuren von Steinwerkzeugen entdeckte.

Ob *Homo habilis* und *Homo rudolfensis* direkte Vorfahren des heutigen Menschen waren, ist umstritten. Der nur 1,5 Meter große *Homo habilis* besaß offenbar recht kurze Beine, aber lange Arme – und glich in dieser Hinsicht eher heutigen Menschenaffen. *Homo rudolfensis* war vermutlich größer, aber von ihm kennt man bisher nur wenige Knochenbruchstücke. Manche Forscher stellen beide Arten zur Gattung Australopithecus.

3 ***Homo habilis*** (Rekonstruktion)

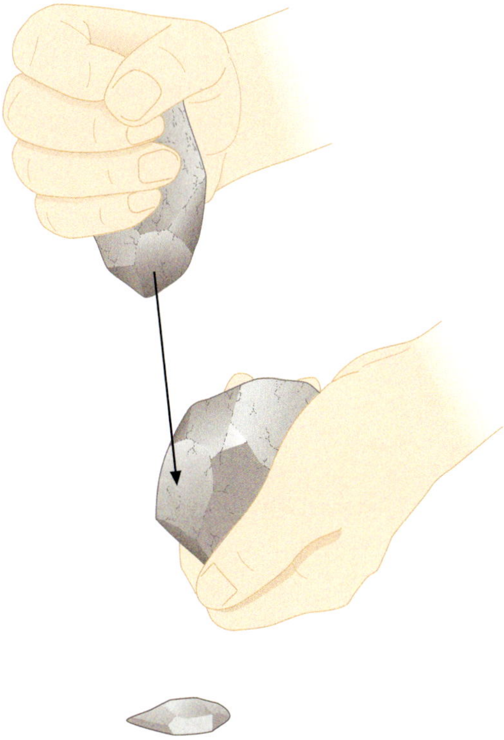

4 Herstellung einfacher Steinwerkzeuge

1 Nenne Merkmale von *Australopithecus afarensis* und *Homo habilis*. Erstelle eine Tabelle zum Vergleich der beiden Arten.

2 Begründe, warum es nahe liegt, Australopithecus Wergzeuggebrauch zu unterstellen.

3 Entwickle eine Hypothese zur Evolution des aufrechten Ganges. Berücksichtige dabei, welche Vorteile sich aus dieser Fortbewegungsweise ergeben haben könnten.

3.3 Homo erobert die Welt

»Heit hawwi de Adam gefunne!« Im besten Pfälzisch verkündete der Arbeiter Daniel HARTMANN die spektakuläre Nachricht am 21. Oktober des Jahres 1907 seinen Freunden im Wirtshaus. Um den biblischen Adam ging es dabei natürlich nicht. Aber der Fund, den HARTMANN bei Mauer in der Nähe von Heidelberg gemacht hatte, war nicht weniger Aufsehen erregend. In einer verlandeten Schleife des Neckars, die als Sandgrube genutzt wurde, hatte er den Unterkiefer eines fossilen Menschen gefunden. Obwohl der »Sand-Daniel«, wie er auch genannt wurde, ein »einfacher« Arbeiter war, konnte er den Verdacht, es könne sich um den Kiefer eines Affen handeln, entkräften. Von dem Heidelberger Privatgelehrten Otto SCHOETENSACK, der aufgrund anderer Fossilfunde auf die Sandgrube aufmerksam geworden war, wusste er nämlich, dass ein Affenkiefer anders aussieht als der Kiefer eines Menschen. Um den Kieferknochen eines modernen Menschen handelte es sich ebenfalls nicht: Einerseits war er dafür zu kräftig, andererseits fehlte ihm das für heutige Menschen charakteristische Kinn.

Als Anhänger DARWINS war SCHOETENSACK davon überzeugt, dass dieser »Urmensch« ein Vorfahre des heutigen Menschen war. Er nannte ihn ***Homo heidelbergensis.*** Das Alter des Urmenschen von Heidelberg konnte erst hundert Jahre nach seiner Entdeckung mit modernen physikalischen Messmethoden geklärt werden. Er hatte vor 600 000 Jahren gelebt.

Der Unterkiefer von Mauer blieb nicht der einzige Fund, der in Deutschland vom »Heidelbergmenschen« gemacht wurde. In einem Braunkohlentagebaugebiet bei Schöningen am Harzrand fand man 1995 neben den Knochen von Wildpferden 400 000 Jahre alte Speere aus Fichtenholz. Als heutige Sportler Nachbildungen dieser Speere testeten, waren sie über ihre Wurf- und Flugeigenschaften erstaunt. Die *Schöninger Speere* waren Präzisionswaffen, mit denen die nicht nur bei Heidelberg lebenden Urmenschen Pferde, Waldelefanten und anderes Wild aus größerer Entfernung erlegen konnten.

Hundert Kilometer südlich von Schöningen, beim thüringischen Bilzingsleben, meinen Wissenschaftler Spuren eines Basislagers dieser frühen europäischen Jäger gefunden zu haben. Reste ehemaliger Feuerstellen und zeltähnlicher Behausungen, Steinwerkzeuge sowie Zähne und Knochenbruchstücke von mindestens zwei Erwachsenen und einem Jugendlichen deuten darauf hin, dass hier eine Gruppe dieser Menschen über längere Zeit gelebt hat. Die in Bilzingsleben tätigen Forscher schließen aus ihren Funden, dass dort *»vor fast 400 000 Jahren ein zu Geist und Kultur fähiges menschliches Wesen«* gelebt hat, mit *»variablen Technologien, fähig zum abstrakten Denken und mit einer bereits ausgebildeten Sprache.«* In wesentlichen Merkmalen glichen die Menschen von Heidelberg und Bilzingsleben demnach dem heutigen Menschen, den man als **anatomisch modernen Menschen** bezeichnet. Das Gehirn des *Homo heidelbergensis* war mit einem Volumen von 1100 bis 1400 Kubikzentimetern etwa doppelt so groß wie das des *Homo habilis.*

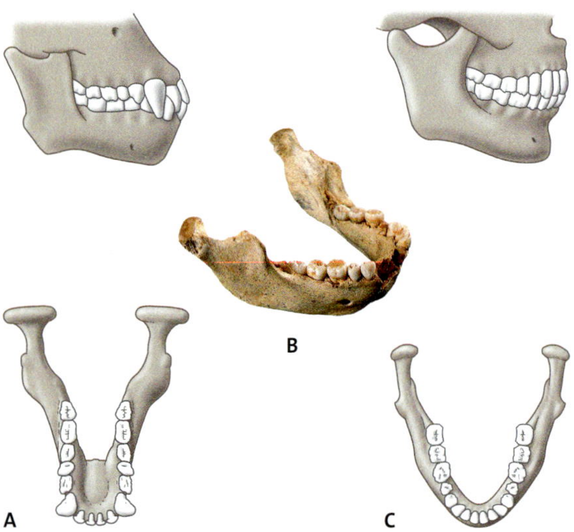

1 Unterkiefer. **A** Schimpanse; **B** Heidelbergmensch; **C** anatomisch moderner Mensch

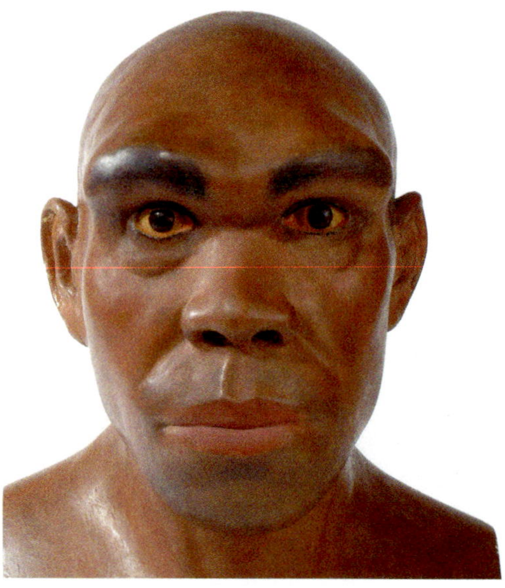

2 Rekonstruktion des Heidelbergmenschen

Anhand vieler weiterer Fossilfunde aus anderen Teilen der Welt kann man heute rekonstruieren, woher die Menschen aus Bilzingsleben, Heidelberg und Schöningen kamen und wer ihre Vorfahren waren. Einen wichtigen Hinweis lieferte ein 1984 am Ufer des Turkana-Sees gefundenes, fast vollständiges 1,6 Millionen Jahre altes Skelett, das unter dem Namen »Turkana Boy« bekannt wurde. Mit »Lucy« oder *Homo habilis* hatte dieser Mensch, dessen wissenschaftlicher Name ***Homo ergaster*** (gr. *ergastikos*, tätig, arbeitsam) lautet, nicht mehr viel Ähnlichkeit. Mit seiner hochgewachsenen, schlanken Gestalt glich er vielmehr den Menschen, die noch heute in dieser ostafrikanischen Region zu Hause sind: Seine Beine waren länger als seine Arme und ausgewachsen hätte er eine Größe von über 1,80 Metern erreicht. Sein Kopf glich mit den kräftigen Wülsten über den Augen, der fliehenden Stirn und dem fehlenden Kinn dagegen dem des Heidelbergmenschen. Das Gehirn von *Homo ergaster* war mit 880 Kubikzentimetern allerdings noch deutlich kleiner.

Ob *Homo ergaster* schon Großwild jagte, ist unbekannt. Allerdings wird ihm die Erfindung des **Faustkeils** zugeschrieben. Dieses Steinwerkzeug gilt als so vielseitig, dass man auch vom »Schweizer Messer der Steinzeit« spricht. Außerdem gibt es Hinweise, dass *Homo ergaster* das Feuer beherrschte – was Wanderungen in kältere Regionen der Erde erleichterte. Tatsächlich müssen schon vor knapp zwei Millionen Jahren Vorfahren des »Turkana Boys« aus Afrika ausgewandert sein. Ihre Spuren finden sich am Südrand des Kaukasus und in Südostasien.

Die Funde vom Südrand des Kaukasus stammen aus einem Ort namens Dmanisi in Georgien. Sie sind etwa 1,8 Millionen Jahre alt. Mit einer Körpergröße von 1,60 Metern waren die Menschen von Dmanisi nicht so groß wie der »Turkana-Boy«. Auch ihr Gehirn war mit 600 bis 800 Kubikzentimetern deutlich kleiner.

Ebenfalls bis zu 1,8 Millionen Jahre alt sind Funde fossiler Menschen aus Ost- und Südostasien. Ihr wissenschaftlicher Name lautet ***Homo erectus.*** Mit ihren kräftigen Überaugenwülsten und anderen Merkmalen ähnelten sie dem afrikanischen *Homo ergaster*. Allerdings besaßen sie ein größeres Gehirn. Es hatte ein Volumen von rund 1000 Kubikzentimetern.

Eine Million Jahre nach der ersten Auswanderungswelle setzte eine zweite ein. Nachkommen von *Homo ergaster* verließen Afrika und wanderten vor ungefähr 1,1 Millionen Jahren über das Mittelmeer oder Kleinasien nach Südeuropa ein. Von dort aus besiedelten sie Mitteleuropa. Der Ursprung des Heidelbergmenschen liegt also in Afrika.

1 Vergleiche die in Abbildung 1 dargestellten Unterkiefer.

2 Nenne Merkmale von *Homo ergaster, Homo erectus* und *Homo heidelbergensis*. Erstelle eine dreispaltige Tabelle, in der du die drei Arten vergleichst.

3 Erläutere, wie die Erstbesiedelung Europas und Asiens verlief. Nutze dazu Abbildung 3.

3 **Erstbesiedelung Europas und Asiens**

3.4 Neandertaler und *Homo sapiens*

Vor 150 Jahren war das wenige Kilometer östlich von Düsseldorf liegende Neandertal eine wilde, etwa 50 Meter tiefe Schlucht. Dort fanden im August des Jahres 1856 zwei italienische Steinbrucharbeiter neben weiteren Knochenfragmenten die Schädeldecke eines Menschen, der heute als berühmtester Rheinländer aller Zeiten gilt: des **Neandertalers.**

Zunächst hatte man die 16 Knochenreste aus der Feldhofer Grotte im Neandertal für die Reste eines Höhlenbären gehalten. Als man sie aber dem Elberfelder Lehrer Johann Carl FUHLROTT vorlegte, war diesem sofort klar, woher sie stammen mussten: von einem vorgeschichtlichen Menschen aus der Eiszeit. Drei Jahre vor der Veröffentlichung von Charles DARWINS Buch über die Entstehung der Arten war dies eine gewagte Vermutung. Allerdings zeigt sie, dass der Evolutionsgedanke auch schon vor DARWIN Anhänger hatte.

Die meisten deutschen Gelehrten lehnten die Hypothese, der Mensch habe ursprünglichere Vorfahren gehabt, jedoch ab. Einflussreichster Gegenspieler FUHLROTTS war der Berliner Mediziner Rudolf VIRCHOW. Kraft seiner Autorität setzte er sich mit der Meinung durch, dass es sich um die krankhaft veränderten Knochen eines modernen Menschen gehandelt habe. Noch genauer wusste es ein Kollege VIRCHOWS. Er behauptete, es handele sich um einen russischen Kosaken, der 1814 auf der Flucht vor NAPOLEONS Truppen verletzt worden und zum Sterben in die Höhle am Neandertal gekrochen sei.

Erst weitere Funde von Neandertalern gaben FUHLROTT schließlich recht: Die Neandertaler waren eine fossile Menschenform. Vom anatomisch modernen Menschen unterschieden sie sich unter anderem durch die Form ihres Schädels: Er war langgestreckt und besaß wie der Schädel eines Menschenaffen kräftige Überaugenwülste. Viele Anhänger der Evolutionstheorie hielten den Neandertaler daher für eine primitive Übergangsform zwischen Affen und Menschen. Einer der wenigen, der diese Ansicht nicht teilte, war DARWINS Freund Thomas HUXLEY. Als Spezialist für die Anatomie von Primaten erkannte er, dass der Neandertaler ein ungewöhnlich großes Gehirn besessen haben musste. Spätere Funde bestätigten diese Vermutung: Das Gehirn der Neandertaler war mit 1200 bis 1750 Kubikzentimetern sogar etwa zehn Prozent größer als das heutiger Mitteleuropäer.

HUXLEYS Analyse war ausschlaggebend dafür, dass der Neandertaler den wissenschaftlichen Namen ***Homo neanderthalensis*** erhielt. Damit sollte zum Ausdruck gebracht werden, dass es sich um einen Menschen gehandelt hatte, der sich vom anatomisch modernen Menschen unterschied, mit ihm aber eng verwandt war. Obwohl sich an dieser Einschätzung bis heute nichts geändert hat, geben die Neandertaler immer noch viele Rätsel auf.

Heute weiß man, dass der Fund aus dem Neandertal etwa 40 000 Jahre alt ist. Damals lag das Neandertal am Rande eines riesigen Eisschildes, das große Teile der Nordhalbkugel der Erde bedeckte. An die klimatischen Verhältnisse dieser Zeit waren die Neandertaler gut angepasst. Ähnlich wie heutige Bewohner arktischer Lebensräume besaßen

1 Leben der Neandertaler (Rekonstruktion)

sie einen gedrungenen Körperbau. Vermutlich ernährten sie sich auch ähnlich wie diese vorwiegend von Fleisch. Sie beherrschten den Gebrauch von Feuer, das einerseits Wärme bot und andererseits zum Garen von Speisen genutzt wurde. Um sich vor der Kälte zu schützen, trugen sie mit Sicherheit Kleidung, die vermutlich aus Tierfellen bestand. Die Werkzeuge, die sie benutzten, bestanden aus Stein und waren oft sehr sorgfältig gearbeitet.

Teilweise schwere, aber verheilte Knochenbrüche lassen es auch als wahrscheinlich erscheinen, dass sich die Neandertaler um kranke und verletzte Gruppenmitglieder kümmerten. Manche Funde deuten zudem darauf hin, dass sie ihre Toten bestatteten. Ob dies als Hinweis auf religiöse Vorstellungen gedeutet werden kann, ist aber nicht sicher: Vielleicht diente das Vergraben von Toten auch nur dem Fernhalten von Raubtieren.

Über mindestens 250 000 Jahre besiedelten die Neandertaler weite Teile Europas und Vorderasiens. In einer wärmeren Periode vor 125 000 Jahre stießen sie sogar bis nach Sibirien vor. Vor knapp 30 000 Jahren verlieren sich jedoch ihre Spuren: Die Neandertaler starben aus.

Weshalb die Neandertaler, die über sehr lange Zeit erfolgreich in Europa überlebt hatten, ausstarben, ist bis heute unklar. Sicher ist nur, dass dieses Ereignis in einem engen zeitlichen Zusammenhang mit dem Erscheinen des anatomisch modernen Menschen in Europa steht. Hatte ***Homo sapiens,*** der »weise Mensch«, die Neandertaler ausgerottet? Da es für diese Hypothese bislang keine Belege gibt, vermuten viele Wissenschaftler, dass der anatomisch moderne Mensch dem Neandertaler in der Konkurrenz um Nahrung und andere Ressourcen überlegen war. Vielleicht brachte der Neueinwanderer auch Krankheitserreger mit, an die die Neandertaler nicht angepasst waren.

Manche Forscher halten es aber auch für möglich, dass die Neandertaler gar nicht wirklich ausgestorben sind. Es könnte doch sein, meinen sie, dass Neandertaler und anatomisch moderne Menschen gar keine getrennten Arten waren und sich miteinander fortgepflanzt haben. Forscher vom Max-Planck Institut für evolutionäre Anthropologie, die die DNA von Neandertalern untersucht und mit der von anatomisch modernen Menschen verglichen haben, schließen dies nicht aus. Allerdings sprechen die Untersuchungsergebnisse eher dafür, dass die Neandertaler nicht zu den Vorfahren des anatomisch modernen Menschen zählen.

1 Informiere dich darüber, welche Lebensbedingungen vor 40 000 Jahren im Rheinland bei Düsseldorf herrschten und vergleiche sie mit den heutigen Lebensbedingungen dort. Benutze hierzu auch die Abbildung 2.

2 Wende das Basiskonzept Angepasstheit auf die Neandertaler an.

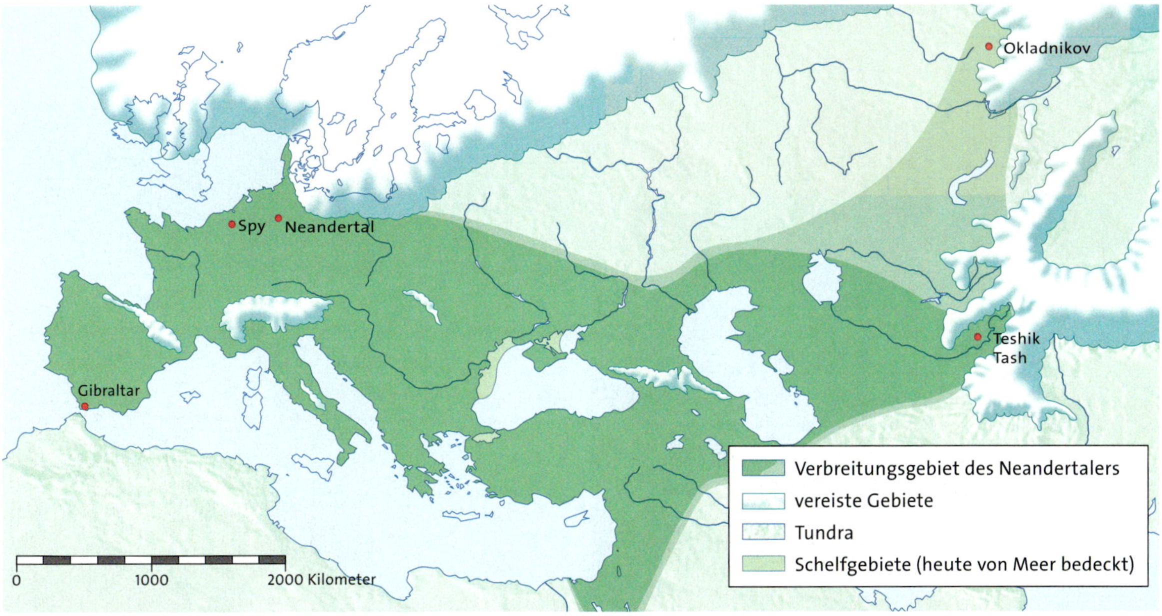

2 Verbreitungsgebiet der Neandertaler

3.5 Ursprung und Vielfalt des modernen Menschen

Unterschiedlicher als ein Inuit und ein Masai können zwei Menschen kaum aussehen. Die in Nordkanada und Grönland lebenden Inuit sind durchschnittlich nur 1,60 Meter groß. Ihr kompakter Körperbau mit den relativ kurzen Armen und Beinen hat zur Folge, dass ihre Körperoberfläche im Verhältnis zu ihrem Körpervolumen verhältnismäßig klein ist. Auf diese Weise verliert der Körper relativ wenig Wärmeenergie. Genau die entgegengesetzten Verhältnisse findet man bei den im ostafrikanischen Hochland lebenden Masai. Ihr hochgewachsener, schlanker Körperbau erleichtert die Wärmeabgabe. Gleichzeitig schützt die dunkle Haut der Masai vor gefährlicher UV-Strahlung.

Trotz der Unterschiede in Körperbau und Hautfarbe gehören die Inuit und die Masai zur selben Art: *Homo sapiens*. Jahrhunderte lang war es allerdings üblich, Menschen unterschiedlicher Herkunft und unterschiedlicher Hautfarbe unterschiedlichen »Rassen« zuzuordnen. Dagegen wandte sich 1995 die UNESCO (engl., *United Nations Educational, Scientific and Cultural Organization*): Eine Einteilung in »Rassen« werde der Vielfalt der Menschen nicht gerecht. Dieser Begriff sollte daher nicht weiter verwendet werden.

Natürlich gibt es Unterschiede zwischen Bevölkerungsgruppen. Auffällig und leicht wahrnehmbar sind zum Beispiel unterschiedliche Hautfarben. Menschen anhand weniger oberflächlicher Merkmale zu klassifizieren, hat sich aber nicht als sinnvoll herausgestellt. »Unter der Haut«, betonen Anthropologen, die sich mit der Genetik und der Herkunft des Menschen befassen, »sind wir alle Afrikaner«. Genau genommen bedeutet dieser Satz zweierlei: Erstens sind sich alle heute lebenden Menschen genetisch bemerkenswert ähnlich und zweitens stammen wir alle von Vorfahren ab, die vor nicht allzu langer Zeit in Afrika gelebt haben.

Die ältesten Knochenfunde von anatomisch modernen Menschen stammen tatsächlich aus Afrika. Gefunden wurden sie 1967 in Äthiopien. Ihr Alter wird heute auf 195 000 Jahre geschätzt. Funde anatomisch moderner Menschen aus anderen Teilen der Welt sind deutlich jünger. In Europa beispielsweise tauchten diese Menschen, die nach einem Fundort in Südfrankreich auch als **»Cro-Magnon-Menschen«** bekannt sind, erst vor etwa 40 000 Jahren auf. Von den bereits in Europa lebenden Neandertalern unterschieden sich die Cro-Magnon-Menschen deutlich: Sie besaßen einen runderen Schädel mit einer höheren Stirn, kaum noch Überaugenwülste und ein ausgeprägtes Kinn.

1 Menschliche Vielfalt. **A** Masai; **B** Inuit

Als Vorfahren der heutigen Europäer scheiden die Neandertaler demnach aus. Vielmehr erhärten die Befunde eine Theorie zur menschlichen Evolution, die unter dem Namen »**Out of Africa**« bekannt ist. Danach stammen alle heute lebenden Menschen von afrikanischen Vorfahren ab. Einige dieser frühen anatomisch modernen Menschen wanderten aus Afrika aus und besiedelten nach und nach andere Teile der Erde. In Europa trafen sie dabei auf eine dort bereits ansässige Bevölkerung: die Neandertaler.

Auch der in Ostasien heimische *Homo erectus* scheidet nach dieser Theorie als Vorfahr des *Homo sapiens* aus. Dasselbe gilt für den europäischen *Homo heidelbergensis*, der heute als Vorfahr des Neandertalers gilt. Die Vorfahren dieser ersten Europäer lebten allerdings in Afrika. Aus dieser afrikanischen Form des *Homo heidelbergensis* entstanden vor 200 000 Jahren die ersten anatomisch modernen Menschen.

Im Juli des Jahres 2008 lebten auf der Erde 6,7 Milliarden Menschen. Je nach geographischer Herkunft sehen sie unterschiedlich aus, aber genetisch sind sie sich viel ähnlicher als alle heute lebenden Schimpansen. Wie lässt sich das erklären?

Genetiker vermuteten schon lange, dass eine globale Umweltkatastrophe in der Vergangenheit zu einem drastischen Bevölkerungsrückgang und damit auch zu einer genetischen Verarmung geführt haben könnte. Nach dieser Hypothese bestand die Menschheit danach nur noch aus sehr wenigen, voneinander weitgehend isolierten Gruppen. Äußerliche Unterschiede könnten dann recht schnell durch Anpassung an neue Lebensräume entstanden sein.

Diese auf den ersten Blick abenteuerlich erscheinende Hypothese wird heute durch Erkenntnisse von Vulkanforschern gestützt. Vor 71 000 Jahren kam es auf Sumatra zu einem verheerenden Vulkanausbruch, bei dem die unvorstellbare Menge von 2800 Kubikkilometern Asche in die Atmosphäre geschleudert wurde. Die Folge war ein globaler Temperatursturz um etwa fünf Grad Celsius. Zu den Überlebenden der Katastrophe gehörten die an Kälte angepassten Neandertaler. Die anatomisch modernen Menschen in Afrika traf es vermutlich härter. Den Berechnungen der Genetiker zufolge überlebten weniger als 10 000 Menschen, die aber in der Folgezeit sämtliche Kontinente bis auf die Antarktis besiedelten.

1 Beschreibe die Ausbreitungsgeschichte des anatomisch modernen Menschen. Nutze dazu Abbildung 2.

2 Wende das Basiskonzept Vielfalt auf die heute lebenden Menschen an.

3 Erläutere, warum man Afrika als »Wiege der Menschheit« bezeichnet.

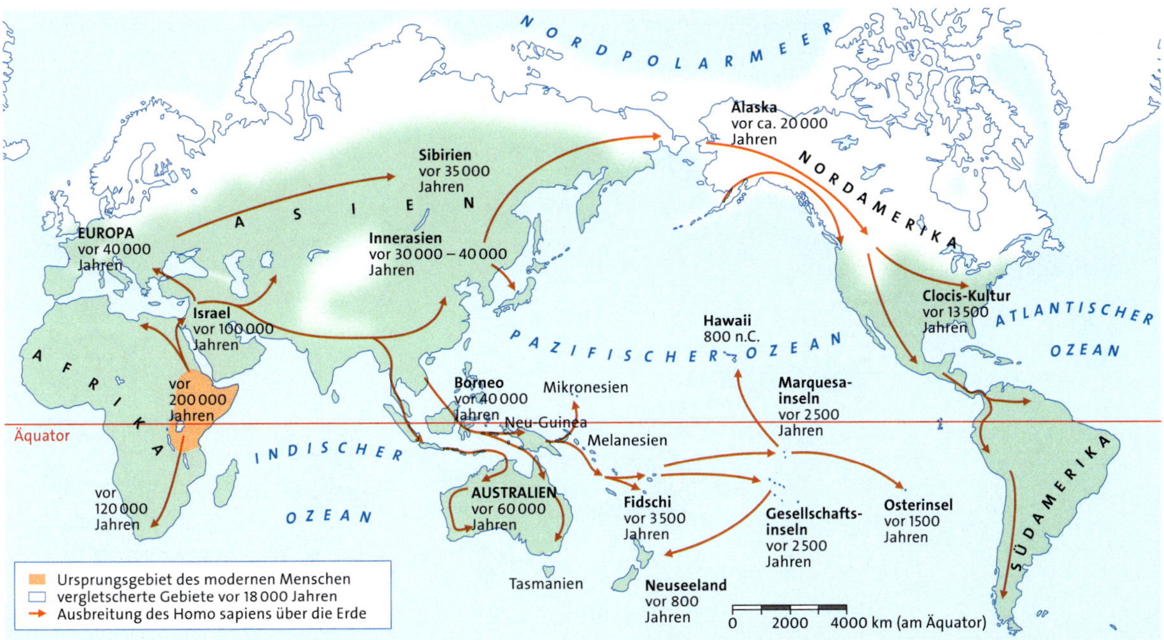

2 Ausbreitung des anatomisch modernen Menschen

Zusammenfassung Zeitreise durch die Erdgeschichte

Basiskonzept Vielfalt

Fast unübersehbar groß ist die Vielfalt an Lebensformen, die heute auf der Erde vorkommt. Wahrscheinlich besiedeln gegenwärtig mehrere Millionen Arten die unterschiedlichsten Lebensräume. Durch Fossilfunde weiß man, dass die Vielfalt der Lebewesen sich im Laufe der Erdgeschichte erst allmählich entwickelt hat: Die heutigen Lebensformen sind das Ergebnis einer seit vier Milliarden Jahren andauernden Evolution.

Im Präkambrium gab es zunächst nur Einzeller ohne Zellkern, später entstanden dann einzellige Lebensformen mit Zellkern, aus denen sich schließlich die ersten Vielzeller entwickelten. Für mehr als zwei Milliarden Jahre war das Meer der Hauptlebensraum. Dort entstanden vor mehr als 600 Millionen Jahren auch die ersten Tiere. Innerhalb einiger Jahrmillionen differenzierten sich die Tiere in verschiedene Bauplantypen, die Tierstämme. Bereits im Kambrium waren alle heute bekannten Tierstämme vertreten, zum Beispiel Hohltiere, Weichtiere, Ringelwürmer, Gliederfüßer sowie die Vorfahren der Wirbeltiere.

Auch Pflanzen lebten zunächst ausschließlich im Wasser. Erst im Silur, vor mehr als 400 Millionen Jahren, gelang Pflanzen erstmals die Besiedlung des Festlandes. Bald folgten die ersten Tiere, zunächst vor allem Gliederfüßer und andere Wirbellose, später mit den Amphibien die ersten Wirbeltiere. Das Erdmittelalter war die Blütezeit der Reptilien. Eine unübersehbare Vielfalt an Arten besiedelte die verschiedensten Lebensräume an Land, in der Luft und im Wasser. Die Wende vom Erdmittelalter zur Erdneuzeit brachte drastische Veränderungen mit sich: Viele Lebensformen starben aus, unter ihnen die Dinosaurier. Andere Gruppen, vor allem Säugetiere und Vögel, brachten neue Arten hervor und nahmen nun ökologische Nischen ein, die zuvor von Reptilien besetzt gewesen waren. In der Erdneuzeit entwickelten auch die Primaten eine größere Artenvielfalt. In den Savannen Ostafrikas lebten vor zwei bis drei Millionen Jahren verschiedene Primatenarten, unter denen sich auch die Ahnen der heutigen Menschen befanden.

Fossilfunde belegen also, dass die Vielfalt der Lebensformen auf der Erde einem langsamen, aber stetigem Wandel unterworfen ist. Dazu gehört auch das Aussterben von Lebewesen. Paläontologen schätzen, dass weit mehr als 90 Prozent aller Arten bereits wieder ausgestorben sind.

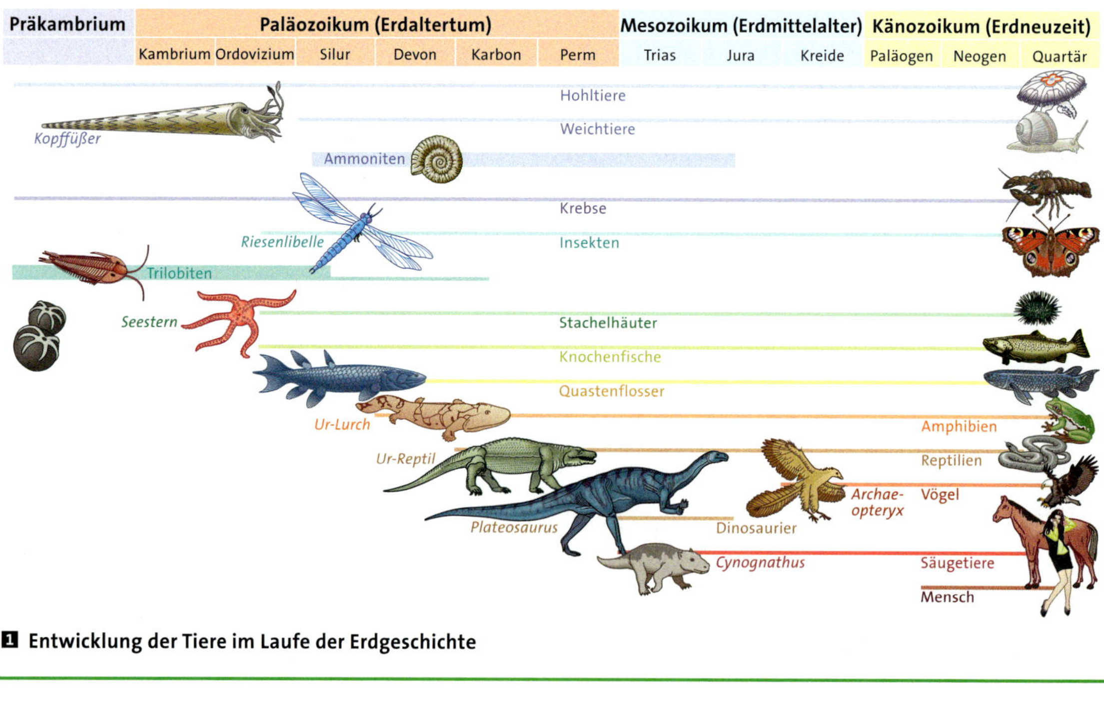

1 **Entwicklung der Tiere im Laufe der Erdgeschichte**

Basiskonzept Stammesgeschichtliche Verwandtschaft

Vergleicht man die Baupläne verschiedener Lebewesen oder den Aufbau bestimmter Organe miteinander, so wird deutlich, dass sich die Vielfalt häufig auf Veränderungen eines Grundtyps zurückführen lässt. So haben beispielsweise die Gliedmaßen aller Wirbeltiere einen gemeinsamen Grundbauplan – sie sind ursprungsgleich oder homolog. Aus den Gliedmaßen der ersten Landwirbeltiere, zu denen beispielsweise der Ur-Lurch Ichthyostega gehörte, sind im Laufe der weiteren Evolution so unterschiedliche Strukturen wie die Laufbeine der Pferde, die Greifhand des Menschen, Vogelflügel oder Flossen bei Meeressäugern entstanden.

Die verwandtschaftlichen Beziehungen zwischen Lebewesen lassen sich also durch die Suche nach gemeinsamen Merkmalen ermitteln. Nahe verwandte Arten haben besonders viele gemeinsame Merkmale. Durch den Vergleich von Merkmalen und die Auswertung von Fossilfunden lassen sich Stammbäume aufstellen, die den Verlauf der Evolution wiedergeben. In vielen Fällen sind die Fossilfunde allerdings so unvollständig, dass keine gesicherten Stammbäume aufgestellt werden können. Dies trifft auch für die Evolution des Menschen zu.

Basiskonzept Angepasstheit

Die Gliedmaßen der Wirbeltiere sind nicht nur ein Beispiel für stammesgeschichtliche Verwandtschaft, sondern auch für Angepasstheit an unterschiedliche Funktionen, etwa Fliegen, Laufen, Greifen. Angepasstheiten können im Laufe langer Zeiträume entstehen, weil sich das Erbgut durch Mutation und Rekombination ständig verändert und in fast jeder Generation Phänotypen mit neuen Merkmalskombinationen auftreten. Diese Varianten sind dann der Selektion unterworfen: Diejenigen Individuen, die an die herrschenden Umweltbedingungen am besten angepasst sind, kommen bevorzugt zur Fortpflanzung und geben ihre Gene an die Nachkommen weiter. Weniger gut angepasste Individuen kommen erst gar nicht zur Fortpflanzung oder haben weniger Nachkommen. Die Grundzüge der Selektionstheorie wurden im 19. Jahrhundert erstmals präzise von Charles DARWIN formuliert. Er ist der Begründer der modernen Evolutionstheorie.

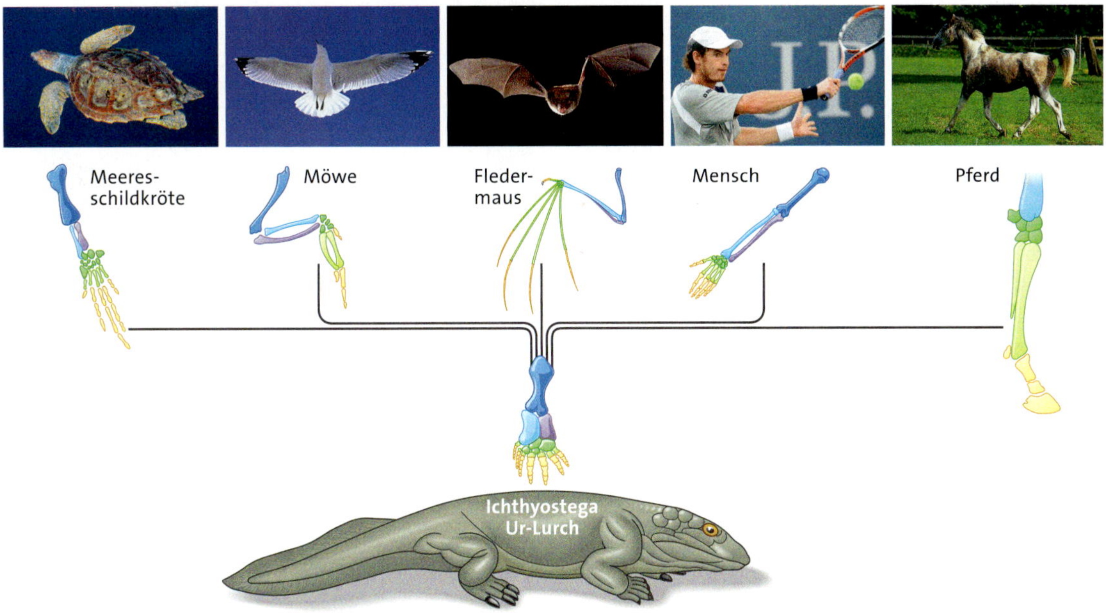

2 **Wirbeltiergliedmaßen: Beispiele für Stammesgeschichtliche Verwandtschaft und Angepasstheiten**

Wissen vernetzt | Zeitreise durch die Erdgeschichte

A1 Wirbeltiervergleich

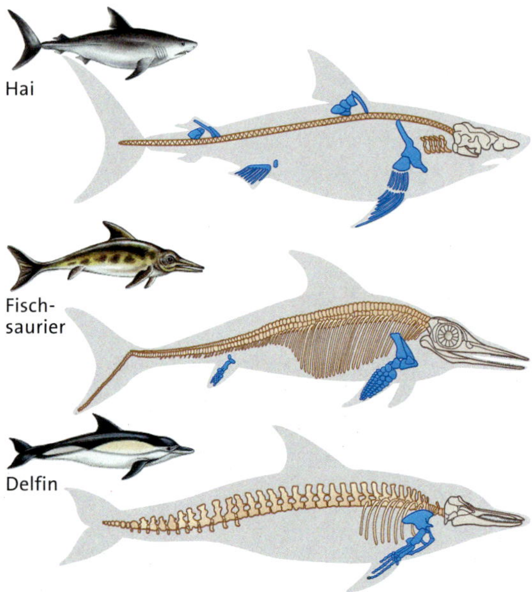

Haie, Delfine und die im Zeitalter des Jura weit verbreiteten, inzwischen aber ausgestorbenen Fischsaurier besitzen eine Wirbelsäule – ein Hinweis dafür, dass die drei Tiergruppen miteinander verwandt sind. Auch in zahlreichen anderen Merkmalen ähneln sie sich: Alle drei leben (bzw. lebten) im Meer, ernähr(t)en sich hauptsächlich von Fischen, zeichne(te)n sich durch eine auffallend ähnliche Körpergestalt aus und vermehr(t)en sich durch innere Befruchtung. Von den Fischsauriern weiß man auch, dass sie – ebenso wie die Delfine und die Mehrzahl der Haie – lebende Junge zur Welt brachten. Dennoch werden alle drei Gruppen innerhalb der der Wirbeltiere unterschiedlichen Tierklassen zugerechnet.

Aufgaben:

a) Nenne die Klassen, denen die drei Tierarten zugeordnet werden. Begründe diese Einordnung.

b) Vergleiche den Bau der Vordergliedmaßen und begründe, ob es sich um homologe oder analoge Organe handelt.

c) Erkläre die Ähnlichkeiten der drei Gruppen in Körperbau und Lebensweise unter evolutionsbiologischen Gesichtspunkten.

d) Stelle begründete Überlegungen auf, woher bekannt ist, dass Fischsaurier lebende Junge zur Welt brachten.

A2 Wüstenpflanzen

Der Säulenkaktus (A) ist eine Charakterpflanze der Wüstengebiete im Südwesten Nordamerikas. Ganz ähnlich aussehende Pflanzen, wie die Kandelaber-Euphorbien (B), kommen in Wüstengebieten der Alten Welt vor. Allerdings unterscheiden sich die beiden Arten im Aufbau ihrer Blüten.

Aufgabe: Begründe, ob die Ähnlichkeit zwischen den beiden Pflanzen auf gemeinsamer Abstammung oder auf gleichartiger Angepasstheit an ähnliche Lebensbedingungen beruht.

A3 Spechte

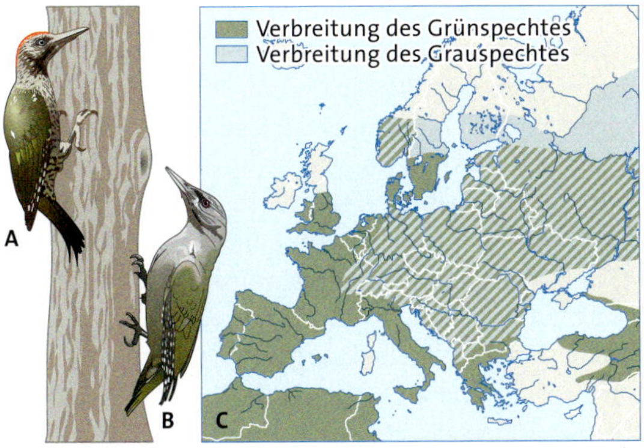

Grünspecht und Grauspecht sehen sich sehr ähnlich. In Mittel- und Osteuropa kommen beide Arten gemeinsam vor. Ausschließlich von Grünspechten bewohnt sind West- und Südeuropa, während ganz im Osten und im Norden nur Grauspechte vorkommen. Beide Arten können sich trotz ihrer Ähnlichkeit untereinander nicht fortpflanzen.

Aufgaben:

a) Recherchiere, welche Gemeinsamkeiten und Unterschiede es in der Lebensweise beider Arten gibt.

b) Erläutere, welche Evolutionsmechanismen zur Ausbildung der beiden Arten geführt haben. Berücksichtige dabei, dass große Teile Nord- und Mitteleuropas noch vor wenigen Jahrtausenden von Gletschern der Eiszeit bedeckt waren.

A4 Verwandtschaftsbeziehungen

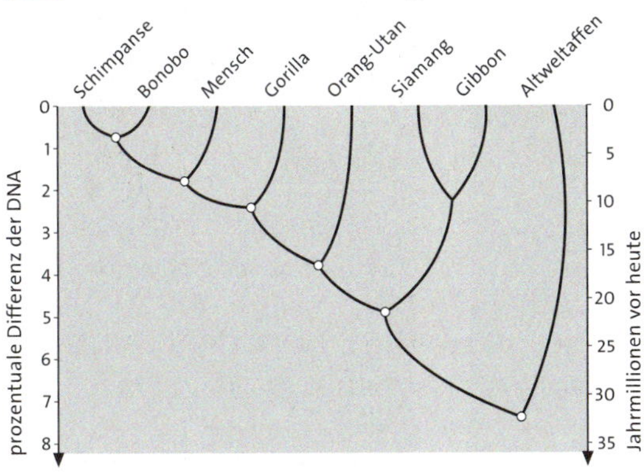

Die Abbildung zeigt die Verwandtschaftsbeziehungen zwischen Affen und Menschen, die aus einem Vergleich ihrer Erbinformation ermittelt wurde (linke Achse).

Dabei stellte man beispielsweise fest, dass bei Schimpansen und Bonobos 99,3 % der Erbinformation gleich und nur 0,7 % unterschiedlich ist. Die Punkte in der Grafik geben an, wann die letzten gemeinsamen Vorfahren gelebt haben.

Aufgabe: Beschreibe die Ergebnisse und werte sie unter Anwendung des Basiskonzeptes stammesgeschichtliche Verwandtschaft aus.

A5 Stammbaum

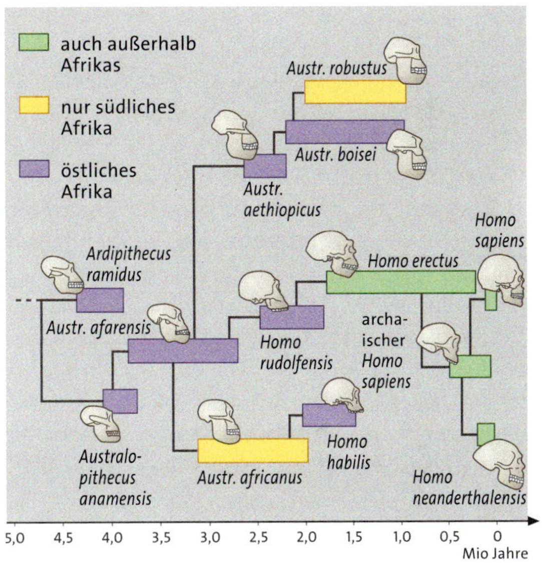

Die Abbildung zeigt eine Einordnung wichtiger Fossilfunde in einen Stammbaum.

Aufgaben:

a) Beschreibe, welche Fossilien in die direkte Entwicklungslinie zum Menschen gestellt werden. Vergleiche mit den im Lehrbuch erwähnten mutmaßlichen Ahnen.

b) Nenne Beispiele von Entwicklungen, die in einer Sackgasse enden.

c) In der Vergangenheit lebten zeitweise mehrere Arten der Gattungen Homo und Australopithecus gleichzeitig. Begründe diese Aussage.

d) Der Stammbaum der Entwicklung zum Menschen ist noch mit vielen Fragezeichen versehen. Erkläre diese Unsicherheiten. Berücksichtige dabei den Erhaltungszustand der meisten Fossilien und den Entwicklungszeitraum.

1 Moore in Deutschland

Im 18. Jahrhundert waren noch etwa fünf Prozent der Landfläche Deutschlands mit Mooren bedeckt. Eine entscheidende Rolle bei ihrer Entwicklung spielen die Torfmoose. Sie siedeln sich in Feuchtgebieten wie Sümpfen, verlandenden Seen oder in feuchten Senken von Wäldern an. Dort wachsen sie zu mächtigen Polstern heran und bedecken große Flächen. So behindern sie viele der ursprünglichen Pflanzen im Wachstum. Torfmoose entziehen ihrer Umgebung Mineralstoffe. Außerdem geben sie Stoffe in den Boden ab, die diesen immer stärker versauern lassen. Nur wenige Pflanzen wie Preiselbeere, Sonnentau, Heidearten und Wollgras können unter diesen Bedingungen wachsen. Torfmoose werden 20 bis 30 Zentimeter groß. Sie wachsen jährlich etwa drei Zentimeter an der Spitze. Gleichzeitig stirbt ein Stück des unteren Pflanzenteils ab. Aus diesen Moosresten bildet sich Weißtorf. Mit der Zeit lagern sich immer neue Schichten auf.

Durch den Luftabschluss und den steigenden Druck wandelt sich der Weißtorf in Schwarztorf um. Die Torfschichten füllen nun die ursprüngliche Senke auf und wölben sich auf. So entsteht ein Hochmoor, das vom Grundwasser unabhängig ist. Das bedeutet, dass die Pflanzen auf der Kuppe das Grundwasser nicht mehr mit ihren Wurzeln erreichen können. Sie nehmen nur noch Regenwasser auf. Torfmoose können Wasser wie ein Schwamm aufsaugen und das Zwanzigfache ihrer Trockenmasse an Wasser speichern. Das Wasser gelangt direkt in die Blätter. Hier finden sich schmale langgestreckte Zellen mit Chloroplasten, die der Fotosynthese dienen. Zwischen diesen Zellen liegen große, tote Wasserspeicherzellen. In ihrer Zellwand befinden sich winzige Öffnungen, durch die Wasser eindringen kann.

Heute gibt es nur noch wenige Moorgebiete. Hauptursache für erste Zerstörungen waren großflächige Trockenlegungen für Acker- und Weideland. Außerdem lässt sich in Mooren Torf abbauen. Dieser wurde früher mit Spaten abgestochen, getrocknet und als Heizmaterial verwendet. Heute wird Torf maschinell gewonnen. Ohne auf die Zerstörung der Natur zu achten wurden meterdicke Torfschichten geerntet. Ginge der Abbau in diesem Tempo weiter, wären die einheimischen Vorräte in 15 bis 20 Jahren erschöpft. Hauptabnehmer für Torf sind Gärtnereien. Sie verwenden ihn für die Anzucht neuer Pflanzen. In Deutschland werden etwa drei Millionen Kubikmeter Torf an private Haushalte als Blumenerde verkauft. Dabei wachsen nur sehr wenige Kulturpflanzen wie Rhododendron oder Moorpflanzen gut auf diesem Material.

Seit 1990 stehen intakte Hochmoore unter Schutz. Auch beim Torfabbau wird mehr auf den Schutz der Natur geachtet: Gewinnt man heute Torf, so werden zuerst die oberen Bodenschichten abgetragen und gesichert. Hier befinden sich die Samen und Sporen typischer Moorpflanzen. Dieser Boden wird für die spätere Rekultivierung der abgetorften Flächen aufgehoben. Erlischt die Abbaugenehmigung, werden die Gebiete wieder vernässt.

1 Ökosystem Moor

2 Maschineller Torfabbau

1 Beschreibe die abiotischen Umweltfaktoren, die das Ökosystem Moor kennzeichnen. Nutze dazu den Text und die Abbildung 1.

2 Erläutere, warum Hochmoore wie Wald und See zu den Ökosystemen zählen.

3 Mikroskopiere ein Präparat von einem Moosblättchen des Sternmooses. Vergleiche dieses Moos mit dem abgebildeten Torfmoos. Nenne Unterschiede.

4 Plane ein Experiment, mit dem du das Wasserhaltevermögen von zwei verschiedenen Moosen (zum Beispiel Weißmoos und Torfmoos) vergleichen kannst. Stelle eine Arbeitshypothese auf, welches Moos besser Wasser speichern kann und schätze das Wasserspeichervermögen zunächst. Führe dann das Experiment durch und protokolliere deine Ergebnisse. Erkläre deine Ergebnisse mit Hilfe des Textes und der Abbildung 3.

5 Der Sonnentau zählt zu den geschützten Arten eines Hochmoores und ernährt sich neben der Fotosynthese von kleinen Insekten. Recherchiere zu dieser Pflanze und erstelle einen Steckbrief. Besorge dir eine Sonnentau-Pflanze (zum Beispiel aus einer Gärtnerei oder einem Botanischen Garten). Zeichne mit Hilfe einer Lupe ein Fangblatt. Beschreibe und erkläre dann die besondere Ernährungsweise des Sonnentaus.

6 Leite aus dem Text ein Fließdiagramm ab, das die Entwicklung eines Hochmoores zeigt.

Löst die folgenden Aufgaben in Partnerarbeit.

7 Recherchiert zu weiteren gefährdeten Tier- und Pflanzenarten in Mooren. Präsentiert eure Ergebnisse in einer geeigneten Form, zum Beispiel als Plakat oder als Computer-Präsentation.

8 Untersucht einen Torfboden und einen Humusboden auf seine Eigenschaften. Prüft dabei zum Beispiel den pH-Wert, den Kalkgehalt, den Nitrat-Wert und das Wasserhaltevermögen der beiden Bodenproben. Recherchiert die entsprechenden Experimentiervorschriften, erstellt einen Plan und lasst euch diesen vor dem Experimentieren vom Lehrer oder der Lehrerin bestätigen. Protokolliert eure Ergebnisse und vergleicht beide Böden. Zieht Schlussfolgerungen.

9 Stellt Argumente für und gegen den Schutz von Hochmooren auf. Führt dann eine Pro- und Contra-Diskussion. Nutzt dazu auch die Methodenseite 277.

10 Recherchiert, welche Möglichkeiten es zur Rekultivierung von Mooren gibt. Beurteilt solche Maßnahmen.

3 Torfmoos.
A Pflanze; **B** Wasserspeicherzellen

4 Sonnentau

5 Kraniche können in Mooren nisten

2 Tropischer Regenwald

Heute bedecken tropische Regenwälder nur noch sechs Prozent der Erdoberfläche. Trotzdem leben in ihnen mindestens die Hälfte aller Tier- und Pflanzenarten der Erde. Viele dieser Arten sind noch nicht einmal entdeckt, andere müssen noch wissenschaftlich erforscht werden. Regenwälder liefern uns täglich viele Schätze: So stammen manche unserer Nahrungsmittel wie Bananen, Kokosnüsse, Paranüsse, Avocados oder die Ananas ursprünglich aus Regenwaldgebieten. Auch Genussmittel wie Kakao und Kaffee sind hier zu Hause. Außerdem liefern die Wälder Medikamente wie Chinin. Dieses Mittel gegen Malaria stammt vom Chinarindenbaum, der in den tropischen Bergregenwäldern der Anden wächst. Die Rinde enthält einen bitter schmeckenden Giftstoff.

Das Ökosystem Regenwald hat viele Besonderheiten: Neben der großen Artenvielfalt findet man hier eine noch stärker gegliederte räumliche Struktur als beim heimischen Wald. So können zwei bis drei Baumschichten auftreten, die noch von einzelnen Urwaldriesen, den Überständern, überragt werden. Daneben findet man eine Strauch- und Krautschicht, in der vor allem Schattenpflanzen dominieren. Bei den Pflanzen des Regenwaldes haben sich über die Jahrtausende unterschiedliche Überlebensstrategien entwickelt. So gibt es in Regenwäldern viele Aufsitzerpflanzen, die auf den Bäumen siedeln, ohne diesen zu schaden. Sie erhalten Wasser und Mineralstoffe aus der Luft. Andere Pflanze zählen zu den Lianen und wachsen bis zu den Baumkronen, wo sie genügend Licht bekommen. Am Boden leben nur wenige extreme Schattenpflanzen. Sie haben rötliche Blattunterseiten, womit sie das wenige Restlicht vo zwei bis drei Prozent für die Fotosynthese besser nutzen können. Auch bei Tieren lassen sich viele Besonderheiten finden. Viele Arten sind gut getarnt und im Regenwald kaum zu erkennen. Andere Arten tragen so genannte Warntrachten und signalisieren dadurch, dass sie giftig sind. Das Gift eines einzigen Pfeilgiftfrosches würde zum Beispiel 6000 Mäuse töten.

Der Mensch vernichtet täglich Regenwälder durch Brandrodung und Kahlschlag. So entstehen zum Beispiel neue Anbauflächen, Gebiete für den Bergbau oder Weiden für Rinder. Der Boden des Regenwaldes ist jedoch kaum fruchtbar. Nach drei bis vier Jahren sind Humus und Mineralstoffe verbraucht, sodass nur noch wertloser Boden übrigbleibt, auf dem man nichts mehr anbauen kann. Hält die heutige Zerstörungsrate an, wird es schon im Jahr 2060 keinen Regenwald mehr geben.

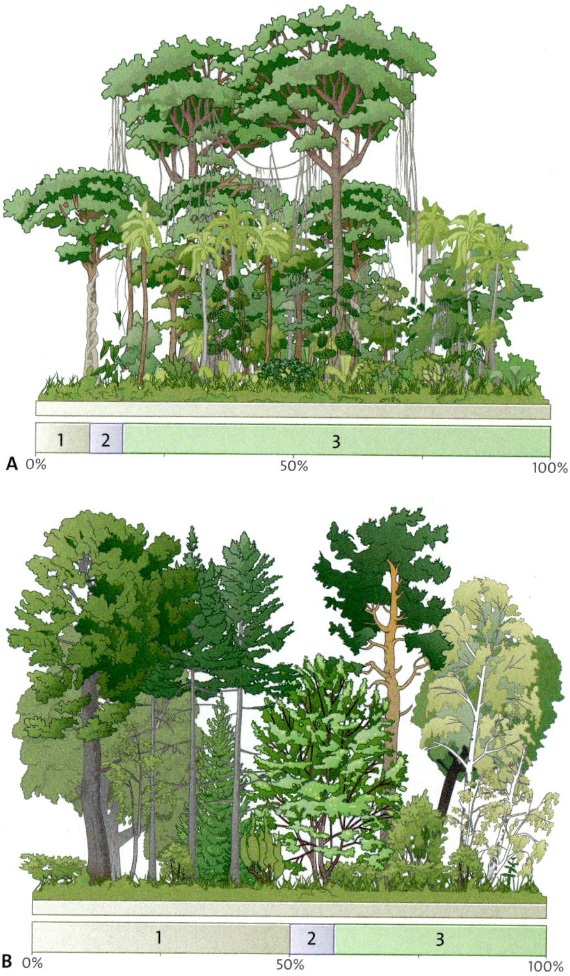

1 Waldvergleich.
A Tieflandregenwald; **B** Mischwald in Europa
(**1** Erde, **2** tote Pflanzenmasse, **3** lebende Pflanzenmasse)

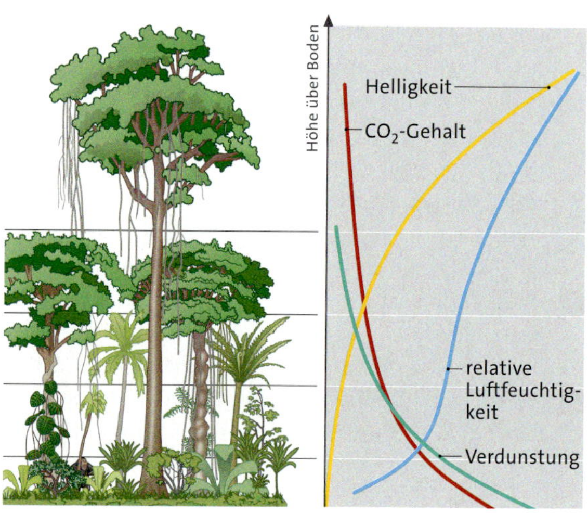

2 Abiotische Faktoren im tropischen Regenwald

3 Roter Brüllaffe

4 Plattschwanz-Gecko

5 Würgefeige

6 Bromelie

1 Vergleiche die räumliche Schichtung eines Tieflandregenwaldes und eines heimischen Mischwaldes. Nutze dazu die Abbildung 1.

2 Beschreibe die abiotischen Umweltfaktoren, die den Tieflandregenwald kennzeichnen. Nutze dazu den Text und die Abbildung 2.

3 Erläutere, welche Probleme sich ergeben, wenn man den Regenwald abholzt und die tropischen Böden landwirtschaftlich nutzt. Beziehe Abbildung 1 in deine Überlegungen ein.

4 Im Regenwald leben faszinierende Tiere und Pflanzen. Informiere dich über die Würgefeige und ihre Lebensweise. Schreibe eine Art Lebenslauf für diese Pflanze.

5 Der Plattschwanz-Gecko zeigt eine spezielle Angepasstheit an seine Umwelt. Erkläre mit Hilfe der Evolutionstheorie, wie diese entstanden ist.

6 Wende das Basiskonzept Struktur und Funktion auf eine Bromelie an.

Löst folgende Aufgaben gemeinsam mit einem Partner oder in einer Kleingruppe.

7 Recherchiert weitere Beispiele, wie der Mensch den Regenwald nutzt. Arbeitet dabei mit Fachliteratur und dem Internet. Denkt zum Beispiel an Nutzpflanzen, Rohstoffe, weitere Medikamente, die Bedeutung für das Weltklima und die dort lebenden Völker. Erstellt mit dem Material eine Computerpräsentation und stellt diese in der Klasse vor. Bewertet die gezeigten Präsentationen nach vorher festgelegten und in der Klasse bekannten Kriterien. Nutzt zum Beispiel Kriterien wie Anschaulichkeit, Gestaltung der Folien, Bildmaterial, Gliederung des Vortrages, Sprechtempo, Zusammenfassung, Quellenangaben.

8 Brüllaffen haben eine besondere Kommunikationsform. Recherchiert Informationen zu diesen Affen im Internet oder in Fachbüchern, vergleicht dann euer Material kritisch mit dem eurer Mitschüler und stellt in der Gruppe die wesentlichen Merkmale dieser Tiere, ihres Zusammenlebens und ihrer Kommunikation zusammen. Verwendet die entsprechenden Fachbegriffe.

9 Es gibt in Deutschland mehrere Organisationen, die sich mit dem Schutz des Regenwaldes beschäftigen. Informiert euch über eine Organisation. Berichtet über aktuelle Projekte. Außerdem hat Deutschland auf der UN-Konferenz zum Artenschutz in Bonn 2008 weitere Hilfen für den Regenwald beschlossen. Schreibt einen kurzen Artikel, der diese Beschlüsse vorstellt und begründet.

3 Erkältungskrankheiten

Erkältungskrankheiten gehören zu den häufigsten Virusinfektionen. In Deutschland bekommen die meisten Menschen mindestens einmal im Jahr eine Erkältung. Insbesondere Kinder infizieren sich auch mehrmals. Zu den Symptomen zählen Entzündungen der Nasen- und Rachenschleimhaut, eine verstopfte oder laufende Nase, Husten, eine Beeinträchtigung des Geruchs- und Geschmackssinnes sowie ein allgemeines Krankheitsgefühl. Nach acht bis zehn Tagen klingen die Symptome wieder ab.

Erkältungskrankheiten, die nicht mit einer viel schwerer und manchmal tödlich verlaufenden Grippe zu verwechseln sind, werden durch verschiedene Viren verursacht. Normalerweise sind die Zellen der Nasenschleimhaut von einer dünnen Schleimschicht bedeckt. Dieser Schleim wird von sogenannten Becherzellen produziert und schützt die Schleimhäute vor dem Eindringen von Viren, Bakterien, Pilzsporen und Staub. Der Schleim wird durch Flimmerhärchen langsam in den Rachen transportiert und regelmäßig verschluckt. Die Magensäure tötet die Krankheitserreger dann ab.

Bei Kälte und in überheizten Räumen mit trockener Luft ziehen sich die Blutgefäße in der Schleimhaut zusammen und versorgen die darüber liegenden Zellen dann schlechter mit Nährstoffen. Dadurch sinkt die Schleimproduktion und es entstehen Lücken im Schleimfilm.

Nun können Viren in die ungeschützten Zellen der Schleimhaut eindringen und sich dort vermehren. Als Antwort auf die Virusinfektion weiten sich die Blutgefäße und das Immunsystem wird aktiviert. Killerzellen zerstören die von Viren befallenen Zellen. Durch die Abgabe bestimmter chemischer Stoffe wird eine Entzündungsreaktion ausgelöst. Diese führt zu einem Anschwellen der Schleimhäute. Gleichzeitig erhöht sich die Schleimproduktion wieder: Die Nase beginnt zu laufen.

Dieser Schnupfen ist eine Abwehrreaktion des Körpers. Durch Schnupfen und Niesen, wobei Schleimtröpfchen mit Geschwindigkeiten bis zu 150 Kilometer pro Stunde herausgeschleudert werden, befördert der Körper viele Viren nach draußen, bevor sie in weitere Zellen eindringen können.

1 Beschreibe anhand von Abbildung 2 den Aufbau der Nasenschleimhaut und erläutere ihre Bedeutung.

2 **a)** Beschreibe mit Hilfe von Abbildung 3 die Abfolge der Symptome bei einer Erkältung.
b) Überprüfe die Allgemeingültigkeit der Darstellung in der Abbildung, indem du den Krankheitsverlauf genau protokollierst, wenn du selbst erkältet bist.

3 Erläutere die Symptome einer Erkältung auf zellulärer Ebene. Gehe dabei auf die Veränderungen in den Schleimhäuten der Atmungsorgane ein. Schreibe zu den Teilabbildungen 2 A bis D jeweils einen erklärenden Text.

4 In Abbildung 2 fehlen genauere Angaben zur Fortpflanzung und Entwicklung der Viren. Erläutere, welche Vorgänge dabei ablaufen.

5 Auch die Vorgänge bei der Immunabwehr sind in Abbildung 2 nur teilweise dargestellt. Notiere wie die Antwort auf eine Virusinfektion im Detail abläuft.

6 Nicht jeder Schnupfen ist auf eine Virusinfektion zurückzuführen. Erkläre, auf welche Weise ein allergischer Schnupfen verursacht wird.

Nutze zur Beantwortung der Aufgaben 4, 5 und 6 auch die Informationen in den entsprechenden Kapiteln dieses Lehrbuches.

7 Niesende und hustende Personen verbreiten die Krankheitserreger. Begründe, ob diese Aussage korrekt ist.

8 Impfungen gegen Erkältungskrankheiten sind auch in Zukunft nicht zu erwarten. Stelle eine Hypothese auf, welche Ursachen es dafür geben könnte.

Löst folgende Aufgaben in Kleingruppen oder mit einem Partner.

9 Die wichtigsten Verursacher von Erkältungskrankheiten sind in Abbildung 1 aufgelistet. Erstelle Steckbriefe über die verschiedenen Erregertypen.

10 Informiert euch in einer Apotheke oder im Internet über Medikamente gegen Erkältungen. Untersucht, welche Wirkstoffe die Arzneien enthalten und wie sie wirken. Bewertet abschließend die Möglichkeiten, den Krankheitsverlauf medikamentös zu beeinflussen.

11 Als Folge einer Erkältung kommt es manchmal zu bakteriell verursachten Erkrankungen der Nasennebenhöhlen. Informiert euch über die Lage der Nebenhöhlen sowie Verlauf und Behandlungsmöglichkeiten einer Nebenhöhlenerkrankung.

12 Vergleicht tabellarisch Erkältungskrankheiten und Grippe miteinander.

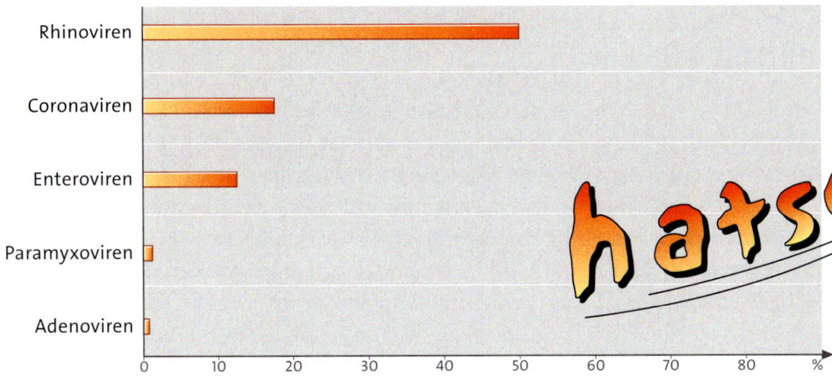

1 Hauptverursacher von Erkältungskrankheiten

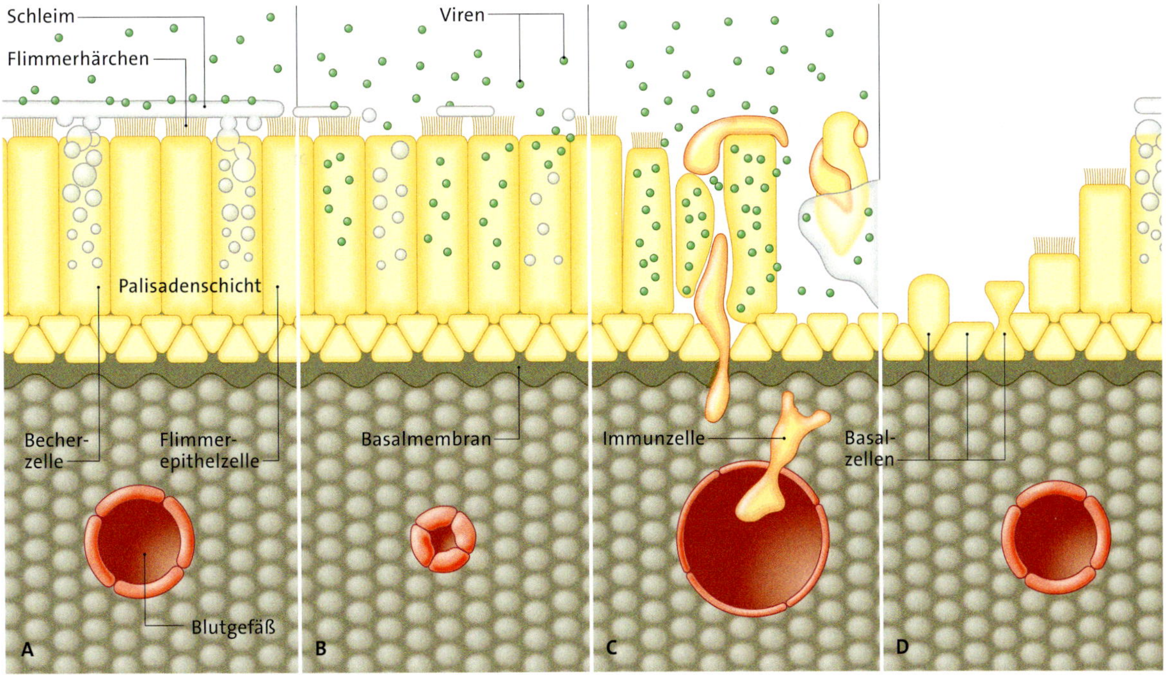

2 Veränderungen der Nasenschleimhaut bei einer Erkältung

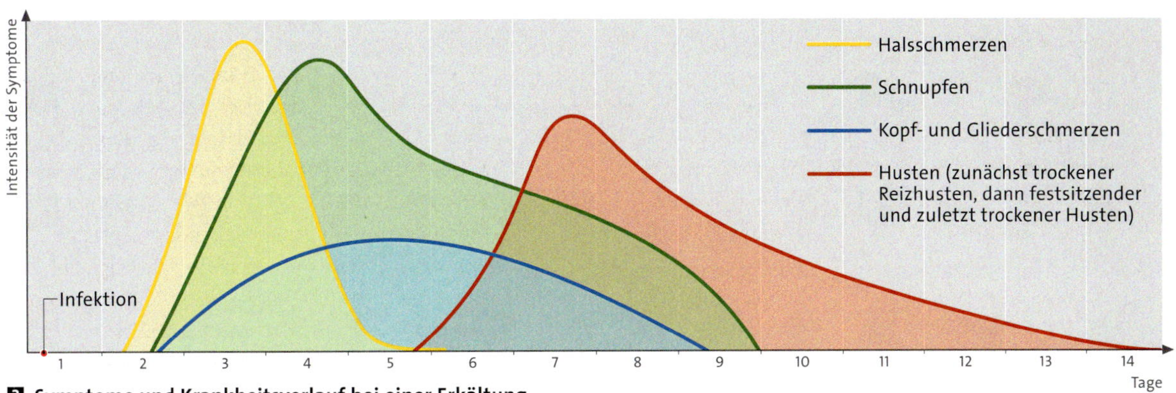

3 Symptome und Krankheitsverlauf bei einer Erkältung

4 Chorea Huntington – eine vererbbare Krankheit

Material 1: Chorea Huntington

Im Jahre 1872 beschrieb der Arzt George HUNTINGTON die nach ihm benannte Erbkrankheit. In Deutschland gibt es etwa 6000 Menschen, die von ihr betroffen sind. Die ersten Symptome zeigen sich meist zwischen dem 35. und 50. Lebensjahr. Chorea Huntington lässt sich auf ein einziges Gen zurückführen, das auf dem kurzen Arm des Chromosoms Nummer 4 liegt. Das Huntington-Gen enthält einen Abschnitt, in dem das Triplett CAG mehrfach wiederholt wird. Bei Gesunden findet man diese Wiederholung neun- bis 35-mal, bei einer Verlängerung dieser Sequenz über 37-mal entsteht die Erbkrankheit. Mit Beginn der Krankheit setzt ein Abbau von Nervenzellen in wichtigen Bereichen des Gehirns ein. Die Betroffenen zeigen unwillkürliche Muskelkontraktionen und Koordinationsstörungen. Außerdem ist der Gleichgewichtssinn gestört. Mit zunehmendem Fortschreiten der Krankheit verringert sich die geistige Leistungsfähigkeit, eine Wesensänderung tritt ein und die Betroffenen wirken oft verwirrt. Diese Erbkrankheit ist bisher nicht heilbar und endet tödlich. Psychologische und medikamentöse Therapien können den Verlauf etwas verlangsamen und mildern.

Seit 1993 steht ein Gentest für Chorea HUNTINGTON zur Verfügung. Dabei wird das Huntington-Gen aus einer Blutprobe isoliert und mit Hilfe einer Polymerasekettenreaktion (PCR) vervielfältigt (vgl. Material 2). Die erhaltenen Fragmente werden anschließend getrennt und so bestimmt, ob zu viele Wiederholungen vorliegen. Die Gendiagnose wird streng kontrolliert und darf nur auf ausdrücklichen Wunsch und bei entsprechender psychologischer Betreuung vorgenommen werden.

Material 2: Polymerasekettenreaktion (PCR)

Mit einer PCR lassen sich winzige DNA-Mengen vervielfältigen. So kann man zum Beispiel aus Blut, Speichel- oder Spermaproben die DNA in ausreichenden Mengen gewinnen und später weiter untersuchen. Solche vervielfältigten Proben braucht man zum Beispiel für den genetischen Fingerabdruck in der Verbrechensaufklärung, für vorgeburtliche Untersuchungen von Fruchtwasserzellen oder zur Gendiagnostik. Die Methode ist der Natur abgeschaut: Vor jeder Kernteilung muss sich auch hier das Erbmaterial in der Interphase identisch verdoppeln. Wie geht man bei einer PCR technisch vor?

Zuerst braucht man einen geeigneten Ansatz. Er enthält die DNA-Probe, freie Nukleotide, eine hitzebeständige DNA-Polymerase als passendes Enzym, eine spezielle kurze Start-DNA, den sogenannten Primer, und eine Salzlösung, die den pH-Wert etwa gleich hält. Im PCR-Automaten wird die Probe abwechselnd erhitzt und wieder abgekühlt. Dieser Zyklus wird 30-mal wiederholt. Nach etwa einer Stunde hat sich die DNA in ausreichender Menge vervielfältigt. Bei einem Zyklus wird der Doppelstrang erst einmal getrennt. An die beiden Einzelstränge lagern sich die Primer an. Dann kann das Enzym DNA-Polymerase die Einzelstränge mit Hilfe der freien Nukleotide wieder zu Doppelsträngen ergänzen. Aufgrund der komplementären Basenpaarung entstehen identische Doppelstränge.

1 Führe eine Stammbaumanalyse für den in Abbildung 1 angegebenen Stammbaum durch. Nutze dazu die Methodenseite 270. Begründe dann anhand deiner

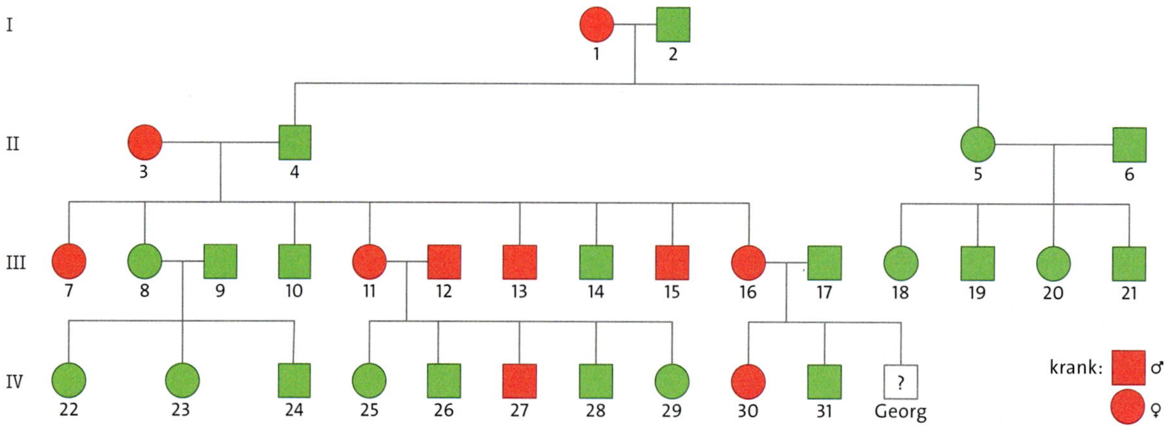

1 **Stammbaum einer Familie mit Chorea Huntington**

Ergebnisse, welcher Erbgang vorliegt. Gib für die Personen 1 bis 17 die entsprechenden Genotypen an.

2 Begründe, welcher Mutationstyp bei dieser Erbkrankheit vorliegt.

3 Beschreibe den Aufbau des Gehirns eines Menschen. Nutze dazu auch ein Gehirnmodell aus der Schulsammlung. Erkläre, welche Bereiche von der Erbkrankheit besonders betroffen sind.

4 Leite aus der Abbildung 4 und aus dem Textmaterial den Vorgang einer PCR ab. Beschreibe dieses Verfahren dann möglichst genau.

5 Nenne konkrete Anwendungsbereiche für eine PCR. Recherchiere zusätzlich aktuelle Beispiele, bei denen eine PCR als Vervielfältigungsverfahren für DNA eingesetzt wurde bzw. wird.

Löst die folgenden Aufgaben in Kleingruppen von drei bis vier Schülern.

6 Die im Stammbaum abgebildete Person 32 ist männlich, heißt Georg und macht sich Sorgen, ob sie ebenfalls an Chorea Huntington erkrankt ist. Georg hat die Leiden seiner Mutter miterlebt, die bereits an der Krankheit verstorben ist. Bei der 40-jährigen Schwester wurde die Krankheit ebenfalls festgestellt. Der 42-jährige Bruder ist jedoch nicht erkrankt. Georg möchte nun unbedingt wissen, ob er von der Krankheit verschont bleibt. Er entschließt sich für einen Gentest. Das Ergebnis ist hier dargestellt:

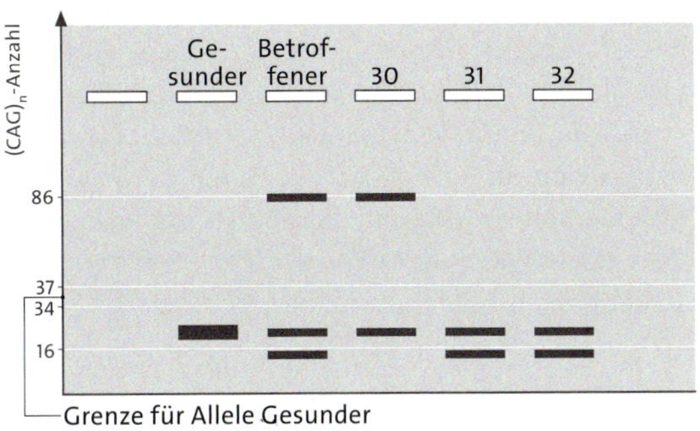

Wertet das Ergebnis der Gendiagnose in einem Gespräch aus. Plant und gestaltet dann ein Rollenspiel zu dieser Problematik. Ändert die Spielsituation, indem ihr zum Beispiel von einem anderen Untersuchungsergebnis ausgeht oder euch selbst in die Situation von Georg versetzt. Würdet ihr einen solchen Gentest machen lassen, wenn ihr betroffen wärt?

7 Mit Hilfe selbst gebastelter Modelle lassen sich viele Vorgänge in der Genetik besser darstellen und verstehen. Entwickelt ein Modell für die Polymerasekettenreaktion. Stellt dieses Modell in der Klasse vor.

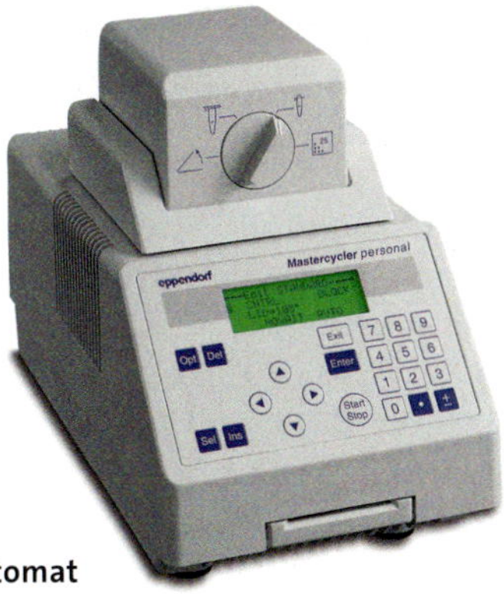

2 PCR-Automat

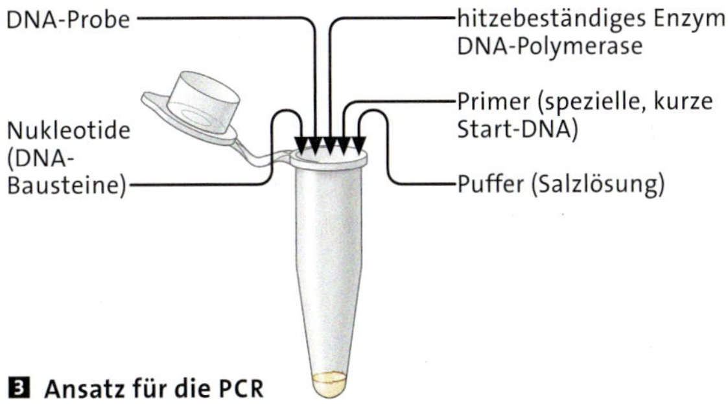

3 Ansatz für die PCR

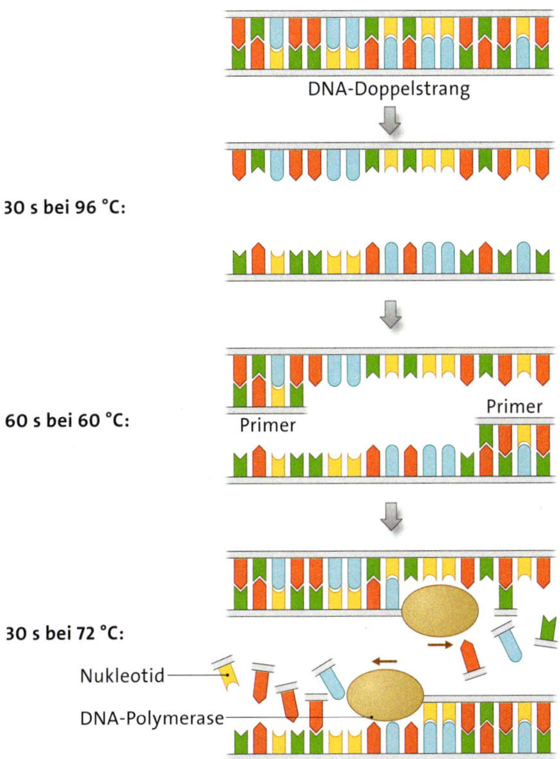

4 Ablauf eines PCR-Zyklus

5 Die Zwerg-Menschen von der Insel Flores

Flores ist eine kleine Insel im Osten Indonesiens. Dort stießen Forscher 2003 auf Knochenreste einer fossilen Menschenform, die bis heute viele Rätsel aufgeben. Der Flores-Mensch, mit wissenschaftlichem Namen *Homo floresiensis*, erreichte nur eine Körpergröße von etwa einem Meter. Ähnlich klein waren die meisten Arten der Gattung *Australopithecus*. Doch diese afrikanischen Vorfahren des Menschen sind seit mindestens zwei Millionen Jahren ausgestorben, während die »Zwerge von Flores« noch vor etwa 12 000 Jahren lebten. Die Untersuchung des Schädels ergab, dass die Flores-Menschen mit nur 400 Kubikzentimetern ein ungewöhnlich kleines Gehirnvolumen aufwiesen, ähnlich wie bei Schimpansen. Dennoch fand man zusammen mit den Skelettresten gut bearbeitete Steinwerkzeuge und Hinweise darauf, dass diese Menschenform Zwergelefanten jagte und das Feuer beherrschte.

Wie ist der Flores-Mensch einzuordnen? Einige Wissenschaftler meinen, es handle sich gar nicht um eine neue Menschart, sondern um einen kleinwüchsigen *Homo sapiens* mit krankhaft verkleinertem Gehirn. Dem widersprechen aber die meisten Fachleute. Sie weisen auf Ähnlichkeiten mit dem *Homo erectus* hin, die sich beispielsweise aus dem Vergleich der Schädel ergeben. Allerdings sind die Übereinstimmungen zwischen den Flores-Menschen und afrikanischen *Homo erectus*-Formen größer als die mit asiatischen Funden. Sollte der Flores-Mensch wirklich ein Nachfahre des *Homo erectus* sein, hätte neben dem *Homo sapiens* und dem Neandertaler also in der letzten Eiszeit noch mindestens eine weitere Art der Gattung *Homo* gelebt. Ausgestorben sind die »Zwerge von Flores« vor etwa 12 000 Jahren wahrscheinlich durch einen gewaltigen Vulkanausbruch.

1 Erstelle Steckbriefe für die Arten *Homo erectus* und *Homo floresiensis*. Beziehe Abbildung 1 mit ein und vergleiche beide Arten miteinander.

2 Die Karte in Abbildung 2 zeigt die Lage wichtiger Fossilfundorte. Stelle mit Hilfe von Atlaskarten fest, wie weit die Fundorte in Asien von denen in Afrika entfernt sind. Formuliere Fragestellungen zur Evolution des Menschen, die sich aus der Lage der Fundorte zueinander ergeben. Die Texte und Stammbäume im Lehrbuch geben dir Hinweise, wie Evolutionsbiologen diese Fragestellungen beantworten. Stelle diese Informationen übersichtlich zusammen.

3 Gleichzeitig mit den Flores-Menschen lebten auf der Insel auch Zwergelefanten (Abbildung 3), deren Schulterhöhe nur 1,20 Meter betrug. Andererseits gab es Riesenformen von Ratten. Stelle eine Hypothese auf, welche Selektionsvorteile die geringe Körpergröße für Elefanten und Menschen gehabt haben könnte. Entwickle auch eine Hypothese zum Riesenwuchs der Ratten.

Löst folgende Aufgaben in Kleingruppen oder mit einem Partner.

4 Recherchiert über die Lebensbedingungen und die heutigen Lebensformen auf Flores und benachbarten Inseln. Bereitet eine Ausstellung mit Plakatwänden über diesen Teil der Erde vor und berichtet über eure Ergebnisse. Bezieht die ausgestorbenen »Zwerg-Menschen« mit ein.

5 In verschiedenen Teilen der Erde leben auch heute noch kleinwüchsige Völker. Recherchiert wenigstens ein Beispiel und stellt es in einer Computer-Präsentation vor.

6 Informiert euch im Internet darüber, was man unter Klein- oder Minderwuchs bei heutigen Menschen versteht und berichtet über eure Ergebnisse.

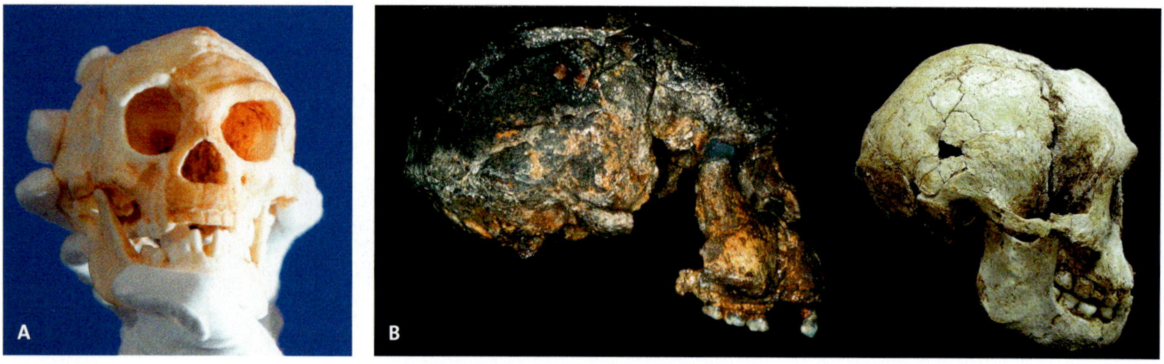

1 Schädel von *Homo floresiensis*. **A** Größenvergleich zum heutigen Menschen; **B** Gemeinsamkeiten mit *Homo erectus*

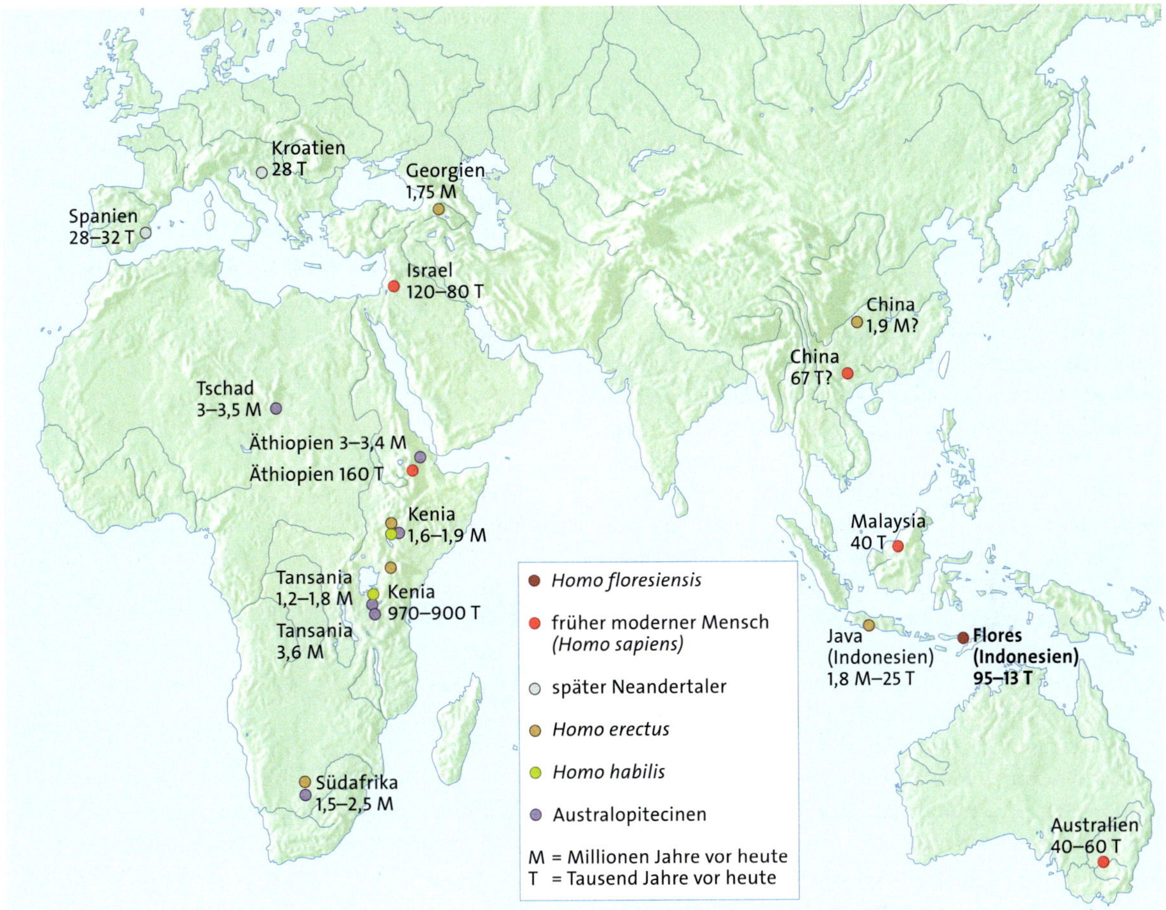

2 **Bedeutende Fossilfundstätten zur Evolution des Menschen**

3 **Zwerg- und Riesenformen auf der Insel Flores**

Gefahrensymbole und Sicherheitshinweise

Manche der im Buch beschriebenen Versuche sind mit einer Sicherheitsleiste versehen, die mit Hilfe von sieben Symbolkästen Hinweise zu möglichen Gefahren und zur Entsorgung gibt.

Die ersten drei Symbole enthalten die Gefahrensymbole der verwendeten Stoffe. Die Kästchen 4 und 5 geben Hinweise auf Sicherheitsvorkehrungen beim Durchführen von Versuchen: Das Symbol »Abzug« bedeutet, dass der Versuch unter dem Abzug durchgeführt werden muss. Man erkennt außerdem, ob Schutzbrillen zu tragen sind. Die letzten drei Kästchen beschreiben die korrekte Entsorgung.

Wegen möglicher Gefahren sind beim Ausführen von Versuchen besondere Sicherheitshinweise zu beachten:

1. Schülerinnen und Schüler dürfen Geräte und Chemikalien nicht ohne Genehmigung berühren. Die Anlagen für elektrische Geräte, Gas und Wasser dürfen nur nach Aufforderung eingeschaltet werden.
2. In Experimentierräumen darf weder gegessen noch getrunken werden.
3. Versuchsvorschriften und Hinweise müssen genau befolgt werden. Die Geräte müssen in sicherem Abstand von der Tischkante standfest aufgebaut werden. Der Versuch darf erst dann durchgeführt werden, wenn dazu aufgefordert wurde.
4. Werden Schutzbrillen oder Schutzhandschuhe ausgehändigt, so müssen sie beim Experimentieren getragen werden.
5. Geschmacks- und Geruchsproben dürfen nur dann vorgenommen werden, wenn die Lehrerin oder der Lehrer dazu auffordern. Chemikalien sollen nicht mit den Händen berührt werden.
6. Chemikalien dürfen nicht in Gefäße umgefüllt werden, die nicht eindeutig und dauerhaft beschriftet sind. Auf keinen Fall dürfen Gefäße benutzt werden, die üblicherweise zur Aufnahme von Speisen und Getränken bestimmt sind.
7. Die Haare sind so zu tragen, dass sie nicht in die Brennerflamme geraten können.
8. Der Arbeitsplatz muss stets sauber gehalten werden. Nach Beendigung des Versuchs sind die Geräte zu reinigen.
9. Chemikalienreste müssen vorschriftsmäßig entsorgt werden.

Kennbuchstabe T — giftig
Kennbuchstabe T+ — sehr giftig

Kennbuchstabe Xn — gesundheitsschädlich

Kennbuchstabe C — ätzend

Kennbuchstabe Xi — reizend

Kennbuchstabe O — brandfördernd

Kennbuchstabe F — leichtentzündlich
Kennbuchstabe F+ — hochentzündlich

Kennbuchstabe E — explosionsgefährlich

Kennbuchstabe N — umweltgefährlich

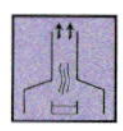
Versuch unter dem Abzug oder in einer geschlossenen Apparatur durchführen

Schutzbrille tragen

Schutzhandschuhe tragen

Behälter 1 Säuren und Laugen

Behälter 2 giftige anorganische Stoffe

Behälter 3 halogenfreie organische Stoffe

Behälter 4 halogenhaltige organische Stoffe

Abfallbehälter
Stoff kann im Hausmüll entsorgt werden

Ausguss
Stoff kann in der Kanalisation entsorgt werden

Gefahrenhinweise und Sicherheitsratschläge für den Umgang mit gefährlichen Stoffen

R 20 Gesundheitsschädlich beim Einatmen

R 22 Gesundheitsschädlich beim Verschlucken

R 34 Verursacht Verätzungen

R 35 Verursacht schwere Verätzungen

R 36 Reizt die Augen

R 37 Reizt die Atmungsorgane

R 38 Reizt die Haut

S 26 Bei Berührung mit den Augen sofort gründlich mit Wasser abspülen und Arzt konsultieren

S 27 Beschmutzte, getränkte Kleidung sofort ausziehen

S 28 Bei Berührung mit der haut sofort abwaschen mit viel ... (vom Hersteller anzugeben)

S 36 Bei der Arbeit geeignete Schutzkleidung tragen

S 37 Geeignete Schutzhandschuhe tragen

S 39 Schutzbrille/Gesichtsschutz tragen

S 45 Bei Unfall oder Unwohlsein sofort Arzt hinzuziehen (wenn möglich dieses Etikett vorzeigen)

Stoffliste

Gefahrstoff	Symbole zum sicheren Umgang	Gefahren, Hinweise und Sicherheitsratschläge
Bariumhydroxid-Lösung		R: 20/22–34 S: 26–28–45
Natronlauge $w \geq 2\,\%$		R: 35 S: 26–27–37/39–45
Salzsäure $10\,\% \leq w < 25\,\%$		R: 36/37/38 S: 28
Universalindikator		R: S:

Register

Grüne Seitenzahlen weisen auf ausführliche Behandlung im Text hin; f. = die folgende Seite; ff. = die folgenden Seiten.

A

Aal 104
Abhängigkeit der Fotosynthese 39
Abiotische Faktoren 334
AB0-System 272 f.
Abwehr spezifisch 190 f.
Adenin 249
Adonislibelle 132
Adrenalin 180
Agenda 131
Aggression 158 ff.
Aggregation 153
Ähnlichkeit 286 f.
Aids 192 f., 205
Albinismus 266, 268
Algen 292
Alkohol 47
Allele 257
Allergene 198 f.
Allergie 198 f.
Allergietest 199
Allergische Reaktion 198 f.
Allesesser 47
Alterungsprozesse 235
Ameisen 151
Ameisenhügel 148
Aminosäurekette 264
Aminosäuren 49, 54
– essentiell 49
Amnionhöhle 228
Amöben 21
Amöbenruhr 195
Amylase 54 f.
analog 287
Anaphase 251
Anemonenfische 10
Angepasstheit 13, 307
Anomalocaris 284
Antheridien 72 f., 75
Antibiotika 184
Antigen-Antikörper-Reaktion 191
Antigene 191, 272
Antikörper 191, 272
Appell 157
Äquatorialebene 250
Arbeiterin 148
Arbeitsbienen 144
Arbeitsgedächtnis 171, 172
Archaeopteryx 289, 293, 299
Archegonien 74
Archegonienstand 72 f.
ARISTOTELES 36
Aronstab 42
Artbildung 308
Artenschutz 132, 141
Artenschwund 122 f.
Artenvielfalt 126, 304 ff., 312
Arzneimittel 143
Assel 87
Atemrohr 103
Atmung 60
Atmungskette 42 f.
ATP 34, 43, 90
Auenwälder 64
Augenfalter 310
Augentierchen 20
Ausdrucksverhalten 154
Australopithecus afarensis 320
Australopithecus garhi 321
Austreibungsphase 232
Auswanderungswelle 323
Autosomen 248
autotroph 34
AVERY, O. 249
Axon 163

B

B-Lymphozyten 190
Bakterien 22, 27, 336
Bakterienformen 22
Bakterienwachstum 25
Bakterienzelle 22 f.
Bakteriophagen 24
Balken 168
Bandscheibe 165
Bärlapp-Gewächse 74
Basenpaar 249
Basiskonzept 12 ff.
– Entwicklung 15, 242
– Fortpflanzung 224
– Information 147
– Kommunikation 147
– stammesgeschichtliche Verwandtschaft 297
– Vielfalt 306
Bauchpilze 79
Bauchspeicheldrüse 53 f.
Bauchspeichelsaft 53
Baumfarne 74
Baumgrenze 65
Baumschicht 66
Baustoff 45, 51
Baustoffwechsel 40 f., 43
Bedecktsamer 32, 293
Bedeutung des Waldes 94 f.
Befruchtung 228 f.
– äußere 13
– innere 13, 31
Berggorilla 126
Beschädigungskämpfe 158
Bestäubung 31, 42, 311
Beziehungsebene 157
Bienen 142
Bienenkönigin 144
Bienenragwurz 132
Bienentänze 147, 151
Bildungsgewebe 250
Bilzingsleben 322 f.
Biodiversität 132, 312
Biokatalysatoren 55
Biologie 10
Biologische Oxidation 42
Biomasse 45, 47, 86 f., 90, 114, 116
Biosphäre 12
Biosphärenresrevate 134 f.
Biosprit 47
Biotop 58
Biotopschutz 132
Biozönose 58
Birkenspanner 306
Bisexualtität 220
Biuret-Reaktion 56
Bläschendrüse 210
Blässralle 107
Blastocyste 228
Blätterpilze 76, 78
Blattlaus 82, 92
Blinddarm 54
Blüten 31
Blütendiagramm 31
Blutgruppen 272 f.
Blutgruppenbestimmung 278
Blutzuckerspiegel 178, 205
Bodenart 62
Bodenbakterien 25
Bodenbewohner 140
Bodenerosion 125
Bodenlebewesen 87
Bodenschutz 86 f.
Bodentiere 93
Bonobos 316
Borkenkäfer 84
Boten-RNA 264
Botenstoff 164
Brachiosaurus 293, 298
Braunbär 132
Braunkohle 74
Brennnesselhaar 18
Brennwert
– physikalisch 51
– physiologisch 51

Bromelie 335
Bruchwälder 64
Brücke 168
Brückenformen 289
Brunnenlebermoos 73
Brutplätze 107
Buchenblatt 136
Bundesnaturschutzgesetz 135
Buntbarsch 309
Büschelmücke 103
Buschwindröschen 68

C

Calvin, M. 36
Calvin-Zyklus 35
Chitin 146
Chlorophyll 34
Chloroplast 16
Chorea Huntington 338
Chromatin 250
Chromatinfaden 249
Chromosomen 248 ff.
– homologe 248
Chromosomenmodelle 254
Chromosomenmutation 266 f., 274
Chromosomenpräparation 248
Chymotrypsin 54
Cilien 21
Citratzyklus 42 f.
Clownfische 10
Co-Evolution 311
Codominanz 272
Coitus interruptus 223
Cooksonia 292
Correns, C. E. 257
Crick, F. 249
Cro-Magnon-Menschen 326
Curare 166
Cuticula 100
Cyanobakterien 290
Cytosin 249

D

Dachpilz 76
Damm 211
Darmzotten 53 f., 139
Darwin, C. 286, 304 f.
Delfin 296
Dendriten 163
Desertifikation 125
Desoxyribonukleinsäure 249
Destruenten 60, 86, 114, 116
Devon 291 f., 295
Diagramme 109
Dialyse 239
Dialysemembran 239
Dichteanomalie des Wassers 112
Dickdarm 54
Dinosaurier 293
Diplodocus 288
diploid 252
Disaccharide 48
DNA 249
DNA-Doppelhelix 280
DNA-Präparation 255
Doldenblütler 311
dominant 257
Doppelhelix 249
Dornenkranzseestern 15
Down, J. 275
Drehmoos 72 f.
Drohnen 144
Duftstoffe 40 f.
Düngung 122 f.
Dünndarm 53 f.

E

Echter Pfifferling 79
Eichel 210
Eichenwickler 81
Eierstock 177, 211, 212
Eileiter 211
Eimutterzelle 253
Einfachzucker 48
Eintagsfliegenlarve 103
Einzelgänger 152
Einzeller 194, 290
Eisprung 215
Eisvogel 107
Eiszeitalter 293
Eitrichter 211
Eiweiß-Nachweis 56
Eiweißhülle 192
Eiweißkapsel 186
Eizelle 74, 213, 253
Eizellenbildung 213
Ejakulation 212
Elefanten 142
Elektronenmikroskop 43
Embryo 228, 243, 273
Embyonalentwicklung 229
Empfänger 154
Empfängnisverhütung 222 f.
– hormonal 223
Enddarm 54
Endharn 240
Endknöpfchen 164
Endkonsumenten 46, 82
Energie 42, 90
Energieaufwand 50 f.
Energiefluss 47, 91, 114
Energieformen 90
Energiegehalt 50 f.
Energiepyramide 47, 91
Entstehung der Arten durch natürliche Zuchtwahl 305
Entstehung neuer Arten 308 f.
Entwässerungsmaßnahmen 122 f., 133
Entwicklung vorgeburtlich 234
Entwöhnungskonflikt 160
Enzym-Substrat-Komplex 55
Enzyme 52, 55, 139
Epidemie 183
Epidermis 100
Epidermiszellen 19
Epiphyse (Zirbeldrüse) 177
Erbanlagen 246 f.
Erbbild 246
Erbgang
– autosomal 270
– dihybrid 259
– dominant-rezessiv 257 f.
– intermediär 257
– rezessiv 270
– X-chromosomal 270
Erbsen 44, 256
Erbsenpflanzen 260
Erbsubstanz 22, 24, 186, 192
Erdaltertum 291 f.
Erdgas 130
Erdgeschichte 328
Erdläufer 87
Erdmittelalter 291 ff.
Erdneuzeit 291 ff.
Erdöl 130
Erdspross 68 f., 74, 100
Erdzeitalter 303
Erkältungskrankheiten 336
Erlenbruchwald 99
Ernährung des Menschen 46 ff.
Erneuerbare Energiequellen 130
Eröffnungsphase 232
Erscheinungsbild 246
Erstbesiedlung Europas 323
Erstzersetzer 86 f.
Erwachsensein 235
Erwärmung 128
Erzeuger 82
Esel 308
Euglena 20
eutroph 116
Eutrophierung 117, 120, 141
Evolution 287
– biologisch 290
– chemisch 290
Evolutionsspiel 315
Evolutionstheorie 304 f.
Exhibitionismus 221
Exkursion 61, 62, 95
Experimente 11, 37

F

Fadenwurm 87
Faktoren
– dichteabhängig 84
– dichteunabhängig 84
Falscher Pfifferling 79
Familienforschung 268
Familiengruppe 152
Familienplanung 222 f.
Familienstammbaum 247, 276, 278
Fangmaske 102
Farbstoffe 40 f.
Farne 74 ff.
Farnpflanzen 74
Faulgase 116
Faulschlamm 116
Faustkeil 323
Fehlingprobe 56
Feilenhaar 101
Feldhase 152
Fensterfraß 87
Fette 40 f., 48, 54
Fettnachweis 56
Fettsäuren 48, 54
– essentiell 49
Fetus 229
Feuchtpflanze 100
Feuersalamander 310
Fichtenforste 65
Filialgeneration 257, 258
Fisch 104
Fischarten 105
Flachsnelke 132
Flagellaten 20
Flaschenhalseffekt 315
Flemming, A. 184
Fliegenlarve 87
Flohkrebs 119

Flora-Fauna-Habitat-Richtlinie 135
Flurbereinigungsverfahren 122 f.
Follikel 213, 214
Follikelstimulierendes Hormon 212
Fortpflanzung 13
– geschlechtliche 13
– ungeschlechtliche 13
Fossil 288 f., 295 f., 302, 318
Fossiler Energieträger 129
Fossilfundstätten 341
Fossilsuche 302
Fotosynthese 34 ff., 45, 60, 88 ff., 102, 290
Fotosynthesefaktoren 39
Fotosyntheseversuche 37
Fragebogen 219
Frauenarzt 214
Frauenfarn 74
Fremdreflex 165
Fresszellen 190, 202
Friedfisch 104
Frisch, K. 151
Fruchtblase 228
Fruchtblätter 31
Früchte 32
Fruchtkörper 76
Fruchtwasseruntersuchung 276
Fruchtzucker 48
Fructose 48
Frühblüher 68
Frühjahrszirkulation 112
Fuchsrevier 204
Fühler 145
Führungsglied 179
Funktion 13

G

Galle 57
Gallen-Röhrling 79
Gallenflüssigkeit 54
Gänseblümchen 132
Gausssche Verteilungskurve 265
Gebärmutter 211
Gebärmutterhalskrebs 188
Gebärmutterschleimhaut 211, 214
Geburt 227, 232, 234
Gedächtnisformen 170
Gedächtnis 142, 170 ff.
– bildlich 172
– semantisch 172
– sensorisch 171
Gedächtnisspanne 172
Gedächtniszellen 191
Gefährdung bei Blütenpflanzen 133
Gefährdung bei Farnpflanzen 133
Gefährdungskategorien 133
Gefleckte Taubnessel 30
Gehirn 168 f., 204
Gehirnerschütterung 168
Gehirnimplantate 174
Geißel 22
Gelbkörper 214, 243
Gelbrandkäfer 103, 119
Gemeine Fichte 71
Gemeines Schilf 100
Generationswechsel 73 f.
Genetische Bevölkerungsanalyse 268
Genetischer Code 249, 262
Genetischer Fingerabdruck 244
Genmutation 266 f., 274 f.
Genotyp 246, 262, 270
Genussmittel 40 f.
Geographische Isolation 309
Gesamtenergiebedarf 50 f.
Geschichte der Erde 290 ff.
Geschlecht 271
Geschlechtschromosomen 271
Geschlechtshormone 212
Geschlechtsmerkmale
– primäre 210
– sekundäre 210
Geschlechtsorgane 225
Geschlechtsunterschiede 216
Gesunde Ernährung 139
Gewalt an Schulen 161
Gewässeruntersuchung 118 ff.
Gewebespende 236
Gibbons 316
Giftpflanzen 78
Giraffe 286, 304
Gletscher 128
Glucose 42 f., 48
Glucose-Belastungstest 178
Glucose-Nachweis 56
Glukagon 178
Glycerin 48, 54
Glykogen 48
Gonadotropes Hormon 214
Gonosomen 248, 271, 282
Gorilla 316
Graue Substanz 165
Graureiher 106
Greiffuß 316
Greifreflex 233
Grippe 186
Grippe-Virus 186 f.
Großer Riesenschirmling 78
Großhirn 168
Großlibellen 102
Großlibellenlarven 111
Grottenolm 314
Grundbauplan 287
Grundumsatz 50
Guanin 249

H

Hallimasch 76
haploid 252
Harn-Sperma-Röhre 210
Harnleiter 240
Haube 73
Haubentaucher 106
Hausstaubmilben 198
Hautatmung 103
Hautflügler 144
Hebamme 227
Hebbsches Lernen 171
Hecht 104
Hecke 28, 123
Heilkräuter 312
Helmont van, J. B. 36
Hepatitis 188
Herbstzirkulation 113
Herpesviren 24
heterosexuell 220
heterotroph 43
Heuschnupfen 198
Hill, R. 36
Hippocampus 170
Hirnanhangsdrüse 212, 241
Hirnhautentzündung 168
Hirnstamm 168 f.
Histamin 198
HIV 192 f.
Hochmoore 332
Hochzeitsflug 149
Hoden 177, 210, 212
Hodensack 210
Hohler Lerchensporn 69
Holz 94
Hominiden 319
Homo erectus 323, 340
Homo ergaster 323
Homo floresiensis 340
Homo habilis 321
Homo heidelbergensis 322
Homo neanderthalensis 324 f.
Homo rudolfensis 321
Homo sapiens 325
homolog 287
Homologe Organe 287
homosexuell 220
Honigbienen 144 ff., 313
Hormondrüsen 176 ff.
Hormone 176 ff., 203
Hormonelle Steuerung 212
Hormonpräparat 223
Hormonsystem 176 ff.
Hornisse 150, 310
Hornissenschwärmer 310
Humangenetik 268 ff.
Humangenetische Beratung 276
Hummel-Ragwarz 311
Humus 67, 86 f.
Humusbildung 87
Humusschicht 67
Hunde 154
Hut 76
Hybrid 257
Hydropote 101
Hyphen 76
Hypophyse (Hirnanhangsdrüse) 168, 177
Hypothalamus 169

I

Ichthyostega 292, 298
Imago 103
Imker 144
Immisionsschutz 94
Immunabwehr
– unspezifisch 190
Immunisierung 196 f., 201
– aktive 196
– passive 197
Immunsystem 182 ff., 190 f.
Impfausweis 197
Impfkalender 197
In-vitro-Fertilisation (IVF) 231
Individualentwicklung 234 f., 243
Infektion 182 ff.

Infektionskrankheiten 182 ff., 201
Information und Kommunikation 14
Informationsleitung 162 ff.
Informationsübertragung 280
INGENHOUSZ, J. 36
Insulin 178
intensiver Ackerbau 123 f.
Internetrecherche 189
Interphase 251
Interzellulare 100
Istwert 179

J
Jahreszeitliche Aspekte 68
JENNER, E. 196
Jugendphase 234 f.
Jura 291, 293

K
Kaltzeiten 293
Kambrium 291 f.
Kanadische Wasserpest 101
Kapsel 22
Karbon 74, 284, 291, 292
Karpfen 104
Kartoffelbovist 79
Kartoffelknollen 44
Karyogramm 248, 275, 278, 282
Katalysator 55
Katzenschrei-Syndrom 274
Kautschuk 41
Keimdrüsen 212
Keimesentwicklung 228 f.
Kelchblätter 31
Keratin 264
Keuchhusten 185
Kiefenspanner 85
Killerzellen 191
Kinderlähmung 188
Kindheit 234
Kitzler 211
Kleinhirn 168 f.
Kleinkind 233 f.
Kleinlibelle 102
Kleintiere im Wasser 118
Klimawandel 128 ff.
KLINEFELTER-Syndrom 275
Kniesehnenreflex 167
Knöllchenbakterien 89
KOCH, R. 183
Köcherfliege 119
Kohle 130
Kohlenhydrate 40 f., 48, 54
Kohlenstoff 38
Kohlenstoffdioxid 34, 43, 88 f., 129
Kohlenstoffdioxid-Ausstoß 129
Kohlenstoffkreislauf 88
Kokken 22
Komplexauge 145
Kommentkämpfe 159
Kommunikation 144 ff., 154 ff., 161
– beim Menschen 156 f.
– nonverbale 156
– verbale 156
– Modell 154
– Möglichkeiten 202
Komplexauge 146
Konduktorin 274
Konfliktanalyse 160
Konfliktbewältigung 158 ff.
Konflikte 158 ff.
Königin 149
Konkurrenz 158
Können 170
Konstanz der Arten 304 f.
Konsumenten 35, 60, 114
– 1. Ordnung 46, 82, 91
– 2. Ordnung 46, 82, 91
– 3. Ordnung 82, 91
Korallenbleiche 11
Korallenriff 12 ff.
Körbchen 145
Kornrade 132
Körperhaltungen 218
Kraniche 333
Krankheitsverlauf 337
Krautschicht 67
Kreide 291, 293
Kreislauf 45
Kreuzblütengewächse 33
Kreuzung 256
Kronblätter 31
Krummholzzone 65
Kugelfische 13
Kugelmuschel 119
Kurzfingrigkeit 270

L
Laetoli 320
Laichkraut 110
LAMARCK de, J.-B. 304
Lamellen 76
Landschaftsschutzgebiet 135
Landschaftsveränderung 122 f.
Landwirbeltiere 295
Landwirtschaft 122 f.
LANGERHANSsche Inselzellen 177
Langzeitgedächtnis 171
Lärmschutz 94
Laub-Nadel-Mischwald 64
Laubbäume 70
Laubblätter 31
Laubfrosch 132
Laubmoos 73
Laubstreu 86 f.
Laubwald 64
LEAKEY, L. 321
LEAKEY, M. 320
LEAKEY, R. 321
Lebende Fossilien 314
Lebende Steine 314
Lebermoos 73
Leberzellen 17
LEEUWENHOEK, A. 8
Leistenpilze 79
Leistungsumsatz 50
Leitbündel 32
Leitfossilien 289
Lernen 170 ff., 317
Lernstrategien 170
Lichtenergie 90
Lichtmikroskop 19
Lichtpflanzen 39
Lichtstärke 62
Lidschlussreflex 167
Liliengewächse 33
Limbische System 169
LINNE von, C. 304, 316
Lipase 54
Lipide 48
Lippenblütengewächse 31
Lochfraß 87
Löwenzahn 265
Lucy 320
Luftfeuchte 62
Luftkanal 101
Luftschadstoffe 97
Lufttemperatur 118
Lungenenzian 132
Lungenfische 294
Lurche 295
Luteinisierendes Hormon 212
Lymphknoten 190
Lymphozyten 190
Lymphsystem 190

M
Magen 52 f.
Magensaft 53
Maikäfer 81, 84
Malaria 194
Malariaerreger 195
Maltose 48, 55
Malzzucker 48
Mangelsymptome 97
Mann-Frau-Schema 206
Männer- oder Frauenbild 216
MARFAN-Syndrom 274
Marienkäfer 82
Mark verlängert 168
Maronen 77
Märzenbecher 68
Masai 326
Masern 188
Massenaussterben 293
Massentierhaltung 123 f.
Massentourismus 127
Mastzellen 198
Mausmaki 316
Maximum 58
Meeresnacktschnecke 14
Meeresreptilien 296
Meeressäugetiere 296
Meiose 81, 252 f., 254 f.
MENDEL, G. J. 244, 256
MENDELsche Regel 257 ff.
Menschenaffen 316
Menstruation 211
Menstruationszyklus 214 f., 225
Meristem 250
Merkmalsträger 246
Merozoiten 194
Messfühler 179
Metaphase 250
Methan 116, 130
Mikroinjektion 231
Mikroklima 94
Mikroskop 16, 18
Mikroskopisches Zeichnen 18
Milben 85, 87
Milz 190
Mimese 310
Mimikry 310
Mindmap 200
Mineralstoffe 28, 54, 116
Minimum 58
Minipille 223
mischerbig 257

Mitochondrien 16, 42 f.
Mitose 250 f., 254 f.
Mitosestadien 255
Mittelhirn 168 f.
Moderner Mensch 322
Modifikationen 265
Monosaccharide 48
Moose 72 ff.
Moosschicht 67
Mosausaurier 296
motorische Endplatte 163
Mukoviszidose 278
Muräne 13
Museumsbesuch 300
Mutationen 266 f., 306
Muttermund 211
Mutterpass 226
Mycel 76
Mykorrhiza 77

N
Nabelschnur 228
Nachahmung 170
Nachgeburt 232
Nachhaltigkeitskonzept 131
Nachricht 154
Nacktsamer 32
Nadelbäume 70
Nadelwald 64
– immergrün 69
Nährschicht 116
Nährstoffe 48 ff.
Nährstoffnachweise 56
Nahrungsbeziehungen 82 f.
– im See 114 f.
Nahrungsnetz 83, 114
Nahrungskette 46 f., 114, 120
Nahrungskreislauf 60
Nahrungsmittelallergie 199
Nahrungspyramide 47, 83
Nahrungsvakuole 21
Nasenschleimhaut 337
Nationalpark 134 f., 313
Naturdenkmal 135
Natürliche Lebensgrundlagen 124 ff.
Naturpark 135
Naturschutzbestimmungen 61
Naturschutzgebiet 135
Naturschutzrecht 135
Naturwissenschaftliches Arbeiten 11
Neandertaler 285
Nebelkrähe 308
Nebenhoden 210
Nebennieren 177
Nebennierenmark 180
Neogen 291, 293
Nephron 240 f.
Nerv 162
Nervenfaser 163
Nervensystem 162 ff., 203
– peripheres 162
– vegetatives 162
Nervenzellen 162, 163, 204
Neukombination 259
Neurone 163
Neurotoxin 167
Nieren 227, 239 ff., 243
Nierenbecken 240
Nierenkanälchen 240
Nierenkörperchen 240
Nierenmark 240
Nierenpyramide 240
Nierenrinde 240
Nierentransplantation 238
Noradrenalin 180
Nutzen 158 ff.

O
Oberflächenwasser 112 f.
Ohrwurm 87
Okapi 286
Ökologische Nische 81, 106 f.
Ökosystem 12, 58 ff., 332
– See 98 ff.
– Wiese 59
oligotroph 116
Optimum 58
Orang-Utan 316
Ordovizium 291, 292
Organspenden 236 ff.
Organtransplantation 236 ff.
Östrogen 214
Out of Afrika 327
Ovulation 214
Ozon 96 f.

P
Paarbeziehung 209
Pädophilie 221
Paläoanthropologen 320
Paläogen 291, 293
Paläontologie 288
Palisadengewebe 100
Pandemie 183
Pankreatin 57
Pantoffeltierchen 21
Panzerfisch 298
Paramecium 21
Paranthropus 320
Parasol 78
Parentalgeneration 256
Parkinson-Erkrankung 174
Partnerschaft 208, 218
PASTEUR, L. 183
Penicillin 184
Penis 210
Pepsin 53
Pepsinogen 53
Peristaltik 52
Perm 291, 292
Pest 205
Pfahlwurzeln 71
Pfau 155
Pfeilgiftfrosch 155
Pferd 308
Pflanzenfresser 46 f.
Pflanzengesellschaften 110
Pflanzengifte 40 f.
Pflanzenstoffe sekundär 40 f.
Pflanzenzelle 27
Pflanzenzonen eines Sees 99
pH-Wert 63
Phänotyp 246, 262, 270
Phenylketonurie 245
Phosphorkreislauf 89
Pille 223
Pilze 76 ff., 87
PKU-Kranken 245
Plasmazellen 191
Plasmodium 194
Plattschwanz-Gecko 334
Plazenta 228
Plazentaschranke 229
Plötze 104
Pollenbürste 145
Pollenflugkalender 199
Pollenkamm 145
Pollenschieber 145
Polster 72
Polymerasekettenreaktion (PCR) 338
Polysaccharide 48
Population 58
Populationsdichte 84 f.
Positionseffekt 173
Präkambrium 291
Pränatale Diagnostik 276
PRIESTLEY, J. 28, 36
Primärharn 240
Primaten 316
Produzenten 30 ff., 35, 46, 60, 82, 91, 114
Progesteron 214
Prophase 250
Proteinbiosynthese 263 f.
Proteine 40 f., 49, 54, 244, 264
Pterodactylus 299
Pubertät 206, 208 ff., 225
Putzerfische 15
Putzergarnelen 15
Putzsymbiose 15

Q
Quartär 291
Quastenflosser 294

R
Rabenkrähe 308
Rachenmandeln 190
Rangordnung 159 f.
RANVIERscher Schnürring 163
Räuber-Beute-System 85
Raubfisch 105
Reaktion
– lichtabhängige 34
– lichtunabhängige 35
Reaktionsnorm 265
Reduktionsteilung 252
Reflex 165
Regelgröße 179
Regelkreisschema 179
Regenwürmer 86 f.
Regler 179
Reh 132
Reich der Pilze 77
Reifeteilung 252 f.
Reiherente 106
reinerbig 256
Rekombination 252, 306
Releasing Hormon 180
Replikation 280
Reproduktion 13
Reproduktionsmedizin 231
Reptilien 292
Resorption 54
rezessiv 257
Rhesus-Unverträglichkeit 273
Rhesusfaktor 272 f.
Rhizoide 72
Rhynia 292
Ribosom 264

Riesen-Champignon 78
Riffhai 14
Röhrenpilz 78
Röhrichtzone 98
Rohrzucker 48
Rohstofflieferant 94 f.
Rollegel 119
Rollenbild 217
Rosengewächse 33
Rot-Grün-Sehschwäche 274
Rotbuche 70
Rote Liste 132
Rote Waldameise 148 f.
Rückenmark 165
Rückenmarksnerv 165
Rückenschwimmer 103, 119
Rundtanz 147

S
Saatgutreinigung 133
Saccharose 48
Sachebene 157
Sachs, J. 36
Saftkugler 87
Sahelanthropus 320
Salmonellen 182 f.
Salmonellose 182
Salzsäure 53
Samenpflanze 30 ff., 136, 293
- einkeimblättrige 32
- zweikeimblättrige 32
Sammelbienen 144 f.
Sauerstoff 34, 43, 45, 88 f.
Sauerstoffkreislauf 88, 136
Säugling 233 f.
Saugreflex 233
Saugrüssel 145
Säuren 115
Schachtelhalmgewächse 74
Schädlingsbefall 97
Schadstoff 115
Schadstoffanreicherung 115
Schadsymptome 96
Schamlippen
- große 211
- kleine 211
Scharbockskraut 69
Scharlach 185
Schattenblätter 70
Schattenpflanzen 39, 68 f.
Scheide 211
Schichtung
- im See 140
- im Wald 140
Schilddrüse 177, 179
Schimpanse 316
Schlammfliege 119
Schlammschnecke 119
Schleier 74
Schleimhülle 22
Schmetterlings-Tramete 76
Schnalbeltier 303
Schnurfüßer 87
Schöninger Speere 322 f.
Schraubenalge 20
Schreitfuß 316
Schutzgebiete 126
Schutzgebietskategorien 135
Schwammgewebe 100
Schwangerschaft 228 f.
Schwangerschaftsabbruch 230
Schwannsche Zelle 163
Schwänzeltanz 147
Schwärmer 72, 74
Schwarmfisch 104
Schwebfliegenlarven 103
Schwefelbakterien 23
Schwefeldioxid 97
Schwefelkopf 76
Schwefelwasserstoff 116
Schwellenwert 164
Schwellkörper 210
Schwermetalle 115
Schwimmblattpflanze 101
Schwimmblattpflanzenzone 98
Schwimmente 107
Schwimmvögel 106
Screenshot 301
Sedimentgesteine 288
See 28
See im Jahresverlauf 112
Seepferdchen 13
Selbstoffenbarung 157
Selektion 305 f.
- natürliche 307
- stabilisierende 307
- transformierende 307
Selektionstheorie 305
Sender 154
Sensibilisierung 198
Sexualhormone 210 ff.
Sexualität 208 ff.
Seymouria 292
Sichelzellanämie 281
Sichttiefe 118
Signal 154 ff.
Silur 291 f.
Simulation 108
Simulationsprogramm 108
Sinneskanäle 154
Sinnesorgane 146
Sollwert 179
Somatropin 176
Sommerschichtung 113
Sonnenblätter 70
Sonnentau 333
Sozialsystem 204
Spaltöffnung 100
Spaltungsregel 258
Spechte 80, 331
Speichel 52
Speicherorgan 68
Speisepilze 78
Speiseröhre 52
Sperber 81
Spermien 213
Spermienbildung 213
Spermienleiter 210
Spermienmutterzelle 253
Spermiumzellen 253
Spindelfaser 250
Spinngewebshaut 168
Spirillen 22
Spontanmutation 274
Sporen 23, 73, 74, 77
Sporenkapsel 73
Sporenpflanze 292
Sporozoit 194
Sprachentwicklung 233
Springschwanz 87
Sprossachse 30 f., 74
Sprossknollen 68 f.
Sprungschicht 112
Stäbchen 22
Stabheuschrecke 310
Stammbäume 270, 318, 331
Stammbaum
- der Menschenaffen 317
- der Pflanzen 284
- der Wirbeltiere 296 f.
Stammbäume zur Entwicklung des Menschen 318
Stammesgeschichtliche Verwandtschaft 287
Ständerpilze 77
Standortfaktoren 265
Stärke 34, 42, 48
Stärkenachweis 56
Stärkeverdauung 57
Staubblätter 31
Stechmücken 111
Steinfliege 119
Steinfliegenlarve 103
Steinkohle 74, 292
Steinkoralle 14
Steinläufer 87
Steinpilz 79
Stellglied 179
Stellgröße 179
Stellwert 179
Stelzvogel 106
Stereolupe 19
Sterilisation 223
Stickstoffdüngung 133
Stickstoffkreislauf 88
Stickstoffoxide 97
Stickstoffüberschüsse 123 f.
Stiel 76
Stieleiche 70
Stockente 106
Stockwerke 66
Stoff- und Energieumwandlung 14
Stoffe
- anorganische 34 f.
- organische 34 f.
Stoffkreisläufe 47, 60, 88 f., 116, 140
Storch 284
Störgröße 179
Strauchschicht 66
Stress 180 f.
- akuter 180 f.
- chronischer 180 f.
Streuschicht 67
Strobilurine 95
Strudelwurm 119
Struktur 13
Substrat 55
Sumpfdotterblume 100
Süßgräser 33, 100
Symbiose 23, 77, 149
Synapse 164, 171
Synaptischer Spalt 164
Syndrom 274
System der Lebewesen 286 f.
Systemebenen 26

T
T-Helferzellen 191, 193
T-Lymphozyten 190
Tabellenkalkulations-Programm 109
Tarnverhalten 310
Taubenrassen 305
Tauchblattpflanzenzone 98

Tauchente 107
Tausendblatt 110
Telophase 251
Termite 150
Tetanus 185
Thylakoide 34 f.
Thymin 249
Thymus 177, 190
Thyroxin 179
Tiefenalgenzone 99
Tiefenwasser 112
Tiere des Waldes 80
Tierverbände 153
Tiktaalik 295
Tintenfische 13
Tod 235
Tollwut 205
Tonoplast 16
Torfabbau 332
Torfmoose 73, 333
Toxine 182
Toxoplasmose 195
Tracheenkiemen 103
Transkription 263
Translation 264
Transpiration 136
Transplantation 236
Transplantationsgesetz 236
Transport-RNA 264
Transportvorgänge 43
Traubenkirsche 82
Traubenzucker 34, 38, 40 f., 42, 48, 90
Traumpartner 218
Treibhauseffekt 128 ff.
Trias 291, 293
Trinaxodon 299
Trinkwasser 124
Triplett 263
Tripper 185
Trisomie 21 275 f.
Tröpfcheninfektion 183, 187
Tropischer Regenwald 126, 334
Trypsin 53
Tuberkulose 183
Turner-Syndrom 275
Tyrannosaurus 299

U

Ultraschall 226
Ultraschalluntersuchung 276
Umfrage 219
Umwelteinflüsse 265
Umweltfaktoren
– abiotische 58
– biotische 58
Unabhängigkeitsregel 259
Uniformitätsregel 257
Unterwasserpflanze 101
Urin 241
Urvogel 289

V

Vakuolen 16
– pulsierende 21
Variabilität 12
Variation 306 f.
Vegetationsaufnahme 92
Verband
– anonym 152
– geschlossen anonym 153
– individualisierend 152 f.
– offen anonym 153
Verbrennung 166
Verdauung 52 ff., 57
– von Eiweiß 57
Verdauungsorgan 52 ff.
Vererbung 246
– beim Menschen 268 ff.
Vererbungsregeln 260
Vergleich 175
Verhütung 207, 225
Verhütungsmethoden
– chemische 222
– mechanische 222
– natürliche 222
Verliebtsein 208
Versöhnung 159
Verständigung 154 ff.
Versuch und Irrtum 170
Versuchsprotokoll 37
Verwandtschaft 286 f.
Vibrionen 22
Vielfachzucker 48
Vielfalt 12
– des modernen Menschen 326
Vielzeller 290
Viren 24, 27, 186 ff., 336
Viruserkrankung 201
Virushülle 24
Vitamine 28, 54
Vorhaut 210
Vorkeim 74
Vorsteherdrüse 210

W

Wachstumshormon 176
Wachstum 43
Waldbingelkraut 67
Waldboden 86 f.
Wälder
– sommergrüne 69
Waldgrenze 65
Waldkiefer 71
Waldmeister 67
Waldsauerklee 67
Waldschäden 141
– neuartige 96
Waldsterben 96
Waldtypen 64
Waldvergleich 334
Waldzustandserhebung 96 f.
Wärmebild 90
Wärmeproduktion 43
Warmzeiten 293
Warnfärbung 310
Warntrachten 155
Wasserdurchlässigkeit 63
Wasserinsekten 103
Wasserknappheit 124
Wasserpest 16
Wasserskorpione 103
Wasserspinnen 119
Wasseruntersuchung 118
Wasservögel 106 f., 110 f.
Watson, J. 249
Wattenmeer 134
Wechselwirkungen 14
Wedel 74
Wehen 232
Weiselzellen 144
Weiße Blutzellen 190
Weiße Seerose 101
Weiße Substanz 165
Weißstorch 132
Wels 104
Wiesensalbei 311
Wildkaninchen 152
Wildschweine 81
Wildverbiss 97
Wimpern 21
Windschutz 94
Winterschichtung 112
Wirbelkörper 165
Wirbeltiere 12
Wirbeltiergliedmaßen 329
Wirbeltiervergleich 330
Wirtszelle 24, 186 f.
Wissen 170
Würgefeige 335
Wurmfortsatz 190
Wurzelknöllchen 23
Wurzelknollen 68 f.
Wurzeln 30
Wurzelraum 67
Wüsten 125
Wüstenpflanzen 330

XY

X-chromosomaler Erbgang 274
X-Chromosomen 271
Y-Chromosomen 271

Z

Zapfen 32
Zehrschicht 116
Zellatmung 43 f., 88 f., 291
Zellen 16 ff.
– pflanzliche 16
– tierische 17
Zellkern 16
Zellmembran 16, 22
Zellmodell 27
Zellmund 21
Zellplasma 16, 22
Zellsaft 16
Zellteilung 23, 250 f., 254 f.
Zellwand 16, 22
Zellzyklus 251
Zentralnervensystem 162
Zentromer 250
Zersetzer 86
Zonierung des Sees 98 ff.
Zoobesuch 285
Zuchtform 259
Zuckmückenlarve 119
Zugvögel 128
Zunderschwamm 76
Zusammenleben 152
Zweifachzucker 48
Zwiebelepidermis 16
Zwillinge
– eineiige 269
– zweieiige 269
Zwillingsforschung 268
Zwischenhirn 168 f.
Zwölffingerdarm 53 f., 139
Zygote 228

Bildquellen

Umschlag: Blickwinkel, Witten; 8.1: Rueb/Premium Stock Photography GmbH; 8.2: Deutsches Museum, München; 8.3: Boerhaave Museum, Leiden; 9.1: SPL/Agentur Focus, Hamburg; 9.2: Füehler/picture-alliance, Frankfurt; 9.3: Brockmann/Max-Planck-Institute for Dynamics and Self-Organization, Göttingen; 10.1: Bildagentur-online GmbH, Burgkunstadt; 11.4: B.Cole/Wildlife, Hamburg; 12.0: Direct Stock/TopicMedia Service, Ottobrunn; 12.1 A: Huber/Schapowalow, Hamburg; 12.1 B: Manfred Bail/Okapia/alimdi.net; 12.1 C: D.G.Fox/OSF/Okapia, Frankfurt; 13.1 D: David Thompson/OSF/Okapia, Frankfurt; 13.1 E: Manfred Bail/Okapia, Frankfurt; 13.1 F: Ikan/Okapia, Frankfurt; 13.1 G: D.Parer & E.Parer-Cook/Auscape/SAVE/Okapia, Frankfurt; 14.1: Reinhard Discherl/Bilderberg, Hamburg; 14.2: R.Dirscherl/Blickwinkel, Witten; 15.3 A: NPL/Arco Images, Lünen; 15.3 B: Juniors Bildarchiv, Ruhpolding; 15.5: M.Gross/Wildlife, Hamburg; 15.1 A: Ed Reschke/Peter Arnold; 16.1 B: Xeniel-Dia, Stuttgart; 17.2 A: Kage, Lauterstein; 17.2 B: Ed Reschke/Peter Arnold; 18.1 A: Rolf Wellinghorst, Quakenbrück; 20.1 A: Brandl/TopicMedia Service, Ottobrunn; 20.1 B: Karly, München; 20.2 A+B: Rolf Wellinghorst, Quakenbrück; 21.3: SPL/Agentur Focus, Hamburg; 21.4: Prof. Dr. K.Hausmann/Institut für Zoologie der Universität Berlin; 22.2: Grotjohann, Bielefeld; 23.4 B: aus: Schlegel, H.G.: Allgemeine Mikrobiologie, Abb. 12.2, Georg Thieme Verlag KG, Stuttgart; 23.5 A: Klett GmbH/picture-alliance, Frankfurt; 23.5 B: aus: Straßburger: Lehrbuch der Botanik, 33. Auflage, Abb. 2.1.148C, Spektrum Akademischer Verlag; 24.2 A: Karly, München; 27.A2: Lieder, Ludwigsburg; 29.1: Tegen, Hambühren; 29.3: Reinhard-Tierfoto, Heiligkreuzsteinach; 29.4: Dittmar/TopicMedia Service, Ottobrunn; 31.2 A: Struck/TopicMedia Service, Ottobrunn; 41.1 A: D.Harms/Wildlife, Hamburg; 41.1 B: D.Harms/Wildlife, Hamburg; 41.1 C: O.Diez/Arco Images, Lünen; 41.1 D: i.m.a, Bonn; 41.1 E: Nigel Cattlin/Holt Studios/Okapia, Frankfurt; 41.1 F: Wolfgang Filser, Bad Tölz; 41.1 G: TH Foto/Tschanz-Hofmann/Okapia, Frankfurt; 41.1 H: Duffour/Andia, Pacé; 41.1 I: R.Philips/Arco Images, Lünen; 41.1 J: O.Diez/Wildlife, Hamburg; 41.1 K: Harald Lange/Okapia, Frankfurt; 41.1 L: Manfred Ruckszio/www.naturbildportal.de; 41.1 M: Dinodia Photo Library/StockFood, München; 41.1 N: Reinhard/Okapia, Frankfurt; 42.1 A: Prof. Dr. Weber, Reutlingen; 42.2 A: K.Porter/NAS/Okapia, Frankfurt; 45.1 links: R.Hoelzl/Wildlife, Hamburg; 45.1 rechts: Sohns/Okapia, Frankfurt; 45.1 Hintergrund: Rolf Wellinghorst, Quakenbrück; 46.1 A: i.m.a, Bonn; 46.2: Reinhard, H./Arco Images, Lünen; 48.1 A–C: Peter Feigenbutz, Radolfzell; 52.1: Volker Minkus, Isernhagen; 52.2: Klaus G.Kohn, Braunschweig; 56.V1: M.Fabian, Hannover; 56.V2: Tegen, Hambühren; 58.1–2: Wellinghorst, Quakenbrück; 59.3 A: Wellinghorst, Quakenbrück; 61.1: Wellinghorst, Quakenbrück; 62.V1: Wellinghorst, Quakenbrück; 63.V6: Wellinghorst, Quakenbrück; 64.1: Thonig/Mauritius, Mittenwald; 65.3: Dr. Philipp, Berlin; 66.1 A: Dr. Philipp, Berlin; 68.1 B: Prof. Dr. Weber, Reutlingen; 69.1 C: Tönnies, Laatzen; 69.1 D: Elfner/Tierbildarchiv Angermayer, Holzkirchen; 73.2: Skibbe/TopicMedia Service, Ottobrunn; 75.1 A: Tönnies, Laatzen; 75.1 B: Susumu Nishinaga/SPL/Agentur Focus, Hamburg; 76.1 A: Essler/TopicMedia Service, Ottobrunn; 77.3 B: Godbold/Inst. f. Fortwirtschaft, Uni Göttingen; 78.1 A: Radtke, Hilchenbach; 78.1 B: Tierbildarchiv Angermayer, Holzkirchen; 78.1 C: Schrempp/Okapia, Frankfurt; 78.1 D: Layer/TopicMedia Service, Ottobrunn; 78.1 E: Reinhard/Okapia, Frankfurt; 78.1 F: Tierbildarchiv Angermayer, Holzkirchen; 79.1 A: D.Harms/Wildlife, Hamburg; 79.1 B: Reinhard/Tierbildarchiv Angermayer, Holzkirchen; 79.1 C: T.Frenzel/Archivberlin; 79.1 D: Reinhard/Tierbildarchiv Angermayer, Holzkirchen; 79.1 E: Hecker/TopicMedia Service, Ottobrunn; 79.1 F: R.Kaminski/Blickwinkel, Witten; 82.1 A: Wellinghorst, Quakenbrück; 82.1 B: Sorge/Caro, Berlin; 82.1 C: NPL/Arco Images, Lünen; 83.2 A: Wellinghorst, Quakenbrück; 84.1 A: Okapia, Frankfurt; 84.1 B: Okapia, Frankfurt; 84.2 A: M.Willemeit/Blickwinkel, Witten; 86.1: Wellinghorst, Quakenbrück; 87.1 A–C: Wellinghorst, Quakenbrück; 90.1: Wellinghorst, Quakenbrück; 90.2: Alfred Pasieka/SPL/Focus, Hamburg; 93.V3: Wellinghorst, Quakenbrück; 94.2: Wellinghorst, Quakenbrück; 95.3: John Wright/SPL/Focus, Hamburg; 95.4: Wellinghorst, Quakenbrück; 96.2 A: Helga Lade, Frankfurt; 96.2 B+C: Eidgenössische Forschungsanstalt für Wald, Schnee und Landschaft WSL, Birmensdorf; 97.3 A: Dirk v. Mallinckrodt/Alimdi.net; 97.3 B: Bahr/Okapia, Frankfurt; 97.3 C: Dr. Philipp, Berlin; 97.3 D: Manfred Danegger/Okapia, Frankfurt; 98.1: Jeff O'Brien/Mauritius, Mittenwald; 100.1 A: Wolfgang Buchhorn/Okapia, Frankfurt; 100.2 A: Reinhard/Okapia, Frankfurt; 101.1 A: Hans Helfrich/Okapia, Frankfurt; 101.2 A: dpa/picture-alliance, Frankfurt; 102.1: Markus Botzek/zefa/Corbis, Düsseldorf; 106.1 A: Nils Reinhard/Okapia, Frankfurt; 106.1 B: H.Farkaschovsky/Okapia, Frankfurt; 106.1 C: Harry Schweinsberg/TopicMedia Service, Ottobrunn; 106.1 D: Wolfgang Schulte/Okapia, Frankfurt; 112.1: Wellinghorst, Quakenbrück; 122.1 A+B: Wellinghorst, Quakenbrück; 123.3: Wellinghorst, Quakenbrück; 124.1 B: Lineair/Das Fotoarchiv, Essen; 125.2 B: Hans-Peter Konopka, Recklinghausen; 126.3 B: Hans-Peter Konopka, Recklinghausen; 127.1: Bernd Euler/Visum, Hamburg; 127.2: Clusellas/CCC, www.c5.net; 127.3: Juniors Bildarchiv, Ruhpolding; 129.5: JTB/A1PIX, München; 132.1 A: Oxford Scientific/Mauritius, Mittenwald; 132.1 B: Nagel/TopicMedia Service, Ottobrunn; 132.1 C: J.Flohe/Blickwinkel, Witten; 132.1 D: John Devries/SPL/Focus, Hamburg; 132.1 E: Klapp/Okapia, Frankfurt; 132.1 F: Tierbildarchiv Angermayer, Holzkirchen; 132.1 G: Jakobi/TopicMedia Service, Ottobrunn; 132.1 H: Wolfgang Buchhorn/Okapia, Frankfurt; 132.1 I: Gudrun Bramsiepe, Selm; 132.1 J: Wellinghorst, Quakenbrück; 134.1 A: Nils Bohn/Outdoor Archiv, Hamburg; 134.1 B: Wellinghorst, Quakenbrück; 134.1 C: Wolfgang Hinz/photoplexus; 138.A2: Pforr/TopicMedia Service, Ottobrunn; 139.A11: Lieder, Ludwigsburg; 141.A17: Philipp, Dr. E., Berlin; 141.A18: Linn Schröder/Ostkreuz, Berlin; 141.A19: TopicMedia Service, Ottobrunn; 142.2: Pfletschinger/Tierbildarchiv Angermayer, Holzkirchen; 143.1: Simper, Wennigsen; 143.2: Klaus Rose/Das Fotoarchiv, Essen; 143.3: Roland Krieg/StockFood, München; 144.1 A li.: Okapia, Frankfurt; 144.1 A re.: Reinhard-Tierfoto, Heiligkreuzsteinach; 145.2 A: Pfletschinger/Tierbildarchiv Angermayer, Holzkirchen; 146.1: Susumu Nishinaga/SPL/Focus, Hamburg; 147.4 A+B: Claude Nuridsany & Marie Perennou/SPL/Focus, Hamburg; 148.1 A–D: Pfletschinger/Tierbildarchiv Angermayer, Holzkirchen; 150.1: K.Bogon/Wildlife, Hamburg; 150.2: Hans-Peter Konopka, Recklinghausen; 152.1 A: Manfred Danegger, Owingen-Billafingen; 152.1 B: S.E.Arndt/Wildlife, Hamburg; 152.2 A: NPL/Arco Images, Lünen; 153.1: Maywald/Premium, Düsseldorf; 153.2: Tierbildarchiv Angermayer, Holzkirchen; 153.3: Bildagentur-online GmbH, Burgkunstadt; 153.4: VISUM, Hamburg; 155.3: BIOS/Biosphoto; 155.4: NPL/Arco Images; 155.5: Ingo Arndt/Picture Press, Hamburg; 156.1: Tönnies, Laatzen; 156.2: M.Fabian, Hannover; 158.1: M. Hamblin/Wildlife, Hamburg; 158.2: Herbert Scholpp/Westend61, Fürstenfeldbruck; 159.3: Joel Bennett/Peter Arnold; 159.4: Huber/Schapowalow, Hamburg; 159.5: Rainer Raffalski, Waltrop; 160.A1: Dr. Paul, Berlin; 163.1 A: SPL/Focus, Hamburg; 164.1 A: Manfred Kage/SPL/Focus, Hamburg; 174.1: 7 JUILLET S.A.R.L./die bildstelle, Hamburg; 174.2: Tim Fonseca; 176.1: dpa/picture-alliance, Frankfurt; 178.1 A li.: Habel/Mauritius, Mittenwald; 178.1 A re.: Habel/Mauritius, Mittenwald; 182.1: NIAID/CDC/SPL/Agentur Focus; 183.2 B: Matthias Stolt, Hamburg; 183.2 C: Jochen Eckel, Berlin; 184.1 A: Dr. Thomas Huk, Braunschweig; 184.1 B+C: Institut für wissenschaftliche Fotografie Kage, Lauterstein; 185.1: A.B.Dowsett/SPL/Agentur Focus, Hamburg; 185.2: Dr. Kari Lounatmaa/SPL/Agentur Focus, Hamburg; 185.3: CNRI/SPL/Agentur Focus, Hamburg; 185.4: Dr. Gary Gaugler/SPL/Agentur Focus, Hamburg; 186.1 A: NIBSC/SPL/Agentur Focus, Hamburg; 187.2: Museum of Health & Medicine, Washington; 188.1: Green/Okapia, Frankfurt; 188.2: Hazel Appleton, Centre for Infections/Health Protection Agency/SPL/Agentur Focus, Hamburg; 188.3: Phototake/Mauritius, Mittenwald; 188.4: PHN/A1PIX, München; 191.3: Meckes/Institut für wissenschaftliche Fotografie Kage, Lauterstein; 192.1: Bundeszentrale für gesundheitliche Aufklärung/BzgA, Köln; 195.3: SPL/Agentur Focus, Hamburg; 196.1 H: M.Fabian, Hannover; 197.3: Fotoagentur Frank Boxler, Lauf; 198.1 A: Jochen Zick/Keystone, Hamburg; 198.1 B: Dr. med. J.P.Müller/Okapia, Frankfurt; 198.2 A: David Scharf/SPL/Focus, Hamburg; 198.2 B: eye of science, Reutlingen; 201.A4: Gelderblom/Bayer AG, Leverkusen; 206.2: Vario Images, Berlin; 207.1+2: Volker Minkus, Isernhagen; 207.3: Bundeszentrale für gesundheitliche Aufklärung/BzgA, Köln; 208.1: Presse- und Bilderdienst – Thomas Wieck; 208.2 A: Vario Images, Berlin; 208.2 B: BE & W/Fotex; 209.3 A: Brand X/Schapowalow, Hamburg; 209.3 B: M.Fabian, Hannover; 210.1: Volker Minkus, Isernhagen; 211.4: Volker Minkus, Isernhagen; 213.6 B: Prof. Wanner/Karly, München; 213.7 B: Frazier/Okapia, Frankfurt; 216.1 A: Deutsche Bundesbank; 216.1 C: Elke van de Velde/zefa/Corbis, Düsseldorf; 217.2 A: Juniors Bildarchiv, Ruhpolding; 217.2 C: ZB/picture-alliance, Frankfurt; 218. A3 A–D: Volker Minkus, Isernhagen; 219.1: Wolf, Steinheim; 220.1 A: Corbis, Düsseldorf; 220.1 B: Alex Webb/Magnum Photos/Agentur Focus, Hamburg; 221.1 C: Thomas L.Kelly; 222.1 A–D: Volker Minkus, Isernhagen; 222.1 E: Schuchardt, Göttingen; 222.1 F: Dr. Christoph Randler; 223.3 A: Volker Minkus, Isernhagen; 225.A5: Lieder, Ludwigsburg; 226.2: Dept. of Clinical Cytogenetics, Addenbrookes Hospital/SPL/Agentur Focus; 226.3: Raith/Mauritius, Mittenwald; 226.4: Erik Streb, Berlin; 227.5: T.Hollyman/Okapia, Frankfurt; 227.8: Fotoagentur Frank Boxler, Lauf; 229.3: Bromhall/Okapia, Frankfurt; 230.1: Edelmann/SPL/Focus, Hamburg; 231.1 A: Volz/laif, Köln; 233.1 A: Guether/Mauritius, Mittenwald; 233.1 B: V.Thoermer/adpic; 233.1 C: Workbookstock/Mauritius, Mittenwald; 235.2: Boiscontre/mediacolors, Zürich; 235.3: dpa-Fotoreport/picture-alliance, Frankfurt; 236.1: Christian von Alvensleben für ›Junge Helden‹; 237.2: Markus Matzel/Das Fotoarchiv, Essen; 237.3 B: Vario Images, Berlin; 237.3 C: Hans-Rudolf Schulz/Keystone, Hamburg; 237.3 D: Thomas Imo/photothek.net; 237.3 E: Eckelt/Caro, Berlin; 237.3 F: BIS/A1PIX, München; 237.3 G: Campbell/Arnold/Okapia, Frankfurt; 238.2: Volkmar Schulz/Keystone, Hamburg; 239.1 A: BIS/A1PIX, München; 240.1 A: Klaus G.Kohn, Braunschweig; 242.1 A: Phototake/Mauritius, Mittenwald; 242.1 B: SPL/Agentur Focus; 242.1 C: SPL/Agentur Focus; 242.1 D: Ralph Hutchings/Visuals Unlimited, Inc.; 243.A3: D.Bromhall/OSF/Okapia, Frankfurt; 244.1: SPL/Agentur Focus; 245.1: Volker Minkus, Isernhagen; 245.2 A+B: Dr. Thorsten Schweikardt; 246.1: MPO/A1PIX, München; 247.2 A–D: Volker Minkus, Isernhagen; 248.2: Institut für Humangenetik, Universitätsklinikum, RWTH Aachen; Leitung der Zytogenetik: Dr. rer. nat. Herdit M.Schüler; 250.1 A li.: Lichtbildarchiv Keil, Neckargemünd; 250.1 B: Lieder, Ludwigsburg; 250.1 C: Meckes/Focus, Hamburg; 251.2 A–H: medicalpicture; 253.1 A: Okapia, Frankfurt; 253.1 B: Walker/SPL/Agentur Focus; 254.A1 A: A. & F. Michler/Peter Arnold/images.de; 254.A1 B: Ed Reschke/Peter Arnold/images.de; 254.A1 C: Peter Arnold/images.de; 255.A4: Institut für Humangenetik, Universitätsklinikum, RWTH Aachen; Leitung der Zytogenetik: Dr. rer. nat. Herdit M.Schüler; 256.2: AKG, Berlin; 264.3 A–C: Bundeskriminalamt; 266.1: Prof. Bernhard Grzimek/Okapia, Frankfurt; 267.3 B: Institut für Humangenetik, Universitätsklinikum, RWTH Aachen; Leitung der Zytogenetik: Dr. rer. nat. Herdit M.Schüler; 267.4 B oben: H.Hoffmeister/Wikipedia; 267.4 B unten: Wikipedia – Creative Commons; 268.1 A: Jonkmanns/laif, Köln; 268.1 B: John Van Hasselt/Sygma/Corbis, Düsseldorf; 269.2 A: Mauritius, Mittenwald; 269.2 B: Aufschlager/Caro, Berlin; 271.1: NAS/Biophoto Associates/Okapia, Frankfurt; 271.2 A: Phototake/Mauritius, Mittenwald; 271.2 B: Frazier/Okapia, Frankfurt; 274.1: Absary/SPL/Agentur Focus; 275.3 A: Agentur Focus, Hamburg; 275.3 B: Institut für Humangenetik, Universitätsklinikum, RWTH Aachen; Leitung der Zytogenetik: Dr. rer. nat. Herdit M.Schüler; 281.2 A+N: NAS/Omikron/Okapia, Frankfurt; 282. A2: Andrew Syred/SPL/Focus, Hamburg; 282.A3: Institut für Humangenetik, Universitätsklinikum, RWTH Aachen; Leitung der Zytogenetik: Dr. rer. nat. Herdit M.Schüler; 284.1 A: Mathias, Reutlingen; 284.1 C: The Natural History Museum, London; 285.3: Prof. Dr. Jürgen Lethmate, Ibbenbühren; 288.1: ZB/picture-alliance, Frankfurt; 290.1: Mesdag; 290.2: MacDonald/SPL/Agentur Focus, Hamburg; 294.1: A.N.T./TopicMedia Service, Ottobrunn; 295.5 A: Dr. Plodowski/Naturmuseum Senckenberg, Frankfurt; 295.5 B: Peter scoones/SPL/Agentur Focus; 300.1: Mathias, Reutlingen; 300.2: Markus Matzel/Das Fotoarchiv, Essen; 300.3: Urwelt-Museum Hauff, Holzmaden; 304.1 A: Hans-Peter Konopka, Recklinghausen; 304.1 B+C: Deutsches Museum, München; 306.1 A: Breck P.Kent/Animals; 309.3 C 1–4: Hippocampus Bildarchiv; 310.1 A: Mauritius, Mittenwald; 310.1 B: HSC/A1PIX, München; 310.1 C: TopicMedia Service, Ottobrunn; 310.1 D: Willner/TopicMedia Service, Ottobrunn; 311.1: Cornière Gilles/Biosphoto; 311.2: Dhier Samuel/Biosphoto; 311.3: M.Wendler/R.Nagel/Wildlife, Hamburg; 312.1: Hans-Peter Konopka, Recklinghausen; 314.A1 A: Prof. Dr. Hans Fricke/Karen Hissmann/MPI, Seewiesen/Post Starnberg; 314.A1 B: Justus de Cuveland/Alimdi.net; 314.A2: R.Koenig/Blickwinkel, Witten; 314.A3: TopicMedia Service, Ottobrunn; 315.V4: Behrens, Lehrte; 317.4 A: Juniors Bildarchiv, Ruhpolding; 317.4 B: Reinhard-Tierfoto, Heiligkreuzsteinach; 317.4 C: J.Mallwitz/Wildlife, Hamburg; 317.4 D: Sohns/Okapia, Frankfurt; 317.4 E: Emanuel Bloedt/EB-Stock; 320.1: Reader/Focus, Hamburg; 320.2: Rekonstruktion Copyright W.Schaubelt, N.Kieser – Wild Life Art/Thomas Ernsting/Bilderberg, Hamburg; 321.3: Rekonstruktion Copyright W.Schaubelt, N.Kieser – Wild Life Art/Thomas Ernsting/Bilderberg, Hamburg; 322.1 B: SPL/Agentur Focus; 322.2: Natural History Museum; 324.1: Dirk Gebhardt/VISUM, Hamburg; 326.1 A: HAG/A1PIX, München; 326.1 B: NHPA/photoshot/picture-alliance, Frankfurt; 329.2 A: blickwinkel/McPHOTO; 329.2 B: TopicMedia Service, Ottobrunn; 329.2 C: Edward Kinsman/Agentur Focus, Hamburg; 329.2 D: World picture News; 329.2 E: Lenz/TopicMedia Service, Ottobrunn; 332.1: Andreas Wellmann/Okapia, Frankfurt; 332.2: Weisser/Schapowalow, Hamburg; 333.3+4: Hans Reinhard/Okapia, Frankfurt; 333.5: Willi Rolfes/Okapia, Frankfurt; 335.3: face to face; 335.4: Hans Reinhard/Okapia, Frankfurt; 335.5: Fritz Poelking/Okapia, Frankfurt; 335.6: Prof. Dr. U. Kull, Stuttgart; 339.2: Eppendorfer AG, Hamburg; 340.1 A: Richard Lewis/Associated Press; 340.1 B: Peter Brown/University of New England

Es war nicht in allen Fällen möglich, die Inhaber der Rechte ausfindig zu machen und um Abdruckgenehmigung zu bitten. Berechtigte Ansprüche werden selbstverständlich im Rahmen der üblichen Konditionen abgegolten.